NEW CONJECTURES

数论与组合中的新猜想

孙智伟 著

IN NUMBER

THEORY AND

COMBINATORICS

哈尔滨工业大学出版社
HARBIN INSTITUTE OF TECHNOLOGY PRESS

内容简介

本书共有 13 章,收集了作者提出的数论与组合方面的 820 个富有挑战性的猜想,内容涉及整数与有理数的表示、素数与可行数、数论函数、丢番图方程、组合同余式与级数等式、置换、行列式与积和式、加法组合、剩余类系与群的陪集覆盖、组合序列与多项式.这些猜想中的绝大多数通俗易懂,具有数论、组合与群论基础知识的读者可看懂全书.为方便读者,每个猜想后面还加了注记,陈述相关历史、验证记录与具体例子.

本书中的猜想可供数论与组合领域的高校教师、研究人员与研究生选作研究课题;中学教师和数论爱好者也可通过阅读本书开拓视野,提高对数论与组合的兴趣.

图书在版编目(CIP)数据

数论与组合中的新猜想/孙智伟著. —哈尔滨:
哈尔滨工业大学出版社,2021.8(2022.6 重印)
ISBN 978 - 7 - 5603 - 4378 - 5

Ⅰ.①数… Ⅱ.①孙… Ⅲ.①数论-研究 ②组合数学
-研究 Ⅳ.①O15

中国版本图书馆 CIP 数据核字(2021)第 163457 号

策划编辑　刘培杰　张永芹
责任编辑　李广鑫　李　欣
封面设计　孙茵艾
出版发行　哈尔滨工业大学出版社
社　　址　哈尔滨市南岗区复华四道街 10 号　邮编 150006
传　　真　0451 - 86414749
网　　址　http://hitpress.hit.edu.cn
印　　刷　哈尔滨博奇印刷有限公司
开　　本　787 mm×1 092 mm　1/16　印张 20.25　字数 447 千字
版　　次　2021 年 8 月第 1 版　2022 年 6 月第 2 次印刷
书　　号　ISBN 978 - 7 - 5603 - 4378 - 5
定　　价　68.00 元

序

《数论中未解决的问题》一书的作者盖伊（R. K. Guy）在前言中说："数学能保持其生命力，……更为重要的是依赖于来自数学本身以及来自日益增多的应用领域的一系列问题. 数学常受惠于提出问题者比受惠于回答问题者要更多."

在数学的众多领域中，来自数论和组合学的数学问题和猜想具有更广泛的影响力. 一方面，这是由于问题的叙述通俗易懂吸引了更多的读者；另一方面，有许多问题又非常困难，甚至至今未能解决，以至更增加它们的魅力. 数学发展历史中有大量事例，表明数学问题对于数学发展的强大推动作用. 人们探索和解决困难数学问题的过程，是挖掘问题所蕴含的深层次道理，从而产生出新的数学思想、方法和理论.

对于古代三大数学难题（三等分角，倍方问题，化圆为方）以及尺规作正多边形的探究，产生了人们对无理数和超越数的认识，促使人们对高次代数方程根式求解的研究，最后导致置换群概念以及域扩张的伽罗瓦理论. 17世纪法国人费马关于整数的系列猜想不仅受到法国数学家（如拉格朗日，拉普拉斯，勒让德）的关注，还引起了欧拉和高斯这样伟大数学家的兴趣；他们认为值得花时间深入研究整数的奇妙性质（包括整除性和同余性）. 这些数论前辈们，不仅几乎解决了所有费马猜想，还建立了初等数论的基本思想和理论，点燃了代数数论的火焰. 费马最后一个猜想在19世纪由德国数学家库默尔取得了重要突破，所用思想为代数数论的重要源头；而这个猜想于1994年被证明，工具上使用了现代数论的一系列最新成果.

18世纪的哥德巴赫猜想和19世纪的黎曼猜想尽管目前还未完全解决，但在研究过程中开创了数论的解析研究方法，发明和不断改进圆法和各种筛法，促进了解析数论的建立和发展. 20世纪匈牙利数学家埃多斯（P. Erdős）源源不断地提出组合数学和数论的一系列出色的问题和猜想，已被数学界广泛研究和称颂，并为能列入"埃多斯数"的人士而倍感荣幸（埃多斯本人为埃多斯0，能与埃多斯n合写文章的人被列为埃多斯$(n+1)$）. 20世纪初，英年早逝的印度天才数学家拉马努金（S.Ramanujan）提出数论和连分式等方面的一系列猜想，不少数学家把研究他的笔记本（Notebooks）作为毕生的事业，因为这些猜想不仅奇妙，而且隐藏着深层次的道理（如涉及模形式，群表示理论，p-adic 分析）.

高斯说"数论是数学的皇后"，组合数学的源头也是一些智力游戏（如欧拉的七桥问题，四色猜想，跳马问题，正交拉丁方，……）. 总会有人问："这些数学猜想有何用途？"人类在历史的长河里，从不忘却对真理和美的追求，以及精神世界的完善. 约公元前六百年，亚里士多德学派信奉"万物皆数"；古希腊人是精神上站起来的民族，认为世界万物是有规律的，人可以认识这些规律，并把整数作为认识世界的基石. 他们证明了唯一因子分解定理，发明了反证法，证明了素数有无穷多个. "我们的祖先是如何发明取火的？"法国著名拓扑学家托姆问道，他接着说："人类最早对火产生兴趣不是因为它能取暖或为了吃熟食，而是在漫漫的黑夜中被亮丽的火焰所吸引."最近去世的王元先生十分看重数学的自身价值，认为"不能说对别人有用才有价值". 他在文章中引用数学家哈代（Hardy，美为数学第一要素），外尔（H. Weyl，要在美和真当中选择，还是选择美），埃多斯（好的数学应当有趣、深刻、有用）以及计算机之父冯·诺依曼（von Neumann，选题材和判断成功与否均是美学的）等人的数学观点，认为数学之美应当是"简单、清晰、对称和奇异"，其中以简单最重要.

除了数学自身的动力之外，人类社会实践和应用领域产生的数学问题和猜想当然也是数学发展的重要源泉. 20世纪50年代以前，组合数学似乎还不能登上数学的大雅之堂；随着组合设计在统计分析和产品质量控制中的应用，图论在交通物流和信息网络优化中的应用，组合数学迅速变得重要起来. 20世纪70年代，数论在通信特别是在纠错（代数几何码）和密码学（大数分解RSA和椭圆曲线公钥体制）中的应用，学术界称之为是"不可预测的"（unpredictable）奇迹.

应用领域出现的新鲜数学问题和猜想，为数学注入了新的活力. 王元先生不仅在数论研究中取得优异的成果，他也和华罗庚先生合作从事多方面的应用研究（如近似计算，均匀设计）. 他在晚年对计算数论产生了浓厚的兴趣，花了多年时间翻译了《算法数论》中的文章，向国内读者推荐和介绍这一数论应用领域的发展. 对于21世纪应用数学的发展前景，他认为计算方法的现代化，以及物理学、生命科学和信息科学都是数学进一步发展的源泉. 他特别指出："如果信息科学能起一定的主导作用，那么离散数学(如数论、组合与图论)就会变得重要起来. 这两门科学除了自身的东西之外，也受到了外部世界强有力的推动."

盖伊在《数论中未解决的问题》一书的前言中还写到，"提出好的未解决的数学问题是一门艰难的艺术"（art，也可翻译成"绝活"）. 孙智伟教授这本《数论与组合中的新猜想》一书，收集了几十年来他所提出的尚未解决的数学猜想；这些猜测有些是他自己的原创问题，也有些是已知结果或著名猜想的加强. 他的不少猜测已经得到国内外同仁（包括国际著名数学家）的关注和研究. 尽管我没有研究过这些猜想，但为他所投入的精力、心血和热情所折服. 这些猜想的提出需要洞察力，远远不能只归结于他所作的大量计算以及别人的数据验证. 我相信此书的出版会引发更多人的研究热情，会使这些猜想得到更大的突破或解决，从而产生出数学的新思路和研究手段，推动数学事业的发展和进步.

最后，我也借此机会感谢哈尔滨工业大学出版社多年来对发展数学事业所做的努力和支持.

冯克勤
于北京蓝旗营
2021年6月21日

前　　言

数学之所以能不断向前推进永不枯竭,一个重要因素是有源源不断的新问题来刺激它的发展. 著名的*Unsolved Problems in Number Theory* (《数论中未解决的问题》)的作者R. K. Guy在此书前言中写道:"To pose good unsolved problems is a difficult art(提出好的未解决的数学问题是一门艰难的艺术)." 印度传奇数学家拉马努金生前保留有多本数学笔记本,后人分析发现其中有许多神奇的公式;对拉马努金笔记本的研究近几十年来十分活跃,有力地推动了数学的发展. 经过数学家几十年的研究,到2019年底,拉马努金笔记本中记载的公式或猜测全部被弄清楚了,或被证明,或被否定.

我从1987年9月1日成为南京大学数学系研究生那天起,开始正式使用硬面抄笔记本记载我的数学发现与数学活动,至今已累积了85本数学日记本. 实际上我的论文中的结果与猜想都出自我的数学日记本,我公开在已发表论文中的数学猜想引起了许多国内外数学专家的研究,解决者包括菲尔兹奖获得者Jean Bourgain与著名组合学家Noga Alon. 但我的数学日记本中还有大量没有公开的数学猜想,有的我自己都忘了. 三年前哈尔滨工业大学出版社的刘培杰社长找到我,希望能出版一本书专门收集我未被解决的猜想. 我虽愿意这么做,可一直忙于教学和科研抽不出时间写书. 2019年底,我终于下定决心来写这样的一本书,与哈尔滨工业大学出版社正式签订了出书合同. 从2020年6月开始,我历经一年多的时间,查阅了我所有的数学日记本,从中选出了820个未被解决的猜想作为此书的内容.

本书中的猜想有四个是与他人联合提出的,其他均由本人独立发现. 本书中也有很多猜想以前从未公开发表过,自然也未被他人研究过. 本书不是我的猜想大全,有的同一类型的猜想我只列出一个作代表,有时读者需要到我的几篇以猜想为主体的论文[179,181,187,191,202,225]中进一步查阅其他类似猜测. 本书中收入的许多猜想及相关计算数据往往首次公开在OEIS(整数序列在线百科)网站上,例如:注记中提到OEIS条目A231201时读者应去访问网址http://oeis.org/A231201.

本书收集的是作者在数论与组合领域的猜想,有些猜想因无法归类没有放入本书中. 本书中大量猜想性质上属于职业数学家的研究课题,而不是简单的练习或难点的数学奥林匹克竞赛题. 书中有些猜想具有"外星"性质,这指人类可能永远无法破解,例如:猜想6.34(i)断言任何正有理数都可写成$\frac{m}{n}$(其中m与n为正整数) 使得第m个素数与第n个素数之和为完全平方. 书中有的猜想的解答是有奖金的,例如:作者宣布为猜想5.14(任何大于1的整数都可表成$a^2+b^2+3^c+5^d$,其中a,b,c,d为非负整数)的首个完整证明提供3500美元奖金. 至于本书中猜想的价值,我个人不做评价,留给读者去认识.

我国数论前辈、清华大学的冯克勤先生热心地为本书作序,美国加州大学的万大庆教授、首都师范大学的徐飞教授以及江苏师范大学的祝宝宣教授对收入本书的个别猜想给予了有益的评论,天津大学的侯庆虎教授曾对本书中多个猜想进行电脑检验,在此对他们表示衷心的感谢. 初稿出来后, 我以前的学生曹惠琴教授、潘颢教授、赵立璐教授、伍海亮博士、王晨博士, 以及我目前的博士生夏伟、黄超、周广良、佘跃峰、罗昕祺, 都认真阅读了书稿部分章节, 指出了一些打印错误, 我对他们的辛勤付出一并表示感谢.

本书的写作得到了国家自然科学基金 (项目号 11971222) 的资助. 我也感谢哈尔滨工业大学出版社热心出版此书, 感谢李欣编辑耐心细致的编辑工作, 感谢刘培杰工作室愿为我选出的本书中四个猜想的首个证明提供现金奖励.

书稿终于完成, 甚感欣慰. 由于写作过程稍显仓促再加上本人水平有限, 书中难免会有疏忽不妥之处, 请读者见谅. 读者碰到困惑的记号时可查看目录前的本书常用记号说明。我相信会有读者对本书内容抱有兴趣, 并在书中一些猜想上取得进展.

孙智伟
于南京大学数学系
2021年8月

本书常用记号说明

自然数集：$\mathbb{N} = \{0, 1, 2, \ldots\}$. 正整数集：$\mathbb{Z}_+ = \{1, 2, 3, \ldots\}$.

整数环：$\mathbb{Z}$. 有理数域：$\mathbb{Q}$.

OEIS条目Axxxxxx：相应网址为http://oeis.org/Axxxxxx.

$\lfloor \alpha \rfloor$：实数α的整数部分. $\lceil \alpha \rceil$：不小于实数α的最小整数. $\{\alpha\}$：实数α的小数部分.

集合A的基数：$|A|$.

(第一类)Apéry数：$A_n = \sum\limits_{k=0}^{n} \binom{n}{k}^2 \binom{n+k}{k}^2$.

Apéry多项式：$A_n(x) = \sum\limits_{k=0}^{n} \binom{n}{k}^2 \binom{n+k}{k}^2 x^k$.

第二类Apéry数：$\beta_n = \sum\limits_{k=0}^{n} \binom{n}{k}^2 \binom{n+k}{k}$.

Dirichlet β函数：$\beta(n) = \sum\limits_{k=0}^{\infty} \frac{(-1)^k}{(2k+1)^n}$.

Bell数：Bell(n)是n元集剖分成若干个非空块的方法数，约定Bell$(0) = 1$.

Bernoulli数：$B_0, B_1, \ldots$ 由$\frac{x}{e^x-1} = \sum\limits_{n=0}^{\infty} B_n \frac{x^n}{n!}$给出.

Bernoulli多项式：$B_n(x) = \sum\limits_{k=0}^{n} \binom{n}{k} B_k x^{n-k}$.

Catalan数：$C_n = \frac{1}{n+1} \binom{2n}{n} = \binom{2n}{n} - \binom{2n}{n+1}$.

Catalan常数：$G = \beta(2) = \sum\limits_{k=0}^{\infty} \frac{(-1)^k}{(2k+1)^2}$.

中心二项式系数：$\binom{2n}{n} = \frac{(2n)!}{(n!)^2}$.

中心Delannoy数：$D_n = \sum\limits_{k=0}^{n} \binom{n}{k} \binom{n+k}{k}$.

复方阵$[a_{j,k}]_{1 \leqslant j,k \leqslant n}$的行列式：$\det[a_{j,k}]_{1 \leqslant j,k \leqslant n}$或$|a_{j,k}|_{1 \leqslant j,k \leqslant n}$.

多项式$D_n(x)$指$\sum\limits_{k=0}^{n} \binom{n}{k} \binom{n+k}{k} x^k$.

$D(n)$表示集合$\{\{1, \ldots, n\}$上置换$\tau: \tau(j) \neq j \ (j = 1, \ldots, n)\}$.

Domb数：Domb$(n) = \sum\limits_{k=0}^{n} \binom{n}{k}^2 \binom{2k}{k} \binom{2(n-k)}{n-k}$.

Euler数：$E_0, E_1, \ldots$ 由$\frac{2}{e^x+e^{-x}} = \sum\limits_{n=0}^{\infty} E_n \frac{x^n}{n!}$给出.

Euler多项式：$E_n(x) = \sum\limits_{k=0}^{n} \binom{n}{k} \frac{E_k}{2^k} \left(x - \frac{1}{2}\right)^{n-k}$.

Fermat商：$q_p(a) = \frac{a^{p-1}-1}{p}$，其中$p$为素数，$a$是不被$p$整除的整数。

Fibonacci数：由$F_0 = 0$, $F_1 = 1$及递推关系$F_{n+1} = F_n + F_{n-1} \ (n = 1, 2, \ldots)$给出.

有限域：q为素数幂次时$\mathbb{F}_q$表示q元域。

Franel数：$f_n = \sum\limits_{k=0}^{n} \binom{n}{k}^3$. r阶Franel数：$f_n^{(r)} = \sum\limits_{k=0}^{n} \binom{n}{k}^r$.

Mycielski函数$f(n)$：在n有素数分解式$\prod\limits_{i=1}^{r} p_i^{a_i}$时，$f(n) = \sum\limits_{i=1}^{r} a_i(p_i - 1)$.

$F(n)$指$\sum\limits_{k=0}^{n}\binom{n}{k}^3(-8)^k$. $\quad$ $G(n)$指$\sum\limits_{k=0}^{n}\binom{n}{k}^2(6k+1)C_k$.

$\gcd(a_1,\ldots,a_n)$表示整数$a_1,\ldots,a_n$的最大公因数.

多项式$g_n(x)=\sum\limits_{k=0}^{n}\binom{n}{k}^2\binom{2k}{k}x^k$, 把$g_n(1)$简记为$g_n$.

多项式$G_p(x)=\prod\limits_{k=1}^{(p-1)/2}(x-e^{2\pi i\frac{k^2}{p}})$, 其中$p$为素数.

群G的子群H在G中的指标: $[G:H]=|\{gH:\ g\in G\}|$.

群G的子群H在G中正规核: $H_G=\bigcap_{g\in G}gHg^{-1}$, 这是被包含在$H$中的$G$的最大正规子群.

二次域$\mathbb{Q}(\sqrt{d})$(其中整数d不是平方数)的类数: $h(d)$.

h_n指$\sum\limits_{k=0}^{n}\binom{n}{k}^2C_k=\int_0^1 g_n(x)dx$.

调和数: $H_n=\sum\limits_{0<k\leqslant n}\frac{1}{k}$. $\quad$ m阶调和数: $H_n^{(m)}=\sum\limits_{0<k\leqslant n}\frac{1}{k^m}$.

Kronecker δ符号: $\delta_{m,n}$在$m=n$时取值1, 在$m\neq n$时取值0.

Legendre符号: $(\frac{a}{p})$, 其中p为奇素数. $\quad$ Jacobi符号: $(\frac{a}{n})$, 其中n为正奇数.

常数K指$\sum\limits_{k=0}^{\infty}\frac{(\frac{k}{3})}{k^2}$, 其中$(\frac{k}{3})$为Legendre符号.

自然对数: $\log x$表示以$e=2.71828\ldots$为底的正实数x的对数.

Lucas数: 由$L_0=2$, $L_1=1$及递推关系$L_{n+1}=L_n+L_{n-1}$ $(n=1,2,\ldots)$给出.

Lucas u-序列: $u_n=u_n(A,B)$由$u_0=0$, $u_1=1$及$u_{n+1}=Au_n-Bu_{n-1}$ $(n>0)$给出.

Lucas v-序列: $v_n=v_n(A,B)$由$v_0=2$, $v_1=A$及$v_{n+1}=Av_n-Bv_{n-1}$ $(n>0)$给出.

$m\mathbb{Z}$指集合$\{mx:\ x\in\mathbb{Z}\}$. $a+m\mathbb{Z}$表示剩余类$\{a+mx:\ x\in\mathbb{Z}\}$.

Möbius函数: $\mu(1)=1$, 在n为r个不同素数乘积时$\mu(n)=(-1)^r$, 在n有平方因子时$\mu(n)=0$.

Motzkin数: $M_n=\sum\limits_{k=0}^{n}\binom{n}{2k}C_k$.

非零整数m在素数p处的阶: $\mathrm{ord}_p(m)=\max\{a\in\mathbb{N}:\ p^a\mid m\}$.

完全方幂: 形如x^m $(m,x\in\{2,3,\ldots\})$的数.

第n个素数: p_n. $\quad$ 素数计数函数$\pi(x)$: 不超过x的素数个数.

孪生素数: p与$p+2$都是素数时称p与$p+2$为一对孪生素数.

圆周率: π. $\quad$ 黄金比: $\phi=\frac{1+\sqrt{5}}{2}$.

Euler φ函数: $\varphi(n)=|\{1\leqslant a\leqslant n:\ \gcd(a,n)=1\}|$.

复方阵$[a_{j,k}]_{1\leqslant j,k\leqslant n}$的积和式(permanent): $\mathrm{per}[a_{j,k}]_{1\leqslant j,k\leqslant n}$.

m角数: $p_m(n)=(m-2)\binom{n}{2}+n$ $(n\in\mathbb{N})$.

第二类m角数: $\bar{p}_m(n)=p_m(-n)$ $(n\in\mathbb{N})$.

广义m角数: $p_m(\pm n)$ $(n\in\mathbb{N})$.

n次Legendre多项式: $P_n(x)=\sum\limits_{k=0}^{n}\binom{n}{k}\binom{n+k}{k}(\frac{x-1}{2})^k$.

多项式$p_n(x)$在§10.2中指$\sum\limits_{k=0}^{n}\binom{2k}{k}^2\binom{2(n-k)}{n-k}x^{n-k}$.

多项式$P(x)$为整值多项式指对任何$m \in \mathbb{Z}$都有$P(m) \in \mathbb{Z}$.

有理系数多项式$P(x_1, \ldots, x_n)$在$\mathbb{N}$上通用指$\{P(x_1, \ldots, x_n): x_1, \ldots, x_n \in \mathbb{N}\} = \mathbb{N}$.

有理系数多项式$P(x_1, \ldots, x_n)$在$\mathbb{Z}$上通用指$\{P(x_1, \ldots, x_n): x_1, \ldots, x_n \in \mathbb{Z}\} = \mathbb{N}$.

可行数：正整数n为可行数指每个$m = 1, \ldots, n$都可表成n的一些不同（正）因子的和.

分拆函数：$p(n)$表示把正整数n写成若干个不计顺序的正整数之和的方法数.

严格分拆函数：$q(n)$表示把正整数n写成若干个不计顺序的不同正整数之和的方法数.

置换的符号：$\{1, \ldots, n\}$的置换τ的符号$\mathrm{sign}(\tau)$在τ为偶置换时取值1, 在τ为奇置换时取值-1.

Sophie Germain素数：使得$2p + 1$也为素数的素数p.

因子和函数：$\sigma(n) = \sum_{d|n} d$.

s_n在第6章中指前n个素数的交错和$p_n - p_{n-1} + \cdots + (-1)^{n-1} p_1$.

S_n在第6章指前n个素数的和$p_1 + \cdots + p_n$, 在第11章指$\{1, \ldots, n\}$上所有置换构成的对称群, 在猜想13.2与注记13.2中表示下标为n的Springer数.

$S_n(x)$在§9.2中指$\sum\limits_{k=0}^{n} \binom{n}{k}^4 x^k$.

多项式$s_n(x)$在§9.1中指$\sum\limits_{k=0}^{n} \binom{n}{k}\binom{x}{k}\binom{x+k}{k} = \sum\limits_{k=0}^{n} \binom{n}{k}(-1)^k \binom{x}{k}\binom{-1-x}{k}$.

多项式$t_n(x)$在§9.1中指$\sum\limits_{k=0}^{n} \binom{n}{k}\binom{x}{k}\binom{x+k}{k} 2^k$.

树：不含圈的无向连通图.

三角数：$T(x) = \frac{x(x+1)}{2}$ $(x \in \mathbb{Z})$.

中心三项式系数：$T_n = \sum\limits_{k=0}^{n} \binom{n}{2k}\binom{2k}{k}$.

广义中心三项式系数：$T_n(b, c)$指$(x^2 + bx + c)^n$展开式中x^n项系数.

$S_n(b, c)$在§9.4中指$\sum\limits_{k=0}^{n} \binom{n}{k}^2 T_k(b, c) T_{n-k}(b, c)$, $\quad S_n(1, 1)$简记为S_n.

$\langle x \rangle_p$指使得$x \equiv r \pmod{p}$的$r \in \{0, \ldots, p-1\}$, 这里p为素数, x为p-adic整数.

W_n在§9.2中指$\sum\limits_{k=0}^{n} \binom{n}{2k}\frac{\binom{2k}{k}}{2k-1}$.

多项式$W_n(x)$在§9.2中指$\sum\limits_{k=0}^{n} \binom{n}{k}^2 \binom{n-k}{k}^2 x^k$, 在§10.3与§13.1中指$\sum\limits_{k=0}^{n} \binom{n}{k}\binom{n+k}{k}\binom{2k}{k}\binom{2(n-k)}{n-k} x^k$.

Zagier数：$Z_n = \sum\limits_{k=0}^{n} \binom{n}{k}\binom{2k}{k}\binom{2(n-k)}{n-k}$.

Riemann zeta函数：$\zeta(s) = \sum\limits_{n=1}^{\infty} \frac{1}{n^s}$ $(\Re(s) > 1)$.

$\mathbb{Z}_p$: p-adic整数环. $x \in \mathbb{Z}_p$的p-adic赋值：$\nu_p(x) = \sup\{a \in \mathbb{N}: x \equiv 0 \pmod{p^a}\}$.

目　　录

1

第1章　受限制的四平方和

1770年, J. Lagrange在L. Euler前期工作基础上证明了著名的四平方和定理: 每个自然数都是四个整数的平方和. 本章给出了作者提出的100个涉及四平方和限制的猜想.

§1.1　涉及零或素数的四平方和限制

猜想1.1 (2016年4月30日). 如果$P(x,y,z,w)$是多项式

$$(x-y)(x+y-3z), \ (x-y)(x+2y-z), \ (x-y)(x+2y-2z),$$
$$(x-y)(x+2y-7z), \ (x-y)(x+3y-3z), \ (x-y)(x+4y-6z),$$
$$(x-y)(x+5y-2z), \ (x-2y)(x+2y-z), \ (x-2y)(x+2y-2z),$$
$$(x-2y)(x+3y-3z), \ (x+y-z)(x+2y-2z), \ (x-y)(x+y+3z-3w),$$
$$(x-y)(x+3y-z-5w), \ (x-y)(3x+3y-3z-5w),$$
$$(x-y)(3x+5y-3z-7w), \ (x-y)(3x+7y-3z-9w)$$

之一, 则每个$n \in \mathbb{N}$可表成$x^2+y^2+z^2+w^2$ $(x,y,z,w \in \mathbb{N})$使得$P(x,y,z,w)=0$.

注记1.1. 此猜测发表于[200, 注记1.4]. 关于已证的类似结果, 可参看[200, 定理1.4(i)(ii)].

差为2的一对素数叫孪生素数. 著名的孪生素数猜想断言有无穷多对孪生素数.

猜想1.2 (2017年8月23日, 1-3-5-7猜想). 任何正奇数都可表成$w^2+x^2+y^2+z^2$ $(w,x,y,z \in \mathbb{N})$使得$p = w^2+3x^2+5y^2+7z^2$与$p-2$为孪生素数.

注记1.2. 由于$w^2+3x^2+5y^2+7z^2 \geqslant w^2+x^2+y^2+z^2$, 此猜测蕴含着孪生素数猜想. 1-3-5-7猜想发表于[212, 猜想4.3(i)], 相应的表法数序列可见OEIS条目A290935. 下面是两个表法唯一的例子:

$$39 = 1^2+3^2+5^2+2^2, \ 1^2+3\times 3^2+5\times 5^2+7\times 2^2 = 181与181-2 = 179为孪生素数;$$
$$123 = 7^2+3^2+7^2+4^2, \ 7^2+3\times 3^2+5\times 7^2+7\times 4^2 = 433与433-2 = 431为孪生素数.$$

作者也猜测每个正奇数可表成$w^2+x^2+y^2+z^2$ $(w,x,y,z \in \mathbb{N})$使得

$$w+3x+5y+7z, \ w^3+3x^3+5y^3+7z^3, \ w^7+3x^7+5y^7+7z^7$$

都为素数, 参见OEIS条目A291455.

猜想1.3 (2017年8月28日). 不被4整除的整数$n > 1$可表成$x^2+y^2+z^2+w^2$ $(x,y,z,w \in \mathbb{N})$使得$p = x+2y+5z$, $p-2$, $p+4$与$p+10$都为素数.

注记1.3. 此猜测发表于[212, 猜想4.3(ii)], 作者对$n < 10^7$验证了它. 根据A. Schinzel假设(参见[28]), 应该有无穷多个素数p使得$p-2, p+4$与$p+10$都是素数. 猜想1.3相应的表法数序列可见OEIS条目A291635. 下面是表法唯一的例子: $1511 = 18^2 + 15^2 + 11^2 + 29^2$, 而且$18 + 2 \times 15 + 5 \times 11 = 103, 103 - 2 = 101, 103 + 4 = 107$与$103 + 10 = 113$都是素数.

猜想1.4 (2017年8月19日). 任何正奇数都可表成$x^2 + y^2 + z^2 + (2w)^2$ $(x, y, z, w \in \mathbb{N})$使得$2^x + 2^y + 2^z + 1$为素数.

注记1.4. 此猜测发表于[212, 猜想4.3(iii)], 我们对2×10^7之下的正奇数验证了它, 相应的表法数序列可见OEIS条目A291150. 下面是几个表法唯一的例子:

$$143 = 1^2 + 5^2 + 9^2 + (2 \times 3)^2, \ 2^1 + 2^5 + 2^9 + 1 = 547 \text{为素数};$$
$$619 = 5^2 + 13^2 + 13^2 + (2 \times 8)^2, \ 2^5 + 2^{13} + 2^{13} + 1 = 16417 \text{为素数};$$
$$871 = 13^2 + 13^2 + 23^2 + (2 \times 1)^2, \ 2^{13} + 2^{13} + 2^{23} + 1 = 8404993 \text{为素数}.$$

猜想1.5 (2017年8月20日). 任给正整数n, 可把$2n + 1$表成$x^2 + y^2 + z^2 + w^2$ $(x, y, z, w \in \mathbb{N})$使得$2^{x+y} + 2^{z+w} + 1$为素数.

注记1.5. 此猜测发表于[212, 猜想4.3(iv)], 它蕴含着有无穷多个形如$2^a + 2^b + 1$ $(a, b \in \mathbb{N})$的素数. 我们对$n \leqslant 10^7$验证了猜想1.5. 例如:

$$2 \times 6998538 + 1 = 122^2 + 220^2 + 208^2 + 3727^2,$$

并且

$$2^{122+220} + 2^{208+3727} + 1 = 2^{342} + 2^{3935} + 1$$

是个1185位素数. 猜想1.5相应的表法数序列可见OEIS条目A291191. 下面是两个表法唯一的例子:

$$2 \times 19 + 1 = 2^2 + 3^2 + 1^2 + 5^2, \ 2^{2+3} + 2^{1+5} + 1 = 97 \text{为素数};$$
$$2 \times 75 + 1 = 1^2 + 5^2 + 5^2 + 10^2, \ 2^{1+5} + 2^{5+10} + 1 = 32833 \text{为素数}.$$

§1.2 四平方和定理的涉及平方数的加强

对于整系数多项式$P(x, y, z, w)$, 如果每个$n \in \mathbb{N}$可表成$x^2 + y^2 + z^2 + w^2$ $(x, y, z, w \in \mathbb{N})$使得$P(x, y, z, w)$为平方数, 我们就称$P(x, y, z, w)$为合适多项式 (suitable polynomial). 作者在[200]中引入这个概念, 并证明了$x, 2x, x - y, 2(x - y)$等一批多项式是合适多项式.

猜想1.6 (2016年4月14日). 设$a \in \mathbb{Z}_+$, b为非零整数, 且$\gcd(a, b)$无平方因子. 如果$ax + by$为合适多项式, 而且$b > 0$时$a \leqslant b$, 则有序对(a, b)必为下述8个之一:

$$(1, 2), (1, 3), (1, 24), (1, -1), (2, -1), (2, -2), (4, -3), (6, -2).$$

注记1.6. 此猜测首次公开于OEIS条目A271775, 正式发表于[200, 猜想4.1].

猜想1.7 (24-猜想, 2017年2月4日). *每个自然数n可表成$x^2 + y^2 + z^2 + w^2$ $(x, y, z, w \in \mathbb{N})$使得$x$与$x + 24y$都为平方数.*

注记1.7. 2016年4月14日, 作者猜测$x + 24y$为合适多项式, 这至今未被解决. 2017年2月4日, 作者受夜里梦境的启发提出了更强的24-猜想, 相应表法数序列可见OEIS条目A281976. 24-猜想正式发表于[212, 猜想4.7(i)], 侯庆虎对$n \leqslant 10^{10}$验证了它. 2017年2月, 作者公开悬赏2400美元征求24-猜想的证明; 2020年10月, 作者宣布对$x + 24y$为合适多项式(这弱于24-猜想)的首个证明设立2400元人民币奖金. 下面是24-猜想相应的表法唯一的例子:

$$71 = 1^2 + 5^2 + 3^2 + 6^2, \ 1 = 1^2, \ 1 + 24 \times 5 = 11^2;$$
$$168 = 4^2 + 4^2 + 6^2 + 10^2, \ 4 = 2^2, \ 4 + 24 \times 4 = 10^2;$$
$$632 = 0^2 + 6^2 + 14^2 + 20^2, \ 0 = 0^2, \ 0 + 24 \times 6 = 12^2;$$
$$1724 = 25^2 + 1^2 + 3^2 + 33^2, \ 25 = 5^2, \ 25 + 24 \times 1 = 7^2.$$

让$r(n)$表示把n写成$x^2 + y^2 + z^2 + w^2$ $(x, y, z, w \in \mathbb{N}$且$z \leqslant w)$使得$x$与$x + 24y$都为平方数的方法数. 2017年2月10日, 作者猜测对$m \in \mathbb{Z}_+$总有$n \in \mathbb{N}$使得$r(n) = m$, 参见OEIS条目A282226.

猜想1.8 (2018年3月11日). *每个$n \in \mathbb{N}$可表成$x^2 + y^2 + z^2 + w^2$ $(x, y, z, w \in \mathbb{N})$使得$x - y$为平方数, 而且$x$或$y$为平方数.*

注记1.8. 此猜测及相应的表法数序列可见OEIS条目A300708. 我们对$n \leqslant 10^8$验证了猜想1.8. 例如,95, 140, 1144与1544都有唯一的合乎要求表示法:

$$95 = 2^2 + 1^2 + 3^2 + 9^2, \ 1 = 1^2 \ 且 \ 2 - 1 = 1^2;$$
$$140 = 9^2 + 5^2 + 3^2 + 5^2, \ 9 = 3^2 \ 且 \ 9 - 5 = 2^2;$$
$$1144 = 20^2 + 16^2 + 2^2 + 22^2, \ 16 = 4^2 \ 且 \ 20 - 16 = 2^2;$$
$$1544 = 0^2 + 0^2 + 10^2 + 38^2, \ 0 = 0^2 \ 且 \ 0 - 0 = 0^2.$$

猜想1.9 (2018年3月11日). *每个$n \in \mathbb{N}$可表成$x^2 + y^2 + z^2 + w^2$ $(x, y, z, w \in \mathbb{N})$使得$2(x - y)$为平方数, 而且$3x$或$y$为平方数.*

注记1.9. 此猜测及相应的表法数序列可见OEIS条目A300712. 我们对$n \leqslant 10^8$验证了猜想1.9. 例如,79, 280, 286与1336都有唯一的合乎要求表示法:

$$79 = 3^2 + 3^2 + 5^2 + 6^2, \ 3 \times 3 = 3^2 \ 且 \ 2(3 - 3) = 0^2;$$
$$280 = 12^2 + 10^2 + 0^2 + 6^2, \ 3 \times 12 = 6^2 \ 且 \ 2(12 - 10) = 2^2;$$
$$286 = 6^2 + 4^2 + 3^2 + 15^2, \ 4 = 2^2 \ 且 \ 2(6 - 4) = 2^2;$$
$$1336 = 2^2 + 0^2 + 6^2 + 36^2, \ 0 = 0^2 \ 且 \ 2(2 - 0) = 2^2.$$

猜想1.10 (2018年3月11日). 每个 $n \in \mathbb{N}$ 可表成 $x^2 + y^2 + z^2 + w^2$ $(x, y, z, w \in \mathbb{N})$ 使得 $2x - y$ 为平方数, 而且 $3x$ 或 y 为平方数.

注记1.10. 此猜想公布于 OEIS 条目 A300667, 我们对 $n \leqslant 10^8$ 验证了它. 2016年4月14日, 作者猜测 $2x - y$ 为合适多项式, 这至今未被证明. 在[212]中, 作者进一步猜测可把任何 $n \in \mathbb{N}$ 表成 $x^2 + y^2 + z^2 + w^2$ $(x, y, z, w \in \mathbb{N})$ 使得 $2x - y \in \{4^k : k \in \mathbb{N}\} \cup \{0\}$ (参见[212, 猜想4.5(i)]), 并证明了任何 $n \in \mathbb{Z}_+$ 可表成 $x^2 + y^2 + z^2 + w^2$ $(x, y, z, w \in \mathbb{N})$ 使得 $|2x - y| \in \{4^k : k \in \mathbb{N}\}$.

猜想1.11 (2018年3月11日). 每个 $n \in \mathbb{N}$ 可表成 $x^2 + y^2 + z^2 + w^2$ $(x, y, z, w \in \mathbb{N})$ 使得 $x + 2y$ 为平方数, 而且 $3x$ 或 y 为平方数.

注记1.11. 2016年4月14日, 作者猜测 $x + 2y$ 为合适多项式. 在文[200]中, 作者证明了每个 $n \in \mathbb{N}$ 可表成 $x^2 + y^2 + z^2 + w^2$ $(x, y, z, w \in \mathbb{Z})$ 使得 $x + 2y$ 为平方数; 孙宇宸与孙智伟在[142]中证明了 $x + 2y$ 确为合适多项式. 猜想1.11公布于 OEIS 条目 A300667, 我们对 $n \leqslant 10^8$ 验证了它. 例如: 92, 172, 253, 515 都有唯一合乎要求的表示法:

$$
\begin{aligned}
92 &= 3^2 + 3^2 + 5^2 + 7^2, \ 3 \times 3 = 3^2, \ 3 + 2 \times 3 = 3^2; \\
172 &= 7^2 + 1^2 + 1^2 + 11^2, \ 1 = 1^2, \ 7 + 2 \times 1 = 3^2; \\
253 &= 8^2 + 4^2 + 2^2 + 13^2, \ 4 = 2^2, \ 8 + 2 \times 4 = 4^2; \\
515 &= 1^2 + 0^2 + 15^2 + 17^2, \ 0 = 0^2, \ 1 + 2 \times 0 = 1^2.
\end{aligned}
$$

猜想1.12 (2018年3月11日). 每个 $n \in \mathbb{N}$ 可表成 $x^2 + y^2 + z^2 + w^2$ $(x, y, z, w \in \mathbb{N})$ 使得 $x + 3y$ 为平方数, 而且 x 或 $2y$ 为平方数.

注记1.12. 2016年4月14日, 作者猜测 $x + 3y$ 为合适多项式. 在文[200]中, 作者证明了广义 Riemann 假设之下每个 $n \in \mathbb{N}$ 可表成 $x^2 + y^2 + z^2 + w^2$ $(x, y, z, w \in \mathbb{Z})$ 使得 $x + 3y$ 为平方数; 2020年, 佘跃峰与伍海亮在[137]中证明了 $x + 3y$ 确为合适多项式. 猜想1.12公布于 OEIS 条目 A300666, 我们对 $n \leqslant 10^8$ 验证了它. 例如: 95, 140, 959, 1839 都有唯一合乎要求的表示法:

$$
\begin{aligned}
95 &= 3^2 + 2^2 + 1^2 + 9^2, \ 2 \times 2 = 2^2, \ 3 + 3 \times 2 = 3^2; \\
140 &= 10^2 + 2^2 + 0^2 + 6^2, \ 2 \times 2 = 2^2, \ 10 + 3 \times 2 = 4^2; \\
959 &= 9^2 + 9^2 + 11^2 + 26^2, \ 9 = 3^2, \ 9 + 3 \times 9 = 6^2; \\
1839 &= 1^2 + 5^2 + 7^2 + 42^2, \ 1 = 1^2, \ 1 + 3 \times 5 = 4^2.
\end{aligned}
$$

猜想1.13 (2018年3月14日). 每个 $n \in \mathbb{N}$ 可表成 $x^2 + y^2 + z^2 + w^2$ $(x, y, z, w \in \mathbb{N})$ 使得 $4x - 3y$ 为平方数, 而且 $10x$ 或 y 为平方数.

注记1.13. 猜想1.13公布于 OEIS 条目 A300139, 我们对 $n \leqslant 10^8$ 验证了它. 自然数 79, 184, 6008 与

9080都有唯一合乎要求的表示法:

$$79 = 7^2 + 1^2 + 2^2 + 5^2, \ 1 = 1^2, \ 4 \times 7 - 3 \times 1 = 5^2;$$

$$184 = 10^2 + 8^2 + 2^2 + 4^2, \ 10 \times 10 = 10^2, \ 4 \times 10 - 3 \times 8 = 4^2;$$

$$6008 = 12^2 + 16^2 + 42^2 + 62^2, \ 16 = 4^2, \ 4 \times 12 - 3 \times 16 = 0^2;$$

$$9080 = 10^2 + 12^2 + 0^2 + 94^2, \ 10 \times 10 = 10^2, \ 4 \times 10 - 3 \times 12 = 2^2.$$

2016年4月14日, 作者就猜测$4x - 3y$为合适多项式, 这仍未解决.

猜想1.14 (2018年3月12日). 每个$n \in \mathbb{N}$可表成$x^2 + y^2 + z^2 + w^2 \ (x, y, z, w \in \mathbb{N})$使得$6x - 2y$为平方数, 而且$5x$或$y$为平方数.

注记1.14. 此猜想公布于OEIS条目A300139, 我们对$n \leqslant 10^8$验证了它. 作者在2016年4月14日猜测$6x - 2y$为合适多项式, 这仍未解决. 2021年, 余跃峰与伍海亮在[137]中证明了每个不是4倍数的整数$n \geqslant 4 \times 10^8$可表成$x^2 + y^2 + z^2 + w^2 \ (x, y, z, w \in \mathbb{Z})$使得$6x + 2y$为平方数.

猜想1.15 (2016年4月14日). (i) 整数$n > 3$都可表成$x^2 + y^2 + z^2 + w^2 \ (x, y, z, w \in \mathbb{N})$使得$3x - y$为平方数.

　　(ii) 不等于47的自然数n总可表成$x^2 + y^2 + z^2 + w^2 \ (x, y, z, w \in \mathbb{N})$使得$x + 7y$为平方数.

注记1.15. 此猜测发表于[200, 注记4.1].

猜想1.16 (2016年4月10日). 设a, b, c为正整数, 且$\gcd(a, b, c)$无平方因子. 如果$ax + by + cz$是合适多项式, 则必有$\{a, b, c\} = \{1, 3, 5\}$.

注记1.16. 2016年4月9日, 作者猜测$x + 3y + 5z$为合适多项式(参见OEIS条目A271518), 此为作者在[200, 猜想4.3(i)]中所称的 "1-3-5猜想". 在文[200]中, 作者宣布为1-3-5猜想的解决提供1350美元奖金. 2020年, A. Machiavelo与N. Tsopanidis(参见[97, 96])证实了1-3-5猜想.

猜想1.17 (2018年3月12日). 正整数n都可表成$x^2 + y^2 + z^2 + w^2 \ (x, y, z, w \in \mathbb{N})$使得$x + 3y + 5z$为正的平方数, 而且$2x, y, z$之一为平方数.

注记1.17. 此猜测发表于[212, 猜想4.9(ii)], 相应的表法数序列可见OEIS条目A300751. 我们对$n \leqslant 3 \times 10^6$验证了猜想1.17, 例如, 200, 344, 632都有唯一的合乎要求的表示法:

$$200 = 6^2 + 10^2 + 0^2 + 8^2, \ 0 = 0^2, \ 6 + 3 \times 10 + 5 \times 0 = 6^2;$$

$$344 = 0^2 + 18^2 + 2^2 + 4^2, \ 2 \times 0 = 0^2, \ 0 + 3 \times 18 + 5 \times 2 = 8^2;$$

$$632 = 6^2 + 16^2 + 18^2 + 4^2, \ 16 = 4^2, \ 6 + 3 \times 16 + 5 \times 18 = 12^2.$$

猜想1.18 (2018年3月12日). 正整数n都可表成$x^2 + y^2 + z^2 + w^2 \ (x, y, z, w \in \mathbb{N})$使得$x + 3y + 5z$为正的平方数, 而且$3x, y, z$之一为平方数.

注记1.18. 此猜测发表于[212, 猜想4.9(ii)], 相应的表法数序列可见OEIS条目A300752. 例如, 71, 808, 3544都有唯一的合乎要求的表示法:

$$71 = 3^2 + 1^2 + 6^2 + 5^2, \ 1 = 1^2, \ 3 + 3 \times 1 + 5 \times 6 = 6^2;$$

$$808 = 12^2 + 14^2 + 18^2 + 12^2, \ 3 \times 12 = 6^2, \ 12 + 3 \times 14 + 5 \times 18 = 12^2;$$

$$3544 = 14^2 + 34^2 + 16^2 + 44^2, \ 16 = 4^2, \ 14 + 3 \times 34 + 5 \times 16 = 14^2.$$

为快速完成证明1-3-5猜想所需的检验, 在作者的建议下A. Machiavelo, R. Reis与N. Tsopanidis在[96]中对$n \leqslant 1.05 \times 10^{11}$验证了猜想1.18.

猜想1.19 (2016年4月9日). (i) 每个$n \in \mathbb{N} \setminus \{7, 43, 79\}$可表成$x^2 + y^2 + z^2 + w^2$ $(x, y, z, w \in \mathbb{N})$使得$3x + 5y + 6z$为平方数.

(ii) 整数$n > 15$可表成$x^2 + y^2 + z^2 + w^2$ $(x, y, z, w \in \mathbb{N})$使得$3x + 5y + 6z$为平方数的两倍.

注记1.19. 此猜测公布于OEIS条目A271518, 其中第二条发表于[200, 猜想4.3(ii)]. 2016年12月, 侯庆虎对$n \leqslant 10^9$验证了猜想1.19.

对于多项式$P(x, y, z, w) \in \mathbb{Z}[x, y, z, w]$, 我们定义其例外集为

$$E(P) = \{n \in \mathbb{N} : \text{没有} x, y, z, w \in \mathbb{N} \text{使得} n = x^2 + y^2 + z^2 + w^2 \text{且} P(x, y, z, w) \text{为平方数}\}.$$

猜想1.20 (2020年10月8日). (i) 我们有

$$E(x - 2y) = \{43 \times 2^{4k} : k \in \mathbb{N}\}, \ E(4x - y) = \{7 \times 2^{4k} : k \in \mathbb{N}\},$$

$$E(3x - 2y) = E(5x - y) = E(7x - 3y) = E(32x - 15y) = \{3 \times 2^{4k+3} : k \in \mathbb{N}\},$$

$$E(2x + 7y) = \{35 \times 2^{4k} : k \in \mathbb{N}\}, \ E(8x + 9y) = \{47 \times 2^{4k} : k \in \mathbb{N}\}.$$

(ii) 我们有

$$E(x + 2y + 4z) = \{3 \times 2^{4k} : k \in \mathbb{N}\}, \ E(x + 2y + 6z) = \{15 \times 2^{4k} : k \in \mathbb{N}\},$$

$$E(2x + 3y + 4z) = \{3 \times 2^{4k+1} : k \in \mathbb{N}\}, \ E(2x + 4y + 5z) = \{3 \times 2^{4k+2} : k \in \mathbb{N}\},$$

$$E(4x + 5y + 8z) = \{23 \times 2^{4k} : k \in \mathbb{N}\}.$$

注记1.20. 更多类似猜测可见 [223].

猜想1.21 (2016年4月14日). 设$a, b, c \in \mathbb{Z}_+$, $b \leqslant c$, 且$\gcd(a, b, c)$无平方因子. 则$ax - by - cz$为合适多项式当且仅当

$$(a, b, c) = (1, 1, 1), \ (2, 1, 1), \ (2, 1, 2), \ (3, 1, 2), \ (4, 1, 2).$$

注记1.21. 此猜测正式发表于[200, 猜想4.3(iii)]. 迄今为止,

$$x - y - z, \ 2x - y - z, \ 2x - y - 2z, \ 3x - y - 2z, \ 4x - y - 2z$$

中没有一个被证明是合适多项式.

猜想1.22 (2016年4月14日). 设$a,b,c \in \mathbb{Z}_+$, $a \leqslant b$, 且$\gcd(a,b,c)$无平方因子. 则$ax+by-cz$为合适多项式当且仅当(a,b,c)是下述52个有序三元组之一:

$$(1,1,1),\ (1,1,2),\ (1,2,1),\ (1,2,2),\ (1,2,3),\ (1,3,1),$$
$$(1,3,3),\ (1,4,4),\ (1,5,1),\ (1,6,6),\ (1,8,6),\ (1,12,4),\ (1,16,1),$$
$$(1,17,1),\ (1,18,1),\ (2,2,2),\ (2,2,4),\ (2,3,2),\ (2,3,3),\ (2,4,1),$$
$$(2,4,2),\ (2,6,1),\ (2,6,2),\ (2,6,6),\ (2,7,4),\ (2,7,7),\ (2,8,2),$$
$$(2,9,2),\ (2,32,2),\ (3,3,3),\ (3,4,2),\ (3,4,3),\ (3,8,3),\ (4,5,4),$$
$$(4,8,3),\ (4,9,4),\ (4,14,14),\ (5,8,5),\ (6,8,6),\ (6,10,8),\ (7,9,7),$$
$$(7,18,7),\ (7,18,12),\ (8,9,8),\ (8,14,14),\ (8,18,8),\ (14,32,14),$$
$$(16,18,16),\ (30,32,30),\ (31,32,31),\ (48,49,48),\ (48,121,48).$$

注记1.22. 此猜测正式发表于[200, 猜想4.3(iv)]. 对这52个三元组中任何一个(a,b,c), 相应的$ax+by-cz$都未被证明是合适多项式. 2018年2月19日, 作者还猜测任何$n \in \mathbb{N}$可表成$x^2+y^2+z^2+w^2$ $(x,y,z,w \in \mathbb{N})$使得$x+y-2z$为平方数并且$y \equiv z \pmod{2}$.

猜想1.23 (2017年2月4日). (i) 每个$n \in \mathbb{N}$可以表成$x^2+y^2+z^2+w^2$ $(x,y,z,w \in \mathbb{N})$使得x与$49x+48(y-z)$都为平方数.

(ii) 每个$n \in \mathbb{N}$可以表成$x^2+y^2+z^2+w^2$ $(x,y,z,w \in \mathbb{N})$使得x与$121x+48(y-z)$都为平方数.

注记1.23. 此猜测及相应的表法数序列可见OEIS条目A282013与A282014. 下面是几个表示法唯一的例子:

$$248 = 4^2+6^2+0^2+14^2,\ 4=2^2,\ 49 \times 4+48(6-0)=22^2;$$
$$463 = 9^2+6^2+15^2+11^2,\ 9=3^2,\ 49 \times 9+48(6-15)=3^2;$$
$$31 = 1^2+2^2+1^2+5^2,\ 1=1^2,\ 121 \times 1+48(2-1)=13^2;$$
$$671 = 9^2+5^2+23^2+6^2,\ 9=3^2,\ 121 \times 9+48(5-23)=15^2.$$

猜想1.23正式发表于[212, 猜想4.7(ii)], 侯庆虎对$n \leqslant 10^9$验证了它.

猜想1.24. (i) (2017年2月2日) 每个$n \in \mathbb{N}$可表成$x^2+y^2+z^2+w^2$ $(x,y,z,w \in \mathbb{Z})$使得x与$x+y+z+w$都是平方数.

(ii) (2016年5月20日) 任给$a,b,c,d \in \mathbb{Z}_+$, 有无穷多个正整数不能表成$x^2+y^2+z^2+w^2$ $(x,y,z,w \in \mathbb{N})$使得$ax+by+cz+dw$为平方数.

注记1.24. 此猜测第一条相应的表法数序列可见OEIS条目A281941, 下面是表法唯一的两个例子:

$$157 = 4^2+(-2)^2+(-4)^2+11^2,\ 4=2^2\ 且\ 4+(-2)+(-4)+11=3^2;$$
$$628 = 9^2+(-5)^2+(-9)^2+21^2,\ 9=3^2\ 且\ 9+(-5)+(-9)+21=4^2.$$

孙宇宸与孙智伟在[142]中证明了每个自然数可表成$x^2+y^2+z^2+w^2$ $(x,y,z,w\in\mathbb{Z})$使得$x+y+z+w$为平方数. 猜想1.24第二条发表于[200, 猜想4.4(iii)].

猜想1.25 (2016年4月14日). 设$a,b,c,d\in\mathbb{Z}_+$, $a\leqslant b\leqslant c$, 且$\gcd(a,b,c,d)$无平方因子. 则$ax+by+cz-dw$是合适多项式当且仅当(a,b,c,d)是下述12个有序四元组之一:

$$(1,1,2,1),\ (1,2,3,1),\ (1,2,3,3),\ (1,2,4,2),\ (1,2,4,4),\ (1,2,5,5),$$
$$(1,2,6,2),\ (1,2,8,1),\ (2,2,4,4),\ (2,4,6,4),\ (2,4,6,6),\ (2,4,8,2).$$

注记1.25. 此猜测正式发表于[200, 猜想4.4(iv)].

猜想1.26 (2016年4月14日). 设$a,b,c,d\in\mathbb{Z}_+$, $a\leqslant b$且$c\leqslant d$, 而且$\gcd(a,b,c,d)$无平方因子. 则$ax+by-cz-dw$是合适多项式当且仅当(a,b,c,d)是下述9个有序四元组之一:

$$(1,2,1,1),\ (1,2,1,2),\ (1,3,1,2),\ (1,4,1,3),$$
$$(2,4,1,2),\ (2,4,2,4),\ (8,16,7,8),\ (9,11,2,9),\ (9,16,2,7).$$

注记1.26. 此猜测正式发表于[200, 猜想4.12(i)].

猜想1.27 (2017年2月4日). 每个$n\in\mathbb{N}$可以表成$x^2+y^2+z^2+w^2$ $(x,y,z,w\in\mathbb{N})$使得x与$-7x-8y+8z+16w$都为平方数.

注记1.27. 此猜测及其相应表法数序列可见OEIS条目A281977. 例如, 241与1521都有唯一合乎要求的表示:

$$241=9^2+4^2+12^2+0^2,\ 9=3^2,\ -7\times9-8\times4+8\times12+16\times0=1^2;$$
$$1521=0^2+22^2+14^2+29^2,\ 0=0^2,\ -7\times0-8\times22+8\times14+16\times29=20^2.$$

猜想1.27正式发表于[212, 猜想4.7(iii)], 侯庆虎对$n\leqslant10^8$验证了它.

猜想1.28 (2017年2月16日). 正整数都可表成$w^4+x^2+y^2+z^2$ $(w,x,y,z\in\mathbb{N})$使得$x(x+240y)$为正平方数.

注记1.28. 根据[200, 定理1.4(i)], 自然数都可表成$w^2+x^2+y^2+z^2$ $(w,x,y,z\in\mathbb{N})$ 使得$x(x-2y)=0$, 从而$x(x+240y)$为0^2或者$(11x)^2$. 猜想1.28相应表法数序列可见OEIS 条目A282494, 下面是表法唯一的三个例子:

$$39=1^4+2^2+3^2+5^2\ 且\ 2(2+240\times3)=38^2;$$
$$188=3^4+5^2+1^2+9^2\ 且\ 5(5+240\times1)=35^2;$$
$$1468=2^4+10^2+26^2+26^2\ 且\ 10(10+240\times26)=250^2.$$

猜想1.29 (2020年10月28日). (i) 每个$n \in \mathbb{N}$可以表成$x^2 + y^2 + z^2 + w^2$ $(x, y, z, w \in \mathbb{N})$使得$w(x + y)$为平方数,而且$w, x, y, z$之一为平方数.

(ii) 每个$n \in \mathbb{N}$可以表成$x^2 + y^2 + z^2 + w^2$ $(x, y, z, w \in \mathbb{N})$使得$w(x + 2y)$为平方数,而且$w, x, y$之一为平方数. 也可把$w(x + 2y)$换成$w(x + 3y)$或者$3w(x + 2y)$.

注记1.29. 此猜测以前未公开过.

猜想1.30 (2017年12月14日). 如果(a, b)是有序对

$$(5, 16),\ (7, 36),\ (16, 77),\ (36, 55),\ (36, 91),\ (36, -5),\ (64, -7),\ (64, 65)$$

之一, 则每个正整数可表成$x^2 + y^2 + z^2 + w^2$ $(x, y, z, w \in \mathbb{N})$使得$ax^2 + by^2$为可行数的平方.

注记1.30. $(a, b) = (64, 65)$时相关表法数序列可见OEIS条目A296523, 下面是表法唯一的一个例子:

$$111 = 1^2 + 2^2 + 5^2 + 9^2\ \text{且}\ 64 \times 1^2 + 65 \times 2^2 = 18^2,\ \text{这里}18\text{为可行数}.$$

猜想1.31 (2016年4月9日). (i) 如果(a, b, c)是下述有序三元组

$$(1, 8, 16),\ (4, 21, 24),\ (5, 40, 4),\ (9, 63, 7),\ (16, 80, 25),\ (36, 45, 40),\ (40, 72, 9)$$

之一, 则每个$n \in \mathbb{N}$可表成$x^2 + y^2 + z^2 + w^2$ $(x, y, z, w \in \mathbb{N})$使得$x \geqslant y$并且$ax^2 + by^2 + cz^2$为平方数.

(ii) 如果(a, b, c)是下述有序三元组

$$(1, 3, 12),\ (1, 3, 18),\ (1, 3, 21),\ (1, 3, 60),\ (1, 5, 15),\ (1, 8, 24),\ (1, 12, 15),\ (1, 24, 56),$$
$$(3, 4, 9),\ (3, 9, 13),\ (4, 5, 12),\ (4, 5, 60),\ (4, 9, 60),\ (4, 12, 21),\ (4, 12, 45),\ (5, 36, 40).$$

之一, 则$ax^2 + by^2 + cz^2$是合适多项式.

(iii) 如果a, b, c为正整数且$ax^2 + by^2 + cz^2$为合适多项式, 则a, b, c不可能两两互素.

注记1.31. 此猜测发表于[200, 猜想4.7], 似乎有无穷多组正整数a, b, c使得$\gcd(a, b, c)$无平方因子且$ax^2 + by^2 + cz^2$为合适多项式. 对于猜想1.31 第一与第二条中三元组, 作者验证了$n = 0, \ldots, 10^5$都有所要求的表示. 有关表法数序列可参见OEIS条目A271510与A271513, 例如:

$$77 = 5^2 + 4^2 + 6^2 + 0^2,\ 5 > 4\ \text{且}\ 5^2 + 8 \times 4^2 + 16 \times 6^2 = 27^2;$$
$$323 = 3^2 + 15^2 + 8^2 + 5^2\ \text{且}\ 3 \times 15^2 + 4 \times 8^2 + 9 \times 5^2 = 34^2.$$

猜想1.32 (2018年3月14日). 任何正整数n可表成$x^2 + y^2 + z^2 + w^2$ $(x, y, z \in \mathbb{N}$且$w \in \mathbb{Z}_+)$使得$(3x)^2 + (4y)^2 + (12z)^2$为平方数, 而且$z, 2z, 3z$之一为平方数.

注记1.32. 此猜测发表于[212, 猜想4.9(iii)], 相应表法数序列可见OEIS条目A300908. 下面是表法唯一的几个例子:

$$69 = 0^2 + 8^2 + 2^2 + 1^2, \ (3 \times 0)^2 + (4 \times 8)^2 + (12 \times 2)^2 = 40^2, \ 2 \times 2 = 2^2;$$
$$311 = 14^2 + 9^2 + 3^2 + 5^2, \ (3 \times 14)^2 + (4 \times 9)^2 + (12 \times 3)^2 = 66^2, \ 3 \times 3 = 3^2;$$
$$12151 = 50^2 + 71^2 + 49^2 + 47^2, \ (3 \times 50)^2 + (4 \times 71)^2 + (12 \times 49)^2 = 670^2, \ 49 = 7^2.$$

猜想1.33 (2018年3月13日). 任何正整数n可表成$x^2 + y^2 + z^2 + w^2$ ($x, y, z \in \mathbb{N}$且$w \in \mathbb{Z}_+$) 使得 $(12x)^2 + (15y)^2 + (20z)^2$ 为平方数, 而且x, y, z之一为平方数.

注记1.33. 此猜测发表于[212, 猜想4.9(iii)], 相应表法数序列可见OEIS条目A300791. 下面是表法唯一的两个例子:

$$39 = 5^2 + 2^2 + 1^2 + 3^2, \ (12 \times 5)^2 + (15 \times 2)^2 + (20 \times 1)^2 = 70^2, \ 1 = 1^2;$$
$$344 = 0^2 + 10^2 + 10^2 + 12^2, \ (12 \times 0)^2 + (15 \times 10)^2 + (20 \times 10)^2 = 250^2, \ 0 = 0^2.$$

猜想1.34 (2018年3月13日). 任何$n \in \mathbb{N}$可表成$x^2 + y^2 + z^2 + w^2$ ($x, y, z, w \in \mathbb{N}$) 使得$(12x)^2 + (21y)^2 + (28z)^2$ 为平方数, 而且$x, 2y, z$ 之一为平方数.

注记1.34. 此猜测发表于[212, 猜想4.9(iii)], 相应表法数序列可见OEIS条目A300844. 下面是表法唯一的三个例子:

$$56 = 4^2 + 6^2 + 2^2 + 0^2, \ (12 \times 4)^2 + (21 \times 6)^2 + (28 \times 2)^2 = 146^2, \ 4 = 2^2;$$
$$1439 = 33^2 + 13^2 + 9^2 + 10^2, \ (12 \times 33)^2 + (21 \times 13)^2 + (28 \times 9)^2 = 543^2, \ 9 = 3^2;$$
$$7836 = 38^2 + 18^2 + 68^2 + 38^2, \ (12 \times 38)^2 + (21 \times 18)^2 + (28 \times 68)^2 = 1994^2, \ 2 \times 18 = 6^2.$$

猜想1.35 (2018年3月13日). 任何正整数n可表成$x^2 + y^2 + z^2 + w^2$ ($x, y, z \in \mathbb{N}$且$w \in \mathbb{Z}_+$) 使得 $9x^2 + 16y^2 + 24z^2$ 为平方数, 而且x, y, z之一为平方数.

注记1.35. 此猜想及相应表法数序列可见OEIS条目A300792. 下面是表法唯一的三个例子:

$$56 = 2^2 + 0^2 + 6^2 + 4^2, \ 9 \times 2^2 + 16 \times 0^2 + 24 \times 6^2 = 30^2, \ 0 = 0^2;$$
$$143 = 3^2 + 7^2 + 9^2 + 2^2, \ 9 \times 3^2 + 16 \times 7^2 + 24 \times 9^2 = 53^2, \ 9 = 3^2;$$
$$959 = 25^2 + 18^2 + 3^2 + 1^2, \ 9 \times 25^2 + 16 \times 18^2 + 24 \times 3^2 = 105^2, \ 25 = 5^2.$$

作者猜测也可把猜想1.35中$9x^2 + 16y^2 + 24z^2$换成$36x^2 + 40y^2 + 45z^2$或$144x^2 + 505y^2 + 720z^2$.

猜想1.36 (2018年3月14日). 任何$n \in \mathbb{N}$可表成$x^2 + y^2 + z^2 + w^2$ ($x, y, z, w \in \mathbb{N}$) 使得 $x^2 + 24y^2 + 72z^2$ 为平方数, 而且$z, 2z, 3z$之一为平方数. 也可把$x^2 + 24y^2 + 72z^2$换成$9x^2 + 40y^2 + 120z^2$或者$16x^2 + 17y^2 + 48z^2$.

注记1.36. 此猜测以前未公开发表过.

猜想1.37 (2016年4月14日). $x^2 + 3y^2 + 5z^2 - 8w^2$是合适多项式.

注记1.37. 此猜测正式发表于[200, 猜想4.11(ii)], 更多类似的猜想可见OEIS条目A271778. 例如, 65有唯一合乎要求的表示法:

$$65 = 3^2 + 6^2 + 2^2 + 4^2 \text{ 且 } 3^2 + 3 \times 6^2 + 5 \times 2^2 - 8 \times 4^2 = 3^2.$$

猜想1.38 (2017年1月26日). 每个$n \in \mathbb{N} \setminus \{71, 85\}$可表成$x^2 + y^2 + z^2 + w^2$ $(x, y, z, w \in \mathbb{N})$使得$9x^2 + 16y^2 + 24z^2 + 48w^2$为平方数.

注记1.38. 此猜测正式发表于[212, 猜想4.10]. 我们对$n \leqslant 2 \times 10^5$验证了它, 相应的表法数序列可见OEIS条目A281659. 例如, $2 \times 85 = 170$有唯一合乎要求的表示法:

$$170 = 3^2 + 6^2 + 2^2 + 11^2 \text{ 且 } 9 \times 3^2 + 16 \times 6^2 + 24 \times 2^2 + 48 \times 11^2 = 81^2.$$

猜想1.39 (2017年2月16日). 每个$n \in \mathbb{N}$可表成$x^2 + y^2 + z^2 + w^2$ $(x, y, z, w \in \mathbb{N})$使得$x$与$x^2 + 62xy + y^2$都为平方数, 而且$x \equiv y \pmod 2$.

注记1.39. 此猜测正式发表于[212, 猜想4.7(iv)]. 我们对$n \leqslant 10^5$验证了它, 相应的表法数序列可见OEIS 条目A282463. 例如, 143有唯一合乎要求的表示法:

$$143 = 9^2 + 3^2 + 2^2 + 7^2, \quad 9 \equiv 3 \pmod 2, \quad 9 = 3^2, \quad 9^2 + 62 \times 9 \times 3 + 3^2 = 42^2.$$

猜想1.40 (2017年2月25日). (i) 正整数n都可表成$x^4 + y^2 + z^2 + w^2$ $(x, y, z \in \mathbb{N}$且$w \in \mathbb{Z}_+)$使得$9y^2 - 8yz + 8z^2$为平方数.

(ii) 每个$n \in \mathbb{N}$都可表成$4x^4 + y^2 + z^2 + w^2$ $(x, y, z, w \in \mathbb{N})$使得$79y^2 - 220yz + 205z^2$为平方数.

注记1.40. 猜想1.40正式发表于[212, 猜想4.8(i)], 作者对$n \leqslant 10^7$进行了验证. 相关的表法数序列可见OEIS条目A282933与A282972. 例如,

$$591 = 3^4 + 1^2 + 5^2 + 22^2 \text{ 且 } 9 \times 1^2 - 8 \times 1 \times 5 + 8 \times 5^2 = 13^2;$$
$$1564 = 4 \times 3^4 + 14^2 + 30^2 + 12^2 \text{ 且 } 79 \times 14^2 - 220 \times 14 \times 30 + 205 \times 30^2 = 328^2.$$

猜想1.41 (2016年4月12日). 任何正整数n可表成$w^2 + x^2 + y^2 + z^2$ $(w \in \mathbb{Z}_+$且$x, y, z \in \mathbb{N})$使得$(10w + 5x)^2 + (12y + 36z)^2$为平方数.

注记1.41. 此猜测首先公布于OEIS条目A271714, 后来正式发表于[200, 猜想4.8(i)]. 更多类似猜测可见[200, 猜想4.8(ii)-(v)]. 孙宇宸与孙智伟在[142, 定理1.5(iii)]中证明了每个自然数n可表成$w^2 + x^2 + y^2 + z^2$ $(w, x, y, z \in \mathbb{Z})$ 使得$(2w + x)(2w + x - y - 3z) = 0$, 从而$(10w + 5x)^2 + (12y + 36z)^2$为平方数.

猜想1.42 (2017年2月7日). (i) 任何正整数n可表成$x^2 + y^2 + z^2 + w^2$ ($x,y,z \in \mathbb{N}$且$w \in \mathbb{Z}_+$)使得x与$(12x)^2 + (5y - 10z)^2$都为平方数.

(ii) 任何正整数n可表成$w^2 + x^2 + y^2 + z^2$ ($w \in \mathbb{Z}_+$且$x,y,z \in \mathbb{N}$)使得x与$(35x)^2 + (12y - 24z)^2$都为平方数.

注记1.42. 此猜测及第一部分相应的表法数序列可见OEIS条目A282161. 就第一部分而言, 下面是几个表法唯一的例子:

$$119 = 1^2 + 9^2 + 1^2 + 6^2, \ 1 = 1^2 \ \text{且} \ (12 \times 1)^2 + (5 \times 9 - 10 \times 1)^2 = 37^2;$$
$$191 = 9^2 + 5^2 + 7^2 + 6^2, \ 9 = 3^2 \ \text{且} \ (12 \times 9)^2 + (5 \times 5 - 10 \times 7)^2 = 117^2;$$
$$223 = 1^2 + 13^2 + 7^2 + 2^2, \ 1 = 1^2 \ \text{且} \ (12 \times 1)^2 + (5 \times 13 - 10 \times 7)^2 = 13^2;$$
$$1052 = 4^2 + 30^2 + 6^2 + 10^2, \ 4 = 2^2 \ \text{且} \ (12 \times 4)^2 + (5 \times 30 - 10 \times 6)^2 = 102^2.$$

猜想1.43 (2016年5月7日). 每个$n \in \mathbb{N}$都可表成$x^2 + y^2 + z^2 + w^2$ ($x,y,z,w \in \mathbb{N}$)使得$xy + 2zw$或$xy - 2zw$为平方数.

注记1.43. 此猜测及相应的表法数序列可见OEIS条目A270073. 例如, 1443与1955都有唯一合乎要求的表示:

$$1443 = 7^2 + 31^2 + 12^2 + 17^2 \ \text{且} \ 7 \times 31 + 2 \times 12 \times 17 = 25^2;$$
$$1955 = 19^2 + 27^2 + 9^2 + 28^2 \ \text{且} \ 19 \times 27 - 2 \times 9 \times 28 = 3^2.$$

猜想1.43正式发表于[200, 猜想4.14(i)], 我们对$n \leqslant 10^5$验证了它.

猜想1.44 (2020年10月18日). 如果(a,b)是下述有序对

$$(1,-2), \ (2,-1), \ (4,-2), \ (16,-2), \ (1,2), \ (1,10), \ (1,32),$$
$$(2,10), \ (2,14), \ (2,16), \ (2,36), \ (3,4), \ (4,2), \ (4,18), \ (6,18), \ (8,9), \ (9,10).$$

之一,则$n \in \mathbb{N}$时可把$4n + 1$表成$x^2 + y^2 + z^2 + w^2$ ($x,y,z,w \in \mathbb{N}$)使得$axy + bzw$为平方数.

注记1.44. 此猜测及$(a,b) = (1,32)$时的表法数序列可见OEIS条目A338272. 例如, $(a,b) = (1,32)$时$4 \times 1319 + 1 = 5277$有唯一合乎要求的表示:

$$5277 = 20^2 + 36^2 + 10^2 + 59^2 \ \text{且} \ 20 \times 36 + 32 \times 10 \times 59 = 140^2.$$

$(a,b) = (1,10), (1,32)$时我们对$n \leqslant 10^5$验证了猜测的相应结论.

猜想1.45 (2016年4月11日). (i) 任何正整数n可表成$w^2 + x^2 + y^2 + z^2$ (其中$w \in \mathbb{Z}_+$且$x,y,z \in \mathbb{N}$)使得$wx + 2xy + 2yz$为平方数.

(ii) 任何正整数n可表成$w^2 + x^2 + y^2 + z^2$ (其中$w \in \mathbb{Z}_+$且$x,y,z \in \mathbb{N}$)使得$2wx + xy + 4yz$为平方数.

注记1.45. 此猜测发表于[200, 猜想4.6(i)]. 第一部分相应的表法数序列可见OEIS条目A271644; 例如, 71有唯一合乎要求的表示法:

$$71 = 3^2 + 3^2 + 2^2 + 7^2 \text{ 且 } 3 \times 3 + 2 \times 3 \times 2 + 2 \times 2 \times 7 = 7^2.$$

猜想1.46 (2016年4月12日). 任何正整数n可表成$w^2 + x^2 + y^2 + z^2$ (其中$w \in \mathbb{Z}_+$且$x, y, z \in \mathbb{N}$) 使得$w^2 + 4xy + 8yz + 32zx$为平方数.

注记1.46. 此猜测发表于[200, 猜想4.6(ii)], 相应的表法数序列可见OEIS条目A271665. 例如, 141有唯一合乎要求的表示法:

$$141 = 8^2 + 5^2 + 4^2 + 6^2 \text{ 且 } 8^2 + 4 \times 5 \times 4 + 8 \times 4 \times 6 + 32 \times 6 \times 5 = 36^2.$$

猜想1.47 (2016年4月12日). 设$a, b, c \in \mathbb{Z}_+$且$\gcd(a, b, c)$无平方因子, 则$axy + byz + czx$为合适多项式当且仅当$\{a, b, c\}$是

$$\{1, 2, 3\}, \{1, 3, 8\}, \{1, 8, 13\}, \{2, 4, 45\}, \{4, 5, 7\}, \{4, 7, 23\}, \{5, 8, 9\}, \{11, 16, 31\}$$

之一.

注记1.47. 此猜测首先公布于OEIS条目A271644, 后来正式发表于[200, 猜想4.6(iv)].

猜想1.48 (2016年4月18日). 多项式

$$x^2 + kyz \ (k = 12, 24, 32, 48, 84, 120, 252),$$
$$9x^2 - 4yz, \ 9x^2 + 140yz, \ 25x^2 + 24yz, \ 121x^2 - 20yz$$

都是合适多项式.

注记1.48. 此猜测发表于[200, 猜想4.10(i)], [142, 推论1.1-1.2]给出了部分进展. 已知$x^2 + 4yz$, $x^2 - 4yz$与$x^2 + 8yz$都是合适多项式, 参见[200, 注记4.10]与[142, 定理1.1(i)].

猜想1.49 (2016年4月19日). 任何正整数n可表成$x^2 + y^2 + z^2 + w^2$使得$4x^2 + 5y^2 + 20zw$为平方数, 这里$x, y, z, w \in \mathbb{N}$且$z < w$.

注记1.49. 此猜测发表于[200, 猜想4.11(i)], 相应表法数序列可见OEIS条目A272084. 例如, 70有唯一合乎要求的表示法:

$$70 = 7^2 + 1^2 + 2^2 + 4^2, \ 2 < 4 \text{ 且 } 4 \times 7^2 + 5 \times 1^2 + 20 \times 2 \times 4 = 19^2.$$

猜想1.50 (2016年4月26日). 任何正整数n可表成$w^2 + x^2 + y^2 + z^2$ (其中$w \in \mathbb{Z}_+$且$x, y, z \in \mathbb{N}$)使得$36x^2 y + 12y^2 z + z^2 x$为平方数.

注记1.50. 此猜测发表于[200, 猜想4.10(iii)], 相应表法数序列可见OEIS条目A272332. 例如, 79有唯一合乎要求的表示法:

$$79 = 7^2 + 1^2 + 5^2 + 2^2 \text{ 且 } 36 \times 1^2 \times 5 + 12 \times 5^2 \times 2 + 2^2 \times 1 = 28^2.$$

猜想1.51 (2016年). (i) 任何正整数n可表成$w^2 + x^2 + y^2 + z^2$ (其中$w \in \mathbb{Z}_+$且$x, y, z \in \mathbb{N}$)使得$x^3 + 4yz(y-z)$为平方数.

(ii) 任何正整数n可表成$w^2 + x^2 + y^2 + z^2$ (其中$w \in \mathbb{Z}_+$且$x, y, z \in \mathbb{N}$)使得$x^3 + 8yz(2y-z)$为平方数.

注记1.51. 此猜测发表于[200, 猜想4.10(iii)], 我们对$n \leqslant 3 \times 10^5$进行了验证. 第一部分相应表法数序列可见OEIS条目A272056; 例如, 575有唯一合乎要求的表示法:

$$575 = 1^2 + 22^2 + 3^2 + 9^2 \text{ 且 } 22^3 + 4 \times 3 \times 9 \times (3 - 9) = 100^2.$$

猜想1.52 (2017年3月14日). (i) 设$a, b \in \mathbb{Z}_+$且$\gcd(a, b)$无平方因子, 则$ax^3 + b(y-z)^3$为合适多项式当且仅当(a, b)是有序对

$$(1, 1), (1, 9), (2, 18), (8, 1), (9, 5), (9, 8), (9, 40), (16, 2), (18, 16), (25, 16), (72, 1)$$

之一.

(ii) 任何$n \in \mathbb{N}$都可表成$x^2 + y^2 + z^2 + w^2$ $(x, y, z, w \in \mathbb{N})$使得$72x^3 + (y-z)^3$为偶平方数(亦即$9x^3 + (\frac{y-z}{2})^3$为平方数的两倍).

注记1.52. 此猜测第一部分发表于[212, 猜想4.11(i)], 注意$x, y, z \in \mathbb{N}$时

$$16x^3 + 2(y-z)^3 = 16\left(x^3 + \left(\frac{y-z}{2}\right)^3\right)$$

为平方数等价于$x^3 + (\frac{y-z}{2})^3$为平方数. 我们对$n \leqslant 2 \times 10^6$验证了猜想1.52(ii), 相应表法数序列可见OEIS 条目A282863; 例如, 159有唯一合乎要求的表示法:

$$159 = 2^2 + 3^2 + 11^2 + 5^2 \text{ 且 } 72 \times 2^3 + (3 - 11)^3 = 8^2.$$

猜想1.53 (2017年3月12日). 设$a, b \in \mathbb{Z}_+$, $a \leqslant b$且$\gcd(a, b)$无平方因子. 则每个$n \in \mathbb{N}$都可表成$x^2 + y^2 + z^2 + w^2$ $(x, y, z, w \in \mathbb{Z})$使得$ax^3 + by^3$为平方数, 当且仅当$(a, b)$是有序对

$$(1, 2), (1, 8), (2, 16), (4, 23), (4, 31), (5, 9), (8, 9), (8, 225), (9, 47), (25, 88), (50, 54)$$

之一.

注记1.53. 此猜测发表于[212, 猜想4.11(ii)]. OEIS条目A283617中包含了$(a, b) = (1, 2)$时相应表法数序列; 例如, 559与19743都有唯一合乎要求的表示法:

$$599 = 7^2 + (-3)^2 + 10^2 + 21^2 \text{ 且 } 7^3 + 2 \times (-3)^3 = 17^2;$$
$$19743 = (-25)^2 + 25^2 + 58^2 + 123^2 \text{ 且 } (-25)^3 + 2 \times 25^3 = 125^2.$$

猜想1.54 (2016年5月18日). 多项式$w^2x^2 + 3x^2y^2 + 2y^2z^2$是合适多项式.

注记1.54. 此猜测发表于[200, 猜想4.11(iii)]，相应的表法数序列可见OEIS条目A273278. 例如，231有唯一合乎要求的表示法：

$$231 = 10^2 + 1^2 + 9^2 + 7^2 \text{ 且 } 10^2 \times 1^2 + 3 \times 1^2 \times 9^2 + 2 \times 9^2 \times 7^2 = 91^2.$$

猜想1.55 (2016年). 设a,b为非零整数且(a,b)无平方因子，则$ax^4 + by^3z$为合适多项式当且仅当(a,b)是下述7个有序对之一：

$$(1,1), \ (1,15), \ (1,20), \ (1,36), \ (1,60), \ (1,1680), \ (9,260).$$

特别地，每个$n \in \mathbb{N}$可表成$x^2 + y^2 + z^2 + w^2 \ (x,y,z,w \in \mathbb{N})$使得$x^4 + 1680y^3z$为平方数.

注记1.55. 此猜测发表于[200, 猜想4.10(iv)]. 其中后一断言称为1680-猜想，侯庆虎对$n \leqslant 10^8$验证了它；例如，7与20055都有唯一合乎要求的表示法：

$$7 = 1^2 + 1^2 + 1^2 + 2^2 \text{ 且 } 1^4 + 1680 \times 1^3 \times 1 = 41^2,$$
$$20055 = 47^2 + 6^2 + 77^2 + 109^2 \text{ 且 } 47^4 + 1680 \times 6^3 \times 77 = 5729^2.$$

作者在OEIS条目A280831中宣布为1680-猜想的首个完整解答提供1680元人民币奖金. 关于把正整数表成$x^2 + y^2 + z^2 + w^2 \ (x,y,z,w \in \mathbb{N}$且$z > 0)$使得$x^4 + y^3z$为平方数，表法数序列可见OEIS条目A272336.

猜想1.56 (2017年3月2日). 每个正整数n可表成$x^2 + y^2 + z^2 + w^2 \ (x,y,z \in \mathbb{Z}$且$w \in \mathbb{Z}_+)$使得$2x + y$与$2x + z$都是平方数.

注记1.56. 此猜测发表于[212, 猜想4.8(ii)]，相应的表法数序列可见OEIS条目A283196，下面是表法唯一的三个例子：

$$59 = 3^2 + 3^2 + (-5)^2 + 4^2, \ 2 \times 3 + 3 = 3^2 \text{ 且 } 2 \times 3 + (-5) = 1^2;$$
$$219 = 8^2 + (-7)^2 + 9^2 + 5^2, \ 2 \times 8 + (-7) = 3^2 \text{ 且 } 2 \times 8 + 9 = 5^2;$$
$$249 = (-4)^2 + 8^2 + 12^2 + 5^2, \ 2 \times (-4) + 8 = 0^2 \text{ 且 } 2 \times (-4) + 12 = 2^2.$$

猜想1.57 (2017年3月2日). (i) 每个自然数n可表成$x^2 + y^2 + z^2 + w^2 \ (x,w \in \mathbb{N}$且$y,z \in \mathbb{Z})$使得$x + 2y$与$z + 2w$都是平方数.

(ii) 每个自然数n可表成$x^2 + y^2 + z^2 + w^2 \ (x,y,z \in \mathbb{Z}$且$w \in \mathbb{N})$使得$x + 3y$与$z + 3w$都是平方数.

注记1.57. 此猜测发表于[212, 猜想4.8(iii)]. 第一部分相应的表法数序列可见OEIS条目A283170，下面是表法唯一的三个例子：

$$28 = 3^2 + (-1)^2 + 3^2 + 3^2, \ 3 + 2 \times (-1) = 1^2 \text{ 且 } 3 + 2 \times 3 = 3^2;$$
$$808 = 8^2 + 14^2 + (-8)^2 + 22^2, \ 8 + 2 \times 14 = 6^2 \text{ 且 } (-8) + 2 \times 22 = 6^2;$$
$$892 = 27^2 + (-1)^2 + (-9)^2 + 9^2, \ 27 + 2 \times (-1) = 5^2 \text{ 且 } (-9) + 2 \times 9 = 3^2.$$

§1.3 四平方和定理的涉及立方数或四次方数的加强

猜想1.58 (2018年3月17日). (i) 任何正整数n可表成$x^2 + y^2 + z^2 + w^2$ ($x, y, z \in \mathbb{N}$且$w \in \mathbb{Z}_+$)使得$x + 3y + 9z \in \{2^k m^3 : k, m \in \mathbb{N}\}$.

(ii) 任何正整数n可表成$x^2 + y^2 + z^2 + w^2$ ($x \in \mathbb{Z}_+$且$y, z, w \in \mathbb{N}$)使得$2x + 7y \in \{2^k m^3 : k, m \in \mathbb{N}\}$.

注记1.58. 此猜测及第一部分相应表法数序列可见OEIS条目A301314. 例如:

$$21 = 3^2 + 2^2 + 2^2 + 2^2 \text{ 且 } 3 + 3 \times 2 + 9 \times 2 = 3^3;$$
$$56 = 0^2 + 6^2 + 4^2 + 2^2 \text{ 且 } 0 + 3 \times 6 + 9 \times 4 = 2 \times 3^3;$$
$$79 = 2^2 + 7^2 + 1^2 + 5^2 \text{ 且 } 2 + 3 \times 7 + 9 \times 1 = 2^2 \times 2^3.$$

我们对$n \leqslant 10^7$验证了猜想1.58(i).

猜想1.59 (2018年3月18日). (i) 任何正整数n可表成$x^2 + y^2 + z^2 + w^2$ ($x, y, z, w \in \mathbb{N}$)使得$x^2 + 7y^2 \in \{2^k m^3 : k \in \mathbb{N}, m \in \mathbb{Z}_+\}$.

(ii) 任何正整数n可表成$x^2 + y^2 + z^2 + w^2$ ($x, y, z, w \in \mathbb{N}$)使得$x^2 + 23y^2 \in \{2^k m^3 : k \in \mathbb{N}, m \in \mathbb{Z}_+\}$.

注记1.59. 此猜测及相应的表法数序列可见OEIS条目A301304与A301303. 下面是第一部分涉及的表法唯一的例子:

$$23 = 3^2 + 1^2 + 2^2 + 3^2 \text{ 且 } 3^2 + 7 \times 1^2 = 2 \times 2^3;$$
$$646 = 22^2 + 11^2 + 4^2 + 5^2 \text{ 且 } 22^2 + 7 \times 11^2 = 11^3;$$
$$815 = 9^2 + 5^2 + 15^2 + 22^2 \text{ 且 } 9^2 + 7 \times 5^2 = 2^2 \times 4^3.$$

我们对$n \leqslant 10^8$验证了猜想1.59.

猜想1.60 (2018年3月20日). 任何正整数n可表成$x^2 + y^2 + z^2 + w^2$ ($x, y, z, w \in \mathbb{N}$)使得$x(y + 3z)$或$2x(y + 3z)$为立方数.

注记1.60. 此猜测及相应的表法数序列可见OEIS条目A301375. 下面是表法唯一的两个例子:

$$92 = 6^2 + 6^2 + 4^2 + 2^2 \text{ 且 } 2 \times 6(6 + 3 \times 4) = 6^3;$$
$$807 = 1^2 + 21^2 + 2^2 + 19^2 \text{ 且 } 1 \times (21 + 3 \times 2) = 3^3.$$

我们对$n \leqslant 3 \times 10^6$验证了猜想1.60.

猜想1.61 (2018年3月20日). (i) 任何正整数n可表成$x^2 + y^2 + z^2 + w^2$ ($x, y, z, w \in \mathbb{N}$)使得$x(y + z) \in \{3^k m^3 : k, m \in \mathbb{N}\}$. 也可把$x(y + z)$换成任一个下面的多项式:

$$2x(y + z), \ 4x(y + z), \ x(3y + z), \ 2x(3y + z).$$

(ii) 任何正整数n可表成$x^2+y^2+z^2+w^2$ ($x,y,z,w\in\mathbb{N}$)使得$x(2y+z)\in\{2^k m^3:k,m\in\mathbb{N}\}$. 也可把$x(2y+z)$换成任一个下面的多项式:

$$9x(y+z),\ 9x(2y+z),\ x(3y+2z),\ 9x(5y+z),\ 25x(2y+z).$$

注记1.61. 此猜测以前未公开过.

猜想1.62 (2017年2月25日). 如果$P(x,y,z)$是多项式

$$x^2-y^2,\ x^2+3(y^2-z^2),\ 4x^2+y^2-z^2,\ 4x^2+3(y^2-z^2),\ x^2+5(y^2-z^2),\ \frac{x(2x+5y)}{3},\ \frac{2x(x+3y)}{5}$$

之一, 则每个$n\in\mathbb{N}$可表成$x^2+y^2+z^2+w^2$ ($x,y,z,w\in\mathbb{N}$)使得

$$P(x,y,z)\in\{m^4:\ m\in\mathbb{N}\}\cup\{4m^4:\ m\in\mathbb{N}\}.$$

注记1.62. 此猜测以前未公开过.

§1.4 四平方和定理的涉及2幂次的加强

猜想1.63 (2016年8月7日). 设n为正整数, 则可把n写成$w^2(1+2x^2+2y^2)+z^2$的形式, 这里$w\in\mathbb{Z}_+$且$x,y,z\in\mathbb{N}$. 当$n\neq449$时还可进一步要求$w\in\{2^k:k\in\mathbb{N}\}$.

注记1.63. 此猜测发表于[200, 猜想4.9(i)], 我们对$n\leqslant10^6$进行了验证. 由于$2x^2+2y^2=(x+y)^2+(x-y)^2$, 此猜想是Lagrange四平方和定理的加强. 猜想1.63中第一个断言相应的表法数序列可见OEIS条目A275738. 例如:

$$191=1^2(1+2\times6^2+2\times3^2)+10^2,\ 2033=4^2(1+2\times5^2+2\times2^2)+33^2;$$
$$449=5^2(1+2\times1^2+2\times1^2)+18^2=7^2(1+2\times0^2+2\times0^2)+20^2.$$

作者在[200, 定理1.2(v)]中证明了每个正整数可表成$4^k(1+4x^2+y^2)+z^2$的形式, 其中$k,x,y,z\in\mathbb{N}$.

猜想1.64. (i) (2016年12月15日) 每个正整数n都可表成$x^2+y^2+z^2+w^2$ ($x,y,z,w\in\mathbb{N}$)使得$2x-y\in\{2^k:k\in\mathbb{N}\}$, 也可表成$x^2+y^2+z^2+w^2$ ($x,y,z,w\in\mathbb{N}$)使得$2x-3y\in\{2^k:k\in\mathbb{N}\}$.

(ii) (2020年10月31日) 不属于$\{16^a b:\ a\in\mathbb{N},\ b\in\{1,25,46,88\}\}$的自然数$n$可表成$x^2+y^2+z^2+w^2$ ($x,y,z,w\in\mathbb{N}$)使得$2x-y\in\{4^k:k\in\mathbb{N}\}$.

注记1.64. [212, 猜想4.4]包含猜想1.64(i)及更多类似猜测. 作者在[212]中证明了正整数n可表成$x^2+y^2+z^2+w^2$ ($x,y,z,w\in\mathbb{N}$)使得$x-y\in\{2^k:k\in\mathbb{N}\}$, 也可表成$x^2+y^2+z^2+w^2$ ($x,y,z,w\in\mathbb{N}$)使得$|2x-y|\in\{4^k:k\in\mathbb{N}\}$.

猜想1.65 (2020年10月10日). 奇数$n>1$都可表成$x^2+y^2+z^2+w^2$ ($x,y,z,w\in\mathbb{N}$)使得$x+y\in\{2^a:\ a\in\mathbb{Z}_+\}$. 不仅如此, 不能表成$x^2+y^2+z^2+w^2$ ($x,y,z,w\in\mathbb{N}$)使得$x+y\in\{4^a:\ a\in\mathbb{Z}_+\}$的正整数$n\not\equiv0,6\pmod8$仅有

$$1,2,3,4,5,7,31,43,67,79,85,87,103,115,$$
$$475,643,1015,1399,1495,1723,1819,1939,1987.$$

注记1.65. 作者在[212, 定理1.1(ii)]中证明了任何正整数可表成$x^2+y^2+z^2+w^2$ $(x,y,z,w\in\mathbb{N})$使得$x-y\in\{2^a:a\in\mathbb{N}\}$. 我们对$n\leqslant 3\times 10^7$验证了猜想1.65, 有关数据参见OEIS条目A338094与A338121.

猜想1.66 (2020年10月30日). (i) 如果正整数n不形如$4^a(4b+3)$ $(a,b\in\mathbb{N})$也不形如$2^{4a+3}\times 101$ (其中$a\in\mathbb{N}$), 则n可表成$x^2+y^2+z^2+w^2$ $(x,y,z,w\in\mathbb{N})$使得$x+2y\in\{4^k:k\in\mathbb{N}\}$.

(ii) 如果$a,b\in\mathbb{N}$且$a\equiv\lfloor\frac{b}{2}\rfloor$ (mod 2), 则$2^a(2b+1)$可表成$x^2+y^2+z^2+w^2$ $(x,y,z,w\in\mathbb{N})$使得$x+3y\in\{4^k:k\in\mathbb{N}\}$.

注记1.66. 2018年2月21日, 作者提出了此猜想的减弱版本: 对于$c=2,3$, 任何正平方数可表成$x^2+y^2+z^2+w^2$ $(x,y,z,w\in\mathbb{N})$使得$x+cy\in\{4^k:k\in\mathbb{N}\}$. 猜想1.66公布于OEIS条目A337743. 例如:

$$49=0^2+2^2+3^2+6^2\ \text{且}\ 0+2\times 2=4.$$

猜想1.67 (2020年10月10日). 任何正奇数n可表成$x^2+y^2+z^2+w^2$ $(x,y,z,w\in\mathbb{N})$使得$x+y+2z\in\{2^a:a\in\mathbb{Z}_+\}$. 不仅如此, 如果整数$n>10840$满足$n\not\equiv 0,2$ (mod 8), 则n可表成$x^2+y^2+z^2+w^2$ $(x,y,z,w\in\mathbb{N})$使得$x+y+2z\in\{4^a:a\in\mathbb{Z}_+\}$.

注记1.67. 作者在[212, 定理1.4(i)]中证明了任何正整数可表成$x^2+y^2+z^2+w^2$使得$x,y,z,w\in\mathbb{Z}$且$x+y+2z\in\{4^a:a\in\mathbb{N}\}$. 我们对$n\leqslant 5\times 10^6$验证了猜想1.67, 相关数据可见OEIS条目A338095与A338119.

猜想1.68 (2020年10月10日, 1-2-3猜想). (i) (弱版本) 正奇数n可表成$x^2+y^2+z^2+w^2$ $(x,y,z,w\in\mathbb{N})$使得$x+2y+3z\in\{2^a:a\in\mathbb{Z}_+\}$.

(ii) (强版本) 如果整数$n>4627$满足$n\not\equiv 0,2$ (mod 8), 则可写$n=x^2+y^2+z^2+w^2$ $(x,y,z,w\in\mathbb{N})$使得$x+2y+3z\in\{4^a:a\in\mathbb{Z}_+\}$.

注记1.68. 相关数据可见OEIS条目A338096与A338103. 我们对$n\leqslant 5\times 10^6$验证了1-2-3猜想. 1-2-3猜想蕴含着作者在2018年2月提出的下述猜想(参见[212, 猜想4.15(ii)]与OEIS条目A299924): 正平方数都可表成$x^2+y^2+z^2+w^2$ $(x,y,z,w\in\mathbb{N})$使得$x+2y+3z\in\{4^a:a\in\mathbb{N}\}$.

猜想1.69 (2016年12月15日). 每个正整数n可表成$x^2+y^2+z^2+w^2$ $(x,y,z,w\in\mathbb{N})$使得$x+2y-2z\in\{4^k:k\in\mathbb{N}\}$.

注记1.69. 此猜测正式发表于[212, 猜想1.1(i)], 侯庆虎对$n\leqslant 10^9$进行了验证. 猜想1.69相应的表法数序列可见OEIS条目A279612. 例如, 92与111有唯一合乎要求的表示法:

$$92=4^2+6^2+6^2+2^2\ \text{且}\ 4+2\times 6-2\times 6=4;$$
$$111=9^2+1^2+5^2+2^2\ \text{且}\ 9+2\times 1-2\times 5=4^0.$$

猜想1.70 (2020年10月25日). 设$a,b\in\mathbb{N}$. 如果b为正偶数, 或者$b=0$且$6\nmid a-3$, 或者$2\nmid b$且$3\mid a$, 则$n=2^a(2b+1)$可表成$x^2+y^2+z^2+w^2$ $(x,y,z,w\in\mathbb{N})$使得$x+2y-2z\in\{8^k:k\in\mathbb{N}\}$.

注记1.70. 此猜测蕴含着正奇数与正平方数都可表成$x^2+y^2+z^2+w^2$ $(x,y,z,w\in\mathbb{N})$ 使得$x+2y-2z\in\{8^k:\ k\in\mathbb{N}\}$. 正平方数相应的猜想发表于[212, 猜想1.1(i)]. 作者甚至猜测正整数n可表成$x^2+y^2+z^2+w^2$ $(x,y,z,w\in\mathbb{N})$使得$x+2y-2z\in\{8^k:\ k\in\mathbb{N}\}$, 当且仅当$n$不形如

$$2^{6k+3},\ 2^{3k+1}\times 3,\ 2^{6k+2}\times 23,\ 2^{6k+4}m\ (m=11,19,27,35,39,43,51,59,199,303)$$

(其中$k\in\mathbb{N}$).

猜想1.71 (2018年2月19日). 任何正整数n可表成$x^2+y^2+z^2+w^2$ $(x,y,z,w\in\mathbb{N})$ 使得$x\equiv y\pmod 2$并且$|x+y-z|\in\{4^a:\ a\in\mathbb{N}\}$.

注记1.71. 此猜测发表于[212, 注记1.3], 相应表法数序列可见OEIS 条目A299825. 下面是三个表法唯一的例子:

$$8=2^2+2^2+0^2+0^2,\ 2\equiv 2\pmod 2\ \text{且}\ 2+2-0=4;$$
$$123=1^2+3^2+8^2+7^2,\ 1\equiv 3\pmod 2\ \text{且}\ 1+3-8=-4;$$
$$653=8^2+12^2+21^2+2^2,\ 8\equiv 12\pmod 2\ \text{且}\ 8+12-21=-4^0.$$

我们对$n\leqslant 5\times 10^6$验证了猜想1.71. 作者在[212, 定理1.3(i)]中证明了任何正整数可表成$x^2+y^2+z^2+w^2$ $(x,y,z,w\in\mathbb{N})$使得$|x+y-z|\in\{4^a:\ a\in\mathbb{N}\}$.

猜想1.72. (i) (2017年3月17日) 任何正整数n可表成$x^2+y^2+z^2+w^2$ $(x,y,z,w\in\mathbb{N})$ 使得$|x+3y-5z|\in\{4^a:\ a\in\mathbb{N}\}$.

(ii) (2020年11月2日) 如果整数$n>29860$, $16\nmid n$且$n\notin\{4^a(8b+5):\ a,b\in\mathbb{N}\}$, 则可把$n$表成$x^2+y^2+z^2+w^2$ $(x,y,z,w\in\mathbb{N})$ 使得$x+3y+5z\in\{4^a:\ a\in\mathbb{N}\}$.

注记1.72. 此猜测的第一部分发表于[212, 猜想4.5(ii)].

猜想1.73 (2017年3月25日). 设$c\in\{1,2,4\}$, 每个正整数n可表成$x^2+y^2+z^2+w^2$ $(x,y,z,w\in\mathbb{N})$ 使得$y\leqslant z$并且$c(2x+y-z)\in\{0\}\cup\{8^k:\ k\in\mathbb{N}\}\subseteq\{t^3:\ t\in\mathbb{N}\}$.

注记1.73. 此猜测正式发表于[212, 猜想1.1(ii)], 作者对$n\leqslant 2\times 10^6$ 进行了验证. 猜想1.69在$c=1$时相应的表法数序列可见OEIS条目A284343. 例如, 5, 138, 1832, 2976都有唯一合乎要求的表示法:

$$5=1^2+0^2+2^2+0^2\ \text{且}\ 2\times 1+0-2=0;$$
$$138=3^2+5^2+10^2+2^2\ \text{且}\ 2\times 3+5-10=8^0;$$
$$1832=4^2+30^2+30^2+4^2\ \text{且}\ 2\times 4+30-30=8;$$
$$2976=20^2+16^2+48^2+4^2\ \text{且}\ 2\times 20+16-48=8.$$

猜想1.74 (2016年12月18日). 任何正整数可表成$w^2+x^2+y^2+z^2$ $(w,x,y,z\in\mathbb{Z})$使得$w+2x+4y+8z\in\{8^k:\ k\in\mathbb{N}\}$.

注记1.74. 此猜测及更多类似猜想发表于[212, 猜想4.6].

猜想1.75 (2020年10月14日). *如果$a, b \in \mathbb{N}$不全为零, a为正偶数或b为偶数, 则$n = 2^a(2b+1)$可以表成$x^2 + y^2 + z^2 + w^2$ $(x, y, z, w \in \mathbb{N})$使得$x^2 + 7y^2 \in \{2^k: k \in \mathbb{Z}_+\}$.*

注记1.75. 此猜测及相关表法数序列可见OEIS条目A338162. 例如, 13有两种合乎要求的表示:

$$13 = 2^2 + 0^2 + 3^2 + 0^2, \quad 2^2 + 7 \times 0^2 = 2^2;$$
$$13 = 2^2 + 2^2 + 2^2 + 1^2, \quad 2 \times 2^2 + 7 \times 2^2 = 2^5.$$

我们对$n \leqslant 4 \times 10^8$验证了猜想1.75.

猜想1.76 (2020年10月12日). (i) *任何正整数n可表成$x^2 + y^2 + z^2 + w^2$ $(x, y, z, w \in \mathbb{N})$使得$2x^2 + 4y^2 - 7xy \in \{2^a: a \in \mathbb{N}\}$. 不仅如此, 正整数$n \equiv 1, 2 \pmod 4$都可表成$x^2 + y^2 + z^2 + w^2$ $(x, y, z, w \in \mathbb{N})$使得$2x^2 + 4y^2 - 7xy \in \{4^a: a \in \mathbb{Z}_+\}$.*

(ii) *任何正整数n可表成$x^2 + y^2 + z^2 + w^2$ $(x, y, z, w \in \mathbb{N})$使得$x^2 - 11xy + 26y^2 \in \{2^a: a \in \mathbb{N}\}$. 不仅如此, 正整数$n \equiv 1, 2 \pmod 4$都可表成$x^2 + y^2 + z^2 + w^2$ $(x, y, z, w \in \mathbb{N})$使得$x^2 - 11xy + 26y^2 \in \{4^a: a \in \mathbb{N}\}$.*

注记1.76. 我们对$n \leqslant 10^8$验证了猜想1.76. 第一部分相应表法数序列可见OEIS条目A337082, 下面是表法唯一的例子:

$$2731 = 5^2 + 7^2 + 16^2 + 49^2 \text{ 且 } 2 \times 5^2 + 4 \times 7^2 - 7 \times 5 \times 7 = 2^0.$$

猜想1.76第二部分及相应表法数序列可见OEIS条目A338139, 下面是表法唯一的例子:

$$11843 = 3^2 + 1^2 + 13^2 + 108^2 \text{ 且 } 3^2 - 11 \times 3 \times 1 + 26 \times 1^2 = 2.$$

§1.5 把自然数表成带限制的$x^2 + y^2 + z^2 + 2w^2$

已知任何自然数都可表成$x^2 + y^2 + z^2 + 2w^2$ $(x, y, z, w \in \mathbb{N})$.

猜想1.77 (2016年7月24日). *任何$n \in \mathbb{N}$可表成$x^2 + y^2 + z^2 + 2w^2$ $(x, y, z, w \in \mathbb{N})$ 使得$x + 2y + 3z$为平方数.*

注记1.77. 此猜测发表于[212, 猜想4.15(i)]并被侯庆虎验证到10^9, 相应的表法数序列可见OEIS条目A275344. 自然数

$$0, \ 1, \ 3, \ 5, \ 7, \ 14, \ 15, \ 16, \ 25, \ 30, \ 84, \ 169, \ 225$$

有唯一合乎要求的表示法, 例如:

$$33 = 1^2 + 0^2 + 0^2 + 2 \times 4^2 \text{ 且 } 1 + 2 \times 0 + 3 \times 0 = 1^2,$$
$$84 = 4^2 + 6^2 + 0^2 + 2 \times 4^2 \text{ 且 } 4 + 2 \times 6 + 3 \times 0 = 4^2,$$
$$169 = 10^2 + 6^2 + 1^2 + 2 \times 4^2 \text{ 且 } 10 + 2 \times 6 + 3 \times 1 = 5^2,$$
$$225 = 10^2 + 6^2 + 9^2 + 2 \times 2^2 \text{ 且 } 10 + 2 \times 6 + 3 \times 9 = 7^2.$$

猜想1.78 (2016年12月25日). 任何正整数n可表成$x^2+y^2+z^2+2w^2$ $(x,y,z,w\in\mathbb{Z})$使得$x+2y+3z=1$, 也可把$x+2y+3z$换成$x+2y+5z$或者$x+3y+4z$或者$2y+z+w$.

注记1.78. 此猜测发表于[212, 猜想4.13(i)]. 伍海亮与孙智伟在[252, 定理1.3(ii)]中证明了猜想1.78在n充分大时成立, 但这里"充分大"相应的界不能明确给出.

猜想1.79 (2016年12月25日). 如果$P(x,y,z,w)$是下述多项式

$$y+3z+4w,\ x+2y+2z+2w,\ x+2y+3z+dw\,(d=1,2,4),$$
$$x+2y+5z+2w,\ x+2y+5z+6w,\ x+3y+4z+2w,\ x+3y+4z+4w$$

之一, 则任何正整数n可表成$x^2+y^2+z^2+2w^2$ $(x,y,z,w\in\mathbb{Z})$使得$P(x,y,z,w)=1$.

注记1.79. 此猜测发表于[212, 猜想4.13(i)].

猜想1.80 (2016年12月25日). 如果$P(x,y,z,w)$ 是下述多项式

$$x+y+2z+6w,\ x+2y+3z+2w,\ x+2y+3z+6w,$$
$$x+2y+4z+4w,\ x+2y+5z+2w,\ 3x+3y+2z+2w$$

之一, 则任何正整数n可表成$x^2+y^2+z^2+2w^2$ $(x,y,z,w\in\mathbb{Z})$使得$P(x,y,z,w)=2$.

注记1.80. 此猜测发表于[212, 猜想4.13(ii)].

猜想1.81 (2016年12月25日). 如果$P(x,y,z,w)$是三个多项式

$$x+2y+3z+2w,\ x+2y+3z+4w,\ x+2y+3z+6w$$

之一, 则任何正整数n可表成$x^2+y^2+z^2+2w^2$ $(x,y,z,w\in\mathbb{Z})$使得$P(x,y,z,w)=3$.

注记1.81. 此猜测发表于[212, 猜想4.13(iii)].

猜想1.82 (2016年12月16日). 任何$n\in\mathbb{Z}_+$可表成$x^2+y^2+z^2+2w^2$ $(x,y,z,w\in\mathbb{N})$使得$2x+3y\in\{2^k:k\in\mathbb{N}\}$, 也可把$2x+3y$ 换成任何一个下面的多项式:

$$x+6y,\ x+7y,\ w+x,\ 2w+x.$$

注记1.82. 此猜测以前未公开过.

猜想1.83 (2016年12月16日). (i) 任何$n\in\mathbb{Z}_+$可表成$x^2+y^2+z^2+2w^2$ $(x,y,z,w\in\mathbb{N})$使得$x+2y\in\{4^k:k\in\mathbb{N}\}$.

(ii) 任何$n\in\mathbb{Z}_+$可表成$x^2+y^2+z^2+2w^2$ $(x,y,z,w\in\mathbb{N})$使得$y-z+3w\in\{4^k:k\in\mathbb{N}\}$.

(iii) 任何$n\in\mathbb{Z}_+$可表成$x^2+y^2+z^2+2w^2$ $(x,y,z,w\in\mathbb{N})$使得$y+2z-w\in\{4^k:k\in\mathbb{N}\}$.

注记1.83. 此猜测发表于[212, 猜想4.14]. 易证整数c不被5整除时任何正整数n可表成$x^2+y^2+z^2+2w^2$ $(x,y,z,w\in\mathbb{Z})$使得$x+2y=c$.

猜想1.84 (2016年7月24日). 如果(a,b)是有序对

$$(1,23),\ (2,7),\ (2,15),\ (2,16)$$

之一, 则每个$n \in \mathbb{N}$可表成$x^2+y^2+z^2+2w^2\ (x,y,z,w \in \mathbb{N})$使得$ax+by$为平方数.

注记1.84. 我们对$n \leqslant 10^4$验证了此猜想. 伍海亮与孙智伟证明了(a,b)为有序对

$$(1,2),\ (1,3),\ (1,12),\ (2,3),\ (2,4),\ (2,6)$$

之一时, 每个$n \in \mathbb{N}$可表成$x^2+y^2+z^2+2w^2\ (x,y,z,w \in \mathbb{N})$使得$ax+by$为平方数.

猜想1.85 (2016年7月24-26日). (i) 如果(a,b,c)是有序三元组

$$(1,2,1),\ (1,2,3),\ (1,3,1),\ (2,4,1),\ (2,4,2),\ (2,4,3),\ (2,4,4),\ (2,4,8),\ (8,9,5)$$

之一, 则每个$n \in \mathbb{N}$可表成$x^2+y^2+z^2+2w^2\ (x,y,z,w \in \mathbb{N})$使得$ax+by-cz$为平方数.

(ii) 任何$n \in \mathbb{N}$可表成$x^2+y^2+z^2+2w^2\ (x,y,z,w \in \mathbb{N})$使得$x+2(y-z) \in \{2t^3:\ t \in \mathbb{N}\}$.

(iii) 任何$n \in \mathbb{N}$可表成$x^2+y^2+z^2+2w^2\ (x,y,z,w \in \mathbb{N})$使得$x+2y+3(z-w)$为平方数.

(iv) 整数$n > 10$都可表成$x^2+y^2+z^2+2w^2\ (x,y,z,w \in \mathbb{N})$使得$w+x+2y+4z$为平方数.

注记1.85. 此猜测公布于OEIS条目A275409.

猜想1.86 (2016年7月26日). 如果$P(y,z,w)$是多项式

$$4y^2+5z^2+60w^2,\ 4y^2+24z^2+9w^2,\ 48y^2+64z^2+33w^2$$

之一, 则任何$n \in \mathbb{N}$可表成$x^2+y^2+z^2+2w^2\ (x,y,z,w \in \mathbb{N})$使得$P(y,z,w)$为平方数.

注记1.86. 这类似于猜想1.31.

猜想1.87 (2016年7月27日). 任何$n \in \mathbb{N}$可表成$x^2+y^2+z^2+2w^2\ (x,y,z,w \in \mathbb{N})$ 使得$6xy$为平方数.

注记1.87. 如果$n \in \mathbb{N} \setminus \{4^k(16l+14):\ k,l \in \mathbb{N}\}$, 那么$n$可表成$0^2+y^2+z^2+2w^2\ (y,z,w \in \mathbb{N})$且$6 \times 0 \times y = 0^2$. 因此猜想1.87归约到$n \equiv 14 \pmod{16}$的情形. 我们对$n \leqslant 3 \times 10^7$验证了猜想1.87, $n = 14, 30, 78$时相应的表示法唯一:

$$14 = 2^2+3^2+1^2+2 \times 0^2\ \text{且}\ 6 \times 2 \times 3 = 6^2;$$
$$30 = 2^2+3^2+3^2+2 \times 2^2\ \text{且}\ 6 \times 2 \times 3 = 6^2;$$
$$78 = 1^2+6^2+3^2+2 \times 4^2\ \text{且}\ 6 \times 1 \times 6 = 6^2.$$

猜想1.88 (2020年10月27日). 任何$n \in \mathbb{N}$可表成$2w^2+x^2+y^2+z^2\ (w,x,y,z \in \mathbb{N})$使得$w(3x+7y+10z)$为平方数, 而且$w,x,y,z$之一为平方数.

注记1.88. 此猜测在$n \in \mathbb{N} \setminus \{4^k(8l+7): k, l \in \mathbb{N}\}$ 时显然成立, 因为此时n可表成$2 \times 0^2 + x^2 + y^2 + z^2$ $(x, y, z \in \mathbb{N})$. 故猜想1.88归约到$n \equiv 7 \pmod 8$的情形, 相应的表法数序列可见OEIS条目A338263. 作者对$n \leqslant 10^6$验证了猜想1.88, 下面是表法唯一的例子:

$$79 = 2 \times 3^2 + 5^2 + 0^2 + 6^2, \ 0 = 0^2, \ 3(3 \times 5 + 7 \times 0 + 10 \times 6) = 15^2;$$
$$239 = 2 \times 3^2 + 3^2 + 14^2 + 4^2, \ 4 = 2^2, \ 3(3 \times 3 + 7 \times 14 + 10 \times 4) = 21^2;$$
$$287 = 2 \times 1^2 + 10^2 + 8^2 + 11^2, \ 1 = 1^2, \ 1(3 \times 10 + 7 \times 8 + 10 \times 11) = 14^2;$$
$$519 = 2 \times 3^2 + 1^2 + 20^2 + 10^2, \ 1 = 1^2, \ 3(3 \times 1 + 7 \times 20 + 10 \times 10) = 27^2.$$

猜想1.89 (2016年7月27日). (i) 如果(a, b)是有序对

$$(1, 2), \ (1, 16), \ (1, 32), \ (1, 54), \ (9, 10), \ (9, 48), \ (49, 32)$$

之一, 则任何$n \in \mathbb{N}$可表成$x^2 + y^2 + z^2 + 2w^2$ $(x, y, z, w \in \mathbb{N})$ 使得$aw^2 + bxy$为平方数.

(ii) 如果(a, b)是有序对

$$(1, 8), \ (1, 12), \ (1, 24), \ (1, 28), \ (1, 36), \ (1, 48), \ (9, 28), \ (25, 24), \ (49, 32)$$

之一, 则任何$n \in \mathbb{N}$可表成$x^2 + y^2 + z^2 + 2w^2$ $(x, y, z, w \in \mathbb{N})$ 使得$ax^2 + byz$为平方数.

注记1.89. 这类似于猜想1.48.

猜想1.90 (2020年10月27日). 如果(a, b)是有序对

$$(1, 5), \ (1, 9), \ (1, 20), \ (5, 1) \ (9, 1), \ (16, 63), \ (25, 44), \ (52, 9)$$

之一, 则任何$n \in \mathbb{N}$可表成$2w^2 + x^2 + y^2 + z^2$ $(w, x, y, z \in \mathbb{N})$ 使得$ax^2 + by^2$为平方数, 而且w或x为平方数.

注记1.90. 此猜测以前未公开过.

猜想1.91 (2017年1月10日). (i) 任何$n \in \mathbb{N}$可表成$2w^2 + x^2 + y^2 + z^2$ $(w, x, y, z \in \mathbb{N})$ 使得$9w^4 + 128x^3y$ 为平方数.

(ii) 设$c \in \{1, 2, 3, 4, 5\}$. 则任何$n \in \mathbb{N}$可表成$2w^2 + x^2 + y^2 + z^2$ $(w, x, y, z \in \mathbb{N})$ 使得$cw^3x + y^4$为平方数, 也可表成$2w^2 + x^2 + y^2 + z^2$ $(w, x, y, z \in \mathbb{N})$ 使得$cwx^3 + y^4$ 为平方数.

注记1.91. 这类似于猜想1.55. 作者对$n \leqslant 5 \times 10^5$验证了猜想1.91.

§1.6 其他带限制的$ax^2 + by^2 + cz^2 + dw^2$

1917年, S. Ramanujan[131]找出了全部的54个正整数四元组(a, b, c, d) $(a \leqslant b \leqslant c \leqslant d)$使得$\{ax^2 + by^2 + cz^2 + dw^2: x, y, z, w \in \mathbb{N}\} = \mathbb{N}$; 其正确性于1927年被L. E. Dickson[35]所证实.

猜想1.92 (2016年8月5日). (i) 任何正整数n可表成$4^k(1+x^2+y^2)+5z^2$的形式, 这里$k, x, y, z \in \mathbb{N}$.

(ii) 任何正整数n可表成$4^k(1+x^2+5y^2)+z^2$的形式, 这里$k, x, y, z \in \mathbb{N}$.

注记1.92. 自然数都可表成$x^2+y^2+z^2+5w^2$ ($x, y, z, w \in \mathbb{N}$) 的形式, 猜想1.92是对此已知结果的加强, 相关的表法数序列可见OEIS条目A275675与A275676. 例如:

$$9777 = 4(1+11^2+31^2)+5 \times 33^2, \quad 259 = 4^0(1+5 \times 4^2+13^2)+3^2.$$

猜想1.92类似于猜想1.63, 正式发表于[200, 猜想4.9(iii)].

猜想1.93 (2016年9月10日). 任何$n \in \mathbb{N}$都可表成$x^2+y^2+z^2+3w^2$ ($x, y, z, w \in \mathbb{N}$) 使得$x-y \in \{t^3: t \in \mathbb{N}\}$, 也可表成$x^2+y^2+z^2+3w^2$ ($x, y, z, w \in \mathbb{N}$) 使得$2x-y \in \{2t^3: t \in \mathbb{N}\}$.

注记1.93. 此猜测以前未公开过.

猜想1.94 (2016年9月10日). (i) 任何$n \in \mathbb{N}$都可表成$x^2+y^2+z^2+5w^2$ ($x, y, z, w \in \mathbb{N}$) 使得$x-y$为平方数 (或平方数的两倍), 也可表成$x^2+y^2+z^2+5w^2$ ($x, y, z, w \in \mathbb{N}$) 使得$x-y \in \{2t^3: t \in \mathbb{N}\}$.

(ii) 任何$n \in \mathbb{N}$都可表成$x^2+y^2+z^2+6w^2$ ($x, y, z, w \in \mathbb{N}$) 使得$3x-2y$为平方数, 也可把$3x-2y$换成$x-y$或$2(x-y)$.

(iii) 任何$n \in \mathbb{N}$都可表成$x^2+y^2+z^2+7w^2$ ($x, y, z, w \in \mathbb{N}$) 使得$x-y$为平方数 (或平方数的两倍).

(iv) 任何$n \in \mathbb{N}$都可表成$2x^2+2y^2+2z^2+w^2$ ($x, y, z, w \in \mathbb{N}$) 使得$x-y \in \{t^3: t \in \mathbb{N}\}$, 也可表成$2x^2+2y^2+2z^2+w^2$ ($x, y, z, w \in \mathbb{N}$) 使得$x-y \in \{2t^3: t \in \mathbb{N}\}$.

注记1.94. 此猜测以前未公开过.

猜想1.95 (2016年7月26日). (i) 每个整数$n > 3$可表成$w^2+x^2+2y^2+4z^2$ ($w, x, y, z \in \mathbb{N}$) 的形式使得$x+2y+z$为平方数.

(ii) 不等于11的自然数都可表成$w^2+x^2+2y^2+3z^2$ ($w, x, y, z \in \mathbb{N}$) 的形式使得$x+2y+z$为平方数.

(iii) 整数$n > 10$都可表成$x^2+y^2+2z^2+3w^2$ ($x, y, z, w \in \mathbb{N}$) 的形式使得$x+2y+z$为平方数.

注记1.95. 此猜测类似于猜想1.77.

猜想1.96 (2016年12月25日). 如果$P(x, y, z, w)$是下述多项式

$$y+z+w, \ 2x+2y+z+w, \ 2x+2y+z+3w, \ 4x+2y+z+dw \quad (d=1,3,5)$$

之一, 则任何正整数n可表成$x^2+y^2+z^2+3w^2$ ($x, y, z, w \in \mathbb{Z}$) 使得$P(x, y, z, w) = 1$.

注记1.96. 此猜测发表于[212, 猜想4.12(i)]. 作者在[212, 定理1.5(vi)]中证明了任何正整数可表成$x^2+y^2+z^2+3w^2$ ($x, y, z, w \in \mathbb{Z}$)使得$x+y+2z=2$, 伍海亮与孙智伟在[252]中证明了$x+y+2z=2$也可换成$2y+z+w=1$或者$2y+z+3w=1$.

猜想1.97 (2016年12月25日). 如果$P(x, y, z, w)$是下述多项式

$$x + 2y + w, \quad y + z + w, \quad y + 2z + w, \quad x + 2y + 2z + w, \quad x + 2y + 2z + 3w$$

之一, 则任何正整数n可表成$x^2 + y^2 + 2z^2 + 3w^2$ $(x, y, z, w \in \mathbb{Z})$使得$P(x, y, z, w) = 1$.

注记1.97. 此猜测发于[212, 猜想4.12(ii)]. 对于所列多项式的前三个, 伍海亮与孙智伟在[252, 定理1.3(iii)]中证明了相应猜想在n充分大时成立; 他们在[252, 定理1.1(iii)]中还证明了任何正整数可表成$x^2 + y^2 + 2z^2 + 3w^2$ $(x, y, z, w \in \mathbb{Z})$使得$y + 2z + 3w = 1$.

猜想1.98 (2016年12月25日). 任何正整数n可表成$x^2 + y^2 + 2z^2 + 5w^2$ $(x, y, z, w \in \mathbb{Z})$使得$y + 2z + w = 1$.

注记1.98. 此猜测发于[212, 猜想4.12(iii)].

猜想1.99 (2016年12月25日). 任何正整数n可表成$x^2 + y^2 + 2z^2 + 6w^2$ $(x, y, z, w \in \mathbb{Z})$使得$y + w = 1$.

注记1.99. 作者已证$n \not\equiv 2 \pmod 3$时此猜想成立, 参见[212, 定理1.5(v)与注记1.6].

猜想1.100 (2016年12月16日). (i) 任何正整数n可表成$w^2 + x^2 + 2y^2 + 5z^2$ $(w, x, y, z \in \mathbb{N})$的形式使得$2x + z \in \{2^k : k \in \mathbb{N}\}$, 也可把$2x + z$换成$x + 4z$或者$x + 8z$.

(ii) 任何正整数n可表成$w^2 + x^2 + y^2 + 6z^2$ $(w, x, y, z \in \mathbb{N})$的形式使得$y + 4z \in \{2^k : k \in \mathbb{N}\}$.

(iii) 任何正整数n可表成$w^2 + x^2 + 2y^2 + 6z^2$ $(w, x, y, z \in \mathbb{N})$的形式使得$2x + y \in \{2^k : k \in \mathbb{N}\}$, 也可把$2x + y$换成$x + z$.

(iv) 任何正整数n可表成$w^2 + x^2 + 2y^2 + 9z^2$ $(w, x, y, z \in \mathbb{N})$的形式使得$x + 2z \in \{2^k : k \in \mathbb{N}\}$.

(v) 任何正整数n可表成$w^2 + x^2 + 2y^2 + 11z^2$ $(w, x, y, z \in \mathbb{N})$的形式使得$x + 2z \in \{2^k : k \in \mathbb{N}\}$, 也可把$x + 2z$换成$2x + z$.

注记1.100. 此猜测以前未公开过.

第 2 章　平方数的表示、三平方和的限制以及四个二次式的和

本章包含了作者提出的40个猜想, 内容涉及平方数的表示、三平方和的种种限制以及用四个二次式的和来表示自然数.

§2.1　平方数的表示

猜想2.1 (2018年3月21日, 2-3猜想). 对于任给的整数 $n > 1$, 有 $a \in \{2,3\}$ 及 $k,x,y \in \mathbb{N}$ 使得 $n^2 = a4^k + x^2 + 2y^2$.

注记2.1. 此猜测及相应表法数序列可见OEIS条目A301452. 作者对 $n < 5 \times 10^7$ 验证了猜想2.1. 例如, 5^2 恰有两种符合要求的表示法:

$$5^2 = 2 \times 4 + 3^2 + 2 \times 2^2 = 3 \times 4^0 + 2^2 + 2 \times 3^2.$$

猜想2.2 (2018年3月7日, 2-5猜想). 对于任给的整数 $n > 1$, 有 $a \in \{2,5\}$ 及 $k,x,y \in \mathbb{N}$ 使得 $n^2 = a4^k + x^2 + y^2$.

注记2.2. 此猜测及相应表法数序列可见OEIS条目A300510. 例如, 3^2 的两种表示法如下:

$$3^2 = 5 \times 4^0 + 0^2 + 2^2 = 2 \times 4 + 0^2 + 1^2.$$

2019年, G. Resta对 $n < 6 \times 10^9$ 验证了猜想2.2.

　　2-5猜想是由下面这个猜测启发而来.

猜想2.3 (2018年3月6日). 令

$$u_0 = 0, \ u_1 = 1, \ u_{n+1} = 4u_n - u_{n-1} \ (n = 1,2,3,\ldots).$$

任给正整数 n, 有 $k,m,x,y \in \mathbb{N}$ 使得 $n^2 = 4^k(4u_m^2 + 1) + x^2 + y^2$.

注记2.3. 我们对 $n \leqslant 10^7$ 验证了此猜想, 相应表法数序列可见OEIS条目A300441. 下面是表法唯一的例子:

$$7^2 = 4(4u_0^2 + 1) + 3^2 + 6^2.$$

猜想2.3蕴含着正平方数可表成 $x^2 + y^2 + z^2 + w^2$ $(x,y,z,w \in \mathbb{N})$ 使得 $x^2 - 3y^2 \in \{4^k: \ k \in \mathbb{N}\}$, 因为

$$4u_m^2 + 1 = (u_{m+1} - 2u_m)^2 + u_m^2, \ 亦即 \ (u_{m+1} - 2u_m)^2 - 3u_m^2 = 1.$$

猜想2.4 (2018年3月6日). 任给正整数 n, 可把 n^2 表成 $x^2 + y^2 + z^2 + w^2$ $(x,y,z,w \in \mathbb{N})$ 使得 $x^2 - (3y)^2 \in \{4^k: \ k \in \mathbb{N}\}$.

注记2.4. 我们对$n \leqslant 10^7$验证了此猜测, 相应表法数序列可见OEIS条目A301376. 下面是表法唯一的一个例子:

$$5^2 = 4^2 + 0^2 + 0^2 + 3^2 \text{ 且 } 4^2 - (3 \times 0)^2 = 4^2.$$

作者还有一些类似于猜想2.4的猜测, 例如: 整数$n > 1$可表成$x^2 + y^2 + z^2 + w^2$ $(x, y, z, w \in \mathbb{N})$使得$(6x)^2 - y^2 \in \{2^{2k+1} : k \in \mathbb{N}\}$.

猜想2.5 (2018年3月28日). 对任何正整数n与$\delta \in \{0, 1\}$, 有$w, x, y, z \in \mathbb{N}$使得$2n^2 = w^2 + x^2 + y^2 + z^2$并且$w + 3x + 5y + 15z \in \{2^{2k+\delta} : k \in \mathbb{N}\}$.

注记2.5. 此猜测发表于[212, 猜想4.16(ii)]. $\delta = 0$时相应表法数序列可见OEIS 条目A301891, 下面是表法唯一的三个例子:

$$2 \times 3^2 = 1^2 + 1^2 + 0^2 + 4^2 \text{ 且 } 1 + 3 \times 1 + 5 \times 0 + 15 \times 4 = 4^3;$$
$$2 \times 6^2 = 0^2 + 8^2 + 2^2 + 2^2 \text{ 且 } 0 + 3 \times 8 + 5 \times 2 + 15 \times 2 = 4^3;$$
$$2 \times 38^2 = 34^2 + 34^2 + 24^2 + 0^2 \text{ 且 } 34 + 3 \times 34 + 5 \times 24 + 15 \times 0 = 4^4.$$

猜想2.6 (2018年3月21日). 对于整数$n > 1$, 有$k, x, y, z \in \mathbb{N}$使得$n^2 = 4^k + x^2 + y^2 + z^2$且$x + y \in \{2^a : a \in \mathbb{Z}_+\}$.

注记2.6. 此猜测以前未公开过, 我们对$n \leqslant 7000$进行了验证. 如果$x, y \in \mathbb{N}$且$x + y = 2^m$ (其中$m \in \mathbb{Z}_+$), 则$x^2 + y^2 = 2 \times 4^{m-1} + 2(\frac{x-y}{2})^2$. 作者在[212, 定理1.1] 中证明了正平方数都可表成$4^{2k} + x^2 + y^2 + z^2$ $(k, x, y, z \in \mathbb{N})$.

猜想2.7 (2018年2月21日). 设$\lambda \in \{2, 3, 4\}$, 则任何正平方数可表成$x^2 + y^2 + z^2 + w^2$ $(x, y, z, w \in \mathbb{N})$使得$x + 2y + 2z + \lambda w$为平方数.

注记2.7. 此猜测以前未公开过.

猜想2.8 (2018年2月22日). (i) 设$\lambda \in \{1, 2, 3\}$, 则正平方数都可表成$x^2 + y^2 + z^2 + w^2$ $(x, y, z, w \in \mathbb{N})$使得$x + 2y + 4z + \lambda w \in \{2^a : a \in \mathbb{N}\}$.

(ii) 任何正平方数可表成$x^2 + y^2 + z^2 + w^2$ $(x, y, z, w \in \mathbb{N})$使得$x + 3y + 3z + 4w \in \{2^a : a \in \mathbb{Z}_+\}$.

注记2.8. 此猜测以前未公开过.

猜想2.9 (2018年3月1日). 设$\delta \in \{0, 1\}$, $n \in \mathbb{N}$且$n > \delta$. 则n^2可表成$x^2 + y^2 + z^2 + w^2$ $(x, y, z, w \in \mathbb{N})$使得$\{x, 4x - 3y\} \subseteq \{2^{2a+\delta} : a \in \mathbb{N}\}$.

注记2.9. 此猜测发表于[212, 猜想4.16(i)], 作者对$n \leqslant 10^7$验证了猜想2.9. $\delta = 0$时相应的表法数序列可见OEIS条目A300219, 下面是表法唯一的例子:

$$3^2 = 1^2 + 0^2 + 2^2 + 2^2, \ 1 = 4^0 \text{ 且 } 4 \times 1 - 3 \times 0 = 4^1;$$
$$37^2 = 16^2 + 16^2 + 4^2 + 29^2, \ 16 = 4^2 \text{ 且 } 4 \times 16 - 3 \times 16 = 4^2;$$
$$263^2 = 4^2 + 5^2 + 22^2 + 262^2, \ 4 = 4^1 \text{ 且 } 4 \times 4 - 3 \times 5 = 4^0.$$

猜想2.10 (2018年3月1日). 设$\delta \in \{0,1\}$, $n \in \mathbb{N}$且$n > \delta$. 则n^2可表成$x^2+y^2+z^2+w^2$ $(x,y,z,w \in \mathbb{N})$使得$\{x, x+3(y-z)\} \subseteq \{2^{2a+\delta} : a \in \mathbb{N}\}$.

注记2.10. 此猜测未公开过, 作者对$n \leqslant 6000$验证了猜想2.10.

猜想2.11 (2018年3月4日). 设$\delta \in \{0,1\}$, $n \in \mathbb{N}$且$n > \delta$. 则n^2可表成$x^2+y^2+z^2+w^2$ $(x,y,z,w \in \mathbb{N})$使得x,y之一与$x+3y$都属于$\{2^{2a+\delta} : a \in \mathbb{N}\}$.

注记2.11. 我们对$n \leqslant 10^7$验证了此猜想, $\delta = 0$时相应表法数序列可见OEIS条目A299537. 注意81503^2不能表成$x^2 + y^2 + z^2 + w^2$ $(x,y,z,w \in \mathbb{N})$使得$\{x, x+3y\} \subseteq \{4^a : a \in \mathbb{N}\}$, 但是

$$81503^2 = 16372^2 + 4^2 + 52372^2 + 60265^2, \quad 4 = 4^1 \text{ 且 } 16372 + 3 \times 4 = 4^7.$$

猜想2.12 (2018年3月5日). 设$\lambda \in \{2,8\}$且$\delta \in \{0,1\}$. 则任何正平方数可表成$x^2 + y^2 + z^2 + w^2$ $(x,y,z,w \in \mathbb{N})$使得x与y之一为2的幂次, 而且$x + \lambda y \in \{2^{2a+\delta} : a \in \mathbb{N}\}$.

注记2.12. 此猜测首次公开于OEIS条目A299794.

猜想2.13 (2018年3月5日). 设$\delta \in \{0,1\}$, $n \in \mathbb{N}$且$n > \delta$. 则n^2可表成$x^2+y^2+z^2+w^2$ $(x,y,z,w \in \mathbb{N})$使得$x \geqslant y$, 而且$x, 2y$之一与$x + 15y$都属于$\{2^{2a+\delta} : a \in \mathbb{N}\}$.

注记2.13. 我们对$n \leqslant 10^7$验证了此猜测, 相关表法数序列可见OEIS条目A299794. 下面是$\delta = 0$时表法唯一的例子:

$$19^2 = 1^2 + 0^2 + 6^2 + 18^2, \quad 1 = 4^0 \text{ 且 } 1 + 15 \times 0 = 4^0;$$
$$3742^2 = 2176^2 + 128^2 + 98^2 + 3040^2, \quad 2 \times 128 = 4^4 \text{ 且 } 2176 + 15 \times 128 = 4^6.$$

猜想2.14 (2018年3月3日). 设$\delta \in \{0,1\}$, $n \in \mathbb{N}$且$n > \delta$. 则n^2可表成$x^2+y^2+z^2+w^2$ $(x,y,z,w \in \mathbb{N})$使得$16x - 15y \in \{2^{2a+\delta} : a \in \mathbb{N}\}$.

注记2.14. 此猜测公布于OEIS条目A300356.

猜想2.15 (2018年3月5日). 对于整数$n > 1$, 可把n^2表成$x^2 + y^2 + z^2 + w^2$ $(x,y,z,w \in \mathbb{N})$使得$x + 63y \in \{2^{2a+1} : a \in \mathbb{N}\}$, 而且$2x$或$y$为4的幂次.

注记2.15. 我们对$n \leqslant 10^7$验证了此猜测, 相应表法数序列可见OEIS条目A300396. 下面是表法唯一的例子:

$$1774^2 = 8^2 + 520^2 + 14^2 + 1696^2, \quad 2 \times 8 = 4^2 \text{ 且 } 8 + 63 \times 520 = 2^{15}.$$

猜想2.16 (2018年3月3日). 任何平方数可表成$x^2 + y^2 + z^2 + w^2$ $(x,y,z,w \in \mathbb{N})$使得w是偶数, $x + 2y$为平方数, 而且$z + 2w$为平方数的3倍.

注记2.16. 此猜测相应表法数序列可见OEIS条目A300362. 下面是表法唯一的例子:

$$15^2 = 9^2 + 0^2 + 12^2 + 0^2, \quad 9 + 2 \times 0 = 3^2 \text{ 且 } 12 + 2 \times 0 = 3 \times 2^2;$$
$$41^2 = 38^2 + 13^2 + 8^2 + 2^2, \quad 38 + 2 \times 13 = 8^2 \text{ 且 } 8 + 2 \times 2 = 3 \times 2^2.$$

§2.2 受限制的三平方和

著名的Gauss-Legendre三平方和定理(参见[36, 117])断言

$$\{x^2 + y^2 + z^2 : x, y, z \in \mathbb{Z}\} = \{4^k(8m + 7) : k, m \in \mathbb{N}\}.$$

猜想2.17 (2009年7月25日). 令

$$N_1 = 14617, \ N_2 = 15618, \ N_3 = 25582.$$

对每个$i = 1, 2, 3$, 如果整数$n > N_i$满足$n \equiv 1, 2 \pmod 4$, 则有$x_1, x_2, x_3 \in \mathbb{N}$ 使得

$$n = x_1^2 + x_2^2 + x_3^2, \ x_1 \leqslant x_2 \leqslant x_3, \ 且 \ x_i \equiv n \pmod 2.$$

注记2.17. 依Gauss-Legendre三平方和定理, 正整数$n \equiv 1, 2 \pmod 4$都可表成三个自然数x, y, z的平方和, 显然x, y, z中恰有一个与n奇偶性相同.

猜想2.18 (2015年4月3日). (i) 任给自然数n, 有$x, y, z \in \mathbb{N}$使得$8n + 3 = x^2 + y^2 + z^2$ 而且$x \equiv 1, 3 \pmod 8$.

(ii) 任给$n \in \mathbb{N} \setminus \{20\}$, 有$x, y, z \in \mathbb{N}$使得$8n + 3 = x^2 + y^2 + z^2$ 而且$x \equiv \pm 3 \pmod 8$.

注记2.18. 此猜测以前未公开发表过. 依Gauss三角数定理, 对每个$n \in \mathbb{N}$可把$8n + 3$表成三个奇数之和. 徐飞评论说可证猜想2.18在n充分大时成立, 但这里"充分大"涉及的界无法明确定出.

猜想2.19 (2017年8月17日). (i) 设n为正整数, 则可把$4n + 1$表成$p^2 + q^2 + 8r^2$, 其中p为素数且$q, r \in \mathbb{N}$.

(ii) 对于自然数n, 可把$4n + 1$表成$(p - 1)^2 + 4q^2 + r^2$, 其中p为素数且$q, r \in \mathbb{N}$.

(iii) 设n为正整数. 则可把$6n + 3$表成$p^2 + 2q^2 + 3r^2$, 其中p为素数且$q, r \in \mathbb{N}$; 也可把$6n + 3$表成$2(p - 1)^2 + q^2 + 3r^2$, 其中p为素数且$q, r \in \mathbb{N}$.

注记2.19. 此猜测以前未公开发表过, 前两条涉及的表法数序列可见OEIS 条目A291047与A291123. 下面是第一条那种表示法唯一的例子: $4 \times 11962 + 1 = 109^2 + 160^2 + 8 \times 36^2$, 其中109为素数.

猜想2.20 (2017年3月4日). 如果正整数n在2处的阶$\mathrm{ord}_2(n)$为奇数, 则可把n表成$x^2 + y^2 + z^2$ ($x, y, z \in \mathbb{Z}$)使得$x + 3y + 5z$为平方数, 也可把n表成$x^2 + y^2 + z^2$ ($x, y, z \in \mathbb{Z}$) 使得$x + 3y + 5z$为平方数的两倍.

注记2.20. 此猜测发表于[212, 猜想4.2(i)], 我们对$n \leqslant 10^5$进行了验证. 猜想2.20第一个断言相应表法数可见OEIS条目A283269, 例如43 与75都有唯一合乎要求的表示法:

$$43 = (-5)^2 + (-3)^2 + 3^2 \ 且 \ (-5) + 3 \times (-3) + 5 \times 3 = 1^2;$$
$$75 = (-1)^2 + 5^2 + 7^2 \ 且 \ (-1) + 3 \times 5 + 5 \times 7 = 7^2.$$

猜想2.21 (2017年3月4日). 每个$n \in \mathbb{N} \setminus \{4^k(8l + 7) : k, l \in \mathbb{N}\}$可表成$x^2 + y^2 + z^2$ ($x, y, z \in \mathbb{Z}$) 使得$x + 2y + 3z$为平方数或平方数的两倍.

注记2.21. 此猜想发表于[212, 猜想4.2(ii)], 我们对$n \leqslant 1.6 \times 10^6$进行了验证. 例如, 1857与9544都有唯一合乎要求的表示法:

$$1857 = (-37)^2 + (-2)^2 + 22^2 \text{ 且 } (-37) + 2 \times (-2) + 3 \times 22 = 5^2;$$
$$9544 = (-88)^2 + 6^2 + 42^2 \text{ 且 } (-88) + 2 \times 6 + 3 \times 42 = 2 \times 5^2.$$

猜想2.21的相应表法数可见OEIS条目A283273. 作者也猜测此猜想中$x + 2y + 3z$可换成$ax + by + cz$, 这里(a, b, c)可为下面的任一个三元组:

$$(1, 2, 5), \ (1, 4, 7), \ (1, 6, 7), \ (1, 3, 4), \ (2, 3, 4), \ (2, 3, 9), \ (3, 4, 7), \ (3, 4, 9).$$

猜想2.22 (2017年3月4日). (i)设$n \in \mathbb{N}$, 则$8n + 1$可表成$x^2 + y^2 + z^2$ ($x, y \in \mathbb{Z}$且$z \in \mathbb{Z}_+$)使得$x + 3y$为平方数, $8n + 6$可表成$x^2 + y^2 + z^2$ ($x \in \mathbb{Z}$, $y, z \in \mathbb{N}$且$2 \nmid z$)使得$x + 2y$为平方数.

(ii) 对任何$n \in \mathbb{N}$可把$4n + 2$表成$x^2 + y^2 + z^2$ ($x, y, z \in \mathbb{Z}$)使得$x + y + 3z$为平方数的两倍.

注记2.22. 此猜测发表于[212, 猜想4.2(iii)].

猜想2.23 (2017年3月4日). 对任何$n \in \mathbb{N}$, 可把$4n + 2$表成$x^2 + y^2 + z^2$ ($x, y, z \in \mathbb{Z}$)使得$x + y + 3z$为平方数的两倍.

注记2.23. 此猜想以前未在论文中发表.

猜想2.24 (2017年3月5日). 设$n \in \mathbb{N}$, 则$2n + 1$可表成$x^2 + 2y^2 + 3z^2$ ($x, y, z \in \mathbb{Z}$)使得$x + y + z$为平方数或平方数的两倍.

注记2.24. 已知任何正奇数可表成$x^2 + 2y^2 + 3z^2$ ($x, y, z \in \mathbb{Z}$), 参见[36, 第112-113页]. 猜想2.24发表于[212, 猜想4.2(iv)], 我们对$n \leqslant 10^6$进行了验证. 猜想2.24相应的表法数序列可参见OEIS条目A283299. 下面是两个表法唯一的例子:

$$2 \times 197 + 1 = 12^2 + 2 \times (-2)^2 + 3 \times (-9)^2 \text{ 且 } 12 + (-2) + (-9) = 1^2;$$
$$2 \times 6408 + 1 = (-22)^2 + 2 \times 75^2 + 3 \times 19^2 \text{ 且 } (-22) + 75 + 19 = 2 \times 6^2.$$

作者也猜测正奇数都可表成$x^2 + y^2 + 2z^2$ ($x, y, z \in \mathbb{Z}$)使得$2x + y + z$为平方数或2的幂次, 参见OEIS条目A283366.

§2.3 带系数的四个m角数的和

对于整数$m \geqslant 3$, 所谓m角数(与正m边形的某种计数有关)指

$$p_m(n) = (m - 2)\binom{n}{2} + n = \frac{n((m-2)n - (m-4))}{2} \quad (n = 0, 1, 2, \ldots).$$

三角数形如$T(n) = p_3(n) = n(n+1)/2$, 四角数即为平方数$p_4(n) = n^2$ ($n \in \mathbb{N}$). 易见

$$p_5(n) = \frac{n(3n - 1)}{2}, \quad p_6(n) = n(2n - 1), \ p_7(n) = \frac{n(5n - 3)}{2}, \ p_8(n) = n(3n - 2).$$

对于整数$m \geqslant 5$, 诸

$$\bar{p}_m(n) = p_m(-n) = (m-2)\frac{n(n+1)}{2} - n = \frac{n((m-2)n + m - 4)}{2} \quad (n \in \mathbb{N})$$

叫作第二类m角数. 诸$p_m(x)$ $(x \in \mathbb{Z})$叫作广义m角数.

猜想2.25 (2015年3月14日). 如果三元组(b,c,d)是

$$(1,2,5), (1,3,6), (2,2,4), (2,2,6), (2,3,5), (2,3,7), (2,4,6), (2,4,7), (2,4,8)$$

之一, 则

$$\{p_5(w) + bp_5(x) + cp_5(y) + dp_5(z): \ w,x,y,z \in \mathbb{N}\} = \mathbb{N}. \tag{2.1}$$

注记2.25. 此猜测发表于[195, 猜想5.2(ii)], 也可见于OEIS条目A256106. 对于$(b,c,d) = (1,2,2)$, $(1,2,4)$作者猜测(2.1)也成立, 这已被孟祥子和孙智伟在[107]中证实. 孟祥子和孙智伟在[107]中还证明了孙智伟的如下猜测: 每个自然数都可表成$p_6(w) + p_6(x) + 2p_6(y) + 4p_6(z)$的形式, 这里$w,x,y,z \in \mathbb{N}$. 对于

$$(b,c,d) = (1,1,2), (1,2,3), (1,2,6), (2,3,4),$$

作者也猜测(2.1)成立, 这已被D. Krachun和孙智伟在[88]中所证明.

猜想2.26. (i) (2015年2月21日) 每个自然数可表成两个五角数与两个第二类五角数之和, 亦即

$$\{p_5(w) + p_5(x) + \bar{p}_5(y) + \bar{p}_5(z): \ w,x,y,z \in \mathbb{N}\} = \mathbb{N}.$$

(ii) (2015年3月15日) 每个正整数n可表成$\bar{p}_5(w) + p_5(x) + p_5(y) + p_5(z)$, 这里$w,x,y,z \in \mathbb{N}$且$x,y,z$之一为奇数.

注记2.26. 参见[195, 猜想5.2(i)], 以及OEIS条目A255350与A256132.

设$f_1(w), f_2(x), f_3(y), f_4(z)$为有理系数多项式且$a_1, a_2, a_3, a_4 \in \mathbb{Z}_+$. 如果

$$\{a_1f_1(w) + a_2f_2(x) + a_3f_3(y) + a_4f_4(z): \ w,x,y,z \in \mathbb{N}\} = \mathbb{N},$$

我们就说$a_1f_1 + a_2f_2 + a_3f_3 + a_4f_4$在$\mathbb{N}$上通用; 如果

$$\{a_1f_1(w) + a_2f_2(x) + a_3f_3(y) + a_4f_4(z): \ w,x,y,z \in \mathbb{Z}\} = \mathbb{N},$$

我们则说$a_1f_1 + a_2f_2 + a_3f_3 + a_4f_4$在$\mathbb{Z}$上通用.

猜想2.27 (2015年3月15日). 和式

$$p_6 + p_6 + 2p_6 + 4p_6, \ p_6 + 2p_6 + \bar{p}_6 + \bar{p}_6,$$

$$p_6 + 2p_6 + \bar{p}_6 + 2\bar{p}_6, \ p_6 + p_6 + 2p_6 + \bar{p}_6, \ p_6 + p_6 + 3p_6 + \bar{p}_6,$$

$$p_6 + p_6 + 4p_6 + \bar{p}_6, \ p_6 + p_6 + 8p_6 + \bar{p}_6, \ p_6 + 2p_6 + 2p_6 + \bar{p}_6,$$

$$p_6 + 2p_6 + 3p_6 + \bar{p}_6, \ p_6 + 2p_6 + 3p_6 + 2\bar{p}_6, \ p_6 + 2p_6 + 4p_6 + \bar{p}_6$$

都在$\mathbb{N}$上通用.

注记2.27. 此猜测发表于[195, 猜想5.3]. 作者也猜测每个自然数可表成两个六角数与两个第二类六角数之和(参见OEIS条目A255350), 亦即

$$\{a(2a-1) + b(2b-1) + c(2c+1) + d(2d+1) : a, b, c, d \in \mathbb{N}\} = \mathbb{N},$$

这后来被D. Krachun在[86]中所证明.

猜想2.28. (i) (2015年3月15日) 和式

$$p_7 + \bar{p}_7 + 2p_7 + 2\bar{p}_7, \ \bar{p}_7 + p_7 + p_7 + 2p_7, \ \bar{p}_7 + p_7 + p_7 + 3p_7, \ \bar{p}_7 + p_7 + 2p_7 + 3p_7, \ \bar{p}_7 + p_7 + 2p_7 + 8p_7$$

都在$\mathbb{N}$上通用.

(ii) (2015年3月27日) 如果$m \in \{7, 9, 10, 11, 12, 13, 14\}$, 则$p_m + 2p_m + 4p_m + 8p_m$在$\mathbb{Z}$上通用.

注记2.28. 此猜测发表于[195, 猜想5.4]. 1994年, R. K. Guy在[62]中观察到10, 16, 76都不是三个广义七角数之和. 2015年, 作者猜测

$$\{p_7(x) + p_7(y) + p_7(z) : x, y, z \in \mathbb{Z}\} = \mathbb{N} \setminus \{10, 16, 76, 307\},$$
$$\{p_7(x) + p_7(y) + 2p_7(z) : x, y, z \in \mathbb{Z}\} = \mathbb{N} \setminus \{23\},$$
$$\{p_7(x) + 2p_7(y) + 4p_7(z) : x, y, z \in \mathbb{Z}\} = \mathbb{N} \setminus \{131, 146\}$$

(参见[195, 猜想5.4(i)与注记5.2]).

孙智伟在[195]中研究了对怎样的正整数b, c, d和式$p_8 + bp_8 + cp_8 + dp_8$在$\mathbb{Z}$上通用, 特别地, 他证明了每个正整数都可表成四个广义八角数之和, 而且可要求四个八角数之一为奇数. 他猜测对于$(b, c, d) = (1, 3, 3), (1, 3, 6), (2, 3, 6), (2, 3, 7), (2, 3, 9)$和式$p_8 + bp_8 + cp_8 + dp_8$在$\mathbb{Z}$上通用, 这后来被J. Ju与B.-K. Oh在[81]中所证实.

猜想2.29 (2015年3月12日). 设n为正整数. 如果n表成四个无序广义八角数之和的方式唯一, 则

$$3n + 4 \in \{7, 13, 19, 31, 43\} \cup E,$$

其中

$$E = \{2^{2k} : k = 2, 3, \ldots\} \cup \bigcup_{n \in \mathbb{N}} \{2^{2n+1}5, \ 2^{2n+1}11, \ 2^{2n+1}23\}.$$

如果n有唯一的方式表成无序的四个不全为偶的广义八角数之和, 则

$$3n + 4 \in \{7, 13, 19, 31, 43, 4 \times 7, 4 \times 13, 4 \times 19, 4 \times 31, 4 \times 43\} \cup E.$$

注记2.29. 此猜测发表于[195, 猜想3.1].

猜想2.30 (2015年3月27日). 如果(b,c,d)是三元组

$$(1,1,2),\ (1,1,4),\ (1,2,3),\ (1,2,5),\ (1,3,4),\ (1,3,7),\ (2,2,3),\ (2,2,4),\ (2,2,7),$$
$$(2,3,4),\ (2,3,5),\ (2,4,4),\ (2,4,5),\ (2,4,7),\ (2,4,10),\ (2,4,11),\ (2,4,12)$$

之一, 则$p_9 + bp_9 + cp_9 + dp_9$在$\mathbb{Z}$上通用.

注记2.30. 此猜测以前未公开过. 根据孟祥子与孙智伟[107]中的推论1.2与推论1.4, $p_9 + p_9 + 2p_9 + 2p_9$与$p_9 + p_9 + 2p_9 + 4p_9$都在$\mathbb{Z}$上通用.

猜想2.31 (2015年3月27日). 如果(b,c,d)是三元组

$$(1,1,4),\ (1,2,3),\ (1,2,5),\ (2,2,3),\ (2,2,4),\ (2,3,4),\ (2,3,6),\ (2,4,4),\ (2,4,5)$$

之一, 则$p_{10} + bp_{10} + cp_{10} + dp_{10}$在$\mathbb{Z}$上通用.

注记2.31. 此猜测以前未公开过. 根据孟祥子与孙智伟[107]中的推论1.2与推论1.4, $p_{10} + p_{10} + 2p_{10} + 2p_{10}$与$p_{10} + p_{10} + 2p_{10} + 4p_{10}$都在$\mathbb{Z}$上通用.

猜想2.32 (2015年3月27日). 如果(b,c,d)是三元组

$$(1,2,3),\ (2,2,4),\ (2,3,4),\ (2,4,4),\ (2,4,5),\ (2,4,6),\ (2,4,7)$$

之一, 则$p_{11} + bp_{11} + cp_{11} + dp_{11}$在$\mathbb{Z}$上通用.

注记2.32. 此猜测以前未公开过. 由孟祥子与孙智伟[107]中的推论1.4, $m = 11,12$时$p_m + p_m + 2p_m + 4p_m$在$\mathbb{Z}$上通用.

猜想2.33 (2016年8月9日). 设$m \geqslant 5$为整数.

(i) 如果$c \in \{3,\dots,12\} \setminus \{4,8\}$, 则充分大的自然数都可表成$p_m(w) + p_m(x) + 2p_m(y) + cp_m(z)\,(w,x,y,z \in \mathbb{Z})$的形式.

(ii) 有无穷多个不形如$p_m(w) + p_m(x) + 2p_m(y) + 8p_m(z)\,(w,x,y,z \in \mathbb{Z})$的自然数, 当且仅当$m \equiv 0 \pmod 4$.

注记2.33. 对于整数$m \geqslant 5$, 孟祥子与孙智伟在[107]中证明了充分大的自然数都可表成$p_m(w) + p_m(x) + 2p_m(y) + 4p_m(z)\,(w,x,y,z \in \mathbb{Z})$的形式, 还证明了有无穷多个自然数不形如$p_m(w) + p_m(x) + 2p_m(y) + 2p_m(z)\,(w,x,y,z \in \mathbb{Z})$当且仅当$m \equiv 0 \pmod 4$.

§2.4　用四个混合二次式的和表示自然数

猜想2.34 (2019年2月1日). 每个$n \in \mathbb{N}$可表成

$$x(3x+1) + y(3y-1) + z(3z+2) + w(3w-2),$$

其中$x,y,z,w \in \mathbb{N}$且$xyz = 0$.

注记2.34. 根据[201, 定理1.3], 对$r = 1, 2$ 都有

$$\{x(3x+1) + y(3y+r) + z(3z+2) : \ x, y, z \in \mathbb{Z}\} = \mathbb{N}.$$

猜想2.34相应表法数序列可见OEIS条目A306250. 我们对$n \leqslant 2.05 \times 10^6$ 验证了猜想2.34, 下面是表法唯一的两个例子:

$$12 = 1(3 \times 1 + 1) + 0(3 \times 0 - 1) + 0(3 \times 0 + 2) + 2(3 \times 2 - 2);$$
$$118 = 0(3 \times 0 + 1) + 6(3 \times 6 - 1) + 2(3 \times 2 + 2) + 0(3 \times 0 - 2).$$

猜想2.35 (2019年1月31日). (i) 每个$n \in \mathbb{N}$ 可表成

$$w(4w+1) + x(4x-1) + y(4y-2) + z(4z-3) \quad (其中 w, x, y, z \in \mathbb{N}).$$

(ii) 我们有

$$\{w(4w+2) + x(4x-1) + y(4y-2) + z(4z-3) : \ w, x, y, z \in \mathbb{N}\} = \mathbb{N}$$

与

$$\{4w^2 + x(4x+1) + y(4y-2) + z(4z-3) : \ w, x, y, z, w \in \mathbb{N}\} = \mathbb{N}.$$

注记2.35. 根据[201, 定理1.3], $\{x(4x-1) + y(4y-2) + z(4z-3) : \ x, y, z \in \mathbb{Z}\} = \mathbb{N}$. 猜想2.35及第一部分相应表法数序列可见OEIS 条目A306260. 我们对$n \leqslant 2 \times 10^6$ 验证了猜想2.35的第一部分, 下面是表法唯一的两个例子:

$$23 = 2(4 \times 2 + 1) + 1(4 \times 7 - 1) + 1(4 \times 1 - 2) + 0(4 \times 0 - 3);$$
$$37 = 1(4 \times 1 + 1) + 1(4 \times 1 - 1) + 1(4 \times 1 - 2) + 3(4 \times 3 - 3).$$

猜想2.36 (2019年1月31日). 我们有

$$\left\{ \frac{x(5x+1)}{2} + \frac{y(5y-1)}{2} + \frac{z(5z+3)}{2} + \frac{w(5w-3)}{2} : \ x, y, z, w \in \mathbb{N} \right\} = \mathbb{N}.$$

注记2.36. 此猜测公布于OEIS条目A306242.

猜想2.37 (2019年2月1日). 每个$n \in \mathbb{N}$可表成

$$x(2x-1) + y(3y-1) + z(4z-1) + w(5w-1),$$

其中$x, y, z \in \mathbb{N}$且$w \in \{0, 1\}$.

注记2.37. 根据[201, 定理1.1], $\{x(2x-1) + y(3y-1) + z(4z-1) : \ x, y, z \in \mathbb{Z}\} = \mathbb{N}$. 猜想2.37及相应表法数序列可见OEIS条目A306249. 我们对$n \leqslant 1.3 \times 10^6$ 验证了猜想2.37, 下面是表法唯一的两个例子:

$$220 = 6(2 \times 6 - 1) + 7(3 \times 7 - 1) + 2(4 \times 2 - 1) + 0(5 \times 0 - 1);$$
$$1356 = 23(2 \times 23 - 1) + 1(3 \times 1 - 1) + 9(4 \times 9 - 1) + 1(5 \times 1 - 1).$$

猜想2.38 (2019年2月1日). 我们有

$$\{x(x-1) + y(2y-1) + z(3z-1) + w(4w-1) : x,y,z,w \in \mathbb{N}\} = \mathbb{N}$$

与

$$\left\{ \frac{x(3x-1)}{2} + \frac{y(5y-1)}{2} + \frac{z(7z-1)}{2} + \frac{w(9w-1)}{2} : x,y,z,w \in \mathbb{N} \right\} = \mathbb{N}.$$

注记2.38. 此猜测以前未公开过.

猜想2.39 (2019年1月30日). 如果$P(t)$是下述多项式

$$t(2t-1), \quad t(3t-1), \ t(3t-2), \ t(4t-1), \ t(4t-2), \ t(4t-3),$$

$$t(6t-4), \ t(6t-5), \ t(7t-4), \ t(7t-6), \ t(8t-5), \ t(8t-6), \ t(8t-7), \ t(9t-7),$$

$$\frac{t(3t+1)}{2}, \ \frac{t(5t+1)}{2}, \ \frac{t(5t-1)}{2}, \ \frac{t(5t-3)}{2}, \ \frac{t(7t-r)}{2} \ (r=1,3,5),$$

$$\frac{t(11t-s)}{2} \ (s=5,7,9), \ \frac{t(13t-9)}{2}, \ \frac{t(13t-11)}{2}, \ \frac{t(15t-13)}{2}, \ \frac{t(17t-15)}{2}$$

之一, 则每个自然数可表成$x^2 + y^2 + P(z) + P(w)$, 其中$x,y,z,w \in \mathbb{N}$.

注记2.39. 此猜测以前未公开过.

猜想2.40 (2019年1月30日). 我们有

$$\left\{ 3x^2 + 3y^2 + \frac{z(3z-1)}{2} + \frac{z(3w-1)}{2} : x,y,z,w \in \mathbb{N} \right\} = \mathbb{N},$$

$$\left\{ x(2x-1) + y(2y-1) + \frac{z(3z-1)}{2} + \frac{w(3w-1)}{2} : x,y,z,w \in \mathbb{N} \right\} = \mathbb{N},$$

$$\left\{ x(2x-1) + y(2y-1) + \frac{z(3z+1)}{2} + \frac{w(3w+1)}{2} : x,y,z,w \in \mathbb{N} \right\} = \mathbb{N},$$

$$\left\{ x(2x+1) + y(2y+1) + \frac{z(3z-1)}{2} + \frac{w(3w-1)}{2} : x,y,z,w \in \mathbb{N} \right\} = \mathbb{N},$$

$$\left\{ x(3x-2) + y(3y-2) + \frac{z(3z-1)}{2} + \frac{w(3w-1)}{2} : x,y,z,w \in \mathbb{N} \right\} = \mathbb{N},$$

$$\left\{ x(3x-2) + y(3y-2) + \frac{z(3z+1)}{2} + \frac{w(3w+1)}{2} : x,y,z,w \in \mathbb{N} \right\} = \mathbb{N}.$$

还有

$$\left\{ \frac{x(3x-1)}{2} + \frac{y(3y-1)}{2} + \frac{z(5z-1)}{2} + \frac{w(5w-1)}{2} : x,y,z,w \in \mathbb{N} \right\} = \mathbb{N},$$

$$\left\{ \frac{x(3x-1)}{2} + \frac{y(3y-1)}{2} + \frac{z(5z+1)}{2} + \frac{w(5w+1)}{2} : x,y,z,w \in \mathbb{N} \right\} = \mathbb{N},$$

$$\left\{ x(2x-1) + y(2y-1) + \frac{z(5z-1)}{2} + \frac{w(5w-1)}{2} : x,y,z,w \in \mathbb{N} \right\} = \mathbb{N},$$

$$\left\{ x(2x-1) + y(2y-1) + \frac{z(5z+1)}{2} + \frac{w(5w+1)}{2} : x,y,z,w \in \mathbb{N} \right\} = \mathbb{N}.$$

注记2.40. 此猜想以前未公开过.

第3章 自然数的含三个单变元二次多项式的表示

本章包含作者提出的60个猜想, 内容涉及用三个单变元二次多项式来表示自然数.

本章涉及多元多项式在ℕ上通用与在ℤ上通用的概念. 对于一个有理系数多项式$f(x_1, \ldots, x_n)$, 它在ℕ上通用(universal over ℕ) 指$\{f(x_1, \ldots, x_n) : x_1, \ldots, x_n \in \mathbb{N}\} = \mathbb{N}$, 它在ℤ上通用(universal over ℤ)指$\{f(x_1, \ldots, x_n) : x_1, \ldots, x_n \in \mathbb{Z}\} = \mathbb{N}$; 如果充分大的自然数都可表成$f(x_1, \ldots, x_n)$ (其中$x_1, \ldots, x_n \in \mathbb{N}$), 我们就称$f$在ℕ上几乎通用(almost universal over ℕ).

§3.1 自然数的$\lfloor \frac{x^2}{a} \rfloor + \lfloor \frac{y^2}{b} \rfloor + \lfloor \frac{z^2}{c} \rfloor$形表示与其他类似表示

对于$k \in \mathbb{N}$, 显然三角数$T(k) = \frac{k(k+1)}{2}$等同于

$$\frac{(2k+1)^2 - 1}{8} = \left\lfloor \frac{(2k+1)^2}{8} \right\rfloor.$$

由于自然数都是三个三角数之和, 每个$n \in \mathbb{N}$可表成$\lfloor \frac{x^2}{8} \rfloor + \lfloor \frac{y^2}{8} \rfloor + \lfloor \frac{z^2}{8} \rfloor$, 其中$x, y, z \in \mathbb{Z}$. B. Farhi在[44]中猜测对任何整数$a > 2$每个$n \in \mathbb{N}$都是集合$\{\lfloor \frac{x^2}{a} \rfloor : x \in \mathbb{Z}\}$中三项之和, 由[73]知这在$a = 3, 4, 7, 8, 9$时已被解决; 2015年, 孙智伟在[194]中又解决了$a = 5, 6, 15$的情形.

下面我们陈述作者的几个一般性猜测.

猜想3.1 (2015年5月11日). 设$a, b, c \in \mathbb{Z}_+$且$a \leqslant b \leqslant c$. 如果有序三元组$(a, b, c)$不同于$(1, 1, 1)$与$(2, 2, 2)$, 则对每个$n \in \mathbb{N}$有$x, y, z \in \mathbb{N}$使得

$$n = \left\lfloor \frac{x^2}{a} \right\rfloor + \left\lfloor \frac{y^2}{b} \right\rfloor + \left\lfloor \frac{z^2}{c} \right\rfloor = \left\lfloor \frac{x^2}{a} + \frac{y^2}{b} \right\rfloor + \left\lfloor \frac{z^2}{c} \right\rfloor = \left\lfloor \frac{x^2}{a} \right\rfloor + \left\lfloor \frac{y^2}{b} + \frac{z^2}{c} \right\rfloor.$$

注记3.1. 此猜测公开于[194]. 2015年, 作者在[194]中对一些特殊的三元组(a, b, c)证实了它; 2018年, 伍海亮、尼贺霞与潘颢在[250]中在此猜想的充分大版本上取得进展.

受上面这个猜想的启发, 作者也提出了下述猜测.

猜想3.2 (2015年5月11日). 设$a, b, c \in \mathbb{Z}_+$且$a \leqslant b \leqslant c$. 任给$n \in \mathbb{N}$, 有$x, y, z \in \mathbb{N}$使得

$$\begin{aligned}
n &= \left\lfloor \frac{T(x)}{a} \right\rfloor + \left\lfloor \frac{T(y)}{b} \right\rfloor + \left\lfloor \frac{T(z)}{c} \right\rfloor \\
&= \left\lfloor \frac{T(x)}{a} + \frac{T(y)}{b} \right\rfloor + \left\lfloor \frac{T(z)}{c} \right\rfloor \\
&= \left\lfloor \frac{T(x)}{a} \right\rfloor + \left\lfloor \frac{T(y)}{b} + \frac{T(z)}{c} \right\rfloor.
\end{aligned}$$

更一般地, 如果有序三元组(a, b, c)不在

$$(1, 1, 1), \ (1, 1, 3), \ (1, 1, 7), \ (1, 3, 3), \ (1, 7, 7), \ (3, 3, 3)$$

中, 则对每个$n \in \mathbb{N}$有$x, y, z \in \mathbb{N}$使得

$$n = \left\lfloor \frac{x(x+1)}{a} \right\rfloor + \left\lfloor \frac{y(y+1)}{b} \right\rfloor + \left\lfloor \frac{z(z+1)}{c} \right\rfloor$$

$$= \left\lfloor \frac{x(x+1)}{a} + \frac{y(y+1)}{b} \right\rfloor + \left\lfloor \frac{z(z+1)}{c} \right\rfloor$$

$$= \left\lfloor \frac{x(x+1)}{a} \right\rfloor + \left\lfloor \frac{y(y+1)}{b} + \frac{z(z+1)}{c} \right\rfloor.$$

注记3.2. 此猜测公开于[194], 作者在[194]中对一些特殊的三元组(a, b, c)证实了它.

猜想3.3 (2015年5月13日). 设$a, b, c \in \mathbb{Z}_+$且$a \leqslant b \leqslant c$.

(i) 如果$c > 1$, 则

$$\left\{ \left\lfloor \frac{x^2}{a} + \frac{y^2}{b} + \frac{z^2}{c} \right\rfloor : x, y, z \in \mathbb{Z} \right\} = \mathbb{N}.$$

(ii) 如果$(a, b, c) \neq (1, 1, 1), (1, 1, 3), (1, 1, 7), (1, 3, 3)$, 则

$$\left\{ \left\lfloor \frac{x(x+1)}{a} + \frac{y(y+1)}{b} + \frac{z(z+1)}{c} \right\rfloor : x, y, z \in \mathbb{Z} \right\} = \mathbb{N}.$$

注记3.3. 此猜测公开于[194].

猜想3.4 (2015年5月8日). 设正整数a, b, c不全为1, 则

$$\left\{ x^2 + y^2 + z^2 + \left\lfloor \frac{x}{a} \right\rfloor + \left\lfloor \frac{y}{b} \right\rfloor + \left\lfloor \frac{z}{c} \right\rfloor : x, y, z \in \mathbb{Z} \right\} = \mathbb{N}.$$

注记3.4. 此猜测公开于[194].

猜想3.5 (2015年4月6日). 设$a, b, c \in \mathbb{Z}_+$且$a \leqslant b \leqslant c$. 则

$$\left\{ \left\lfloor \frac{p_5(x)}{a} \right\rfloor + \left\lfloor \frac{p_5(y)}{b} \right\rfloor + \left\lfloor \frac{p_5(z)}{c} \right\rfloor : x, y, z \in \mathbb{Z} \right\} = \mathbb{N}.$$

当$(a, b, c) \neq (1, 1, 1), (1, 1, 2), (2, 2, 2)$时, 我们有

$$\left\{ \left\lfloor \frac{p_7(x)}{a} \right\rfloor + \left\lfloor \frac{p_7(y)}{b} \right\rfloor + \left\lfloor \frac{p_7(z)}{c} \right\rfloor : x, y, z \in \mathbb{Z} \right\} = \mathbb{N}.$$

如果$(a, b, c) \neq (1, 1, 1), (2, 2, 2)$, 则

$$\left\{ \left\lfloor \frac{p_8(x)}{a} \right\rfloor + \left\lfloor \frac{p_8(y)}{b} \right\rfloor + \left\lfloor \frac{p_8(z)}{c} \right\rfloor : x, y, z \in \mathbb{Z} \right\} = \mathbb{N}.$$

注记3.5. 此猜测公开于[194].

猜想3.6 (2015年4月5日). 设a, b, c为正整数. 如果$2a \leqslant b+c$且$(a, b, c) \neq (1, 1, 1), (3, 3, 3), (4, 2, 6)$, 则

$$\left\{ ax^2 + \left\lfloor \frac{y^2}{b} \right\rfloor + \left\lfloor \frac{z^2}{c} \right\rfloor : x, y, z \in \mathbb{Z} \right\} = \mathbb{N}.$$

注记3.6. 此猜想公开于[194].

猜想3.7 (2015年4月5日). 设a与b为正整数.

(i) 对充分大的正整数c, 我们有

$$\left\{ ax^2 + by^2 + \left\lfloor \frac{z^2}{c} \right\rfloor : x, y, z \in \mathbb{Z} \right\} = \left\{ ax^2 + by^2 + \left\lceil \frac{z^2}{c} \right\rceil : x, y, z \in \mathbb{Z} \right\} = \mathbb{N}.$$

(ii) 对充分大的正整数c, 我们有

$$\left\{ ax^2 + by^2 + \left\lfloor \frac{z(z+1)}{c} \right\rfloor : x, y, z \in \mathbb{Z} \right\} = \left\{ ax^2 + by^2 + \left\lceil \frac{z(z+1)}{c} \right\rceil : x, y, z \in \mathbb{Z} \right\} = \mathbb{N}.$$

注记3.7. 此猜想公开于[194].

§3.2 $\mathbb{N}$上通用和$\frac{x(ax+b)}{2} + \frac{y(cy+d)}{2} + \frac{z(ez+f)}{2}$

回忆一下, 对于$m = 3, 4, 5, \ldots$, m角数形如

$$p_m(x) = (m-2)\binom{x}{2} + x = \frac{x((m-2)x - (m-4))}{2} \quad (x = 0, 1, 2, \ldots).$$

任给整数$m \geqslant 3$, Fermat猜测每个自然数可表成m个m角数之和. 1813年, Cauchy对$m = 5, 6, \ldots$证明了比Fermat猜测更强的结果(参看M. B. Nathanson[116]与[111, 117]):

$$\{p_m(x_1) + p_m(x_2) + p_m(x_3) + p_m(x_4) + r : x_1, x_2, x_3, x_4 \in \mathbb{N}且r \in \{0, \ldots, m-4\}\} = \mathbb{N}.$$

下述猜想受到了Cauchy多角数定理与Cantor证明实数集不可数的对角线方法的启发.

猜想3.8 (2009年8月21日). 任给整数$m \geqslant 3$, 自然数n总可表成

$$p_{m+1}(x) + p_{m+2}(y) + p_{m+3}(z) + r \quad (其中x, y, z \in \mathbb{N}且r \in \{0, \ldots, m-3\}),$$

亦即

$$\{p_{m+1}(x_1) + \ldots + p_{2m}(x_m) : x_1, x_2, x_3 \in \mathbb{N}, \ 3 < k \leqslant m时x_k \in \{0, 1\}\} = \mathbb{N}.$$

注记3.8. 此猜想发于[193, 猜想1.5]. 对于$m = 3$, $4 \leqslant m \leqslant 10$与$11 \leqslant m \leqslant 40$, 作者把猜想3.8分别验证到$n \leqslant 3 \times 10^7$, $n \leqslant 10^6$与$n \leqslant 10^5$.

猜想3.9 (2016年3月26日). (i) 正整数$n \neq 225$可表成$\binom{p}{2} + \binom{q}{2} + \binom{r}{2}$ ($p, q, r \in \mathbb{Z}_+$)使得p, q, r之一为素数.

(ii) 每个正整数都可表成$x(x-1) + \frac{y(y-1)}{2} + \frac{p(p-1)}{2}$的形式, 其中$x, y \in \mathbb{Z}_+$且$p$为素数.

注记3.9. 此猜想第一条发表于[201, 猜想1.2(i)], 相应表法数可见OEIS条目A270928. Fermat曾猜测每个自然数是三个三角数之和, 这被Gauss所证明. $2T(x) + T(y) + T(z)$在$\mathbb{N}$上通用性也是已知的, 参见[161].

猜想3.10. (i) (2015年10月2日) 正整数都可表成 $x^2+y^2+\frac{p(p\pm1)}{2}$ 的形式, 这里 $x,y\in\mathbb{N}$, 且 p 为素数.

(ii) (2015年10月31日) 正整数都可表成 $x^2+2y^2+\frac{p(p\pm1)}{2}$ 的形式, 这里 $x,y\in\mathbb{N}$, 且 p 为素数.

注记3.10. 此猜测相应表法数序列可见OEIS条目A262785与A263998, 第一条发表于[202, 猜想3.16 (ii)]. 例如: $97=1^2+9^2+\frac{5(5+1)}{2}$ (其中5为素数), $538=3^2+8^2+\frac{31(31-1)}{2}$ (其中31为素数). 已知 $x^2+y^2+T(z)$ 与 $x^2+2y^2+T(z)$ 都在 $\mathbb{N}$ 上通用, 参见[161]. 作者也猜测整数 $n>9$ 都可表成 $x^2+y^2+z(z+1)\,(x,y,z\in\mathbb{N})$ 使得 $z+1$ 或 $z-1$ 为素数.

猜想3.11 (2015年11月1日). (i) 正整数都可表成 $x^2+y(2y+1)+\frac{p(p\pm1)}{2}$ 的形式, 这里 $x,y\in\mathbb{N}$, 且 p 为素数. 正整数也可表成 $2x^2+\frac{y(y+1)}{2}+\frac{p(p\pm1)}{2}$ 的形式, 这里 $x,y\in\mathbb{N}$, 且 p 为素数. 整数 $n>1$ 都可表成 $x^2+y(y+1)+p(p\pm1)$ 的形式, 这里 $x,y\in\mathbb{N}$, 且 p 为素数.

(ii) 整数 $n>2$ 都可表成 $x^2+p(p\pm1)+\frac{q(q\pm1)}{2}$ 的形式, 这里 p 与 q 为素数. 整数 $n>2$ 可表成 $p(p\pm1)+\frac{q(q\pm1)}{2}+\frac{r(r+1)}{2}$ 的形式, 这里 p 与 q 为素数, r 为自然数. 整数 $n>7$ 都可表成 $p(p\pm1)+\frac{q(q\pm1)}{2}+3\frac{r(r+1)}{2}$ 的形式, 这里 p 与 q 为素数, r 为自然数.

注记3.11. 相关表法数序列可见OEIS条目A264010与A264025. 例如: $1125=33^2+5\times6+\frac{3\times4}{2}$, 其中5与3为素数.

设 a,b,c,d,e,f 都是整数且 $a+b,c+d,e+f$ 为正偶数. 如果

$$\frac{x(ax+b)}{2}+\frac{y(cy+d)}{2}+\frac{z(ez+f)}{2}$$

在 $\mathbb{N}$ 上通用, 亦即

$$\left\{\frac{x(ax+b)}{2}+\frac{y(cy+d)}{2}+\frac{z(ez+f)}{2}\ :\ x,y,z\in\mathbb{N}\right\}=\mathbb{N},$$

我们就说有序六元组 (a,b,c,d,e,f) 在 $\mathbb{N}$ 上通用. 作者在[218]中确定出所有可能的在 $\mathbb{N}$ 上通用的有序六元组 (a,b,c,d,e,f).

本节中 $ap_i(x)+bp_j(y)+cp_k(z)$ 在 $\mathbb{N}$ 上通用形猜想大部分形成于2009年4~7月, 其余的六元组 (a,b,c,d,e,f) 在 $\mathbb{N}$ 上通用形猜想是2015年2月或2017年5~6月提出的.

猜想3.12 (2017年6月11日). (i) 有序六元组

$$(4,0,2,0,1,3),\ (4,0,2,0,1,5),\ (4,8,2,0,1,1),\ (4,8,2,0,1,3),$$

在 $\mathbb{N}$ 上通用. 等价地, 整数 $n>2$ 都可表成 $x^2+2y^2+T(z)$ (其中 $x\in\mathbb{N}$ 且 $y,z\in\mathbb{Z}_+$), 也可表成 $x^2+2y^2+T(z)$ (其中 $x,y,z\in\mathbb{N}$ 且 $z\geqslant2$).

(ii) 有序六元组

$$(4,4,2,0,1,3),\ (6,0,2,0,1,3),\ (6,6,2,0,1,3)$$

都在 $\mathbb{N}$ 上通用. 等价地, $f(x)$ 是 $3x^2,4T(x),6T(x)$ 之一时, 正整数都可表成 $f(x)+y^2+T(z)$ (其中 $x,y\in\mathbb{N}$ 且 $z\in\mathbb{Z}_+$).

(iii) 有序六元组$(4,0,2,6,1,1)$与$(4,0,2,6,2,0)$在$\mathbb{N}$上通用. 等价地, $f(x)$ 是x^2或$T(x)$时, 整数$n \geqslant 2$都可表成$f(x)+2y^2+2T(z)$ (其中$x,y \in \mathbb{N}$且$z \in \mathbb{Z}_+$).

(iv) 有序六元组$(4,12,2,0,1,1)$在$\mathbb{N}$上通用, 亦即整数$n \geqslant 4$都可表成$x^2+T(y)+4T(z)$ (其中$x,y \in \mathbb{N}$且$z \in \mathbb{Z}_+$).

注记3.12. 此猜测发表于[218, 猜想1.2], 与第一部分有关的表法数序列可见OEIS条目A290342. 根据[218, 定理1.1和定理1.4], 在$\mathbb{N}$上通用性未解决的满足

$$a \geqslant c \geqslant e > 0,\ a+b,c+d,e+f \in 2\mathbb{Z}_+,\ a \mid b,\ c \mid d,\ e \mid f$$

的有序六元组(a,b,c,d,e,f)仅有猜想3.12中所列的10个.

猜想3.13 (2009年4月16日). $(3,-1,2,0,2,0)$在$\mathbb{N}$上通用, 亦即$n \in \mathbb{N}$都可表成$x^2+y^2+p_5(z)$, 这里$x,y,z \in \mathbb{N}$.

注记3.13. 此猜测及相应的表法数序列可见OEIS条目A160326, 也可参见[193, 猜想1.3(i)].

根据Euler的一个观察, $\{T(x)+T(y): x,y \in \mathbb{N}\} = \{x^2+2T(y): x,y \in \mathbb{N}\}$ (参看[161, 引理1]).

猜想3.14. (i) $(3,-1,1,17,1,1)$在$\mathbb{N}$上通用, 亦即整数$n \geqslant 36$都可表成$T(x)+T(y)+p_5(z)$, 这里$x,y,z \in \mathbb{N}$且$x \geqslant 8$.

(ii) $(3,1,1,7,1,1)$在$\mathbb{N}$上通用, 亦即整数$n \geqslant 6$都可表成$T(x)+T(y)+\bar{p}_5(z)$, 这里$x,y,z \in \mathbb{N}$且$x \geqslant 3$.

(iii) $(3,5,1,3,1,1)$在$\mathbb{N}$上通用, 亦即整数$n \geqslant 2$总可表成$T(x)+T(y)+p_5(z)$, 这里$x \in \mathbb{N}$且$y,z \in \mathbb{Z}_+$. $(3,7,1,1,1,1)$在$\mathbb{N}$上通用, 亦即整数$n \geqslant 2$总可表成$T(x)+T(y)+\bar{p}_5(z)$, 这里$x,y \in \mathbb{N}$且$z \in \mathbb{Z}_+$.

注记3.14. 此猜测蕴含着

$$(3,-1,1,2k+1,1,1)\ (k=0,\ldots,7),\ (3,1,1,l,1,1)\ (l=1,3,5),$$
$$(3,5,1,1,1,1),\ (3,1,2,2,2,0),\ (3,5,2,2,2,0),\ (3,7,2,2,2,0)$$

都在$\mathbb{N}$上通用. 2009年4月16日, 作者猜测$T(x)+T(y)+p_5(z)$ 在$\mathbb{N}$ 上通用.

猜想3.15. (i) $(3,-1,2,4,1,3)$在$\mathbb{N}$上通用, 亦即整数$n \geqslant 2$可表成$T(x)+y^2+p_5(z)$的形式, 这里$x,y \in \mathbb{Z}_+$ 且$z \in \mathbb{N}$.

(ii) $(3,-1,2,0,1,5)$在$\mathbb{N}$上通用, 亦即整数$n \geqslant 3$可表成$T(x)+y^2+p_5(z)$的形式, 这里$x,y,z \in \mathbb{N}$且$x \geqslant 2$.

(iii) $(3,-1,2,16,1,5)$在$\mathbb{N}$上通用, 亦即整数$n \geqslant 16$可表成$T(x)+y^2+p_5(z)$的形式, 这里$x,y,z \in \mathbb{N}$且$y \geqslant 4$.

(iv) $(3,11,2,0,1,3)$在$\mathbb{N}$上通用, 亦即整数$n \geqslant 6$可表成$T(x)+y^2+p_5(z)$的形式, 这里$x \in \mathbb{Z}_+,\ y,z \in \mathbb{N}$且$z \geqslant 2$.

注记3.15. 此猜测蕴含着

$$(3, -1, 2, 0, 1, 1), \quad (3, -1, 2, 0, 1, 3), \quad (3, -1, 2, 4, 1, 1), \quad (3, -1, 2, 8, 1, 1),$$

$$(3, -1, 2, 12, 1, 1), \quad (3, 5, 2, 0, 1, 1), \quad (3, 5, 2, 0, 1, 3), \quad (3, 11, 2, 0, 1,)$$

都在$\mathbb{N}$上通用.

猜想3.16. (i) $(3, 1, 2, 0, 1, 3)$ 在$\mathbb{N}$上通用, 亦即正整数n可表成$T(x) + y^2 + \bar{p}_5(z)$的形式, 这里$x \in \mathbb{Z}_+$且$y, z \in \mathbb{N}$.

(ii) $(3, 1, 2, 4, 1, 1)$在$\mathbb{N}$上通用, 亦即正整数n可表成$T(x) + y^2 + \bar{p}_5(z)$的形式, 这里$x, y, z \in \mathbb{N}$且$y \geqslant 1$.

(iii) $(3, 13, 2, 0, 1, 1)$在$\mathbb{N}$上通用, 亦即整数$n \geqslant 7$可表成$T(x) + y^2 + \bar{p}_5(z)$的形式, 这里$x, y, z \in \mathbb{N}$且$z \geqslant 2$.

注记3.16. 此猜测蕴含着$(3, 1, 2, 0, 1, 1)$与$(3, 7, 2, 0, 1, 1)$都在$\mathbb{N}$上通用.

猜想3.17. (i) $(3, -1, 2, 4, 2, 2)$在$\mathbb{N}$上通用, 亦即正整数n可表成$2T(x) + y^2 + p_5(z)$的形式, 这里$x, z \in \mathbb{N}$且$y \in \mathbb{Z}_+$.

(ii) $(3, 1, 2, 6, 2, 0)$在$\mathbb{N}$上通用, 亦即整数$n \geqslant 2$可表成$2T(x) + y^2 + \bar{p}_5(z)$的形式, 这里$x \in \mathbb{Z}_+$且$y, z \in \mathbb{N}$.

注记3.17. 此猜想蕴含着$(3, -1, 2, 2, 2, 0)$与$(3, 1, 2, 2, 2, 0)$也在$\mathbb{N}$上通用. 2009年7月21日, 作者猜测每个正整数可表成两个不同三角数与一个五角数之和, 这等价于猜想3.17的第一条, 因为$2T(x) + y^2 = T(x+y) + T(x-y) = T(x+y) + T(y-x-1)$.

猜想3.18 (2009年7月21日). (i) $(3, 3, 3, -1, 2, 0)$在$\mathbb{N}$上通用, 亦即$n \in \mathbb{N}$可表成$3T(x) + y^2 + p_5(z)$的形式, 这里$x, y, z \in \mathbb{N}$.

(ii) $(3, 3, 3, 1, 2, 0)$在$\mathbb{N}$上通用, 亦即$n \in \mathbb{N}$可表成$3T(x) + y^2 + \bar{p}_5(z)$的形式, 这里$x, y, z \in \mathbb{N}$.

注记3.18. 作者在[193, 定理1.14]中证明了$3T(x) + y^2 + p_5(z)$在$\mathbb{Z}$上通用.

猜想3.19. (i) $(3, -1, 2, 2, 1, 3)$在$\mathbb{N}$上通用, 亦即正整数n可表成$T(x) + 2T(y) + p_5(z)$的形式, 这里$x \in \mathbb{Z}_+$且$y, z \in \mathbb{N}$. $(3, -1, 2, 10, 1, 1)$也在$\mathbb{N}$上通用, 亦即整数$n \geqslant 6$可表成$T(x) + 2T(y) + p_5(z)$的形式, 这里$x, y, z \in \mathbb{N}$且$y \geqslant 2$. $(3, 5, 2, 2, 1, 1)$也在$\mathbb{N}$上通用, 亦即正整数n可表成$T(x) + 2T(y) + p_5(z)$的形式, 这里$x, y \in \mathbb{N}$且$z \in \mathbb{Z}_+$.

(ii) $(3, 1, 2, 6, 1, 1)$在$\mathbb{N}$上通用, 亦即整数$n \geqslant 2$可表成$T(x) + 2T(y) + \bar{p}_5(z)$的形式, 这里$x, y, z \in \mathbb{N}$且$y \geqslant 1$.

注记3.19. 此猜测蕴含着$(3, -1, 2, 2, 1, 1), (3, -1, 2, 6, 1, 1), (3, 1, 2, 2, 1, 1)$也都在$\mathbb{N}$上通用.

猜想3.20. (i) $(3, 3, 3, -1, 1, 3)$在$\mathbb{N}$上通用, 亦即正整数n可表成$T(x) + 3T(y) + p_5(z)$的形式, 这里$x \in \mathbb{Z}_+$且$y, z \in \mathbb{N}$. $(3, 15, 3, -1, 1, 1)$也在$\mathbb{N}$上通用, 亦即整数$n \geqslant 9$可表成$T(x) + 3T(y) + p_5(z)$的形式, 这里$x, y, z \in \mathbb{N}$且$y \geqslant 2$.

(ii) $(3,3,3,1,1,1)$在ℕ上通用, 即正整数n可表成$T(x)+3T(y)+\bar{p}_5(z)$的形式, 这里$x,y,z \in$ ℕ.

(iii) $(3,3,3,-1,2,2)$在ℕ上通用, 亦即$n \in$ ℕ可表成$2T(x)+3T(y)+p_5(z)$的形式, 这里$x,y,z \in$ ℕ.

注记3.20. 此猜测蕴含着$(3,3,3,-1,1,1)$与$(3,9,3,-1,1,1)$都在ℕ上通用.

猜想3.21. (i) $(3,-1,3,-1,1,3)$ 在ℕ 上通用, 亦即正整数n可表成$T(x)+p_5(y)+p_5(z)$的形式, 这里$x \in \mathbb{Z}_+$且$y,z \in$ ℕ. $(3,11,3,-1,1,3)$也在ℕ上通用, 亦即整数$n \geqslant 5$可表成$T(x)+p_5(y)+p_5(z)$的形式, 这里$x,y,z \in$ ℕ且$z \geqslant 2$.

(ii) $(3,1,3,-1,1,3)$在ℕ上通用, 亦即正整数n可表成$T(x)+p_5(y)+\bar{p}_5(z)$的形式, 这里$x \in \mathbb{Z}_+$且$y,z \in$ ℕ. $(3,5,3,1,1,1)$也在ℕ 上通用, 亦即正整数n可表成$T(x)+p_5(y)+\bar{p}_5(z)$的形式, 这里$x,z \in$ ℕ且$y \in \mathbb{Z}_+$. $(3,7,3,-1,1,1)$也在ℕ上通用, 亦即整数$n \geqslant 2$可表成$T(x)+p_5(y)+\bar{p}_5(z)$的形式, 这里$x,y \in$ ℕ 且$z \in \mathbb{Z}_+$.

注记3.21. 此猜想蕴含着$(3,-1,3,-1,1,1)$与$(3,5,3,-1,1,1)$都在ℕ上通用. 对$n \in$ ℕ让$r(n)$为n表成$T(x)+p_5(y)+\bar{p}_5(z)$ $(x,y,z \in$ ℕ$)$的方法数; 2015年2月1日, 作者猜测$\{r(n): n \in \mathbb{Z}_+\}=\mathbb{Z}_+$, 参见OEIS条目A254574与A254617.

猜想3.22. $(3,1,3,-1,2,6)$在ℕ上通用, 亦即整数$n \geqslant 2$可表成$2T(x)+p_5(y)+\bar{p}_5(z)$的形式, 这里$x \in \mathbb{Z}_+$且$y,z \in$ ℕ.

注记3.22. 此猜想蕴含着$(3,1,3,-1,2,2)$在ℕ上通用. 对$n \in$ ℕ让$r(n)$为n表成$2T(x)+p_5(y)+\bar{p}_5(z)(x,y,z \in$ ℕ$)$的方法数; 2015 年2月2日, 作者猜测$\{r(n): n \in \mathbb{Z}_+\}=\mathbb{Z}_+$, 参见OEIS条目A254573与A254595.

猜想3.23. (i) $(4,-2,1,7,1,3)$在ℕ上通用, 亦即整数$n \geqslant 7$都可表成$T(x)+T(y)+p_6(z)$, 其中$x,y \in \mathbb{Z}_+$, $x \geqslant 3$且$z \in$ ℕ. $(4,-2,1,9,1,1)$在ℕ 上也通用, 亦即整数$n \geqslant 10$都可表成$T(x)+T(y)+p_6(z)$, 其中$x,y,z \in$ ℕ且$x \geqslant 4$.

(ii) $(4,-2,2,2,1,5)$在ℕ上通用, 亦即整数$n \geqslant 3$都可表成$T(x)+2T(y)+p_6(z)$, 其中$x,y,z \in$ ℕ且$x \geqslant 2$.

注记3.23. 此猜想蕴含着

$$(4,-2,1,1,1,1), \quad (4,-2,1,3,1,1), \quad (4,-2,1,3,1,3),$$
$$(4,-2,1,5,1,1), \quad (4,-2,1,5,1,3), \quad (4,-2,1,7,1,1),$$
$$(4,-2,2,2,2,0), \quad (4,-2,2,2,1,1), \quad (4,-2,2,2,1,3)$$

都在ℕ上通用. 2009年4月16日,作者猜测$T(x)+T(y)+p_6(z)$在ℕ上通用.

猜想3.24 (2009年7月21日). $(4,4,3,-1,1,1)$与$(4,4,3,1,1,1)$在ℕ上通用, 亦即$T(x)+4T(y)+p_5(z)$与$T(x)+4T(y)+\bar{p}_5(z)$都在ℕ上通用.

注记3.24. 作者在[193, 定理1.14]中证明了$T(x) + 4T(y) + p_5(z)$在$\mathbb{Z}$上通用.

猜想3.25. (i) $(4, -2, 2, 0, 1, 5)$在$\mathbb{N}$上通用, 亦即整数$n \geqslant 3$可表成$T(x) + y^2 + p_6(z)$, 其中$x, y, z \in \mathbb{N}$且$x \geqslant 2$. $(4, -2, 2, 8, 1, 1)$也在$\mathbb{N}$上通用, 亦即整数$n \geqslant 4$都可表成$T(x) + y^2 + p_6(z)$, 其中$x, y, z \in \mathbb{N}$且$y \geqslant 2$. $(4, 2, 2, 0, 1, 3)$也在$\mathbb{N}$上通用, 亦即正整数n都可表成$T(x) + y^2 + \bar{p}_6(z)$, 其中$x \in \mathbb{Z}_+$且$y, z \in \mathbb{N}$.

(ii) $(4, 0, 4, -2, 1, 5)$在$\mathbb{N}$上通用, 亦即整数$n \geqslant 3$都可表成$T(x) + 2y^2 + p_6(z)$, 其中$x, y, z \in \mathbb{N}$且$x \geqslant 2$.

(iii) $(4, 0, 3, -1, 1, 7)$在$\mathbb{N}$上通用, 亦即整数$n \geqslant 6$都可表成$T(x) + 2y^2 + p_5(z)$, 其中$x, y, z \in \mathbb{N}$且$x \geqslant 3$. $(4, 0, 3, 5, 1, 1)$也在$\mathbb{N}$上通用, 亦即正整数n都可表成$T(x) + 2y^2 + p_5(z)$, 其中$x, y \in \mathbb{N}$且$z \in \mathbb{Z}_+$. $(4, 8, 3, -1, 1, 1)$也在$\mathbb{N}$上通用, 亦即整数$n \geqslant 2$都可表成$T(x) + 2y^2 + p_5(z)$, 其中$x, z \in \mathbb{N}$且$y \in \mathbb{Z}_+$. $(4, 0, 3, 1, 1, 1)$也在$\mathbb{N}$上通用, 亦即$n \in \mathbb{N}$都可表成$T(x) + 2y^2 + \bar{p}_5(z)$, 其中$x, y, z \in \mathbb{N}$.

注记3.25. 此猜想蕴含着

$$(4, -2, 2, 0, 1, 1), \ (4, -2, 2, 0, 1, 3), \ (4, -2, 2, 4, 1, 1),$$
$$(4, 2, 2, 0, 1, 1), \ (4, 0, 3, -1, 1, 1), \ (4, 0, 3, -1, 1, 3),$$
$$(4, 0, 3, -1, 1, 5), \ (4, 0, 4, -2, 1, 1), \ (4, 0, 4, -2, 1, 3)$$

在$\mathbb{N}$上通用. 2009年4月16日, 作者猜测$T(x) + y^2 + p_6(z)$在$\mathbb{N}$上通用.

猜想3.26. (i) $(4, -2, 3, -1, 1, 5)$在$\mathbb{N}$上通用, 亦即整数$n \geqslant 3$都可表成$T(x) + p_5(y) + p_6(z)$, 其中$x, y, z \in \mathbb{N}$且$x \geqslant 2$. $(4, 6, 3, -1, 1, 1)$也在$\mathbb{N}$上通用, 亦即正整数n都可表成$T(x) + p_5(y) + p_6(z)$, 其中$x, y \in \mathbb{N}$且$z \in \mathbb{Z}_+$.

(ii) $(4, -2, 3, 1, 1, 3)$在$\mathbb{N}$上通用, 亦即正整数n都可表成$T(x) + \bar{p}_5(y) + p_6(z)$, 其中$x \in \mathbb{Z}_+$且$y,$
$z \in \mathbb{N}$. $(4, -2, 3, 7, 1, 1)$也在$\mathbb{N}$上通用, 亦即整数$n \geqslant 2$都可表成$T(x) + \bar{p}_5(y) + p_6(z)$, 其中$x, y, z \in \mathbb{N}$且$y \geqslant 1$. $(4, 2, 3, -1, 1, 3)$也在$\mathbb{N}$上通用, 亦即正整数n都可表成$T(x) + p_5(y) + \bar{p}_6(z)$, 其中$x \in \mathbb{Z}_+$且$y, z \in \mathbb{N}$. $(4, 10, 3, -1, 1, 1)$也在$\mathbb{N}$上通用, 亦即整数$n \geqslant 3$都可表成$T(x) + p_5(y) + \bar{p}_6(z)$, 其中$x, y \in \mathbb{N}$且$z \in \mathbb{Z}_+$.

注记3.26. 此猜想蕴含着

$$(4, -2, 3, -1, 1, 1), \ (4, -2, 3, -1, 1, 3), \ (4, -2, 3, 1, 1, 1), \ (4, 2, 3, -1, 1, 1)$$

在$\mathbb{N}$上通用. 2009年4月17日, 作者猜测$T(x) + p_5(y) + p_6(z)$在$\mathbb{N}$上通用.

猜想3.27. (i) $(4, 0, 3, -1, 2, 4)$在$\mathbb{N}$上通用, 亦即正整数n都可表成$x^2 + 2y^2 + p_5(z)$, 其中$x \in \mathbb{Z}_+$且$y, z \in \mathbb{N}$. $(4, 0, 3, 5, 2, 0)$也在$\mathbb{N}$上通用, 亦即正整数n都可表成$x^2 + 2y^2 + p_5(z)$, 其中$x, y \in \mathbb{N}$且$z \in \mathbb{Z}_+$. $(4, 0, 3, 1, 2, 0)$也在$\mathbb{N}$上通用, 亦即$n \in \mathbb{N}$都可表成$x^2 + 2y^2 + \bar{p}_5(z)$, 其中$x, y, z \in \mathbb{N}$.

(ii) $(4, -2, 3, -1, 2, 0)$与$(4, 0, 4, -2, 3, -1)$都在$\mathbb{N}$上通用, 亦即对$\delta = 1, 2$每个$n \in \mathbb{N}$可表成$\delta x^2 + p_5(y) + p_6(z)$, 其中$x, y, z \in \mathbb{N}$. $(4, -2, 3, 1, 2, 0)$也在$\mathbb{N}$上通用, 亦即$x^2 + \bar{p}_5(y) + p_6(z)$在$\mathbb{N}$上通用.

注记3.27. 猜想3.27蕴含着$(4, 0, 3, -1, 2, 0)$在$\mathbb{N}$上通用. 2009年4月17日, 作者猜测$x^2 + p_5(y) + p_6(z)$在$\mathbb{N}$上通用, 相应表法数序列可见OEIS条目A160324; 2009年9月4日, 作者进一步猜测任给$m \in \mathbb{Z}_+$有$n \in \mathbb{N}$使其表成$x^2 + p_5(y) + p_6(z)$ $(x, y, z \in \mathbb{N})$的方法数恰为m, 参见OEIS条目A160324与A165141. 2015年2月4日, 作者猜测$x^2 + \bar{p}_5(y) + p_6(z)$在$\mathbb{N}$上通用, 相应表法数序列可见OEIS条目A254668.

猜想3.28. (i) $(5, -3, 1, 9, 1, 1)$在$\mathbb{N}$上通用, 亦即整数$n \geqslant 10$可表成$T(x) + T(y) + p_7(z)$, 其中$x, y, z \in \mathbb{N}$且$x \geqslant 4$. $(5, 3, 1, 3, 1, 1)$也在$\mathbb{N}$上通用, 亦即正整数n可表成$T(x) + T(y) + \bar{p}_7(z)$, 其中$x \in \mathbb{Z}_+$且$y, z \in \mathbb{N}$.

(ii) $(5, -3, 2, 2, 1, 3)$也在$\mathbb{N}$上通用, 亦即正整数n可表成$T(x) + 2T(y) + p_7(z)$, 其中$x \in \mathbb{Z}_+$且$y, z \in \mathbb{N}$. $(5, 3, 2, 2, 1, 1)$也在$\mathbb{N}$上通用, 亦即$n \in \mathbb{N}$可表成$T(x) + 2T(y) + \bar{p}_7(z)$, 其中$x, y, z \in \mathbb{N}$.

(iii) $(5, -3, 2, 4, 1, 3)$在$\mathbb{N}$上通用, 亦即整数$n \geqslant 2$可表成$T(x) + y^2 + p_7(z)$, 其中$x, y \in \mathbb{Z}_+$且$z \in \mathbb{N}$. $(5, 7, 2, 0, 1, 3)$在$\mathbb{N}$上通用, 亦即整数$n \geqslant 2$可表成$T(x) + y^2 + p_7(z)$, 其中$x, z \in \mathbb{Z}_+$且$y \in \mathbb{N}$. $(5, -3, 2, 8, 1, 1)$也在$\mathbb{N}$上通用, 亦即整数$n \geqslant 4$可表成$T(x) + y^2 + p_7(z)$, 其中$x, y, z \in \mathbb{N}$且$y \geqslant 2$. $(5, 3, 2, 0, 1, 1)$也在$\mathbb{N}$上通用, 亦即$n \in \mathbb{N}$可表成$T(x) + y^2 + \bar{p}_7(z)$, 其中$x, y, z \in \mathbb{N}$. $(5, -3, 2, 4, 2, 2)$在$\mathbb{N}$上通用, 亦即正整数n可表成$2T(x) + y^2 + p_7(z)$, 其中$x, z \in \mathbb{N}$且$y \in \mathbb{Z}_+$.

注记3.28. 此猜测蕴含着

$$(5, -3, 1, 1, 1, 1), \quad (5, -3, 1, 3, 1, 1), \quad (5, -3, 1, 5, 1, 1), \quad (5, -3, 1, 7, 1, 1),$$
$$(5, -3, 2, 2, 2, 0), \quad (5, -3, 2, 0, 1, 1), \quad (5, -3, 2, 0, 1, 3), \quad (5, -3, 2, 4, 1, 1),$$
$$(5, -3, 2, 2, 1, 1), \quad (5, -1, 2, 0, 1, 1), \quad (5, 3, 1, 1, 1, 1), \quad (5, 3, 2, 2, 2, 0),$$
$$(5, 7, 2, 0, 1, 1)$$

都在$\mathbb{N}$上通用. 2009年4月16日, 作者猜测$T(x) + T(y) + p_7(z)$与$T(x) + y^2 + p_7(z)$都在$\mathbb{N}$上通用.

猜想3.29. (i) $(5, 7, 3, -1, 1, 1)$在$\mathbb{N}$上通用, 亦即整数$n \geqslant 2$都可表成$T(x) + p_5(y) + p_7(z)$, 其中$x, y \in \mathbb{N}$且$z \in \mathbb{Z}_+$. $(5, -3, 3, 1, 1, 3)$在$\mathbb{N}$上通用, 亦即整数$n \geqslant 2$都可表成$T(x) + \bar{p}_5(y) + p_7(z)$, 其中$x \in \mathbb{Z}_+$且$y, z \in \mathbb{N}$. $(5, -3, 3, 7, 1, 1)$在$\mathbb{N}$上通用, 亦即整数$n \geqslant 2$都可表成$T(x) + \bar{p}_5(y) + p_7(z)$, 其中$x, z \in \mathbb{N}$且$y \in \mathbb{Z}_+$. $(5, 13, 3, -1, 1, 1)$在$\mathbb{N}$上通用, 亦即整数$n \geqslant 4$都可表成$T(x) + p_5(y) + \bar{p}_7(z)$, 其中$x, y \in \mathbb{N}$且$z \in \mathbb{Z}_+$.

(ii) $(5, -3, 3, 3, 3, -1)$在$\mathbb{N}$上通用, 亦即$n \in \mathbb{N}$都可表成$3T(x) + p_5(y) + \bar{p}_7(z)$, 其中$x, y, z \in \mathbb{N}$.

(iii) $(5, 3, 3, 1, 2, 0)$在$\mathbb{N}$上通用, 亦即$n \in \mathbb{N}$都可表成$x^2 + \bar{p}_5(y) + \bar{p}_7(z)$, 其中$x, y, z \in \mathbb{N}$.

44

(iv) $(5, 3, 4, -2, 1, 3)$在ℕ上通用, 亦即正整数n都可表成$T(x) + p_6(y) + \bar{p}_7(z)$, 其中$x \in \mathbb{Z}_+$且$y, z \in \mathbb{N}$.

注记3.29. 此猜测蕴含着

$$(5, -3, 3, -1, 1, 1), \ (5, -3, 3, 1, 1, 1), \ (5, 3, 3, -1, 1, 1), \ (5, 3, 4, -2, 1, 1)$$

都在ℕ上通用. 2009年4月17日, 作者猜测$T(x) + p_5(y) + \bar{p}_7(z)$在ℕ 上通用.

猜想3.30. (i) $(5, -1, 2, 6, 1, 1)$ 在ℕ 上通用, 亦即整数$n \geqslant 2$都可表成$T(x) + 2T(y) + \frac{z(5z-1)}{2}$, 其中$x, z \in \mathbb{N}$且$y \in \mathbb{Z}_+$. $(5, 1, 2, 2, 1, 1)$也在ℕ上通用, 亦即$n \in \mathbb{N}$都可表成$T(x) + 2T(y) + \frac{z(5z+1)}{2}$, 其中$x, y, z \in \mathbb{N}$.

(ii) $(5, -1, 4, 0, 1, 1)$在ℕ上通用, 亦即$n \in \mathbb{N}$都可表成$T(x) + 2y^2 + \frac{z(5z-1)}{2}$, 其中$x, y, z \in \mathbb{N}$.

(iii) $(5, -1, 2, 0, 1, 9)$在ℕ上通用, 亦即整数$n \geqslant 10$都可表成$T(x) + y^2 + \frac{z(5z-1)}{2}$, 其中$x, y, z \in \mathbb{N}$且$x \geqslant 4$. $(5, 1, 2, 0, 1, 3)$也在ℕ上通用, 亦即正整数n都可表成$T(x) + y^2 + \frac{z(5z+1)}{2}$, 其中$x \in \mathbb{Z}_+$且$y, z \in \mathbb{N}$. $(5, 11, 2, 0, 1, 1)$也在ℕ上通用, 亦即整数$n \geqslant 3$都可表成$T(x) + y^2 + \frac{z(5z+1)}{2}$, 其中$x, y \in \mathbb{N}$且$z \in \mathbb{Z}_+$.

注记3.30. 此猜测蕴含着

$$(5, -1, 2, 0, 1, 2k+1) \ (k = 0, 1, 2, 3), \ (5, -1, 2, 2, 1, 1), \ (5, 1, 2, 0, 1, 1)$$

在ℕ上通用.

猜想3.31. (i) (小1-3-5猜想) $(5, 1, 3, 1, 1, 1)$在ℕ上通用, 亦即$n \in \mathbb{N}$都可表成

$$\frac{x(x+1)}{2} + \frac{y(3y+1)}{2} + \frac{z(5z+1)}{2} \ (\text{其中}x, y, z \in \mathbb{N}).$$

(ii) $(5, -1, 3, 1, 1, 1)$在ℕ上通用, 亦即$n \in \mathbb{N}$都可表成

$$\frac{x(x+1)}{2} + \frac{y(3y+1)}{2} + \frac{z(5z-1)}{2} \ (\text{其中}x, y, z \in \mathbb{N}).$$

(iii) $(5, 1, 3, -1, 1, 3)$在ℕ上通用, 亦即$n \in \mathbb{Z}_+$都可表成

$$\frac{x(x+1)}{2} + \frac{y(3y-1)}{2} + \frac{z(5z+1)}{2} \ (\text{其中}x \in \mathbb{Z}_+\text{且}y, z \in \mathbb{N}).$$

(iv) $(5, 9, 3, -1, 1, 1)$在ℕ上通用, 亦即整数$n \geqslant 2$都可表成

$$\frac{x(x-1)}{2} + \frac{y(3y-1)}{2} + \frac{z(5z-1)}{2} \ (\text{其中}x, z \in \mathbb{Z}_+\text{且}y \in \mathbb{N}).$$

注记3.31. 2017年5月27日, 作者形成小1-3-5猜想, 相应表法数可见OEIS 条目A287616; 小1-3-5猜想发表于[218, (1.3)], 在[218, 注记1.6]中作者宣布为其首个证明提供135美元奖金. 猜想3.31第三部分蕴含着$(5, 1, 3, -1, 1, 1)$在ℕ上通用, 第四部分蕴含着$(5, -1, 3, -1, 1, 1)$在ℕ上通用.

猜想3.32. (i) $(6,-4,1,7,1,3)$在$\mathbb{N}$上通用, 亦即整数$n \geqslant 7$都可表成$T(x)+T(y)+p_8(z)$, 其中$x,y,z \in \mathbb{N}$, $x \geqslant 3$ 且$y \geqslant 1$. $(6,-4,1,9,1,1)$也在$\mathbb{N}$上通用, 亦即整数$n \geqslant 10$都可表成$T(x)+T(y)+p_8(z)$, 其中$x,y,z \in \mathbb{N}$且$x \geqslant 4$. $(6,4,1,1,1,1)$也在$\mathbb{N}$上通用, 亦即$n \in \mathbb{N}$都可表成$T(x)+T(y)+\bar{p}_8(z)$, 其中$x,y,z \in \mathbb{N}$.

(ii) $(6,-4,2,6,1,3)$在$\mathbb{N}$上通用, 亦即整数$n \geqslant 3$都可表成$T(x)+2T(y)+p_8(z)$, 其中$x,y \in \mathbb{Z}_+$且$z \in \mathbb{N}$.

(iii) $(6,-4,2,0,1,3)$在$\mathbb{N}$上通用, 亦即正整数n都可表成$T(x)+y^2+p_8(z)$, 其中$x \in \mathbb{Z}_+$且$y,z \in \mathbb{N}$. $(6,8,2,0,1,1)$在$\mathbb{N}$上通用, 亦即正整数n都可表成$T(x)+y^2+p_8(z)$, 其中$x,y \in \mathbb{N}$且$z \in \mathbb{Z}_+$.

(iv) $(6,-4,4,0,1,7)$在$\mathbb{N}$上通用, 亦即整数$n \geqslant 6$都可表成$T(x)+2y^2+p_8(z)$, 其中$x,y,z \in \mathbb{N}$且$x \geqslant 3$. $(6,0,6,-4,1,1)$在$\mathbb{N}$上通用, 亦即$n \in \mathbb{N}$都可表成$T(x)+3y^2+p_8(z)$, 其中$x,y,z \in \mathbb{N}$. $(6,0,6,-4,2,2)$在$\mathbb{N}$上通用, 亦即$n \in \mathbb{N}$都可表成$2T(x)+3y^2+p_8(z)$, 其中$x,y,z \in \mathbb{N}$.

(v) $(6,-4,3,5,1,1)$在$\mathbb{N}$上通用, 亦即正整数n都可表成$T(x)+p_5(y)+p_8(z)$, 其中$x,z \in \mathbb{N}$且$y \in \mathbb{Z}_+$. $(6,8,3,-1,1,1)$在$\mathbb{N}$上通用, 亦即正整数n都可表成$T(x)+p_5(y)+p_8(z)$, 其中$x,y \in \mathbb{N}$且$z \in \mathbb{Z}_+$. $(6,-4,3,1,1,5)$也在$\mathbb{N}$上通用, 亦即整数$n \geqslant 3$都可表成$T(x)+\bar{p}_5(y)+p_8(z)$, 其中$x,y,z \in \mathbb{N}$且$x \geqslant 2$. $(6,-4,3,7,1,1)$也在$\mathbb{N}$上通用, 亦即整数$n \geqslant 2$都可表成$T(x)+\bar{p}_5(y)+p_8(z)$, 其中$x,z \in \mathbb{N}$且$y \in \mathbb{Z}_+$. $(6,2,6,-4,1,1)$也在$\mathbb{N}$上通用, 亦即$n \in \mathbb{N}$都可表成$T(x)+2\bar{p}_5(y)+p_8(z)$, 其中$x,y,z \in \mathbb{N}$.

(vi) $(6,4,6,-4,1,1)$在$\mathbb{N}$上通用, 亦即$n \in \mathbb{N}$都可表成$T(x)+p_5(y)+p_8(z)$, 其中$x,y,z \in \mathbb{N}$. $(6,-4,5,-3,1,1)$在$\mathbb{N}$上通用, 亦即$n \in \mathbb{N}$都可表成$T(x)+p_7(y)+p_8(z)$, 其中$x,y,z \in \mathbb{N}$.

注记3.32. 此猜想蕴含着

$$(6,-4,1,1,1,1), \quad (6,-4,1,3,1,1), \quad (6,-4,1,3,1,3), \quad (6,-4,1,5,1,1),$$
$$(6,-4,1,5,1,3), \quad (6,-4,1,7,1,1), (6,-4,2,0,1,1), \quad (6,-4,2,2,1,1),$$
$$(6,-4,2,2,1,3), \quad (6,-4,2,2,2,0), \quad (6,-4,2,6,1,1), \quad (6,-4,4,0,1,1),$$
$$(6,-4,4,0,1,3), \quad (6,-4,4,0,1,5), \quad (6,4,2,2,2,0), \quad (6,-4,3,-1,1,1),$$
$$(6,-4,3,1,1,1), \quad (6,-4,3,1,1,3)$$

都在$\mathbb{N}$上通用. 2009年4月16日, 作者猜测$T(x)+T(y)+p_8(z)$与$T(x)+y^2+p_8(z)$都在$\mathbb{N}$上通用; 2009年4月17日, 作者猜测$T(x)+p_5(y)+p_8(z)$在$\mathbb{N}$上通用.

猜想3.33. (i) $(6,-2,1,7,1,1)$在$\mathbb{N}$上通用, 亦即整数$n \geqslant 6$都可表成$T(x)+T(y)+2p_5(z)$, 其中$x,y,z \in \mathbb{N}$且$x \geqslant 3$. $(6,2,1,3,1,1)$在$\mathbb{N}$上通用, 亦即正整数n都可表成$T(x)+T(y)+2\bar{p}_5(z)$, 其中$x \in \mathbb{Z}_+$且$y,z \in \mathbb{N}$. $(6,2,2,2,1,1)$在$\mathbb{N}$上通用, 亦即$n \in \mathbb{N}$都可表成$T(x)+2T(y)+2\bar{p}_5(z)$, 其中$x,y,z \in \mathbb{N}$. $(6,-2,4,4,1,1)$在$\mathbb{N}$上通用, 亦即$n \in \mathbb{N}$都可表成$T(x)+4T(y)+2p_5(z)$, 其中$x,y,z \in \mathbb{N}$. $(6,6,3,-1,1,1)$在$\mathbb{N}$上通用, 亦即$n \in \mathbb{N}$都可表成$T(x)+6T(y)+p_5(z)$, 其中$x,y,z \in \mathbb{N}$.

46

(ii) $(6, -2, 2, 0, 1, 9)$在$\mathbb{N}$上通用, 亦即整数$n \geqslant 10$都可表成$T(x) + y^2 + 2p_5(z)$, 其中$x, y, z \in \mathbb{N}$且$x \geqslant 4$. $(6, 10, 2, 0, 1, 1)$在$\mathbb{N}$上通用, 亦即整数$n \geqslant 2$都可表成$T(x) + y^2 + 2p_5(z)$, 其中$x, y \in \mathbb{N}$且$z \in \mathbb{Z}_+$.

(iii) $(6, -2, 4, 0, 1, 1)$在$\mathbb{N}$上通用, 亦即$n \in \mathbb{N}$都可表成$T(x) + 2y^2 + 2p_5(z)$, 其中$x, y, z \in \mathbb{N}$. $(6, 2, 4, 0, 1, 1)$也在$\mathbb{N}$上通用, 亦即$n \in \mathbb{N}$都可表成$T(x) + 2y^2 + 2\bar{p}_5(z)$, 其中$x, y, z \in \mathbb{N}$. $(6, 12, 3, -1, 1, 1)$也在$\mathbb{N}$上通用, 亦即整数$n \geqslant 3$都可表成$T(x) + 3y^2 + p_5(z)$, 其中$x, z \in \mathbb{N}$且$y \in \mathbb{Z}_+$. $(6, 0, 3, -1, 2, 2)$也在$\mathbb{N}$上通用, 亦即$n \in \mathbb{N}$都可表成$2T(x) + 3y^2 + p_5(z)$, 其中$x, y, z \in \mathbb{N}$.

(iv) $(6, 0, 3, -1, 1, 1)$与$(6, 0, 3, 1, 1, 1)$都在$\mathbb{N}$上通用, 亦即$T(x) + 3y^2 + p_5(z)$与$T(x) + 3y^2 + \bar{p}_5(z)$都在$\mathbb{N}$上通用.

注记3.33. 此猜想蕴含着

$$(6, -2, 1, 1, 1, 1), \ (6, -2, 1, 3, 1, 1), \ (6, -2, 1, 5, 1, 1), \ (6, -2, 2, 2, 2, 0),$$
$$(6, -2, 2, 0, 1, 1), \ (6, -2, 2, 0, 1, 3), \ (6, -2, 2, 0, 1, 5), \ (6, -2, 2, 0, 1, 7),$$
$$(6, 2, 1, 1, 1, 1), \ (6, 2, 2, 2, 2, 0)$$

在$\mathbb{N}$上通用.

猜想3.34. (i) $(6, -2, 3, 1, 1, 1)$在$\mathbb{N}$上通用, 亦即$T(x) + \bar{p}_5(y) + 2p_5(z)$在$\mathbb{N}$上通用. 有序六元组$(6, 2, 3, -1, 1, 1)$与$(6, 2, 3, 1, 1, 1)$都在$\mathbb{N}$上通用, 亦即$T(x) + p_5(y) + 2\bar{p}_5(z)$与$T(x) + \bar{p}_5(y) + 2\bar{p}_5(z)$都在$\mathbb{N}$上通用.

(ii) $(6, -2, 4, -2, 1, 5)$在$\mathbb{N}$上通用, 亦即整数$n \geqslant 3$可表成$T(x) + 2p_5(y) + p_6(z)$, 其中$x, y, z \in \mathbb{N}$且$x \geqslant 2$. $(6, -2, 5, -3, 1, 3)$在$\mathbb{N}$上通用, 亦即正整数n可表成$T(x) + 2p_5(y) + p_7(z)$, 其中$x \in \mathbb{Z}_+$且$y, z \in \mathbb{N}$.

注记3.34. 此猜测蕴含着

$$(6, -2, 4, -2, 1, 1), \ (6, -2, 4, -2, 1, 3), \ (6, -2, 5, -3, 1, 1)$$

都在$\mathbb{N}$上通用.

猜想3.35. (i) $(7, -5, 2, 6, 1, 1)$在$\mathbb{N}$上通用, 亦即整数$n \geqslant 2$都可表成$T(x) + 2T(y) + p_9(z)$, 其中$x, z \in \mathbb{N}$且$y \in \mathbb{Z}_+$.

(ii) $(7, -5, 2, 8, 1, 1)$在$\mathbb{N}$上通用, 亦即整数$n \geqslant 4$都可表成$T(x) + y^2 + p_9(z)$, 其中$x, y, z \in \mathbb{N}$且$y \geqslant 2$. $(7, 5, 2, 0, 1, 3)$也在$\mathbb{N}$上通用, 亦即正整数n都可表成$T(x) + y^2 + \bar{p}_9(z)$, 其中$x \in \mathbb{Z}_+$且$y, z \in \mathbb{N}$. $(7, -5, 4, 0, 1, 1)$也在$\mathbb{N}$上通用, 亦即$n \in \mathbb{N}$都可表成$T(x) + 2y^2 + p_9(z)$, 其中$x, y, z \in \mathbb{N}$.

(iii) $(7, -5, 3, -1, 1, 3)$在$\mathbb{N}$上通用, 亦即正整数n都可表成$T(x) + p_5(y) + p_9(z)$, 其中$x \in \mathbb{Z}_+$且$y, z \in \mathbb{N}$. $(7, -5, 3, 5, 1, 1)$也在$\mathbb{N}$上通用, 亦即正整数n都可表成$T(x) + p_5(y) + p_9(z)$, 其中$x, z \in \mathbb{N}$且$y \in \mathbb{Z}_+$. $(7, -5, 3, -1, 2, 2)$也在$\mathbb{N}$上通用, 亦即$n \in \mathbb{N}$都可表成$2T(x) + p_5(y) + p_9(z)$, 其中$x, y, z \in \mathbb{N}$.

注记3.35. 此猜测蕴含着

$$(7,-5,2,0,1,1),\ (7,-5,2,2,1,1),\ (7,-5,2,4,1,1),\ (7,-5,3,-1,1,1),\ (7,5,2,0,1,1)$$

都在N上通用. 2009年4月16日与17日, 作者分别猜测$T(x)+y^2+p_9(z)$与$T(x)+p_5(y)+p_9(z)$在N上通用.

猜想3.36. (i) $(7,-3,2,6,1,1)$在N上通用, 亦即整数$n \geqslant 2$都可表成$T(x) + 2T(y) + \frac{z(7z-3)}{2}$, 其中$x,z \in \mathbb{N}$且$y \in \mathbb{Z}_+$. $(7,-3,3,-1,1,5)$在N上通用, 亦即整数$n \geqslant 3$都可表成$T(x) + p_5(y) + \frac{z(7z-3)}{2}$, 其中$x,y,z \in \mathbb{N}$且$x \geqslant 2$.

(ii) $(7,-1,2,0,1,3)$在N上通用, 即正整数n都可表成$T(x)+y^2+\frac{z(7z-1)}{2}$, 其中$x \in \mathbb{Z}_+$且$y,z \in \mathbb{N}$.

(iii) 有序六元组

$$(7,-3,2,0,1,1),\ (7,-3,3,1,1,1),\ (7,-3,4,0,1,1),$$
$$(7,-1,2,0,1,1),\ (7,-1,2,2,1,1),\ (7,-1,3,1,1,1),$$
$$(7,-1,6,-4,1,1),\ (7,1,3,-1,1,1),\ (7,3,1,1,1,1)$$

都在N上通用.

注记3.36. 此猜测蕴含着

$$(7,-3,3,-1,1,1),\ (7,-3,3,-1,1,3),\ (7,-3,2,2,1,1),\ (7,1,2,0,1,1),\ (7,3,2,2,2,0)$$

都在N上通用.

猜想3.37. (i) $(8,-6,1,7,1,1)$在N上通用, 亦即整数$n \geqslant 6$都可表成$T(x) + T(y) + p_{10}(z)$, 其中$x,y,z \in \mathbb{N}$且$x \geqslant 3$. $(8,-6,2,2,1,3)$也在N上通用, 亦即正整数n都可表成$T(x) + 2T(y) + p_{10}(z)$, 其中$x \in \mathbb{Z}_+$且$y,z \in \mathbb{N}$.

(ii) $(8,-6,2,0,1,1)$与$(8,-6,3,1,1,1)$在N上通用, 亦即$T(x)+y^2+p_{10}(z)$与$T(x)+\bar{p}_5(y)+p_{10}(z)$都在N上通用.

(iii) $(8,-6,2,4,2,2)$在N上通用, 亦即正整数n都可表成$2T(x) + y^2 + p_{10}(z)$, 其中$x,z \in \mathbb{N}$且$y \in \mathbb{Z}_+$. $(8,-6,5,-3,1,3)$也在N上通用, 亦即正整数n都可表成$T(x) + p_7(y) + p_{10}(z)$, 其中$x \in \mathbb{Z}_+$且$y,z \in \mathbb{N}$.

注记3.37. 此猜测蕴含着

$$(8,-6,1,1,1,1),\ (8,-6,1,3,1,1),\ (8,-6,1,5,1,1),$$
$$(8,-6,2,2,2,0),\ (8,-6,2,2,1,1),\ (8,-6,5,-3,1,1)$$

都在N上通用. 2009年4月16日, 作者猜测$T(x) + T(y) + p_{10}(z)$在N上通用.

猜想3.38. (i) $(8,0,3,-1,1,1)$, $(8,0,3,1,1,1)$, $(8,0,6,-2,1,1)$都在$\mathbb{N}$上通用, 亦即

$$T(x)+(2y)^2+p_5(z),\ T(x)+(2y)^2+\bar{p}_5(z),\ T(x)+4y^2+2p_5(z)$$

都在$\mathbb{N}$上通用.

(ii) $(8,-4,2,6,1,1)$在$\mathbb{N}$上通用, 亦即整数$n\geqslant 2$都可表成$T(x)+2T(y)+2p_6(z)$, 其中$x,z\in\mathbb{N}$且$y\in\mathbb{Z}_+$. $(8,-4,6,-4,1,1)$也在$\mathbb{N}$上通用, 亦即$T(x)+2p_6(y)+p_8(z)$在$\mathbb{N}$上通用.

(iii) $(8,2,1,1,1,1)$, $(8,-2,3,-1,1,1)$, $(8,-2,3,1,1,1)$都在$\mathbb{N}$上通用, 亦即

$$T(x)+T(y)+z(4z+1),\ T(x)+p_5(y)+z(4z-1),\ T(x)+\bar{p}_5(y)+z(4z-1)$$

都在$\mathbb{N}$上通用.

注记3.38. 此猜测蕴含着$(8,-4,2,2,1,1)$与$(8,2,2,2,2,0)$都在$\mathbb{N}$上通用. 2009年4月16日, 作者猜测$T(x)+(2y)^2+p_5(z)$在$\mathbb{N}$上通用, 即每个自然数可表成一个三角数、一个偶平方数与一个五角数之和. 对$n\in\mathbb{N}$让$r(n)$表示把n写成$T(x)+(2y)^2+p_5(z)$ $(x,y,z\in\mathbb{N})$的表法数, 序列$(r(n))_{n\geqslant 0}$可见OEIS条目A160325; 2015年2月5日, 作者猜测$\{r(n):\ n\in\mathbb{Z}_+\}=\mathbb{Z}_+$, 而且对任何$m\in\mathbb{Z}_+$使得$r(n)=m$的最小正整数$n$满足$n\not\equiv 3\pmod 5$, 参见OEIS条目A254677.

猜想3.39. (i) $(9,-7,2,8,1,1)$在$\mathbb{N}$上通用, 亦即整数$n\geqslant 4$都可表成$T(x)+y^2+p_{11}(z)$, 其中$x,y,z\in\mathbb{N}$且$y\geqslant 2$. $(9,7,2,0,1,1)$也在$\mathbb{N}$上通用, 亦即$T(x)+y^2+\bar{p}_{11}(z)$在$\mathbb{N}$上通用.

(ii) $(9,-7,3,-1,1,1)$在$\mathbb{N}$上通用, 亦即$T(x)+p_5(y)+p_{11}(z)$在$\mathbb{N}$上通用. $(9,-7,5,-1,1,3)$也在$\mathbb{N}$上通用, 亦即正整数n都可表成$T(x)+\frac{y(5y-1)}{2}+p_{11}(z)$, 其中$x\in\mathbb{Z}_+$且$y,z\in\mathbb{N}$.

(iii) $(9,-5,3,-1,1,3)$在$\mathbb{N}$上通用, 亦即正整数n都可表成$T(x)+p_5(y)+\frac{z(9z-5)}{2}$, 其中$x\in\mathbb{Z}_+$且$y,z\in\mathbb{N}$. $(9,-5,3,5,1,1)$也在$\mathbb{N}$上通用, 亦即正整数n都可表成$T(x)+p_5(y)+\frac{z(9z-5)}{2}$, 其中$x,z\in\mathbb{N}$且$y\in\mathbb{Z}_+$. $(9,5,3,-1,1,1)$也在$\mathbb{N}$上通用, 亦即$T(x)+p_5(y)+\frac{z(9z+5)}{2}$在$\mathbb{N}$上通用.

(iv) $(9,-1,1,3,1,1)$在$\mathbb{N}$上通用, 亦即正整数n都可表成$T(x)+T(y)+\frac{z(9z-1)}{2}$, 其中$x\in\mathbb{Z}_+$且$y,z\in\mathbb{N}$. $(9,-5,2,6,1,1)$也在$\mathbb{N}$上通用, 亦即整数$n\geqslant 2$都可表成$T(x)+2T(y)+\frac{z(9z-5)}{2}$, 其中$x,z\in\mathbb{N}$且$y\in\mathbb{Z}_+$.

(v) $(9,9,3,-1,1,1)$在$\mathbb{N}$上通用, 亦即$n\in\mathbb{N}$都可表成$T(x)+9T(y)+p_5(z)$, 其中$x,y,z\in\mathbb{N}$.

(vi) 有序六元组

$$(9,-5,2,2,1,1),\ (9,-5,4,0,1,1),\ (9,-1,2,0,1,1),\ (9,-1,2,2,1,1),\ (9,-1,4,0,1,1)$$

都在$\mathbb{N}$上通用, 亦即

$$T(x)+2T(y)+\frac{z(9z-r)}{2}\ (r=1,5),\ T(x)+2y^2+\frac{z(9z-r)}{2}\ (r=1,5),\ T(x)+y^2+\frac{z(9z-1)}{2}$$

都在$\mathbb{N}$上通用.

注记3.39. 此猜测蕴含着

$$(9,-7,2,0,1,1),\ (9,-7,2,4,1,1),\ (9,-7,5,-1,1,1),$$
$$(9,-5,3,-1,1,1),\ (9,-1,1,1,1,1),\ (9,-1,2,2,2,0)$$

在N上通用. 2009年4月16日与17日, 作者分别猜测$T(x)+y^2+p_{11}(z)$与$T(x)+p_5(y)+p_{11}(z)$在N上通用.

猜想3.40. (i) $(10,-8,1,9,1,1)$ 在N上通用, 亦即整数$n \geqslant 10$都可表成$T(x)+T(y)+p_{12}(z)$, 其中$x,y,z \in \mathbb{N}$且$x \geqslant 4$. $(10,-8,2,2,1,3)$也在N上通用, 亦即正整数n都可表成$T(x)+2T(y)+p_{12}(z)$, 其中$x \in \mathbb{Z}_+$且$y,z \in \mathbb{N}$.

(ii) $(10,-8,2,8,1,1)$在N上通用, 亦即整数$n \geqslant 4$都可表成$T(x)+y^2+p_{12}(z)$, 其中$x,y,z \in \mathbb{N}$且$y \geqslant 2$.

(iii) $(10,-8,3,1,1,3)$在N上通用, 亦即正整数n都可表成$T(x)+\bar{p}_5(y)+p_{12}(z)$, 其中$x \in \mathbb{Z}_+$且$y,z \in \mathbb{N}$. $(10,-8,3,7,1,1)$也在N上通用, 亦即整数$n \geqslant 2$都可表成$T(x)+\bar{p}_5(y)+p_{12}(z)$, 其中$x,z \in \mathbb{N}$且$y \in \mathbb{Z}_+$. $(10,8,3,-1,1,1)$也在N上通用, 亦即$T(x)+p_5(y)+\bar{p}_{12}(z)$在N上通用.

(iv) $(10,-6,2,0,1,5)$在N上通用, 亦即整数$n \geqslant 3$都可表成$T(x)+y^2+2p_7(z)$, 其中$x,y,z \in \mathbb{N}$且$x \geqslant 2$. $(10,6,2,0,1,1)$也在N上通用, 亦即$T(x)+y^2+2\bar{p}_7(z)$在N上通用. $(10,-6,3,5,1,1)$在N上通用, 亦即正整数n都可表成$T(x)+p_5(y)+2p_7(z)$, 其中$x,z \in \mathbb{N}$且$y \in \mathbb{Z}_+$.

(v) $(10,-4,2,0,1,3)$在N上通用, 亦即正整数n都可表成$T(x)+y^2+z(5z-2)$, 其中$x \in \mathbb{Z}_+$且$y,z \in \mathbb{N}$.

(vi) $(10,-6,2,2,1,1)$ 与 $(10,-6,5,-3,1,1)$ 都在 N 上通用, 亦即$T(x)+2T(y)+2p_7(z)$ 与 $T(x)+p_7(y)+2p_7(z)$都在 N 上通用.

(vii) 有序六元组

$$(10,-4,3,-1,1,1), \ (10,-2,3,-1,1,1), \ (10,2,3,-1,1,1), \ (10,4,3,-1,1,1)$$

都在N上通用, 亦即诸$T(x)+p_5(y)+z(5z+r)$ $(r=\pm 1, \pm 2)$ 都在N上通用.

注记3.40. 此猜测蕴含着

$$(10,-8,1,1,1,1), \ (10,-8,1,3,1,1), \ (10,-8,1,5,1,1), \ (10,-8,1,7,1,1),$$
$$(10,-8,2,0,1,1), \ (10,-8,2,2,1,1), \ (10,-8,2,2,2,0), \ (10,-8,2,4,1,1),$$
$$(10,-8,3,1,1,1), \ (10,-6,2,0,1,1), \ (10,-6,2,0,1,3), \ (10,-6,3,-1,1,1),$$
$$(10,-4,2,0,1,1)$$

都在N上通用. 2009年4月16日, 作者猜测$T(x)+T(y)+p_{12}(z)$与$T(x)+y^2+p_{12}(z)$都在N上通用.

猜想3.41. (i) $(11,-9,2,0,1,1)$ 与 $(11,-9,3,-1,1,1)$ 都在N上通用, 亦即$T(x)+y^2+p_{13}(z)$与$T(x)+p_5(y)+p_{13}(z)$都在N上通用. $(11,-9,3,7,1,1)$也在N上通用, 亦即整数$n \geqslant 2$都可表成$T(x)+\bar{p}_5(y)+p_{13}(z)$的形式, 其中$x,z \in \mathbb{N}$且$y \in \mathbb{Z}_+$.

(ii) $(11,-7,1,5,1,1)$在N上通用, 亦即整数$n \geqslant 3$都可表成$T(x)+T(y)+\frac{z(11z-7)}{2}$的形式, 其中$x,y,z \in \mathbb{N}$ 且$x \geqslant 2$. $(11,-5,2,0,1,3)$也在N上通用, 亦即正整数n都可表成$T(x)+$

$y^2 + \frac{z(11z-7)}{2}$ 的形式, 其中 $x \in \mathbb{Z}_+$ 且 $y, z \in \mathbb{N}$. $(11, 5, 2, 0, 1, 1)$ 也在 $\mathbb{N}$ 上通用, 亦即 $T(x) + y^2 + \frac{z(11z-5)}{2}$ 在 $\mathbb{N}$ 上通用.

    (iii) 有序六元组

$$(11, -7, 3, -1, 1, 1), \ (11, -3, 3, -1, 1, 1), \ (11, -3, 3, 1, 1, 1)$$

都在 $\mathbb{N}$ 上通用, 亦即

$$T(x) + p_5(y) + \frac{z(11z-3)}{2}, \ T(x) + \bar{p}_5(y) + \frac{z(11z-3)}{2}, \ T(x) + p_5(y) + \frac{z(11z-7)}{2}$$

都在 $\mathbb{N}$ 上通用.

注记3.41. 此猜想蕴含着

$$(11, -9, 3, 1, 1, 1), \ (11, -7, 1, 1, 1, 1), \ (11, -7, 1, 3, 1, 1), \ (11, -7, 2, 2, 2, 0), \ (11, -5, 2, 0, 1, 1)$$

都在 $\mathbb{N}$ 上通用. 2009年4月16日与17日, 作者分别猜测 $T(x) + y^2 + p_{13}(z)$ 与 $T(x) + p_5(y) + p_{13}(z)$ 在 $\mathbb{N}$ 上通用.

猜想3.42. (i) $(12, -8, 2, 0, 1, 3)$ 在 $\mathbb{N}$ 上通用, 亦即正整数 n 都可表成 $T(x) + y^2 + 2p_8(z)$, 其中 $x \in \mathbb{Z}_+$ 且 $y, z \in \mathbb{N}$.

    (ii) $(12, -4, 1, 3, 1, 1)$ 在 $\mathbb{N}$ 上通用, 亦即正整数 n 都可表成 $T(x) + 2T(y) + 4p_5(z)$, 其中 $x \in \mathbb{Z}_+$ 且 $y, z \in \mathbb{N}$.

    (iii) $(12, -8, 2, 2, 1, 1), (12, -4, 2, 2, 1, 1), (12, -4, 4, 0, 1, 1)$ 都在 $\mathbb{N}$ 上通用, 亦即 $T(x) + 2T(y) + 2p_8(z), T(x) + 2T(y) + 4p_5(z), T(x) + 2y^2 + 4p_5(z)$ 都在 $\mathbb{N}$ 上通用.

注记3.42. 此猜测蕴含着

$$(12, -8, 2, 0, 1, 1), \ (12, -4, 1, 1, 1, 1), \ (12, -4, 2, 2, 2, 0)$$

在 $\mathbb{N}$ 上通用.

猜想3.43. (i) $(13, -11, 2, 0, 1, 1)$ 在 $\mathbb{N}$ 上通用, 亦即 $T(x) + y^2 + p_{15}(z)$ 在 $\mathbb{N}$ 上通用. $(13, -11, 2, 2, 1, 3)$ 也在 $\mathbb{N}$ 上通用, 亦即正整数 n 总可表成 $T(x) + 2T(y) + p_{15}(z)$, 这里 $x \in \mathbb{Z}_+$ 且 $y, z \in \mathbb{N}$.

    (ii) $(13, -9, 2, 0, 1, 3)$ 与 $(13, -7, 2, 0, 1, 3)$ 都在 $\mathbb{N}$ 上通用, 亦即对 $k = 7, 9$ 每个正整数 n 可表成 $T(x) + y^2 + \frac{z(13z-k)}{2}$ 的形式, 这里 $x \in \mathbb{Z}_+$ 且 $y, z \in \mathbb{N}$.

    (iii) $(13, -5, 2, 0, 1, 1)$ 在 $\mathbb{N}$ 上通用, 亦即每个 $n \in \mathbb{N}$ 可表成 $T(x) + y^2 + \frac{z(13z-5)}{2}$, 其中 $x, y, z \in \mathbb{N}$.

注记3.43. 此猜想蕴含着

$$(13, -11, 2, 2, 1, 1), \ (13, -9, 2, 0, 1, 1), \ (13, -7, 2, 0, 1, 1)$$

都在 $\mathbb{N}$ 上通用. 2009年4月16日, 作者猜测 $T(x) + y^2 + p_{15}(z)$ 在 $\mathbb{N}$ 上通用.

猜想3.44. (i) $(14, -10, 2, 0, 1, 3)$ 在$\mathbb{N}$上通用, 亦即正整数n可表成 $T(x) + y^2 + 2p_9(z)$ 的形式, 其中$x \in \mathbb{Z}_+$且$y, z \in \mathbb{N}$.

(ii) $(14, -12, 2, 2, 1, 1), (14, -10, 2, 2, 1, 1), (14, -10, 3, -1, 1, 1)$都在$\mathbb{N}$上通用, 亦即$T(x) + 2T(y) + p_{16}(z), T(x) + 2T(y) + 2p_9(z), T(x) + p_5(y) + 2p_9(z)$都在$\mathbb{N}$上通用.

(iii) 有序六元组

$$(14, -2, 2, 0, 1, 1), \quad (14, -2, 3, -1, 1, 1), \quad (14, 2, 2, 0, 1, 1)$$

都在$\mathbb{N}$上通用.

注记3.44. 此猜测蕴含着$(14, -10, 2, 0, 1, 1)$也在$\mathbb{N}$上通用.

猜想3.45. (i) $(15, -13, 1, 9, 1, 1)$ 在$\mathbb{N}$上通用, 亦即整数$n \geqslant 10$都可表成 $T(x) + T(y) + p_{17}(z)$ 的形式, 这里$x, y, z \in \mathbb{N}$ 且$x \geqslant 4$.

(ii) $(15, -13, 2, 2, 1, 3)$在$\mathbb{N}$上通用, 亦即正整数n都可表成 $T(x) + 2T(y) + p_{17}(z)$ 的形式, 这里$x \in \mathbb{Z}_+$且$y, z \in \mathbb{N}$.

(iii) $(15, -13, 2, 8, 1, 1)$在$\mathbb{N}$上通用, 亦即整数$n \geqslant 4$都可表成 $T(x) + y^2 + p_{17}(z)$ 的形式, 这里$x, y, z \in \mathbb{N}$且$y \geqslant 2$.

(iv) $(15, -13, 2, 4, 2, 2)$在$\mathbb{N}$上通用, 亦即正整数n都可表成 $2T(x) + y^2 + p_{17}(z)$ 的形式, 这里$x, y, z \in \mathbb{N}$且$y \geqslant 1$. $(15, -13, 4, 0, 1, 1)$也在$\mathbb{N}$上通用, 亦即$n \in \mathbb{N}$都可表成 $T(x) + 2y^2 + p_{17}(z)$ 的形式, 这里$x, y, z \in \mathbb{N}$.

(v) $(15, -13, 3, 7, 1, 1)$在$\mathbb{N}$上通用, 亦即整数$n \geqslant 2$都可表成 $T(x) + \bar{p}_5(y) + p_{17}(z)$ 的形式, 这里$x, y, z \in \mathbb{N}$且$y \geqslant 1$.

(vi) 有序六元组

$$(15, -11, 1, 1, 1, 1), \quad (15, -11, 2, 0, 1, 1), \quad (15, -7, 1, 1, 1, 1), \quad (15, -7, 2, 0, 1, 1),$$
$$(15, -7, 2, 2, 1, 1), \quad (15, -3, 3, -1, 1, 1), \quad (15, 3, 3, -1, 1, 1)$$

都在$\mathbb{N}$上通用.

注记3.45. 此猜想蕴含着

$$(15, -13, 1, 2k+1, 1, 1) \ (0 \leqslant k \leqslant 3), \ (15, -13, 2, 2, 1, 1), \ (15, -13, 2, 0, 1, 1), \ (15, -13, 2, 4, 1, 1),$$
$$(15, -13, 2, 2, 2, 0), \ (15, -13, 3, 1, 1, 1), \ (15, -7, 2, 2, 2, 0), \ (15, -11, 2, 2, 2, 0)$$

都在$\mathbb{N}$上通用. 2009年4月16日, 作者猜测$T(x) + T(y) + p_{17}(z)$与$T(x) + y^2 + p_{17}(z)$在$\mathbb{N}$上通用; 2009年4月17日, 作者猜测$T(x) + p_5(y) + p_{17}(z)$在$\mathbb{N}$上通用.

猜想3.46. (i) 有序六元组$(16, -14, 2, 0, 1, 1)$与$(16, -8, 3, -1, 1, 1)$都在$\mathbb{N}$上通用, 亦即$T(x) + y^2 + p_{18}(z)$ 与 $T(x) + p_5(y) + 8p_6(z)$ 都在$\mathbb{N}$上通用.

(ii) $(16, -10, 2, 0, 1, 3)$在$\mathbb{N}$上通用, 亦即正整数n都可表成$T(x) + y^2 + z(8z - 5)$的形式, 其中$x \in \mathbb{Z}_+$且$y, z \in \mathbb{N}$. $(17, -15, 3, 1, 1, 3)$也在$\mathbb{N}$上通用, 亦即正整数n都可表成$T(x) + \bar{p}_5(y) + p_{19}(z)$的形式, 其中$x \in \mathbb{Z}_+$且$y, z \in \mathbb{N}$.

(iii) $(16, -4, 2, 0, 1, 1)$与$(18, -10, 2, 0, 1, 1)$都在$\mathbb{N}$上通用, 即$T(x) + y^2 + 2z(4z - 1)$与$T(x) + y^2 + z(9z - 5)$都在$\mathbb{N}$上通用.

注记3.46. 此猜想第二部分蕴含着$(16, -10, 2, 0, 1, 1)$与$(17, -15, 3, 1, 1, 1)$也在$\mathbb{N}$上通用. 2009年4月16日, 作者猜测$T(x) + y^2 + p_{18}(z)$在$\mathbb{N}$上通用.

猜想3.47. (i) $(20, -16, 2, 6, 1, 1)$在$\mathbb{N}$上通用, 亦即整数$n \geqslant 2$都可表成$T(x) + 2T(y) + 2p_{12}(z)$的形式, 这里$x, y \in \mathbb{N}$且$z \in \mathbb{Z}_+$.

(ii) $(20, -12, 3, -1, 1, 1)$, $(21, -19, 2, 2, 1, 1)$, $(25, -23, 2, 0, 1, 1)$都在$\mathbb{N}$上通用, 亦即$T(x) + p_5(y) + 8p_7(z)$, $T(x) + 2T(y) + p_{23}(z)$, $T(x) + y^2 + p_{27}(z)$都在$\mathbb{N}$上通用.

(iii) 有序六元组

$$(20, -4, 2, 0, 1, 1), \quad (21, -9, 2, 0, 1, 1), \quad (21, -5, 2, 0, 1, 1)$$

都在$\mathbb{N}$上通用, 亦即

$$T(x) + y^2 + 2z(5z - 1), \quad T(x) + y^2 + \frac{3z(7z - 3)}{2}, \quad T(x) + y^2 + \frac{z(21z - 5)}{2}$$

都在$\mathbb{N}$上通用.

注记3.47. 此猜想第一条蕴含着$(20, -16, 2, 2, 1, 1)$在$\mathbb{N}$上通用. 2009年4月16日, 作者猜测$T(x) + y^2 + p_{27}(z)$在$\mathbb{N}$上通用.

§3.3 $\mathbb{N}$上几乎通用和$\frac{x(ax+b)}{2} + \frac{y(cy+d)}{2} + \frac{z(ez+f)}{2}$

猜想3.48 (2019年2月12日). 任给正整数k, 有正整数N_k使得整数$n > N_k$都可表成$T(x) + T(y) + T(z)$, 其中x, y, z为不小于k的整数.

注记3.48. 每个$n = 119076, \ldots, 10^6$都可表成$T(x) + T(y) + T(z)$, 其中$x, y, z \in \{200, 201, \ldots\}$. 似乎可取$N_{200} = 119075$.

猜想3.49 (2019年2月12日). 任给正整数k, 充分大的整数都可表成$p_5(x) + 2p_5(y) + 4p_5(z)$的形式, 这里$x, y, z \in \{k, k+1, \ldots\}$.

注记3.49. 似乎有$\{p_5(x) + 2p_5(y) + 4p_5(z): x, y, z = 20, 21, \ldots\} \supseteq \{23799, 23800, \ldots\}$.

猜想3.50 (2019年2月12日). (i) 整数$n > 33066$都可表成三个五角数之和, 即

$$\left\{ \frac{x(3x-1)}{2} + \frac{y(3y-1)}{2} + \frac{z(3z-1)}{2} : x, y, z \in \mathbb{N} \right\} \supseteq \{33067, 33068, \ldots\}.$$

整数$n > 24036$都可表成三个第二类五角数之和, 即

$$\left\{ \frac{x(3x+1)}{2} + \frac{y(3y+1)}{2} + \frac{z(3z+1)}{2} : \ x, y, z \in \mathbb{N} \right\} \supseteq \{24037, 24038, \ldots\}.$$

(ii) 整数$n > 146858$都可表成三个六角数之和, 即

$$\{x(2x-1) + y(2y-1) + z(2z-1) : \ x, y, z \in \mathbb{N}\} \supseteq \{146859, 146860, \ldots\}.$$

整数$n > 138158$都可表成三个第二类六角数之和, 即

$$\{x(2x+1) + y(2y+1) + z(2z+1) : \ x, y, z \in \mathbb{N}\} \supseteq \{138159, 138160, \ldots\}.$$

(iii) 设$r \in \{\pm 1, \pm 3\}$, 则整数$n > N(r)$都可表成

$$\frac{x(5x+r)}{2} + \frac{y(5y+r)}{2} + \frac{z(5z+r)}{2} \ (\text{其中 } x, y, z \in \mathbb{N}),$$

这里

$$N(1) = 114862, \ N(-1) = 166897, \ N(3) = 196987, \ N(-3) = 273118.$$

注记3.50. 作者把猜想3.50的(i),(ii),(iii)分别验证到2×10^5, 10^7, 10^6.

猜想3.51 (2009年8月12日). 任给整数$m \geqslant 3$, 充分大的自然数可表成$p_m(x) + p_{m+1}(y) + p_{m+2}(z)$的形式, 其中$x, y, z \in \mathbb{N}$.

注记3.51. 此猜测可见[193, 注记1.6]. 387904似乎是不能表成$p_{20}(x) + p_{21}(y) + p_{22}(z)$ $(x, y, z \in \mathbb{N})$的最大整数.

猜想3.52 (2009年8月28日). (i) 如果整数$m \geqslant 3$满足$m \not\equiv 2, 4 \pmod 8$, 则充分大的自然数可表成$x^2 + y^2 + p_m(z)$的形式, 其中$x, y, z \in \mathbb{N}$.

(ii) 对于任给的整数$m \geqslant 3$, 充分大的自然数都可表成$T(x) + y^2 + p_m(z)$ $(x, y, z \in \mathbb{N})$当且仅当$m \not\equiv 2 \pmod{32}$.

注记3.52. 此猜测可见[193, 猜想1.3(i)]. 2010年, B. Kane与孙智伟在[83]中确定了对怎样的正整数a, b, c和式$ax^2 + by^2 + cT(z)$在$\mathbb{N}$上几乎通用。

猜想3.53 (2009年8月28日). 对于整数$m \geqslant 3$, 充分大的自然数都可表成$T(x) + T(y) + p_m(z)$ $(x, y, z \in \mathbb{N})$当且仅当$m \not\equiv 2 \pmod{16}$.

注记3.53. 此猜测以前未公开发表过.

猜想3.54 (2009年7月26日). 对于整数$m \geqslant 3$, 充分大的m角数都可表成一个奇平方数、一个偶平方数与一个m角数之和, 当且仅当$m \equiv 1, 2 \pmod 4$.

注记3.54. 此猜测以前未公开发表过.

§3.4 $\mathbb{Z}$上通用和 $\frac{x(ax+b)}{2} + \frac{y(cy+d)}{2} + \frac{z(ez+f)}{2}$

注意

$$\left\{ \frac{x(4x+2)}{2} : x \in \mathbb{Z} \right\} = \left\{ \frac{x(x+1)}{2} : x \in \mathbb{Z} \right\}.$$

2017年5月, 作者在[218]中决定出所有可能的形如

$$\frac{x(ax+b)}{2} + \frac{y(cy+d)}{2} + \frac{z(ez+f)}{2} \quad (a \geqslant c \geqslant e \geqslant 1,\ 0 \leqslant b < a,\ 0 \leqslant d < c,\ 0 \leqslant f < e)$$

的$\mathbb{Z}$上通用和候选, 完全的12082个通用候选六元组 (a, b, c, d, e, f) $(a = c$时$b \geqslant d$, $c = e$时$d \geqslant f)$列于[205, 附录], 作者猜测它们中没有不在$\mathbb{Z}$上通用的. 伍海亮与孙智伟在[251]中证明了其中44个六元组在$\mathbb{Z}$上通用.

猜想3.55 (2017年5月16日). 下述和式

$$x^2 + y^2 + \frac{z(5z+1)}{2}, \quad x^2 + y^2 + \frac{z(5z+3)}{2}, \quad x^2 + y^2 + \frac{z(9z+5)}{2},$$

$$x^2 + y^2 + z(5z+3), \quad x^2 + 2y^2 + \frac{z(5z+1)}{2}, \quad x^2 + 2y^2 + \frac{z(5z+3)}{2},$$

$$x^2 + 2y^2 + \frac{z(7z+1)}{2}, \quad x^2 + 2y^2 + \frac{z(7z+3)}{2}, \quad x^2 + 2y^2 + z(4z+3),$$

$$x^2 + 2y^2 + \frac{z(9z+1)}{2}, \quad x^2 + 2y^2 + z(5z+1), \quad x^2 + 2y^2 + z(5z+2),$$

$$x^2 + 2y^2 + z(5z+4), \quad x^2 + 2y^2 + \frac{z(13z+11)}{2}, \quad x^2 + 2y^2 + z(7z+3),$$

$$x^2 + 2y^2 + \frac{z(15z+7)}{2}, \quad 2x^2 + 2y^2 + \frac{z(5z+3)}{2}, \quad x^2 + 3y^2 + z(3z+1),$$

$$2x^2 + 3y^2 + \frac{z(3z+1)}{2}, \quad x^2 + 4y^2 + \frac{z(3z+1)}{2}, \quad x^2 + 4y^2 + z(5z+3),$$

$$2x^2 + 4y^2 + \frac{z(3z+1)}{2}, \quad 3x^2 + 4y^2 + \frac{z(3z+1)}{2}, \quad x^2 + 5y^2 + \frac{z(3z+1)}{2},$$

$$x^2 + 5y^2 + \frac{z(5z+1)}{2}, \quad x^2 + 6y^2 + z(3z+1), \quad x^2 + 6y^2 + \frac{z(3z+1)}{2},$$

$$2x^2 + 6y^2 + \frac{z(3z+1)}{2}, \quad x^2 + 7y^2 + \frac{z(3z+1)}{2}, \quad x^2 + 7y^2 + z(3z+1),$$

$$x^2 + 7y^2 + \frac{z(7z+3)}{2}, \quad x^2 + 8y^2 + \frac{z(3z+1)}{2}, \quad x^2 + 10y^2 + \frac{z(3z+1)}{2},$$

$$x^2 + 11y^2 + \frac{z(3z+1)}{2}, \quad x^2 + 15y^2 + \frac{z(3z+1)}{2}$$

都在$\mathbb{Z}$上通用.

注记3.55. 此猜测发表于[205, 第1节], 其中所列和式穷尽了所有未解决的 $ax^2 + by^2 + \frac{z(cz+d)}{2}$ 形$\mathbb{Z}$上通用和 (其中$a, b, c, d \in \mathbb{N}$, $1 \leqslant a \leqslant b$且$c - d$为正偶数).

猜想3.56 (2017年5月16日). 如果(a,b,c)是下述有序三元组

$$(7,3,3), \ (7,5,1), \ (7,5,3), \ (7,7,3), \ (9,3,1), \ (9,3,3), \ (9,5,1),$$
$$(9,5,3), \ (9,7,3), \ (11,1,1), \ (11,3,1), \ (11,3,3), \ (11,5,1), \ (11,5,3),$$
$$(11,7,3), \ (13,3,1), \ (13,3,3), \ (13,5,1), \ (13,5,3), \ (13,7,3), \ (15,3,1),$$
$$(15,3,3), \ (15,5,1), \ (15,7,3), \ (17,3,1), \ (17,3,3), \ (17,7,3), \ (19,3,1),$$
$$(19,3,3), \ (19,7,3), \ (21,3,3), \ (21,7,3), \ (23,3,3), \ (23,7,3), \ (27,7,3),$$
$$(29,7,3), \ (31,7,3), \ (33,7,3), \ (35,7,3), \ (37,7,3), \ (39,7,3), \ (43,7,3)$$

之一, 则 $\frac{x(ax+1)}{2} + \frac{y(by+1)}{2} + \frac{z(cz+1)}{2}$ 在 $\mathbb{Z}$ 上通用.

注记3.56. 此猜测发表于[205, 第1节], 其中所列三元组穷尽了所有未解决的 $\frac{x(ax+1)}{2} + \frac{y(by+1)}{2} + \frac{z(cz+1)}{2}$ (其中 a,b,c 为正奇数)形 $\mathbb{Z}$ 上通用和. 作者在[201]中系统研究了形如 $x(ax+1)+y(by+1)+z(cz+1)$ (其中 $a,b,c \in \mathbb{Z}_+$) 或 $x(ax+b)+y(ay+c)+z(az+d)$ (其中 a 为正整数且 b,c,d 是小于 a 的自然数)的 $\mathbb{Z}$ 上通用和, 遗留猜测被 J. Ju 与 B.-K. Oh 在[82]中所证明.

猜想3.57 (2017年5月6日). 下述有序六元组

$$(5,1,4,0,3,1), \ (5,1,5,1,2,0), \ (5,3,4,0,3,1), \ (5,3,5,3,2,0),$$
$$(5,3,5,3,4,0), \ (6,0,4,0,3,1), \ (6,0,5,1,4,2), \ (6,0,5,3,4,2),$$
$$(6,2,5,3,4,0), \ (6,2,5,3,5,3), \ (6,2,6,0,5,3), \ (6,2,6,2,5,3),$$
$$(6,4,5,1,4,0), \ (6,4,5,1,5,1), \ (6,4,5,3,2,0), \ (6,4,5,3,4,0),$$
$$(6,4,5,3,5,3), \ (6,4,6,0,5,1), \ (6,4,6,0,5,3), \ (6,4,6,4,5,1), \ (6,4,6,4,5,3)$$

都在 $\mathbb{Z}$ 上通用.

注记3.57. 此猜测发表于[205, 附录], 其中六元组连同相应通用性出现在猜想3.55中的

$$(5,s,2t,0,2,0) \ (s=1,3; \ t=1,2) \ \text{与} \ (5,3,4,0,4,0)$$

穷尽了所有未解决的适合 $a \leqslant 6$ 的 $\mathbb{Z}$ 上通用六元组 (a,b,c,d,e,f) 候选.

未解决的适合 $7 \leqslant a \leqslant 80$ 的 $\mathbb{Z}$ 上通用六元组 (a,b,c,d,e,f) 候选这里不具体列出了, 读者可参看[205, 附录].

猜想3.58 (2017年5月12日). 下述有序六元组

$$(81, 39, 7, 1, 3, 1), \quad (81, 43, 7, 1, 3, 1), \quad (81, 45, 3, 1, 2, 0), \quad (81, 45, 7, 1, 3, 1),$$

$$(81, 51, 3, 1, 2, 0), \quad (81, 53, 7, 1, 3, 1), \quad (81, 65, 7, 1, 3, 1), \quad (81, 65, 7, 3, 3, 1),$$

$$(81, 69, 7, 1, 3, 1), \quad (81, 69, 8, 2, 3, 1), \quad (81, 75, 3, 1, 2, 0), \quad (81, 77, 3, 1, 2, 0),$$

$$(81, 77, 7, 3, 3, 1), \quad (82, 40, 7, 1, 3, 1), \quad (82, 44, 7, 1, 3, 1), \quad (82, 46, 7, 1, 3, 1),$$

$$(82, 54, 7, 1, 3, 1), \quad (82, 64, 3, 1, 3, 1), \quad (82, 66, 7, 1, 3, 1), \quad (82, 66, 7, 3, 3, 1),$$

$$(82, 66, 8, 4, 3, 1), \quad (82, 68, 7, 1, 3, 1), \quad (82, 78, 7, 3, 3, 1), \quad (83, 45, 7, 1, 3, 1),$$

$$(83, 47, 7, 1, 3, 1), \quad (83, 49, 7, 1, 3, 1), \quad (83, 53, 3, 1, 2, 0), \quad (83, 65, 3, 1, 3, 1),$$

$$(83, 67, 7, 3, 3, 1), \quad (83, 67, 8, 4, 3, 1), \quad (83, 69, 7, 1, 3, 1), \quad (83, 71, 7, 1, 3, 1),$$

$$(83, 71, 8, 2, 3, 1), \quad (83, 77, 3, 1, 2, 0), \quad (83, 79, 3, 1, 2, 0), \quad (83, 79, 7, 3, 3, 1),$$

$$(83, 79, 7, 5, 3, 1), \quad (84, 44, 7, 1, 3, 1), \quad (84, 48, 7, 1, 3, 1), \quad (84, 56, 7, 1, 3, 1),$$

$$(84, 68, 7, 3, 3, 1), \quad (84, 70, 7, 1, 3, 1), \quad (84, 72, 7, 1, 3, 1), \quad (84, 78, 3, 1, 2, 0),$$

$$(84, 78, 5, 1, 4, 2), \quad (84, 80, 3, 1, 2, 0), \quad (85, 49, 7, 1, 3, 1), \quad (85, 51, 7, 1, 3, 1),$$

$$(85, 57, 7, 1, 3, 1), \quad (85, 69, 7, 3, 3, 1), \quad (85, 73, 8, 2, 3, 1), \quad (85, 81, 3, 1, 2, 0),$$

$$(85, 81, 7, 3, 3, 1), \quad (85, 81, 7, 5, 3, 1), \quad (86, 48, 7, 1, 3, 1), \quad (86, 58, 7, 1, 3, 1),$$

$$(86, 64, 6, 2, 5, 3), \quad (86, 72, 8, 2, 3, 1), \quad (86, 74, 7, 1, 3, 1), \quad (86, 80, 3, 1, 2, 0),$$

$$(86, 82, 3, 1, 2, 0), \quad (86, 82, 7, 3, 3, 1), \quad (86, 82, 7, 5, 3, 1), \quad (87, 45, 7, 1, 3, 1),$$

$$(87, 47, 7, 1, 3, 1), \quad (87, 49, 7, 1, 3, 1), \quad (87, 53, 7, 1, 3, 1), \quad (87, 59, 7, 1, 3, 1),$$

$$(87, 73, 8, 2, 3, 1), \quad (87, 81, 3, 1, 2, 0), \quad (87, 81, 5, 1, 4, 2), \quad (87, 83, 3, 1, 2, 0),$$

$$(88, 60, 7, 1, 3, 1), \quad (88, 72, 7, 3, 3, 1), \quad (88, 74, 8, 2, 3, 1), \quad (88, 76, 7, 1, 3, 1),$$

$$(88, 84, 3, 1, 2, 0), \quad (88, 84, 7, 3, 3, 1), \quad (88, 84, 7, 5, 3, 1), \quad (89, 51, 7, 1, 3, 1),$$

$$(89, 67, 6, 2, 5, 3), \quad (89, 73, 7, 3, 3, 1), \quad (89, 75, 8, 2, 3, 1), \quad (89, 77, 7, 1, 3, 1),$$

$$(89, 77, 8, 2, 3, 1), \quad (89, 85, 3, 1, 2, 0), \quad (89, 85, 7, 3, 3, 1)$$

都在 $\mathbb{Z}$ 上通用.

注记3.58. 此猜测发表于[205, 附录], 其中六元组穷尽了所有可能的适合 $80 < a < 90$ 的 $\mathbb{Z}$ 上通用六元组 (a, b, c, d, e, f).

猜想3.59 (2017年5月12日). 下述有序六元组

$$(90, 74, 7, 3, 3, 1), \ (90, 76, 8, 2, 3, 1), \ (90, 78, 7, 1, 3, 1), \ (90, 84, 3, 1, 2, 0),$$
$$(91, 57, 7, 1, 3, 1), \ (91, 85, 3, 1, 2, 0), \ (91, 87, 7, 3, 3, 1), \ (92, 78, 8, 2, 3, 1),$$
$$(92, 80, 7, 1, 3, 1), \ (92, 86, 3, 1, 2, 0), \ (92, 88, 7, 3, 3, 1), \ (93, 77, 7, 3, 3, 1),$$
$$(93, 87, 3, 1, 2, 0), \ \ (94, 60, 7, 1, 3, 1), \ (94, 78, 7, 3, 3, 1), \ (94, 82, 7, 1, 3, 1),$$
$$(96, 62, 7, 1, 3, 1), \ (96, 80, 7, 3, 3, 1), \ (96, 90, 3, 1, 2, 0), \ (97, 81, 7, 3, 3, 1),$$
$$(97, 91, 3, 1, 2, 0),$$

$(a, a-22, 6, 2, 5, 3)$ $(a = 91, 93, 97, 98, 100, 102, 105, 109, 110, 112, 116, 117, 121, 128)$,

$(a, a-4, 7, 5, 3, 1)$ $(a = 90, 91, 92, 93, 94, 96, 97, 98, 99, 101, 103, 104, 105, 107, 111, 112,$
$\qquad 114, 116, 117, 118, 119, 121, 123, 124, 127, 129, 130, 131)$,

$(a, a-4, 3, 1, 2, 0)$ $(a = 91, 92, 94, 96, 97, 98, 99, 100, 101, 102, 104, 105, 107, 111, 112,$
$\qquad 114, 116, 120, 122, 123, 126, 128, 129, 130, 132, 133)$,

$(a, a-38, 7, 1, 3, 1)$ $(a = 92, 93, 95, 98, 102, 103, 104, 105, 106, 108, 111, 115, 117, 118, 119)$,

$(a, a-28, 7, 1, 3, 1)$ $(a = 90, 91, 94, 95, 96, 97, 98, 99, 100, 101, 103, 104, 105, 107, 108,$
$\qquad 109, 110, 112, 114, 116, 117, 118, 119, 120, 122, 125, 126, 127, 130, 133, 134, 137,$
$\qquad 139, 140, 142, 143, 145, 146, 151, 153, 155, 158, 160, 161, 163, 164, 165, 170, 171)$

都在 $\mathbb{Z}$ 上通用.

注记3.59. 此猜测发表于[205, 附录], 其中六元组穷尽了所有可能的适合 $a \geqslant 90$ 的 $\mathbb{Z}$ 上通用六元组 (a, b, c, d, e, f).

猜想3.60 (2016年3月26日). (i) 每个正整数都可表成

$$(p-1)^2 + x(2x+1) + y(3y+1)$$

的形式, 其中 p 为素数且 $x, y \in \mathbb{Z}$.

(ii) 如果 $P(x, y)$ 是下述整系数多项式

$$x^2 + y(3y+1), \ x^2 + y(4y+1), \ x(2x+1) + y(3y+1),$$
$$x(2x+1) + y(3y+2), \ x(2x+1) + 2y(3y+1), \ x(2x+1) + 2y(3y+2),$$
$$x(2x+1) + y(5y+1), \ x(2x+1) + y(5y+3), \ x(3x+1) + y(3y+2),$$
$$x(3x+2) + y(5y+1), \ x(3x+2) + y(5y+4), \ x(3x+2) + y(7y+3)$$

之一, 则每个正整数可表成 $T(p-1) + P(x, y)$ 的形式, 这里 p 为素数且 $x, y \in \mathbb{Z}$.

注记3.60. 此猜测以前未公开过.

第 4 章 整数与自然数的高于二次的多项式表示

本章包含了作者提出的65个猜想, 涉及用三次以上的多项式来表示自然数或整数. 如果和式 $\sum_{i=1}^{k} a_i x_i^{n_i}$ (其中 $a_i > 0$ 且 $n_i \in \mathbb{Z}_+$) 在 $x_1, \ldots, x_k$ 取自然数值时可表示所有充分大的自然数, 易见必有不等式 $\sum_{i=1}^{k} \frac{1}{n_i} \geqslant 1$.

§4.1 整数的表示

猜想4.1 (2020年7月26日). *每个整数可表成三个形如 $P(x) = x^3 - 2x$ ($x \in \mathbb{Z}$) 的数之和, 亦即*

$$\{P(x) + P(y) + P(z): \ x, y, z \in \mathbb{Z}\} = \mathbb{Z}.$$

注记4.1. 此猜想首次公布于https://mathoverflow.net/questions/366656. 由于 $P(x) = x^3 - 2x$ 是奇函数, 此猜测归结为任何自然数 n 都可表成 $P(x) + P(y) + P(z)$ (其中 $x, y, z \in \mathbb{Z}$). 通过计算, 作者发现 $0, 1, \ldots, 1000$ 中不属于

$$\{P(x) + P(y) + P(z): \ x, y, z \in \{-1000, \ldots, 1000\}\}$$

的数只有下面的56个:

$$70, \ 75, \ 83, \ 86, \ 139, \ 185, \ 198, \ 237, \ 253, \ 262, \ 275, \ 305, \ 338, \ 355, \ 362,$$
$$397, \ 414, \ 415, \ 422, \ 426, \ 457, \ 458, \ 509, \ 535, \ 558, \ 562, \ 564, \ 580, \ 583,$$
$$593, \ 613, \ 614, \ 635, \ 642, \ 673, \ 677, \ 684, \ 693, \ 697, \ 722, \ 735, \ 779, \ 782,$$
$$790, \ 791, \ 793, \ 807, \ 818, \ 850, \ 851, \ 870, \ 888, \ 898, \ 908, \ 943, \ 957.$$

作者把寻求这56个数的形如 $P(x) + P(y) + P(z)$ ($x, y, z \in \mathbb{Z}$) 的表示作为问题在MathOverflow上提出后, 王晨、陈德溢与Tomita都做出了贡献, 例如: Tomita发现

$$338 = P(109043424) + P(223729659) + P(-232050701).$$

上面列出的56个数中只剩下558其相应表示还未找到, Tomita指出 $558 = P(x) + P(y) + P(z)$ 且 $x, y, z \in \mathbb{Z}$ 时必定 $\max\{|x|, |y|, |z|\} > 10^{11}$.

考虑到恒等式

$$x = \left(\frac{x+1}{2}\right)^2 - \left(\frac{x-1}{2}\right)^2,$$

对任给的整数 $a > 1$, 每个整数可用无穷多种方式表成 $x^a + y^2 - z^2$ (其中 $x, y, z \in \mathbb{Z}_+$). 如果整数 $a > 2$ 是偶数或者有模4余3素因子的合数, 则依[203, 定理5.1]必有

$$\{x^2 + y^2 - z^a: \ x, y, z \in \mathbb{Z}\} \neq \mathbb{Z}.$$

猜想4.2 (2015年12月26日). (i) 设奇数 $q > 2$ 为素数或者是一些模4余1素数的乘积. 对任给的整数 m, 必有无穷多个正整数 n 使得 $m + n^q$ 可表成两个正整数的平方和, 亦即有无穷多个正整数三元组 (x, y, z) 使得 $x^2 + y^2 - z^q = m$.

　　(ii) 如果 $\{a, b, c\}$ 是重集 $\{2, 3, 3\}$, $\{2, 3, 4\}$, $\{2, 3, 5\}$ 之一, 则每个整数 m 可用无穷多种方式表成 $x^a + y^b - z^c$ (其中 $x, y, z \in \mathbb{Z}_+$).

注记4.2. 此猜测首次公布于OEIS条目A266277, 后来正式发表于[203, 猜想5.1]. 作者在[203]中对猜想4.2第二部分的合理性给予了不严格的概率上的解释. 我们已验证了

$$\{x^4 - y^3 + z^2 : x, y, z \in \mathbb{Z}_+\} \supseteq \{m \in \mathbb{Z} : |m| \leqslant 10^5\}.$$

与猜想4.2相关的数据可见OEIS条目A266152, A266153, A266212, A266215, A266230, A266231, A266277, A266314, A266363, A266364, A266528, A266985. 下面是一些具体的例子:

$$2 = 3^2 + 11^2 - 2^7, \quad 3 = 554^2 + 7902^2 - 13^7, \quad 462 = 456497^2 + 2981062^2 - 71^7.$$
$$0 = 4^4 - 8^3 + 16^2, \quad -1 = 1^4 - 3^3 + 5^2, \quad 6 = 36^4 - 139^3 + 1003^2,$$
$$-20 = 32^4 - 238^3 + 3526^2, \quad 11019 = 4325^4 - 71383^3 + 3719409^2,$$
$$394 = 2283^3 + 128^4 - 110307^2, \quad 570 = 546596^2 + 8595^3 - 983^4,$$
$$445 = 9345^3 + 34^5 - 903402^2, \quad 435 = 475594653^2 + 290845^3 - 3019^5.$$

猜想4.3 (2015年12月31日). 我们有

$$\{x^2 + y^3 - p^3 : x, y \in \mathbb{Z}_+ \text{且} p \text{为素数}\} = \mathbb{Z},$$

也有

$$\{x^2 - y^3 + p^3 : x, y \in \mathbb{Z}_+ \text{且} p \text{为素数}\} = \mathbb{Z}.$$

注记4.3. 此猜测发表于[203, 猜想5.2], 相关数据可见OEIS条目A266548. 例如:

$$7880 = 10176509^2 + 31128^3 - 51137^3,$$

其中51137为素数.

§4.2　Waring问题的升级

　　1770年, Lagrange证明四平方和定理后, 人们自然会想起到高次幂的推广. 还是在1770年, 英国数学家E. Waring在他的著作《代数沉思录》中提出了著名的Waring问题: 对于 $k = 2, 3, \ldots$ 决定最小的正整数 $g(k) = r$ 使得每个 $n \in \mathbb{N}$ 可表成 $x_1^k + \ldots + x_r^k$ (其中 $x_1, \ldots, x_r \in \mathbb{N}$). Lagrange四平方和定理表明 $g(2) = 4$, Waring 断言 $g(3) = 9$ 且 $g(4) = 19$.

　　1772年, Euler的儿子J. A. Euler猜测 $g(k) = 2^k + \lfloor (\frac{3}{2})^k \rfloor - 2$, 这里 $\lfloor x \rfloor$ 表示 x 的整数部分. 为何这样猜呢? 考虑把 $n = 2^k \lfloor (\frac{3}{2})^k \rfloor - 1$ 表成尽量少的自然数的 k 次方之和. 由于 $n < 3^k$, 最经济节省的表示办法是用尽可能多的 2^k, 即使用 $\lfloor (\frac{3}{2})^k \rfloor - 1$ 个 2^k, 再把余额 $n - (\lfloor (\frac{3}{2})^k \rfloor - 1) 2^k = 2^k - 1$ 表

成$2^k - 1$个1^k之和. 如此可见, $n = 2^k \lfloor (\frac{3}{2})^k \rfloor - 1$的表示法至少得涉及$\lfloor (\frac{3}{2})^k \rfloor - 1 + (2^k - 1) = 2^k + \lfloor (\frac{3}{2})^k \rfloor - 2$个自然数的$k$次方. 所以猜测$2^k + \lfloor (\frac{3}{2})^k \rfloor - 2$为$g(k)$的精确值也是合乎情理的.

1909年, D. Hilbert用非常繁杂的解析方法证明了$g(k)$的存在性, 最初证明中甚至用到了25重积分. $g(3) = 9$在1909~1912年间由A. Wielferich与A. Kempner证明, $g(4) = 19$在1986年被印度数学家R. Balasubramanian等人证明, $g(5) = 37$是中国数学家陈景润在1964年证明的, $g(6) = 73$由印度数学家S. S. Pillai在1940年确立. 对于整数$k > 6$写$3^k = 2^k q + r$ $(q, r \in \mathbb{N}$且$0 < r < 2^k)$, 如果$q + r \leqslant 2^k$则有$g(k) = 2^k + q - 2$. 人们猜想$q + r \leqslant 2^k$总成立, 但没人会证这个. 1957年, K. Mahler利用超越数论知识说明k充分大（多大说不清楚）时这是对的, 从而有$g(k) = 2^k + \lfloor (\frac{3}{2})^k \rfloor - 2$. 如此Waring问题基本解决了, 关于这方面的结果与证明可参考[236].

我们考虑Waring问题的带系数（或权）升级版本. 对于整数$k > 1$, 我们用$s(k)$表示最小的正整数s使得有正整数$a_1, \ldots, a_s$满足

$$\{a_1 x_1^k + a_2 x_2^k + \ldots + a_s x_s^k : x_1, \ldots, x_s \in \mathbb{N}\} = \mathbb{N},$$

用$t(k)$表示最小的正整数t使得有正整数$a_1, \ldots, a_t$满足$a_1 + a_2 + \ldots + a_t = g(k)$与

$$\{a_1 x_1^k + a_2 x_2^k + \ldots + a_t x_t^k : x_1, \ldots, x_t \in \mathbb{N}\} = \mathbb{N}.$$

易见对整数$k > 1$总有$s(k) \leqslant t(k) \leqslant g(k)$. 已知对任何正整数$a, b, c$都有无穷多个自然数不能表成$ax^2 + by^2 + cz^2$ $(x, y, z \in \mathbb{N})$的形式, 所以$s(2) = t(2) = 4$.

设$a, b, c, d \in \mathbb{Z}_+$且$a \leqslant b \leqslant c \leqslant d$. 依[203, 定理1.2], 如果

$$\{u^3 + av^3 + bx^3 + cy^3 + dz^3 : u, v, x, y, z \in \mathbb{N}\} = \mathbb{N},$$

则有序四元组(a, b, c, d)必是下述32个之一:

$(1, 2, 2, 3)$, $(1, 2, 2, 4)$, $(1, 2, 3, 4)$, $(1, 2, 4, 5)$, $(1, 2, 4, 6)$, $(1, 2, 4, 9)$, $(1, 2, 4, 10)$, $(1, 2, 4, 11)$, $(1, 2, 4, 18)$, $(1, 3, 4, 6)$, $(1, 3, 4, 9)$, $(1, 3, 4, 10)$, $(2, 2, 4, 5)$, $(2, 2, 6, 9)$, $(2, 3, 4, 5)$, $(2, 3, 4, 6)$, $(2, 3, 4, 7)$, $(2, 3, 4, 8)$, $(2, 3, 4, 9)$, $(2, 3, 4, 10)$, $(2, 3, 4, 12)$, $(2, 3, 4, 15)$, $(2, 3, 4, 18)$, $(2, 3, 5, 6)$, $(2, 3, 6, 12)$, $(2, 3, 6, 15)$, $(2, 4, 5, 6)$, $(2, 4, 5, 8)$, $(2, 4, 5, 9)$, $(2, 4, 5, 10)$, $(2, 4, 6, 7)$, $(2, 4, 7, 10)$.

由此知$\{u^3 + av^3 + bx^3 + cy^3 : u, v, x, y \in \mathbb{N}\} \neq \mathbb{N}$, 从而$s(3) \geqslant 5$. 如果$(a, b, c, d)$是上述32个四元组之一, 作者猜测$u^3 + av^3 + bx^3 + cy^3 + dz^3$在$\mathbb{N}$上通用.

猜想4.4 (2016年3月30日). 自然数n都可表成

$$u^3 + v^3 + 2x^3 + 2y^3 + 3z^3 \quad (\text{其中}u, v, x, y, z \in \mathbb{N}).$$

注记4.4. 由于$1 + 1 + 2 + 2 + 3 = 9 = g(3)$, 此猜想蕴涵着$s(3) = t(3) = 5$. 我们已对$n = 0, 1, \ldots, 10^6$验证了猜想4.4, 相应的表法数序列可见OEIS条目A271099. 猜想4.4发表于[203, 猜想1.2].

猜想4.5 (2016年4月8日). 任何整数 $n > 41405$ 都可表成

$$w^3 + 2x^3 + 3y^3 + 4z^3 \quad (\text{其中 } w, x, y, z \in \mathbb{N}).$$

注记4.5. 此猜测发表于[203, 猜想3.3], 作者把它验证到对 2×10^5. 不超过41405且不能表成 $w^3 + 2x^3 + 3y^3 + 4z^3$ (其中 $w, x, y, z \in \mathbb{N}$)的自然数共有122个, 参见OEIS条目A267826. 在猜想4.5之下, $a \in \{1, 5, 6, 7, 8, 9, 10, 12, 15, 18\}$ 时每个自然数都可表成

$$av^3 + w^3 + 2x^3 + 3y^3 + 4z^3 \quad (\text{其中 } v, w, x, y, z \in \mathbb{N}).$$

猜想4.6 (2016年4月2日). (i) 如果 (c, d) 是下述10个有序对

$$(2, 2), (2, 5), (2, 6), (2, 9), (2, 10), (2, 11), (2, 18), (3, 6), (3, 9), (3, 10)$$

之一, 则每个自然数 n 可表成 $u^3 + v^3 + 4x^3 + cy^3 + dz^3$ $(u, v, x, y, z \in \mathbb{N})$.

(ii) 如果 (a, b, c) 是下述11个三元组

$$(2, 4, 5), (2, 6, 9), (3, 5, 6), (3, 6, 12), (3, 6, 15),$$
$$(4, 5, 6), (4, 5, 8), (4, 5, 9), (4, 5, 10), (4, 6, 7), (4, 7, 10)$$

之一, 则每个自然数 n 可表成 $u^3 + 2v^3 + ax^3 + by^3 + cz^3$ $(u, v, x, y, z \in \mathbb{N})$.

注记4.6. 此猜测发表于[203, 猜想1.2], 我们对 $n = 0, \ldots, 10^5$ 验证了它.

猜想4.7 (2016年4月3日). 我们有 $s(4) = t(4) = 7$. 不仅如此, 每个自然数 n 可表成

$$2\delta + u^4 + v^4 + 2w^4 + 3x^4 + 4y^4 + 6z^4 \quad (\text{其中 } \delta \in \{0, 1\} \text{ 且 } u, v, w, x, y, z \in \mathbb{N}),$$

也可表成

$$x_1^4 + x_2^4 + 2x_3^4 + 2x_4^4 + 3x_5^4 + 3x_6^4 + 7x_7^4 \quad (\text{其中 } x_1, \ldots, x_7 \in \mathbb{N}).$$

注记4.7. 此猜测发表于[203, 猜想4.1], 前一个形式的表法数序列可见OEIS条目A267861. 如果

$$a_1, \ldots, a_7 \in \mathbb{Z}_+, \quad a_1 \leqslant \ldots \leqslant a_7, \quad \sum_{i=1}^{7} a_i = g(4) = 19,$$

且

$$\{a_1 x_1^4 + \ldots + a_7 x_7^4 : x_1, \ldots, x_7 \in \mathbb{N}\} = \mathbb{N},$$

则有序七元组 $(a_1, \ldots, a_7)$ 只能是 $(1, 1, 2, 2, 3, 4, 6)$ 或 $(1, 1, 2, 2, 3, 3, 7)$. 注意

$$1 + 1 + 2 + 2 + 3 + 4 + 6 = 1 + 1 + 2 + 2 + 3 + 3 + 7 = 19 = g(4).$$

2018年, 邓有银在[33]中证明了 $s(4) > 6$.

猜想4.8 (2016年4月4日). 我们有$s(5) = t(5) = 8$, 而且

$$\{x_1^5 + x_2^5 + 2x_3^5 + 3x_4^5 + 4x_5^5 + 5x_6^5 + 7x_7^5 + 14x_8^5 : x_1, \ldots, x_8 \in \mathbb{N}\} = \mathbb{N},$$

$$\{x_1^5 + x_2^5 + 2x_3^5 + 3x_4^5 + 4x_5^5 + 6x_6^5 + 8x_7^5 + 12x_8^5 : x_1, \ldots, x_8 \in \mathbb{N}\} = \mathbb{N}.$$

注记4.8. 此猜测发表于[203, 猜想4.2], 前一个形式的表法数序列可见OEIS条目A271169. 如果

$$a_1, \ldots, a_8 \in \mathbb{Z}_+, \quad a_1 \leqslant \ldots \leqslant a_8, \quad \sum_{i=1}^{8} a_i = g(5) = 37,$$

且

$$\{a_1 x_1^5 + \ldots + a_8 x_8^5 : x_1, \ldots, x_8 \in \mathbb{N}\} = \mathbb{N},$$

则有序八元组$(a_1, \ldots, a_8)$只能是$(1, 1, 2, 3, 4, 5, 7, 14)$或$(1, 1, 2, 3, 4, 6, 8, 12)$.

猜想4.9 (2016年4月4日). 我们有$t(6) = 10$. 每个自然数还可表成

$$x_1^6 + x_2^6 + x_3^6 + 2x_4^6 + 3x_5^6 + 5x_6^6 + 6x_7^6 + 10x_8^6 + 18x_9^6 + 26x_{10}^6$$

的形式, 其中$x_1, \ldots, x_{10} \in \mathbb{N}$.

注记4.9. 此猜测发表于[203, 猜想4.3]. 注意

$$1 + 1 + 1 + 2 + 3 + 5 + 6 + 10 + 18 + 26 = 73 = g(6).$$

对一些不同于$(2, 3, 5, 6, 10, 18, 26)$的正整数七元组$(a_1, \ldots, a_7)$(如$(3, 3, 5, 7, 11, 16, 25)$), 我们也猜测每个自然数可表成$u^6 + v^6 + w^6 + a_1 x_1^6 + \ldots + a_7 x_7^6$的形式, 其中$u, v, w, x_1, \ldots, x_7 \in \mathbb{N}$.

猜想4.10 (2016年3月30日). 对任何整数$k > 2$都有$s(k) = t(k) \leqslant 2k - 1$.

注记4.10. [203, 猜想4.4]断言对$k = 3, 4, \ldots$都有$t(k) \leqslant 2k - 1$.

§4.3 自然数的表示: 只涉及三次以上单变元多项式

猜想4.11 (2017年10月29日). 如果$P(u, v, x, y, z)$是下述三个多项式

$$u^3 + 2v^3 + x^4 + 2y^4 + 3z^4, \quad u^3 + 2v^3 + x^4 + 2y^4 + 4z^4, \quad u^3 + 5v^3 + x^4 + 2y^4 + 4z^4$$

之一, 则每个自然数n可表成$P(u, v, x, y, z)$ $(u, v, x, y, z \in \mathbb{N})$的形式.

注记4.11. 此猜测发表于[203, 猜想1.3], 作者对$n = 0, \ldots, 10^6$验证了它; 在2020年6月, 阎相如在[253]中把验证范围拓展到$n \leqslant 10^7$.

猜想4.12 (2016年4月7日). 如果$P(u,v,x,y,z)$是下述多项式

$$u^5 + v^4 + x^3 + 2y^3 + 3z^3, \ u^5 + v^4 + x^3 + 2y^3 + 5z^3,$$
$$u^5 + 2v^4 + x^3 + 2y^3 + 3z^3, \ u^5 + 3v^4 + x^3 + 2y^3 + 3z^3,$$
$$2u^5 + v^4 + x^3 + y^3 + 4z^3, \ 2u^5 + v^4 + x^3 + 2y^3 + 4z^3,$$
$$3u^5 + v^4 + x^3 + 2y^3 + 4z^3, \ 5u^5 + v^4 + x^3 + 2y^3 + 4z^3,$$
$$u^4 + 2v^4 + x^3 + y^3 + 4z^3, \ u^4 + 2v^4 + x^3 + 2y^3 + 3z^3,$$
$$u^4 + 2v^4 + x^3 + 2y^3 + 4z^3, \ u^4 + 2v^4 + x^3 + 2y^3 + 6z^3,$$
$$u^4 + 2v^4 + x^3 + 3y^3 + 4z^3, \ u^4 + 2v^4 + x^3 + 4y^3 + 5z^3,$$
$$u^4 + 2v^4 + x^3 + 4y^3 + 6z^3, \ u^4 + 2v^4 + x^3 + 4y^3 + 10z^3,$$
$$u^4 + 3v^4 + x^3 + 2y^3 + 3z^3, \ u^4 + 3v^4 + x^3 + 2y^3 + 4z^3,$$
$$u^4 + 3v^4 + x^3 + 2y^3 + 6z^3, \ u^4 + 4v^4 + x^3 + y^3 + 2z^3,$$
$$u^4 + 4v^4 + x^3 + 2y^3 + 3z^3, \ u^4 + 4v^4 + x^3 + 2y^3 + 4z^3,$$
$$u^4 + 5v^4 + x^3 + 2y^3 + 4z^3, \ u^4 + 6v^4 + x^3 + 2y^3 + 3z^3,$$
$$u^4 + 7v^4 + x^3 + 2y^3 + 3z^3, \ u^4 + 9v^4 + x^3 + 2y^3 + 4z^3,$$
$$2u^4 + 4v^4 + x^3 + 2y^3 + 3z^3, \ 2u^4 + 6v^4 + x^3 + 2y^3 + 4z^3,$$
$$3u^4 + 6v^4 + x^3 + 2y^3 + 4z^3$$

之一, 则$\{P(u,v,x,y,z): \ u,v,x,y,z \in \mathbb{N}\} = \mathbb{N}$.

注记4.12. 此猜测发表于[203, 猜想3.4(ii)]. 把正整数写成$u^5+v^4+x^3+2y^3+3z^3$ (其中$u,v,x,y,z \in \mathbb{N}$且$v > 0$)的表法数序列可见OEIS条目A271076.

四面体数形如

$$t(n) = \sum_{k=0}^{n} \frac{k(k+1)}{2} = \binom{n+2}{3} = \frac{n(n+1)(n+2)}{6} = \frac{(n+1)^3 - (n+1)}{6} \ (n \in \mathbb{N}).$$

猜想4.13 (2019年2月17日). 对于下述35个三元组

$$(1,1,2), \ (1,2,2), \ (1,2,3), \ (1,2,4), \ (1,2,5), \ (1,2,7), \ (1,2,8), \ (1,2,11),$$
$$(1,2,15), \ (1,3,4), \ (1,3,5), \ (2,2,3), \ (2,2,5), \ (2,2,7), \ (2,3,4), \ (2,3,5),$$
$$(2,3,6), \ (2,3,8), \ (2,3,11), \ (2,3,13), \ (2,3,14), \ (2,3,15), \ (2,3,17), \ (2,4,5),$$
$$(2,4,6), \ (2,4,7), \ (2,4,9), \ (2,4,11), \ (2,5,6), \ (2,5,7), \ (2,5,8), \ (2,5,9),$$
$$(2,5,10), \ (2,5,11), \ (2,5,14)$$

中任何一组(a,b,c), 每个自然数n都可表成

$$\binom{w}{3} + a\binom{x}{3} + b\binom{y}{3} + c\binom{z}{3} \ (w,x,y,z \in \mathbb{N})$$

的形式. 特别地, 任何$n \in \mathbb{N}$可表成五个四面体数之和使得其中有两个四面体数相同.

64

注记4.13. 1850年, F. Pollock猜测每个自然数可表成五个四面体数之和. 我们对$n = 0, \ldots, 50000$验证了猜想4.13. 在作者指导下, 周伟在[260]中将猜想4.13验证范围拓展到10^8, 他还证明如果$a \leqslant b \leqslant c$都是正整数且

$$\left\{ \binom{w}{3} + a\binom{x}{3} + b\binom{y}{3} + c\binom{z}{3} : w, x, y, z \in \mathbb{N} \right\} = \mathbb{N},$$

则(a, b, c)必为猜想4.13中所列的35个三元组之一.

猜想4.14 (2019年2月20日). 每个自然数n可表成$w^3 + \binom{x}{3} + \binom{y}{3} + \binom{z}{3}$的形式, 其中$w, x, y, z \in \mathbb{N}$.

注记4.14. 我们对$n = 0, \ldots, 2 \times 10^6$验证了猜想4.14. 关于把自然数表成$w^3 + \binom{x}{3} + \binom{y}{3} + \binom{z}{3}$ (其中$w, x, y, z \in \mathbb{N}$且$2 \leqslant x \leqslant y \leqslant z$) 的方法数序列, 可参见OEIS条目A306459; 例如, 263有唯一的表示法:

$$263 = 2^3 + \binom{2}{3} + \binom{7}{3} + \binom{12}{3}.$$

在作者指导下, 周伟在[260]中将猜想4.14验证范围拓展到10^8.

猜想4.15 (2019年3月11日). 对于下述有序四元组

$(1,1,1,2)$, $(1,1,1,3)$, $(1,1,1,5)$, $(1,2,1,1)$, $(1,2,1,2)$, $(1,2,1,3)$, $(1,2,1,4)$, $(1,2,1,5)$,
$(1,2,1,10)$, $(1,2,1,11)$, $(1,2,2,3)$, $(1,2,2,5)$, $(1,2,3,6)$, $(1,3,1,2)$, $(1,3,1,3)$, $(1,3,1,5)$,
$(1,4,1,2)$, $(1,4,1,3)$, $(1,4,2,3)$, $(1,5,1,2)$, $(1,5,1,3)$, $(1,6,1,2)$, $(1,7,1,2)$, $(1,8,1,2)$,
$(2,3,1,2)$, $(2,4,1,2)$

中任何一组(a, b, c, d), 每个自然数n可表成$a\binom{w}{3} + b\binom{x}{3} + cy^3 + dz^3$, 其中$w, x, y, z \in \mathbb{N}$.

注记4.15. 我们对$n = 0, \ldots, 50000$验证了猜想4.15.

猜想4.16 (2019年3月11日). 每个自然数n可表成$x^3 + 2y^3 + 3z^3 + \frac{w^3 - w}{6}$的形式, 其中$w, x, y, z \in \mathbb{N}$.

注记4.16. 我们对$n = 0, \ldots, 2 \times 10^6$验证了猜想4.16. 关于把自然数表成$x^3 + 2y^3 + 3z^3 + \frac{w^3 - w}{6}$ (其中$x, y, z \in \mathbb{N}$且$w \in \mathbb{Z}_+$) 的方法数序列, 可参见OEIS条目A307981; 例如, 6363有唯一的表示法:

$$6363 = 10^3 + 2 \times 13^3 + 3 \times 0^3 + \frac{18^3 - 18}{6}.$$

猜想4.17 (2019年2月26-27日). 对于下述32个三元组

$(2,4,5)$, $(3,4,5)$, $(3,4,7)$, $(3,4,8)$, $(3,4,10)$, $(3,4,11)$, $(3,4,14)$, $(3,4,19)$,
$(3,5,7)$, $(3,5,11)$, $(3,5,13)$, $(3,5,14)$, $(3,7,11)$, $(4,5,9)$, $(4,5,11)$, $(4,5,12)$,
$(4,5,13)$, $(4,5,14)$, $(4,5,22)$, $(4,5,23)$, $(4,7,10)$, $(4,7,11)$, $(4,7,12)$, $(4,7,13)$,
$(4,7,14)$, $(4,7,15)$, $(4,7,17)$, $(4,7,19)$, $(4,7,20)$, $(4,8,13)$, $(4,8,14)$, $(4,11,19)$

中任何一组(a, b, c)，每个自然数n都可表成

$$p_5(u)^2 + 2p_5(v)^2 + ap_5(x)^2 + bp_5(y)^2 + cp_5(z)^2$$

的形式，其中u, v, x, y, z为整数且$p_5(t) = \frac{t(3t-1)}{2}$.

注记4.17. 作者对$n = 0, \ldots, 10^5$验证了猜想4.17. 关于把自然数表成

$$p_5(u)^2 + 2p_5(v)^2 + 3p_5(x)^2 + 4p_5(y)^2 + 5p_5(z)^2 \quad (u, v, x, y, z \in \mathbb{Z})$$

的方法数序列，可参见OEIS条目A306592；例如，427有唯一的表示法：

$$427 = p_5(-3)^2 + 2p_5(2)^2 + 3p_5(-2)^2 + 4p_5(0)^2 + 5p_5(1)^2.$$

在作者指导下，周伟在[260]中将猜想4.17验证范围拓展到10^8，他还证明：如果$c_1 \leqslant c_2 \leqslant c_3 \leqslant c_4 \leqslant c_5$都是正整数且

$$\left\{ \sum_{i=1}^{5} c_i p_5(x_i)^2 : \ x_1, x_2, x_3, x_4, x_5 \in \mathbb{Z} \right\} = \mathbb{N},$$

则必$c_1 = 1$，$c_2 = 2$，且(c_3, c_4, c_5)为猜想4.17中所列的32个三元组之一.

猜想4.18 (2019年3月1日). 每个自然数n都可表成

$$v^4 + \left(\frac{w(w+1)}{2} \right)^2 + \left(\frac{x(3x+1)}{2} \right)^2 + \left(\frac{y(5y+1)}{2} \right)^2 + \left(\frac{z(5z+3)}{2} \right)^2$$

的形式，其中v, w, x, y, z为整数. 也可把上面的$\frac{z(5z+3)}{2}$换成$z(3z+2)$.

注记4.18. 作者对$n = 0, \ldots, 10^6$验证了猜想4.18.

猜想4.19 (2020年4月11日). 任何自然数n都可表成

$$\left\lfloor \frac{a^3 + b^3}{2} + \frac{c^3 + d^3}{6} \right\rfloor$$

的形式，其中$a, b, c, d \in \mathbb{N}$，$a \geqslant \max\{1, b\}$且$c \geqslant \max\{1, d\}$.

注记4.19. 此猜测及相应表法数序列公布于OEIS条目A343326. 作者对$n \leqslant 10^5$验证了猜想4.19. $n = 7, 30, 111, 163, 219$有唯一合乎要求的表示法：

$$7 = \left\lfloor \frac{2^3 + 1^3}{2} + \frac{2^3 + 2^3}{6} \right\rfloor, \quad 30 = \left\lfloor \frac{2^3 + 2^3}{2} + \frac{5^3 + 2^3}{6} \right\rfloor,$$

$$111 = \left\lfloor \frac{6^3 + 1^3}{2} + \frac{2^3 + 2^3}{6} \right\rfloor, \quad 163 = \left\lfloor \frac{6^3 + 3^3}{2} + \frac{5^3 + 5^3}{6} \right\rfloor, \quad 219 = \left\lfloor \frac{4^3 + 0^3}{2} + \frac{10^3 + 5^3}{6} \right\rfloor.$$

猜想4.20 (2020年4月12日). 任何自然数n都可表成

$$\left\lfloor \frac{a^3 + b^3}{3} \right\rfloor + \left\lfloor \frac{c^3 + d^3}{5} \right\rfloor$$

的形式，其中$a, b, c, d \in \mathbb{N}$，$a > b$且$c \geqslant d$.

注记4.20. 此猜测及相应表法数序列公布于OEIS条目A343368. 作者对$n \leqslant 10^5$验证了猜想4.20, 下面是表法唯一的一些例子:

$$6 = \left\lfloor \frac{2^3 + 1^3}{3} \right\rfloor + \left\lfloor \frac{2^3 + 2^3}{5} \right\rfloor, \quad 17 = \left\lfloor \frac{2^3 + 1^3}{3} \right\rfloor + \left\lfloor \frac{4^3 + 2^3}{5} \right\rfloor, \quad 20 = \left\lfloor \frac{2^3 + 0^3}{3} \right\rfloor + \left\lfloor \frac{4^3 + 3^3}{5} \right\rfloor,$$

$$38 = \left\lfloor \frac{4^3 + 2^3}{3} + \frac{4^3 + 2^3}{5} \right\rfloor, \quad 103 = \left\lfloor \frac{6^3 + 4^3}{3} \right\rfloor + \left\lfloor \frac{3^3 + 3^3}{5} \right\rfloor, \quad 304 = \left\lfloor \frac{2^3 + 0^3}{3} \right\rfloor + \left\lfloor \frac{10^3 + 8^3}{5} \right\rfloor.$$

猜想4.21 (2020年4月12日). 任何自然数n都可表成

$$\left\lfloor \frac{a^3 + b^3}{4} \right\rfloor + \left\lfloor \frac{c^3 + d^3}{5} \right\rfloor$$

的形式, 其中$a, b, c, d \in \mathbb{N}$.

注记4.21. 此猜测公布于OEIS条目A343368, 并被验证到10^5. 作者还有一些类似的猜测, 如把猜想4.21中分母对$(4,5)$换成

$$(4,6), (5,6), (3,7), (4,7), (5,7), (6,7)$$

中任何一个.

猜想4.22 (3-4-5-6猜想, 2020年4月13日). 任何自然数n都可表成

$$\left\lfloor \frac{a^3}{3} \right\rfloor + \left\lfloor \frac{b^3}{4} \right\rfloor + \left\lfloor \frac{c^3}{5} \right\rfloor + \left\lfloor \frac{d^6}{6} \right\rfloor$$

的形式, 其中$a, b, c, d \in \mathbb{Z}_+$.

注记4.22. 此猜测公布于OEIS条目A343384并被作者验证到10^6, 之后G. Resta把验证范围拓展到2×10^9. 下面是一些表法唯一的例子:

$$60 = \left\lfloor \frac{3^3}{3} \right\rfloor + \left\lfloor \frac{4^3}{4} \right\rfloor + \left\lfloor \frac{5^3}{5} \right\rfloor + \left\lfloor \frac{2^6}{6} \right\rfloor, \quad 81 = \left\lfloor \frac{2^3}{3} \right\rfloor + \left\lfloor \frac{6^3}{4} \right\rfloor + \left\lfloor \frac{5^3}{5} \right\rfloor + \left\lfloor \frac{1^6}{6} \right\rfloor,$$

$$300 = \left\lfloor \frac{7^3}{3} \right\rfloor + \left\lfloor \frac{5^3}{4} \right\rfloor + \left\lfloor \frac{9^3}{5} \right\rfloor + \left\lfloor \frac{2^6}{6} \right\rfloor, \quad 4434 = \left\lfloor \frac{11^3}{3} \right\rfloor + \left\lfloor \frac{4^3}{4} \right\rfloor + \left\lfloor \frac{19^3}{5} \right\rfloor + \left\lfloor \frac{5^6}{6} \right\rfloor.$$

§4.4 自然数的表示: 只含一个单变元二次多项式

设$a, b, c, d \in \mathbb{Z}_+$且$a \leqslant b \leqslant c \leqslant d$, 又设$h, i, j, k \in \{2, 3, \ldots\}$且其中至多一个为2. 假定$a = b$时$h \leqslant i$, $b = c$时$i \leqslant j$, $c = d$时$j \leqslant k$. 依作者[203, 定理1.1], 如果

$$\{aw^h + bx^i + cy^j + dz^k : w, x, y, z \in \mathbb{N}\} = \mathbb{N},$$

则$aw^h + bx^i + cy^j + dz^k$是下述9个多项式之一:

$$w^2 + x^3 + y^4 + 2z^3, \quad w^2 + x^3 + y^4 + 2z^4, \quad w^2 + x^3 + 2y^3 + 3z^3,$$
$$w^2 + x^3 + 2y^3 + 3z^4, \quad w^2 + x^3 + 2y^3 + 4z^3, \quad w^2 + x^3 + 2y^3 + 5z^3, \quad (4.1)$$
$$w^2 + x^3 + 2y^3 + 6z^3, \quad w^2 + x^3 + 2y^3 + 6z^4, \quad w^3 + x^4 + 2y^2 + 4z^3.$$

猜想4.23 (2016年3月30日). 如果$P(w,x,y,z)$是(4.1)中9个多项式之一, 则我们可把任何自然数n表成$P(w,x,y,z)$ $(w,x,y,z \in \mathbb{N})$的形式.

注记4.23. 此猜测发表于[203, 猜想1.1], 我们对$n = 0, \ldots, 10^7$验证了它. 在2015年10月3日, 作者就猜测自然数n都可表成$w^2 + x^3 + y^4 + 2z^4$ $(w,x,y,z \in \mathbb{N})$的形式(例如: 9096有唯一表示法: $44^2 + 18^3 + 6^4 + 2 \times 2^4$), 相应的表法数序列可见OEIS条目A262827. 2020年6月, 阎相如[253]把猜想4.23验证到$n \leqslant 10^8$.

通过计算, 作者也形成了下面这个类似于猜想4.23的猜测.

猜想4.24 (2016年3月30日). (i) 如果$P(x,y,z)$是下述多项式

$$x^3 + y^3 + 2z^3, \ x^3 + y^3 + 3z^3, \ x^3 + 2y^3 + 3z^3, \ x^3 + 2y^3 + 4z^3, \ x^3 + 2y^3 + 5z^3,$$
$$x^3 + 2y^3 + 6z^3, \ x^3 + 2y^3 + 11z^3, \ x^3 + 3y^3 + 5z^3, \ x^3 + 3y^3 + 6z^3, \ x^3 + 3y^3 + 11z^3,$$
$$x^3 + 4y^3 + 5z^3, \ x^4 + y^3 + 2z^3, \ x^4 + y^3 + 3z^3, \ x^4 + y^3 + 4z^3, \ x^4 + y^3 + 5z^3,$$
$$x^4 + 2y^3 + 3z^3, \ 2x^4 + y^3 + 2z^3, \ 2x^4 + y^3 + 3z^3, \ 2x^4 + y^3 + 4z^3, \ 3x^4 + y^3 + 2z^3,$$
$$4x^4 + y^3 + 2z^3, \ 6x^4 + y^3 + 2z^3$$

之一, 则每个自然数可表成$P(x,y,z) + w(w+1)$ (其中$x,y,z,w \in \mathbb{N}$).

(ii) 每个正整数n可表成

$$x^5 + y^4 + z^3 + \frac{w(w+1)}{2} \quad (其中 x,y,z \in \mathbb{N} 且 w \in \mathbb{Z}_+).$$

如果$P(x,y,z)$是下述多项式

$$x^3 + y^3 + 2z^3, \ x^3 + y^3 + 3z^3, \ x^3 + y^3 + 4z^3, \ x^3 + y^3 + 6z^3,$$
$$x^3 + 2y^3 + cz^3 \ (c = 2,3,4,5,6,7,12,20,21,34,35,40),$$
$$x^3 + 3y^3 + dz^3 \ (d = 3,4,5,6,10,11,13,15,16,18,20),$$
$$x^3 + 4y^3 + kz^3 \ (k = 5,10,12,16), \ x^3 + 5y^3 + 10z^3, \ 2x^3 + 3y^3 + 4z^3, \ 2x^3 + 3y^3 + 6z^3,$$
$$2x^3 + 4y^3 + 8z^3, \ x^4 + y^3 + lz^3 \ (l = 2,3,4,5,7,12,13), \ x^4 + 2y^3 + mz^3 \ (m = 4,5,12),$$
$$2x^4 + y^3 + \mu z^3 \ (\mu = 1,2,3,4,5,6,10,11), \ 2x^4 + 2y^3 + 3z^3, \ 2x^4 + 2y^3 + 5z^3,$$
$$3x^4 + y^3 + \nu z^3 \ (\nu = 1,2,3,4,5,11), \ 4x^4 + y^3 + \lambda z^3 \ (\lambda = 2,3,4,6),$$
$$5x^4 + y^3 + 2z^3, \ 5x^4 + y^3 + 4z^3, \ 6x^4 + y^3 + 2z^3, \ 6x^4 + y^3 + 3z^3, \ 8x^4 + y^3 + 3z^3,$$
$$8x^4 + 2y^3 + 4z^3, \ 11x^4 + y^3 + 3z^3, \ 20x^4 + y^3 + 2z^3, \ 28x^4 + y^3 + 2z^3, \ 40x^4 + y^3 + 2z^3,$$
$$x^5 + y^3 + 2z^3, \ x^5 + y^3 + 3z^3, \ x^5 + y^3 + 4z^3, \ x^5 + 2y^3 + 3z^3, \ x^5 + 2y^3 + 6z^3,$$
$$x^5 + 2y^3 + 8z^3, \ 2x^5 + y^3 + 4z^3, \ 3x^5 + y^3 + 2z^3, \ 5x^5 + y^3 + 2z^3, \ 5x^5 + y^3 + 4z^3,$$
$$x^6 + y^3 + 3z^3, \ x^7 + y^3 + 4z^3, \ x^4 + 2y^4 + z^3, \ x^4 + 2y^4 + 2z^3, \ x^4 + 2y^4 + z^3,$$
$$x^4 + 3y^4 + z^3, \ x^4 + 4y^4 + z^3, \ 2x^4 + 3y^4 + z^3, \ 2x^5 + y^4 + z^3, \ x^5 + 2y^4 + z^3$$

之一, 则每个自然数n也可表成$P(x,y,z)+\frac{w(w+1)}{2}$ (其中$x,y,z,w\in\mathbb{N}$).

(iii) 如果$Q(x,y,z,w)$是下述多项式

$$x^3+y^3+3z^3+3\frac{w(w+1)}{2},\quad x^3+2y^3+3z^3+\frac{w(5w-1)}{2},\quad x^3+2y^3+3z^3+\frac{w(5w-3)}{2},$$

$$x^3+2y^3+4z^3+\frac{w(3w-1)}{2},\quad x^3+2y^3+4z^3+\frac{w(3w+1)}{2},\quad x^3+2y^3+4z^3+w(2w-1),$$

$$x^3+2y^3+6z^3+\frac{w(3w-1)}{2},\quad 2x^4+y^3+2z^3+\frac{w(3w-1)}{2},\quad 3x^4+y^3+2z^3+\frac{w(3w-1)}{2}$$

之一, 那么每个自然数n可表成$Q(x,y,z,w)$ (其中$x,y,z,w\in\mathbb{N}$).

注记4.24. 此猜测被作者验证到10^5, 两个相关表法数序列可见OEIS条目A266968与A271106. 作者在2016年对$n=1,\ldots,3\times10^6$验证了n可表成$x^5+y^4+z^3+\frac{w(w+1)}{2}$ (其中$x,y,z\in\mathbb{N}$且$w\in\mathbb{Z}_+$), 2020年, 阎相如在[253]中把这个拓展到$n\leqslant10^8$.

猜想4.25 (2016年3月29日). (i) 如果$P(x,y,z)$是下述多项式

$$x^4+y^3+z^3,\quad x^4+y^4+z^3,\quad x^5+y^4+z^3,\quad x^5+2y^4+2z^3,\quad 3x^5+y^4+z^3,$$

$$3x^5+2y^4+z^3,\quad 4x^5+y^4+z^3,\quad 5x^5+y^4+z^3,\quad 9x^5+y^4+z^3,\quad 12x^5+y^4+z^3,$$

$$3x^6+y^4+z^3,\quad x^7+y^4+z^3$$

之一, 那么每个自然数n可表成$P(x,y,z)+\frac{w(3w+1)}{2}$ (其中$x,y,z\in\mathbb{N}$且$w\in\mathbb{Z}$).

(ii) 任何自然数n可表成$x^5+y^4+z^3+w(3w+1)$ (其中$x,y,z\in\mathbb{N}$且$w\in\mathbb{Z}$), 也可表成$x^4+y^3+z^3+\frac{w(7w+3)}{2}$ (其中$x,y,z\in\mathbb{N}$且$w\in\mathbb{Z}$).

注记4.25. 此猜测被验证到2×10^6, 自然数写成$x^7+y^4+z^3+\frac{w(3w+1)}{2}$ (其中$x,y,z\in\mathbb{N}$且$w\in\mathbb{Z}$)的表法数序列可见OEIS条目A271026.

猜想4.26 (2019年3月11日). 每个正整数n可表成

$$\frac{3x^2-x}{2}+\frac{y^3-y}{2}+\frac{z^3-z}{6}\quad (其中x\in\mathbb{Z}\setminus\{0\}且y,z\in\mathbb{Z}_+).$$

注记4.26. 注意$\frac{1}{2}+\frac{1}{3}+\frac{1}{3}=1+\frac{1}{6}$. 作者对$n=1,\ldots,2\times10^7$验证了猜想4.26. 相应的表法数序列可见OEIS条目A306790; 例如, 19919有唯一的表示法:

$$19919=\frac{3(-45)^2-(-45)}{2}+\frac{31^3-31}{2}+\frac{23^3-23}{6}.$$

猜想4.27 (大1-3-5猜想, 2019年2月28日). 不是8倍数的正整数n都可表成

$$w^2+\left(\frac{x(x+1)}{2}\right)^2+\left(\frac{y(3y+1)}{2}\right)^2+\left(\frac{z(5z+1)}{2}\right)^2$$

的形式, 其中$w\in\mathbb{Z}_+$且$x,y,z\in\mathbb{Z}$.

注记4.27. 由于$2(u^2+v^2)=(u+v)^2+(u-v)^2$, 猜想4.27比Lagrange四平方和定理强得多! 作者对小于2×10^7的不是8倍数的正整数n验证了此猜测, 有关表法数序列可见OEIS条目A306614. 例如, 28 有唯一的符合要求的表示法:

$$28 = 3^2 + \left(\frac{2(2+1)}{2}\right)^2 + \left(\frac{(-1)(3(-1)+1)}{2}\right)^2 + \left(\frac{1\times(5\times1+1)}{2}\right)^2.$$

猜想4.28 (2019年2月28日). 设$c\in\{5,7\}$. 不是8倍数的正整数n都可表成

$$w^2 + \left(\frac{x(x+1)}{2}\right)^2 + \left(\frac{y(3y+1)}{2}\right)^2 + \left(\frac{z(cz+3)}{2}\right)^2$$

的形式, 其中$w\in\mathbb{Z}_+$且$x,y,z\in\mathbb{Z}$.

注记4.28. 此猜测蕴涵着Lagrange四平方和定理, 作者对小于5×10^5的不是8倍数的正整数n验证了它.

猜想4.29 (2019年3月1日). 自然数n都可表成

$$w(3w+2) + x^2(2x+1)^2 + 2y^2(2y+1)^2 + 4z^2(2z+1)^2 \quad (其中w,x,y,z\in\mathbb{Z}),$$

也可表成

$$\frac{w(3w+1)}{2} + x^2(2x+1)^2 + y^2(2y+1)^2 + 2z^2(2z+1)^2 \quad (其中w,x,y,z\in\mathbb{Z}),$$

还可表成

$$\frac{w(3w+1)}{2} + x^2(2x+1)^2 + y^2(2y+1)^2 + 3z^2(2z+1)^2 \quad (其中w,x,y,z\in\mathbb{Z}).$$

注记4.29. 作者对$n=0,\ldots,10^6$验证了此猜想. 注意$\{x(2x+1):\ x\in\mathbb{Z}\}=\{\frac{n(n+1)}{2}:\ n\in\mathbb{N}\}$.

猜想4.30 (2-4-6-8猜想, 2019年2月18日). 每个正整数n可表成

$$\binom{w}{2} + \binom{x}{4} + \binom{y}{6} + \binom{z}{8} \quad (其中w,x,y,z\in\{2,3,\ldots\}).$$

注记4.30. 由于

$$\frac{1}{2} + \frac{1}{4} + \frac{1}{6} + \frac{1}{8} = 1 + \frac{1}{24} \approx 1.04$$

仅比1大一点点, 这个猜想非常强. 作者对$n=1,\ldots,3\times10^7$验证了2-4-6-8 猜想. 相关的表法数序列可见OEIS条目A306477; 例如, 23343989有唯一的表示法:

$$23343989 = \binom{365}{2} + \binom{76}{4} + \binom{40}{6} + \binom{34}{8}.$$

M. A. Aleskeseyev与Y. Baruch把2-4-6-8猜想分别验证到2×10^{11}与2×10^{12}. 作者已宣布为2-4-6-8猜想的第一个完整证明提供2468美元奖金, 首先找到明确反例的可给予2468元人民币奖金. 作者注意到第一个不能表成$\binom{w}{2}+\binom{x}{4}+\binom{y}{6}+\binom{z}{9}$ $(w,x,y,z\in\mathbb{N})$ 的自然数为1061619.

猜想4.31 (2019年2月17日). 设$\delta\in\{0,1\}$. 自然数n总可表成$\binom{w}{2}+\binom{x}{3}+\binom{y}{4}+\binom{z}{5}$, 其中$w,x,y,z\in\mathbb{N}$且$w\equiv\delta\pmod 2$.

注记4.31. 此猜测被验证到5×10^6, 相关表法数序列可见OEIS条目A306462与A306471.

§4.5 自然数的表示: 含两个单变元二次多项式

猜想4.32 (2019年2月17日). 每个正整数n可表成

$$2x^2 - x + \frac{y^2 - y}{2} + \frac{z^3 - z}{6} \quad (\text{其中} x, y, z \in \mathbb{Z}_+).$$

注记4.32. 此猜测被验证到10^7, 相应的表法数序列可见OEIS条目A306460. 例如, 642有唯一的表示法:

$$642 = 2 \times 16^2 - 16 + \frac{17^2 - 17}{2} + \frac{4^3 - 4}{6}.$$

猜想4.33 (2016年3月28日). 自然数n总可表成

$$w^3 + x^3 + \frac{y(3y - 1)}{2} + \frac{z(3z - 1)}{2} \quad (\text{其中} w, x, y, z \in \mathbb{N}).$$

注记4.33. 此猜测被验证到5×10^6, 相关的表法数序列可见OEIS条目A306239. 例如:

$$20 = 0^3 + 2^3 + \frac{0(3 \times 0 - 1)}{2} + \frac{3(3 \times 3 - 1)}{2}, \quad 46 = 1^3 + 1^3 + \frac{4(3 \times 4 - 1)}{2} + \frac{4(3 \times 4 - 1)}{2}.$$

猜想4.34 (2019年1月30日). 自然数n总可表成

$$w^9 + x^3 + y(y + 1) + z(z + 1) \quad (\text{其中} w \in \{0, 1, 2\} \text{且} x, y, z \in \mathbb{N}).$$

注记4.34. 此猜测被验证到2×10^7, 相关的表法数序列可见OEIS条目A306240. 例如:

$$234 = 0^9 + 6^3 + 2 \times 3 + 3 \times 4, \quad 359 = 1^9 + 2^3 + 10 \times 11 + 15 \times 16,$$

$$1978 - 2^9 = 2^3 + 26 \times 27 + 27 \times 28 = 6^3 + 19 \times 20 + 29 \times 30 = 6^3 + 24 \times 25 + 25 \times 26.$$

猜想4.35 (2016年7月17日). 自然数n总可表成

$$x^3 + 2y^2 + 5^k z^2 \quad (\text{其中} k \in \{0, 1\} \text{且} x, y, z \in \mathbb{N}).$$

注记4.35. 此猜测发表于 [203, 猜想1.4(i)], 并被作者验证到10^7. 相应表法数序列可见 OEIS 条目 A275150, 下面是表法唯一的几个例子:

$$79 = 3^3 + 2 \times 4^2 + 5 \times 2^2, \quad 120 = 2^3 + 2 \times 4^2 + 5 \times 4^2;$$

$$454 = 0^3 + 2 \times 15^2 + 2^2, \quad 3240 = 7^3 + 2 \times 38^2 + 3^2.$$

猜想4.36 (2016年7月18日). 整数$n > 375565$总可表成$x^3 + y^2 + 2z^2$ $(x, y, z \in \mathbb{N})$, 整数$n > 182842$总可表成$x^3 + y^2 + 3z^2$ $(x, y, z \in \mathbb{N})$.

注记4.36. 不超过375565且不能表成$x^3 + y^2 + 2z^2$ $(x, y, z \in \mathbb{N})$的自然数共有174个, 具体列表参见OEIS条目A275169. 不超过182842且不能表成$x^3 + y^2 + 3z^2$ $(x, y, z \in \mathbb{N})$的自然数共有150个, 参见OEIS条目A275168.

猜想4.37 (2015年10月3日). 正整数n总可表成

$$x^3 + y^2 + \frac{z(z+1)}{2} \quad (\text{其中}x, y \in \mathbb{N}\text{且}z \in \mathbb{Z}_+).$$

注记4.37. 此猜测发表于[201, 猜想1.2], 并被作者验证到2×10^7. 相应表法数序列可见OEIS条目A262813, 下面是表法唯一的几个例子:

$$21 = 0^3 + 0^2 + \frac{6 \times 7}{2}, \quad 98 = 3^3 + 4^2 + 10 \times 11/2,$$
$$152 = 0^3 + 4^2 + \frac{16 \times 17}{2}, \quad 306 = 1^3 + 13^2 + \frac{16 \times 17}{2}.$$

猜想4.38 (2015年10月3日). 整数$n > 1$总可表成

$$x^3 + \frac{y(y+1)}{2} + \frac{z(3z+1)}{2} \quad (\text{其中}x, y \in \mathbb{N}\text{且}z \in \mathbb{Z}_+).$$

注记4.38. 作者对$n = 2, \ldots, 2 \times 10^7$验证了此猜测. 下面是表法唯一的几个例子:

$$75 = 2^3 + \frac{4 \times 5}{2} + \frac{6(3 \times 6 + 1)}{2}, \quad 83 = 0^3 + \frac{3 \times 4}{2} + \frac{7(3 \times 7 + 1)}{2},$$
$$97 = 3^3 + \frac{10 \times 11}{2} + \frac{3(3 \times 3 + 1)}{2}, \quad 117 = 0^3 + \frac{13 \times 14}{2} + \frac{4(3 \times 4 + 1)}{2}.$$

猜想4.39 (2016年3月17日). 自然数n总可表成

$$x^2 + y(y+1) + z(z^2 + 1) \quad (\text{其中}x, y, z \in \mathbb{N}).$$

注记4.39. 此猜测发表于[201, 猜想1.2], 并被作者验证到5×10^7. 相应表法数序列可见OEIS条目A270488, 下面是表法唯一的几个例子:

$$197 = 5^2 + 6 \times 7 + 5 \times (5^2 + 1), \quad 479 = 7^2 + 20 \times 21 + 2 \times (2^2 + 1),$$
$$505 = 13^2 + 17 \times 18 + 3 \times (3^2 + 1), \quad 917 = 15^2 + 18 \times 19 + 7 \times (7^2 + 1).$$

猜想4.40 (2016年3月19日). 自然数n总可表成

$$x^3 + y^2 + z(3z + 1) \quad (\text{其中}x, y \in \mathbb{N}\text{且}z \in \mathbb{Z}).$$

如果(a, b)是下述五个有序对

$$(1, 1), \ (1, 2), \ (2, 1), \ (3, 1), \ (4, 1)$$

之一, 则每个自然数也可表成$ax^3 + by^2 + \frac{z(3z+1)}{2}$, 其中$x, y \in \mathbb{N}$且$z \in \mathbb{Z}$.

注记4.40. 作者对$n = 0, \ldots, 10^6$验证了此猜测.

猜想4.41 (2016年4月5日). 多项式

$$x^3 + x + 2y^2 + T(z),\ x^3 + 2x + y^2 + T(z),\ x^3 + 7x + y^2 + T(z),$$
$$x^3 + 2x + T(y) + 2T(z),\ x^3 + x^2 + T(y) + 2T(z),\ x^3 + 3x^2 + T(y) + 2T(z),$$
$$x^3 + 5x + T(y) + p_5(z),\ x^3 + ax + T(y) + \bar{p}_5(z)\ (a = 1, 2, 3)$$

都在$\mathbb{N}$上通用, 其中$T(w)$指$\frac{w(w+1)}{2}$.

注记4.41. 此猜测以前未公开过.

猜想4.42 (2016年6月6日). 如果(a, b)是下述有序对

$$(1, 2),\ (1, 6),\ (2, 4),\ (2, 5),\ (2, 11),\ (2, 12),\ (3, 3)$$

之一, 则每个$n \in \mathbb{N}$都可表成$x^2 + ay^2 + z^3 + b\delta$的形式, 其中$x, y, z \in \mathbb{N}$且$\delta \in \{0, 1\}$.

注记4.42. 此猜测发表于[203, 猜想3.2(i)], 读者可在[203, 猜想3.2(ii)]中看到许多形如$x^2 + ay^2 + bz^3 + cw^k$ ($k \geqslant 3$)的自然数表示方面的猜测.

猜想4.43 (2016年3月19日). 自然数n总可表成

$$x^4 + \frac{y(3y+1)}{2} + \frac{z(7z+1)}{2}\ (其中 x, y, z \in \mathbb{Z}).$$

注记4.43. 此猜测发表于[201, 猜想1.2(iv)], 并被作者验证到2×10^7. 相关表法数序列可见OEIS条目A270566, 例如:

$$8888 = 0^4 + \frac{(-77) \times (3(-77) + 1)}{2} + \frac{3 \times (7 \times 3 + 1)}{2},$$
$$9665 = 3^4 + \frac{73 \times (3 \times 73 + 1)}{2} + \frac{21 \times (7 \times 21 + 1)}{2}.$$

猜想4.44 (2016年3月18日). (i) 自然数n总可表成

$$x^3(x+1) + y(2y+1) + z(3z+2)\ (其中 x \in \mathbb{N} 且 y, z \in \mathbb{Z}).$$

(ii) 自然数n总可表成

$$x^4 + x^3 + y^2 + \frac{z(3z+1)}{2}\ (其中 x, y \in \mathbb{N} 且 z \in \mathbb{Z}).$$

(iii) 正整数n总可表成

$$x^4 + x^3 + y^2 + \frac{z(z+1)}{2}\ (其中 x, y \in \mathbb{Z} 且 z \in \mathbb{Z}_+).$$

(iv) 自然数n总可表成

$$x^4 + x^3 + y^2 + z(3z+1)\ (其中 x, y, z \in \mathbb{Z}).$$

注记4.44. 作者对$n \leqslant 10^6$验证了此猜想, 前三条相关表法数序列可见OEIS条目A270516, A270533与A270559. 例如:

$$27569 = 2^3(2+1) + (-25)(2 \times (-25) + 1) + (-94)(3 \times (-94) + 2);$$

$$2598 = 4^4 + 4^3 + 4^2 + \frac{(-39) \times (3 \times (-39) + 1)}{2};$$

$$5433 = (-8)^4 + (-8)^3 + 14^2 + \frac{57 \times 58}{2}.$$

猜想4.45 (2020年4月15日). 自然数$n \neq 64$可表成

$$x^4 + y(2y+1) + z(3z+1) \quad (其中 x \in \mathbb{N} 且 y, z \in \mathbb{Z}).$$

注记4.45. 作者对$n \leqslant 10^8$验证了此猜想, 相应表法数序列可见OEIS条目A334138. 作者猜测表法唯一的n值只有下面的37个(检验到5×10^6, 参见OEIS条目A334147):

$$0, 9, 42, 57, 127, 218, 243, 272, 412, 467, 554, 555, 571, 724, 909,$$
$$1292, 1385, 1448, 1557, 1604, 1897, 2062, 2410, 3025, 3507, 4328, 5907,$$
$$8182, 9018, 14654, 18628, 25479, 25713, 76322, 80488, 152177, 1277405.$$

例如: 152177的唯一合乎要求表示法为

$$152177 = 9^4 + (-266)(2 \times (-266) + 1) + 38(3 \times 38 + 1),$$

1277405的唯一合乎要求表示法为

$$1277405 = 22^4 + (-655)(2 \times (-655) + 1) + (-249)(3 \times (-249) + 1).$$

猜想4.46 (2020年4月15日). (i) 自然数$n \neq 455$可表成

$$x^4 + y^2 + \frac{z(3z+1)}{2} \quad (其中 x, y, z \in \mathbb{Z}).$$

(ii) 自然数$n \neq 1975$可表成

$$x^4 + y(3y+1) + z(3z+2) \quad (其中 x, y, z \in \mathbb{Z}),$$

也可表成

$$x^4 + 3y(2y+1) + \frac{z(3z+1)}{2} \quad (其中 x, y, z \in \mathbb{Z}).$$

(iii) 自然数$n \neq 59$可表成

$$x^4 + y(3y+1) + \frac{z(5z+1)}{2} \quad (其中 x, y, z \in \mathbb{Z}),$$

自然数$n \neq 856$可表成

$$x^4 + y(3y+1) + \frac{z(5z+3)}{2} \quad (其中 x, y, z \in \mathbb{Z}).$$

(iv) 自然数$n \neq 2899$可表成

$$x^4 + y(5y+3) + \frac{z(3z+1)}{2} \quad (\text{其中}\ x,y,z \in \mathbb{Z}),$$

自然数$n \neq 17960$可表成

$$x^4 + y(5y+4) + \frac{z(3z+1)}{2} \quad (\text{其中}\ x,y,z \in \mathbb{Z}).$$

注记4.46. 此猜测公布于OEIS条目A334138. 作者对$n \leqslant 5 \times 10^7$验证了前两条, 对$n \leqslant 2 \times 10^6$验证了后两条. 由[218, (1.11)]知第二条中两个断言是等价的. 猜想4.45与猜想4.46穷尽了满足

$$\left| \mathbb{N} \setminus \left\{ x^4 + \frac{y(ay+b)}{2} + \frac{z(cz+d)}{2} : x,y,z \in \mathbb{Z} \right\} \right| = 1$$

的所有可能情形, 这里$a,c \in \mathbb{Z}_+$, $b \in \{0,\ldots,a-1\}$且$b \equiv a \pmod 2$, $d \in \{0,\ldots,c-1\}$且$d \equiv c \pmod 2$.

猜想4.47 (2019年1月30日). 正整数n可表成

$$\delta + x^4 + \frac{y(y+1)}{2} + \frac{z(z+1)}{2} \quad (\text{其中}\ \delta \in \{0,1\},\ x,y,z \in \mathbb{N}\text{且}y \neq z).$$

注记4.47. 作者对$n = 1,\ldots,2 \times 10^7$验证了猜想4.47, 相关的表法数序列可见OEIS条目A306227. 例如:

$$3774 = 1 + 5^4 + \frac{52 \times 53}{2} + \frac{59 \times 60}{2}, \quad 7035 = 0 + 3^4 + \frac{48 \times 49}{2} + \frac{107 \times 108}{2}.$$

2006年, G. Resta发现2×10^9之下不能表成$x^4 + T(y) + T(z)$ (其中$x,y,z \in \mathbb{N}$)的自然数共有88个(参见OEIS条目A115160), 其中最大的一个为1945428.

猜想4.48 (2017年8月3日). (i) 对任何$n \in \mathbb{N}$, 有$x,z \in \mathbb{N}$与$y \in \mathbb{Z}_+$使得$3n+1 = x^4 + y^2 + z(z+1)$, 从而$12n+5 = 4x^4 + 4y^2 + (2z+1)^2$.

(ii) 对任何$n \in \mathbb{N}$, 有$x,y,z \in \mathbb{N}$使得$6n = 3x^4 + y^2 + z(z+1)$, 从而$24n+1 = 12x^4 + 4y^2 + (2z+1)^2$.

(iii) 对任何$n \in \mathbb{N}$, 有$x \in \mathbb{N}$与$y,z \in \mathbb{Z}_+$使得$16n+5 = x^4 + 4y^2 + z^2$.

注记4.48. 此猜测公布于OEIS条目A260418与A260491, 那里还有更多类似的猜测. 读者也可参看[203, 猜想1.4(ii)]. 作者对$n = 0,\ldots,2 \times 10^7$验证了此猜想. 根据Gauss-Legendre三平方和定理, 模4余1的正整数都可表成三个整数的平方和.

猜想4.49 (2020年4月14日). 不能表成$2x^4 + T(y) + T(z)$ (其中$x,y,z \in \mathbb{N}$)的自然数只有216个, 它们都不是3倍数且其中最大的一个为459239. 特别地, 对$n \in \mathbb{N}$有$x,y,z \in \mathbb{N}$使得$3n = 2x^4 + T(y) + T(z)$, 从而$12n+1 = 8x^4 + (y+z+1)^2 + (y-z)^2$.

注记4.49. 作者找出的不能表成$2x^4 + T(y) + T(z)$ (其中$x,y,z \in \mathbb{N}$)的216个自然数具体列出于OEIS条目A334086. 作者注意到10^8之下没有新的这样的数, G. Resta又把检验范围拓展到10^9. 关于把$12n+1$写成$8x^4 + 4y^2 + z^2$ ($x \in \mathbb{N}$且$y,z \in \mathbb{Z}_+$)的表法数, 参见OEIS条目A290491.

猜想4.50 (2020年4月14日). 不能表成 $4x^4 + T(y) + T(z)$ (其中 $x, y, z \in \mathbb{N}$)的自然数只有602个, 其中最大的一个为31737789.

注记4.50. 作者找出的不能表成 $2x^4 + T(y) + T(z)$ (其中 $x, y, z \in \mathbb{N}$)的602个自然数具体列出于OEIS条目A334113, 在 10^8 之下没有其他的这样的数.

猜想4.51 (2020年4月14日). 不能表成 $x^4 + \frac{y(3y+1)}{2} + \frac{z(3z+1)}{2}$ (其中 $x, y, z \in \mathbb{Z}$)的自然数只有1471与5107, 不能表成 $2x^4 + \frac{y(3y+1)}{2} + \frac{z(3z+1)}{2}$ (其中 $x, y, z \in \mathbb{Z}$)的自然数只有下面的7个:

$$113, \ 733, \ 936, \ 1132, \ 2085, \ 6045, \ 12535.$$

注记4.51. 作者把此猜测检验到 10^8.

猜想4.52 (2019年1月30日). 正整数 n 可表成

$$\delta + x^5 + \frac{y(3y+1)}{2} + \frac{z(3z+1)}{2} \quad (\text{其中} \delta \in \{0,1\}, \ x \in \mathbb{N}, \ y, z \in \mathbb{Z} \text{且} y \neq z).$$

注记4.52. 此猜测被验证到 3×10^7, 相关的表法数序列可见OEIS条目A306225. 例如:

$$15049 = 0 + 6^5 + \frac{44(3 \times 44 + 1)}{2} + \frac{(-54)(3(-54) + 1)}{2},$$
$$16775 = 1 + 5^5 + \frac{17(3 \times 17 + 1)}{2} + \frac{(-94)(3(-94) + 1)}{2}.$$

猜想4.53 (2021年4月23日). (i) 每个 $n \in \mathbb{Z}_+$ 可表成

$$x^5 + y^2 + \left\lfloor \frac{z^2}{7} \right\rfloor \quad (\text{其中} x \in \mathbb{N} \text{且} y, z \in \mathbb{Z}_+).$$

(ii) 每个 $n \in \mathbb{Z}_+$ 可表成

$$x^4 + y^2 + \left\lfloor \frac{z^2}{7} \right\rfloor \quad (\text{其中} x \in \mathbb{N} \text{且} y, z \in \mathbb{Z}_+).$$

注记4.53. 此猜测及相关表法数序列可见OEIS条目A338686与A338687, 第一条与第二条分别被G. Resta与作者验证到 2×10^9 与 10^6. 例如:

$$815 = 2^5 + 1^2 + \left\lfloor \frac{74^2}{7} \right\rfloor, \ 24195 = 0^5 + 8^2 + \left\lfloor \frac{411^2}{7} \right\rfloor;$$
$$75 = 0^4 + 8^2 + \left\lfloor \frac{9^2}{7} \right\rfloor, \ 7224 = 9^4 + 19^2 + \left\lfloor \frac{46^2}{7} \right\rfloor.$$

猜想4.54 (2016年3月19日). 任何正整数 n 都可表成

$$x^2 + \frac{y(y+1)}{2} + \left(\frac{z(3z+1)}{2} \right)^2 \quad (\text{其中} x \in \mathbb{Z}_+, \ y \in \mathbb{N} \text{且} z \in \mathbb{Z}).$$

注记4.54. 此猜测相应的表法数序列可见OEIS条目A270594. 下面是表法唯一的三个例子:

$$24 = 3^2 + \frac{5 \times 6}{2} + \left(\frac{0(3 \times 0 + 1)}{2}\right)^2,$$

$$468 = 18^2 + \frac{0 \times 1}{2} + \left(\frac{(-3)(3(-3) + 1)}{2}\right)^2,$$

$$26148 = 142^2 + \frac{10 \times 11}{2} + \left(\frac{7(3 \times 7 + 1)}{2}\right)^2.$$

猜想4.55 (2016年3月20日). (i) 任何$n \in \mathbb{N}$可表成

$$x^2 + \left(\frac{y(y+3)}{2}\right)^2 + \frac{z(3z+1)}{2} \quad (\text{其中} x, y \in \mathbb{N} \text{且} z \in \mathbb{Z}).$$

(ii) 任何$n \in \mathbb{N}$可表成

$$\left(\frac{x(x+3)}{2}\right)^2 + \frac{y(7y+3)}{2} + \frac{z(3z+1)}{2} \quad (\text{其中} x \in \mathbb{N} \text{且} y, z \in \mathbb{Z}).$$

注记4.55. 此猜测以前未公开过.

猜想4.56 (2016年3月20日). (i) 任何正整数n都可表成

$$x^2 + T(y)^2 + p_5(z) \quad (\text{其中} x \in \mathbb{Z}_+, \ y \in \mathbb{N} \text{且} z \in \mathbb{Z}).$$

(ii) 任何正整数n都可表成

$$x^2 + 2T(y)^2 + p_5(z) \quad (\text{其中} x \in \mathbb{Z}_+, \ y \in \mathbb{N} \text{且} z \in \mathbb{Z}).$$

(iii) 任何正整数n都可表成

$$x^2 + p_8(y)^2 + p_5(z) \quad (\text{其中} x \in \mathbb{Z}_+ \text{且} y, z \in \mathbb{Z}).$$

注记4.56. 此猜想第一条相应的表法数序列可见OEIS条目A270616, 下面是表法唯一的三个例子:

$$8 = 1^2 + T(0)^2 + p_5(-2), \quad 5949 = 47^2 + T(10)^2 + p_5(22), \quad 10913 = 23^2 + T(2)^2 + p_5(-83).$$

猜想4.57 (2016年3月20日). 任给$a, b \in \{1, 2\}$, 多项式$ax^2(2x+1)^2 + y(2y+1) + z(3z+b)$在$\mathbb{Z}$上通用, 亦即

$$\{ax^2(2x+1)^2 + y(2y+1) + z(3z+b) : \ x, y, z \in \mathbb{Z}\} = \mathbb{N}.$$

注记4.57. 注意$\{x(2x+1) : \ x \in \mathbb{Z}\} = \{T(n) : \ n \in \mathbb{N}\}$.

猜想4.58 (2016年3月20日). 整系数多项式

$$x^3(x+1) + y^2 + z(2z+1), \ x^3(x+1) + y(y+1) + z(2z+1),$$

$$x^3(x+1) + y(2y+1) + z(3z+2), \ x^3(x+1) + y(2y+1) + z(3z+2),$$

$$x^2(3x+1)^2 + y(3y+1) + z(2z+1)$$

都在$\mathbb{Z}$上通用.

注记4.58. 此猜测以前未公开过.

猜想4.59 (2016年3月20日). (i) 任何正整数n都可表成

$$p_5(x)^2 + p_5(y) + 2p_5(z) \quad (\text{其中}\, x, y, z \in \mathbb{Z} \text{且} y \neq 0).$$

我们还有

$$\{p_5(x)^2 + p_5(y) + 3p_5(z): \ x, y, z \in \mathbb{Z}\} = \mathbb{N} = \{p_5(x)^2 + 2p_5(y) + 3p_5(z): \ x, y, z \in \mathbb{Z}\}.$$

(ii) 我们有

$$\{x^2 + 2p_5(y)^2 + p_5(z): \ x, y, z \in \mathbb{Z}\} = \mathbb{N} = \{x^2 + 3p_5(y)^2 + p_5(z): \ x, y, z \in \mathbb{Z}\}.$$

此外,

$$\{2x^2 + p_5(y)^2 + p_5(z): \ x \in \mathbb{Z}_+ \text{且} y, z \in \mathbb{Z}\} = \{2, 3, \ldots\}$$

并且

$$\{x^2 + p_5(y)^2 + p_5(z): \ x \in \{2, 3, \ldots\} \text{且} y, z \in \mathbb{Z}\} = \{4, 5, \ldots\}.$$

注记4.59. 参见OEIS条目A270594, 那里有更多这类猜测.

猜想4.60 (2016年3月21日). 多项式

$$x^2 p_5(x) + p_5(y) + c p_5(z) \ (c = 1, 2, 3, 4), \quad 2x^2 p_5(x) + p_5(y) + c p_5(z) \ (c = 1, 2, 3, 4),$$

$$x^2 p_5(x) + 2p_5(y) + 3p_5(z), \ 3x^2 p_5(x) + p_5(y) + 4p_5(z), \ 4x^2 p_5(x) + p_5(y) + 3p_5(z)$$

都在$\mathbb{Z}$上通用.

注记4.60. 此猜测以前未公开过.

猜想4.61 (2016年6月4日). (i) 每个正整数n可表成

$$w^2 + 3x^2 + y^4 + z^5 \quad (\text{其中}\, w \in \mathbb{Z}_+ \text{且} x, y, z \in \mathbb{N}).$$

(ii) 每个正整数n可表成

$$w^2 + p_5(x) + y^4 + z^5 \quad (\text{其中}\, w \in \mathbb{Z}_+ \text{且} x, y, z \in \mathbb{N}).$$

注记4.61. 此猜测第一条发表于[203, 猜想3.2(ii)], 相应表法数序列可见OEIS条目A273917. 下面是几个第一条那种表法唯一的例子:

$$267 = 12^2 + 3 \times 5^2 + 2^4 + 2^5, \ 286 = 4^2 + 3 \times 3^2 + 0^4 + 3^5,$$

$$297 = 3^2 + 3 \times 0^2 + 4^4 + 2^5, \ 423 = 11^2 + 3 \times 10^2 + 1^4 + 1^5,$$

$$537 = 21^2 + 3 \times 4^2 + 2^4 + 2^5, \ 747 = 11^2 + 3 \times 0^2 + 5^4 + 1^5,$$

$$762 = 27^2 + 3 \times 0^2 + 1^4 + 2^5, \ 1017 = 27^2 + 3 \times 0^2 + 4^4 + 2^5.$$

猜想4.62 (2016年6月5日). 多项式

$$x^6 + y^5 + z^2 + w(w+1), \quad x^5 + cy^5 + z^2 + w(w+1) \ (c = 2, 4, 5, 7), \quad x^5 + 2y^5 + p_5(z) + \bar{p}_5(z)$$

都在 $\mathbb{N}$ 上通用.

注记4.62. 此猜测以前未发表过.

猜想4.63 (2016年4月7日). (i) 如果 $P(x, y, z)$ 是多项式

$$x^7 + 2y^8 + 5z^9, \ x^7 + 4y^8 + 6z^9, \ x^7 + 6y^8 + 4z^9, \ 2x^7 + 4y^8 + 10z^9. \ 3x^7 + 2y^8 + 4z^9$$

之一, 则每个自然数可表成 $u^2 + v^2 + P(x, y, z)$, 其中 $u, v, x, y, z \in \mathbb{N}$.

 (ii) 如果 $Q(x, y, z)$ 是多项式

$$x^7 + 2y^8 + 4z^9, \ x^7 + 3y^8 + 12z^9, \ x^7 + 4y^8 + 12z^9, \ x^7 + 4y^8 + 19z^9,$$
$$x^7 + 19y^8 + 4z^9, \ x^7 + 20y^8 + 4z^9, \ 2x^7 + 4y^8 + 8z^9, \ 2x^7 + 8y^8 + 4z^9,$$
$$3x^7 + y^8 + 12z^9, \ 3x^7 + 4y^8 + 2z^9$$

之一, 则每个自然数可表成 $u^2 + 2v^2 + Q(x, y, z)$, 其中 $u, v, x, y, z \in \mathbb{N}$.

注记4.63. 此猜测以前未公开过.

猜想4.64 (2020年4月13日). 任何自然数 n 都可表成 $x^2 + \lfloor \frac{y^2}{2} \rfloor + \lfloor \frac{z^4}{8} \rfloor$ 的形式, 其中 $x \in \mathbb{N}$ 且 $y, z \in \mathbb{Z}_+$.

注记4.64. 此猜测及相应表法数序列公布于 OEIS 条目 A343387, 作者对 $n \leqslant 10^6$ 进行了验证. 下面是一些表法唯一的例子:

$$377 = 9^2 + \left\lfloor \frac{23^2}{2} \right\rfloor + \left\lfloor \frac{4^4}{8} \right\rfloor, \quad 392 = 0^2 + \left\lfloor \frac{28^2}{2} \right\rfloor + \left\lfloor \frac{1^4}{8} \right\rfloor,$$
$$734 = 12^2 + \left\lfloor \frac{32^2}{2} \right\rfloor + \left\lfloor \frac{5^4}{8} \right\rfloor, \quad 1052 = 32^2 + \left\lfloor \frac{6^2}{2} \right\rfloor + \left\lfloor \frac{3^4}{8} \right\rfloor,$$
$$1817 = 39^2 + \left\lfloor \frac{23^2}{2} \right\rfloor + \left\lfloor \frac{4^4}{8} \right\rfloor, \quad 1054 = 30^2 + \left\lfloor \frac{17^2}{2} \right\rfloor + \left\lfloor \frac{3^4}{8} \right\rfloor.$$

猜想4.65 (2020年4月13日). 任何正整数 n 可表成 $x^2 + \lfloor \frac{y^2}{4} \rfloor + \lfloor \frac{z^4}{6} \rfloor$ 的形式, 其中 $x, y, z \in \mathbb{Z}_+$.

注记4.65. 此猜测及相应表法数序列公布于 OEIS 条目 A343391, 作者对 $n \leqslant 10^6$ 进行了验证. 下面是一些表法唯一的例子:

$$2 = 1^2 + \left\lfloor \frac{2^2}{4} \right\rfloor + \left\lfloor \frac{1^4}{6} \right\rfloor, \quad 14 = 1^2 + \left\lfloor \frac{1^2}{4} \right\rfloor + \left\lfloor \frac{3^4}{6} \right\rfloor,$$
$$32 = 4^2 + \left\lfloor \frac{8^2}{4} \right\rfloor + \left\lfloor \frac{1^4}{6} \right\rfloor, \quad 35 = 4^2 + \left\lfloor \frac{5^2}{4} \right\rfloor + \left\lfloor \frac{3^4}{6} \right\rfloor,$$
$$77 = 8^2 + \left\lfloor \frac{1^2}{4} \right\rfloor + \left\lfloor \frac{3^4}{6} \right\rfloor, \quad 840 = 28^2 + \left\lfloor \frac{15^2}{4} \right\rfloor + \left\lfloor \frac{1^4}{6} \right\rfloor.$$

第5章　自然数的涉及指数式增长函数的表示

本章包含作者提出的35个猜想, 涉及用指数式增长函数(如指数函数与Fibonacci序列)与其他的项(如素数或多项式)来混合表示自然数.

§5.1　自然数的涉及指数函数的表示

猜想5.1 (2020年4月13日). 任何整数 $n > 1$ 可表成

$$2^x + \left\lfloor \frac{y^2}{3} \right\rfloor + \left\lfloor \frac{z^2}{4} \right\rfloor \quad (其中 x, y, z \in \mathbb{Z}_+).$$

注记5.1. 此猜测及相应表法数序列公布于OEIS条目A343397. 作者对 $n \leqslant 2 \times 10^6$ 检验了猜想5.1, 之后G. Resta又把验证推进到 10^{10}. 例如: 3恰有两种合乎要求的表示法:

$$3 = 2^1 + \left\lfloor \frac{1^2}{3} \right\rfloor + \left\lfloor \frac{2^2}{4} \right\rfloor = 2^1 + \left\lfloor \frac{2^2}{3} \right\rfloor + \left\lfloor \frac{1^2}{4} \right\rfloor.$$

猜想5.2 (2020年4月14日). 任何整数 $n > 1$ 可表成

$$x^3 + \left\lfloor \frac{y^3}{2} \right\rfloor + \left\lfloor \frac{z^3}{3} \right\rfloor + 2^k \quad (其中 x, y, z \in \mathbb{Z}_+ 且 k \in \mathbb{N}).$$

注记5.2. 此猜测及相应表法数序列公布于OEIS条目A343411. 作者对 $n \leqslant 3 \times 10^5$ 检验了猜想5.2, 之后G. Resta又把验证推进到 10^{10}. 下面给出表法唯一的例子:

$$3 = 1^3 + \left\lfloor \frac{1^3}{2} \right\rfloor + \left\lfloor \frac{1^3}{3} \right\rfloor + 2^1, \quad 4 = 1^3 + \left\lfloor \frac{1^3}{2} \right\rfloor + \left\lfloor \frac{2^3}{3} \right\rfloor + 2^0,$$

$$6 = 1^3 + \left\lfloor \frac{2^3}{2} \right\rfloor + \left\lfloor \frac{1^3}{3} \right\rfloor + 2^0, \quad 8 = 1^3 + \left\lfloor \frac{2^3}{2} \right\rfloor + \left\lfloor \frac{2^3}{3} \right\rfloor + 2^0,$$

$$10 = 2^3 + \left\lfloor \frac{1^3}{2} \right\rfloor + \left\lfloor \frac{1^3}{3} \right\rfloor + 2^1, \quad 103 = 3^3 + \left\lfloor \frac{1^3}{2} \right\rfloor + \left\lfloor \frac{6^3}{3} \right\rfloor + 2^2.$$

猜想5.3 (2020年4月15日). 任何整数 $n > 1$ 可表成

$$x^6 + y^3 + \frac{z(3z+1)}{2} + 2^k \quad (其中 x, y \in \mathbb{N}, z \in \mathbb{Z} 且 k \in \mathbb{Z}_+).$$

注记5.3. 此猜测及相应表法数序列公布于OEIS条目A343460. 作者对 $n \leqslant 10^7$ 检验了猜想5.3, 之后G. Resta又把验证推进到 10^{10}. 这里给出一个表法唯一的例子:

$$14553 = 2^6 + 17^3 + \frac{(-80)(3(-80)+1)}{2} + 2^4.$$

注意广义五角数就是形如 $z(3z+1)/2$ $(z \in \mathbb{Z})$ 的数. 由于 $\frac{1}{6} + \frac{1}{3} + \frac{1}{2} = 1$, 对 $N \geqslant 2$ 我们有

$$\left| \left\{ (x, y, z, k) : x, y, k \in \mathbb{N}, z \in \mathbb{Z} 且 x^6 + y^3 + \frac{z(3z+1)}{2} + 2^k \leqslant N \right\} \right| = O(N \log N).$$

回忆一下, $n \in \mathbb{N}$ 时 $T(n)$ 指三角数 $\frac{n(n+1)}{2}$.

猜想5.4 (2020年4月16日). 任何整数 $n > 1$ 可表成

$$x^4 + T(y)^2 + T(z) + 2^k \quad (\text{其中} x, y, z \in \mathbb{N} \text{且} k \in \mathbb{Z}_+).$$

注记5.4. 此猜测及相应表法数序列公布于OEIS条目A343528. 作者对 $1 < n \leqslant 2 \times 10^7$ 验证了猜想5.4, 之后G. Resta又把验证拓展到 10^{10}. 例如, 7恰有三种合乎要求的表示法:

$$7 = 0^4 + T(0)^2 + T(2) + 2^2 = 1^4 + T(1)^2 + T(1) + 2^2 = 1^4 + T(1)^2 + T(2) + 2^1.$$

由于 $\frac{1}{4} + \frac{1}{4} + \frac{1}{2} = 1$, 对 $N \geqslant 2$ 我们有

$$|\{(x, y, z, k) \in \mathbb{N}^4 : x^4 + T(y)^2 + T(z) + 2^k \leqslant N\}| = O(N \log N).$$

猜想5.5 (2017年1月1日). (i) (2-3-4猜想) 任何整数 $n > 1$ 可表成 $x^4 + y^3 + z^2 + 2^k$ 的形式, 其中 $x, y, z \in \mathbb{N}$ 且 $k \in \mathbb{Z}_+$.

　　(ii) 正整数 n 都可表成 $3x^4 + y^3 + z^2 + 2^k$ (其中 $k, x, y, z \in \mathbb{N}$), 也可表成 $4x^4 + y^3 + z^2 + 3^k$ (其中 $k, x, y, z \in \mathbb{N}$).

注记5.5. 此猜测发表于[203, 猜想6.1(i)], 作者对 $n \leqslant 2 \times 10^7$ 验证了它, 后来侯庆虎把2-3-4猜想的验证拓展到 10^9. 关于2-3-4 猜想的表法数序列可见OEIS条目A280356, 例如, 6471有唯一合乎要求的表示法: $1^4 + 13^3 + 57^2 + 2^{10}$. 作者在[203, 注记6.1]中宣布为2-3-4猜想的首个完整解答提供234美元奖金.

猜想5.6 (2017年1月1日). 如果 $P(x, y, z)$ 是下述多项式

$$x^4 + y^2 + z^2, \ x^6 + 3y^2 + z^2, \ 4x^5 + 3y^2 + 2z^2, \ x^5 + 2y^2 + z^2, \ x^5 + 3y^2 + z^2,$$
$$2x^5 + y^2 + z^2, \ 2x^5 + 2y^2 + z^2, \ 2x^5 + 6y^2 + z^2, \ 3x^5 + 2x^2 + z^2, \ 3x^5 + 3y^2 + z^2,$$
$$4x^5 + 2y^2 + z^2, \ 5x^5 + y^2 + z^2, \ 5x^5 + 3y^2 + z^2, \ 6x^5 + 2y^2 + z^2, \ 6x^5 + 5y^2 + z^2,$$
$$9x^5 + 2y^2 + z^2, \ 10x^5 + y^2 + z^2, \ 10x^5 + 2y^2 + z^2, \ 12x^5 + 2y^2 + z^2, \ 13x^5 + y^2 + z^2,$$
$$13x^5 + 3y^2 + z^2, \ 19x^5 + 2y^2 + z^2, \ 20x^5 + 2y^2 + z^2$$

之一, 则每个正整数可表成 $P(x, y, z) + 2^k$, 这里 $k, x, y, z \in \mathbb{N}$.

注记5.6. 此猜测发表于[203, 猜想6.1]并被验证到 10^7.

猜想5.7 (2017年1月1日). 如果 $Q(x, y)$ 是下述多项式

$$x^5 + 4y^2, \ 4x^5 + y^2, \ 4x^m + 2y^2 \ (m = 5, 6, 7, 8), \ 5x^5 + 4y^2$$

之一, 则每个正整数可表成 $Q(x, y) + z^2 + 3^k$, 这里 $k, x, y, z \in \mathbb{N}$.

注记5.7. 此猜测发表于[203, 猜想6.1]并被验证到 10^6.

猜想5.8 (2017年1月1日). (i) 每个正整数可表成 $2x^6 + 2y^2 + z^2 + 5^k$, 其中 $k, x, y, z \in \mathbb{N}$.

(ii) 对于 $a = 2, 3$, 每个正整数可表成 $ax^5 + 2y^2 + z^2 + 5^k$, 其中 $k, x, y, z \in \mathbb{N}$.

注记5.8. 此猜测发表于[203, 猜想6.1]并被验证到 10^8.

猜想5.9 (2013年11月23日). 每个整数 $n > 3$ 可表成 $p + (2^k - k) + (2^m - m)$, 其中 p 为素数且 $k, m \in \mathbb{Z}_+$.

注记5.9. 此猜测发表于[202, 猜想3.7], 相应表法数序列可见OEIS条目A232398. 这里给个表法唯一的例子: $94 = 31 + (2^3 - 3) + (2^6 - 6)$. 作者把猜想5.9验证到 2×10^8, 之后侯庆虎在2013年12月又把验证范围拓展到 10^{10}. 与此猜想相对照, 1971年, R. Crocker在[29]中证明了有无穷多个正奇数不形如 $p + 2^k + 2^m$ (其中 p 为素数且 $k, m \in \mathbb{Z}_+$).

如果正整数 n 不被大于1的平方数整除, 我们就称 n 无平方因子(squarefree). A. W. Dudek在[38]中证明了大于2的整数都可表成一个素数与一个无平方因子正整数之和, 作者的下述猜想比这结论要强得多.

猜想5.10 (2018年5月6日). 设 $\delta \in \{0, 1\}$, 对任何整数 $n > 3$ 可把 $2n + \delta$ 表成 $p + 2^k + (1 + \delta)5^m$, 这里 p 为奇素数, $k, m \in \mathbb{N}$, 且 $2^k + (1+\delta)5^m$ 无平方因子. 特别地, 大于2的偶数可表成一个素数、一个2幂次与一个5幂次之和.

注记5.10. 显然 $6 = 3 + 2 + 5^0$, $7 = 3 + 2 + 2 \times 5^0$ 但 $2 + 2 \times 5^0 = 2^2$ 有平方因子. 作者对 $n = 4, \ldots, 10^{10}$ 验证了猜想5.10, 相关表法数序列可见OEIS条目A304081. 例如: $6 = 3 + 2^1 + 5^0$, 其中3为奇素数, $2^1 + 5^0 = 3$ 无平方因子; 又如: $9574899 = 9050609 + 2^{19} + 2 \times 5^0$, 其中9050609为奇素数, 且 $2^{19} + 2 \times 5^0 = 2 \times 5 \times 13 \times 7 \times 109$ 无平方因子. 作者于2018年5月8日宣布: 首先证明猜想5.10的可获2500美元奖金, 首先给出猜想5.10明确反例的可获250美元奖金.

猜想5.11 (2018年5月6日). 设 $\delta \in \{0, 1\}$, 对任何整数 $n > 5$ 可把 $2n + \delta$ 表成 $p + 2^k + (1 + \delta)3^m$, 这里 p 为奇素数, $k, m \in \mathbb{Z}_+$, 且 $2^k + (1+\delta)3^m$ 无平方因子. 特别地, 大于2的偶数可表成一个素数、一个2幂次与一个3幂次之和.

注记5.11. 我们对 $2n + \delta \leqslant 10^{10}$ 验证了此猜测, 相关表法数序列可见OEIS条目A304034与A303732. 下面给出两个表法唯一的例子:

$$2 \times 4 = 3 + 2^1 + 3^1, \ 3 \text{为素数且} 2^1 + 3^1 = 5 \text{无平方因子};$$

$$2 \times 11 + 1 = 13 + 2^2 + 2 \times 3^1, \ 13 \text{为素数且} 2^2 + 2 \times 3 = 2 \times 5 \text{无平方因子}.$$

猜想5.12 (2018年5月1日). (i) 任给整数 $n > 1$, 可写 $2n = p + 2^k + 3^m$ 使得 p 为素数, $k, m \in \mathbb{N}$, 而且11是模 p 的平方剩余.

(ii) 任给整数 $n > 2$, 可写 $2n = p + 2^k + 3^m$ 使得 p 为素数, $k, m \in \mathbb{N}$, 而且11是模 p 的平方非剩余.

注记5.12. 此猜测被验证到5×10^8. 第一条相应表法数序列可见OEIS条目A303932, 这里给两个表法唯一的例子: $2 \times 14 = 19 + 2^3 + 3^0$, 而且11是模素数19的平方剩余; $2 \times 38 = 37 + 2^1 + 3^3$, 而且11是模素数37的平方剩余.

猜想5.13 (2019年7月2日). 对于整数$n > 1$与$r \in \{1, -1\}$, 总可把$6n + r$表成$p + 2^k 3^m$, 其中p为素数, k与m为正整数.

注记5.13. 作者对$n = 2, 3, \ldots, 10^9$验证了此猜想, 相关的表法数序列可见OEIS条目A308950. 例如:
$$6 \times 2 - 1 = 5 + 2 \times 3 \ (\text{其中5为素数}), \quad 6 \times 3 + 1 = 7 + 2^2 \times 3 \ (\text{其中7为素数}).$$
2019年7月3日, G. Resta对$n = 2, 3, \ldots, 10^{11}$验证了猜想5.13.

猜想5.14 (三幂五幂猜想, 2018年4月27日). 任何整数$n > 1$可表成$a^2 + b^2 + 3^c + 5^d$, 其中$a, b, c, d \in \mathbb{N}$.

注记5.14. 我们对$n = 2, \ldots, 2 \times 10^{10}$验证了猜想5.14, 相关的表法数序列可见OEIS条目A303656. 例如:
$$5 = 0^2 + 1^2 + 3^1 + 5^0, \quad 25 = 1^2 + 4^2 + 3^1 + 5^1.$$
2018年6月5日, 作者宣布为三幂五幂猜想的首个完整证明设立3500美元奖金. 猜想5.14发表于[212, 猜想4.1(i)], 作者相信此猜想中5^d也可换成2^d.

猜想5.15 (2018年4月27日). 任何整数$n > 5$可表成$a^2 + b^2 + 2^c + 5 \times 2^d$, 其中$a, b, c, d \in \mathbb{N}$.

注记5.15. 此猜测被验证到10^{10}, 相关的表法数序列可见OEIS条目A303637. 猜想5.15发表于[212, 猜想4.1(iii)]. 注意
$$570143 \notin \{a^2 + b^2 + 2^c + 3 \times 2^d : a, b, c, d \in \mathbb{N}\},$$
$$2284095 \notin \{a^2 + b^2 + 2^c + 7 \times 2^d : a, b, c, d \in \mathbb{N}\},$$
$$321256731 \notin \{a^2 + (2b)^2 + 2^c + 5 \times 2^d : a, b, c, d \in \mathbb{N}\}.$$

2008年, R. Crocker 在[30]中证明了有无穷多个正整数不形如$a^2 + b^2 + 2^c + 2^d$ (其中$a, b, c, d \in \mathbb{N}$). 我们也猜测整数$n > 3$可表成$a^2 + 5b^2 + 2^c + 3 \times 2^d$ (其中$a, b, c, d \in \mathbb{N}$), 整数$n > 5$可表成$a^2 + 2b^2 + 2^c + 5 \times 2^d$ (其中$a, b, c, d \in \mathbb{N}$), 整数$n > 7$可表成$a^2 + 6b^2 + 2^c + 7 \times 2^d$ (其中$a, b, c, d \in \mathbb{N}$), 并对$n \leqslant 10^8$进行了验证.

下述猜想比Lagrange四平方和定理强了很多.

猜想5.16 (四平方猜想, 2019年6月21日). 任何整数$n > 1$可表成$x^2 + y^2 + (2^a 3^b)^2 + (2^c 5^d)^2$, 其中$x, y, a, b, c, d \in \mathbb{N}$.

注记5.16. 注意16265031不能表成 $x^2+y^2+(2^a3^b)^2+(2^c3^d)^2$ (其中$x,y,a,b,c,d\in\mathbb{N}$) 的形式. 作者对$n=2,3,\ldots,10^9$验证了猜想5.16, 相关的表法数序列可见OEIS条目A308734. 对于$k\in\mathbb{N}$, 我们有

$$2^{2k+1}=0^2+0^2+(2^k3^0)^2+(2^k5^0)^2, \quad 2^{2k+2}=(2^k)^2+(2^k)^2+(2^k3^0)^2+(2^k5^0)^2.$$

2019年6月28日, G. Resta对$n=2,3,\ldots,10^{10}$验证了猜想5.16. 2019年7月9日, 作者宣布为四平方猜想的首个完整证明设立2500美元奖金.

猜想5.17 (2019年6月21日). (i) 整数$n>1$总可表成$x^2+2y^2+(2^a3^b)^2+(2^c3^d)^2$, 其中$x,y,a,b,c,d\in\mathbb{N}$.

(ii) 整数$n>1$总可表成$x^2+2y^2+(2^a3^b)^2+(2^c5^d)^2$, 其中$x,y,a,b,c,d\in\mathbb{N}$.

注记5.17. 此猜测的第一部分与第二部分分别被验证到2×10^9与10^9. 已知任何正奇数可表成$x^2+2y^2+4z^2$ ($x,y,z\in\mathbb{Z}$), 参见[36, 第112-113页].

猜想5.18 (2018年4月22日). 任何整数$n>3$可表成

$$a^2+2b^2+3\times2^c+4^d \quad (\text{其中 } a,b,c,d\in\mathbb{N}).$$

注记5.18. 此猜测被验证到10^9, 相应的表法数序列可见OEIS条目A303338.

猜想5.19 (2018年4月16日). 对任何素数p, 有$a,b,c\in\mathbb{N}$使得$p^2=a^2+2b^2+3\times2^c$. 如果$p>7$为素数且$p\equiv7\pmod{12}$, 则有$x,y,z\in\mathbb{N}$使得$p=x^2+3y^2+15\times2^z$.

注记5.19. 作者对素数$p<2\times10^9$验证了猜想5.19. 使得n^2不形如$a^2+2b^2+3\times2^c$ ($a,b,c\in\mathbb{N}$) 的最小整数$n>1$为

$$5884015571=7\times17\times49445509.$$

猜想5.20 (三角五幂猜想, 2018年4月23日). 任何整数$n>1$可表成

$$\frac{a(a+1)}{2}+\frac{b(b+1)}{2}+5^c+5^d \quad (\text{其中 } a,b,c,d\in\mathbb{N}).$$

注记5.20. 此猜测被验证到8×10^{10}, 相关的表法数序列可见OEIS条目A303389. 下面是相应表法唯一的例子:

$$7=\frac{0\times1}{2}+\frac{1\times2}{2}+5^0+5^1, \quad 25=\frac{0\times1}{2}+\frac{5\times6}{2}+5^1+5^1.$$

猜想5.21 (五角三幂猜想, 2018年4月23日). 任何整数$n>1$可表成

$$\frac{a(3a-1)}{2}+\frac{b(3b-1)}{2}+3^c+3^d \quad (\text{其中 } a,b,c,d\in\mathbb{N}).$$

注记5.21. 此猜测被验证到1.6×10^{11}, 相关的表法数序列可见OEIS条目A303401. 下面是相应表法数唯一的例子:

$$13372 = \frac{17(3 \times 17 - 1)}{2} + \frac{65(3 \times 65 - 1)}{2} + 3^4 + 3^8,$$
$$16545 = \frac{0(3 \times 0 - 1)}{2} + \frac{98(3 \times 98 - 1)}{2} + 3^0 + 3^7.$$

猜想5.22 (2018年4月23日). (i) 任给$s, t \in \{1, -1\}$, 每个整数$n > 1$可表成

$$a(2a + s) + b(2b + t) + 2^c + 2^d \quad (\text{其中} a, b, c, d \in \mathbb{N}).$$

(ii) 任何整数$n > 1$可表成

$$a(3a + 2) + b(3b + 2) + 3^c + 3^d \quad (\text{其中} a, b \in \mathbb{Z} \text{且} c, d \in \mathbb{N}).$$

注记5.22. 猜想5.22的第一条与第二条分别被验证到1.6×10^{11}与3×10^8, 相关的表法数序列可见OEIS条目A303432与A303428. 例如:

$$7 = 0(2 \times 0 - 1) + 1(2 \times 1 - 1) + 2^1 + 2^2 = 1(2 \times 1 - 1) + 1(2 \times 1 - 1) + 2^0 + 2^2,$$
$$9 = 0 \times (3 \times 0 + 2) + 1 \times (3 \times 1 + 2) + 3^0 + 3^1.$$

猜想5.23. (i) (2019年6月7日) 任何正整数n可表成

$$\frac{a(a + 1)}{2} + \frac{b(b + 1)}{2} + 4^c 5^d \quad (\text{其中} a, b, c, d \in \mathbb{N}).$$

(ii) (2019年6月8日) 任何正整数n可表成

$$\frac{a(a + 1)}{2} + \frac{b(b + 1)}{2} + 5^c 8^d \quad (\text{其中} a, b, c, d \in \mathbb{N}).$$

注记5.23. 作者对$n \leqslant 4 \times 10^8$验证了此猜想, 相关的表法数序列可见OEIS条目A308566与A308584. 例如:

$$146 = \frac{6 \times 7}{2} + \frac{9 \times 10}{2} + 4^2 \times 5, \quad 1843782 = \frac{808 \times 809}{2} + \frac{1668 \times 1669}{2} + 5^6 \times 8.$$

2019年6月, G. Resta把对猜想5.23的验证拓展到10^{10}.

猜想5.24 (2019年6月11日). (i) 任何正整数n可表成

$$\frac{a(a + 1)}{2} + \frac{b(b + 1)}{2} + 2^c 5^{3d} \quad (\text{其中} a, b, c, d \in \mathbb{N}).$$

(ii) 任何正整数n可表成

$$\frac{a(a + 1)}{2} + \frac{b(b + 1)}{2} + 2^c 10^{2d} \quad (\text{其中} a, b, c, d \in \mathbb{N}).$$

注记5.24. 作者对$n \leqslant 2 \times 10^8$验证了猜想5.24, 相关的表法数序列可见OEIS条目A308621与A308623. 例如:

$$78210 = \frac{85 \times 86}{2} + \frac{385 \times 386}{2} + 2 \times 5^3, \quad 10107 = \frac{82 \times 83}{2} + \frac{96 \times 97}{2} + 2^{11}10^{2 \times 0}.$$

2019年6月, G. Resta把对猜想5.24的验证拓展到10^{10}.

猜想5.25 (2019年6月13日). (i) 任何正整数n可表成

$$(2^a 3^b)^2 + c(2c+1) + \frac{d(3d+1)}{2} \quad (其中 a, b, c \in \mathbb{N} 且 d \in \mathbb{Z}).$$

(ii) 任何正整数n可表成

$$(2^a 5^b)^2 + \frac{c(3c+1)}{2} + \frac{d(3d+1)}{2} \quad (其中 a, b \in \mathbb{N} 且 c, d \in \mathbb{Z}).$$

注记5.25. 此猜测的第一条与第二条分别被验证到10^6与2×10^7, 相关的表法数序列可见OEIS条目A308640与A308641. 下面是相应表示法唯一的例子:

$$39943 = (2^1 3^3)^2 + 135(2 \times 135 + 1) + \frac{17(3 \times 17 + 1)}{2},$$
$$537830 = (2^5 3^2)^2 + 402(2 \times 402 + 1) + \frac{(-296)(3(-296)+1)}{2};$$
$$164043 = (2^2 5^2)^2 + \frac{(-46)(3(-46)+1)}{2} + \frac{317(3 \times 317 + 1)}{2},$$
$$348279 = (2^2 5)^2 + \frac{257(3 \times 257 + 1)}{2} + \frac{407(3 \times 407 + 1)}{2}.$$

猜想5.26 (2019年6月15日). (i) 任何正整数n可表成

$$(2^a 5^b)^2 + c(3c+1) + d(3d+2) \quad (其中 a, b \in \mathbb{N} 且 c, d \in \mathbb{Z}).$$

(ii) 设$r \in \{1, 2\}$. 任何正整数n可表成

$$(2^a 5^b)^2 + c(2c+1) + d(3d+r) \quad (其中 a, b \in \mathbb{N} 且 c, d \in \mathbb{Z}).$$

注记5.26. 作者对$n \leqslant 10^8$验证了猜想5.26. 第一部分表法数序列可见OEIS条目A308662, 下面是相应表示法唯一的两个例子:

$$10 = (2^0 5^0)^2 + 1(3 \times 1 + 1) + 1(3 \times 1 + 2),$$
$$150689 = (2^6 5^1)^2 + 117(3 \times 117 + 1) + (-49)(3(-49)+2).$$

猜想5.27 (2019年6月14日). (i) 任何正整数n可表成

$$(3^a 5^b)^2 + \frac{c(3c+1)}{2} + \frac{d(7d+1)}{2} \quad (其中 a, b \in \mathbb{N} 且 c, d \in \mathbb{Z}).$$

(ii) 任何正整数n可表成

$$(2^a 9^b)^2 + c(2c+1) + d(3d+1) \quad (其中 a, b \in \mathbb{N} 且 c, d \in \mathbb{Z}).$$

注记5.27. 此猜测被验证到10^6, 相关的表法数序列可见OEIS条目A308644与A308656. 下面是相应表示法唯一的例子:

$$72 = (3^1 5^0)^2 + \frac{-2(3(-2)+1)}{2} + \frac{4(7 \times 4 + 1)}{2},$$
$$534699 = (3^2 5^2)^2 + \frac{543(3 \times 543 + 1)}{2} + \frac{(-109)(7(-109)+1)}{2};$$
$$41743 = (2^1 9^2)^2 + (-43)(2(-43)+1) + (-63)(3(-63)+1),$$
$$345402 = (2^7 9^0)^2 + 18(2 \times 18 + 1) + (-331)(3(-331)+1).$$

根据Gauss-Legendre三平方和定理, 模4余1或2的正整数都可表成三个整数的平方和.

猜想5.28 (2019年6月15日). (i) 任给$n \in \mathbb{N}$, 可把$3n+1$表成

$$(2^a 5^b)^2 + \frac{c(c+1)}{2} + \frac{d(d+1)}{2} \quad (其中, b, c, d \in \mathbb{N});$$

等价地, $12n+5$可表示成

$$(2^{a+1} 5^b)^2 + x^2 + y^2 \quad (其中 a, b, x, y \in \mathbb{N}).$$

(ii) 对任何$n \in \mathbb{N}$, 可把$24n+10$表成

$$(2^a 3^{b+1})^2 + c^2 + d^2 \quad (其中 a, b, c, d \in \mathbb{N}).$$

注记5.28. 作者对$n \leqslant 10^8$验证了此猜想, 第一部分相关表法数序列可见OEIS条目A308661. 例如:

$$3 \times 441019 + 1 = 5^4 + \frac{864 \times 865}{2} + \frac{1377 \times 1378}{2} = (2^2 5^1)^2 + \frac{707 \times 708}{2} + \frac{1464 \times 1465}{2},$$
$$12 \times 441019 + 5 = (2^1 5^2)^2 + 513^2 + 2242^2 = (2^3 5^1)^2 + 757^2 + 2172^2.$$

2019年6月19日, G. Resta把猜想5.28第一部分的验证拓展到$n \leqslant 8.33 \times 10^9$.

猜想5.29 (2018年5月17日). 任何整数$n > 1$可表成$4^k - k + m$的形式, 这里$k \in \mathbb{N}$且m为无平方因子正整数.

注记5.29. 此猜测被验证到2×10^{10}, 相关序列可见OEIS条目A304720. 作者发现了112个整数$n > 1$使得符合要求的表示法唯一(参见OEIS条目A304721), 其中最大的那个n值为180196927, 注意

$$180196927 = 4^{11} - 11 + 2 \times 139 \times 227 \times 2789.$$

§5.2 自然数的涉及中心二项式系数或广义Fibonacci序列的表示

$n \to +\infty$时, 依Stirling公式有$n! \sim \sqrt{2\pi n} \left(\frac{n}{e}\right)^n$, 从而$\binom{2n}{n} \sim \frac{4^n}{\sqrt{n\pi}}$.

猜想5.30 (2018年4月25日). 任何整数$n > 1$可表成两个平方数与两个中心二项式系数之和, 即有$a, b, c, d \in \mathbb{N}$使得$n = a^2 + b^2 + \binom{2c}{c} + \binom{2d}{d}$.

注记5.30. 此猜测发表于[212, 猜想4.1(ii)]并被验证到10^{11}. 相关表法数序列可见OEIS条目A303540, 例如:

$$10 = 2^2 + 2^2 + \binom{0}{0} + \binom{0}{0} = 1^2 + 1^2 + \binom{2}{1} + \binom{4}{2}, \quad 2435 = 32^2 + 33^2 + \binom{8}{4} + \binom{10}{5}.$$

回忆一下, Fibonacci数$F_0, F_1, \ldots$与Lucas数$L_0, L_1, \ldots$如下给出:

$$F_0 = 0, \ F_1 = 1, \ F_{n+1} = F_n + F_{n-1} \ (n = 1, 2, 3, \ldots);$$
$$L_0 = 2, \ L_1 = 1, \ L_{n+1} = L_n + L_{n-1} \ (n = 1, 2, 3, \ldots).$$

猜想5.31 (2018年6月27日). 任何整数$n > 3$可表成$p + F_k L_m$的形式, 这里p为素数, k与m为正整数.

注记5.31. 此猜测被验证到5×10^9, 相应表法数序列可见OEIS条目A316141. 例如: $5 = 3 + 2 \times 1 = 3 + F_3 L_1$, 其中3为素数.

猜想5.32 (2018年5月13日). 任何正整数n可表成一个Fibonacci数与一个无平方因子正奇数之和, 整数$n > 1$都可表成一个Lucas数与一个无平方因子正奇数之和.

注记5.32. 此猜测被验证到5×10^9, 相应表法数序列可见OEIS条目A304522与A304523. 例如: $31509 = F_{21} + 20563$, 其中20563为奇数且无平方因子; $851 = L_0 + 3 \times 283$, 其中3×283为无平方因子正奇数.

Tribonacci数$Tb(0), Tb(1), \ldots$如下给出:

$$Tb(0) = Tb(1) = 0, \ Tb(2) = 1, \ Tb(n+2) = Tb(n+1) + Tb(n) + Tb(n-1) \ (n = 1, 2, 3, \ldots).$$

猜想5.33 (2018年5月22日). 任何整数$n > 1$可表成一个正的Tribonacci数与一个无平方因子正奇数之和.

注记5.33. 此猜测相应表法数序列可见OEIS条目A304943. 例如: $76 - Tb(6) = 3 \times 23$为无平方因子正奇数.

猜想5.34 (2018年5月17日). 对每个正整数n有$k \in \mathbb{N}$使得$n - F_k F_{k+1}$为无平方因子正整数.

注记5.34. 这里给个表法唯一的例子: $22756020 - F_2 F_3 = 2 \times 11378009$无平方因子.

猜想5.35 (2018年5月17日). 对每个正整数n有$k \in \mathbb{N}$使得$n - k L_k$为无平方因子正整数.

注记5.35. 此猜测被验证到1.2×10^7, 相应表法数序列可见OEIS条目A304945. 这里给个表法唯一的例子: $1036 - 2L_2 = 2 \times 5 \times 103$无平方因子.

第6章 素数与可行数

素数作为整数乘法结构的基本构件, 一直是数论的核心话题. 关于素数的基础知识, 读者可参看[28, 76, 189]. 著名的素数定理断言不超过$x > 1$的素数个数$\pi(x)$主项为$\frac{x}{\log x}$, 这也等价于说第n个素数p_n主项为$n \log n$. 正整数n为可行数 (practical number)指每个$m = 1, \ldots, n$都可表成n的一些不同（正）因子之和, 可行数序列可见OEIS条目A005153. 与素数定理相对照, A. Weingartner在[246]中证明了$x > 1$以下可行数个数$P(x)$主项为$c\frac{x}{\log x}$, 这里常数$c \approx 1.336$. 素数除了2都是奇数, 可行数除了1都是偶数. 鉴于此, 作者把素数比作男的, 可行数比作女的. 本章包含作者提出的150个涉及素数或可行数的猜想. 关于作者发现的素数与圆周率π的联系, 读者可参看[211].

§6.1 自然数的涉及素数或可行数的两项表示

如果连续两个正整数n与$n + 1$中一个是素数而另一个为可行数, 作者就称$\{n, n + 1\}$为一对"情侣" (couple).

著名的Goldbach猜想断言大于2的偶数可写成两个素数之和, 这方面最好的进展属于中国数学家陈景润, 他在[20]中证明了充分大的偶数可表成一个素数与一个至多是两个素数乘积的数之和。另一方面, Lemoine猜想断言大于6的奇数可表成$p + 2q$（其中p, q为素数）, 这强于已解决的奇数版本的Goldbach猜想. 与此相对照, 1996 年, G. Melfi 在[106]中证明了正偶数都可表成两个可行数之和; 2020年, C. Pomerance与A. Weingartner在[128]中证明了充分大奇数可表成一个素数与一个可行数之和. 这四个断言都弱于我们下述涉及"情侣"的猜想.

猜想6.1 (2013年1月19日). (i) 对于整数$n > 2$, 偶数$2n$可表成$p + q = (p + 1) + (q - 1)$, 其中$p$与$q$为素数, 且$p + 1$与$q - 1$为可行数.

(ii) 任给整数$n > 8$, 奇数$2n - 1$可表成$p + q = 2p + (q - p)$, 其中p与$q - p$为素数, q为可行数.

注记6.1. 此猜测发表于[202, 猜想3.38], 作者对$n \leqslant 10^8$进行了验证. 相应表法数序列可见OEIS条目A209320与A209315.

猜想6.2 (Olivier Gerard与孙智伟, 2013年10月13日). 任给整数$n > 1$, 可写$2n = p + q = (p - 1) + (q + 1)$使得$p, q$与$(p - 1)(q + 1) - 1$都是素数.

注记6.2. 此猜测发表于[202, 猜想2.15]并被验证到10^8. 显然猜想6.2比Goldbach猜想更强, 相应表法数序列可见OEIS条目A227909. 这里给个表法唯一的例子: $40 = 17 + 23$, 而且$17, 23$与$(17 - 1)(23 + 1) - 1 = 383$都是素数.

猜想6.3 (对称性猜想, 2015年8月27日). 任给整数$n > 6$, 有素数p使得$n \pm (pn_0 - 1)$都是素数, 这里n_0是n模2的最小正余数.

注记6.3. 此猜测发表于[202, 猜想2.2]并被验证到10^8, 它强于Goldbach猜想与Lemoine猜想. 相关序列可见OEIS条目A261627与A261628.

猜想6.4 (2013年1月19日). 任给整数$n > 2$, 有可行数q使得$n - q$与$n + q$同为素数或同为可行数.

注记6.4. 此猜测发表于[202, 猜想3.43(ii)]并被验证到10^8, 相关数据可见OEIS条目A209312. 例如: 对$n = 8$可取可行数$q = 4$, $8 - 4 = 4$与$8 + 4 = 12$同为可行数; 对$n = 13$可取可行数$q = 6$, $13 - 6 = 7$与$13 + 6 = 19$同为素数.

猜想6.5 (2015年8月28日). (i) 任给整数$n > 2$, 有素数$p < n$使得$n \pm (p - 1)$同为素数或同为可行数.

(ii) 任给整数$n > 6$, 有素数$p < n$使得$n \pm (p + 1)$同为素数或同为可行数.

注记6.5. 此猜测发表于[202, 猜想3.44], 第二条相关数据可见OEIS条目A261653.

回忆一下, 素数p为Sophie Germain素数指$2p + 1$也是素数. 易见大于3的Sophie Germain素数都形如$6k - 1$ ($k \in \mathbb{Z}_+$). 类似于孪生素数猜想, Sophie Germain素数也被猜测有无穷多个.

猜想6.6 (2013年1月14日). 任给正整数n, 奇数$2n + 1$可表成$p + q$, 这里p为Sophie Germain素数且q为可行数.

注记6.6. 此猜测发表于[202, 猜想3.43(i)]并被验证到10^8, 相关数据可见OEIS条目A209253. 例如: $79 = 23 + 56$, 其中23为Sophie Germain素数且56为可行数.

孪生素数猜想远未解决. 与此相对照, 1996年, Melfi在[106]中证明了有无穷多个可行数q使得$q \pm 2$也都是可行数.

猜想6.7 (2013年1月12日). (i) 整数$n > 8$都可表成$p + q$, 这里p为素数或可行数, 且q与$q \pm 4$都是可行数.

(ii) 整数$n > 3$都可表成$p + q$, 这里p为素数或可行数, 且q与$q + 2$都是可行数.

注记6.7. 此猜测被验证到5×10^6, 相关数据可见OEIS条目A208246. 例如: $11 = 3 + 8$, 其中3为素数, $8 - 4 = 4$, $8, 8 + 4 = 12$都是可行数.

1998年, J. Friedlander和H. Iwaniec [46] 证明了有无穷多个$x^4 + y^2$ ($x, y \in \mathbb{Z}_+$) 形素数. 2017年, D. R. Heath-Brown与X. Li [68] 进一步证明有无穷多个素数形如$p^4 + q^2$, 这里p为素数且q为正整数.

猜想6.8 (2013年1月14日). 任给正整数n, 可把$2n + 1$表成素数p与可行数q之和使得$p^4 + q^4$为素数.

注记6.8. 此猜测发表于[202, 猜想2.14(iii)], 我们对$n \leqslant 10^7$进行了验证. 相应的表法数序列可见OEIS条目A209254. 例如: 15是素数11与可行数4之和, 而且$11^4 + 4^4 = 14897$为素数.

猜想6.9 (2013年1月28日). 任给正整数n, 可把$2n$表成$p + q$使得$p, q, p^6 + q^6$都是可行数.

注记6.9. 相应表法数序列可见OEIS条目A210528. 例如: $6 = 2 + 4$, 且$2, 4, 2^6 + 4^6 = 4160$都是可行数.

猜想6.10 (2013年1月11日). *每个正整数可表成一个可行数与一个三角数之和.*

注记6.10. 此猜想发表于[202, 注记3.43]并被验证到10^8, 相应表法数序列可见OEIS条目A208244. 例如: 15是可行数12与三角数$T(2) = 3$之和.

猜想6.11. (i) (2008年3月22日) 任何自然数$n \neq 216$可表成$p + T(x)$的形式, 其中x为自然数, p为素数或0. 换句话说, 任何不等于216的自然数要么是素数, 要么是三角数, 要么是一个素数与一个三角数之和.

(ii) (2008年3月23日) 任何奇数$n > 3$可表成$p + x(x + 1)$的形式, 这里p为素数且x为正整数.

注记6.11. 此猜测首次公布于作者在2008年3月发给Number Theory List的帖子, 正式发表于[164, 猜想1.1与猜想1.4]. 相应表法数序列可见OEIS条目A132399与A144590, T. D. Noe与D. S. McNeil对$n \leqslant 10^{12}$分别验证了猜想6.11的第一条与第二条. 作者悬赏征求猜想6.11的首个完整证明(奖金1000美元)或明确反例(奖金200美元). 作者之所以想到猜想6.11, 主要是因为作者在[149, 定理1(iii)]中证明了不是三角数的正整数可表成$(2x)^2 + (2y + 1)^2 + T(z)$的形式(其中$x, y, z \in \mathbb{N}$), 而数论中一个经典结果(由Fermat猜出并被Euler证明)断言每个素数$p \equiv 1 \pmod 4$可表成一个奇平方数加上一个偶平方数.

猜想6.12 (2008年4月4日). *任给$a, b \in \mathbb{N}$及奇数r, 充分大的整数都可表成$2^a p + T(x)$的形式, 其中$x \in \mathbb{N}$, p为0或满足$p \equiv r \pmod{2^b}$的素数.*

注记6.12. 此猜测发表于[164, 猜想1.1]. 对于$a \in \{0, 1, 2\}$与$b \in \{1, 2\}$, 作者在[164, 猜想3.1-3.3]中把猜想6.12中"充分大"明确化了;例如, 作者在[164, 猜想3.1(i)]中猜测大于88956的整数都可表成$p + T(x)$的形式,这里$x \in \mathbb{Z}_+$, p为0或模4余1的素数.

猜想6.13 (2015年3月14日). *任何$n \in \mathbb{N}$可表成$p + p_5(x)$的形式, 其中x为整数, p为奇素数或0. 换句话说, 任何自然数要么是奇素数, 要么是广义五角数, 要么是一个奇素数与一个广义五角数之和.*

注记6.13. 此猜测发表于[195, 猜想5.1]并被作者验证到10^9, 相应的表法数序列可见 OEIS 条目 A256071. 例如, 11, 15与50都有唯一合乎要求的表示法:

$$11 = 11 + p_5(0), \quad 15 = 0 + p_5(-3), \quad 50 = 43 + p_5(-2).$$

猜想6.14 (2015年4月2日). *每个整数$n > 1$可表成$p + \lfloor \frac{k(k+1)}{4} \rfloor$, 其中$p$为素数且$k$为正整数.*

注记6.14. 此猜测及相应的表法数序列可见OEIS条目A256558. 下面是几个表法唯一的例子:

$$15 = 5 + \left\lfloor \frac{6 \times 7}{4} \right\rfloor, \text{ 其中5为素数;}$$

$$420 = 419 + \left\lfloor \frac{2 \times 3}{4} \right\rfloor, \text{ 其中419为素数;}$$

$$945 = 877 + \left\lfloor \frac{16 \times 17}{4} \right\rfloor, \text{ 其中877为素数.}$$

猜想6.15 (2020年10月3日). 设 $f(x)$ 是多项式

$$x(3x+1), \ x(5x+1), \ 2x(3x+1), \ 2x(3x+2), \ x(9x+7)$$

之一, 则对整数 $n > 1$ 可把奇数 $2n+1$ 表成 $p + f(x)$ 的形式, 这里 p 为素数且 x 为整数.

注记6.15. 此猜测公布于OEIS条目A335641, 在 $f(x)$ 为 $x(5x+1)$ 或者 $x(9x+7)$ 时作者对 $n \leqslant 10^8$ 进行了验证.

猜想6.16 (2020年10月4日). 设 $f(x)$ 是多项式 $p_5(x) = \frac{x(3x-1)}{2}$ 或 $p_7(x) = \frac{x(5x-3)}{2}$, 则正整数 n 都可表成 $q + f(x)$ 的形式, 这里 q 为可行数且 x 为整数.

注记6.16. 此猜测公布于OEIS条目A336431, 在 $f(x) = p_7(x)$ 时作者对 $n \leqslant 5 \times 10^7$ 进行了验证.

猜想6.17 (2013年10月9日). 任何整数 $n > 1$ 可表成 $k + m\,(k, m \in \mathbb{Z}_+)$ 使得 $6k - 1$ 为Sophie Germain素数且 $6m \pm 1$ 为孪生素数.

注记6.17. 此猜测发表于[202, 猜想2.5]并被作者验证到 10^8, 相应表法数序列可见OEIS条目A227923. 例如, 28有唯一合乎要求的表示法: $28 = 5 + 23$, $6 \times 5 - 1 = 29$ 为Sophie Germain素数, $\{6 \times 23 - 1, 6 \times 23 + 1\} = \{137, 139\}$ 为孪生素数对. 正如[202, 注记2.5]所指出, 猜想6.17既推出孪生素数猜想也蕴含着有无穷多个Sophie Germain素数.

猜想6.18 (2013年1月3日). 任何整数 $n > 1$ 可表成 $k + m\ (k, m \in \mathbb{Z}_+)$ 使得

$$6k \pm 1, \ 6m + 1, \ 6m + 5$$

都是素数.

注记6.18. 此猜测发表于[202, 猜想2.6]并被作者验证到 10^9, 它强于孪生素数猜想也蕴含着有无穷多对相差为4的素数(对于整数 $N > 1$, 连续 $N - 1$ 个整数 $(N+1)! - 2, \ldots, (N+1)! - N$ 都是合数), 相应表法数序列可见OEIS 条目A187757. 例如, 92有唯一合乎要求的表示法: $92 = 40 + 52$, 而且

$$6 \times 40 - 1 = 239, \ 6 \times 40 + 1 = 241, \ 6 \times 52 + 1 = 313, \ 6 \times 52 + 5 = 317$$

都是素数.

猜想6.19 (2012年12月22日). 每个整数 $n \geqslant 12$ 可表成 $p + q\,(p, q \in \mathbb{Z}_+)$ 使得 $p, p + 6, 6q \pm 1$ 都是素数.

注记6.19. 此猜测发表于[202, 猜想2.4]并被作者验证到 10^9, 相应表法数序列可见OEIS条目A199920. 例如: 21可写成 $11 + 10$, 显然11, $11 + 6 = 17$, $6 \times 10 - 1 = 59$, $6 \times 10 + 1 = 61$ 都是素数.

猜想6.20 (2013年10月16日). 每个整数 $n > 3$ 可表成 $p + q\,(p, q \in \mathbb{Z}_+)$ 使得 $p, 2p^2 - 1, 2q^2 - 1$ 都是素数.

注记6.20. 此猜测发表于[202, 猜想2.9]并被作者验证到2×10^7, 相应的表法数序列可见OEIS条目 A230351. 下面是几个表法唯一的例子:

$$7 = 3 + 4, \quad 2 \times 3^2 - 1 = 17, \quad 2 \times 4^2 - 1 = 31;$$

$$12 = 2 + 10, \quad 2 \times 2^2 - 1 = 7, \quad 2 \times 10^2 - 1 = 199;$$

$$68 = 43 + 25, \quad 2 \times 43^2 - 1 = 3697, \quad 2 \times 25^2 - 1 = 1249;$$

$$330 = 7 + 323, \quad 2 \times 7^2 - 1 = 97, \quad 2 \times 323^2 - 1 = 208657.$$

当然, 现在还没人能证明有无穷多个$2x^2 - 1 \, (x \in \mathbb{Z})$形素数.

猜想6.21 (2014年3月3日). (i) 任给大于2的整数m与n, 可写$n = p + q \, (q \in \mathbb{Z}_+)$使得$p$为素数 且$\lfloor \frac{q}{m} \rfloor$为平方数.

(ii) 任给大于2的整数m与n, 有素数$p < n$及素数q使得

$$\left\lfloor \frac{n - p}{m} \right\rfloor = \frac{(q - 1)(q - 3)}{8}.$$

(iii) 任给整数$n > 2$, 有素数$p < n$使得$\lfloor \frac{n-p}{5} \rfloor$为立方数.

注记6.21. 此猜测发表于[202, 猜想3.12(ii)-(iii)], 相关序列可见OEIS条目A238732与A238733. 例 如: 97是小于173的素数, 且$\lfloor \frac{173-97}{3} \rfloor = 5^2$; 379是小于409的素数, $\lfloor \frac{409-379}{3} \rfloor = 10 = \frac{(11-1)(11-3)}{8}$ 且11 为素数. 对于整数$n > m > 1$, 作者在2014年也猜测$m \nmid n$时有正整数$k < n$使得$\lfloor \frac{kn}{m} \rfloor$为素数, 参见[202, 猜想3.12(i)]与OEIS条目A238703.

§6.2 两类 "三明治"

2013年, 作者引入两类"三明治": 如果p是素数且$p \pm 1$都是可行数, 我们就称$\{p-1, p, p+1\}$为 第一类三明治并说p为其夹心; 如果p与$p + 2$为素数且$p + 1$是可行数, 我们就称$\{p, p+1, p+2\}$为 第二类三明治并说$p + 1$为其夹心.

猜想6.22 (2013年2月22日). 对$n = 1, 2, 3, \ldots$, 让$a(n)$表示第n个第一类三明治的夹心素数, $b(n)$表 示第n个第二类三明治的夹心可行数. 则序列$(\sqrt[n]{a(n)})_{n \geqslant 9}$与$(\sqrt[n]{b(n)})_{n \geqslant 1}$都严格递减到极限1.

注记6.22. 第一类三明治的夹心素数序列

3, 5, 7, 17, 19, 29, 31, 41, 79, 89, 127, 197, 199, 271, 307, 379, 449, 461, 463, 521, ...

可见OEIS条目A210479, 第二类三明治的夹心可行数序列

4, 6, 12, 18, 30, 42, 60, 72, 108, 150, 180, 192, 198, 228, 240, 270, 312, 348, 420, 432, ...

可见OEIS条目A258838.

猜想6.23 (2015年7月12日). 对正整数n让p_n表示第n个素数.

(i) 有无穷多个第一类三明治$\{n - 1, n, n + 1\}$使得$\{p_n - 1, p_n, p_n + 1\}$也是第一类三明治.

(ii) 有无穷多个第二类三明治$\{n - 1, n, n + 1\}$使得$\{p_n - 1, p_n, p_n + 1\}$是第一类三明治.

93

注记6.23. 此猜想发表于[202, 猜想3.45], 相关数据可见OEIS条目A257924与A257922.

猜想6.24 (2013年1月23日). 任何整数 $n > 3$ 可表成 $p + q$, 这里 p 为第一类三明治的夹心, 而且 q 是素数或可行数.

注记6.24. 此猜想发表于[202, 猜想3.40(i)]并被验证到 10^8. 相应表法数序列可见OEIS条目A210480, 下面是表法唯一的两个例子:

$$1846 = 1289 + 557, \quad 1289 与 557 为素数, \quad 1288 与 1290 为可行数;$$
$$15675 = 919 + 14756, \quad 919 为素数, \quad 918, 920, 14756 都为可行数.$$

猜想6.25 (2015年6月12日). 任何正有理数都可表成 $\frac{q}{q'}$, 这里 q 与 q' 都是第二类三明治的夹心可行数.

注记6.25. 此猜想发表于[202, 猜想4.12(iii)]. 作者对有理数 $\frac{a}{b}$ $(a, b = 1, \ldots, 1000)$ 进行了验证, 相关数据可见OEIS条目A258836. 例如: $2 = \frac{12}{6}$, 且 $\{5, 6, 7\}$ 与 $\{11, 12, 13\}$ 都是第二类三明治.

猜想6.26 (2013年1月29日). 整数 $n \geqslant 12$ 都可表成 $(1 + \{n\}_2)p + q + r$, 这里 $\{n\}_2$ 是 n 模2的最小非负余数, $\{p - 1, p, p + 1\}$ 与 $\{q - 1, q, q + 1\}$ 为第一类三明治, $\{r - 1, r, r + 1\}$ 为第二类三明治.

注记6.26. 此猜想发表于[202, 注记3.40(ii)]并被验证到 10^7, 相关数据可见OEIS条目A210681.

猜想6.27 (2013年1月29日). (i) 任何整数 $n > 6$ 可表成 $p + q + r$ 使得 $\{p - 1, p, p + 1\}$ 与 $\{q - 1, q, q + 1\}$ 为第一类三明治, 而且 $\{6r - 1, 6r, 6r + 1\}$ 为第二类三明治.

(ii) 每个 $n = 3, 4, \ldots$ 可表成 $x + y + z$ $(x, y, z \in \mathbb{Z}_+)$ 使得

$$\{6x - 1, 6x, 6x + 1\}, \quad \{6y - 1, 6y, 6y + 1\}, \quad \{6z - 1, 6z, 6z + 1\}$$

都是第二类三明治.

(iii) 整数 $n > 7$ 都可表成 $p + q + x^2$, 这里 $x \in \mathbb{Z}$, $\{p - 1, p, p + 1\}$ 为第一类三明治, $\{q - 1, q, q + 1\}$ 为第二类三明治.

注记6.27. 此猜想发表于[202, 猜想3.41].

猜想6.28 (2013年1月30日). 如果 (b, c) 是下面有序对

$$(2, 3), \ (2, 4), \ (2, 8), \ (2, 9), \ (3, 5), \ (3, 8)$$

之一, 则满足 $n \not\equiv b + c \pmod 2$ 的整数 $n \geqslant 3(b + c + 1)$ 都可表成 $ap + bq + cr$ 的形式, 这里 p, q, r 都是第一类三明治的夹心素数. 特别地, 大于16的偶数可表成 $p + 2q + 3r$ 使得

$$\{p - 1, p, p + 1\}, \quad \{q - 1, q, q + 1\}, \quad \{r - 1, r, r + 1\}$$

都是第一类三明治.

注记6.28. 此猜测发表于[202, 猜想3.42(i)], 后一断言相应的表法数序列可见OEIS条目A211190. 例如: $20 = 5 + 2 \times 3 + 3 \times 3$, $\{4, 5, 6\}$与$\{2, 3, 4\}$都是第一类三明治. 如果奇数$n > 8$不等于201, 407, 而且$n \not\equiv \pm 1 \pmod{12}$, 作者猜测$n$可表成三个第一类三明治夹心素数之和.

猜想6.29 (2013年1月12日). 有无穷多个正整数m使得$m \pm 1$都是素数而且m与$m \pm 2$都为可行数.

注记6.29. 此猜测发表于[202, 猜想3.39(iv)]. $m \pm 1$都是素数且m与$m \pm 2$都为可行数时作者称$\{m - 2, m - 1, m, m + 1, m + 2\}$是块五花肉, 而$m$叫这五花肉的心. 如果$m > 4$是五花肉的心则必$m \equiv 2 \pmod{4}$, 作者首先观察到这一事实, 其学生杜姗姗做出如下解释: $m > 4$为4倍数时, $m - 2$与$m + 2$都模4余2, 且其中之一不是3倍数从而不可行(因为$4 = 1 + 3$不能表成它的不同因子之和). 作者在OEIS 条目A209236中列出了前一万个五花肉的心, 例如: 第三块五花肉为$\{16, 17, 18, 19, 20\}$, 其中16, 18, 20为可行数, 17与19为一对孪生素数.

§6.3 关于素数下标

对于正整数n, 我们用p_n表示由小到大排列的第n个素数. 例如:

$$p_1 = 2, \ p_2 = 3, \ p_3 = 5, \ p_4 = 7, \ p_5 = 11, \ p_6 = 13, \ p_7 = 17, \ p_8 = 19, \ p_9 = 23, \ p_{10} = 29.$$

猜想6.30 (2013年12月1日). 设$P(x)$是首项系数为正的非常数的整值多项式, 即有$a_0, \ldots, a_{m-1} \in \mathbb{Z}$与$a_m \in \mathbb{Z}_+$使得$P(x) = \sum\limits_{k=0}^{m} a_k \binom{x}{k}$. 对于$\varepsilon \in \{\pm 1\}$, 有无穷多个$n \in \mathbb{Z}_+$使得$p_n + \varepsilon n \in P(\mathbb{Z}) = \{P(x) : x \in \mathbb{Z}\}$, 当且仅当$\deg P \leqslant 3$.

注记6.30. 对于$n \leqslant 10^7$, 我们的计算表明$p_n - n$仅在$n = 1, 2, 2603, 4485$时为四次方, $p_n + n$仅在$n = 503, 4417, 3585297$时为六次方.

猜想6.31 (2014年9月24日). 对每个正整数m, 必有正整数n使得$m + n$整除$p_m + p_n$; 当$m > 2$时还可进一步要求$n < m(m - 1)$.

注记6.31. 该猜测发表于[199, 猜想4.4], 用不严格但有一定道理的概率上论据(heuristic arguments)可粗略地解释其合理性. 作者对$m \leqslant 10^5$验证了此猜想, 参见OEIS条目A247824. 例如: $m = 79276$时使得$m + n$整除$p_m + p_n$的最小正整数n为3141281384. 在2018年2月24日, 作者宣布为此猜想的第一个完整解答设立500美元奖金. 2020 年6月, 张昶[255]把对猜想6.63的验证拓展到$m \leqslant 4 \times 10^5$.

猜想6.32 (2014年9月29日). 对每个正整数m, 必有正整数n使得$m + n$整除$p_m^2 + p_n^2$.

注记6.32. 此猜测发表于[216, 猜想4.1(i)], 作者对$m = 1, \ldots, 5000$验证了它; 2018 年1月4日, Chai Wah Wu又把对此猜想的验证拓展到$m \leqslant 10^4$, 参见OEIS条目A247975. 例如: $m = 4703$ 时使得$m + n$整除$p_m^2 + p_n^2$的最小正整数n为760027770, 注意$4703 + 760027770 = 760032473$整除

$$p_{4703}^2 + p_{760027770}^2 = 45329^2 + 17111249191^2$$
$$= 292794848878552872722 = 760032473 \times 385239919714.$$

猜想6.33 (2014年9月30日). 对每个正整数m, 必有正整数n使得$m+n$整除$p_{m^2}+p_{n^2}$.

注记6.33. 此猜测发表于[216, 猜想4.1(ii)], 已对$m \leqslant 10^4$进行了验证, 参见OEIS条目A248354. 例如: $2+3=5$整除$p_{2^2}+p_{3^2}=p_4+p_9=7+23=30$.

猜想6.34 (2015年7月3日). (i) 正有理数都可表成$\frac{m}{n}$ (其中$m,n \in \mathbb{Z}_+$) 使得p_m+p_n为平方数.

(ii) 大于1的有理数都可表成$\frac{m}{n}$ (其中$m,n \in \mathbb{Z}_+$) 使得p_m-p_n为平方数.

注记6.34. 此猜测发表于[202, 猜想4.4(i)], 已对分子与分母不超过1000的正有理数进行了验证, 相关数据参见OEIS条目A259712与A257856. 例如: $2=20/10$ 且 $p_{20}+p_{10}=71+29=10^2$; $70=728910/10413$ 且

$$p_{728910}-p_{10413}=11039173-109537=3306^2.$$

猜想6.35 (2015年8月20日). 正有理数$r \neq 1$总可表成$\frac{m}{n}$ (其中$m,n \in \mathbb{Z}_+$) 使得$p_{p_m}+p_{p_n}$为平方数.

注记6.35. 此猜测发表于[202, 猜想4.4(ii)], 已对分子与分母不超过60的正有理数$r \neq 1$进行了验证. 例如: $2=92/46$ 且

$$p_{p_{92}}+p_{p_{46}}=p_{479}+p_{199}=3407+1217=68^2.$$

猜想6.36 (2014年9月27日). (i) 任给正整数m, 存在正整数n使得p_n-mn为平方数, 也有正整数n使得p_n-mn为素数.

(ii) 任给整数$m>2$, 存在正整数n使得$mn-p_n$为平方数, 也有正整数n使得$mn-p_n$为素数.

注记6.36. 此猜测发表于[199, 猜想4.1]. 对$m=1,\ldots,22$作者都找出了最小的$n \in \mathbb{Z}_+$使得p_n-mn为平方数(或素数); 2020年4月22日, G. Resta又把这拓展到$m \leqslant 50$, 参见OEIS条目A247893与A247895. 例如: 使得p_n-22n为平方数的最小正整数n为465769804, 事实上

$$p_{465769804}-22 \times 465769804=10246935737-22 \times 465769804=7^2;$$

使得p_n-22n为素数的最小正整数n为465769803, 事实上

$$p_{465769803}-22 \times 465769803=10246935679-22 \times 465769803=13.$$

对$m=2,\ldots,10^4$, 使得$mn-p_n$为平方数的最小正整数n已列出于OEIS 条目A247278.

猜想6.37 (2014年10月5日). 任给正整数m, 存在正整数n使得$p_{m+n}-p_n$整除$m+n$, 也有正整数n使得$p_{m+n}-p_n$整除n.

注记6.37. 此猜测发表于[216, 猜想4.14]. 对$m=1,\ldots,10^4$作者都列出了最小的正整数n使得$p_{m+n}-p_n$整除$m+n$(或n), 参见OEIS条目A248366与A248369. 例如: $p_{5+175}-p_{175}=1069-1039=30$整除$5+175=180$, 另外$p_{7+80}-p_{80}=449-409=40$整除80.

猜想6.38 (2014年9月29日). 任给正整数m与$\varepsilon \in \{\pm 1\}$, 必有正整数$n$使得$p_{mn} \equiv \varepsilon \pmod{m+n}$; $m > 2$时还可要求$n \leqslant \frac{m(m-1)}{2}$.

注记6.38. 此猜测发表于[216, 猜想4.2], 已对$m \leqslant 10^4$进行了验证, 参见OEIS条目A248004. 例如:

$$p_{5146 \times 593626} = p_{3054799396} = 73226821741 \equiv 1 \pmod{5146 + 593626}.$$

猜想6.39 (2015年7月12日). (i) 任给整数$m > 1$, 有正整数n使得$p_{mn} - p_{m+n}$为平方数.

(ii) 任给正整数m, 有正整数n使得$p_{mn} + p_{m+n}$为平方数.

注记6.39. 此猜测及相关数据公布于OEIS条目A257663. 对$m = 2, \ldots, 600$, 作者找出了最小正整数n使得$p_{mn} - p_{m+n}$为平方数, 例如:

$$p_{3 \times 24} - p_{3+24} = 359 - 103 = 16^2.$$

2020年5月, 张昶在[255]中把对猜想6.39的验证拓展到$m \leqslant 1000$.

猜想6.40 (2015年7月1日). 有无穷多个正整数n使得

$$n \pm 1, \ p_n + 2, \ p_n \pm n, \ np_n \pm 1$$

都是素数.

注记6.40. 此猜测发表于[202, 猜想4.13], 稍弱的形式出现于[191, 猜想3.7(i)]. 作者已列出前160个符合要求的正整数n(其中最小的一个为2523708), 参见OEIS条目A259628.

猜想6.41 (2015年6月30日). 每个正有理数都可表成$\frac{m}{n}$使得m与n都属于

$$\{k \in \mathbb{Z}_+ : \ k \pm 1 与 p_k + 2 都是素数\}.$$

注记6.41. 此猜测发表于[202, 猜想4.12(i)], 它蕴涵着有无穷多个正整数n使得$n \pm 1$与$p_n + 2$都是素数. 作者对分子与分母不超过100的正有理数进行了验证, 相关数据可见OEIS条目A259540. 例如: $4/5 = 11673840/14592300$, 而且

$$11673840 \pm 1, \quad p_{11673840} + 2 = 211385819 + 2 = 211385821,$$
$$14592300 \pm 1, \quad p_{14592300} + 2 = 267687479 + 2 = 267687481$$

都是素数.

猜想6.42 (2014年1月28日). 任何整数$n > 2$可表成$k + m \, (k, m \in \mathbb{Z}_+)$使得$\{6k \pm 1\}$与$\{p_m, p_m + 2\}$都是孪生素数对.

注记6.42. 此猜测发表于[191, 猜想3.3]并被验证到2×10^7, 相应表法数序列可见OEIS条目A236531. 例如, 16有唯一合乎要求的表示法: $16 = 3 + 13$, 注意$\{6 \times 3 \pm 1\} = \{17, 19\}$与$\{p_{13}, p_{13} + 2\} = \{41, 43\}$都是孪生素数对.

猜想6.43 (Goldbach猜想与孪生素数猜想的统一, 2014年1月29日). *对每个整数$n > 2$, 有素数q使得$2n - q$与$p_{q+2} + 2$都是素数.*

注记6.43. 此猜测发表于[191, 猜想3.1], 它既蕴涵着Goldbach猜想又蕴涵着孪生素数猜想（参见[191, 注记3.1]）. 作者对$n = 3, \ldots, 2 \times 10^8$验证了猜想6.43, 参见OEIS条目A236566. 例如:

$$2 \times 10 = 3 + 17, \quad 3, \ 17 \text{ 与 } p_{3+2} + 2 = 11 + 2 = 13 \text{ 都为素数};$$
$$2 \times 589 = 577 + 601, \quad 577, \ 601 \text{ 与 } p_{577+2} + 2 = 4229 + 2 = 4231 \text{ 都为素数}.$$

如果$\{p, p+2\}$为孪生素数对, 且素数p的下标$\pi(p)$也是素数, 我们就称$\{p, p+2\}$为超孪生素数对(super twin prime pair). 下面这个超孪生素数猜想蕴涵着有无穷多个超孪生素数对（参见[191, Remark 3.2]）, 这比孪生素数猜想要强.

猜想6.44 (超孪生素数猜想, 2014年2月5日). *每个整数$n > 2$可表成$k + m$ $(k, m \in \mathbb{Z}_+)$使得$p_k + 2$与$p_{p_m} + 2$都是素数.*

注记6.44. 此猜测发表于[191, 猜想3.2]. 作者对$n = 3, \ldots, 10^9$验证了它, 相关数据可见OEIS条目A218829, A237259与A237260. $n = 3, 22, 25, 38, 101, 273$时所要求的表示法唯一, 具体说来我们有

$$3 = 2 + 1, \ p_2 + 2 = 3 + 2 = 5 \text{ 与 } p_{p_1} + 2 = p_2 + 2 = 5 \text{ 为素数},$$
$$22 = 20 + 2, \ p_{20} + 2 = 71 + 2 = 73 \text{ 与 } p_{p_2} + 2 = p_3 + 2 = 5 + 2 = 7 \text{ 为素数},$$
$$25 = 2 + 23, \ p_2 + 2 = 3 + 2 = 5 \text{ 与 } p_{p_{23}} + 2 = p_{83} + 2 = 431 + 2 = 433 \text{ 为素数},$$
$$38 = 35 + 3, \ p_{35} + 2 = 149 + 2 = 151 \text{ 与 } p_{p_3} + 2 = p_5 + 2 = 11 + 2 = 13 \text{ 为素数},$$
$$101 = 98 + 3, \ p_{98} + 2 = 521 + 2 = 523 \text{ 与 } p_{p_3} + 2 = p_5 + 2 = 11 + 2 = 13 \text{ 为素数},$$
$$273 = 2 + 271, \ p_2 + 2 = 3 + 2 = 5 \text{ 与 } p_{p_{271}} + 2 = p_{1741} + 2 = 14867 + 2 = 14869 \text{ 为素数}.$$

猜想6.45 (2015年6月28日). *每个正有理数都可表成$\frac{m}{n}$使得m与n都属于*

$$\{k \in \mathbb{Z}_+ : \ p_k + 2 \text{ 与 } p_{p_k} + 2 \text{ 都是素数}\}.$$

注记6.45. 此猜测发表于[202, 猜想4.12(ii)], 它蕴涵着有无穷多个超孪生素数对. 作者对分子与分母都不超过400的正有理数进行了验证, 相关数据可见OEIS条目A259487. 例如: $49 = 343/7$, 而且

$$p_7 + 2 = 17 + 2 = 19, \quad p_{p_7} + 2 = p_{17} + 2 = 59 + 2 = 61,$$
$$p_{343} + 2 = 2309 + 2 = 2311, \quad p_{p_{343}} + 2 = p_{2309} + 2 = 20441 + 2 = 20443$$

都是素数.

猜想6.46 (2015年8月24日). (i) 任何正有理数r可表成$\frac{m}{n}$, 这里m与n都属于集合

$$\{k \in \mathbb{Z}_+ : p_k + 2,\ p_k + 6\ 与\ p_k + 8\ 都是素数\}.$$

(ii) 任何正有理数r可表成$\frac{m}{n}$, 这里m与n都属于集合

$$\{k \in \mathbb{Z}_+ : p_k + 4,\ p_k + 6\ 与\ p_k + 10\ 都是素数\}.$$

注记6.46. 此猜测发表于[202, 猜想4.14], 有关数据可见OEIS条目A261541. 例如: 可写$\frac{3}{4} = \frac{m}{n}$, 这里$m = 20723892$, $n = 27631856$, 而且

$$p_m + 2 = 387875563,\quad p_m + 6 = 387875567,\quad p_m + 8 = 387875569,$$
$$p_n + 2 = 525608593,\quad p_n + 6 = 525608597,\quad p_n + 8 = 525608599$$

都是素数. 根据Schinzel假设, 应有无穷多个素数四元组$(p, p+2, p+6, p+8)$, 也应有无穷多个素数四元组$(p, p+4, p+6, p+10)$.

猜想6.47 (2014年2月7日). 任何整数$n > 1$可表成$k+m$ $(k, m \in \mathbb{Z}_+)$ 使得$p_k^2 - 2, p_m^2 - 2, p_{p_m}^2 - 2$都是素数.

注记6.47. 此猜测发表于[191, 猜想3.4], 它蕴涵着有无穷多个素数q使得$q^2 - 2$与$p_q^2 - 2$都为素数. 作者对$n = 2, 3, \ldots, 10^8$验证了猜想6.47, 相关数据可见OEIS条目A237413与A237414. 例如: 7与516都有唯一的符合要求的表示法: $7 = 6 + 1$, $516 = 473 + 43$. 注意

$$p_6^2 - 2 = 13^2 - 2 = 167,\quad p_1^2 - 2 = 2\ 与\ p_{p_1}^2 - 2 = p_2^2 - 2 = 7\ 都是素数;$$
$$p_{473}^2 - 2 = 11282879,\quad p_{43}^2 - 2 = 36479\ 与\ p_{p_{43}}^2 - 2 = 1329407\ 都为素数.$$

猜想6.48 (2015年8月14日). 任何正有理数r可表成$\frac{m}{n}$使得m与n都属于

$$\{k \in \mathbb{Z}_+ : p_k^2 - 2\ 与\ p_{p_k}^2 - 2\ 都是素数\}.$$

注记6.48. 此猜测发表于[202, 猜想4.16], 它蕴涵着有无穷多个素数q使得$q^2 - 2$与$p_q^2 - 2$都为素数. 作者对分子与分母都不超过300的正有理数进行了验证, 相关数据可见OEIS条目A261281. 例如: $3 = \frac{957}{319}$, 而且

$$p_{319}^2 - 2 = 2113^2 - 2 = 4464767,\quad p_{p_{319}}^2 - 2 = p_{2113}^2 - 2 = 18443^2 - 2 = 340144247,$$
$$p_{957}^2 - 2 = 7547^2 - 2 = 56957207,\quad p_{p_{957}}^2 - 2 = p_{7547}^2 - 2 = 76757^2 - 2 = 5891637047$$

都是素数.

猜想6.49 (2014年5月27日). (i) 任何整数$n \geqslant 8$可表成$k + m$ $(k, m \in \{2, 3, \ldots\})$ 使得p_k模k的最小正余数为平方数且p_m模m的最小正余数为素数.

(ii) 任何整数$n \geqslant 10$可表成$k + m$ $(k, m \in \{2, 3, \ldots\})$ 使得p_k模k的最小正余数与p_m模m的最小正余数都是素数.

注记6.49. 此猜测及相关数据可见OEIS条目A242950, 作者对$n = 8, \ldots, 10^8$验证了第一条. 例如: $16 = 12 + 4$, $p_{12} = 37 \equiv 1^2 \pmod{12}$且$p_4 = 7 \equiv 3 \pmod 4$.

猜想6.50 (2014年5月28日). (i) 任何整数$n \geqslant 3$可表成$a + b + c$使得a, b, c属于集合

$$\{k \in \mathbb{Z}_+ : \ p_k \text{模} k \text{的最小非负余数为三角数}\}.$$

(ii) 任何整数$n \geqslant 4$可表成$a + b + c + d$使得a, b, c, d属于集合

$$\{k \in \mathbb{Z}_+ : \ p_k \text{模} k \text{的最小非负余数为平方数}\}.$$

注记6.50. 此猜测及相关数据可见OEIS条目A242976. 例如: $5 = 1 + 2 + 2$, $p_1 \equiv T(0) = 0 \pmod 1$且$p_2 = 3 \equiv T(1) = 1 \pmod 2$.

猜想6.51 (2012年7月21日).

$$s_1 = \sum_{n=1}^{\infty} \frac{1}{p_1 + \ldots + p_n} \quad \text{与} \quad s_2 = \sum_{n=1}^{\infty} \frac{(-1)^n}{p_1 + \ldots + p_n}$$

都是超越数.

注记6.51. 此猜测发表于[175, 猜想2.8], 作者的计算表明$s_1 \approx 1.023476$且$s_2 \approx -0.362454578$.

猜想6.52 (2014年6月24日). 任给正整数m, 有无穷多个正整数n使得诸

$$p_{n+i} + p_{n+j} \ (0 \leqslant i < j \leqslant m)$$

都无平方因子.

注记6.52. 此猜测及$m = 7$时的有关数据公布于OEIS条目A244266. 对于$n = 4937487$, 我们有

$$p_n = 84885631, \ p_{n+1} = 84885643, \ p_{n+2} = 84885667, \ p_{n+3} = 84885679,$$
$$p_{n+4} = 84885727, \ p_{n+5} = 84885739, \ p_{n+6} = 84885751, \ p_{n+7} = 84885763,$$

而且这八个连续素数中任两个之和无平方因子.

猜想6.53 (2014年6月26日). 任给正整数m, 有无穷多个正整数n使得诸

$$p_{n+j} - p_{n+i} \ (0 \leqslant i < j \leqslant m)$$

都是可行数.

注记6.53. 此猜测及$m = 9$时的有关数据公布于OEIS条目A244349. 对于$n = 214772078$, 我们有

$$p_n = 4550199547, \ p_{n+1} = 4550199559, \ p_{n+2} = 4550199571, \ p_{n+3} = 4550199601,$$
$$p_{n+4} = 4550199607, \ p_{n+5} = 4550199631, \ p_{n+6} = 4550199679, \ p_{n+7} = 4550199691,$$
$$p_{n+8} = 4550199751, \ p_{n+9} = 4550199763, \ p_{n+10} = 4550199799, \ p_{n+11} = 4550199811,$$

而且
$$\{p_{n+j} - p_{n+i} : 0 \leqslant i < j \leqslant 11\}$$

由下述可行数构成:

$$6, \ 12, \ 24, \ 30, \ 36, \ 42, \ 48, \ 54, \ 60, \ 72, \ 78,$$
$$84, \ 90, \ 108, \ 120, \ 132, \ 144, \ 150, \ 156, \ 162, \ 168,$$
$$180, \ 192, \ 198, \ 204, \ 210, \ 216, \ 228, \ 240, \ 252, \ 264.$$

猜想6.54 (2013年4月1日). (i) 设 $k, m, n \in \mathbb{Z}_+$ 且 $m < n$. 则有整数 $b > p_n^k$ 使得 $b \leqslant (n+1)^k(m+n+1)^k$, 并且 b 进制数

$$[p_m^k, p_{m+1}^k, \ldots, p_n^k]_b = \sum_{j=m}^{n} p_j^k b^{n-j}$$

为素数.

　　(ii) 设 $a_1 < a_2 < \ldots < a_n$ 为不同正整数, 且 a_n 是素数. 则对任何正整数 k 都有无穷多个整数 $b > a_n^k$ 使得 b 进制数

$$[a_1^k, a_2^k, \ldots, a_n^k]_b = \sum_{j=1}^{n} a_j^k b^{n-j}$$

为素数.

注记6.54. 参见OEIS条目A217788与A224197. 例如:

$$[2, 3, 5, 7]_9 = 1753, \ [p_1, p_2, \ldots, p_7]_{72}, \ [p_4, p_5, \ldots, p_{21}]_{546},$$
$$[p_1^2, p_2^2, \ldots, p_{287}^2]_{3519434}, \ [p_6^2, p_7^2, \ldots, p_{57}^2]_{77880},$$
$$[p_1^3, p_2^3, \ldots, p_{15}^3]_{103960}, \ [2^3, 3^3, 5^3, 7^3]_{349}, \ [3^4, 5^4, 7^4]_{2410}, \ [5^5, 7^5, 11^5]_{161098},$$
$$[2, 3, 4, \ldots, 210, 211]_{55272}, \ [17, 19, 27, 34, 38, 41]_{300}, \ [2^2, 6^2, 9^2, 20^2, 29^2]_{900}$$

都是素数.

猜想6.55 (2014年3月7日). (i) 任给整数 $n > 2$, 有素数 $p \leqslant n$ 使得 $1, \ldots, (p-1)n$ 中恰有素数个下标为素数的素数.

　　(ii) 任给正整数 n, 有 $k \in \{1, \ldots, n\}$ 使得 $1, \ldots, kn$ 中恰好有平方数个下标为素数的素数.

注记6.55. 此猜测发表于[191, 猜想2.6], 第一条与第二条分别被作者验证到 10^5 与 2×10^5, 相关序列可见OEIS条目A238504与A238902. 例如: 对 $n = 48$ 取 $p = 29$, 则不超过 $(p-1)n = 1344$ 的下标为素数的素数共有47个; 对 $n = 195387$ 取 $k = 60161$, 则不超过 kn 的下标为素数的素数恰好有 5282^2 个. 2015年, A. F. Costa与J. Costa在[26]中对 $n \leqslant 10^6$ 验证了猜想6.55(i).

猜想6.56 (2014年1月13日). 令

$$K := \{k \in \mathbb{Z}_+ : \ k(k+1) - p_k \text{为素数}\}.$$

(i) 每个整数 $n > 3$ 可表成 $k + m$, 其中 $k, m \in K$.

(ii) 整数 $n > 2$ 都可写成一个 K 中元与一个正三角数之和.

注记6.56. 此猜测发表于[202, 猜想3.24], 相关序列可见OEIS条目A235592, A235613与A235614. 例如: $5 = 2 + 3$, 而且$2(2+1) - p_2 = 3$与$3(3+1) - p_3 = 7$都是素数; $313 = 37 + 23 \times 24/2$, 而且$37(37+1) - p_{37} = 1249$为素数.

猜想6.57 (2014年3月5日). 任何整数$n > 2$可表成$q + m$ $(q, m \in \mathbb{Z}_+)$使得q, $p_q - q + 1$与$p_{p_m} - p_m + 1$ 都是素数.

注记6.57. 此猜测发表于[202, 猜想3.18]并被作者验证到1.5×10^7, 相应表法数序列可见OEIS条目A237715. 例如: $3 = 2 + 1$, 而且2, $p_2 - 2 + 1 = 2$与$p_{p_1} - p_1 + 1 = p_2 - 2 + 1 = 2$都是素数.

猜想6.58 (2014年1月15日). 任何整数$n > 3$可表成$q + m$ $(q, m \in \mathbb{Z}_+)$使得q, $p_q - q + 1$与$m(m+1) - p_m$都是素数.

注记6.58. 此猜测相应表法数序列可见OEIS条目A235703. 例如, 83有唯一表示法: $83 = 13 + 70$, 注意13, $p_{13} - 13 + 1 = 29$与$70(70+1) - p_{70} = 4621$都是素数.

猜想6.59 (2014年3月5日). 任何整数$n > 1$可表成$k + m$ $(k, m \in \mathbb{Z}_+)$ 使得

$$p_{p_k} - p_k + 1, \quad p_{p_{2k+1}} - p_{2k+1} + 1, \quad p_{p_m} - p_m + 1$$

都是素数.

注记6.59. 此猜测发表于[191, 猜想3.15(ii)], 相应表法数序列可见OEIS条目A238766. 例如: 371有唯一合乎要求的表示法: $371 = 66 + 305$, 注意

$$p_{p_{66}} - p_{66} + 1 = p_{317} - 317 + 1 = 2099 - 316 = 1783,$$
$$p_{p_{2 \times 66 + 1}} - p_{2 \times 66 + 1} + 1 = p_{751} - 751 + 1 = 5701 - 750 = 4951,$$
$$p_{p_{305}} - p_{305} + 1 = p_{2011} - 2011 + 1 = 17483 - 2010 = 15473$$

都是素数. 猜想6.59蕴含着有无穷多个素数q使得$p_q - q + 1$ 为素数.

猜想6.60 (2014年1月20日). (i) 有无穷多个素数q使得$q^2 + 4p_q^2$与$p_q^2 + 4q^2$都是素数.

(ii) 有无穷多个素数q使得$q^3 + 2p_q^3$与$p_q^3 + 2q^3$都是素数.

注记6.60. 已知素数$p \equiv 1 \pmod 4$可表成$x^2 + 4y^2$ $(x, y \in \mathbb{Z}_+)$. 2001年, Heath-Brown在[67]中证明了$x^3 + 2y^3$ $(x, y \in \mathbb{Z}_+)$形素数也有无穷多个. OEIS条目A236193列出了前一万个素数q使得$q^2 + 4p_q^2$与$p_q^2 + 4q^2$都是素数, OEIS条目A236574列出了前一万个素数q使得$q^3 + 2p_q^3$与$p_q^3 + 2q^3$都是素数. 例如: 3是素数, $3^2 + 4p_3^2 = 3^2 + 10^2 = 109$与$p_3^2 + 4 \times 3^2 = 5^2 + 6^2 = 61$都是素数, $3^3 + 2p_3^3 = 27 + 2 \times 125 = 277$与$p_3^3 + 2 \times 3^3 = 125 + 54 = 179$ 也都是素数.

猜想6.61 (2014年1月21日). 有无穷多个正整数m使得$\binom{2m}{m} + p_m$为素数.

注记6.61. 此猜测为[191, 猜想3.14]的推论. OEIS条目A236242列出了前52个正整数m使得$\binom{2m}{m} + p_m$为素数, 第52个m值为30734, 而且$\binom{2 \times 30734}{30734} + p_{30734}$是个18502位素数.

猜想6.62 (2015年7月17日). 设$a, n \in \mathbb{Z}_+$, $b, c \in \mathbb{Z}$, $\gcd(a, b, c) = 1$, $2 \nmid (a+b+c)$且$3 \nmid \gcd(b, a+c)$. 如果$b^2 - 4ac$不是完全平方, 则有$x, y \in \{p_{kn} : k = 1, 2, 3, \ldots\}$使得$y = ax^2 + bx + c$.

注记6.62. 此猜测发表于[202, 猜想4.23(i)], 相关数据可见OEIS条目A260120. 猜想6.62蕴含着对每个$n \in \mathbb{Z}_+$有$j, k \in \mathbb{Z}_+$使得$p_{jn}^2 - 2 = p_{kn}$ (或者$(p_{jn} - 1)^2 + 1 = p_{kn}$).

2015年, 作者引入如下的素数金字塔: 最底层 (第一层) 由全部素数$p_n^{(1)} = p_n$ $(n = 1, 2, 3, \ldots)$构成, 第二层由下标是素数的素数

$$p_n^{(2)} = p_{p_n} \quad (n = 1, 2, 3, \ldots)$$

构成, 有了第m层素数后我们让第$m+1$层由下标是素数的第m层素数

$$p_n^{(m+1)} = p_{p_n}^{(m)} \quad (n = 1, 2, 3, \ldots)$$

构成.

猜想6.63 (2015年8月25日). (i) 如果$q \in \mathbb{Z}_+$与$a \in \mathbb{Z}$互素, 则对任何$m \in \mathbb{Z}_+$有无穷多个$n \in \mathbb{Z}_+$使得$p_n^{(m)} \equiv a \pmod{q}$.

(ii) 任给整数$k > 2$与正整数m, 第m层素数集$P_m := \{p_n^{(m)} : n \in \mathbb{Z}_+\}$包含非平凡的$k$项算术级数.

(iii) 任给整数$m, n \in \mathbb{Z}_+$, 我们有

$$\frac{\sqrt[n+1]{p_{n+1}^{(m+1)}}}{\sqrt[n]{p_n^{(m+1)}}} < \frac{\sqrt[n+1]{p_{n+1}^{(m)}}}{\sqrt[n]{p_n^{(m)}}} < 1.$$

注记6.63. 此猜测发表于[202, 猜想4.30]. 第一条推广了关于算术级数中素数的Dirichlet定理, 第二条是Green-Tao定理[52]的推广, 第三条是1982年提出的F. Firoobakht猜想 (序列$(\sqrt[n]{p_n})_{n \geq 1}$严格递减) 的类比.

下面这个猜测给出了支持猜想6.63前两条的一些证据.

猜想6.64. (i) (2015年8月18日) 对于$j = \pm 1$与$n \in \mathbb{Z}_+$, 有正整数k使得$kn + j$与$k^2 n + 1$都是第二层素数.

(ii) (2015年8月25日) 任何正有理数r可表成$\frac{m}{n}$ $(m, n \in \mathbb{Z}_+)$使得第二层素数p_{p_m}与p_{p_n}的算术平均也是第二层素数.

(iii) (2015年8月20日) 正有理数$r \leq 1$总可表成$\frac{m}{n}$ $(m, n \in \mathbb{Z}_+)$使有$k, l \in \mathbb{Z}_+$让$p_{p_m}, p_{p_n}, p_{p_k}, p_{p_l}$形成一个第二层素数的四项算术级数.

注记6.64. 此猜测发表于[202, 猜想4.29], 相关数据可见OEIS条目A261437, A261462与A261583.

猜想6.65 (2015年8月23日). 任何正有理数r可表成$\frac{m}{n}$, 这里m与n都属于集合

$$W = \{k \in \mathbb{Z}_+ : p_k + 2 \text{为素数}, \text{且 } p_{p_{k+2}} - p_{p_k} = 6\}.$$

注记6.65. 此猜测发表于[202, 猜想4.15], 有关数据可见OEIS条目A261528与A261533. 例如: $2 = \frac{1782}{891}$, 且891与1782都属于W. 猜想6.65蕴含着有无穷多个孪生素数对$\{q, q+2\}$使得$p_{q+2} - p_q = 6$(从而$\{p_{q+1} - p_q, p_{q+2} - p_{q+1}\} = \{2, 4\}$).

§6.4　判别子

对于函数$f: \mathbb{Z}_+ \to \mathbb{Z}$, 如果$f(1), \ldots, f(n)$两两不同, 我们就称

$$D_f(n) = \min\{m \in \mathbb{Z}_+ : \ f(1), \ldots, f(n)\text{模}m\text{两两不同余}\}$$

为判别子(discriminator). 1985年, L.K. Arnold, S.J. Benkoski和B.J. McCabe在[8]中证明对整数$n > 4$与$f(x) = x^2$有

$$D_f(n) = \min\left\{m \geqslant 2n : \ m\text{或}\frac{m}{2}\text{为奇素数}\right\}.$$

作者在[183]中证明了使得$2k(k-1) \ (k = 1, \ldots, n)$模$m$两两不同余的最小整数$m > 1$就是大于$2n - 2$的最小素数.

猜想6.66. (i) (2012年2月20日) 对任何素数$p > 12$, 诸中心二项式系数

$$\binom{2k}{k} \quad \left(k = 1, \ldots, \frac{p-3}{2}\right)$$

不可能模p两两不同余. 对于素数$p > 90$, 诸$\binom{2k}{k}$ $(1 \leqslant k \leqslant \frac{p-3}{2})$中有三个数两两相等.

(ii) (2012年2月21日) 对于任给的整数$n > 1$, 使得诸中心二项式系数$\binom{2k}{k}$ $(k = 1, \ldots, n)$模m两两不同余的最小正整数m是个小于n^2的素数.

注记6.66. 在Number Theory List上见到作者宣布的猜想6.66(i)后, K. Foster指出对于素数$p \equiv 1 \pmod 3$, 若取$k = (p-1)/3$则有$\binom{2k}{k} \equiv \binom{2(k+1)}{k+1} \pmod p$. 猜想6.66(ii) 正式发表于[183] (参见其中猜想1.1(i)与猜想5.1), 作者于2012年2月21日对$n = 2, \ldots, 2000$ 验证了它; 2012年2月23日, L. Bartholdi在[12]中把对它的验证拓展到$n \leqslant 5000$.

猜想6.67 (2012年2月27日). 对于任给整数$n > 1$, 让$t(n)$表示使得诸$k!$ $(k = 1, \ldots, n)$模m两两不同余的最小正整数m, 则$n \neq 5$时$t(n)$是不超过$\frac{n^2}{2}$的素数.

注记6.67. 此猜测正式发表于[183] (参见其中猜想1.1(ii)与猜想5.1(i)). 作者于2012年2月27日对$n \leqslant 400$ 验证了它(例如: $t(9) = 31$, $t(315) = 9091$), 后来侯庆虎与C.R. Greathouse IV把对它的验证拓展到$n \leqslant 10000$, 有关数据参见OEIS条目A208494. 作者也猜测对于整数$n > 3$使得诸$(-1)^k k!$ $(k = 1, \ldots, n)$模m两两不同余的最小正整数必为素数.

猜想6.68 (2012年3月25日). 对于整数$n > 6$, 使得$n!$不与$1!, 2!, \ldots, (n-1)!$中任一个模m同余的最小正整数m是区间$[n, 2n]$中素数.

注记6.68. 此猜测发表于[183, 猜想5.2(ii)], 相关数据可见OEIS条目A210642. 根据Chebyshev证明的Bertrand假设, 对于整数$n > 1$区间$[n, 2n]$总包含素数.

下面这个猜想涉及Euler数, 已知对任何$n \in \mathbb{N}$都有$E_{2n+1} = 0$.

猜想6.69 (2012年3月29日). 对$n \in \mathbb{Z}_+$让$e^*(n)$表示使得对任何$0 < k < n$都有$2E_{2n} \not\equiv 2E_{2k} \pmod{m}$的最小整数$m > 1$, 则$e^*(n)$一般是区间$[2n, 3n]$中素数, 仅有的四个例外如下:

$$e^*(4) = 13, \ e^*(7) = 23, \ e^*(10) = 5^2, \ e^*(55) = 11^2.$$

注记6.69. 此猜测发表于[183, 猜想5.7(ii)]. 利用关于Euler数的Stern同余式(参见[158])容易证明$\log_2 e^*(n) \leqslant \lceil \log_2 n \rceil + 1$. 已知对任何$n \in \mathbb{Z}_+$区间$[2n, 3n]$总包含素数(参见[10]).

猜想6.70 (2012年2月22日). 设$a \in \mathbb{Z}$且$|a| > 1$. 对$n \in \mathbb{Z}_+$让$f_a(n)$表示最小整数$m > 1$使得诸$a^k \ (k = 1, \ldots, n)$模m两两不同余. 则有正整数$n_0(a)$使得对任何整数$n \geqslant n_0(a)$, 当a不是平方数时$f_a(n)$就是使得a为模p原根的最小素数$p > n$, 当a是平方数时$f_a(n)$就是使得

$$a, \ a^2, \ \ldots, \ a^{\frac{p-1}{2}}$$

模p两两不同余的最小素数$p > 2n$. 特别地, 可取

$$n_0(-2) = 3, \ n_0(-3) = n_0(5) = 1, \ n_0(9) = n_0(25) = 2.$$

注记6.70. 此猜测发表于[183, 猜想5.3]. 著名的Artin猜测断言整数$a \neq -1$不是平方数时有无穷多个素数p使得a为模p的原根.

给定整数A与B, Lucas序列$(u_n(A, B))_{n \geqslant 0}$及其对偶序列$(v_n(A, B))_{n \geqslant 0}$如下给出:

$$u_0(A, B) = 0, \ u_1(A, B) = 1, \ u_{n+1}(A, B) = Au_n(A, B) - Bu_{n-1}(A, B) \ (n = 1, 2, 3, \ldots);$$
$$v_0(A, B) = 2, \ v_1(A, B) = A, \ v_{n+1}(A, B) = Av_n(A, B) - Bv_{n-1}(A, B) \ (n = 1, 2, 3, \ldots).$$

猜想6.71 (2012年2月26日). 设$A \in \mathbb{Z}$且$|A| > 2$.

(i) 如果$2 - A$不是平方数, 则有无穷多个奇素数$p \nmid A^2 - 4$使得

$$u_k(A, 1) \quad \left(k = 1, \ldots, \frac{p - (\frac{A^2 - 4}{p})}{2} \right)$$

模p两两不同余.

(ii) 如果$2 + A$不是平方数, 则有无穷多个奇素数$p \nmid A^2 - 4$使得

$$v_k(A, 1) \quad \left(k = 1, \ldots, \frac{p - (\frac{A^2 - 4}{p})}{2} \right)$$

模p两两不同余.

注记6.71. 此猜测发表于[183, 猜想5.4].

猜想6.72 (2012年2月26日). 设$A \in \mathbb{Z}$且$|A| > 2$. 对$n \in \mathbb{Z}_+$让$t_A(n)$表示最小的整数$m > 1$使得诸$v_k(A, 1) \ (k = 1, \ldots, n)$模$m$两两不同余, 则$n$充分大时$t_A(n)$为素数. 如果$A + 2$不是平方数, 则有正整数$N_0(A)$使得对任何整数$n \geqslant N_0(A)$, 数$t_A(n)$就是使得$p - (\frac{A^2 - 4}{p}) \geqslant 2n$且

$$v_k(A, 1) \quad \left(k = 1, \ldots, \frac{p - (\frac{A^2 - 4}{p})}{2} \right)$$

模p两两不同余的最小奇素数$p \nmid A^2 - 4$. 特别地, 可取

$$N_0(3) = 6, \ N_0(-3) = 7, \ N_0(\pm 4) = N_0(\pm 10) = 3.$$

注记6.72. 此猜测发表于[183, 猜想5.5], 作者还猜测可取

$$N_0(\pm 5) = 11, \ N_0(\pm 6) = 6, \ N_0(7) = 5, \ N_0(-7) = 4, \ N_0(8) = 3, \ N_0(-8) = 4, \ N_0(\pm 9) = 5.$$

注意对任何$k \in \mathbb{N}$有$v_k(3,1) = (-1)^k v_k(-3,1) = L_{2k}$. 对于素数$p > 3$, 作者在[155]中证明了

$$v_{\frac{1}{2}(p - (\frac{3}{p}))}(4,1) \equiv 2 \left(\frac{6}{p} \right) \pmod{p^2}.$$

猜想6.73 (2012年3月17日). 对于正整数n让P_n表示前n个素数之积.

(i) 任给整数$n > 1$, 让$w_1(n)$表示使得诸$P_k \ (k = 1, \ldots, n)$模m两两不同余的最小正整数m, 则$w_1(n)$是小于n^2的素数.

(ii) 任给整数$n > 1$, 让$w_2(n)$表示使得诸$P_j + P_k \ (1 \leqslant j < k \leqslant n)$模$m$两两不同余的最小正整数$m$, 则$w_2(n)$是小于$n^2$的素数.

(iii) 任给整数$n > 1$, 有$k, m \in \{1, \ldots, n-1\}$使得$P_n \equiv P_k \pmod{n}$且$P_n \equiv -P_m \pmod{n}$.

注记6.73. 此猜测正式发表于[183] (参见其中猜想1.5与注记1.7). 对猜想6.73的前两部分, 作者分别验证到$n \leqslant 1172$与$n \leqslant 258$ (参见OEIS条目A210144与A210186), 后来W. Hart在[66]中把这两部分的验证拓展到$n \leqslant 10^5$. 作者对$n = 2, \ldots, 70000$验证了猜想6.73的第三部分, 例如: $P_{32} \equiv P_{23} \pmod{32}$且$P_{32} \equiv -P_8 \pmod{32}$. 2012年3月31日, 作者猜测对任何$n \in \mathbb{Z}_+$及$m = 1, \ldots, p_n - 1$都有$0 < k < n$使得$m$整除$2520(P_n - P_k)$.

猜想6.74 (2012年3月21日). 对$k \in \mathbb{Z}_+$让S_k表示前k个素数$p_1, \ldots, p_k$之和.

(i) 对$n \in \mathbb{Z}_+$, 让$S^+(n)$为不整除诸$S_i! + S_j! \ (1 \leqslant i < j \leqslant n)$的最小整数$m > 1$. 则$S^+(n)$总为素数, 而且对$n = 2, 3, \ldots$有$S^+(n) < S_n$.

(ii) 对$n \in \mathbb{Z}_+$, 让$S^-(n)$为不整除诸$S_i! - S_j! \ (1 \leqslant i < j \leqslant n)$的最小整数$m > 1$. 则$S^-(n)$总为素数, 而且对$n = 2, 3, \ldots$有$S^-(n) < S_n$.

(iii) 对于正整数$n \nmid 6$, 使得诸$2S_k^2 \ (k = 1, \ldots, n)$模$m$两两不同余的最小正整数$m$是小于$n^2$的素数.

注记6.74. 此猜测发表于[183, 猜想1.4]. 设$n > 1$为整数, 易见$S^+(n)$与$S^-(n)$都大于S_{n-1}. 在猜想6.74之下, $S^+(n) < S_n < S^+(n+1)$且$S^-(n) < S_n < S^-(n+1)$. 从而区间(S_{n-1}, S_n)包含素数$S^+(n)$与$S^-(n)$. 作者猜测区间(S_n, S_{n+1})中素数个数渐进主项为$n/2$.

猜想6.75 (2013年4月21日). (i) 任给正整数n, 使得诸$\binom{k}{2} \ (k = 1, \ldots, n)$模$m$两两不同余的最小的形如$x^2 + x + 1 \ (x \in \mathbb{Z})$的正整数$m$, 就是最小的形如$x^2 + x + 1 \ (x \in \mathbb{Z})$的素数$p \geqslant 2n - 1$.

(ii) 任给正整数n, 使得诸$\binom{k}{2} \ (k = 1, \ldots, n)$模$m$两两不同余的最小的形如$4x^2 + 1 \ (x \in \mathbb{Z})$的正整数$m$, 就是最小的形如$4x^2 + 1 \ (x \in \mathbb{Z})$的素数$p \geqslant 2n - 1$.

注记6.75. 此猜测发表于[196, 猜想1.3]. 目前尚不会证明有无穷多个 $x^2 + x + 1\,(x \in \mathbb{Z})$ 或 $4x^2 + 1\,(x \in \mathbb{Z})$ 形式素数.

猜想6.76 (2013年4月21日). 任给正整数 n, 使得 n 个数

$$k(k^2 + 1) \quad (k = 1, \ldots, n)$$

模 m^2 两两不同余的最小正整数 m, 就是最小的至少是 $\sqrt{n}$ 的3幂次.

注记6.76. 此猜测以前未公开过. $n \in \{244, 245\}$ 时使诸 $k(k^2 + 1)\,(k = 1, \ldots, n)$ 模 m 两两不同余的最小正整数 m 为 $3^4 \times 7 = 567$, 这不是3的幂次.

猜想6.77 (2013年5月12日). 任给整数 $n > 2$, 使得诸 $6p_k(p_k - 1)\,(k = 1, \ldots, n)$ 模 m 两两不同余的最小正整数 m 就是不整除 $p_i + p_j - 1\,(1 \leqslant i < j \leqslant n)$ 中任一个的最小素数 $p \geqslant p_n$.

注记6.77. 此猜测发表于[196, 猜想1.4]. 如果素数 $p \geqslant p_n$ 不整除 $p_i + p_j - 1\,(1 \leqslant i < j \leqslant n)$ 中任一个, 则显然对 $1 \leqslant i < j \leqslant n$ 有

$$p_j(p_j - 1) - p_i(p_i - 1) = (p_j - p_i)(p_i + p_j - 1) \not\equiv 0 \pmod{p}.$$

猜想6.78 (2013年4月21日). 任给整数 $n > 4$, 使得 n 个数

$$\binom{k}{2} = \frac{k(k-1)}{2} \quad (k = 1, \ldots, n)$$

既模 m 两两不同余又模 $m + 2$ 两两不同余的最小正整数 m, 就是最小的素数 $p \geqslant 2n - 1$ 使得 $p + 2$ 也是素数.

注记6.78. 此猜测发表于[196, 猜想1.1].

猜想6.79 (2013年4月21日). 任给整数 n, 取使得诸 $\binom{k}{2}\,(k = 1, \ldots, n)$ 既模 m 两两不同余又模 $m + 1$ 两两不同余的最小正整数 m, 则

$$\{m, m + 1\} \subseteq \{2^a p : a \in \mathbb{N}, \text{且} p \text{为1或素数}\}.$$

注记6.79. 此猜测发表于[196, 猜想1.2].

§6.5 关于前 n 个素数的交错和

令 $s_0 = 0$. 对 $n = 1, 2, 3, \ldots$ 定义

$$s_n = \sum_{k=1}^{n} (-1)^{n-k} p_k = p_n - p_{n-1} + \ldots + (-1)^{n-1} p_1$$

(前 n 个素数的交错和). 例如:

$s_1 = 2,\ s_2 = 3 - 2 = 1,\ s_3 = 5 - 3 + 2 = 4,\ s_4 = 7 - 5 + 3 - 2 = 3,\ s_5 = 11 - 7 + 5 - 3 + 2 = 8.$

序列 $(s_n)_{n \geqslant 0}$ 由N. J. A. Sloane与J. H. Conway引入(参见OEIS条目A008347), 但他们并未指出其引入的动机或该序列的应用. 不难证明此序列中项两两不同. 作者发现该序列有许多神奇的性质, 甚至认为此序列是揭开素数奥秘的关键所在.

猜想6.80. (i) (2013年2月27日) 任给正整数m与整数r, 有无穷多个正整数n使得$s_n \equiv r \pmod{m}$.

(ii) (2013年5月18日) 对任何首项系数为正的非常数整值多项式$P(x)$, 有无穷多个正整数n使得$s_n \in \{P(x) : x \in \mathbb{Z}_+\}$.

注记6.80. 此猜测第一条可视为关于算术级数中素数的Dirichelet定理的类比, 发表于[183, 注记1.3].

猜想6.81 (2012年6月3日). 任给正整数k, 有无穷多个$n \in \mathbb{Z}_+$使得

$$\{n, n+1, \ldots, n+k-1\} \subseteq \{s_j : j \in \mathbb{Z}_+\}.$$

注记6.81. 此猜测以前未公开. 例如: 如果m为

3, 1038, 10285, 75834, 86074, 86075, 98251, 98424, 175008, 193914, 193915, 226629, 346766

之一, 则$\{m, m \pm 1, m \pm 2\} \subseteq \{s_j : j \in \mathbb{Z}_+\}$; 特别地,

$$s_{33027} = 193912, \quad s_{32768} = 193913, \quad s_{33029} = 193914,$$
$$s_{32770} = 193915, \quad s_{33031} = 193916, \quad s_{32772} = 193917.$$

猜想6.82 (2012年4月22日). 对$n \in \mathbb{Z}_+$, 取最小的2幂次$b(n)$使得$s_1, \ldots, s_n$模$b(n)$两两不同余, 则$b(n)$就是使得诸$2s_k^2 - s_k$ $(k = 1, \ldots, n)$模m互不同余的最小正整数m. 我们还有

$$\{b(n) : n \in \mathbb{Z}_+\} = \{2^a : a = 0, 1, 2, \ldots\}.$$

注记6.82. 此猜测发表于[183, 注记1.4(b)].

猜想6.83 (素数的非平凡递推关系, 2012年3月28日). 对于正整数$n \neq 1, 2, 4, 9$, 给定前n个素数$p_1, \ldots, p_n$后, 第$n+1$个素数p_{n+1}就是使得诸$2s_k^2$ $(k = 1, \ldots, n)$模m互不同余的最小正整数m.

注记6.83. 此猜测最早公布于OEIS条目A181901, 后来正式发表于[183, 猜想1.2]. 作者在[183]中证明了对任何正整数n诸$2s_k^2$ $(k = 1, \ldots, n)$ 模p_{n+1}的确两两不同余. 对于$n = 1, 2, 4, 9$, 使得诸$2s_k^2$ $(k = 1, \ldots, n)$模m两两不同余的最小正整数m依次为1, 4, 9, 25. 作者对直到20万的正整数n验证了猜想6.83; 2020年5月, 张昶在[255]中把猜想6.83的验证拓展到30万.

猜想6.84 (2012年3月31日). 对任何正整数m, 有不超过$2m + 2.2\sqrt{m}$的连续一段素数$p_k, \ldots, p_n$ $(k < n)$使得

$$m = p_n - p_{n-1} + \ldots + (-1)^{n-k}p_k = s_n - (-1)^{n-k}s_{k-1}.$$

(对于正奇数m, 甚至可把上界$2m + 2.2\sqrt{m}$改成$m + 4.6\sqrt{m}$.)

注记6.84. 此猜测发表于[183, 猜想1.3], 作者悬赏1000美元征求完整的证明. 我们对$m = 1, \ldots, 10^5$验证了此猜想, 例如:

$$1 = 3 - 2, \quad 2 = 5 - 3, \quad 3 = 7 - 5 + 3 - 2, \quad 4 = 11 - 7, \quad 5 = 7 - 5 + 3,$$

$$8 = 11 - 7 + 5 - 3 + 2, \quad 11 = 19 - 17 + 13 - 11 + 7,$$

$$20 = 41 - 37 + 31 - 29 + 23 - 19 + 17 - 13 + 11 - 7 + 5 - 3,$$

$$303 = p_{76} - p_{75} + \cdots - p_{53} + p_{52} \text{ 且 } p_{76} = 383 = 303 + \lfloor 4.6\sqrt{303} \rfloor,$$

$$2382 = p_{652} - p_{651} + \cdots + p_{44} - p_{43} \text{ 且 } p_{652} = 4871 = 2 \cdot 2382 + \lfloor 2.2\sqrt{2382} \rfloor.$$

2020年5月, 张昶在[255]中把对猜想6.84的验证拓展到$m \leqslant 10^9$. 作者也猜测

$$\{s_m + s_n : m, n \in \mathbb{Z}_+\} = \{2, 3, \ldots\} \text{ 且 } \{s_m - s_n : m, n \in \mathbb{Z}_+\} = \mathbb{Z}.$$

猜想6.85 (2019年5月19日). 任何正有理数r可表成$\frac{s_m}{s_n}$的形式, 其中$m, n \in \mathbb{Z}_+$.

注记6.85. 经计算我们发现

$$\left\{\frac{a}{b} : a, b = 1, \ldots, 1000\right\} \subseteq \left\{\frac{s_m}{s_n} : m, n = 1, \ldots, 59140\right\}.$$

例如:

$$\frac{s_7}{s_{361}} = \frac{12}{1200} = \frac{1}{100}, \quad \frac{s_{6770}}{s_{19562}} = \frac{33681}{110931} = \frac{109}{359}, \quad \frac{s_{32776}}{s_{59140}} = \frac{193929}{369189} = \frac{509}{969}.$$

猜想6.86 (2013年6月9日). 对整数$n > 9$总有不等式

$$s_{n+1} < s_{n-1}^{1+2/(n+2)}.$$

注记6.86. 这个猜想对整数$n > 9$用$p_1, \ldots, p_{n-1}$给出了$p_{n+1} - p_n$的一个上界, 我们对$9 < n \leqslant 10^8$验证了所猜测的不等式.

猜想6.87 (2013年5月18日). 序列$s_1, s_2, \ldots$中包含无穷多个Sophie German素数(即使$2p+1$为素数的素数p), 也有无穷多个正整数n使得$s_n - 1$与$s_n + 1$为孪生素数.

注记6.87. 例如: $s_1 = 2, s_4 = 3, s_6 = 5, s_{18} = 29, s_{28} = 53, s_{46} = 83$都是Sophie Germain素数. 对于$n = 3, 7, 11, 41, 53, 57, 69, 95, 147, 191, 253, \{s_n - 1, s_n + 1\}$为孪生素数对.

猜想6.88 (2013年3月1日). (i) 任何整数$n > 2$可表成$p + s_k$的形式, 这里p为Sophie Germain素数且k为正整数.

(ii) 任何整数$n > 1$可表成$s_k + \frac{m(m+1)}{2}$的形式, 这里k与m为正整数.

注记6.88. 此猜想第一条发表于[183, 注记1.5]并被验证到3.35×10^7, 相应表法数序列可见OEIS条目A213202.

猜想6.89 (2019年5月25日). 任何整数$n > 1$可表成$2^k 3^l + s_m$的形式, 这里$k, l \in \mathbb{N}$且$m \in \mathbb{Z}_+$.

注记6.89. 此猜测首先公布于OEIS条目A308411, 例如: $2 - 2^0 3^0 = s_2 = p_2 - p_1 = 3 - 2$. 作者对$n = 2, \ldots, 10^6$验证了此猜想, 此后应作者要求侯庆虎把验证范围拓展到2×10^7, 使用侯庆虎的高效程序作者又进一步完成直到10^9的验证. G. Resta把猜想6.89的验证又推进到$n \leqslant 10^{10}$. 注意190224与458840都不能写成$2^k 5^l + s_m$（其中$k, l \in \mathbb{N}$且$m \in \mathbb{Z}_+$）的形式.

猜想6.90 (2019年5月25日). (i) 任何整数$n > 2$可表成$6^k + 3^l + s_m$的形式, 这里$k, l \in \mathbb{N}$且$m \in \mathbb{Z}_+$.

(ii) 如果$a = 2$且$b \in \{3, \ldots, 11, 13, 14\}$, 或者$a = 3$且$b \in \{4, 5\}$, 则任何整数$n > 2$可表成$a^k + b^l + s_m$的形式, 这里$k, l \in \mathbb{N}$且$m \in \mathbb{Z}_+$.

注记6.90. 此猜测首先公布于OEIS条目A308403. 猜想6.90第一条在n取

$$3, 4, 24, 234, 1134, 4330, 5619, 6128, 16161, 133544$$

之一时相应的表示法唯一, 具体地我们有

$$3 - (6^0 + 3^0) = 1 = s_2, \ 4 - (6^0 + 3^0) = 2 = s_1, \ 234 - (6^1 + 3^3) = 201 = s_{90},$$
$$1134 - (6^2 + 3^0) = 1097 = s_{322}, \ 4330 - (6^3 + 3^0) = 4113 = s_{1016},$$
$$5619 - (6^1 + 3^3) = 5586 = s_{1379}, \ 6128 - (6^0 + 3^0) = 6126 = s_{1499},$$
$$16161 - (6^3 + 3^0) = 15944 = s_{3445}, \ 133544 - (6^0 + 3^8) = 126982 = s_{22579}.$$

关于猜想6.90的第一条, 作者对$n = 3, \ldots, 10^6$进行了验证, 此后应作者要求, 侯庆虎把验证范围拓展到10^7, 使用侯庆虎的高效程序作者又进一步完成直到10^9的验证. 关于猜想6.90的第二条, 作者对$n = 3, \ldots, 10^7$进行了验证. 2019年5月28日, G. Resta对$n = 3, 4, \ldots, 10^{10}$验证了猜想6.90.

§6.6　与素数或可行数有关的树与Collatz型问题

在图论中把不含圈的无向连通图称为树.

猜想6.91 (2013年2月24日). 作一个顶点集为全体素数集的简单图T如下: 对于任一个素数p, 取最小素数$p_n > p$使有$0 < k < n$满足$p_n - p_{n-1} + \ldots + (-1)^{n-k} p_k = p$（依[183]中的猜测这样的素数$p_n$总存在）, 然后画条边连接顶点$p$与$p_n$. 则此图$T$必连通, 从而为树.

注记6.91. 猜测6.91首次公布于OEIS条目A222532. 显然图T不含圈, 所以T为树当且仅当T是连通的. 在图T中从素数2到素数71的路经过的顶点依次为

$$2, \ 5, \ 7, \ 13, \ 17, \ 23, \ 31, \ 37, \ 43, \ 53, \ 59, \ 67, \ 73,$$
$$83, \ 89, \ 101, \ 109, \ 113, \ 131, \ 149, \ 139, \ 107, \ 97, \ 79, \ 71.$$

2020年5月, 张昶在[255]中对任两个不同素数$p, q < 1.5 \times 10^7$验证了图T中存在从顶点p到顶点q的路.

猜想6.92 (2013年2月24日). 作一个顶点集为全体素数集的简单图G如下: 对于任一个素数p, 取使得$2(p+1)-q$为素数的最小素数$q>p$（依Goldbach猜想这样的q总存在）, 然后画条边连接顶点p与q. 则此图T必连通, 从而为树.

注记6.92. 此猜测首次公布于OEIS条目A222566. 显然图G不含圈, 所以G为树当且仅当G是连通的. 在图G中从素数2到素数67的路经过的顶点依次为

$$2,\ 3,\ 5,\ 7,\ 11,\ 13,\ 17,\ 19,\ 23,\ 29,\ 31,\ 41,\ 43,\ 47,\ 53,\ 61,\ 71,\ 73,\ 89,\ 83,\ 67.$$

2020年5月, 张昶在[255]中对任两个不同素数$p,q<1.5\times10^7$验证了图G中存在从顶点p到顶点q的路.

猜想6.93 (2013年2月24日). 作一个顶点集为全体可行数集的简单图H如下: 对于任一个可行数p, 取使得$2(p+1)-q$为可行数的最小可行数$q>p$（依[106]知这样的q总存在）, 然后画条边连接顶点p与q. 则此图H必连通, 从而为树.

注记6.93. 此猜测首次公布于OEIS条目A222603. 显然图H不含圈, 所以H为树当且仅当H是连通的.

1937年, L. Collatz提出如下著名猜想: 任给$a_1\in\mathbb{Z}_+$, 递归定义

$$a_{n+1}=\begin{cases}3a_n+1 & \text{如果}2\nmid a_n,\\ \dfrac{a_n}{2} & \text{如果}2\mid a_n,\end{cases}$$

则必有$N\in\mathbb{Z}_+$使得$a_N=1$. 这已被验证到$a_1\leqslant5.48\times10^{18}$, 有关进展可见[90].

猜想6.94 (2013年2月28日). 任给正整数n, 取最小的素数$p>n$使得$2(n+1)-p$为素数（依Goldbach猜想这样的素数p存在）, 然后定义

$$f(n)=\begin{cases}\dfrac{p+1}{2} & \text{如果}\ 4\mid p+1,\\ p & \text{此外.}\end{cases}$$

如果$a_1\in\{3,4,\ldots\}$且$a_{k+1}=f(a_k)\ (k=1,2,3,\ldots)$, 则必有正整数$N$使得$a_N=4$.

注记6.94. 此猜测首次公布于OEIS条目A213187, C. R. Greathouse IV对$a_1=3,\ldots,10^7$都验证了它. 例如: 取$a_1=45$时可按上法产生序列

$$45,\ 61,\ 36,\ 37,\ 24,\ 16,\ 17,\ 10,\ 6,\ 4,\ 5,\ 4,\ 5,\ 4,\ \ldots.$$

猜想6.95 (2013年2月27日). 任给正整数n, 取最小的可行数$q>n$使得$2(n+1)-q$为素数（已知这样的可行数q存在）, 然后定义

$$g(n)=\begin{cases}\dfrac{q}{2} & \text{如果}\ 4\mid q,\\ q & \text{此外.}\end{cases}$$

如果$a_1\in\{4,5,\ldots\}$且$a_{k+1}=g(a_k)\ (k=1,2,3,\ldots)$, 则必有正整数$N$使得$a_N=4$.

注记6.95. 此猜想首次公布于OEIS条目A198472. 例如: 如果取$a_1 = 316$, 则依上法产生的序列为

$$316, \ 330, \ 342, \ 378, \ 190, \ 110, \ 126, \ 64, \ 66, \ 78,$$
$$40, \ 42, \ 54, \ 28, \ 30, \ 16, \ 18, \ 10, \ 8, \ 6, \ 4, \ 6, \ 4, \ \ldots.$$

§6.7　关于整数模素数的逆元

整数k与正整数m互素时, k模m的逆元指满足$k_m^* \in \{1, \ldots, m\}$与$kk_m^* \equiv 1 \ (\mathrm{mod} \ m)$的唯一正整数$k_m^*$.

猜想6.96 (2014年5月14日). (i) 任给素数$p > 5$, 有素数$q < p$使得q模p的逆元q_p^*为平方数.

(ii) 任给整数$n > 1848$, 有素数$q < n$使得q模n的逆元q_n^*为平方数.

(iii) 任给整数$n > 2364$, 有正整数$k < \sqrt{n}$与素数$p < n$使得$pk^2 \equiv -1 \ (\mathrm{mod} \ n)$.

注记6.96. 此猜想的第一条发表于[191, 注记3.24], 作者对素数$p < 2 \times 10^8$进行了验证, 相关数据可见OEIS条目A242425; 例如: 17模素数239的逆元为15^2, 11模素数509 的逆元为18^2. 与猜想第二条有关的序列可见OEIS条目A242441与A242444.

猜想6.97. (i) (2019年5月23日) 任给素数$p > 80$, 有$k \in \{1, \ldots, p-1\}$使得$k + k_p^*$为平方数.

(ii) (2014年5月5日) 任给素数$p > 18$, 有$k \in \{1, \ldots, p-1\}$使得$k + k_p^*$为三角数.

注记6.97. 作者对素数$p < 4 \times 10^7$验证了此猜想. 第一条相关数据可见OEIS条目A308376. 例如: 17模素数23的逆元为19, 而且$17 + 19 = 6^2$.

猜想6.98 (2014年5月22日). 任何整数$n > 3$可表成$k+m$ ($k, m \in \mathbb{Z}_+$)使得k模p_k的逆元与m模p_m的逆元都是素数.

注记6.98. 此猜想发表于[191, 猜想3.24(i)], 作者对$n = 4, \ldots, 10^8$进行了验证. 有关数据可见OEIS条目A242753, A242754与A242755. 例如: $46 = 6 + 40$, 6模$p_6 = 13$的逆元是素数11, 40模p_{40} $= 173$的逆元是素数13. 猜想6.98蕴含着有无穷多个正整数k使得k模p_k的逆元为素数.

§6.8　写$n = x + y$使$f(x, y)$为素数

猜想6.99 (一般性假设, 2012年12月28日). 设$f_1(x, y), \ldots, f_m(x, y)$为非常数的整系数多项式. 又设对充分大的整数$n$, 诸$f_k(x, n-x)$ ($k = 1, \ldots, m$)均不可约, 且诸$\prod_{k=1}^{m} f_k(x, n-x)$ ($x \in \mathbb{Z}$)没有公共素因子. 则任何充分大的整数n都可表成$x + y$ ($x, y \in \mathbb{Z}_+$)使得$|f_1(x, y)|, \ldots, |f_m(x, y)|$都是素数.

注记6.99. 此一般性假设发表于[202, 猜想2.1]. 对比一下, 著名的Schinzel假设指下述断言: 如果$f_1(x), \ldots, f_m(x)$是首项系数为正的整系数不可约多项式, 而且诸$\prod_{k=1}^{m} f_k(x)$ ($x \in \mathbb{Z}$)无公共素因子, 则有无穷多个正整数n使得$f_1(n), \ldots, f_m(n)$都是素数.

猜想6.100 (2012年11月10日). 对于整数$n = 6, 7, \ldots$有素数$p < n$使得$6n \pm p$都是素数.

注记6.100. 此猜测发表于[202, 猜想2.3]并被验证到10^8. 对于$f_1(x,y) = x$, $f_2(x,y) = 5x + 6y$与$f_3(x,y) = 7x + 6y$, 应用猜想6.99可推出对充分大的正整数n有素数$p < n$使得$6n \pm p$ 都是素数.

1989年, 张明志问是否大于1的奇数都可表成$x + y$ $(x, y \in \mathbb{Z}_+)$使得$x^2 + y^2$为素数, 此问题可见[63, 第161页]与OEIS条目A036368. 作者的下述猜想强于张明志的猜测.

猜想6.101. (i) (2013年1月1日) 大于1的奇数都可表成正奇数x与正偶数y之和, 使得$x^2 + y^2$为素数而且Jacobi符号$\left(\frac{y}{x}\right)$等于1.

    (ii) (2012年12月16日) 大于1的奇数都可表成$x + y$ $(x, y \in \mathbb{Z}_+)$使得$3x \pm 1$与$x^2 + y^2$都是素数.

注记6.101. 此猜测以前未公开发表过.

猜想6.102 (2013年11月21日). 对任何$n \in \mathbb{Z}_+$, 可把奇数$2n + 1$表成$x + y$ $(x, y \in \mathbb{Z}_+)$使得$x^3 + y^2$与$x^2 + y^2$都为素数.

注记6.102. 此猜测发表于[202, 猜想2.14(iii)], 作者对$n \leqslant 10^7$进行了验证. 相应的表法数序列可见OEIS条目A232269, 下面是表法唯一的几个例子:

$$2 \times 10 + 1 = 1 + 20, \text{ 且 } 1^3 + 20^2 = 1^2 + 20^2 = 401\text{为素数},$$
$$2 \times 15 + 1 = 25 + 6, \text{ 且 } 25^3 + 6^2 = 15661\text{与}25^2 + 6^2 = 661\text{都为素数},$$
$$2 \times 40 + 1 = 55 + 26, \text{ 且 } 55^3 + 26^2 = 167051\text{与}55^2 + 26^2 = 3701\text{都为素数},$$
$$2 \times 91 + 1 = 85 + 98, \text{ 且 } 85^3 + 98^2 = 623729\text{与}85^2 + 98^2 = 16829\text{都为素数}.$$

猜想6.103 (2012年12月16日). 如果$m \in \{1, 2, 3, 4, 5, 6, 18\}$, 则任何正奇数$2n + 1$都可表成$x + y$ $(x, y \in \mathbb{N})$使得$x^m + 3y^m$为素数.

注记6.103. 此猜测发表于[202, 猜想2.25]. $m = 18$时相应表法数序列可见OEIS条目A220572, 例如: $5 = 1 + 4$且

$$1^{18} + 3 \times 4^{18} = 206158430209$$

为素数.

2005年, A. Murthy在OEIS条目A109909中猜测整数$n > 3$可表成$k + m$ $(k, m \in \mathbb{Z}_+)$使得$km - 1$为素数, 我们的下述猜想统一了这个猜测与孪生素数猜想.

猜想6.104 (2012年12月15日). 任何整数$n > 3$可表成$x + y$ $(x, y \in \mathbb{Z}_+)$使得$3x \pm 1$与$xy - 1$都为素数.

注记6.104. 此猜测发表于[202, 注记2.10]并被验证到10^9, 相应表法数序列可见OEIS条目A220431. 例如, 22有唯一合乎要求的表示法: $22 = 4 + 18$, 且$3 \times 4 \pm 1$与$4 \times 18 - 1 = 71$都是素数.

猜想6.105 (2012年11月3日). 任何整数$n > 1$可表成$x + y$ $(x, y \in \mathbb{Z}_+)$使得$n^2 + xy = x^2 + 3xy + y^2$为素数.

注记6.105. 此猜测及相关表法数序列可见OEIS条目A218564. 它的加强形式发表于[202, 猜想2.14 (ii)]. 这里给个表法唯一的例子: $12 = 5 + 7$, 且$12^2 + 5 \times 7 = 179$为素数.

猜想6.106 (2013年11月10日). 任何整数$n > 1$可表成$x + y$ $(x, y \in \mathbb{Z}_+)$使得$T(x) + y^2$为素数.

注记6.106. 此猜测发表于[202, 猜想3.2(i)]并被验证到3×10^7, 相应表法数序列可见OEIS条目A228425. 这里给个表法唯一的例子: $18 = 7 + 11$, 且$T(7) + 11^2 = 28 + 121 = 149$为素数. 猜想6.106蕴含着$T(x) + y^2$ $(x, y \in \mathbb{Z}_+)$形素数(参见OEIS条目A228424)有无穷多个.

猜想6.107 (2012年12月14日). 任何正整数n可表成$x + y$ $(x, y \in \mathbb{N})$使得$x^3 + 2y^3$为素数.

注记6.107. 此猜测发表于[202, 猜想2.23]并被验证到10^8, 相应表法数序列可见OEIS条目A220413. 这里给个表法唯一的例子: $22 = 1 + 21$, 且$1^3 + 2 \times 21^3 = 18523$为素数. 猜想6.107显然蕴含着D. R. Heath-Brown的下述著名结果: $x^3 + 2y^3$ $(x, y \in \mathbb{Z}_+)$形素数有无穷多个(参见[67]).

显然, $4 + n(n-4) = (n-2)^2$且$(n-4)^2 + n \times 4^2 = (n+4)^2$. 与此相对照, 我们有下述涉及素数的猜想.

猜想6.108 (2013年11月20日). 任何整数$n > 1$可表成$x + y$ $(x, y \in \mathbb{Z}_+)$使得$x + ny$与$x^2 + ny^2$都为素数.

注记6.108. 此猜测发表于[202, 猜想2.21(i)], 在[202, 注记2.21]中作者宣布为此猜测的首个完整解答设立200美元奖金. 相应的表法数序列可见OEIS条目A232174, 下面是表法唯一的例子:

$$2 = 1 + 1, 且1 + 2 \times 1 = 1^2 + 2 \times 1^2 = 3为素数;$$

$$5 = 3 + 2, 且3 + 5 \times 2 = 13与3^2 + 5 \times 2^2 = 29都为素数;$$

$$8 = 5 + 3, 且5 + 8 \times 3 = 29与5^2 + 8 \times 3^2 = 97都为素数;$$

$$14 = 9 + 5, 且9 + 14 \times 5 = 79与9^2 + 14 \times 5^2 = 431都为素数;$$

$$19 = 13 + 6, 且13 + 19 \times 6 = 127与13^2 + 19 \times 6^2 = 853都为素数;$$

$$20 = 11 + 9, 且11 + 20 \times 9 = 191与11^2 + 20 \times 9^2 = 1741都为素数;$$

$$24 = 5 + 19, 且5 + 24 \times 19 = 461与5^2 + 24 \times 19^2 = 8689都为素数;$$

$$32 = 23 + 9, 且23 + 32 \times 9 = 311与23^2 + 32 \times 9^2 = 3121都为素数;$$

$$54 = 35 + 19, 且35 + 54 \times 19 = 1061与35^2 + 54 \times 19^2 = 20719都为素数;$$

$$68 = 45 + 23, 且45 + 68 \times 23 = 1609与45^2 + 68 \times 23^2 = 37997都为素数;$$

$$101 = 98 + 3, 且98 + 101 \times 3 = 401与98^2 + 101 \times 3^2 = 10513都为素数;$$

$$168 = 125 + 43, 且125 + 168 \times 43 = 7349与125^2 + 168 \times 43^2 = 326257都为素数.$$

作者对$n = 2, \ldots, 10^8$验证了猜想6.108, 此猜测蕴含着有无穷多个素数形如$x^2 + (x + y)y^2$ $(x, y \in \mathbb{Z}_+)$.

猜想6.109 (2012年12月16日). 任给整数$n > 1$, 可把$2n$写成$p + q$, 这里p为Sophie Germain素数, q为正整数而且$(p-1)^2 + q^2$为素数.

注记6.109. 此猜测发表于[202, 猜想2.13], 相应表法数序列可见OEIS条目A220554. 例如: $32 = 11 + 21$, 这里11为Sophie Germain素数, 而且$(11-1)^2 + 21^2 = 541$也是素数.

猜想6.110 (2013年11月11日). 任何整数$n > 1$可表成$k + m$ $(k, m \in \mathbb{Z}_+)$使得$2^k + m = n + 2^k - k$为素数.

注记6.110. 此猜测发表于[202, 猜想3.6(i)]并被验证到10^7, 相关序列可见OEIS条目A231201与A231557. 下面是几个表法唯一的例子:

$$8 = 3 + 5, \ 2^3 + 5 = 13为素数;$$
$$53 = 20 + 33, \ 2^{20} + 33 = 1048609为素数;$$
$$64 = 13 + 51, \ 2^{13} + 51 = 8243为素数.$$

又如:

$$9302003 = 311468 + 8990535 \ 且 \ 2^{311468} + 8990535 \ 是个93762位素数.$$

作者在[184]中已证$\{2^k - k : k \in \mathbb{Z}_+\}$包含模任何正整数的完全剩余系, 并在[202, 注记3.6]中宣布为猜想6.110的首个完整解答提供1000美元奖金.

猜想6.111 (2013年10月14日). 任何整数$n > 3$可表成$p + q$ $(q \in \mathbb{Z}_+)$使得p与$\frac{p+1}{2}q + 1$都是素数.

注记6.111. 此猜测发表于[202, 猜想2.17]并被验证到10^8, 相应表法数序列可见OEIS条目A230254. 这里给个表法唯一的例子: $30 = 2 + 28$, 且$(2+1)28/2 + 1 = 43$为素数.

猜想6.112 (2012年11月30日). 任何整数$n > 7$可表成$p + q$ $(q \in \mathbb{Z}_+)$使得p与$2pq + 1$都为素数.

注记6.112. 此猜测发表于[202, 猜想2.16]并被验证到10^9, 相应表法数序列可见OEIS条目A219864. 这里给个表法唯一的例子: $263 = 83 + 180$, 且83与$2 \times 83 \times 180 + 1 = 29881$都是素数.

猜想6.113 (2013年11月20日). 任何整数$n > 2$可表成$p + q$ $(q \in \mathbb{Z}_+)$使得p与$p^3 + nq^2$都为素数.

注记6.113. 此猜测发表于[202, 猜想2.21(iii)], 并被验证到10^8. 相应的表法数序列可见OEIS条目A232186, 下面是表法唯一的两个例子:

$$10 = 7 + 3, \ 并且7与7^3 + 10 \times 3^2 = 433都为素数;$$
$$124 = 19 + 105, \ 并且19与19^3 + 124 \times 105^2 = 1373959都为素数.$$

猜想6.113蕴含着有无穷多个素数形如$p^3 + (p+q)q^2 = p^3 + pq^2 + q^3$(其中$p$为素数, q为正整数). 根据Heath-Brown与B. Z. Moroz在[69]中的一个结果, 有无穷多个形如$x^3 + (x+y)y^2$ $(x, y \in \mathbb{Z}_+)$的素数.

§6.9 其他与素数有关的表示

如果自然数n表成$k+m$ $(k,m\in\mathbb{N})$, 自然有$k\in\{0,\ldots,n\}$且$m=n-k$.

猜想6.114 (2012年12月18日). 任给正整数n, 必有$k\in\{0,\ldots,n\}$使得$n+k$与$n+k^2$都是素数.

注记6.114. 此猜测发表于[202, 猜想2.18], 并被验证到10^8. 相关的序列可见OEIS条目A185636与A204065. 作者在[202, 注记2.18]中宣布为猜想6.114的解答提供100美元奖金. 著名的Bertrand假设（由Chebyshev在1852年证明）断言对任何正整数n 区间$[n,2n]$中必有素数. 类似于猜想6.114, 2013年作者猜测对每个正整数n有$k\in\{0,\ldots,n-1\}$使得$n+k^3$为可行数(参见OEIS 条目A210531).

猜想6.115 (2012年12月28日). 任给整数$n>1$, 有正整数$k\leqslant 2n$ 使得n^2-k与$n+k$都是素数.

注记6.115. 此猜测蕴含着$n>1$为整数时$n(n+1)$可表成两个素数之和, 它也蕴含着两个不同的正平方数之间必有素数(由Legendre所猜测).

猜想6.116 (2012年12月20日). (i) 任给正整数n, 必有$k\in\{1,\ldots,n\}$使得$n+k$与$kn+1$都是素数.

(ii) 任给整数$n>1$, 必有$k\in\{1,\ldots,n\}$使得$3k\pm1$与$kn+1$都是素数.

(iii) 任给整数$n>3$, 必有$k\in\{1,\ldots,n\}$使得$kn+1$与$k(n-k)+1$都是素数.

注记6.116. 此猜测第三条发表于[202, 猜想2.10(i)]. 2001年A. Murthy在OEIS条目A034693中猜测对任何$n\in\mathbb{Z}_+$有正整数$k\leqslant n$使得$kn+1$为素数.

猜想6.117 (2013年4月15日). (i) 对每个正整数n, 有正整数$k\leqslant 4\sqrt{n+1}$使得n^2+k^2为素数.

(ii) 任给整数$n>4$, 有正整数$k<n$使得$2n+k$与$2n^3+k^3$同为素数.

注记6.117. 此猜测发表于[202, 猜想2.19与猜想2.24]. 例如: 使63^2+k^2为素数的最小正整数k恰为$4\sqrt{63+1}=32$, 注意$2\times7+5=19$与$2\times7^3+5^3=811$都是素数. 作者把猜想6.117(ii)验证到10^8, 相应的序列可见OEIS条目A224030.

猜想6.118. (i) (2012年12月9日) 任何整数$n>2$可表成x^2+y $(x,y\in\mathbb{Z}_+)$使得$2xy-1$为素数, 亦即对每个$n=3,4,\ldots$有个素数形如$2k(n-k^2)-1$ $(k\in\mathbb{Z}_+)$.

(ii) (2013年10月21日) 整数$n>1$都可表成x^2+y $(x,y\in\mathbb{N})$使得$2y^2-1$为素数, 亦即对每个$n=2,3,4,\ldots$有自然数$k\leqslant\sqrt{n}$使得$2(n-k^2)^2-1$为素数.

注记6.118. 此猜测发表于[202, 猜想3.4-3.5], 第一条与第二条分别被验证到3×10^9与10^8, 相应表法数序列可见OEIS条目A220272与A230494. 例如: $18=3^2+9$且$2\times3\times9-1=53$为素数, $9=1^2+8$且$2\times8^2-1=127$为素数.

猜想6.119 (2012年10月15日). 任何正整数n可表成$T(x)+y$ $(x,y\in\mathbb{N})$使得$T(y)+1$为素数.

注记6.119. 此猜测发表于[202, 猜想3.3], 相应表法数序列可见OEIS条目A229166. 这里给两个表法唯一的例子: $34=T(5)+19$且$T(19)+1=191$为素数, $60=T(0)+60$ 且$T(60)+1=1831$为素数.

猜想6.120 (2016年9月19日). 任何整数 $n > 1$ 可表成一个正立方数与一个殆素数 P_2 之和, 这里 P_2 是1或者素数或者两个素数的乘积.

注记6.120. 此猜测相应表法数可见OEIS条目A276825. 下面是表法唯一的例子:

$$7 = 1^3 + 2 \times 3, \ 17 = 2^3 + 3^2, \ 28 = 3^3 + 1, \ 76 = 3^3 + 7^2, \ 995 = 6^3 + 19 \times 41, \ 1072 = 5^3 + 947,$$

$$1252 = 9^3 + 523, \ 1574 = 7^3 + 1231, \ 1637 = 7^3 + 2 \times 647, \ 2458 = 5^3 + 2333,$$

$$2647 = 12^3 + 919, \ 2752 = 5^3 + 37 \times 71, \ 2764 = 11^3 + 1433, \ 3275 = 1^3 + 2 \times 1637.$$

猜想6.121 (2015年8月17日). 任何正有理数 r 可表成 $\frac{m}{n}$ ($m, n \in \mathbb{Z}_+$) 使得 $(m \pm 1)^2 + n^2$ 与 $m^2 + (n \pm 1)^2$ 都是素数.

注记6.121. 此猜测发表于[202, 定理4.10], 作者对 $r = \frac{a}{b}$ ($a, b \in \{1, \ldots, 60\}$) 进行了验证. 相关数据可见OEIS条目A261382. 如果 m 与 n 为正整数, 且 $(m \pm 1)^2 + n^2$ 与 $m^2 + (n \pm 1)^2$ 都是素数, 易证 $m = n = 2$ 或者 $m \equiv n \equiv 0 \pmod 5$.

猜想6.122 (2013年10月11日). 令

$$P = \{p : \ p, \ p + 6, \ 3p + 8 \ \text{都是素数}\}.$$

任给整数 $n > 6$, 可写 $2n + 1 = p + q + r$ 使得 $p, q, r \in P$ 而且 $p + q + 9$ 为素数.

注记6.122. 此猜测发表于[202, 猜想3.14], 它不仅蕴含着已解决的奇数版本的Goldbach猜想, 也蕴含着偶数版本的Goldbach猜想. 相关数据可见OEIS条目A230217与A230219. 这里给个表法唯一的例子: $37 = 7 + 13 + 17$, 而且

$$7, \ 7 + 6 = 13, \ 3 \times 7 + 8 = 29,$$

$$13, \ 13 + 6 = 19, \ 3 \times 13 + 8 = 47,$$

$$17, \ 17 + 6 = 23, \ 3 \times 17 + 8 = 59$$

与 $7 + 13 + 9 = 29$ 都是素数.

猜想6.123 (2013年10月12日). 令

$$P' = \{p : \ p, \ 3p - 4, \ 3p - 10, \ 3p - 14 \ \text{都是素数}\}.$$

则对任意的整数 $n > 17$ 可写 $2n = p + q + r + s$ 使得 $p, q, r, s \in P'$.

注记6.123. 此猜测发表于[202, 猜想3.15], 相关数据可见OEIS条目A230223与A230224. 注意这样一个表示涉及16个素数! 这里给个表法唯一的例子: $54 = 7 + 11 + 17 + 19$, 而且

$$7, \ 3 \times 7 - 4 = 17, \ 3 \times 7 - 10 = 11, \ 3 \times 7 - 14 = 7,$$

$$11, \ 3 \times 11 - 4 = 29, \ 3 \times 11 - 10 = 23, \ 3 \times 11 - 14 = 19,$$

$$17, \ 3 \times 17 - 4 = 47, \ 3 \times 17 - 10 = 41, \ 3 \times 17 - 14 = 37,$$

$$19, \ 3 \times 19 - 4 = 53, \ 3 \times 19 - 10 = 47, \ 3 \times 19 - 14 = 43$$

都是素数.

§6.10 模素数的幂剩余与原根

如果整数a, b, c满足$a^2 + b^2 = c^2$, 我们就称三元组(a, b, c)为勾股数组(Pythagorean triple). 显然$a \in \mathbb{Z}$时$(2a, a^2 - 1, a^2 + 1)$为勾股数组.

猜想6.124 (2021年5月11日). (i) 任给素数$p > 828$, 有正整数a使得$2a, a^2 - 1, a^2 + 1$都是集合$\{1, \ldots, p-1\}$中模p的平方剩余.

(ii) 任给素数$p > 3120$, 有正整数a使得$2a, a^2 - 1, a^2 + 1$都是$\{1, \ldots, p-1\}$中模p的平方非剩余.

注记6.124. 此猜测公布于OEIS条目A344620与A344621, 作者对$p < 5 \times 10^9$ 进行了验证. 对于素数$p > 5$, 显然$1^2 + 1 = 2$, $2^2 + 1 = 5$与$3^2 + 1 = 10$这三个数之一是模p的平方剩余.

猜想6.125 (2021年5月11日). 设p为奇素数, 则有素数$q < p$使得q为模p的平方非剩余, 而且$q \in \{n^3 + 2(r-1)^3 : n \in \mathbb{N}$且$r$为素数$\}$.

注记6.125. 作者对2×10^9下的奇素数验证了此猜测, 相关数据与类似猜测可见OEIS 条目A344173与A344174. 例如: 3是素数, 且素数$1^3 + 2(3-1)^3 = 17$是模素数71的平方非剩余.

猜想6.126 (2014年4月26日). (i) 任给整数$n > 4$, 有Fibonacci数$F_k < \frac{n}{2}$ $(k \in \mathbb{N})$使得同余方程$x^2 \equiv F_k \pmod{n}$没有整数解.

(ii) 任给整数$n > 2$, 有Lucas数$L_k < n$ $(k \in \mathbb{N})$使得$x^2 \equiv L_k \pmod{n}$无整数解.

注记6.126. 此猜测发表于[215, 猜想2.1(i)与猜想2.2(i)], 第一条与第二条分别被验证到3×10^9与10^9. 相关数据可见OEIS条目A241568, A241604与A241675; 例如: $x^2 \equiv F_5 = 5 \pmod{23}$无整数解, 同余方程$x^2 \equiv L_{10} = 123 \pmod{167}$也没有整数解. 猜想6.126第一条等价于说对任何素数$p > 3$有个小于$\frac{p}{2}$的Fibonacci数为模p的平方非剩余. 作者在[215, 第2节]中给出了不严格的启发式论据(heuristic arguments)来解释猜想6.126的合理性.

猜想6.127 (2014年4月20日). (i) 任给素数$p > 7$, 有素数$q < p$使得$2^q - 1$为模p的平方剩余.

(ii) 任给素数$p > 5$, 有素数$q < p$使得$2^q + 1$为模p的平方非剩余.

注记6.127. 此猜测发表于[215, 猜想2.4], 已对$p < 10^8$检验过. 相关数据可见OEIS条目A235709与A235712; 例如: $2^3 - 1 = 7$是模素数19的平方剩余, $2^2 + 1 = 5$则是模素数7的平方非剩余. 注意$2^3 + 1 = 3^2$是模任何素数$p > 3$的平方剩余.

猜想6.128 (2014年5月11日). 设素数p模3余1, 则有正整数k使得$2^k - 1$小于$\frac{p}{2}$且为模p的立方非剩余.

注记6.128. 此猜测发表于[215, 猜想2.3]. 例如: 模素数$p = 4667629$的最小的$2^k - 1$ $(k \in \mathbb{Z}_+)$形立方非剩余为$2^{15} - 1 = 32767$.

给定素数 p, 整数 g 为(模)p 的原根指

$$\{g^k + p\mathbb{Z} : k = 1, \ldots, p-1\} = \{r + p\mathbb{Z} : r = 1, \ldots, p-1\}.$$

已知任何素数都有原根.

猜想6.129 (2014年4月23日). *每个素数 p 有个原根 $g < p$ 形如 $n^2 + 1$ $(n \in \mathbb{N})$.*

注记6.129. 此猜测及有关数据最早公开于OEIS条目A239957, 也参见OEIS条目A241476; 例如: $9^2 + 1 = 82$ 是素数151的原根. 在2014年4月作者对小于 10^7 的素数进行了检验; 2014年5月, C. Greathouse 在[51]中报告说他对 10^{10} 下素数都进行了验证. 猜想6.129正式发表于[215, 猜想3.1(i)], 在[215, 注记3.1]中作者宣布为猜想6.129的首个完整解答提供2000元人民币奖金. 作者还有些类似猜测: 素数 $p > 3$ 有个原根 $g < p$ 为三角数, 素数 $p > 7$ 有个原根 $g < p$ 形如 $k(k+1)$ $(k \in \mathbb{N})$; 参见[215, 猜想3.1(ii)]与OEIS条目A239963和A241492.

猜想6.130 (2014年5月10日). *奇素数 p 总有个原根 $g < p$ 为前若干个素数之和, 即形如 $S_n = p_1 + \ldots + p_n$ $(n \in \mathbb{Z}_+)$.*

注记6.130. 此猜测正式发表于[215, 猜想3.2(i)], 作者对 10^9 下奇素数都进行了验证. 有关数据可见OEIS条目A242266与A242277, 例如: 前十个素数之和 $S_{10} = 129$ 为素数 $p = 241$ 的原根.

猜想6.131 (2014年4月24日). *每个素数 q 有个原根 $g < q$ 形如 $p(n)$ $(n \in \mathbb{Z}_+)$, 这里 $p(\cdot)$ 为分拆函数.*

注记6.131. 此猜测正式发表于[191, 猜想4.10(i)], 作者对 10^9 下素数都进行了验证. 有关数据可见OEIS条目A241504, 例如: $p(20) = 627$ 是素数 $q = 55441$ 的原根.

猜想6.132 (2018年5月24日). *每个奇素数 p 有个原根 $g < p$ 形如 $\binom{2k}{k} + \binom{2m}{m}$ $(k, m \in \mathbb{N})$, 也有原根 $g < p$ 形如 $C_k + C_m$ $(k, m \in \mathbb{N})$.*

注记6.132. 此猜测发表于[215, 猜想3.8], 相关数据可见OEIS 条目A305030, 作者对小于 10^9 的奇素数验证了猜想6.132的前一断言. 例如: $\binom{2 \times 0}{0} + \binom{2 \times 1}{1} = 3$ 为素数7的原根,

$$\binom{2 \times 3}{3} + \binom{2 \times 3}{3} = 40 \quad \text{与} \quad \binom{2 \times 1}{1} + \binom{2 \times 4}{4} = 72$$

都是素数109的原根.

猜想6.133 (2018年5月24日). *每个素数 $p > 7$ 有个原根 $g < p$ 形如 $5^k + 10^m$ $(k, m \in \mathbb{N})$.*

注记6.133. 此猜测发表于[215, 猜想3.7], 相关数据可见OEIS 条目A305048, 作者对区间 $(7, 10^9)$ 中素数验证了猜想6.133的前一断言. 例如: $5^2 + 10^0 = 26$ 为模素数43的原根, $5^0 + 10 = 11$ 为模素数2311的原根, $5 + 10^3 = 1005$ 为模素数2521的原根, $5^5 + 10 = 3135$ 为模素数6276271的原根.

猜想6.134 (2019年). (i) 每个素数p有个原根$g < p$使得g为两个Fibonacci数之积, 甚至可要求g形如kF_m ($k \in \{1, 2, 3\}$且$m \in \mathbb{Z}_+$).

(ii) 每个素数p有个原根$g < p$使得g为两个Lucas数之积.

注记6.134. 此猜测正式发表于[215, 猜想3.6], 作者对$p < 5 \times 10^9$与$p < 10^9$分别验证了第一条与第二条. 有关数据可见OEIS条目A331506, 例如: $15 = 3 \times 5 = F_4 F_5$是素数439的原根.

猜想6.135. (i) (2014年5月7日) 任给素数p, 有正整数$k \leqslant \sqrt{p+2} + 2$使得$F_k + 1$为模$p$的原根.

(ii) (2014年5月21日) 任给素数p, 有正整数$k < \sqrt{p} + 2$使得$L_k + 1$为模p的原根.

注记6.135. 此猜测发表于[215, 猜想2.1(iii)和猜想2.2(iii)], 作者对10^8下素数都进行了验证. 注意没有Fibonacci数是模素数3001的原根, 也没有Lucas数是模素数28657 的原根.

猜想6.136 (2014年4月22日). 任给素数$p > 3$, 有素数$q < \frac{p}{2}$使得Mersenne数$M_q = 2^q - 1$为模p的原根.

注记6.136. 此猜测正式发表于[215, 猜想3.3(i)], 作者对10^7下大于3的素数都进行了验证. 有关数据可见OEIS条目A236966; 例如: 17小于$\frac{37}{2}$, 并且$2^{17} - 1 = 131071$是素数37的原根. 我们甚至还不会证明有正整数n使得$2^n - 1$为模奇素数p的平方非剩余.

猜想6.137 (2014年4月21日). 任给素数$p > 3$, 有素数$q < \frac{p}{2}$使得Catalan数C_q为模p的原根.

注记6.137. 此猜测发表于[215, 猜想3.11(i)], 作者对10^8 下大于3的素数都进行了验证. 有关数据可见OEIS条目A236308; 例如: 7是小于$\frac{41}{2}$的素数, 而且$C_7 = 429$是模素数41的原根.

猜想6.138 (2014年5月7日). 任给素数$p > 3$, 有素数$q < p$使得Bernoulli数B_{q-1}为模p的原根.

注记6.138. 此猜测发表于[215, 猜想3.9(i)], 作者对10^8下大于3的素数都进行了验证. 有关数据可见OEIS条目A242210与A242213; 例如: 素数17小于素数19, $B_{17-1} = -3617/510 \equiv -4 \pmod{19}$, 而且$-4$是模素数19的原根. 更多类似猜测可见[215, 猜想3.9-3.11].

根据[62, 第377页], P. Erdős曾问是否充分大的素数都有个小于它的素数原根.

猜想6.139 (2014年5月11日). 任给奇素数p, 有素数$q < p$使得q与$2^q - q$都是模p的原根.

注记6.139. 此猜测发表于[215, 猜想3.4], 有关数据可见OEIS条目A242345. 作者对10^8下奇素数都进行了验证, 例如: 67是唯一的素数$q < 71$使得q与$2^q - q$都是模素数71的原根.

猜想6.140 (2014年4月21日). 任给素数$p > 7$, 有素数$q < p$使得q与$q!$都是模p的原根.

注记6.140. 此猜测发表于[215, 猜想3.5], 作者对10^8下大于7的素数都进行了验证. 有关数据可见OEIS条目A236306, 例如: 素数3与$3! = 6$都是模素数17的原根.

猜想6.141 (2014年5月9日). 任给素数$p > 3$, 有正整数$g < p$使得$g, 2^g - 1, (g - 1)!$都是模p的原根.

注记6.141. 此猜测发表于[215, 猜想3.3(ii)], 作者对10^7下大于3的素数都进行了验证. 有关数据可见OEIS条目A242248与A242250. 例如: 34是唯一的正整数$g < 43$使得$g, 2^g - 1, (g-1)!$都是模素数43的原根.

猜想6.142 (2015年8月6日). 任给素数$p > 7$, 有三边长度都属于$\{1, \ldots, p-1\}$的直角三角形使其面积为模p的原根.

注记6.142. 此猜测发表于[215, 猜想4.3(i)], 作者对区间$(10, 10^5)$中的素数p进行了验证, 有关数据可见OEIS条目A260960. 例如: 对于素数$p = 17$, 勾三股四弦五的直角三角形的面积6是模17的原根.

猜想6.143 (2017年10月2日). 有无穷多个素数p使得$\varphi(p-1)$为模p的原根 (其中φ为Euler函数), 而且不超过x的这种素数p的个数渐进主项为$c\frac{x}{\log x}$, 其中c是个正常数.

注记6.143. 猜想6.143发表于[215, 猜想4.5], 根据计算作者猜测$0.361 < c < 0.362$. 那些以$\varphi(p-1)$为原根的素数p可见OEIS条目A293213, 例如: $\varphi(5-1) = 2$是模5的原根. 对于素数p, 已知$1, \ldots, p-1$中恰有$\varphi(p-1)$个为模p的原根.

猜想6.144 (2014年6月11日). 任给正整数m, 有无穷多个正整数n使得连续$m+1$个素数$p_n, \ldots, p_{n+m}$中每一个都是模所有其余的原根.

注记6.144. 此猜测首次公布于OEIS条目A243837, 也可参见[215, 猜想4.4]. 使得连续四个素数$p_n, p_{n+1}, p_{n+2}, p_{n+3}$中每一个是模其余的原根的最小正整数$n$是8560, 参见OEIS条目A243839. 潘颢与孙智伟在[125]中利用Maynard-Tao定理证明了广义Riemann假设之下猜想6.144成立.

猜想6.145 (2014年6月12日). (i) 任给整数$n > 2$, 有正整数$k < n$使得p_k既是模p_n的原根也是模p_{2n}的原根.

(ii) 对于素数$p > 7$, 有正整数$g < p$使得g是模p与模p'的公共原根, 这里p'指最小的大于p的素数.

注记6.145. 此猜测及相关数据可见OEIS条目A243847. 例如: $p_1 = 2$是模$p_3 = 5$与$p_6 = 13$的公共原根.

猜想6.146 (2017年8月29日). (i) 设p与q为素数, 则有正整数$g \leqslant \sqrt{4pq+1}$使得g既是模p的原根也是模q的原根. 如果进一步要求$g < \sqrt{pq}$, 则仅有的例外对$\{p, q\}$有下述15个:

$$\{2,3\}, \ \{2,11\}, \ \{2,13\}, \ \{2,59\}, \ \{2,131\}, \ \{2,181\},$$

$$\{3,7\}, \ \{3,31\}, \ \{3,79\}, \ \{3,191\}, \ \{3,199\}, \ \{5,271\}, \ \{7,11\}, \ \{7,13\}, \ \{7,71\}.$$

(ii) 如果$q_1, \ldots, q_n$为素数且$\max\{q_1, \ldots, q_n\}$足够大, 则有正整数$g \leqslant n!(q_1 \ldots q_n)^{1/n}$使得$g$是模诸$q_k$ $(k = 1, \ldots, n)$的公共原根.

注记6.146. 此猜测是受中国剩余定理启发而来, 发表于[215, 猜想4.1]. 作者对素数$p,q < 2\times 10^5$验证了猜想6.146第一条, 有关数据可见OEIS条目A291690, 例如: $19 = \lfloor\sqrt{4\times 7\times 13 + 1}\rfloor$ 既是模7的原根也是模13的原根. 我们的计算数据暗示: 如果三个素数$q_1 \leqslant q_2 \leqslant q_3$没有公共正原根$g \leqslant 6\sqrt[3]{q_1 q_2 q_3}$, 则$(q_1, q_2, q_3)$仅可能是下面13个三元组之一:

$$(3,5,43),\ (3,7,13),\ (3,7,19),\ (3,7,67),\ (3,7,127),\ (3,7,151),\ (3,7,421),$$
$$(3,13,127),\ (3,31,43),\ (5,13,31),\ \ (7,11,523),\ (7,23,127),\ (31,37,79).$$

作者观察到素数$3,31,43,991$的最小公共正原根为1439, 而且$1439/(3\times 31\times 43\times 991)^{1/4} \approx 32.25$.

猜想6.147 (2014年5月22日). 任何整数$n > 1$可表成$k + m$ $(k, m \in \mathbb{Z}_+)$使得k是模p_k的原根且m是模p_m的原根.

注记6.147. 此猜测发表于[191, 猜想3.24(ii)], 作者对$n = 3, 4, \ldots, 3\times 10^5$进行了验证. 有关数据可见OEIS条目A242748, A242750与A242752. 例如: $53 = 3 + 50$, 3 为模$p_3 = 5$的原根, 且50是模$p_{50} = 229$的原根. 猜想6.147蕴含着有无穷多个正整数k使得k为模p_k的原根.

猜想6.148 (2014年6月1日). 设$n > 6$为整数.
   (i) 有素数$p < n$使得pn为模p_n的原根.
   (ii) 有素数$q < n$使得$q(n - q)$为模p_n的原根.

注记6.148. 此猜测发表于[191, 猜想3.25], 作者对$n = 7, \ldots, 2\times 10^5$进行了验证. 有关数据可见OEIS条目A243164与A243403. 例如: 5为小于10的素数且$5\times 10 = 50$为模$p_{10} = 29$的原根, 17是小于27的素数且$17(27 - 17) = 170$是模$p_{27} = 103$的原根.

§6.11 容许集

对于整数集$\mathbb{Z}$的子集S, 如果对任何素数p集合S都不包含模p的完全剩余系, 则称$S \subseteq \mathbb{Z}$为容许集(admissible set). 根据Schinzel假设, $S \subseteq \mathbb{Z}$为有限容许集时有无穷多个整数x使得诸$x + s$ $(s \in S)$都为素数. 张益唐在相邻素数间隔方面的著名工作[257]与容许集有关。

对于有限容许集S, 其直径$H(S)$指$\max S - \min S$. 对于正整数k, 我们定义

$$H(k) = \min\{H(S): S \subseteq \mathbb{Z}\text{且}|S| = k\}.$$

易见序列$(H(k))_{k\geqslant 1}$严格上升.

猜想6.149 (2013年6月28日). (i) 序列$(\sqrt[n]{H(n)})_{n\geqslant 3}$严格递减到极限1.
   (ii) 对于整数$n > 4$, 我们有不等式

$$0 < \frac{H(n)}{n} - H_n < \frac{\gamma + 2}{\log n},$$

其中H_n指调和数$1 + \frac{1}{2} + \ldots + \frac{1}{n}$, γ为Euler常数$0.577\ldots$.

注记6.149. 作者对$n = 5, 6, \ldots, 5000$验证了此猜想的第二条.

猜想6.150 (2013年6月28日). 每个整数 $n > 4$ 都可表成 $H(j) + \frac{H(k)}{2}$ 的形式, 其中 j 与 k 为大于1的整数.

注记6.150. 此猜测及相关数据公开于OEIS条目A227083. 例如:

$$25 = 12 + \frac{26}{2} = H(5) + \frac{H(8)}{2}.$$

第7章 数论函数

本章包含了作者提出的75个关于数论函数的猜测. 涉及的数论函数主要有Euler 函数φ, 因子和函数σ, 不超过x的素数个数$\pi(x)$及类似函数, 分拆函数$p(n)$与严格分拆函数$q(n)$.

§7.1 Euler函数与因子和函数

猜想7.1 (2015年9月24日). 诸

$$\sum_{k=m}^{n} \frac{1}{\varphi(k^2)} \quad (m, n \in \mathbb{Z}_+ \text{且} \min\{2, n\} \leqslant m \leqslant n)$$

的小数部分两两不同.

注记7.1. 易见诸$\varphi(n^2) = n\varphi(n)$ $(n = 1, 2, 3, \ldots)$两两不同. D. Krachun与孙智伟[89]证明了每个正有理数都可表成$\frac{\varphi(m^2)}{\varphi(n^2)}$的形式, 其中$m, n \in \mathbb{Z}_+$.

猜想7.2 (2014年1月6日). 如果正整数n满足$\sigma(n^2) = \sigma((n+1)^2)$, 则必$n = 4$.

注记7.2. 易见$\sigma(4^2) = 31 = \sigma(5^2)$.

猜想7.3 (2020年4月24日). (i) 任给正整数k与m, 必有与m互素的正整数n使得$\varphi(mn) = \varphi(m)\varphi(n)$是正整数的$k$次方.

(ii) 任给正整数k与m, 必有与m互素的正整数n使得$\sigma(mn) = \sigma(m)\sigma(n)$是正整数的$k$次方.

注记7.3. 对$m = 1, \ldots, 226$我们都找到了最小的与m互素的正整数n使得$\varphi(mn) = \varphi(m)\varphi(n)$为四次方, 具体数据可见OEIS条目A334350; 例如: 167与370517977互素, 且

$$\varphi(167 \times 370517977) = \varphi(167)\varphi(370517977) = 166 \times 370517976 = 61505984016 = 498^4.$$

对$m = 1, \ldots, 127$我们都找到了最小的与m互素的正整数n使得$\sigma(mn) = \sigma(m)\sigma(n)$为四次方, 具体数据可见OEIS条目A334353; 例如: 64与1851519543互素, 且

$$\sigma(64 \times 1851519543) = \sigma(64)\sigma(1851519543) = 127 \times 2654704368 = 337147454736 = 762^4.$$

读者也可参考OEIS条目A334337与A334339.

猜想7.4 (2013年12月21日). 对不整除6的正整数n, 有正整数$k < n$使得$k\varphi(n-k) + 1$为平方数.

注记7.4. 此猜测被验证到10^6. 相应的表法数序列可见OEIS条目A234246, 下面是表法唯一的例子:

$$4 = 3+1, \ 3\varphi(1)+1 = 2^2; \quad 5 = 3+2, \ 3\varphi(2)+1 = 2^2;$$
$$8 = 4+4, \ 4\varphi(4)+1 = 3^2; \quad 9 = 8+1, \ 8\varphi(1)+1 = 3^2;$$
$$12 = 2+10, \ 2\varphi(10)+1 = 3^2; \quad 13 = 4+9, \ 4\varphi(9)+1 = 5^2;$$
$$24 = 12+12, \ 12\varphi(12)+1 = 7^2; \quad 33 = 3+30, \ 3\varphi(30)+1 = 5^2;$$
$$49 = 38+1, \ 48\varphi(1)+1 = 7^2.$$

猜想7.5 (2014年2月9日). (i) 整数$n > 7$总可写成$k+m$ ($k, m \in \mathbb{Z}_+$且$k < m$)使得$\varphi(km)+1$为平方数.

(ii) 如果整数$n > 5$不属于$\{10, 15, 20, 60, 105\}$, 则可写$n = k+m$ ($k, m \in \mathbb{Z}_+$且$k < m$)使得$\varphi(km)$为平方数.

注记7.5. 此猜测被验证到10^6. 第一条相应的表法数序列可见OEIS条目A237523, 下面是表法唯一的例子:

$$8 = 3+5, \quad \varphi(3 \times 5)+1 = 8+1 = 3^2;$$
$$9 = 4+5, \quad \varphi(4 \times 5)+1 = 8+1 = 3^2;$$
$$13 = 3+10, \quad \varphi(3 \times 10)+1 = 8+1 = 3^2;$$
$$15 = 7+8, \quad \varphi(7 \times 8)+1 = 24+1 = 5^2;$$
$$20 = 6+14, \quad \varphi(6 \times 14)+1 = 24+1 = 5^2;$$
$$132 = 46+86, \quad \varphi(46 \times 86)+1 = 1848+1 = 43^2.$$

猜想7.6 (2014年2月9日). 对于整数$k > 2$与$n > 2k+1$, 可写$n = n_1+n_2+\ldots+n_k$ (其中$n_1, \ldots, n_k \in \mathbb{Z}_+$)使得$\varphi(n_1 n_2 \ldots n_k)$为正整数的$k$次方.

注记7.6. $k = 3$时相关的表法数序列可见OEIS条目A237524, 例如:

$$13 = 1+2+10, \quad \varphi(1 \times 2 \times 10) = 2^3;$$
$$16 = 4+4+8, \quad \varphi(4 \times 4 \times 8) = 4^3.$$

对于整数$k \geqslant 2$我们可把$2k+2$写成$k-1$个2与一个4之和, 显然$\varphi(2^{k-1} \times 4) = 2^k$. 猜想7.5(i)与猜想7.6发表于[202, 猜想3.29(ii)].

猜想7.7 (2014年2月2日). 整数$n > 8$可表成两个不同正整数k与m之和使得$\varphi(k)\varphi(m)$为平方数.

注记7.7. 此猜测被验证到2×10^6, 相关的表法数序列可见OEIS条目A236998. 例如:

$$17 = 5+12, \quad \varphi(5)\varphi(12) = 4^2;$$
$$24 = 4+20, \quad \varphi(4)\varphi(20) = 2 \times 8 = 4^2;$$
$$56 = 8+48, \quad \varphi(8)\varphi(48) = 4 \times 16 = 8^2.$$

猜想7.8 (2014年2月2日). 任给整数 $k > 2$ 与 $n \geqslant 3k$, 总有不全相等的正整数 $n_1, n_2, \ldots, n_k$ 使得 $\varphi(n_1)\varphi(n_2)\ldots\varphi(n_k)$ 为正整数的 k 次方.

注记7.8. 猜想7.7与猜想7.8 发表于[202, 猜想3.29(i)]. 对于 $k = 3$ 与 $4 \leqslant k \leqslant 6$, 我们分别对 $n \leqslant 10^5$ 与 $n \leqslant 30000$ 验证了猜想7.8. 当 $k = 3$ 时相关表法数序列可见OEIS条目A233386, 例如: $21 = 5 + 8 + 8$ 且 $\varphi(5)\varphi(8)\varphi(8) = 4^3$. 对于整数 $k \geqslant 3$, 可把 $3k$ 看成 $k - 3$ 个3与 $1 + 3 + 5$ 之和, 显然 $\varphi(3)^{k-3}\varphi(1)\varphi(3)\varphi(5) = 2^k$.

猜想7.9 (2014年2月2日). (i) 正整数 $n \notin \{1, 7, 17\}$ 可表成 $k + m$ $(k, m \in \mathbb{Z}_+)$ 使得 $\varphi(k)\sigma(m)$ 为平方数.

(ii) 整数 $n > 5$ 总可写成 $k + m$ $(k, m \in \mathbb{Z}_+)$ 使得 $\varphi(k)\sigma(m) + 1$ 为平方数.

(iii) 整数 $n > 309$ 可表成两个不同正整数 k 与 m 之和使得 $\sigma(k)\sigma(m)$ 为平方数.

注记7.9. 此猜测被验证到 10^6. 第一条相应的表法数序列可见OEIS条目A237016, 下面是表法唯一的例子:

$$9 = 8 + 1, \quad \varphi(8)\sigma(1) = 4 \times 1 = 2^2;$$
$$16 = 6 + 10, \quad \varphi(6)\sigma(10) = 2 \times 18 = 6^2;$$
$$31 = 24 + 7, \quad \varphi(24)\sigma(7) = 8 \times 8 = 8^2;$$
$$65 = 19 + 46, \quad \varphi(19)\sigma(46) = 18 \times 72 = 36^2.$$

猜想7.9第三条的推广可见OEIS条目A237049.

猜想7.10 (2014年2月4日). 任给正整数 k, 存在 (尽可能小的) 正整数 $s_\varphi(k)$ 使得整数 $n \geqslant s_\varphi(k)$ 都可表成不同正整数 $n_1, \ldots, n_k$ 之和, 而且 $\varphi(n_1), \ldots, \varphi(n_k)$ 都为正整数的 k 次方. 特别地, 可取

$$s_\varphi(2) = 70640, \ s_\varphi(3) = 935, \ s_\varphi(4) = 3273.$$

注记7.10. 此猜测发表于[202, 猜想3.29(iii)]中, 它表明 $\{n \in \mathbb{Z}_+ : \ \varphi(n)$ 为 k 次方$\}$ 是 k 阶渐进加法基. 显然 $s_\varphi(1) = 1$. 当 $k = 3$ 时相关的表法数序列可见OEIS条目A237123, 例如:

$$18 = 1 + 2 + 15, \ \varphi(1) = 1^3, \ \varphi(2) = 1^3, \ \varphi(15) = 2^3;$$
$$101 = 1 + 15 + 85, \ \varphi(1) = 1^2, \ \varphi(15) = 2^3, \ \varphi(85) = 4^3;$$
$$1613 = 192 + 333 + 1088, \ \varphi(192) = 4^3, \ \varphi(333) = 6^3, \ \varphi(1088) = 8^3.$$

猜想7.11. (i) (2012年12月23日) 任何整数 $n > 5$ 可表成 $k + m$ $(k, m \in \{3, 4, \ldots\})$ 使得 $2^{\varphi(k)} + 2^{\varphi(m)} - 1$ 为素数.

(ii) (2012年12月24日) 任给整数 $a > 1$, 有正整数 $N(a)$ 使每个整数 $n > N(a)$ 可表成 $k + m$ $(k, m \in \{3, 4, \ldots\})$ 使得 $a^{\varphi(k)} + a^{\varphi(m)/2} - 1$ 为素数. 更具体地, 我们可取 $N(2) = N(3) = \ldots = N(6) = N(8) = 5$ 与 $N(7) = 17$.

注记7.11. 此猜测发表于[202, 猜想3.26], 相关表法数序列可见OEIS条目A234309, A234347与A234359. 猜想7.11第二条蕴含着对每个$a = 2, 3, \ldots$有无穷多个形如$a^{2k} + a^m - 1 \, (k, m \in \mathbb{Z}_+)$的素数.

猜想7.12 (2013年12月21日). 任何整数$n > 5$可表成$k + m \, (k, m \in \mathbb{Z}_+)$使得$\frac{\varphi(k) + \varphi(m)}{2}$为素数.

注记7.12. 此猜测发表于[202, 猜想3.30(i)], 相应表法数序列可见OEIS条目A233918. 例如: $6 = 3 + 3$且$\frac{\varphi(3) + \varphi(3)}{2} = 2$为素数, $13 = 3 + 10$且$\frac{\varphi(3) + \varphi(10)}{2} = 3$为素数, $20 = 4 + 16$且$\frac{\varphi(4) + \varphi(16)}{2} = 5$为素数.

猜想7.13 (2013年12月23日). 任何整数$n > 4$可表成$k + m \, (k, m \in \mathbb{Z}_+$且$k \leqslant m)$使得$\varphi(k^2)\varphi(m) - 1 = k\varphi(k)\varphi(m) - 1$为Sophie Germain素数.

注记7.13. 此猜测发表于[202, 猜想3.30(iv)], 相应表法数序列可见OEIS条目A234308. 下面是几个表法唯一的例子:

$$30 = 2 + 28, \quad \varphi(2^2)\varphi(28) - 1 = 23 \text{ 为Sophie Germain素数};$$
$$60 = 4 + 56, \quad \varphi(4^2)\varphi(56) - 1 = 191 \text{ 为Sophie Germain素数};$$
$$75 = 14 + 61, \quad \varphi(14^2)\varphi(61) - 1 = 5039 \text{ 为Sophie Germain 素数};$$
$$95 = 30 + 65, \quad \varphi(30^2)\varphi(65) - 1 = 11519 \text{ 为Sophie Germain素数};$$
$$106 = 22 + 84, \quad \varphi(22^2)\varphi(84) - 1 = 5279 \text{ 为Sophie Germain素数};$$
$$110 = 9 + 101, \quad \varphi(9^2)\varphi(101) - 1 = 5399 \text{ 为Sophie Germain素数};$$
$$156 = 27 + 129, \quad \varphi(27^2)\varphi(129) - 1 = 40823 \text{ 为Sophie Germain素数}.$$

猜想7.14 (2013年12月12日). 任何整数$n > 5$可表成$k^2 + m \, (k, m \in \mathbb{Z}_+)$使得$\varphi(k^2)\varphi(m) - 1 = k\varphi(k)\varphi(m) - 1$为素数.

注记7.14. 此猜测被验证到2×10^7, 相应表法数序列可见OEIS条目A233542. 下面是几个表法唯一的例子:

$$83 = 9^2 + 2, \quad \varphi(9^2)\varphi(2) - 1 = 54 \times 1 - 1 = 53 \text{为素数};$$
$$188 = 6^2 + 152, \quad \varphi(6^2)\varphi(152) - 1 = 12 \times 72 - 1 = 863 \text{为素数};$$
$$327 = 5^2 + 302, \quad \varphi(5^2)\varphi(302) - 1 = 20 \times 150 - 1 = 2999 \text{为素数};$$
$$557 = 12^2 + 413, \quad \varphi(12^2)\varphi(413) - 1 = 48 \times 348 - 1 = 16703 \text{为素数}.$$

猜想7.15 (2013年12月12日). 任何整数$n > 1$可表成$k^2 + m \, (k, m \in \mathbb{Z}_+$且$k^2 \leqslant m)$使得$\sigma(k^2) + \varphi(m)$为素数.

注记7.15. 此猜测发表于[202, 猜想3.31(i)], 相应表法数序列可见OEIS条目A233544. 作者对$n = 2, \ldots, 10^8$验证了猜想7.15, 之后C. R. Greathouse IV又检验到3×10^9; 2017年7月, J. McCranie

完成了对$n < 5.12 \times 10^{10}$的验证. 下面是几个表法唯一的例子:

$$10 = 1^2 + 9, \ \sigma(1^2) + \varphi(9) = 1 + 6 = 7为素数;$$

$$25 = 2^2 + 21, \ \sigma(2^2) + \varphi(21) = 7 + 12 = 19为素数;$$

$$34 = 4^2 + 18, \ \sigma(4^2) + \varphi(18) = 31 + 6 = 37为素数;$$

$$46 = 2^2 + 42, \ \sigma(2^2) + \varphi(42) = 7 + 12 = 19为素数;$$

$$106 = 3^2 + 97, \ \sigma(3^2) + \varphi(97) = 13 + 96 = 109为素数;$$

$$163 = 3^2 + 154, \ \sigma(3^2) + \varphi(154) = 13 + 60 = 73为素数;$$

$$265 = 11^2 + 144, \ \sigma(11^2) + \varphi(144) = 133 + 48 = 181为素数;$$

$$1789 = 1^2 + 1788, \ \sigma(1^2) + \varphi(1788) = 1 + 592 = 593为素数.$$

猜想7.16. 设$n > 2$为整数.

    (i) (2013年12月14日) n为偶数时n可表成$p + \sigma(k)$, 其中p为奇素数且$k \in \{1, \ldots, n-1\}$.

    (ii) (2013年12月17日) n为奇数时n可表成$p + \varphi(k^2)$, 其中p为素数且k是小于$\sqrt{n}$的正整数.

注记7.16. 此猜测发表于[202, 猜想3.32], 相关数据可见OEIS条目A233654, A233793与A233867. 例如: $28 = 13 + \sigma(8)$且13为素数, $29 = 23 + \varphi(3^2)$且23为素数. 如果偶数$2n$是两个素数p与q之和, 那么显然$2n + 1 = p + (q+1) = p + \sigma(q)$且$2n - 1 = p + (q-1) = p + \varphi(q)$.

猜想7.17 (2014年9月29日). (i) 任给整数$m > 6$, 有正整数n使得$m + n$整除$\varphi(m)\varphi(n)$.

    (ii) 任给正整数m, 有正整数n使得$m + n$整除$\sigma(mn)$.

注记7.17. 有关数据可见OEIS条目A248007 与A248008. 例如: $10 + 14$整除$\varphi(10) + \varphi(14) = 4 \times 6$, 且$4 + 6$整除$\sigma(4 \times 6) = 60$. 猜想7.17正式发表于[216, 猜想4.6-4.7].

猜想7.18 (2014年9月29日). (i) 任给整数$m > 1$, 有$n \in \{1, \ldots, m\}$使得$m + n$整除$\sigma(m)\varphi(n)$.

    (ii) 任给整数$m > 2$, 有正整数$n < 2m$使得$m + n$整除$\varphi(m)\sigma(n)$.

注记7.18. 有关数据可见OEIS条目A248029与A248030. 例如: $8 + 7$整除$\sigma(8) + \varphi(7) = 15 \times 6 = 90$, 且$3 + 4$整除$\varphi(3)\sigma(4) = 2 \times 7 = 14$. 猜想7.18正式发表于[216, 猜想4.8].

猜想7.19 (2014年9月29日). 任给正整数m, 有正整数n使得$m + n$整除$\varphi(m)^2 + \varphi(n)^2$. 对于$m \neq 33$, 还可要求$n \leqslant m^2$.

注记7.19. 此猜测发表于[216, 猜想4.9], 有关数据可见OEIS条目A248035. 例如: $5 + 15 = 20$整除$\varphi(5)^2 + \varphi(15)^2 = 4^2 + 8^2 = 80$, 且$33 + 1523 = 1556$整除

$$\varphi(33)^2 + \varphi(1523)^2 = 20^2 + 1522^2 = 2316884 = 1489 \times 1556.$$

猜想7.20. (i) (2014年9月29日) 任给正整数m, 有正整数n使得$m + n$整除$\sigma(m)^2 + \sigma(n)^2$.

    (ii) (2014年9月30日) 任给正整数m, 有正整数n使得$m + n$整除$\sigma(m^2) + \sigma(n^2)$.

注记7.20. 有关数据可见OEIS条目A248036与A248054. 例如: $5 + 10 = 15$整除$\sigma(5)^2 + \sigma(10)^2 = 6^2 + 18^2 = 360$, 且$4 + 7 = 11$整除$\sigma(4^2) + \sigma(7^2) = 31 + 57 = 88$. 猜想7.20正式发表于[216, 猜想4.10].

猜想7.21 (2014年10月8日). 任给整数$m > 1$, 有正整数$n \leqslant m(m-1)$使得$\varphi(m+n)$整除n.

注记7.21. 此猜测发表于[216, 猜想4.13], 有关数据可见OEIS条目A248568. 例如: $\varphi(10 + 40) = 20$整除40.

猜想7.22 (2015年7月8日). 任何正有理数可表成$\frac{m}{n}$ $(m, n \in \mathbb{Z}_+)$使得$\varphi(m)$与$\sigma(n)$都是平方数.

注记7.22. 此猜测发表于[202, 猜想4.5], 作者对分子与分母都不超过150的正有理数验证了它, 有关数据可见OEIS条目A259915与A259916. 例如:

$$\frac{149}{146} = \frac{142458436610}{139590145940},$$
$$\varphi(142458436610) = 46180290816 = 214896^2,$$
$$\sigma(139590145940) = 356093853696 = 596736^2.$$

猜想7.23. (i) (2015年10月14日) 诸$\varphi(n^2)\sigma(n^2)$ $(n = 1, 2, 3, \ldots)$两两不同.

(ii) (2015年12月1日) 诸有理数

$$\frac{\sigma(n^2)}{\varphi(n^2)} \quad (n = 1, 2, 3, \ldots)$$

两两不同.

注记7.23. 此猜测第一部分公布于OEIS条目A263325. 作者已验证诸$\varphi(n^2)\sigma(n^2)$ $(1 \leqslant n \leqslant 10^7)$两两不同, 诸$\sigma(n^2)/\varphi(n^2)$ $(1 \leqslant n \leqslant 10^7)$也两两不同.

猜想7.24 (2014年2月4日). 整数$n \geqslant 12$都可写成$k + m$ $(0 < k < m)$使得$\varphi(k) \pm 1$与$\varphi(m) \pm 1$都是素数.

注记7.24. 此猜测发表于[202, 猜想3.21(i)], 相应表法数序列可见OEIS条目A237127. 例如, 84有唯一合乎要求的表示法: $84 = 7 + 77$, 注意$\{\varphi(7) \pm 1\} = \{5, 7\}$与$\{\varphi(77) \pm 1\} = \{59, 61\}$都是孪生素数对. 如果$\{p, p-2\}$为孪生素数对,则$\{\varphi(p) \pm 1\} = \{p, p-2\}$.

猜想7.25. (i) (2015年10月1日) 任何整数$n > 1$可表成$x^2 + y^2 + \varphi(z^2)$, 这里$x, y \in \mathbb{N}$, $z \in \mathbb{Z}_+$, $x \leqslant y$, 而且y或z为素数.

(ii) (2015年10月31日) 每个正整数n可表成$x^2 + 2y^2 + \varphi(z^2)$, 其中$x, y \in \mathbb{N}$, $z \in \mathbb{Z}_+$, 且y或z形如$p - 1$ (p为素数).

注记7.25. 此猜测第一条发表于[202, 猜想3.16(i)]并被验证到2.36×10^6, 相应表法数序列可见OEIS条目A262311, 下面是几个表法唯一的例子:

$$48 = 2^2 + 2^2 + \varphi(10^2), \quad \text{其中2为素数;}$$
$$96 = 3^2 + 9^2 + \varphi(3^2), \quad \text{其中3为素数;}$$
$$140 = 7^2 + 7^2 + \varphi(7^2), \quad \text{其中7为素数;}$$
$$476 = 8^2 + 16^2 + \varphi(13^2), \quad \text{其中13为素数;}$$
$$1112 = 23^2 + 23^2 + \varphi(9^2), \quad \text{其中13为素数;}$$
$$94415 = 115^2 + 178^2 + \varphi(223^2), \quad \text{其中223为素数.}$$

第二条相应表法数序列可见OEIS条目A263992, 下面是表法唯一的几个例子:

$$6 = 2^2 + 2 \times 0^2 + \varphi(2^2), \quad 2 + 1 = 3\text{为素数;}$$
$$7 = 2^2 + 2 \times 1^2 + \varphi(1^2), \quad 1 + 1 = 2\text{为素数;}$$
$$22 = 0^2 + 2 \times 1^2 + \varphi(5^2), \quad 1 + 1 = 2\text{为素数;}$$
$$3447 = 42^2 + 2 \times 29^2 + \varphi(1^2), \quad 1 + 1 = 2\text{为素数.}$$

猜想7.26. (i) (2015年10月1日) 整数$n > 6$都可表成$x^2 + \varphi(y^2) + \varphi(z^2)$, 这里$x \in \mathbb{N}$, $y, z \in \mathbb{Z}_+$, 且y或z为素数.

(ii) (2015年10月1日) 对于整数$n > 4$, 偶数$2n$可表成$\varphi(x^2) + \varphi(y^2) + \varphi(z^2)$, 这里$x, y, z \in \mathbb{Z}_+$且$\min\{x, y, z\}$为素数.

(iii) (2015年10月6日) 整数$n > 1$都可表成$x^4 + \varphi(y^2) + T(z)$, 其中$x \in \mathbb{N}$且$y, z \in \mathbb{Z}_+$.

(iv) (2015年10月6日) 整数$n > 3$都可表成$2^x + \varphi(y^2) + T(z)$, 其中$x, y, z \in \mathbb{Z}_+$.

注记7.26. 此猜测第三、四条相应表法数序列可见OEIS条目A262982与A262985, 我们各给一个表法唯一的例子: $25430 = 5^4 + \varphi(152^2) + T(166)$, $8 = 2^2 + \varphi(1^2) + T(2)$. 猜想7.26第四条被验证到$1.3 \times 10^8$.

§7.2 不超过x的素数个数$\pi(x)$与不超过x的孪生素数对数$\pi_2(x)$

猜想7.27 (2013年11月24日). 每个整数$n > 3$可表成$p + q - \pi(q)$的形式, 这里p与q都是不超过n的奇素数.

注记7.27. 此猜测发表于[191, 猜想2.18(i)]并被验证到10^8, 相应表法数序列可见OEIS条目A232463. 这里给个表法唯一的例子: $35 = 29 + 11 - \pi(11)$, 且29与11都是不超过35的奇素数.

猜想7.28 (2014年2月11日). 有无穷多个素数p使得$\pi(p), \pi(\pi(p)), \pi(p^2)$都是素数.

注记7.28. 此猜测发表于[191, 猜想2.15(ii)]. OEIS条目A237687列出了前1000个这种素数p, 作者首先在2014年列出前150 个, Chai Wah Wu在2018年给出第151个至第1000个. 第一个这样的素数是59, 注意

$$\pi(59) = 17, \ \pi(\pi(59)) = \pi(17) = 7, \ \pi(59^2) = 487$$

都是素数.

猜想7.29 (2014年2月8日). (i) 任给整数$n > 4$, 有素数$p < n$使得$pn + \pi(p)$为素数. 更进一步地, 对每个正整数n有素数$p < \sqrt{2n}\log(5n)$使得$pn + \pi(p)$为素数.

(ii) 任给正整数n, 有正整数$k < 3\sqrt{n}$使得$kn + p_k$为素数.

注记7.29. 此猜测发表于[191, 猜想2.17(i)与注记2.17], 并被作者验证到10^8. 有关序列可见OEIS条目A237453. 例如: 素数$p = 59$小于$n = 144$, 且$pn + \pi(p) = 59 \times 144 + 17 = 8513$为素数.

猜想7.30 (2014年2月12日). 任给整数$n > 2$, 有素数$p < n$使得$\pi(n - p)$为平方数.

注记7.30. 此猜测发表于[191, 猜想2.22(i)], 并被验证到5×10^8. 有关序列可见OEIS条目A237706与A237710. 例如: 对$n = 149$可取素数$p = 139$, 注意$\pi(149 - 139) = \pi(10) = 2^2$. 作者相信使得$\pi(n - p)$为素数的那些素数$p < n$的个数除以$\sqrt{n}$有个极限$c \in (0.2, 0.22)$.

猜想7.31 (2014年2月22日). 任给正整数n, 有自然数$k < n$使得区间$(kn, (k+1)n]$中素数个数$\pi((k+1)n) - \pi(kn)$恰为平方数.

注记7.31. 此猜测发表于[191, 猜想2.7(ii)], 并被作者验证到10^5, 相关序列可见OEIS条目A238277. 例如: $n = 13$时区间$(9 \times 13, 10 \times 13]$中只有$1^2$个素数.

猜想7.32 (2014年2月22日). 任给整数$n > 1$, 有正整数$k < n$使得区间$(kn, (k+1)n)$与$((k+1)n, (k+2)n)$所含素数个数相同, 亦即$\pi(kn), \pi((k+1)n), \pi((k+2)n)$形成三项等差数列.

注记7.32. 此猜测发表于[191, 猜想2.9(i)], 相关序列可见OEIS条目A238281. 例如: 区间$(7 \times 8, 8 \times 8)$与$(8 \times 8, 9 \times 8)$都含有恰好两个素数.

猜想7.33 (2014年2月17日). (i) 任给整数$n > 4$, 序列$(\sqrt[k]{\pi(kn)})_{1 \leqslant k \leqslant n}$严格递减.

(ii) 序列$(\sqrt[n]{\pi(n^2)})_{n \geqslant 3}$严格递减.

注记7.33. 此猜测发表于[191, 猜想2.7(i)与猜想2.14(ii)]. Legendre曾猜测序列$(\pi(n^2))_{n \geqslant 1}$严格递增, 即两个不同正平方数之间必有素数.

猜想7.34 (2014年2月23日). (i) 设n为正整数, 则
$$|\{\pi((k+1)n) - \pi(kn) : k = 0, \ldots, n-1\}| \geqslant \sqrt{n-1},$$
而且等号成立当且仅当$n \in \{2, 26\}$.

(ii) 任给正整数m, 必有正整数n使得
$$|\{\pi((k+1)n) - \pi(kn) : k = 0, \ldots, n-1\}| = m.$$

注记7.34. 此猜测第一条发表于[191, 猜想2.10]并被验证到10000, 相应序列可见OEIS条目A230022.

猜想7.35 (2015年10月14日). (i) 诸$\varphi(n)\pi(n^2)$ $(n=1,2,3,\ldots)$ 两两不同.

(ii) 诸$\varphi(n)\pi(n(n-1))$ $(n=1,2,3,\ldots)$ 两两不同.

(iii) 诸$\varphi(n^2)\pi(n^2)=n\varphi(n)\pi(n^2)$ $(n=1,2,3,...)$ 两两不同.

注记7.35. 此猜测公布于OEIS条目A263319. 作者验证了诸$\varphi(n)\pi(n^2)$ $(1\leqslant n\leqslant 4\times 10^5)$两两不同, 也验证了诸$\varphi(n^2)\pi(n^2)$ $(1\leqslant n\leqslant 10^5)$ 两两不同.

猜想7.36 (2015年10月14日). (i) 诸$\sigma(n)\pi(n^2)$ $(n=1,2,3,\ldots)$ 两两不同.

(ii) 诸$\sigma(n)\pi(n(n+1))$ $(n=1,2,3,\ldots)$两两不同.

(iii) 诸$\sigma(n^2)\pi(n^2)$ $(n=1,2,3,...)$两两不同, 诸$\sigma(n^2)\pi(n^2)$ $(n=1,2,3,...)$也两两不同.

注记7.36. 此猜测公布于OEIS条目A263325. 作者验证了诸$\sigma(n)\pi(n^2)$ $(1\leqslant n\leqslant 4\times 10^5)$两两不同.

1962年, S. W. Golomb在[49]中证明对任何整数$m>1$有正整数n使得$\pi(mn)=n$. 孙智伟在[199]中证明了对任何整数$m>4$必有正整数n使得$\pi(mn)=m+n$.

猜想7.37 (2014年9月20-21日). (i) 任给正整数m, 必有正整数n使得$\pi(mn)=\varphi(n)$.

(ii) 任给正整数m, 必有正整数n使得$\pi(mn)=\varphi(m+n)$.

(iii) 任给正整数m, 必有正整数n使得$\pi(mn)=\varphi(m)+\varphi(n)$.

注记7.37. 参见OEIS条目A247601, A247602, A247672, 以及[199, 猜想4.2]. 猜想7.37的第一和第三部分在$m\leqslant 18$与$19\leqslant m\leqslant 25$时分别由孙智伟与H. Yamanouchi所验证, 第二部分在$m\leqslant 20$与$21\leqslant m\leqslant 25$时分别由孙智伟与H. Yamanouchi所验证.

猜想7.38 (2014年9月21日). (i) 任给整数$m>1$, 必有正整数n使得$\pi(mn)=\sigma(n)$.

(ii) 任给整数$m>4$, 必有正整数n使得$\pi(mn)=\sigma(m+n)$.

(iii) 任给整数$m>4$, 必有正整数n使得$\pi(mn)=\sigma(m)+\sigma(n)$.

注记7.38. 参见OEIS条目A247603,A247604, A247673, 以及[199, 猜想4.3]. 猜想7.38的第一部分在$2\leqslant m\leqslant 30$与$31\leqslant m\leqslant 53$时分别由孙智伟与H. Yamanouchi所验证, 第二部分在$5\leqslant m\leqslant 40$与$41\leqslant m\leqslant 52$时分别由孙智伟与H. Yamanouchi所验证, 第三部分在$5\leqslant m\leqslant 41$与$42\leqslant m\leqslant 53$时分别由孙智伟与H. Yamanouchi 所验证.

猜想7.39 (2014年9月24日). 任给整数m, 必有正整数n使得$\pi(mn)$整除p_m+p_n.

注记7.39. 参见[199, 注记4.3]与OEIS条目A247793. 例如: $m=4$时可取$n=10$, $\pi(4\times 10)=12$整除$p_4+p_{10}=7+29=36$.

猜想7.40 (2014年9月30日). (i) 任给整数m, 必有正整数n使得$m+n$整除$\pi(m)^2+\pi(n)^2$.

(ii) 任给整数m, 必有正整数n使得$m+n$整除$\pi(m^2)+\pi(n^2)$.

注记7.40. 有关数据参见OEIS条目A248044与A248052. 例如:

$$\pi(5)^2 + \pi(12)^2 = 3^2 + 5^2 = 34 \equiv 0 \pmod{5 + 12},$$

$$\pi(4^2) + \pi(8^2) = 6 + 18 = 24 \equiv 0 \pmod{4 + 8}.$$

猜想7.40正式发表于[216, 猜想4.3].

猜想7.41 (2015年7月5日). 任何正有理数可表成 $\frac{m}{n}$ $(m, n \in \mathbb{Z}_+)$ 使得 $\pi(m)\pi(n)$ 为正平方数.

注记7.41. 此猜测发表于[202, 猜想4.6(i)], 作者对分子与分母不超过60的正有理数验证了它. 有关数据可见OEIS条目A259789, 例如:

$$\frac{49}{58} = \frac{1076068567}{1273713814},$$

$$\pi(1076068567)\pi(1273713814) = 54511776 \times 63975626 = 59054424^2.$$

猜想7.42 (2015年7月10日). (i) 正有理数 $r < 1$ 都可表成 $\frac{m}{n}$ $(m, n \in \mathbb{Z}_+)$ 使得 $\pi(m)^2 + \pi(n)^2$ 为平方数.

(ii) 大于1的有理数都可表成 $\frac{m}{n}$ $(m, n \in \mathbb{Z}_+)$ 使得 $\pi(m)^2 - \pi(n)^2$ 为平方数.

注记7.42. 此猜测发表于[202, 猜想4.7], 作者对分子与分母不超过50的正有理数验证了它. 有关数据可见OEIS条目A255677, 例如:

$$\frac{23}{24} = \frac{19947716}{20815008}, \ \pi(19947716)^2 + \pi(20815008)^2 = 1267497^2 + 1319004^2 = 1829295^2;$$

$$\frac{7}{3} = \frac{26964}{11556}, \ \pi(26964)^2 - \pi(11556)^2 = 2958^2 - 1392^2 = 2610^2.$$

猜想7.43 (2015年7月11日). 任给正整数 n, 有素数 p, q, r 使得 $\pi(pn)^2 = \pi(qn)^2 + \pi(rn)^2$.

注记7.43. 此猜测发表于[202, 猜想4.8(i)], 有关数据可见OEIS条目A257364. 例如: $n = 45$ 时可取 $p = 12343$, $q = 4337$, $r = 11311$, 注意12343, 4337与11311都是素数, 而且

$$\pi(4337 \times 45)^2 + \pi(11311 \times 45)^2 = 17590^2 + 42216^2 = 45734^2 = \pi(12343 \times 45)^2.$$

猜想7.44 (2015年7月13日). (i) 任给正整数 n, 有不同的素数 p, q, r 使得 $\pi(pn) = \pi(qn)\pi(rn)$.

(ii) 任给正整数 n, 有不同的素数 p, q, r 使得 $\pi(pn) = \pi(qn) + \pi(rn)$.

注记7.44. 此猜测发表于[202, 猜想4.8(ii)], 有关数据可见OEIS条目A257928. 例如: 19, 113与105227都是素数, 且

$$\pi(105227 \times 200) = 1332672 = 528 \times 2524 = \pi(19 \times 200)\pi(113 \times 200).$$

猜想7.45. (i) (2015年7月20日) 任给正整数 n, 每个正有理数可表成 $\frac{\pi(pn)}{\pi(qn)}$ 的形式, 这里 p 与 q 为素数.

(ii) (2015年8月2日) 设 a 与 b 为互素的正整数, c 为整数. 任给正整数 n, 线性方程 $ax - by = c$ 在集合 $S = \{\pi(pn) : p \text{为素数}\}$ 上有解.

注记7.45. 此猜测的第一部分及相关数据可见OEIS条目A260232. 猜想7.45的第二部分发表于[202, 猜想4.20(ii)], 它在$c = 0$时给出猜想7.45的第一部分. 作者对$a, b, c = 1, \ldots, 20$与$n \leqslant 30$验证了猜想7.45的第二部分, 有关数据可见OEIS条目A260888. 例如: 479与919都是素数, 而且

$$\frac{4}{7} = \frac{416}{728} = \frac{\pi(479 \times 6)}{\pi(919 \times 6)}, \quad \text{即} \quad 4 \times \pi(919 \times 6) - 7 \times \pi(479 \times 6) = 0.$$

又如: 17与23都为素数, 而且

$$4 \times \pi(17 \times 5) - 3 \times \pi(23 \times 5) = 4 \times 23 - 3 \times 30 = 2.$$

猜想7.46 (2015年7月17日). 任给$n, a \in \mathbb{Z}_+$与$b, c \in \mathbb{Z}$, 方程$y = ax^2 + bx + c$在集合$\{\pi(pn) : p\text{为素数}\}$上有解.

注记7.46. 此猜测发表于[202, 猜想4.23(ii)]. 特别地, 它蕴含着对任何正整数n有素数p与q使得$\pi(pn) = \pi(qn)^2$. 有关数据可见OEIS条目A260140. 例如: 3187与43都是素数, 而且

$$\pi(3187 \times 4) = 1521 = 39^2 = \pi(43 \times 4)^2.$$

猜想7.47 (2015年9月8日). 对于整数$n > 2$, 诸

$$\sum_{k=1}^{m} \frac{1}{\pi(kn)} \quad (m = 1, \ldots, n)$$

都不是整数.

注记7.47. 此猜测以前未公开过, 作者对$n = 3, \ldots, 3000$进行了验证.

猜想7.48 (2015年9月9日). 诸有理数

$$\sum_{k=m}^{n} \frac{1}{\pi(k^2)} \quad (2 \leqslant m \leqslant n)$$

小数部分两两不同.

注记7.48. 此猜测以前未公开过.

猜想7.49 (2015年9月24日). 如果$2 \leqslant j \leqslant k$, $2 \leqslant s \leqslant t$, $j \leqslant s$且$(j, k) \neq (s, t)$, 则$(j, k, s, t) \neq (2, 5, 4, 4)$时

$$\sum_{i=j}^{k} \frac{1}{\pi(T(i))} - \sum_{r=s}^{t} \frac{1}{\pi(T(r))} \notin \mathbb{Z}.$$

注记7.49. 此猜测以前未公开过. 注意

$$\sum_{i=2}^{5} \frac{1}{\pi(T(i))} = \frac{1}{\pi(3)} + \frac{1}{\pi(6)} + \frac{1}{\pi(10)} + \frac{1}{\pi(15)} = \frac{1}{2} + \frac{1}{3} + \frac{1}{4} + \frac{1}{6} = \frac{5}{4}$$

与$1/\pi(T(4)) = 1/\pi(10) = 1/4$相差一个整数.

猜想7.50 (2014年2月9日). 任给整数$n > 1$, 下面n个数

$$\pi(n),\ \pi(2n),\ \ldots,\ \pi(n^2)$$

之一为素数. 更进一步地, 对每个$n \in \mathbb{Z}_+$有正整数$k < 3\sqrt{n} + 3$使得$\pi(kn)$为素数.

注记7.50. 此猜测发表于[191, 猜想2.1], 作者对$n \leqslant 2 \times 10^7$进行了检验. 例如: $n = 10$时下面十个数

$$\pi(10) = 4,\ \pi(20) = 8,\ \pi(30) = 10,\ \pi(40) = 12,\ \pi(50) = 15,$$

$$\pi(60) = 17,\ \pi(70) = 19,\ \pi(80) = 22,\ \pi(90) = 24,\ \pi(100) = 25$$

中只有$\pi(60) = 17$与$\pi(70) = 19$为素数, $n = 13$时诸$\pi(kn)\ (k = 1, \ldots, n)$中只有$\pi(10 \times 13) = 31$为素数. 序列

$$a(n) = |\{0 < k < n:\ \pi(kn)\ \text{为素数}\}|\ \ (n = 1, 2, 3, \ldots)$$

可见OEIS条目A237578, 似乎

$$|\{1 \leqslant k \leqslant n:\ \pi(kn)\ \text{为素数}\}| \sim \frac{\pi(n)}{2}\ (n \to \infty).$$

赵立璐与孙智伟[259]在猜想7.50上取得进展, 证明了对任何正整数n集合$\{\pi(kn):\ k = 1, 2, 3, \ldots\}$包含了无穷多个至多是两个素数乘积的殆素数$P_2$.

猜想7.51 (2014年2月14日). 任给整数$n > 1$, 有正整数$k \leqslant n$使得不超过kn的Sophie Germain素数个数恰为Sophie Germain素数.

注记7.51. 此猜测及相关数据公开于OEIS条目A237838. 例如: $n = 20$时只能取$k = 6$, 不超过$6 \times 20 = 120$的Sophie Germain素数为

$$2,\ 3,\ 5,\ 11,\ 23,\ 29,\ 41,\ 53,\ 83,\ 89,\ 113,$$

共有11个, 而且11本身是个Sophie Germain素数.

对于$x > 0$我们定义

$$\pi_2(x) = |\{p \leqslant x:\ p \text{与} p - 2 \text{都是孪生素数}\}|,$$

这是不超过x的孪生素数对数.

猜想7.52 (2014年2月14日). 任给正整数n, 有正整数$k \leqslant n$使得$\pi_2(kn)$为平方数.

注记7.52. 此猜测发表于[191, 猜想2.4(ii)]. 序列

$$a(n) = |\{1 \leqslant k \leqslant n:\ \pi_2(kn) \text{为平方数}\}|\ (n = 1, 2, 3, \ldots)$$

可见OEIS条目A237840, 满足$a(n) = 1$的n值包括

$$1,\ 4,\ 8,\ 9,\ 11,\ 14,\ 16,\ 17,\ 19,\ 22,\ 37,\ 42,\ 44,$$
$$52,\ 56,\ 58,\ 67,\ 72,\ 82,\ 83,\ 101,\ 126,\ 158,\ 159.$$

另一相关序列可见OEIS条目A237879. 2014年, 作者对$n \leqslant 22000$验证了猜想7.52; 例如: 对$n = 19939$取$k = 12660$, 则$\pi_2(kn) = 1000^2 = 10^6$, 即恰有一百万对孪生素数不超过$kn = 252427740$. 2015年, A. F. Costa与J. Costa在[26]中把猜想7.52的验证范围拓展到26971.

猜想7.53 (2015年10月4日). 正整数n都可表成$x^3 + y^2 + \pi(z^2)$, 其中$x, y \in \mathbb{N}$, $z \in \mathbb{Z}_+$, 而且$z - 1$或$z + 1$为素数.

注记7.53. 此猜测相应表法数序列可见OEIS条目A262887. 这里给个表法唯一的例子: $73 = 4^3 + 3^2 + \pi(1^2)$且$1 + 1 = 2$为素数.

猜想7.54 (2015年10月6日). 整数$n > 2$都可表成$p + 2^k + \pi(2^m)$, 其中$k, m \in \mathbb{N}$且p为素数.

注记7.54. 此猜测被验证到2×10^8, 相应表法数序列可见OEIS条目A262980. 1971年, R. C. Crocker在[29]中证明了有无穷多个正奇数不形如$p + 2^k + 2^m$, 这里p为素数且$k, m \in \mathbb{Z}_+$.

猜想7.55 (2015年10月6日). (i) 正整数n都可表成$2^x + y^2 + \pi(z^2)$, 其中$x, y \in \mathbb{N}$且$z \in \mathbb{Z}_+$.
(ii) 正整数n都可表成$2^x + \pi(y^2) + \pi(z^2)$, 其中$x \in \mathbb{N}$且$y, z \in \mathbb{Z}_+$.

注记7.55. 此猜测第一条被验证到4×10^5, 相应表法数序列可见OEIS条目A262976.

猜想7.56 (2015年10月7日). (i) 正整数n都可表成$\pi(T(k)) + \pi(T(m) + 1)$, 其中$k, m \in \mathbb{Z}_+$.
(ii) 整数$n > 1$都可表成$\pi(T(k)) + \pi(m^2)$, 也可表成$\pi(T(k)) + \pi(m(m+1))$, 其中$k, m \in \mathbb{Z}_+$.
(iii) 整数$n > 1$都可表成$\pi(T(k)) + \pi(p_5(m))$, 其中$k, m \in \mathbb{Z}_+$.

注记7.56. 此猜测被验证到10^5, 相应表法数序列可见OEIS条目A2629995, A262999, A263001, A263020. 下面给出第二、三条表法唯一的例子:

$$3 = 2 + 1 = \pi(T(2)) + \pi(T(1) + 1),$$
$$10381 = 1875 + 8506 = \pi(T(179)) + \pi(296^2),$$
$$6 = 3 + 3 = \pi(T(3)) + \pi(2 \times 3),$$
$$99868 = 66079 + 33789 + \pi(T(1287)) + \pi(p_5(516)).$$

猜想7.57 (2015年10月9日). (i) 正整数n都可表成$\pi(x^2) + \pi(\frac{y^2}{2})$, 其中$x, y \in \mathbb{Z}_+$.
(ii) 整数$n > 1$都可表成$\pi(\frac{x^2}{2}) + \pi(\frac{3y^2}{2})$, 其中$x, y \in \mathbb{Z}_+$.

注记7.57. 此猜测第一、二条分别被验证到2×10^5与4×10^5, 相应表法数序列可见OEIS条目A263100与A263107. 下面给出表法唯一的例子各一个:

$$28 = 11 + 17 = \pi(6^2) + \pi\left(\frac{11^2}{2}\right),$$
$$100407 = 7554 + 92853 = \pi\left(\frac{392^2}{2}\right) + \pi\left(\frac{3 \times 894^2}{2}\right).$$

整数序列$(a_n)_{n\geqslant 1}$为加法链指对每个整数$n>1$有正整数$k,m<n$使得$a_n=a_k+a_m$.

猜想7.58 (2015年9月23日). 序列$a_n=\pi(\frac{n(n+1)}{2}+1)$ $(n=1,2,3,\ldots)$为加法链. 对于整数$n>3$还可写$a_n=a_k+a_m$使得$0<k<m<n$.

注记7.58. 相关数据可见OEIS条目A262439与A262446. 作者对$n=4,\ldots,10^5$验证了有$0<k<m<n$使得$a_k+a_m=a_n$, 2000年, 张昶在[255]中又把验证范围拓展到$n\leqslant 5\times 10^5$. 例如:

$$\pi(T(325)+1)=\pi(52976)=5406=1446+3960$$
$$=\pi(12091)+\pi(37402)=\pi(T(155)+1)+\pi(T(273)+1).$$

猜想7.59 (2015年10月14日). (i) 诸$\frac{\pi(n^2)}{n^2}$ $(n=1,2,3,\ldots)$两两不同, 而且序列$(\frac{\pi(n^2)}{n^2})_{n>15646}$严格递减.

(ii) 任给整数$k>2$, 序列$(\frac{\pi(n^k)}{n^k})_{n\geqslant 2}$严格递减.

注记7.59. Legendre曾猜测序列$(\pi(n^2))_{n\geqslant 1}$严格递增.

§7.3 分拆函数与严格分拆函数

对于正整数n, 我们把n写成若干个正整数（不计顺序且允许重复）之和的方法数记为$p(n)$, 把n写成若干个不同正整数（不计顺序）之和的方法数记为$q(n)$. 函数$p(n)$与$q(n)$分别叫作分拆函数与严格分拆函数.已知

$$p(n)\sim \frac{e^{\pi\sqrt{2n/3}}}{4\sqrt{3}n}\quad \text{且}\quad q(n)\sim \frac{e^{\pi\sqrt{n/3}}}{4(3n^3)^{1/4}}\quad (n\to +\infty)$$

(参见[65]和[3, 第826页]). 所以$p(n)$与$q(n)$最终都比n的多项式增长得快. 关于分拆函数$p(n)$的同余式, 可看[13, 第2章].

猜想7.60 (2013年12月10日). 任给$m\in\mathbb{Z}_+$与$r\in\mathbb{Z}$, 有无穷多个正整数n使得$q(n)\equiv r\pmod m$.

注记7.60. 此猜测类似于M. Newman在[118]中关于分拆函数的猜测: 任给$m\in\mathbb{Z}_+$与$r\in\mathbb{Z}$, 有无穷多个正整数n使得$p(n)\equiv r\pmod m$. 例如: 使得$q(n)\equiv 31\pmod{42}$ 的最小正整数为8400, 使得$\{q(1),\ldots,q(n)\}$包含模64的完全剩余系的最小正整数为20945.

猜想7.61 (2014年1月7日). 任给整数$n\geqslant 60$, 有正整数$k<n$使得$m\pm 1$与$q(m)+1$都是素数, 这里$m=\varphi(k)+\frac{\varphi(n-k)}{4}$. 特别地, 有无穷多个正整数$m$使得$m\pm 1$与$q(m)+1$都是素数.

注记7.61. 此猜测发表于[191, 猜想4.6], 作者对$n=60,\ldots,10^5$验证了前一断言. 相关序列可见OEIS条目A235343, A235344与A235356, 特别地, 条目A235344中列出了前51个m值使得$m\pm 1$与$q(m)+1$ 都是素数, 第51个为$m=3235368$ 且相应的$q(m)+1$是个1412位素数.

猜想7.62 (2014年1月25日). 有无穷多个正整数m使得$p(m)^2+q(m)^2$为素数.

注记7.62. 此猜测是[191, 猜想4.7(ii)]的推论. OEIS条目A236413列出了前200个m值使得$p(m)^2+q(m)^2$为素数, 例如: $p(3)^2+q(3)^2=3^2+2^2=13$为素数.

猜想7.63 (2014年2月27-28日). (i) 任给正整数n, 连续n个数

$$p(n) + 1, \ldots, p(n) + n$$

中必有素数. 对于整数$n > 1$, 有正整数$k < n$使得$p(n) + p(k) - 1$为素数.

(ii) 任给正整数n, 连续n个数

$$q(n) + 1, \ldots, q(n) + n$$

中必有素数. 对于整数$n > 1$, 有正整数$k < n$使得$q(n) + p(k)$为素数.

注记7.63. 此猜测发表于[191, 猜想4.1(i)-(ii)], 作者把第一条验证到1.5×10^5. 相关序列可见OEIS条目A238457与A238509. 例如: 诸$p(109) + k$ $(k = 1, \ldots, 109)$中仅有的素数为

$$p(109) + 63 = 541946240 + 63 = 541946303;$$

诸$p(247) + p(k)$ $(k = 1, \ldots, 246)$中仅有的素数为

$$p(247) + p(228) - 1 = 182973889854026 + 40718063627362 - 1 = 223691953481387.$$

猜想7.64 (2014年3月13日). (i) 任给整数$n > 3$, 有正整数$k \leqslant n$使得$p(n + k) + 1$为素数.

(ii) 任给整数$n > 15$, 有正整数$k \leqslant n$使得$p(n + k) - 1$为素数.

注记7.64. 此猜测发表于[191, 猜想4.4(i)], 第一条相关序列可见OEIS条目A239232. 例如: 诸$p(11 + k) + 1$ $(k = 1, \ldots, 11)$中只有$p(11 + 8) + 1 = 491$为素数.

猜想7.65. (i) (2013年11月23日) 整数$n > 1$总可表成$k + m$ $(k, m \in \mathbb{Z}_+)$使得$p(k) + q(m)$为素数.

(ii) (2013年12月7日) 整数$n > 1$总可表成$k + m$ $(k, m \in \mathbb{Z}_+)$使得$p(k)^2 + q(m)^2$为素数.

注记7.65. 此猜测及相应的表法数序列可见OEIS条目A232504与A233307. 例如: $5 = 1 + 4$, 并且$p(1) + q(4) = 1 + 2 = 3$为素数; $210 = 71 + 139$, 并且

$$p(71)^2 + q(139)^2 = 4697205^2 + 8953856^2 = 102235272080761$$

为素数.

猜想7.66 (2013年12月8日). (i) 整数$n > 1$总可表成$k + m$ $(k, m \in \mathbb{Z}_+)$使得$q(k)q(m) + 1$为素数.

(ii) 整数$n > 5$总可表成$k + m$ $(k, m \in \mathbb{Z}_+)$使得$q(k)q(m) - 1$为素数.

注记7.66. 此猜测及第一条相应的表法数序列可见OEIS条目A233417. 例如: $17 = 4 + 13$且$q(4)q(13) + 1 = 2 \times 18 + 1 = 37$为素数.

猜想7.67 (2013年12月8日). 整数$n \geqslant 2$可表成$k + m$ $(k, m \in \mathbb{Z}_+)$使得$L_k + q(m)$为素数, 这里L_k是下标为k的Lucas数.

注记7.67. 此猜想被作者验证到60000, 相应表法数序列可见OEIS条目A233359. 下面是几个表法唯一的例子:

$$17 = 13 + 4,\ L_{13} + q(4) = 521 + 2 = 523\text{为素数};$$
$$21 = 5 + 16,\ L_5 + q(16) = 11 + 32 = 43\text{为素数};$$
$$42 = 22 + 20,\ L_{22} + q(20) = 39603 + 64 = 39667\text{为素数};$$
$$54 = 8 + 46,\ L_8 + q(46) = 47 + 2304 = 2351\text{为素数};$$
$$86 = 67 + 19,\ L_{67} + q(19) = 100501350283429 + 54 = 100501350283483\text{为素数}.$$

注意19976不能表成 $k + m\ (k, m \in \mathbb{N})$ 使得 $F_k + q(m)$ 为素数.

猜想7.68 (2013年12月8日). 整数 $n \geqslant 2$ 可表成 $k + m\ (k, m \in \mathbb{Z}_+)$ 使得 $2^k + q(m) - 1$ 为素数.

注记7.68. 此猜想发表于[191, 猜想4.9(iii)]并被验证到 2×10^5, 相应表法数序列可见OEIS条目A233390. 例如: $147650 = 17342 + 130308$, 而且 $2^{17342} + q(130308) - 1$ 是个5221位素数.

猜想7.69 (2014年10月2日). (i) 任给 $m \in \mathbb{Z}_+$, 有正整数 n 使得 $m + n$ 整除 $p(m) + p(n)$.
　(ii) 任给 $m \in \mathbb{Z}_+$, 有正整数 n 使得 $m + n$ 整除 $p(mn)$.

注记7.69. 此猜想发表于[216, 猜想4.11], 相关序列可见OEIS条目A248143与A248144. 例如:

$$p(5) + p(13) = 7 + 101 = 108 \equiv 0\ (\mathrm{mod}\ 5 + 13),\quad p(6 \times 14) = 26543660 \equiv 0\ (\mathrm{mod}\ 6 + 14).$$

猜想7.70 (2014年10月2日). (i) 任给 $m \in \mathbb{Z}_+$, 有正整数 n 使得 $m + n$ 整除 $q(m) + q(n)$.
　(ii) 任给 $m \in \mathbb{Z}_+$, 有正整数 n 使得 $m + n$ 整除 $q(mn)$.

注记7.70. 此猜想及第二条有关数据公布于OEIS条目A248175. 例如: $9 + 3 = 12$ 整除 $q(9 \times 3) = 192 = 12 \times 16$.

猜想7.71 (2017年1月1日). 每个正整数 n 可表成 $x^2 + y^2 + q(z)$, 这里 $x, y \in \mathbb{N}$ 且 $z \in \mathbb{Z}_+$.

注记7.71. 此猜想公布于OEIS条目A280386, 并被作者验证到 4×10^6. 之后侯庆虎又把验证范围拓展到 10^9.

猜想7.72 (2017年1月4日). 每个正整数 n 可表成 $x(3x - 2) + y(3y + 2) + q(z)$, 这里 $x, y \in \mathbb{N}$ 且 $z \in \mathbb{Z}_+$. 不仅如此, $n \in \mathbb{Z}_+$ 的表法数 $a(n)$ 渐进主项为 $\frac{(\log n)^2}{\pi^2}$.

注记7.72. 此猜想公布于OEIS条目A280472, 前一断言被侯庆虎验证到 10^9.

猜想7.73 (2017年1月3日). 每个正整数 n 可表成 $\frac{x(3x-1)}{2} + \frac{y(3y+1)}{2} + p(z)$, 这里 $x, y \in \mathbb{N}$ 且 $z \in \mathbb{Z}_+$. 不仅如此, $n \in \mathbb{Z}_+$ 的表法数渐进主项为 $\frac{(\log n)^2}{\pi^2}$.

注记7.73. 此猜想公布于OEIS条目A280455, 前一断言被侯庆虎验证到 10^9.

猜想7.74 (2017年1月3日). *每个正整数都可表成 $T(x) + T(y) + p(z)$ 的形式, 这里 $x, y \in \mathbb{N}$ 且 $z \in \mathbb{Z}_+$.*

注记7.74. 此猜测公布于OEIS条目A280455.

猜想7.75 (2017年1月31日). *对于 $c \in \{3, 4\}$, 每个正整数 n 可表成 $x^3 + 2y^3 + cz^3 + p(k)$, 这里 $x, y, z \in \mathbb{N}$ 且 $k \in \mathbb{Z}_+$.*

注记7.75. 此猜测公布于OEIS条目A281826, 并被侯庆虎验证到 10^9.

第8章　丢番图方程

本章包含了作者提出的20个丢番图方程方面的猜想. 这些方程中有的涉及素数计数函数$\pi(x)$, 也有一些与有理数有关.

§8.1　多项式丢番图方程与指数丢番图方程

D. Hilbert在1900年巴黎国际数学家大会上展望二十世纪时提出了著名的23个数学问题, 其中第十问题要求找一个算法可用以判定任一个整系数多项式方程是否有整数解. 1970年苏联数学家Y. Matiyasevich[104]在M. Davis, H. Putnam 和J. Robinson的著名工作[32]基础上最终否定解决了Hilbert第十问题. Matiyasevich的9未知数定理(参见[80])断言没有算法可用以判定任一个有九个未知数的整系数多项式方程$P(x_1,\ldots,x_9)=0$是否有自然数解, 孙智伟在[224]中证明了没有算法用以判定任一个有11个未知数的整系数多项式方程$P(x_1,\ldots,x_{11})=0$是否有整数解.

猜想8.1 (2017年4月). 可对任何$P(x,y,z)\in\mathbb{Z}[x,y,z]$判定方程$P(x^2,y^2,z^2)=0$是否有整数解的算法不存在.

注记8.1. 此猜测发表于[224, 猜想1.8]. A. Baker[11], Y. Matiyasevich和J. Robinson [105] 倾向于认为可对任何$P(x,y,z)\in\mathbb{Z}[x,y,z]$判定方程$P(x,y,z)=0$是否有整数解的算法不存在, 猜想8.1比这更强些. 孙智伟在[224]中证明了可对任何$P(x_1,\ldots,x_{17})\in\mathbb{Z}[x_1,\ldots,x_{17}]$判定方程

$$P(x_1^2,\ldots,x_{17}^2)=0$$

是否有整数解的算法不存在.

　易见

$$2(n^2+n+1)^2-1=n^4+(n+1)^4 \quad \text{且} \quad 2(n^2+3)^2-2^4=(n-1)^4+(n+1)^4.$$

猜想8.2 (2021年5月4日). (i) 有无穷多个$m\in\mathbb{Z}_+$使得方程

$$2m^2-1=x^4+y^4 \quad (x,y\in\mathbb{N}且|x-y|>1)$$

有解.

　(ii) 有无穷多个$m\in\mathbb{Z}_+$使得方程

$$2m^2-2^4=x^4+y^4 \quad (x,y\in\mathbb{N}且|x-y|>2)$$

有解.

注记8.2. (1) 猜想8.2第一条以及所涉及的m值可见OEIS条目A343913. 通过计算作者发现在10^8之下共有53个这样的m值, 之后R. Israel进一步确定出10^{10}之下全部的m值(共112个). 最小的这样的m值为71, 注意$2\times 71^2-1=10^4+3^4$.

(2) 猜想8.2第二条以及所涉及的m值可见OEIS条目A343917. 作者发现在10^8之下共有62个这样的m值, 其中最小的一个为284, 注意

$$2 \times 284^2 - 2^4 = 20^4 + 6^4.$$

猜想8.3 (2015年9月25日). 设$n > 3$为整数且$x, y, z \in \mathbb{Z}_+$.

(i) 如果$z \notin \{x, y\}$, 则有素数p使得

$$x^n + y^n < p < z^n \quad \text{或} \quad z^n < p < x^n + y^n,$$

除非出现这样情况: $n = 5$, $\{x, y\} = \{13, 16\}$且$z = 17$.

(ii) 如果$x > y$且$x \neq z$, 则有素数p使得

$$x^n - y^n < p < z^n \quad \text{或} \quad z^n < p < x^n - y^n.$$

注记8.3. 著名的Fermat大定理断言对任何整数$n > 2$方程$x^n + y^n = z^n$无正整数解, 这被A. Wiles[247]所证明.

猜想8.4 (2015年9月25日). 设$n > 3$为整数, $x, y, z \in \mathbb{Z}_+$且$\{x, y\} \neq \{1, z\}$. 则

$$|x^n + y^n - z^n| \geqslant 2^n - 2,$$

除非出现这样情况: $n = 5$, $\{x, y\} = \{13, 16\}$且$z = 17$.

注记8.4. 注意$13^5 + 16^5 - 17^5 = 12 < 2^5 - 2$.

形如x^m ($x, m \in \{2, 3, \ldots\}$) 的数叫作完全方幂(perfect power).

猜想8.5 (2017年10月1日). 如果$x, y, m, n \in \{2, 3, \ldots\}$且$x^m < y^n$, 则区间$[x^m, y^n]$中包含整数$z$使得$2z^2 - 1$为素数.

注记8.5. 此猜测公布于OEIS条目A293190, 已知Catalan方程$x^m + 1 = y^n$ ($m, n, x, y \in \{2, 3, \ldots\}$) 仅有一组解: $2^3 + 1 = 3^2$ (参见[109]). 对比一下, 2006年提出的Redmond-Sun猜想断言只有有限多个区间$[x^m, y^n]$ (其中$x, y, m, n \in \{2, 3, \ldots\}$并且$x^m < y^n$)不含素数, 具体说来这样的区间只有下面十个:

$$[2^3, 3^2], \ [5^2, 3^3], \ [2^5, 6^2], \ [11^2, 5^3], \ [3^7, 13^3], \ [5^5, 56^2],$$
$$[181^2, 2^{15}], \ [43^3, 282^2], \ [46^3, 312^2], \ [22434^2, 55^5];$$

这已被对4.5×10^{18}下的完全方幂为端点的区间进行了验证, 参见OEIS条目A116086与A116455.

猜想8.6 (2013年11月28日). (i) 方程

$$x^n + n = y^m \quad (x, y, m, n \in \{2, 3, \ldots\})$$

仅有的解是$5^2 + 2 = 3^3$与$5^3 + 3 = 2^7$.

(ii) 方程

$$x^n - n = y^m \quad (x, y, m, n \in \{2, 3, \ldots\})$$

仅有的解是$2^5 - 5 = 3^3$与$2^7 - 7 = 11^2$.

注记8.6. 对于整数$n > 2$, 作者在2013年也猜测$2^n \pm n$不是三角数.

易见

$$(x^2 - 1)((x+1)^2 - 1) = (x(x+1) - 1)^2 - 1.$$

猜想8.7 (2021年5月12日). (i) 方程

$$(x^k + 1)(y^m + 1) = z^n + 1 \quad (k, m, n \in \{3, 4, \ldots\}, \ k \geqslant m \text{且} x, y, z \in \mathbb{Z}_+)$$

仅有一组解: $(3^5 + 1)(12^3 + 1) = 75^3 + 1$.

(ii) 任给整数$n > 2$, 方程

$$(x^n + 1)(y^n + 1) = z^2 + 1 \quad (\text{即} x^n + y^n + x^n y^n = z^2)$$

无正整数解.

(iii) 任给整数$n > 1$, 方程

$$(x^n - 1)(y^n - 1) = z^2 + 1 \quad (\text{即} x^n y^n - x^n - y^n = z^2)$$

无正整数解.

注记8.7. 作者用电脑做过一些检验, 还注意到

$$(18^2 + 1)(19^2 + 1) = 7^6 + 1, \quad (1 + 1)(11^2 + 1) = 3^5 + 1,$$
$$(2^{66} + 1)(2^{32} + 1) = 562949953486848^2 + 1.$$

猜想8.8 (2021年5月15日). (i) 诸$x^4 + y^4 + 1 \ (x, y \in \mathbb{N})$都不是完全方幂.

(ii) 诸$x^4 - y^4 - 2 \ (x, y \in \mathbb{N})$都不是完全方幂.

(iii) $x^3 - y^6 - 1 \ (x, y \in \mathbb{N})$仅在$x = 3$且$y = 1$时为完全方幂.

注记8.8. (1) Fermat曾证过方程$x^4 + y^4 = z^2$无正整数解. 2011年1月2日, J. Cullen在[31]中报告说$x, y \in \{0, \ldots, 10^7\}$时$x^4 + y^4 + 1$不是大于1的平方数.

(2) 猜想8.8的第二、三条被作者分别验证到$x \leqslant 10^4$与$x \leqslant 10^5$.

猜想8.9 (2013年12月2-3日). (i) $k = 4, 5, \ldots$时$kp_k + 1$不是完全方幂.

(ii) 对于整数$n > 2$, $\binom{2n}{n} \pm n$都不是完全方幂. 对于整数$n > 3$, $C_n \pm n$都不是完全方幂.

(iii) 分拆数$p(n)$不是完全方幂.

(iv) Franel数f_n, Apéry数A_n, Bell数$\mathrm{Bell}(n)$都不是完全方幂.

注记8.9. 根据Stirling公式, $\binom{2n}{n} \sim \frac{4^n}{\sqrt{n\pi}}$. 2013 年, 作者对$n \leqslant 15000$验证了$p(n)$不是完全方幂. 作者将猜想8.9(iii)公开到MathOverflow上（参见https://mathoverflow.net/questions/315828）之后, M. Alekseyev在2019年6月6日评论说他已对$n \leqslant 10^8$验证了$p(n)$不是完全方幂.

§8.2 涉及 $\pi(x)$ 的丢番图方程

猜想8.10 (2015年9月24日). (i) 方程 $\pi(x^2) = y^2$ 有无穷多组正整数解.

(ii) 方程 $\pi(x^n) = y^m$ ($\{m, n\} = \{2, 3\}$ 且 $x, y \in \mathbb{Z}_+$) 仅有下述五组解:

$$\pi(89^2) = 10^3, \ \pi(2^3) = 2^2, \ \pi(3^3) = 3^2, \ \pi(14^3) = 20^2, \ \pi(1122^3) = 8401^2.$$

(iii) $m, n \in \{2, 3, \ldots\}$ 且 $m + n \geqslant 6$ 时方程 $\pi(x^n) = y^m$ 无正整数解.

注记8.10. 此猜测公布于OEIS条目A262462.

猜想8.11 (2015年9月27日). (i) 有无穷多个素数对 (p, q) ($p < q$) 使得 $\pi(p^2)\pi(q^2)$ 为平方数.

(ii) 任给整数 $n > 2$, 方程

$$\pi(x^n)\pi(y^n) = z^n$$

没有正整数解.

注记8.11. 此猜测公布于OEIS条目A262700, 这里给出第一部分的一个例子: 10513与251789都是素数, 而且

$$\pi(10513^2)\pi(251789^2) = \pi(110523169)\pi(63397700521) = 6331444 \times 2660789341$$
$$= 16846638708338404 = 129794602^2.$$

猜想8.12 (2015年9月27日). (i) 方程

$$\pi(p^2) + \pi(q^2) = r^2 \quad (p < q < r) \tag{8.1}$$

有无穷多组素数解.

(ii) 任给整数 $n > 3$, 方程

$$\pi(x^n) + \pi(y^n) = z^n$$

没有正整数解.

注记8.12. 此猜测公布于OEIS条目A262698. 对于方程

$$\pi(x^3) + \pi(y^3) = z^3 \ (1 \leqslant x \leqslant y), \tag{8.2}$$

作者在2015年发现其17组整数解, 相应的有序三元组 (x, y, z) 如下:

$(1, 1, 0), (2, 2, 2), (3, 4, 3), (16, 24, 13), (3, 41, 19), (37, 51, 26), (53, 88, 41),$

$(18, 95, 41), (45, 99, 44), (108, 179, 79), (149, 183, 87), (8, 663, 251), (243, 782, 297),$

$(803, 829, 385), (100, 1339, 489), (674, 2054, 745), (1519, 2816, 1047).$

2020年6月, G. Resta发现了(8.2)的八组新解, 相应的有序三元组 (x, y, z) 如下:

$(1339, 7918, 2682), (3360, 8474, 2922), (8443, 13264, 4764), (15590, 16664, 6696),$

$(15883, 27415, 9431), (9719, 39514, 12689), (22265, 48606, 15933), (38606, 51145, 18297).$

2021年4月, Chai Wah Wu又发现(8.2)的七组新解.

猜想8.13 (2015年9月28日). (i) 有无穷多个素数三元组(p,q,r) $(p<q<r)$使得$\pi(p^2+q^2)=r^2$.

(ii) 任给整数$n>3$, 方程
$$\pi(x^n+y^n)=z^n$$

没有正整数解.

注记8.13. 此猜测公布于OEIS条目A262722. 对于方程$\pi(x^3+y^3)=z^3$ $(x<y)$, 孙智伟在2015年给出了其13组解, 相应的三元组(x,y,z)如下:

$$(1,1,1),\ (5,41,19),\ (47,56,29),\ (28,74,33),\ (2,103,44),\ (3,103,44),$$
$$(6,157,65),\ (235,384,160),\ (266,491,198),\ (91,537,206),\ (359,868,331),$$
$$(783,1490,565),\ (1192,1710,677).$$

猜想8.14 (2015年9月22日). (i) 方程
$$\pi(x^2)+\pi(y^2)=\pi(z^2)\ (1\leqslant x\leqslant y<z) \tag{8.3}$$

有无穷多组整数解, 也有无穷多个正整数z使得$\pi(z^2)$不能表成$\pi(x^2)+\pi(y^2)$ $(1\leqslant x\leqslant y<z)$的形式.

(ii) 方程
$$\pi(x^3)+\pi(y^3)=\pi(z^3)\ (1\leqslant x\leqslant y<z) \tag{8.4}$$

有无穷多组整数解.

(iii) 任给整数$n>3$, 方程
$$\pi(x^n)+\pi(y^n)=\pi(z^n)\ (1\leqslant x\leqslant y<z)$$

没有整数解.

注记8.14. 此猜测的第一与第三部分公布于OEIS 条目A262408; 第二部分及方程(8.4)的前25组解可见OEIS条目A262409, 这25组解相应的有序三元组(x,y,z)如下:

$(3,3,4),\ (54,80,89),\ (63,85,97),\ (27,100,101),\ (47,106,110),\ (80,190,196),$
$(122,223,237),\ (229,335,372),\ (151,401,410),\ (263,1453,1457),\ (1302,2382,2522),$
$(879,3301,3327),\ (2190,4011,4244),\ (498,4434,4437),\ (3792,4991,5684),\ (4496,4584,5777),$
$(3113,7442,7647),\ (5239,8090,8827),\ (6904,8116,9608),\ (5659,8910,9680),\ (5323,9187,9807),$
$(5527,10168,10744),\ (7395,17050,17563),\ (11637,17438,19146),\ (4486,21125,21208).$

2018年5月,Chai Wah Wu发现了(8.4)的第26~42组解, 相应的有序三元组(x, y, z)如下:

$(16440, 19774, 23188)$, $(4775, 27091, 27153)$, $(10708, 27687, 28286)$, $(25272, 28248, 34086)$,
$(6302, 35360, 35443)$, $(3941, 40040, 40057)$, $(16336, 48639, 49338)$, $(33631, 43365, 49613)$,
$(6206, 54390, 54425)$, $(6741, 55317, 55360)$, $(28160, 54247, 56906)$, $(25339, 59637, 61304)$,
$(41473, 63300, 69147)$, $(27684, 67825, 69515)$, $(29690, 71841, 73694)$, $(65989, 67172, 84508)$,
$(55781, 88294, 95674)$.

猜想8.15 (2015年9月29日). 任给整数$n > 1$, 方程$p = \pi(q^n) + \pi(r^n)$有无穷多组素数解(p, q, r).

注记8.15. 此猜想公布于OEIS条目A262731. 例如:

$$\pi(89^2) + \pi(107^2) = 1000 + 1381 = 2381,$$

而且89, 107, 2381都是素数.

猜想8.16 (2015年9月28日). (i) 有无穷多个素数p使得p^2可表成$\pi(x^3) + \pi(y^3)$, 这里x与y为正整数.

(ii) 有无穷多个素数p使得p^2可表成$\pi(x^3 + y^3)$, 这里x与y为正整数.

注记8.16. 此猜测公布于OEIS条目A262730. 例如:

$$\pi(9^3) + \pi(14^3) = \pi(729) + \pi(2744) = 129 + 400 = 529 = 23^2.$$

§8.3 涉及有理数的丢番图方程

单位分数形如$\frac{1}{n}$ ($n \in \mathbb{Z}_+$). 古埃及人首先给出把正有理数表成不同单位分数之和的例子, 能这样表示的有理数叫作埃及分数(Eqyptian fraction). 由于

$$\frac{1}{n} = \frac{1}{n+1} + \frac{1}{n(n+1)} \quad (n = 1, 2, 3, \ldots),$$

易见任何正有理数都是埃及分数.

猜想8.17. (i) (2015年9月9日) 任给正有理数r, 有有限多个不同素数$q_1, \ldots, q_k$使得

$$r = \sum_{j=1}^{k} \frac{1}{q_j - 1}.$$

(ii) (2015年9月12日) 任给正有理数r, 有有限多个不同素数$q_1, \ldots, q_k$ 使得

$$r = \sum_{j=1}^{k} \frac{1}{q_j + 1}.$$

注记8.17. (1) 此猜想发表于[202, 猜想4.1]. 例如:

$$2 = \frac{1}{2-1} + \frac{1}{3-1} + \frac{1}{5-1} + \frac{1}{7-1} + \frac{1}{13-1},$$

其中2, 3, 5, 7为素数;

$$1 = \frac{1}{2+1} + \frac{1}{3+1} + \frac{1}{5+1} + \frac{1}{7+1} + \frac{1}{11+1} + \frac{1}{23+1},$$

其中2, 3, 5, 7, 11, 23为素数;

$$\frac{10}{11} = \frac{1}{3-1} + \frac{1}{5-1} + \frac{1}{13-1} + \frac{1}{19-1} + \frac{1}{67-1} + \frac{1}{199-1}$$
$$= \frac{1}{2+1} + \frac{1}{3+1} + \frac{1}{5+1} + \frac{1}{7+1} + \frac{1}{43+1} + \frac{1}{131+1} + \frac{1}{263+1},$$

其中2, 3, 5, 7, 13, 19, 43, 67, 131, 199, 263都是素数. 2015年11月, 侯庆虎对所有分母不超过100的小于1的正有理数进行了检验; 2018年, 韩国牛把验证范围拓展到所有分母不超过1000的小于1的正有理数, 他还找到2065个不同素数$q_1 < \ldots < q_{2065}$ (其中$q_{2065} \approx 4.7 \times 10^{218}$)使得

$$\frac{1}{q_1 + 1} + \ldots + \frac{1}{q_{2065} + 1} = 2.$$

作者在[202, 注记4.1]中宣布为猜想8.17的首个完整解答提供500美元奖金.

(2) 设r为正有理数且$\varepsilon \in \{\pm 1\}$. 由于级数$\sum_p \frac{1}{p+\varepsilon}$(其中$p$为素数)发散, 有唯一的素数$q$使得

$$\sum_{p<q} \frac{1}{p+\varepsilon} \leqslant r < \sum_{p \leqslant q} \frac{1}{p+\varepsilon}.$$

于是

$$0 \leq r_0 = r - \sum_{p<q} \frac{1}{p+\varepsilon} < \frac{1}{q+\varepsilon} \leqslant 1.$$

如果$r_0 = \sum_{j=1}^{k} \frac{1}{q_j + \varepsilon}$ (其中$q_1, \ldots, q_k$为不同素数), 则$q_1, \ldots, q_k$都大于q, 而且

$$r = \sum_{p<q} \frac{1}{p+\varepsilon} + \sum_{j=1}^{k} \frac{1}{q_j + \varepsilon}.$$

因此猜想8.17可归约到$r < 1$的情形.

(3) 2015年9月, 作者也猜测每个正有理数可表成有限个不同可行数的倒数和(这可视为猜想8.17的类比), 这被David Eppstein在2016年11月所证实.

猜想8.18 (2015年9月9日). 级数$\sum_p \frac{1}{p-1}$ (其中p为素数)的有穷个连续项之和两两不同! 如果

$$\sum_{i=j}^{k} \frac{1}{p_i - 1} - \sum_{r=s}^{t} \frac{1}{p_r - 1} \in \mathbb{Z}$$

147

且满足
$$0 < \min\{2,k\} \leqslant j \leqslant k,\ 0 < \min\{2,t\} \leqslant s \leqslant t,\ j \leqslant s,$$

但有序对(j,k)与(s,t)不同, 则
$$\sum_{i=j}^{k} \frac{1}{p_i - 1} = 1 + \sum_{r=s}^{t} \frac{1}{p_r - 1},$$

而且有序四元组(j,k,s,t)属于$\{(2,6,5,5),(2,5,18,18),(2,17,6,18)\}$.

注记8.18. 此猜测发表于[202, 猜想4.2(i)]. 关于级数$\sum\limits_{p} \frac{1}{p+1}$, 我们也有个类似猜测, 参见[202, 猜想4.2(ii)].

猜想8.19 (2015年9月11日). Leibniz级数$\sum\limits_{k=0}^{\infty} \frac{(-1)^k}{2k+1}$的有限个连续项之和
$$\sum_{k=m}^{n} \frac{(-1)^k}{2k+1}\quad (0 \leqslant m \leqslant n,\ \text{且}\ n > 0 \Rightarrow m > 0)$$

有不同的小数部分.

注记8.19. 此猜测发表于[202, 猜想4.3(ii)]. 1918年, J. Kürschak证明了对于整数$k \geqslant j > 1$和式$\frac{1}{j} + \dots + \frac{1}{k}$不是整数, 1946 年, P. Erdős与I. Niven在[43]中证明了诸$\frac{1}{j} + \dots + \frac{1}{k}$ $(1 \leqslant j \leqslant k)$两两不同.

猜想8.20 (2015年10月15日). 诸有理数
$$\sum_{d \mid n} \frac{1}{d+1}\quad (n = 1,2,3,\dots)$$

都不是整数, 并且其小数部分两两不同.

注记8.20. 此猜测公开于OEIS条目A263326, 那里有更一般的猜想. 作者已验证了
$$\sum_{d \mid n} \frac{1}{d+1}\quad (n = 1,2,3,\dots,310000)$$

的确都不是整数, 并且其小数部分两两不同. 注意
$$\sum_{d \mid 16334^2} \frac{1}{d} - 1 = \sum_{d \mid 6^2} \frac{1}{d} = \frac{91}{36}.$$

如果n为完全数(即$\sigma(n) = 2n$), 则
$$\sum_{d \mid n} \frac{1}{d} = \frac{\sigma(n)}{n} = 2.$$

第9章 组合同余式与p-adic赋值

本章给出作者提出的组合同余式或p-adic赋值方面的100个猜想. 对于素数p, 我们用$\mathbb{Z}_p$表示p-adic整数环. 非零p-adic整数x的p-adic赋值$\nu_p(x)$是满足$x \equiv 0 \pmod{p^a}$的最大自然数a, 此外我们约定$\nu_p(0) = +\infty$. 本章中组合同余式常涉及Bernoulli数B_n ($n \in \mathbb{N}$)与Bernoulli多项式$B_n(x)$ ($n \in \mathbb{N}$), Euler数E_n ($n \in \mathbb{N}$)与Euler多项式$E_n(x)$ ($n \in \mathbb{N}$), 有时也牵涉到Fermat商$q_p(a) = \frac{a^{p-1}-1}{p}$ (其中整数a不被素数p整除). 调和数$H_n = \sum\limits_{0 < k \leqslant n} \frac{1}{k}$以及$m$阶调和数$H_n^{(m)} = \sum\limits_{0 < k \leqslant n} \frac{1}{k^m}$也经常出现在本章同余式中. 关于超同余式与$p$-adic Γ函数及模形式的联系, 读者可参看[121].

§9.1 涉及组合数的同余式

猜想9.1 (2009年11月2日). 如果奇数$n > 1$满足Morley同余式

$$\binom{n-1}{\frac{n-1}{2}} \equiv (-1)^{\frac{n-1}{2}} 4^{n-1} \pmod{n^3},$$

则n必为素数.

注记9.1. 猜想9.1是作者在[213]中的猜想1. 设$p > 3$为素数. 1895年, F. Morley在[112]中证明了

$$\binom{p-1}{\frac{p-1}{2}} \equiv (-1)^{\frac{p-1}{2}} 4^{p-1} \pmod{p^3};$$

1953年, L. Carlitz在[16]中进一步证明了

$$(-1)^{\frac{p-1}{2}} \binom{p-1}{\frac{p-1}{2}} \equiv 4^{p-1} + \frac{p^3}{12} B_{p-3} \pmod{p^4}.$$

$p = 16843$时$B_{p-3} \equiv 0 \pmod{p}$, 从而对奇合数$n = 16843^2$有

$$\binom{n-1}{\frac{n-1}{2}} \equiv (-1)^{\frac{n-1}{2}} 4^{n-1} \pmod{n^2}$$

但

$$\binom{n-1}{\frac{n-1}{2}} \not\equiv (-1)^{\frac{n-1}{2}} 4^{n-1} \pmod{n^3}.$$

2009年, 作者对适合$1 < n < 10^4$的奇数n验证了猜想9.1; 2021年1月19日, M. Alexseyev报告说他把对猜想9.1的验证拓展到$n < 10^6$, 参见[210].

猜想9.2. 设p为奇素数, n为正整数. 对$k \in \mathbb{Z}_+$让$\binom{(p-1)k}{k,\ldots,k}$表示多重组合数$\frac{((p-1)k)!}{(k!)^{p-1}}$.

(i) (2009年10月23日) 我们有

$$\frac{1}{n\binom{2n}{n}} \sum_{k=0}^{n-1} \binom{(p-1)k}{k,\ldots,k} \in \mathbb{Z}_p.$$

(ii) (2019年) 我们有

$$\frac{1}{n\binom{(p-1)n}{\frac{p-1}{2}n}}\sum_{k=0}^{n-1}\binom{(p-1)k}{k,\ldots,k}\in\mathbb{Z}_p.$$

注记9.2. 此猜测第一、第二条分别发表于[168, 猜想1.2]与[213, 猜想2(ii)]. 1992年, N. Strauss, J. Shallit和D. Zagier在[140]中证明了对任何正整数n 总有

$$\nu_3\left(\sum_{k=0}^{n-1}\binom{2k}{k}\right)=\nu_3\left(n^2\binom{2n}{n}\right).$$

郭军伟与曾江在[59]中曾猜测对任何正整数n都有$\nu_5(\sum_{k=0}^{n-1}\binom{4k}{2k}\binom{2k}{k}^2)\geqslant\nu_5(n)$. 孙智伟在[168, 定理1.2]中证明了整数$n>1$为素数当且仅当

$$\sum_{k=0}^{n-1}\binom{(n-1)k}{k,\ldots,k}\equiv 0\pmod{n}.$$

猜想9.3 (2016年10月10日). 设p为奇素数. 对任何正整数n, 我们有

$$\frac{\sum_{k=0}^{pn-1}\binom{2k}{k}-\left(\frac{p}{3}\right)\sum_{r=0}^{n-1}\binom{2r}{r}}{n^2\binom{2n-1}{n-1}}\equiv\sum_{k=0}^{p-1}\binom{2k}{k}-\left(\frac{p}{3}\right)\pmod{p^4}.$$

注记9.3. 此猜测发表于[226]. 孙智伟与R. Tauraso在[229]中证明了对任何素数p有

$$\sum_{k=0}^{p-1}\binom{2k}{k}\equiv\left(\frac{p}{3}\right)\pmod{p^2},$$

此同余式模p情形由潘颢与孙智伟[123]在2006年通过组合恒等式获得.

猜想9.4 (2016年10月10日). 设p为奇素数. 对任何整数$m\not\equiv 0\pmod{p}$与正整数n, 我们有

$$\frac{1}{n\binom{2n-1}{n-1}}\left(\sum_{k=0}^{pn-1}\frac{\binom{2k}{k}}{m^k}-\left(\frac{\Delta}{p}\right)\sum_{r=0}^{n-1}\frac{\binom{2r}{r}}{m^r}\right)\equiv\frac{u_{p-(\frac{\Delta}{p})}(m-2,1)}{m^{n-1}}\pmod{p^2},$$

其中$\Delta=m(m-4)$.

注记9.4. 此猜测发表于[226], 作者在[226]中已证上面的那个同余式两边乘上$\binom{2n-1}{n-1}$后成立, $n=1$的情形由作者[165]在2010年证明.

猜想9.5. 设奇素数p不等于5, 且a为正整数.

(i) (2009年11月18日) 如果$p^a\equiv 1,2\pmod 5$, 或者$p\equiv 2\pmod 5$, 或者$a>2$, 则

$$\sum_{k=0}^{\lfloor\frac{4}{5}p^a\rfloor}(-1)^k\binom{2k}{k}\equiv\left(\frac{5}{p^a}\right)\pmod{p^2}.$$

如果$p^a \equiv 1,3 \pmod 5$, 或者$p \equiv 3 \pmod 5$, 或者$a > 2$, 则

$$\sum_{k=0}^{\lfloor \frac{3}{5} p^a \rfloor} (-1)^k \binom{2k}{k} \equiv \left(\frac{5}{p^a}\right) \pmod{p^2}.$$

(ii) (2010年11月6日) 如果$p^a \equiv 1,2 \pmod 5$, 或者$p \equiv 2 \pmod 5$, 或者$a > 2$, 则

$$\sum_{k=0}^{\lfloor \frac{7}{10} p^a \rfloor} \frac{\binom{2k}{k}}{(-16)^k} \equiv \left(\frac{5}{p^a}\right) \pmod{p^2}.$$

如果$p^a \equiv 1,3 \pmod 5$, 或者$p \equiv 3 \pmod 5$, 或者$a > 2$, 则

$$\sum_{k=0}^{\lfloor \frac{9}{10} p^a \rfloor} \frac{\binom{2k}{k}}{(-16)^k} \equiv \left(\frac{5}{p^a}\right) \pmod{p^2}.$$

注记9.5. 让$(F_n)_{n \geqslant 0}$为Fibonacci序列. 对于奇素数$p \neq 5$与正整数a, 潘颢与孙智伟在[124]中证实了孙智伟与R. Tauraso[228, 猜想3.1]猜测的同余式

$$\sum_{k=0}^{p^a-1} (-1)^k \binom{2k}{k} \equiv \left(\frac{p^a}{5}\right) \left(1 - 2F_{p^a - (\frac{p^a}{5})}\right) \pmod{p^3},$$

孙智伟在[182]中证明了

$$\sum_{k=0}^{(p^a-1)/2} \frac{\binom{2k}{k}}{(-16)^k} \equiv \left(\frac{p^a}{5}\right) \left(1 + \frac{F_{p^a - (\frac{p^a}{5})}}{2}\right) \pmod{p^3}.$$

猜想9.5发表于[182, 猜想1.2(ii)-(iii)], 也可见[213, 猜想5(ii)-(iii)]. 2020年, 毛国帅与Tauraso在[102]中对$p \equiv 1 \pmod 5$且$a = 1$的情形证实了猜想9.5.

猜想9.6 (2010年3月15日). (i) 对任何素数$p > 7$有

$$\sum_{k=1}^{p-1} \frac{\binom{2k}{k}}{k^3} \equiv -\frac{2}{p^2} H_{p-1} - \frac{13}{27} H_{p-1}^{(3)} \pmod{p^4}.$$

(ii) 对于素数$p > 5$有

$$\sum_{k=1}^{p-1} \frac{1}{k^4 \binom{2k}{k}} - \frac{H_{p-1}}{p^3} \equiv -\frac{7}{45} p B_{p-5} \pmod{p^2}.$$

注记9.6. 已知对素数$p > 3$总有

$$H_{p-1} \equiv -\frac{p^2}{3} B_{p-3} \pmod{p^3},$$

对素数$p > 5$总有

$$H_{p-1}^{(3)} \equiv -\frac{6}{5} p^2 B_{p-5} \pmod{p^3}.$$

猜想9.6受级数等式

$$\sum_{k=1}^{\infty}\frac{1}{k^4\binom{2k}{k}}=\frac{17}{36}\zeta(4)$$

启发而来, 发表于[170, 猜想1.1]. K. Hessami Pilehrood和T. Hessami Pilehrood在[71]中证明了猜想9.6中两个同余式模p都是对的; 2020年, R. Tauraso在[233]中证实了第一条中同余式模p^2成立.

猜想9.7 (2010年3月13日). 对于素数$p>5$有

$$\sum_{k=0}^{(p-3)/2}\frac{\binom{2k}{k}}{(2k+1)^316^k}\equiv\left(\frac{-1}{p}\right)\left(\frac{H_{p-1}}{4p^2}+\frac{p^2}{36}B_{p-5}\right)\ (\mathrm{mod}\ p^3).$$

注记9.7. 此猜测发表于[169, 猜想5.1], 与之相关的是下述已知等式

$$\sum_{k=0}^{\infty}\frac{\binom{2k}{k}}{(2k+1)^316^k}=\frac{7\pi^3}{216}.$$

猜想9.8 (2011年11月19日). 对于素数$p>5$有

$$\sum_{k=0}^{(p-3)/2}\frac{(-16)^k}{(2k+1)^3\binom{2k}{k}}\equiv-\frac{3}{4}\cdot\frac{H_{p-1}}{p^2}-\frac{47}{400}p^2B_{p-5}\ (\mathrm{mod}\ p^3).$$

注记9.8. 此猜测发表于[185, 猜想1.1(i)], 作者在[185, 推论1.1]中证明了对素数$p>5$有

$$\sum_{k=0}^{(p-3)/2}\frac{(-16)^k}{(2k+1)^3\binom{2k}{k}}\equiv\frac{B_{p-3}}{4}\ (\mathrm{mod}\ p).$$

猜想9.9 (2011年11月19日). 任给素数$p>3$, 我们有

$$\sum_{k=0}^{(p-3)/2}\frac{\binom{2k}{k}}{(2k+1)16^k}\sum_{j=0}^{k}\frac{1}{(2j+1)^3}\equiv\frac{7}{180}\left(\frac{-1}{p}\right)pB_{p-5}\ (\mathrm{mod}\ p^2).$$

注记9.9. 此猜测发表于[192, 猜想5.1(ii)]; 与之相关的级数等式

$$\sum_{k=0}^{\infty}\frac{\binom{2k}{k}}{(2k+1)16^k}\sum_{j=0}^{k}\frac{1}{(2j+1)^3}=\frac{5}{18}\pi\zeta(3)$$

由作者在[192]中猜出, 后被J. Ablinger在[1]中证实.

猜想9.10 (2010年9月23日). 对于素数$p>3$, 我们有

$$\sum_{k=1}^{p-1}\frac{\binom{2k}{k}}{k4^k}H_{2k}\equiv\frac{7}{3}pB_{p-3}\ (\mathrm{mod}\ p^2).$$

注记9.10. 此猜想发表于[190, 猜想5.2]; 作者也曾猜想对素数$p > 3$有

$$\sum_{k=1}^{(p-1)/2} \frac{\binom{2k}{k}}{k4^k} H_{2k} \equiv (-1)^{\frac{p+1}{2}} 2E_{p-3} \pmod{p},$$

但这被曹惠琴证实了(参见[190, 注记5.2]). 数学软件Mathematica可给出等式

$$\sum_{k=1}^{\infty} \frac{\binom{2k}{k}}{k4^k} H_{2k} = \frac{5\pi^2}{12}.$$

猜想9.11 (2014年11月21日). 设$p > 3$为素数, 则

$$p^2 \sum_{k=1}^{p-1} \frac{H_{2k} - H_k + \frac{2}{k}}{k^4 \binom{2k}{k}} \equiv \frac{H_{p-1}}{p^2} + \frac{4}{9}p^2 B_{p-5} \pmod{p^3}.$$

当$p > 7$时还有

$$\sum_{k=1}^{p-1} \frac{\binom{2k}{k}}{k^3} \left(H_{2k-1} - H_k - \frac{1}{k} \right) \equiv -\frac{11}{9} \cdot \frac{H_{p-1}^{(3)}}{p} \pmod{p^3}.$$

注记9.11. 此猜想中第一式发表于[192, 猜想3.3]. 与此猜想相关的级数等式

$$\sum_{k=1}^{\infty} \frac{H_{2k} - H_k + \frac{2}{k}}{k^4 \binom{2k}{k}} = \frac{11}{9}\zeta(5)$$

由作者在[192]中猜出, 后被J. Ablinger在[1]中证实.

猜想9.12 (2010年10月). 任给素数$p > 3$, 我们有

$$\sum_{k=1}^{p-1} \frac{\binom{2k}{k}}{k} H_k^{(2)} \equiv \frac{2H_{p-1}}{3p^2} + \frac{76}{135}p^2 B_{p-5} \pmod{p^3},$$

$$\sum_{k=1}^{p-1} \frac{\binom{2k}{k} H_k^{(2)}}{k2^k} \equiv -\frac{3}{16} \cdot \frac{H_{p-1}}{p^2} + \frac{479}{1280}p^2 B_{p-5} \pmod{p^3},$$

$$\sum_{k=1}^{p-1} \frac{\binom{2k}{k} H_k^{(2)}}{k3^k} \equiv -\frac{8}{9} \cdot \frac{H_{p-1}}{p^2} + \frac{268}{1215}p^2 B_{p-5} \pmod{p^3},$$

$$\sum_{k=1}^{p-1} \frac{\binom{2k}{k}}{k4^k} H_k^{(2)} \equiv -\frac{3}{2} \cdot \frac{H_{p-1}}{p^2} + \frac{7}{80}p^2 B_{p-5} \pmod{p^3}.$$

注记9.12. 此猜想发表于[190, 猜想5.1-5.2], 作者在[190, 定理1.3]中证明了第四个式子模p成立, Tauraso在[233]中证实了第一个式子模p^2是对的. 已知

$$\sum_{k=1}^{\infty} \frac{2^k H_{k-1}^{(2)}}{k^2 \binom{2k}{k}} = \frac{\pi^4}{384}, \quad \sum_{k=1}^{\infty} \frac{3^k H_{k-1}^{(2)}}{k^2 \binom{2k}{k}} = \frac{2\pi^4}{243}, \quad \sum_{k=1}^{\infty} \frac{4^k H_{k-1}^{(2)}}{k^2 \binom{2k}{k}} = \frac{\pi^4}{24}, \quad \sum_{k=1}^{\infty} \frac{\binom{2k}{k}}{k4^k} H_k^{(2)} = \frac{3}{2}\zeta(3).$$

猜想9.13. (i) (2009年12月22日) 任给奇素数p, 我们有

$$\sum_{k=1}^{p-1}\frac{2^k}{k}\binom{3k}{k}\equiv -3p\,q_p(2)^2 \pmod{p^2},$$

其中$q_p(2)$指Fermat商$(2^{p-1}-1)/p$.

(ii) (2011年11月30日) 对于奇素数p, 总有同余式

$$\sum_{k=1}^{p-1}\frac{2^k}{k^2}\binom{3k}{k}\equiv 6\left(\frac{-1}{p}\right)E_{p-3} \pmod{p}.$$

注记9.13. 赵立璐、潘颢和孙智伟在[258]中证明了对任何奇素数p都有$\sum_{k=1}^{p-1}\frac{2^k}{k}\binom{3k}{k}\equiv 0 \pmod{p}$. 猜想9.13发表于[173, 猜想1.2].

猜想9.14 (2015年11月23日). 设p为奇素数, 则

$$\sum_{n=0}^{p-1}\left(\sum_{k=0}^{n}\binom{n}{k}\frac{\binom{2k}{k}C_k}{(-16)^k}\right)^2\equiv 4\left(\frac{-1}{p}\right)+3p^2\left(3-4\left(\frac{-1}{p}\right)\right) \pmod{p^3},$$

$$\sum_{n=0}^{p-1}(n+1)\left(\sum_{k=0}^{n}\binom{n}{k}\frac{\binom{2k}{k}C_k}{(-16)^k}\right)^2\equiv\frac{3}{2}\left(\frac{-1}{p}\right)p^2+3p^3\left(3-4\left(\frac{-1}{p}\right)\right) \pmod{p^4}.$$

如果$p>3$, 则还有

$$\sum_{n=0}^{p-1}\left(\sum_{k=0}^{n}\binom{n}{k}\frac{\binom{3k}{k}C_k}{(-27)^k}\right)^2\equiv\frac{9}{2}p+\frac{7}{4}p^2\left(7-9\left(\frac{p}{3}\right)\right) \pmod{p^3},$$

$$\sum_{n=0}^{p-1}(n+1)\left(\sum_{k=0}^{n}\binom{n}{k}\frac{\binom{3k}{k}C_k}{(-27)^k}\right)^2\equiv\frac{7}{4}\left(\frac{p}{3}\right)p^2+\frac{7}{4}p^3\left(7-9\left(\frac{p}{3}\right)\right) \pmod{p^4},$$

$$\sum_{n=0}^{p-1}\left(\sum_{k=0}^{n}\binom{n}{k}\frac{\binom{4k}{2k}C_k}{(-64)^k}\right)^2\equiv\frac{16}{3}\left(\frac{2}{p}\right)p+\frac{13}{9}p^2\left(13-16\left(\frac{-2}{p}\right)\right) \pmod{p^3},$$

$$\sum_{n=0}^{p-1}(n+1)\left(\sum_{k=0}^{n}\binom{n}{k}\frac{\binom{4k}{2k}C_k}{(-64)^k}\right)^2\equiv\frac{13}{6}\left(\frac{-2}{p}\right)p^2+\frac{13}{9}p^3\left(13-16\left(\frac{-2}{p}\right)\right) \pmod{p^4}.$$

当$p>5$时我们有

$$\sum_{n=0}^{p-1}\left(\sum_{k=0}^{n}\binom{n}{k}\frac{\binom{6k}{3k}\binom{3k}{k}}{(k+1)(-432)^k}\right)^2\equiv\frac{36}{5}\left(\frac{3}{p}\right)p+\frac{31}{25}p^2\left(31-36\left(\frac{-1}{p}\right)\right) \pmod{p^3}$$

且

$$\sum_{n=0}^{p-1}(n+1)\left(\sum_{k=0}^{n}\binom{n}{k}\frac{\binom{6k}{3k}\binom{3k}{k}}{(k+1)(-432)^k}\right)^2\equiv\frac{31}{10}\left(\frac{-1}{p}\right)p^2+\frac{31}{25}p^3\left(31-36\left(\frac{-1}{p}\right)\right) \pmod{p^4}.$$

注记9.14. 此猜测发表于[198, 猜想6.13], 其中C_k指Catalan数$\frac{1}{k+1}\binom{2k}{k}=\binom{2k}{k}-\binom{2k}{k+1}$.

猜想9.15 (2009年11月10日). 设 p 为模 4 余 3 的素数.

(i) 我们有

$$\sum_{k=0}^{p-1} \frac{\binom{2k}{k}^2}{8^k} \equiv -\sum_{k=0}^{p-1} \frac{\binom{2k}{k}^2}{(-16)^k} \pmod{p^3}.$$

(ii) 对于 $m \in \{8, -16, 32\}$ 及任何正整数 n 总有

$$\nu_p\left(\sum_{k=0}^{n-1} \frac{\binom{2k}{k}^2}{m^k}\right) \geqslant \left\lfloor \frac{\nu_p(n)+1}{2} \right\rfloor \quad \text{与} \quad \sum_{k=0}^{p^{2n}-1} \frac{\binom{2k}{k}^2}{m^k} \equiv (-p)^n \pmod{p^{n+2}}.$$

注记9.15. 此猜测第一条与第二条分别发表于[169, 猜想5.5]与[213, 猜想15(iii)], 也可参见[213, 猜想15(ii)~(iii)]. 对素数 $p \equiv 1 \pmod 4$ 及 $m = 8, -16, 32$, 作者[169, 猜想5.5]猜测的 $\sum_{k=0}^{p-1} \binom{2k}{k}^2 m^{-k}$ 模 p^2 同余式被孙智宏在[143]中证实. 对于素数 $p \equiv 3 \pmod 4$, 作者在[169, 猜想5.5]中猜测的 $\sum_{k=0}^{p-1} \binom{2k}{k}^2 32^{-k} \equiv 0 \pmod{p^2}$ 被孙智宏在[143]中证明, 作者在[180, 定理1.3]中证明了

$$\sum_{k=0}^{p-1} \frac{\binom{2k}{k}^2}{8^k} \equiv -\sum_{k=0}^{p-1} \frac{\binom{2k}{k}^2}{(-16)^k} \equiv \frac{(-1)^{(p+1)/4} 2p}{\binom{(p+1)/2}{(p+1)/4}} \pmod{p^2}.$$

猜想9.16. (i) (2011年4月21日) 对于素数 $p \equiv 1 \pmod 4$, 写 $p = x^2 + 4y^2$ $(x, y \in \mathbb{Z}$ 且 $4 \mid x-1)$, 则我们可用如下方式决定出 $x \bmod p^3$:

$$2\left(\frac{2}{p}\right)x \equiv \sum_{k=0}^{p-1} \frac{(k+1)\binom{2k}{k}^2}{8^k} + \sum_{k=0}^{(p-1)/2} \frac{(2k+1)\binom{2k}{k}^2}{(-16)^k} \pmod{p^3}.$$

(ii) (2014年8月21日) 对任何素数 $p \equiv 3 \pmod 4$, 我们有

$$\sum_{k=0}^{p-1} \frac{\binom{2k}{k}^2}{(2k-1)8^k} \equiv -\left(\frac{2}{p}\right)\frac{p+1}{2^{p-1}+1}\binom{\frac{p+1}{2}}{\frac{p+1}{4}} \pmod{p^2},$$

$$3\sum_{k=0}^{p-1} \frac{\binom{2k}{k}\binom{2k}{k+1}}{(2k-1)8^k} \equiv p + \left(\frac{2}{p}\right)\frac{2p}{\binom{(p+1)/2}{(p+1)/4}} \pmod{p^2}.$$

注记9.16. 此猜测第一、二条分别发表于[171, 注记1.1]与[204, 猜想5.1]. 作者在[171, 定理1.2(i)]中证明了在第一条条件下总有

$$\left(\frac{2}{p}\right)x \equiv \sum_{k=0}^{(p-1)/2} \frac{(k+1)\binom{2k}{k}^2}{8^k} \equiv \sum_{k=0}^{(p-1)/2} \frac{(2k+1)\binom{2k}{k}^2}{(-16)^k} \pmod{p^2}.$$

对于素数 $p \equiv 3 \pmod 4$, 由[180, 定理1.3(i)]知

$$\sum_{k=0}^{p-1} \frac{(k+1)\binom{2k}{k}^2}{8^k} + \sum_{k=0}^{(p-1)/2} \frac{(2k+1)\binom{2k}{k}^2}{(-16)^k} \equiv 0 \pmod{p^2}.$$

设 $p > 3$ 为素数. 2003年, E. Morterson在[113, 114]中证明了F. Rodriguez-Villegas在[133]中猜测的下述同余式:

$$\sum_{k=0}^{p-1} \binom{-\frac{1}{2}}{k}^2 - (-1)^{\langle -\frac{1}{2}\rangle_p} = \sum_{k=0}^{p-1} \frac{\binom{2k}{k}^2}{16^k} - \left(\frac{-1}{p}\right) \equiv 0 \pmod{p^2},$$

$$\sum_{k=0}^{p-1} \binom{-\frac{1}{3}}{k}\binom{-\frac{2}{3}}{k} - (-1)^{\langle -\frac{1}{3}\rangle_p} = \sum_{k=0}^{p-1} \frac{\binom{2k}{k}\binom{3k}{k}}{27^k} - \left(\frac{p}{3}\right) \equiv 0 \pmod{p^2},$$

$$\sum_{k=0}^{p-1} \binom{-\frac{1}{4}}{k}\binom{-\frac{3}{4}}{k} - (-1)^{\langle -\frac{1}{4}\rangle_p} = \sum_{k=0}^{p-1} \frac{\binom{4k}{2k}\binom{2k}{k}}{64^k} - \left(\frac{-2}{p}\right) \equiv 0 \pmod{p^2},$$

$$\sum_{k=0}^{p-1} \binom{-\frac{1}{6}}{k}\binom{-\frac{5}{6}}{k} - (-1)^{\langle -\frac{1}{6}\rangle_p} = \sum_{k=0}^{p-1} \frac{\binom{6k}{3k}\binom{3k}{k}}{432^k} - \left(\frac{-1}{p}\right) \equiv 0 \pmod{p^2},$$

(对于p-adic整数x, 记号$\langle x\rangle_p$表示唯一的$r \in \{0, \ldots, p-1\}$使得$x \equiv r \pmod p$.) 2014年, 孙智宏在[145]中把上述四个同余式推广成

$$\sum_{k=0}^{p-1} \binom{-x}{k}\binom{x-1}{k} \equiv (-1)^{\langle -x\rangle_p} \pmod{p^2},$$

这里x为p-adic整数. 2017年, 刘纪彩在[92]中给出另一种推广: 对任何$x \in \{\frac{1}{2}, \frac{1}{3}, \frac{1}{4}, \frac{1}{6}\}$与$n \in \mathbb{Z}_+$有

$$\sum_{k=0}^{pn-1} \binom{-x}{k}\binom{x-1}{k} \equiv (-1)^{\langle -x\rangle_p} \sum_{r=0}^{n-1} \binom{-x}{k}\binom{x-1}{k} \pmod{p^2}.$$

猜想9.17 (2019年). 设正整数a与$b > a$互素, 素数$p > 3$满足$p \equiv \pm 1 \pmod b$. 则对任何正整数n有

$$\frac{1}{(pn)^2 \binom{-a/b}{n}\binom{a/b-1}{n}} \left(\sum_{k=0}^{pn-1} \binom{-\frac{a}{b}}{k}\binom{\frac{a}{b}-1}{k} - (-1)^{\langle -\frac{a}{b}\rangle_p} \sum_{k=0}^{n-1} \binom{-\frac{a}{b}}{k}\binom{\frac{a}{b}-1}{k} \right) \in \mathbb{Z}_p.$$

注记9.17. 此猜测发表于[213, 猜想10], 它比刘纪彩在[92]中的结果更强更广.

猜想9.18. (i) (2010年2月23日) 设$p > 3$为素数且$a \in \mathbb{Z}_+$. 如果$p \equiv 1, 3 \pmod 8$或者$a > 1$, 则

$$\sum_{k=0}^{\lfloor \frac{5}{8}p^a \rfloor} \frac{\binom{2k}{k}^2}{16^k} \equiv \sum_{k=0}^{\lfloor \frac{7}{8}p^a \rfloor} \frac{\binom{2k}{k}^2}{16^k} \equiv \left(\frac{-1}{p^a}\right) \pmod{p^3}.$$

(ii) (2016年) 对素数$p > 3$与正奇数n, 我们有

$$\frac{4^{n-1}}{n^2 \binom{n-1}{(n-1)/2}^2} \left(\sum_{k=0}^{(pn-1)/2} \frac{\binom{2k}{k}^2}{16^k} - \left(\frac{-1}{p}\right) \sum_{k=0}^{(n-1)/2} \frac{\binom{2k}{k}^2}{16^k} \right) \equiv p^2 E_{p-3} \pmod{p^3}.$$

注记9.18. 此猜测第一条与第二条分别发表于[170, 猜想1.2]与[213, 猜想11(i)]. 对于素数$p > 3$, 孙智伟在[170]中证明了

$$\sum_{k=0}^{p-1} \frac{\binom{2k}{k}^2}{16^k} \equiv \left(\frac{-1}{p}\right) - p^2 E_{p-3} \pmod{p^3} \text{ 且 } \sum_{k=0}^{(p-1)/2} \frac{\binom{2k}{k}^2}{16^k} \equiv \left(\frac{-1}{p}\right) + p^2 E_{p-3} \pmod{p^3}.$$

毛国帅与孙智伟在[101]中证明了孙智伟的如下猜测(参见[170, 猜想1.2]): 设p为奇素数且$a \in \mathbb{Z}_+$, 如果$p \equiv 1 \pmod 4$或者$a > 1$, 则

$$\sum_{k=0}^{\lfloor \frac{3}{4}p^a \rfloor} \frac{\binom{2k}{k}^2}{16^k} \equiv \left(\frac{-1}{p^a}\right) \pmod{p^3}.$$

猜想9.19 (2010年3月13日). 设$p > 5$为素数, 则

$$\sum_{k=(p+1)/2}^{p-1} \frac{\binom{2k}{k}^2}{k16^k} \equiv -\frac{21}{2} H_{p-1} \pmod{p^4}.$$

注记9.19. 此猜测发表于[185, 猜想1.1]. 设$p > 5$为素数, R. Tauraso 在[232]中证明了

$$\sum_{k=1}^{p-1} \frac{\binom{2k}{k}^2}{k16^k} \equiv -2H_{(p-1)/2} \pmod{p^3},$$

孙智伟在[185]中证明了

$$\sum_{k=(p+1)/2}^{p-1} \frac{\binom{2k}{k}^2}{k16^k} \equiv -\frac{21}{2} H_{p-1} \equiv \frac{7}{2} p^2 B_{p-3} \pmod{p^3}.$$

猜想9.20 (2010年10月3日). 设$p \geqslant 5$为素数, 则

$$\sum_{k=(p+1)/2}^{p-1} \frac{\binom{2k}{k}^2}{k16^k} H_k^{(2)} \equiv -\sum_{k=(p+1)/2}^{p-1} \frac{\binom{2k}{k}^2}{(2k+1)16^k} H_k^{(2)} \equiv \frac{31}{2} p^2 B_{p-5} \pmod{p^3}.$$

注记9.20. 此猜测发表于[190, 猜想5.3].

猜想9.21 (2016年). 对任何素数$p > 3$与正整数n, 我们有

$$\frac{27^n}{(pn)^4 \binom{2n}{n}\binom{3n}{n}} \left(\sum_{k=0}^{pn-1} \frac{4k+1}{2k+1} \cdot \frac{\binom{2k}{k}\binom{3k}{k}}{27^k} - \left(\frac{p}{3}\right) \sum_{k=0}^{n-1} \frac{4k+1}{2k+1} \cdot \frac{\binom{2k}{k}\binom{3k}{k}}{27^k} \right) \in \mathbb{Z}_p.$$

注记9.21. 此猜测在$n = 1$的情形发表于[170, 猜想5.12(iii)], 一般情形发表于[213, 猜想13].

猜想9.22 (2009年11月10-11日). (i) 对于素数$p \equiv 5 \pmod 6$与正整数n, 总有

$$\nu_p\left(\sum_{k=0}^{n-1} \frac{\binom{2k}{k}\binom{3k}{k}}{24^k} \right) \geqslant \left\lfloor \frac{\nu_p(n)+1}{2} \right\rfloor \text{ 与 } \sum_{k=0}^{p^{2n}-1} \frac{\binom{2k}{k}\binom{3k}{k}}{24^k} \equiv (-p)^n \pmod{p^{n+2}}.$$

(ii) 对于素数$p \equiv 5 \pmod 6$与正整数n, 总有

$$\nu_p\left(\sum_{k=0}^{n-1} \binom{n-1}{k} \frac{\binom{2k}{k}\binom{3k}{k}}{(-24)^k} \right) \geqslant \left\lfloor \frac{\nu_p(n)+1}{2} \right\rfloor \text{ 与 } \sum_{k=0}^{p^{2n}-1} \binom{p^{2n}-1}{k} \frac{\binom{2k}{k}\binom{3k}{k}}{(-24)^k} \equiv (-p)^n \pmod{p^{n+1}}.$$

注记9.22. 此猜想的第一条出现于[213, 猜想16(iii)]. 对于素数 $p>3$, 作者猜测的 $\sum\limits_{k=0}^{p-1}\binom{2k}{k}\binom{3k}{k}24^{-k}$ 模 p^2 同余式 (参见[170, 猜想5.13]) 已被王晨和孙智伟在[241]中证明.

对于素数 $p>5$, 虚二次域 $\mathbb{Q}(\sqrt{-15})$ 的类数为2, 由[27]知 p 可表成 x^2+15y^2 $(x,y\in\mathbb{Z})$ 当且仅当 $p\equiv 1,4\ (\mathrm{mod}\ 15)$, p 可表成 $3x^2+5y^2$ $(x,y\in\mathbb{Z})$ 当且仅当 $p\equiv 2,8\ (\mathrm{mod}\ 15)$. 对素数其他类似的二元二次型表示, 读者可参看[27], 以后不再一一说明.

猜想9.23 (2011年9月18日). 设 $p>5$ 为素数. 如果 $p\equiv 1,4\ (\mathrm{mod}\ 15)$, 而且 $p=x^2+15y^2$ (其中 $x,y\in\mathbb{Z}$ 且 $3\mid x-1$), 则

$$\sum_{k=0}^{p-1}\frac{k\binom{2k}{k}\binom{3k}{k}}{27^k}F_k\equiv\frac{2}{15}\left(\frac{p}{x}-2x\right)\ (\mathrm{mod}\ p^2),$$

$$\sum_{k=0}^{p-1}\frac{\binom{2k}{k}\binom{3k}{k}}{27^k}L_k\equiv 4x-\frac{p}{x}\ (\mathrm{mod}\ p^2)\quad\text{且}\quad\sum_{k=0}^{p-1}(3k+2)\frac{\binom{2k}{k}\binom{3k}{k}}{27^k}L_k\equiv 4x\ (\mathrm{mod}\ p^2).$$

其中 F_k 与 L_k 分别为Fibonacci数与Lucas数. 如果 $p\equiv 2,8\ (\mathrm{mod}\ 15)$, 而且 $p=3x^2+5y^2$ (其中 $x,y\in\mathbb{Z}$ 且 $3\mid y-1$), 则

$$\sum_{k=0}^{p-1}\frac{\binom{2k}{k}\binom{3k}{k}}{27^k}F_k\equiv\frac{p}{5y}-4y\ (\mathrm{mod}\ p^2),$$

而且

$$\sum_{k=0}^{p-1}\frac{k\binom{2k}{k}\binom{3k}{k}}{27^k}F_k\equiv\sum_{k=0}^{p-1}\frac{k\binom{2k}{k}\binom{3k}{k}}{27^k}L_k\equiv\frac{4}{3}y\ (\mathrm{mod}\ p^2).$$

注记9.23. 此猜想发表于[187, 猜想4.3], 类似猜想还有[187]中的猜想4.1~4.2与猜想4.4. 设 $p>3$ 为素数. 依[180, 定理1.6], $p\equiv 1\ (\mathrm{mod}\ 3)$ 时

$$\sum_{k=0}^{p-1}\frac{\binom{2k}{k}\binom{3k}{k}}{27^k}F_k\equiv 0\ (\mathrm{mod}\ p^2),$$

$p\equiv 2\ (\mathrm{mod}\ 3)$ 时

$$\sum_{k=0}^{p-1}\frac{\binom{2k}{k}\binom{3k}{k}}{27^k}L_k\equiv 0\ (\mathrm{mod}\ p^2).$$

多项式 $P(x)\in\mathbb{Q}[x]$ 为整值多项式指对任何 $m\in\mathbb{Z}$ 都有 $P(m)\in\mathbb{Z}$. 已知整值多项式 $P(x)$ 必形如 $\sum\limits_{k=0}^{n}a_k\binom{x}{k}$, 这里 $a_0,\dots,a_n\in\mathbb{Z}$.

猜想9.24 (2019年). (i) 对于 $\varepsilon\in\{\pm 1\}$ 与 $l,m,n\in\mathbb{Z}_+$, 多项式

$$\frac{1}{n}\sum_{k=0}^{n-1}\varepsilon^k(2k+1)^{2l-1}\sum_{j=0}^{k}\binom{-x}{j}^m\binom{x-1}{k-j}^m$$

是整值多项式.

(ii) 对任何$l, n \in \mathbb{Z}_+$, 多项式

$$\frac{(2l-1)!!}{n^2} \sum_{k=0}^{n-1} (2k+1)^{2l-1} \sum_{j=0}^{k} \binom{-x}{j}^2 \binom{x-1}{k-j}^2$$

是整值多项式.

注记9.24. 此猜测发表于[213, 猜想35(i)(ii)], 郭军伟在[57]中证明了第一、二条分别在$m = 2$与$l = 1$时成立.

猜想9.25 (2019年). (i) 对于素数$p > 3$, 我们有

$$\sum_{k=0}^{p-1} (-1)^k (2k+1) \sum_{j=0}^{k} \binom{-\frac{1}{2}}{j}^3 \binom{-\frac{1}{2}}{k-j}^3 \equiv p^2 + \frac{7}{2} p^5 B_{p-3} \pmod{p^6}$$

与

$$\sum_{k=0}^{p-1} (-1)^k (2k+1) \sum_{j=0}^{k} \binom{-\frac{1}{3}}{j}^3 \binom{-\frac{2}{3}}{k-j}^3 \equiv \frac{p}{3} \left(\left(\frac{p}{3}\right) + 2p \right) \pmod{p^4}.$$

(ii) 对素数$p > 7$, 有

$$\sum_{k=0}^{p-1} (-1)^k (2k+1) \sum_{j=0}^{k} \binom{-\frac{1}{6}}{j}^5 \binom{-\frac{5}{6}}{k-j}^5 \equiv 0 \pmod{p^2}.$$

注记9.25. 此猜测第一条与第二条分别是[213, 猜想35(iii)]与[213, 猜想36(i)]的一部分. 对于素数$p > 3$及$x \in \mathbb{Z}_p$, 作者还猜出了

$$\sum_{k=0}^{p-1} (-1)^k (2k+1) \sum_{j=0}^{k} \binom{-x}{j}^3 \binom{x-1}{k-j}^3$$

模p^2的值, 这被王晨与孙智伟在[240, 定理4.1]中所证实.

猜想9.26 (2019年). 设p为奇素数.

(i) 如果$x \in \mathbb{Z}_p$且$3x \not\equiv \pm 1, 2, 4 \pmod{p}$, 则

$$\sum_{k=0}^{p-1} (-1)^k (2k+1)^3 \sum_{j=0}^{k} \binom{-x}{j}^3 \binom{x-1}{k-j}^3 \equiv 0 \pmod{p^2}.$$

(ii) $p > 5$时, 对$x = \pm(p - (\frac{p}{3}))/3$有

$$\sum_{k=0}^{p-1} (-1)^k (2k+1)^3 \sum_{j=0}^{k} \binom{-x}{j}^3 \binom{x-1}{k-j}^3 \equiv 0 \pmod{p^2}.$$

(iii) 我们有

$$\sum_{k=0}^{p-1} (-1)^k (2k+1)^3 \sum_{j=0}^{k} \binom{-\frac{1}{2}}{j}^3 \binom{-\frac{1}{2}}{k-j}^3 \equiv -\frac{3}{5} p^2 \pmod{p^5}.$$

(iv) 如果$p > 7$, 则

$$\sum_{k=0}^{p-1}(2k+1)^3 \sum_{j=0}^{k}\binom{-\frac{1}{6}}{j}^4\binom{-\frac{5}{6}}{k-j}^4 \equiv 0 \pmod{p^2}.$$

当$p > 20$时, 我们有

$$\sum_{k=0}^{p-1}(2k+1)^3 \sum_{j=0}^{k}\binom{-\frac{1}{6}}{j}^5\binom{-\frac{5}{6}}{k-j}^5 \equiv 0 \pmod{p^2}.$$

注记9.26. 此猜测前三条发表于[213, 猜想35(iv)], 第四条出现于[213, 猜想36(i)].

猜想9.27 (2019年). 设$p > 11$为素数.

(i) 如果$p \equiv \pm 1 \pmod 5$, 则

$$\sum_{k=0}^{p-1}(2k+1)^3 \sum_{j=0}^{k}\binom{-\frac{1}{5}}{j}^4\binom{-\frac{4}{5}}{k-j}^4 \equiv 0 \pmod{p^2};$$

如果$p \equiv \pm 2 \pmod 5$, 则

$$\sum_{k=0}^{p-1}(2k+1)^3 \sum_{j=0}^{k}\binom{-\frac{2}{5}}{j}^4\binom{-\frac{3}{5}}{k-j}^4 \equiv 0 \pmod{p^2}.$$

(ii) 当$p \equiv 4 \pmod 5$时, 我们有

$$\sum_{k=0}^{p-1}(-1)^k(2k+1) \sum_{j=0}^{k}\binom{-\frac{1}{5}}{j}^5\binom{-\frac{4}{5}}{k-j}^5 \equiv 0 \pmod{p^2};$$

当$p \equiv 3 \pmod 5$时, 我们有

$$\sum_{k=0}^{p-1}(-1)^k(2k+1) \sum_{j=0}^{k}\binom{-\frac{2}{5}}{j}^5\binom{-\frac{3}{5}}{k-j}^5 \equiv 0 \pmod{p^2}.$$

注记9.27. 此猜测发表于[213, 猜想36(iii)], 与Rogers-Ramanujan恒等式(参看[13, (7.3.10)])相对照显得有趣.

孙智伟在[198]中引入多项式

$$s_n(x) = \sum_{k=0}^{n}\binom{n}{k}\binom{x}{k}\binom{x+k}{k} = \sum_{k=0}^{n}\binom{n}{k}(-1)^k\binom{x}{k}\binom{-1-x}{k}.$$

注意$s_n(-\frac{1}{2})$正是K. Kimoto and M. Wakayama在[85, (3.4)]中定义的

$$\tilde{J}_2(n) = \sum_{k=0}^{n}\binom{n}{k}(-1)^k\binom{-\frac{1}{2}}{k}^2 = \sum_{k=0}^{n}\binom{n}{k}(-1)^k\frac{\binom{2k}{k}^2}{16^k}.$$

龙玲, R. Osburn与H. Swisher在[95]中证明了Kimoto与Wakayama [85]的下述猜想: 对奇素数p有

$$\sum_{k=0}^{p-1} s_k \left(-\frac{1}{2}\right)^2 \equiv \left(\frac{-1}{p}\right) \pmod{p^3}.$$

孙智伟在[198]中进一步猜测对奇素数p有

$$\sum_{k=0}^{p-1} s_k \left(-\frac{1}{2}\right)^2 \equiv \left(\frac{-1}{p}\right)(1 - 7p^3 B_{p-3}) \pmod{p^4},$$

这被刘纪彩在[93]中证实.

猜想9.28 (2015年11月15日). 设$p > 3$为素数.

(i) 对于p-adic整数$x \neq -1/2$, 我们有

$$\sum_{k=0}^{p-1} s_k(x)^2 \equiv (-1)^{\langle x \rangle_p} \frac{p + 2(x - \langle x \rangle_p)}{2x+1} \pmod{p^3},$$

其中$\langle x \rangle_p$表示唯一的$r \in \{0, \ldots, p-1\}$使得$x \equiv r \pmod{p}$.

(ii) 我们有

$$\sum_{k=0}^{p-1} s_k \left(-\frac{1}{3}\right)^2 \equiv p - \frac{14}{3}\left(\frac{p}{3}\right) p^3 B_{p-2}\left(\frac{1}{3}\right) \pmod{p^4},$$

$$\sum_{k=0}^{p-1} s_k \left(-\frac{1}{4}\right)^2 \equiv \left(\frac{2}{p}\right) p - 26\left(\frac{-2}{p}\right) p^3 E_{p-3} \pmod{p^4},$$

$$\sum_{k=0}^{p-1} s_k \left(-\frac{1}{6}\right)^2 \equiv \left(\frac{3}{p}\right) p - \frac{155}{12}\left(\frac{-1}{p}\right) p^3 B_{p-2}\left(\frac{1}{3}\right) \pmod{p^4}.$$

注记9.28. 此猜测发表于[198, 猜想6.10-6.11], 作者在[198]中已证第一条中同余式模p^2成立.

猜想9.29 (2015年12月9日). 令

$$t_n(x) = \sum_{k=0}^{n} \binom{n}{k} \binom{x}{k} \binom{x+k}{k} 2^k \quad (n \in \mathbb{N}).$$

(i) 对任何$n \in \mathbb{Z}_+$与$x \in \mathbb{Z}$,

$$\sum_{k=0}^{n-1} (8k+5) t_k(x)^2 \equiv n \pmod{4n}.$$

(ii) 对于奇素数p与p-adic整数x, 我们有

$$\sum_{k=0}^{p-1} t_k(x)^2 \equiv \begin{cases} \left(\frac{-1}{p}\right) \pmod{p^2} & \text{如果 } 2x \equiv -1 \pmod{p}, \\ (-1)^{\langle x \rangle_p} \frac{p + 2x - 2\langle x \rangle_p}{2x+1} \pmod{p^2} & \text{此外}. \end{cases}$$

(iii) 设p为奇素数, 则

$$\sum_{k=0}^{p-1}(8k+5)t_k\left(-\frac{1}{2}\right)^2 \equiv 2p \pmod{p^2},$$

$$\sum_{k=0}^{p-1}(32k+21)t_k\left(-\frac{1}{4}\right)^2 \equiv 8p \pmod{p^2}.$$

如果$p>3$, 则还有

$$\sum_{k=0}^{p-1}(18k+7)t_k\left(-\frac{1}{3}\right)^2 \equiv 0 \pmod{p^2},$$

$$\sum_{k=0}^{p-1}(72k+49)t_k\left(-\frac{1}{6}\right)^2 \equiv 18p \pmod{p^2}.$$

注记9.29. 此猜测发表于[198, 猜想6.14].

猜想9.30 (2009年11月11日). 设p为奇素数且$p \equiv 3,5,6 \pmod 7$.

(i) 对任何$n \in \mathbb{Z}_+$我们有

$$\nu_p\left(\sum_{k=0}^{n-1}\binom{2k}{k}^3\right) \geqslant \nu_p(n) \quad \text{与} \quad \nu_p\left(\sum_{k=0}^{n-1}\binom{n-1}{k}(-1)^k\binom{2k}{k}^3\right) \geqslant \nu_p(n),$$

也有

$$\nu_p\left(\sum_{k=0}^{n-1}\frac{\binom{4k}{k,k,k,k}}{81^k}\right) \geqslant \nu_p(n) \quad \text{与} \quad \nu_p\left(\sum_{k=0}^{n-1}\binom{n-1}{k}\frac{\binom{4k}{k,k,k,k}}{(-81)^k}\right) \geqslant \nu_p(n).$$

(ii) 当$p>3$且$a \in \mathbb{Z}_+$时, 我们有

$$\sum_{k=0}^{p^a-1}\binom{2k}{k}^3 \equiv \sum_{k=0}^{p^a-1}\frac{\binom{4k}{k,k,k,k}}{81^k} \equiv \begin{cases} 0 \pmod{p^{a+1}} & \text{如果 } 2 \nmid a, \\ p^a \pmod{p^{a+3}} & \text{如果 } 2 \mid a. \end{cases}$$

注记9.30. 此猜测的部分内容发表于[170, 注记1.4]. 对于奇素数p, 2009年, 作者在[169]中猜测

$$\sum_{k=0}^{p-1}\binom{2k}{k}^3 \equiv \begin{cases} 4x^2 - 2p \pmod{p^2} & \text{如果 } \left(\frac{p}{7}\right)=1 \text{ 且 } p = x^2 + 7y^2 \ (x,y \in \mathbb{Z}), \\ 0 \pmod{p^2} & \text{如果 } \left(\frac{p}{7}\right)=-1, \text{ 即 } p \equiv 3,5,6 \pmod 7; \end{cases}$$

这被J. Kibelbek等人[84]与孙智宏[144]证实. 作者[170, 猜想5.3]还猜测对于奇素数$p \equiv 1,2,4 \pmod 7$有

$$\sum_{k=0}^{p-1}\frac{\binom{4k}{k,k,k,k}}{81^k} \equiv \sum_{k=0}^{p-1}\binom{2k}{k}^3 \pmod{p^3}.$$

猜想9.31 (2010年2月23日). 如果p为素数且$a \in \mathbb{Z}_+$, 则

$$\sum_{k=0}^{\lfloor \frac{2}{3}p^a \rfloor}(21k+8)\binom{2k}{k}^3 \equiv 8p^a \pmod{p^{a+5+(-1)^p}}.$$

注记9.31. 此猜测发表于[170, 猜想1.3]. 设p为奇素数且$a \in \mathbb{Z}_+$, 作者在[170]中证明了

$$\frac{1}{p^a} \sum_{k=0}^{p^a-1} (21k+8) \binom{2k}{k}^3 \equiv 8 + 16p^3 B_{p-3} \pmod{p^4},$$

他还在[190]中证明了$p > 3$时有同余式

$$\sum_{k=0}^{(p-1)/2} (21k+8) \binom{2k}{k}^3 \equiv 8p + \left(\frac{-1}{p}\right) 32p^3 E_{p-2} \pmod{p^4}.$$

猜想9.32 (2021年1月28日). 对于素数$p \not\equiv 2 \pmod 3$, 写$p = x^2 + 3y^2$ (其中$x, y \in \mathbb{Z}$), 则

$$\sum_{k=0}^{(p-1)/2} \frac{kC_k^3}{16^k} \equiv 2p - 2 + \frac{2p^2}{y^2} \pmod{p^3},$$

其中C_k表示下标为k的Catalan数.

注记9.32. 此猜测模p^2形式是作者在2009年11月25日提出的, 发表于[169, 注记1.2].

猜想9.33 (2012年11月3日). 设$p \neq 2, 5$为素数, 则

$$\sum_{k=0}^{p-1} \frac{\binom{2k}{k}^3}{64^k} F_{24k} \equiv \begin{cases} 0 \pmod{p^3} & \text{如果 } p \equiv 1, 9 \pmod{20}, \\ 0 \pmod{p^2} & \text{如果 } p \equiv 3, 7, 11, 19 \pmod{20}, \\ 288(p - 2x^2) \pmod{p^2} & \text{如果 } p = x^2 + 4y^2 \equiv 13, 17 \pmod{20}, \end{cases}$$

$$\sum_{k=0}^{p-1} \frac{k\binom{2k}{k}^3}{64^k} F_{24k} \equiv \begin{cases} \frac{(-1)^y}{6}(3p - 4x^2) \pmod{p^2} & \text{如果 } p = x^2 + 25y^2 \equiv 1, 9 \pmod{20}, \\ \frac{110}{3}x^2 \pmod{p} & \text{如果 } p = x^2 + 4y^2 \text{ 且 } \left(\frac{p}{5}\right) = -1, \\ 0 \pmod{p} & \text{如果 } p \equiv 3 \pmod 4, \end{cases}$$

其中$x, y \in \mathbb{Z}$. 此外,

$$\sum_{k=0}^{p-1} \frac{\binom{2k}{k}^3}{64^k} L_{24k} \equiv \begin{cases} (81 - 80(\frac{p}{5}))(8x^2 - 4p) \pmod{p^2} & \text{如果 } p = x^2 + 4y^2, \\ 0 \pmod{p^2} & \text{如果 } p \equiv 3 \pmod 4, \end{cases}$$

$$\sum_{k=0}^{p-1} \frac{k\binom{2k}{k}^3}{64^k} L_{24k} \equiv \begin{cases} \frac{(-1)^y}{2}(3p - 4x^2) \pmod{p^2} & \text{如果 } p = x^2 + 25y^2 \equiv 1, 9 \pmod{20}, \\ -82x^2 \pmod{p} & \text{如果 } p = x^2 + 4y^2 \text{ 且 } \left(\frac{p}{5}\right) = -1, \\ 0 \pmod{p} & \text{如果 } p > 3 \text{ 且 } p \equiv 3 \pmod 4, \end{cases}$$

其中$x, y \in \mathbb{Z}$.

注记9.33. 此猜测发表于[213, 猜想88], 更多类似猜想可见[213]中猜想86~87及猜想89~98.

对于素数$p > 3$, F. Rodriguez-Villegas[133]猜测

$$\sum_{k=0}^{p-1} \frac{\binom{2k}{k}^2 \binom{3k}{k}}{108^k} \equiv \begin{cases} 4x^2 - 2p \pmod{p^2} & \text{如果 } p \equiv 1 \pmod 3 \text{ 且 } p = x^2 + 3y^2 \ (x, y \in \mathbb{Z}), \\ 0 \pmod{p^2} & \text{如果 } p \equiv 2 \pmod 3, \end{cases}$$

$$\sum_{k=0}^{p-1} \frac{\binom{4k}{k,k,k,k}}{256^k} \equiv \begin{cases} 4x^2 - 2p \pmod{p^2} & \text{如果 } \left(\frac{-2}{p}\right) = 1 \text{ 且 } p = x^2 + 2y^2 \ (x, y \in \mathbb{Z}), \\ 0 \pmod{p^2} & \text{如果 } \left(\frac{-2}{p}\right) = -1, \text{ 即 } p \equiv 5, 7 \pmod 8, \end{cases}$$

且

$$\sum_{k=0}^{p-1} \frac{\binom{6k}{3k}\binom{3k}{k,k,k}}{12^{3k}} = \sum_{k=0}^{p-1} \frac{(6k)!}{(3k)!(k!)^3} 1728^{-k}$$

$$\equiv \begin{cases} \left(\frac{p}{3}\right)(4x^2 - 2p) \pmod{p^2} & \text{如果 } p \equiv 1 \pmod 4 \text{ 且 } p = x^2 + 4y^2 \ (x, y \in \mathbb{Z}), \\ 0 \pmod{p^2} & \text{如果 } p \equiv 3 \pmod 4. \end{cases}$$

这被Mortenson在[115]中部分证明, 遗留情形被孙智伟在[171]中证出.

猜想9.34. 设p为奇素数.

(i) (2009年11月) 我们有

$$\sum_{k=0}^{p-1} \frac{\binom{2k}{k}^2 \binom{3k}{k}}{64^k} \equiv \begin{cases} x^2 - 2p \pmod{p^2} & \text{如果 } \left(\frac{p}{11}\right) = 1 \text{ 且 } 4p = x^2 + 11y^2 \ (x, y \in \mathbb{Z}), \\ 0 \pmod{p^2} & \text{如果 } \left(\frac{p}{11}\right) = -1, \text{ 即 } p \equiv 2, 6, 7, 8, 10 \pmod{11}. \end{cases}$$

(ii) (2009年, 2019年) 对任何$n \in \mathbb{Z}_+$有

$$\frac{64^n}{(pn)^4 \binom{2n}{n}^2 \binom{3n}{n}} \left(\sum_{k=0}^{pn-1} \frac{11k+3}{64^k} \binom{2k}{k}^2 \binom{3k}{k} - p \sum_{r=0}^{n-1} \frac{11r+3}{64^r} \binom{2r}{r}^2 \binom{3r}{r} \right) \equiv -56 \frac{H_{p-1}}{p^2} \pmod p.$$

注记9.34. 已知虚二次域$\mathbb{Q}(\sqrt{-11})$类数为1, 奇素数p是模11的平方剩余时有唯一的$x, y \in \mathbb{Z}_+$使得$4p = x^2 + 11y^2$. 猜想9.34第一条发表于[169, 猜想5.4], 第二条中同余式在$n = 1$的情形以及作者猜测的等式

$$\sum_{k=0}^{\infty} \frac{(11k-3)64^k}{k^3 \binom{2k}{k}^2 \binom{3k}{k}} = 8\pi^2,$$

发表于[170, 猜想5.4与猜想1.4], 最后这个等式后来被J. Guillera在[54]中证实.

作者还有许多关于

$$\sum_{k=0}^{p-1} \frac{\binom{2k}{k}^2 \binom{3k}{k}}{m^k}, \quad \sum_{k=0}^{p-1} \frac{\binom{2k}{k}^2 \binom{4k}{2k}}{m^k}, \quad \sum_{k=0}^{p-1} \frac{\binom{2k}{k}\binom{3k}{k}\binom{6k}{3k}}{m^k}$$

模p^2的猜测 (其中p为奇素数,整数m不被p整除), 参见[170, 179].

猜想9.35 (2012年1月30日). 设 $p > 5$ 为素数. 如果 $p \equiv 1, 4 \pmod{15}$ 且 $p = x^2 + 15y^2$ (其中 $x, y \in \mathbb{Z}$ 且 $x \equiv 1 \pmod 3$)), 则

$$\sum_{k=0}^{p-1}(-4)^k \binom{-\frac{1}{3}}{k}\binom{-\frac{1}{6}}{k} \equiv 2x - \frac{p}{2x} \pmod{p^2},$$

而且

$$\sum_{k=0}^{p-1}(15k+4)(-4)^k \binom{-\frac{1}{3}}{k}\binom{-\frac{1}{6}}{k} \equiv 4x \pmod{p^2}.$$

如果 $p \equiv 2, 8 \pmod{15}$ 且 $p = 3x^2 + 5y^2$ (其中 $x, y \in \mathbb{Z}$ 且 $y \equiv 1 \pmod 3$)), 则

$$\sum_{k=0}^{p-1}(-4)^k \binom{-\frac{1}{3}}{k}\binom{-\frac{1}{6}}{k} \equiv -10y + \frac{p}{2y} \pmod{p^2},$$

而且

$$\sum_{k=0}^{p-1}(5k-2)(-4)^k \binom{-\frac{1}{3}}{k}\binom{-\frac{1}{6}}{k} \equiv \frac{80}{3}y \pmod{p^2}.$$

注记9.35. 此猜测以前未公开发表过.

猜想9.36 (2011年3月9日). (i) 对于素数 $p \equiv 1 \pmod 3$, 写 $p = x^2 + 3y^2$ ($x, y \in \mathbb{Z}$ 且 $3 \mid x - 1$), 则

$$\sum_{n=0}^{p-1}(-1)^n \sum_{k=0}^{n}\binom{n}{k}^3 4^k \equiv \sum_{n=0}^{p-1}(-1)^n \sum_{k=0}^{n}\binom{n}{k}^3(-2)^k \equiv 2x - \frac{p}{2x} \pmod{p^2}.$$

(ii) 对于奇素数 $p \equiv 2 \pmod 3$, 我们有

$$\sum_{n=0}^{p-1}(-1)^n \sum_{k=0}^{n}\binom{n}{k}^3 4^k \equiv -2\sum_{n=0}^{p-1}(-1)^n \sum_{k=0}^{n}\binom{n}{k}^3(-2)^k \equiv \frac{3p}{\binom{(p+1)/2}{(p+1)/6}} \pmod{p^2}.$$

注记9.36. 对于素数 $p > 3$, 关于 $\sum_{n=0}^{p-1}(-1)^n \sum_{k=0}^{n}\binom{n}{k}^3(-4)^k$ 模 p^2 的猜测发表于[178, 猜想1.1]. 使用MacMahon恒等式

$$\sum_{k=0}^{n}\binom{n}{k}^3 z^k = \sum_{k=0}^{\lfloor n/2 \rfloor}\binom{n+k}{3k}\binom{2k}{k}\binom{3k}{k}z^k(1+z)^{n-2k}$$

(参见[98, 第122页], [50, (6.7)]和[132, 第41页])可证猜想9.36中同余式模 p 成立, 在第一部分条件下还可证

$$\sum_{n=0}^{p-1}(-1)^n n \sum_{k=0}^{n}\binom{n}{k}^3 4^k \equiv -\frac{5}{3}x \pmod{p} \text{ 且 } \sum_{n=0}^{p-1}(-1)^n n \sum_{k=0}^{n}\binom{n}{k}^3(-2)^k \equiv -\frac{4}{3}x \pmod{p}.$$

猜想9.37 (2011年3月23日). 设 $p > 3$ 为素数, 则

$$\sum_{n=0}^{p-1} \binom{-\frac{1}{2}}{n} \sum_{k=0}^{n} \binom{n}{k}^3 (-8)^k = \sum_{n=0}^{p-1} \frac{\binom{2n}{n}}{(-4)^n} \sum_{k=0}^{n} \binom{n}{k}^3 (-8)^k$$

$$\equiv \begin{cases} 4x^2 - 2p \pmod{p^2} & \text{如果} p \equiv 1, 7 \pmod{24} \text{且} p = x^2 + 6y^2 \ (x, y \in \mathbb{Z}), \\ 8x^2 - 2p \pmod{p^2} & \text{如果} p \equiv 5, 11 \pmod{24} \text{且} p = 2x^2 + 3y^2 \ (x, y \in \mathbb{Z}), \\ 0 \pmod{p^2} & \text{如果} (\frac{-6}{p}) = -1, \ \text{即} p \equiv 13, 17, 19, 23 \pmod{24}. \end{cases}$$

注记9.37. 此猜测以前未公开过. 易见对 $n \in \mathbb{N}$ 总有 $\binom{-\frac{1}{2}}{n} = \binom{2n}{n}(-4)^{-n}$.

猜想9.38 (2011年3月26日). 设 $p > 3$ 为素数且 $p \neq 17$, 则

$$\sum_{n=0}^{p-1} \frac{\binom{2n}{n}}{68^n} \sum_{k=0}^{n} \binom{n}{k}^3 64^k$$

$$\equiv \begin{cases} x^2 - 2p \pmod{p^2} & \text{如果} (\frac{p}{3}) = (\frac{p}{17}) = 1 \text{且} 4p = x^2 + 51y^2 \ (x, y \in \mathbb{Z}), \\ 2p - 3x^2 \pmod{p^2} & \text{如果} (\frac{p}{3}) = (\frac{p}{17}) = -1 \text{且} 4p = 3x^2 + 17y^2 \ (x, y \in \mathbb{Z}), \\ 0 \pmod{p^2} & \text{如果} (\frac{-51}{p}) = -1. \end{cases}$$

注记9.38. 此猜测发表于[179, 猜想2.11].

猜想9.39 (2011年4月9日). (i) 设 $p > 5$ 为素数且 $p \neq 41$. 则

$$\sum_{n=0}^{p-1} \frac{\binom{2n}{n}}{4100^n} \sum_{k=0}^{n} \binom{n}{k}^3 4^{6k}$$

$$\equiv \begin{cases} x^2 - 2p \pmod{p^2} & \text{如果} (\frac{p}{3}) = (\frac{p}{41}) = 1 \text{且} 4p = x^2 + 123y^2 \ (x, y \in \mathbb{Z}), \\ 2p - 3x^2 \pmod{p^2} & \text{如果} (\frac{p}{3}) = (\frac{p}{41}) = -1 \text{且} 4p = 3x^2 + 41y^2 \ (x, y \in \mathbb{Z}), \\ 0 \pmod{p^2} & \text{如果} (\frac{p}{123}) = -1. \end{cases}$$

(ii) 设 $p > 3$ 为素数且 $p \neq 89$. 则

$$\sum_{n=0}^{p-1} \frac{\binom{2n}{n}}{1000004^n} \sum_{k=0}^{n} \binom{n}{k}^3 10^{6k}$$

$$\equiv \begin{cases} x^2 - 2p \pmod{p^2} & \text{如果} (\frac{p}{3}) = (\frac{p}{89}) = 1 \text{且} 4p = x^2 + 267y^2 \ (x, y \in \mathbb{Z}), \\ 2p - 3x^2 \pmod{p^2} & \text{如果} (\frac{p}{3}) = (\frac{p}{89}) = -1 \text{且} 4p = 3x^2 + 89y^2 \ (x, y \in \mathbb{Z}), \\ 0 \pmod{p^2} & \text{如果} (\frac{p}{267}) = -1. \end{cases}$$

注记9.39. 此猜测以前未公开过.

猜想9.40 (2021年2月5日). (i) 设 $p > 5$ 为素数, 则

$$\sum_{n=0}^{p-1} \frac{\binom{2n}{n}}{100^n} \sum_{k=0}^{n} \binom{n}{k}^3 (-8)^k 27^{n-k}$$

$$\equiv \begin{cases} (\frac{p}{3})(4x^2 - 2p) \pmod{p^2} & \text{如果} p \equiv 1,3 \pmod{8} \text{且} p = x^2 + 2y^2 \ (x, y \in \mathbb{Z}), \\ 0 \pmod{p^2} & \text{如果} \ p \equiv 5,7 \pmod{8}. \end{cases}$$

(ii) 设 p 为奇素数且 $p \neq 11$, 则

$$\sum_{n=0}^{p-1} \frac{\binom{2n}{n}}{44^n} \sum_{k=0}^{n} \binom{n}{k}^3 (-64)^k 27^{n-k}$$

$$\equiv \begin{cases} (\frac{p}{3})(x^2 - 2p) \pmod{p^2} & \text{如果} (\frac{p}{11}) = 1 \text{且} 4p = x^2 + 11y^2 \ (x, y \in \mathbb{Z}), \\ 0 \pmod{p^2} & \text{如果} \ (\frac{p}{11}) = -1. \end{cases}$$

(iii) 设 $p > 5$ 为素数且 $p \neq 11$, 则

$$\sum_{n=0}^{p-1} \frac{\binom{2n}{n}}{121^n} \sum_{k=0}^{n} \binom{n}{k}^3 (-5)^{3k}$$

$$\equiv \begin{cases} 4x^2 - 2p \pmod{p^2} & \text{如果} p \equiv 1,4 \pmod{15} \text{且} p = x^2 + 15y^2 \ (x, y \in \mathbb{Z}), \\ 2p - 12x^2 \pmod{p^2} & \text{如果} p \equiv 2,8 \pmod{15} \text{且} p = 3x^2 + 5y^2 \ (x, y \in \mathbb{Z}), \\ 0 \pmod{p^2} & \text{如果} (\frac{-15}{p}) = -1. \end{cases}$$

注记9.40. 此猜测以前未公开过.

猜想9.37~猜想9.40表明: 如果 p 为奇素数, $m \in \{2, -3, 4, 6, -12, 15, -48, -300\}$ 且 $m(m^3 - 108) \not\equiv 0 \pmod{p}$, 则

$$\sum_{n=0}^{p-1} \frac{\binom{2n}{n}}{(108 - m^3)^n} \sum_{k=0}^{n} \binom{n}{k}^3 (-m)^{3k} 3^{3(n-k)} = \sum_{n=0}^{p-1} \frac{\binom{2n}{n}}{((-m/3)^3 + 4)^n} \sum_{k=0}^{n} \binom{n}{k}^3 \left(-\frac{m}{3}\right)^{3k}$$

模 p^2 与 $\sum_{k=0}^{p-1} \binom{2k}{k}^2 \binom{3k}{k} m^{-k}$ 模 p^2 密切相关且模式类似.

猜想9.41 (2011年10月20日). 设 $p > 5$ 为素数且 $p \neq 11, 67$, 则

$$\sum_{n=1}^{p-1} \frac{\binom{2n}{n}}{110^{2n}} \sum_{k=0}^{n} \binom{n}{k}^2 \binom{n+k}{k} 3^{6k}$$

$$\equiv \begin{cases} x^2 - 2p \pmod{p^2} & \text{如果} (\frac{p}{67}) = 1 \text{且} 4p = x^2 + 67y^2 \ (x, y \in \mathbb{Z}), \\ 0 \pmod{p^2} & \text{如果} (\frac{p}{67}) = -1. \end{cases}$$

注记9.41. 此猜测以前未公开过, 注意虚二次域 $\mathbb{Q}(\sqrt{-67})$ 类数为1. 更多类似猜测可见[179, 第6节].

猜想9.42 (2011年4月23日). 对于任何奇素数p, 有同余式

$$\sum_{n=1}^{p-1} \frac{n}{4^n} \sum_{k=0}^{n} \binom{-\frac{1}{4}}{k}^2 \binom{-\frac{3}{4}}{n-k}^2 \equiv 0 \pmod{p^3}.$$

注记9.42. 作者在[188]中利用恒等式

$$4^n \sum_{k=0}^{n} \binom{-\frac{1}{4}}{k}^2 \binom{-\frac{3}{4}}{n-k}^2 = \sum_{k=0}^{n} \binom{2k}{k}^3 \frac{\binom{2(n-k)}{n-k}}{16^k} \quad (n \in \mathbb{N})$$

证明了级数等式

$$\sum_{n=1}^{\infty} \frac{n}{4^n} \sum_{k=0}^{n} \binom{-\frac{1}{4}}{k}^2 \binom{-\frac{3}{4}}{n-k}^2 = \frac{4\sqrt{3}}{9\pi}.$$

猜想9.43 (2011年5月20日). 任给奇素数p, 我们有

$$\sum_{n=0}^{p-1} \frac{12n^2+11n+3}{(-32)^n} \sum_{k=0}^{n} \binom{n}{k}^4 \binom{2k}{k} \binom{2(n-k)}{n-k} \equiv 3p^2 + \frac{7}{4}p^5 B_{p-3} \pmod{p^6}.$$

注记9.43. 此猜测发表于[170, 猜想5.15].

§9.2 涉及Franel数、Apéry数、Domb数等特殊数的同余式

1894年, J. Franel引入下述Franel数

$$f_n = \sum_{k=0}^{n} \binom{n}{k}^3 \quad (n \in \mathbb{N})$$

(参见OEIS条目A000172), 并注意到下述递推关系

$$(n+1)^2 f_{n+1} = (7n(n+1)+2)f_n + 8n^2 f_{n-1} \quad (n = 1, 2, 3, \ldots).$$

2012年1月14日, 作者发现下面这个恒等式:

$$2^n f_n = \sum_{k=0}^{n} \frac{\binom{2k}{k}^2 \binom{2(n-k)}{n-k} \binom{k}{n-k}}{\binom{n}{k}} \quad (n = 0, 1, 2, \ldots).$$

猜想9.44 (2019年). (i) 设p为素数, n为正整数. 则

$$\frac{1}{(pn)^2} \left(\sum_{k=0}^{pn-1} (-1)^k f_k - \left(\frac{p}{3}\right) \sum_{k=0}^{n-1} (-1)^k f_k \right) \in \mathbb{Z}_p.$$

$p > 2$时还有

$$\frac{1}{(pn)^2} \left(\sum_{k=0}^{pn-1} \frac{f_k}{8^k} - \left(\frac{p}{3}\right) \sum_{k=0}^{n-1} \frac{f_k}{8^k} \right) \in \mathbb{Z}_p.$$

(ii) 对任何奇素数p, 我们有

$$\sum_{k=1}^{p-1} \frac{f_{k-1}}{k 8^{k-1}} \equiv -p^2 B_{p-3} \pmod{p^3}$$

与

$$\sum_{k=1}^{p-1}\frac{f_k}{k8^k} \equiv 3q_p(2) - \frac{3}{2}p\,q_p(2)^2 + p^2 q_p(2)^3 \pmod{p^3}.$$

注记9.44. 此猜测发表于[213, 猜想57]. 对于素数$p > 3$, 孙智伟在[177, 定理1.1]中证明了下述同余式:

$$\sum_{k=0}^{p-1}(-1)^k f_k \equiv \left(\frac{p}{3}\right) \pmod{p^2}, \quad \sum_{k=1}^{p-1}\frac{(-1)^k}{k}f_k \equiv 0 \pmod{p^2},$$

$$\sum_{k=1}^{p-1}\frac{(-1)^k}{k}f_k \equiv 0 \pmod{p}, \quad \sum_{k=1}^{p-1}\frac{(-1)^k}{k}f_{k-1} \equiv 3q_p(2) + 3p\,q_p(2)^2 \pmod{p^2}.$$

猜想9.45 (2011年3月9日). 设素数p模3余1, 则

$$\sum_{k=0}^{p-1}\frac{f_k}{2^k} \equiv \sum_{k=0}^{p-1}\frac{f_k}{(-4)^k} \pmod{p^3}.$$

如果写$p = x^2 + 3y^2$ (其中$x, y \in \mathbb{Z}$且$3 \mid x - 1$), 则有

$$x \equiv \frac{1}{4}\sum_{k=0}^{p-1}(3k+4)\frac{f_k}{2^k} \equiv \frac{1}{2}\sum_{k=0}^{p-1}(3k+2)\frac{f_k}{(-4)^k} \pmod{p^2}.$$

注记9.45. 此猜测发表于[178, 猜想1.1]. 对于素数$p = x^2 + 3y^2$ (其中$x, y \in \mathbb{Z}$且$3 \mid x - 1$), 作者在[178, 定理1.1]中证明了

$$\sum_{k=0}^{p-1}\frac{f_k}{2^k} \equiv \sum_{k=0}^{p-1}\frac{f_k}{(-4)^k} \equiv 2x - \frac{p}{2x} \pmod{p^2}.$$

我们定义多项式

$$g_n(x) = \sum_{k=0}^{n}\binom{n}{k}^2\binom{2k}{k}x^k \quad (n \in \mathbb{N})$$

并把$g_n(1)$记为g_n. 1994年, V. Strehl在[141]中发现$g_n = \sum_{k=0}^{n}\binom{n}{k}f_k$.

猜想9.46 (2011年12月4日). 设$p > 3$为素数. 如果$p \equiv 1 \pmod 3$且$p = x^2 + 3y^2$ (其中$x, y \in \mathbb{Z}$且$3 \mid x - 1$), 则

$$\sum_{k=0}^{p-1}\frac{g_k}{3^k} \equiv \sum_{k=0}^{p-1}\frac{g_k}{(-3)^k} \equiv 2x - \frac{p}{2x} \pmod{p^2},$$

而且

$$x \equiv \sum_{k=0}^{p-1}(k+1)\frac{g_k}{3^k} \equiv \sum_{k=0}^{p-1}(k+1)\frac{g_k}{(-3)^k} \pmod{p^2}.$$

如果$p \equiv 2 \pmod 3$, 则

$$2\sum_{k=0}^{p-1}\frac{g_k}{3^k} \equiv -\sum_{k=0}^{p-1}\frac{g_k}{(-3)^k} \equiv \frac{3p}{\binom{(p+1)/2}{(p+1)/6}} \pmod{p^2}.$$

注记9.46. 此猜测发表于[178, 猜想1.2], 作者在[178]中对素数$p > 3$决定了$\sum\limits_{k=0}^{p-1} \dfrac{g_k}{(\pm 3)^k}$模$p$.

猜想9.47. (i) (2011年12月3日) 对任何素数$p > 3$我们有

$$\sum_{k=1}^{p-1} \frac{g_{k-1}}{k} \equiv -\left(\frac{p}{3}\right) q_p(9) \pmod{p^2}.$$

(ii) (2019年) 对任何素数$p > 3$与正整数n, 我们有

$$\frac{1}{(pn)^2} \sum_{k=n}^{pn-1} g_k \equiv \frac{5}{8} \left(\frac{p}{3}\right) B_{p-2}\left(\frac{1}{3}\right) g_{n-1} \pmod{p},$$

$$\frac{1}{(pn)^2} \left(\sum_{k=0}^{pn-1} \frac{g_k}{9^k} - \left(\frac{p}{3}\right) \sum_{r=0}^{n-1} \frac{g_r}{9^r} \right) \equiv -\frac{5}{8} B_{p-2}\left(\frac{1}{3}\right) \frac{g_n}{9^n} \pmod{p}.$$

(iii) (2019年) 对任何奇素数p与正整数n, 我们有

$$\frac{1}{(pn)^2} \left(\sum_{k=0}^{pn-1} g_k(-1) - \left(\frac{-1}{p}\right) \sum_{k=0}^{n-1} g_k(-1) \right) \in \mathbb{Z}_p$$

与

$$\frac{1}{(pn)^2} \left(\sum_{k=0}^{pn-1} g_k(-3) - \left(\frac{p}{3}\right) \sum_{k=0}^{n-1} g_k(-3) \right) \in \mathbb{Z}_p.$$

注记9.47. 此猜测发表于[213, 猜想58与猜想60]. 孙智伟在[197, 定理1.1]中证明了对素数$p > 3$有

$$\sum_{k=0}^{p-1} g_k \equiv 1 \pmod{p^2}, \quad \sum_{k=0}^{p-1} g_k(-1) \equiv \left(\frac{-1}{p}\right) \pmod{p^2}, \quad \sum_{k=0}^{p-1} g_k(-3) \equiv \left(\frac{p}{3}\right) \pmod{p^2},$$

而且对素数$p > 5$有

$$\sum_{k=1}^{p-1} \frac{g_k(-1)}{k} \equiv 0 \pmod{p^2} \quad 与 \quad \sum_{k=1}^{p-1} \frac{g_k(-1)}{k^2} \equiv 0 \pmod{p}.$$

毛国帅与孙智伟在[100, 定理1.2]中证明对素数$p > 3$有

$$\sum_{k=1}^{p-1} g_k \equiv \left(\frac{p}{3}\right) \frac{5}{8} p^2 B_{p-2}\left(\frac{1}{3}\right) \pmod{p^3}.$$

郭军伟、毛国帅与潘颢在[58]中证明了孙智伟[197]的下述猜测:

$$\frac{1}{n} \sum_{k=0}^{n-1} (4k+3) g_k(x) \in \mathbb{Z}[x] \quad (n = 1, 2, 3, \ldots).$$

孙智伟在[221, 定理7.1]中证明了自己在2011年猜测的级数等式

$$\sum_{k=0}^{\infty} \frac{16k+5}{324^k} \binom{2k}{k} g_k(-20) = \frac{189}{25\pi}.$$

170

猜想9.48 (2016年10月26日). 对素数 $p > 5$ 及正整数 n, 我们有

$$\frac{g_{pn}(-1) - g_n(-1)}{(pn)^3} \in \mathbb{Z}_p.$$

注记9.48. 此猜测发表于[226], 作者在[226, 定理1.3]中证明了它的一个减弱版本. 根据Zeilberger算法[127, 101-119], 作者发现下面这个新的恒等式:

$$g_n(-1) = \sum_{k=0}^{\lfloor n/2 \rfloor} \binom{n}{2k}^2 \binom{2k}{k} (-1)^{n-k} \quad (n \in \mathbb{N}).$$

序列 $(g_n(-1))_{n \geqslant 0}$ 可见OEIS条目A244973.

组合计数中的Motzkin数如下给出:

$$M_n = \sum_{k=0}^{\lfloor n/2 \rfloor} \binom{n}{2k} C_k \quad (n = 0, 1, 2, \ldots).$$

关于其组合解释, 可参看[139, 第238页].

猜想9.49 (2010年6月9日). 任给素数 $p > 3$, 我们有

$$\sum_{k=0}^{p-1} M_k^2 \equiv (2 - 6p) \left(\frac{p}{3}\right) \pmod{p^2}.$$

注记9.49. 此猜测发表于[186, 猜想1.1(ii)], 作者在[206]中对素数 $p > 3$ 证明了

$$\sum_{k=0}^{p-1} (2k+1) M_k^2 \equiv 12p \left(\frac{p}{3}\right) \pmod{p^2}.$$

猜想9.50 (2017年11月14日). 令

$$W_n = \sum_{k=0}^{\lfloor n/2 \rfloor} \binom{n}{2k} \frac{\binom{2k}{k}}{2k-1} \quad (n = 0, 1, 2, \ldots).$$

(i) 任给正整数 n, 我们有

$$\sum_{k=0}^{n-1} (8k+9) W_k^2 \equiv n \pmod{2n}.$$

(ii) 对于奇素数 p, 我们有

$$\frac{1}{p} \sum_{k=0}^{p-1} (8k+9) W_k^2 \equiv 24 + 10 \left(\frac{-1}{p}\right) - 9 \left(\frac{p}{3}\right) - 18 \left(\frac{3}{p}\right) \pmod{p}.$$

注记9.50. 此猜测发表于[206], 相关序列可见OEIS条目A295112与A295113. 注意对任何 $k \in \mathbb{N}$ 有 $2k - 1 \mid \binom{2k}{k}$, 我们可把 W_n $(n \in \mathbb{N})$ 这种数视为Motzkin数的一种类比.

171

中心Delannoy数如下给出:

$$D_n = \sum_{k=0}^{n} \binom{n}{k}\binom{n+k}{k} = \sum_{k=0}^{n} \binom{n}{k}^2 2^k \quad (n=0,1,2,\ldots).$$

关于这种数的组合意义, 可参看[139, 第185页]. 对$n \in \mathbb{N}$我们定义多项式

$$D_n(x) = \sum_{k=0}^{n} \binom{n}{k}\binom{n+k}{k}x^k = \sum_{k=0}^{n} \binom{n}{k}^2 x^k(x+1)^{n-k}.$$

注意$D_n(\frac{x-1}{2})$正是n次Legendre多项式

$$P_n(x) = \sum_{k=0}^{n} \binom{n}{k}\binom{n+k}{k}\left(\frac{x-1}{2}\right)^k.$$

猜想9.51 (2011年). 设p为奇素数. 如果$p > 3$, 则

$$\sum_{k=0}^{p-1} \frac{\binom{2k}{k}D_k(3)^2}{4^k}$$
$$\equiv \begin{cases} 4x^2 - 2p \,(\mathrm{mod}\ p^2) & \text{如果 } p \equiv 1 \,(\mathrm{mod}\ 12) \text{ 且 } p = x^2 + 9y^2 \,(x,y \in \mathbb{Z}), \\ 4xy \,(\mathrm{mod}\ p^2) & \text{如果 } p \equiv 5 \,(\mathrm{mod}\ 12) \text{ 且 } p = x^2 + y^2 \,(x,y \in \mathbb{Z} \text{且} 3 \mid x-y), \\ 0 \,(\mathrm{mod}\ p^2) & \text{如果 } p \equiv 3 \,(\mathrm{mod}\ 4). \end{cases}$$

我们还有

$$\sum_{k=0}^{p-1} \frac{\binom{2k}{k}D_{2k}(4)^2}{4^k}$$
$$\equiv \begin{cases} 4x^2 - 2p \,(\mathrm{mod}\ p^2) & \text{如果 } p \equiv 1,9 \,(\mathrm{mod}\ 20) \text{ 且 } p = x^2 + 25y^2 \,(x,y \in \mathbb{Z}), \\ 4xy \,(\mathrm{mod}\ p^2) & \text{如果 } p \equiv 13,17 \,(\mathrm{mod}\ 20) \text{ 且 } p = x^2 + y^2 \,(x,y \in \mathbb{Z} \text{且} 5 \mid x-y), \\ 0 \,(\mathrm{mod}\ p^2) & \text{如果 } p \equiv 3 \,(\mathrm{mod}\ 4). \end{cases}$$

注记9.51. 此猜测的一个等价形式发表于[187, 猜想4.24~4.25].

猜想9.52 (2010年8月19日). 设$p > 3$为素数, 则

$$\sum_{k=0}^{p-1} D_k(-3)^3 = \sum_{k=0}^{p-1} (-1)^k D_k(2)^3$$
$$\equiv \sum_{k=0}^{p-1} (-1)^k D_k\left(-\frac{1}{4}\right)^3 \equiv \left(\frac{-2}{p}\right) \sum_{k=0}^{p-1} (-1)^k D_k\left(\frac{1}{8}\right)^3$$
$$\equiv \begin{cases} \left(\frac{-1}{p}\right)(4x^2 - 2p) \,(\mathrm{mod}\ p^2) & \text{如果 } p \equiv 1 \,(\mathrm{mod}\ 3) \text{ 且 } p = x^2 + 3y^2 \,(x,y \in \mathbb{Z}), \\ 0 \,(\mathrm{mod}\ p^2) & \text{如果 } p \equiv 2 \,(\mathrm{mod}\ 3). \end{cases}$$

此外还有

$$\left(\frac{-1}{p}\right)\sum_{k=0}^{p-1}(-1)^k D_k\left(\frac{1}{2}\right)^3$$

$$\equiv\begin{cases}4x^2-2p\ (\mathrm{mod}\ p^2) & \text{如果 }p\equiv 1,7\ (\mathrm{mod}\ 24)\ \text{且 }p=x^2+6y^2\ (x,y\in\mathbb{Z}),\\ 8x^2-2p\ (\mathrm{mod}\ p^2) & \text{如果 }p\equiv 5,11\ (\mathrm{mod}\ 24)\ \text{且 }p=2x^2+3y^2\ (x,y\in\mathbb{Z}),\\ 0\ (\mathrm{mod}\ p^2) & \text{如果 }\left(\frac{-6}{p}\right)=-1,\end{cases}$$

而且

$$\sum_{k=0}^{p-1}D_k(3)^3=\sum_{k=0}^{p-1}(-1)^k D_k(-4)^3\equiv\left(\frac{-5}{p}\right)\sum_{k=0}^{p-1}(-1)^k D_k\left(-\frac{1}{16}\right)^3$$

$$\equiv\begin{cases}4x^2-2p\ (\mathrm{mod}\ p^2) & \text{如果 }p\equiv 1,4\ (\mathrm{mod}\ 15)\ \text{且 }p=x^2+15y^2\ (x,y\in\mathbb{Z}),\\ 12x^2-2p\ (\mathrm{mod}\ p^2) & \text{如果 }p\equiv 2,8\ (\mathrm{mod}\ 15)\ \text{且 }p=3x^2+5y^2\ (x,y\in\mathbb{Z}),\\ 0\ (\mathrm{mod}\ p^2) & \text{如果 }\left(\frac{p}{15}\right)=-1.\end{cases}$$

注记9.52. 此猜测发表于[167, 猜想1.2]. 易见$(-1)^n D_n(x)=D_n(-1-x)$(参见[167, 注记1.2]).

猜想9.53 (2019年). 设p为奇素数, x为p-adic 整数且$x\not\equiv 0,-1\ (\mathrm{mod}\ p)$. 对任何正整数$n$, 我们有

$$\frac{1}{(pn)^2}\left(\sum_{k=0}^{pn-1}(2k+1)D_k(x)^3-p\left(\frac{-4x-3}{p}\right)\sum_{k=0}^{n-1}(2k+1)D_k(x)^3\right)\in\mathbb{Z}_p$$

与

$$\frac{1}{(pn)^2}\left(\sum_{k=0}^{pn-1}(2k+1)D_k(x)^4-p\sum_{k=0}^{n-1}(2k+1)D_k(x)^4\right)\in\mathbb{Z}_p.$$

注记9.53. $n=1$时此猜想发表于[186], 后被郭军伟在[56]中证实. 猜想9.53的一般情形公开于[213, 猜想63]. 2019年11月2日, 作者猜测对任何素数$p>3$有

$$\sum_{k=0}^{p-1}(2k+1)(-1)^k D_k(2)^3\equiv p-\frac{10}{3}p^2 q_p(2)\ (\mathrm{mod}\ p^3),$$

这被王晨与夏伟[242]在2021年证实.

1979年, R. Apéry[7]证明了$\zeta(3)$的无理性; 其证明过程中引入了如下给出的Apéry数:

$$A_n=\sum_{k=0}^{n}\binom{n}{k}^2\binom{n+k}{k}^2\quad(n=0,1,2,\dots).$$

对于$n\in\mathbb{N}$, 如同[172]中那样我们定义n次Apéry多项式为

$$A_n(x)=\sum_{k=0}^{n}\binom{n}{k}^2\binom{n+k}{k}^2 x^k.$$

猜想9.54. 设 p 为奇素数且 $n \in \mathbb{Z}_+$, 则

$$\frac{1}{(pn)^3}\left(\sum_{k=0}^{pn-1}(2k+1)(-1)^k A_k - \left(\frac{p}{3}\right)p\sum_{k=0}^{n-1}(2k+1)(-1)^k A_k\right) \in \mathbb{Z}_p.$$

注记9.54. 此猜测发表于[213, 猜想56]. 作者在[172] 中证明了对任何正整数 n 都有

$$\frac{1}{n}\sum_{k=0}^{n-1}(2k+1)A_k(x) \in \mathbb{Z}[x],$$

而且对素数 $p > 3$ 有

$$\sum_{k=0}^{p-1}(2k+1)A_k \equiv p + \frac{7}{6}p^4 B_{p-3} \pmod{p^5}.$$

郭军伟与曾江在[60]中证实了作者猜测的

$$\frac{1}{n}\sum_{k=0}^{n-1}(2k+1)(-1)^k A_k(x) \in \mathbb{Z}[x] \quad (n = 1, 2, 3, \ldots)$$

以及 $n = 1$ 时的猜想9.54.

猜想9.55. 设 n 为正整数, 则

$$\nu_3\left(\sum_{k=0}^{n-1}(2k+1)(-1)^k A_k\right) = 3\nu_3(n) \leqslant \nu_3\left(\sum_{k=0}^{n-1}(2k+1)^3(-1)^k A_k\right).$$

如果 $3 \mid n$, 则还有

$$\nu_3\left(\sum_{k=0}^{n-1}(2k+1)^3(-1)^k A_k\right) = 3\nu_3(n) + 2.$$

注记9.55. 此猜测发表于[197, 猜想4.2].

对于奇素数 p, 作者在[172]中证明了

$$\sum_{k=0}^{p-1}(-1)^k A_k(x) \equiv \sum_{k=0}^{p-1}\frac{\binom{2k}{k}^3}{16^k}x^k \pmod{p^2},$$

而且对 p-adic 整数 $x \not\equiv 0 \pmod{p}$ 有

$$\sum_{k=0}^{p-1}A_k(x) \equiv \left(\frac{x}{p}\right)\sum_{k=0}^{p-1}\frac{\binom{4k}{k,k,k,k}}{(256x)^k} \pmod{p}.$$

猜想9.56 (2011年1月8日). 设 $p > 3$ 为素数.

(i) 如果 $p \equiv 1 \pmod 3$, 则

$$\sum_{k=0}^{p-1}(-1)^k A_k \equiv \sum_{k=0}^{p-1}\frac{\binom{2k}{k}^3}{16^k} \pmod{p^3}.$$

(ii) 如果 $p \equiv 1, 3 \pmod 8$, 则

$$\sum_{k=0}^{p-1}A_k \equiv \sum_{k=0}^{p-1}\frac{\binom{4k}{k,k,k,k}}{256^k} \pmod{p^3}.$$

注记9.56. 设p为奇素数. Rodriguez-Villega在[133]中猜测的$\sum\limits_{k=0}^{p-1}\binom{4k}{k,k,k,k}256^{-k}$模$p^2$同余式在$p$模4余1与3的情形分别被Mortenson[115]与孙智伟[171]所证明. 作者在2010年猜测

$$\sum_{k=0}^{p-1}A_k \equiv \begin{cases} 4x^2-2p \pmod{p^2} & \text{如果}\ p \equiv 1,3 \pmod 8 \text{且}\ p=x^2+2y^2 \ (x,y \in \mathbb{Z}), \\ 0 \pmod{p^2} & \text{如果}\ p \equiv 5,7 \pmod 8, \end{cases}$$

并证明了此同余式模p成立(参见[172]); 2019年王晨与孙智伟在[240]中证实了这个猜测. 猜想9.56发表于[172, 猜想4.1(i)].

猜想9.57 (2010年8月19日). (i) 对于奇素数$p \neq 5$, 我们有

$$\sum_{k=0}^{p-1}A_k(-4) \equiv \begin{cases} 4x^2-2p \pmod{p^2} & \text{如果}\ p \equiv 1,9 \pmod{20} \text{且}\ p=x^2+5y^2 \ (x,y \in \mathbb{Z}), \\ 2x^2-2p \pmod{p^2} & \text{如果}\ p \equiv 3,7 \pmod{20} \text{且}\ 2p=x^2+5y^2 \ (x,y \in \mathbb{Z}), \\ 0 \pmod{p^2} & \text{如果}\ p \equiv 11,13,17,19 \pmod{20}. \end{cases}$$

(ii) 对于素数$p>3$, 我们有

$$\sum_{k=0}^{p-1}A_k(9) \equiv \begin{cases} 4x^2-2p \pmod{p^2} & \text{如果}\ p \equiv 1,7 \pmod{24} \text{且}\ p=x^2+6y^2 \ (x,y \in \mathbb{Z}), \\ 2p-8x^2 \pmod{p^2} & \text{如果}\ p \equiv 5,11 \pmod{24} \text{且}\ p=2x^2+3y^2 \ (x,y \in \mathbb{Z}), \\ 0 \pmod{p^2} & \text{如果}\ p \equiv 13,17,19,23 \pmod{24}. \end{cases}$$

注记9.57. 此猜测发表于[179, 猜想2.2~2.3], 更多类似猜想可见[179, 猜想2.4-2.6]与[172, 猜想4.1(ii)].

猜想9.58 (2010年8月18日). (i) 任给正整数n, 有理数

$$\frac{1}{n^2}\sum_{k=0}^{n-1}(2k+1)(-1)^k A_k\left(\frac{1}{4}\right) \quad \text{与} \quad \frac{1}{n^2}\sum_{k=0}^{n-1}(2k+1)(-1)^k D_k\left(-\frac{1}{4}\right)^3$$

分母分别为$2^{2\nu_2(n!)}$与$2^{3(n-1+\nu_2(n!))-\nu_2(n)}$.

(ii) 设p为素数且$n \in \mathbb{Z}_+$. 对任何p-adic整数x, 我们有

$$\nu_p\left(\frac{1}{n}\sum_{k=0}^{n-1}(2k+1)(-1)^k A_k(x)\right) \geqslant \min\{\nu_p(n),\nu_p(4x-1)\},$$

$$\nu_p\left(\frac{1}{n}\sum_{k=0}^{n-1}(2k+1)(-1)^k D_k(x)^3\right) \geqslant \min\{\nu_p(n),\nu_p(4x+1)\}.$$

注记9.58. 此猜测发表于[172, 猜想4.3].

在[172]中孙智伟引入多项式

$$W_n(x) = \sum_{k=0}^{n}\binom{n}{k}^2\binom{n-k}{k}^2 x^k = \sum_{k=0}^{\lfloor n/2 \rfloor}\binom{n}{2k}^2\binom{2k}{k}^2 x^k \quad (n \in \mathbb{N}),$$

并对奇素数p证明了

$$\sum_{k=0}^{p-1}(-1)^k W_k(-x) \equiv \sum_{k=0}^{p-1}\frac{\binom{2k}{k}^3}{16^k}x^k \pmod{p^2},$$

以及

$$\sum_{k=0}^{p-1}W_k(x) \equiv \left(\frac{x}{p}\right)\sum_{k=0}^{p-1}\frac{\binom{4k}{k,k,k,k}}{(256x)^k} \pmod{p}$$

(其中x为p-adic整数).

猜想9.59 (2011年1月3日). 对于素数$p \equiv 3 \pmod 4$及满足$p \nmid m(4m+1)$的整数m, 我们有

$$\sum_{k=0}^{p-1}\frac{W_k(-m^2)}{(4m+1)^k} \equiv \sum_{k=0}^{p-1}\frac{A_k(-\frac{m^2}{4m+1})}{(4m+1)^k} \equiv \sum_{k=0}^{p-1}\frac{\binom{2k}{k}^2}{(-16)^k}D_{2k}\left(\frac{1}{4m}\right) \pmod{p^2}.$$

注记9.59. 此猜测发表于[172, 猜想4.5].

Domb数如下给出:

$$\text{Domb}(n) = \sum_{k=0}^{n}\binom{n}{k}^2\binom{2k}{k}\binom{2(n-k)}{n-k} \quad (n=0,1,2,\ldots).$$

猜想9.60. (i) (2019年) 对任何素数p, 有同余式

$$\sum_{k=1}^{p-1}\frac{\text{Domb}(k)}{k} \equiv \left(\frac{p}{3}\right)\frac{2}{5}pB_{p-2}\left(\frac{1}{3}\right) \pmod{p^2}.$$

(ii) (2020年7月25日) 对于素数$p > 5$, 我们有

$$\sum_{k=1}^{p-1}\frac{1}{k}\left(\text{Domb}(k) - \frac{4\,\text{Domb}(k-1)}{64^{k-1}}\right) \equiv -\frac{16}{3}p^2 B_{p-3} \pmod{p^3}.$$

注记9.60. 此猜测第一条发表于[213, 猜想79(i)], 易证第二条中同余式模p成立.

猜想9.61 (2011年4月2日). (i) 设$p > 5$为素数, 则

$$\sum_{k=0}^{p-1}\text{Domb}(k) \equiv \sum_{k=0}^{p-1}\frac{\text{Domb}(k)}{64^k}$$

$$\equiv \begin{cases} 4x^2 - 2p \pmod{p^2} & \text{如果 } p \equiv 1,4 \pmod{15}\text{且}p = x^2 + 15y^2\ (x,y \in \mathbb{Z}), \\ 2p - 12x^2 \pmod{p^2} & \text{如果 } p \equiv 2,8 \pmod{15}\text{且}p = 3x^2 + 5y^2\ (x,y \in \mathbb{Z}), \\ 0 \pmod{p^2} & \text{如果 } \left(\frac{p}{15}\right) = -1,\ \text{即}p \equiv 7,11,13,14 \pmod{15}. \end{cases}$$

(ii) 对于素数$p > 3$, 我们有

$$\sum_{k=0}^{p-1}\frac{\text{Domb}(k)}{(-2)^k} \equiv \sum_{k=0}^{p-1}\frac{\text{Domb}(k)}{(-32)^k}$$

$$\equiv \begin{cases} 4x^2 - 2p \pmod{p^2} & \text{如果 } p \equiv 1 \pmod 3 \text{ 且 } p = x^2 + 3y^2\ (x,y \in \mathbb{Z}), \\ 0 \pmod{p^2} & \text{如果 } p \equiv 2 \pmod 3. \end{cases}$$

(iii) 设 $p > 3$ 为素数, 则

$$\sum_{k=0}^{p-1}\frac{\mathrm{Domb}(k)}{8^k} \equiv \begin{cases} 4x^2 - 2p \pmod{p^2} & \text{如果 } p \equiv 1,3 \pmod 8 \text{ 且 } p = x^2 + 2y^2 \ (x,y \in \mathbb{Z}), \\ 0 \pmod{p^2} & \text{如果 } p \equiv 5,7 \pmod 8, \end{cases}$$

而且

$$\sum_{k=0}^{p-1}\frac{\mathrm{Domb}(k)}{(-8)^k} \equiv \begin{cases} 4x^2 - 2p \pmod{p^2} & \text{如果 } p \equiv 1,7 \pmod{24} \text{ 且 } p = x^2 + 6y^2 \ (x,y \in \mathbb{Z}), \\ 8x^2 - 2p \pmod{p^2} & \text{如果 } p \equiv 5,11 \pmod{24} \text{ 且 } p = 2x^2 + 3y^2 \ (x,y \in \mathbb{Z}), \\ 0 \pmod{p^2} & \text{如果 } \left(\frac{-6}{p}\right) = -1. \end{cases}$$

注记9.61. 此猜测的第一条可见[213, 猜想76] 与[179, 猜想5.1], 第二条与第三条发表于[179, 猜想5.2与猜想5.3].

猜想9.62 (2011年4月2日). 设 n 为正整数, 则

$$\frac{1}{4n}\sum_{k=0}^{n-1}(5k+4)\mathrm{Domb}(k), \quad \frac{1}{2n}\sum_{k=0}^{n-1}(2k+1)\mathrm{Domb}(k)(-2)^{n-1-k},$$

$$\frac{(-1)^{n-1}}{n}\sum_{k=0}^{n-1}(2k+1)\mathrm{Domb}(k)(-32)^{n-1-k}, \quad \frac{1}{n}\sum_{k=0}^{n-1}(5k+1)\mathrm{Domb}(k)64^{n-1-k}$$

都是正整数.

注记9.62. 此猜测中第一个发表于[179, 猜想5.1], 其余的发表于[213, 猜想77(i)]. 对任何正整数 n 作者也猜测(参见[213, 猜想77(i)])

$$\frac{1}{n}\sum_{k=0}^{n-1}(2k+1)\mathrm{Domb}(k)8^{n-1-k} \quad \text{与} \quad \frac{1}{n}\sum_{k=0}^{n-1}(2k+1)\mathrm{Domb}(k)(-8)^{n-1-k}$$

都是正整数, 但这被刘纪彩在[94]中所证实.

猜想9.63 (2011年4月2日, 2019年). 设 p 为素数且 $n \in \mathbb{Z}_+$. 则

$$\frac{1}{(pn)^3}\left(\sum_{k=0}^{pn-1}(5k+4)\mathrm{Domb}(k) - \left(\frac{p}{3}\right)p\sum_{k=0}^{n-1}(5k+4)\mathrm{Domb}(k)\right) \in \mathbb{Z}_p.$$

如果 $p > 2$, 则还有

$$\frac{1}{(pn)^3}\left(\sum_{k=0}^{pn-1}(3k+2)\frac{\mathrm{Domb}(k)}{(-2)^k} - \left(\frac{-1}{p}\right)p\sum_{k=0}^{n-1}(3k+2)\frac{\mathrm{Domb}(r)}{(-2)^k}\right) \in \mathbb{Z}_p,$$

$$\frac{1}{(pn)^3}\left(\sum_{k=0}^{pn-1}(2k+1)\frac{\mathrm{Domb}(k)}{(-8)^k} - \left(\frac{p}{3}\right)p\sum_{k=0}^{n-1}(2k+1)\frac{\mathrm{Domb}(k)}{(-8)^k}\right) \in \mathbb{Z}_p,$$

$$\frac{1}{(pn)^3}\left(\sum_{k=0}^{pn-1}(3k+1)\frac{\mathrm{Domb}(k)}{(-32)^k}-\left(\frac{-1}{p}\right)p\sum_{k=0}^{n-1}(3k+1)\frac{\mathrm{Domb}(k)}{(-32)^k}\right)\in\mathbb{Z}_p,$$

$$\frac{1}{(pn)^3}\left(\sum_{k=0}^{pn-1}(5k+1)\frac{\mathrm{Domb}(k)}{64^k}-\left(\frac{p}{3}\right)p\sum_{k=0}^{n-1}(5k+1)\frac{\mathrm{Domb}(k)}{64^k}\right)\in\mathbb{Z}_p.$$

当$p>3$时我们有

$$\frac{1}{(pn)^4}\left(\sum_{k=0}^{pn-1}(2k+1)\frac{\mathrm{Domb}(k)}{8^k}-p\sum_{k=0}^{n-1}(2k+1)\frac{\mathrm{Domb}(k)}{8^k}\right)\in\mathbb{Z}_p.$$

注记9.63. 已知有级数等式

$$\sum_{k=0}^{\infty}\frac{5k+1}{64^k}\mathrm{Domb}(k)=\frac{8}{\sqrt{3}\,\pi}\quad\text{与}\quad\sum_{k=0}^{\infty}\frac{3k+1}{(-32)^k}\mathrm{Domb}(k)=\frac{2}{\pi}$$

(参见H.H. Chan, S.H. Chan和刘治国[17]以及M.D. Rogers [134]). 猜想9.63中涉及64^k的那个在$n=1$时由Zudilin [264, (34)] 首先猜出, 其他部分在$n=1$时首次发于[179, 猜想5.1~5.3]. 猜想9.63发表于[213, 猜想77(iii)], $n=1$时涉及$(-2)^k$与$(-32)^k$的那两个最近被刘纪彩在[94]中证明, 他甚至对素数$p>3$证明了孙智伟在2011年猜测的模p^4同余式(参见[179, 猜想5.2])

$$\sum_{k=0}^{p-1}(3k+1)\frac{\mathrm{Domb}(k)}{(-32)^k}\equiv p\left(\frac{-1}{p}\right)+p^3E_{p-3}\pmod{p^4}.$$

对素数$p>3$作者在[179, 猜想5.3]中猜测的模p^4同余式

$$\sum_{k=0}^{p-1}(2k+1)\frac{\mathrm{Domb}(k)}{8^k}\equiv p\pmod{p^4}$$

仍未解决. 对$m=1,-2,\pm8,64$, 孙智宏在[146]中猜出了$\sum_{k=0}^{p-1}(2k+1)\frac{\mathrm{Domb}(k)}{m^k}$模$p^4$, 其中$p$为奇素数.

作者在2014年7月引入序列

$$F(n):=\sum_{k=0}^{n}\binom{n}{k}^3(-8)^k\quad(n=0,1,2,\ldots),$$

参见OEIS条目A245329.

猜想9.64. (i) (2019年) 对于奇素数p与正整数n, 总有

$$\frac{1}{(pn)^2}\left(\sum_{k=0}^{pn-1}(-1)^kF(k)-\left(\frac{p}{3}\right)\sum_{r=0}^{n-1}(-1)^rF(r)\right)\in\mathbb{Z}_p.$$

(ii) (2014年7月17日) 设 $p > 3$ 为素数, 则

$$\sum_{k=0}^{p-1}(-1)^k F(k) \equiv \left(\frac{p}{3}\right) - \frac{p^2}{12}B_{p-2}\left(\frac{1}{3}\right) \pmod{p^3},$$

$$\sum_{k=0}^{p-1}(-1)^k F(k)H_k^{(2)} \equiv B_{p-2}\left(\frac{1}{3}\right) \pmod{p}.$$

(iii) (2014年7月17日) 对于奇素数 p, 我们有

$$\sum_{k=1}^{p-1}\frac{(-1)^k}{k}F(k) \equiv -6q_p(2) \pmod{p}.$$

(iv) (2011年12月18日) 任给素数 $p > 3$, 我们有

$$\sum_{n=0}^{p-1}(-1)^n \sum_{k=0}^{n}\binom{n}{k}\binom{n+k}{k}F(k)$$

$$\equiv \begin{cases} 4x^2 - 2p \pmod{p^2} & \text{如果 } p \equiv 1,7 \pmod{24} \text{且} p = x^2 + 6y^2 \ (x,y \in \mathbb{Z}), \\ 8x^2 - 2p \pmod{p^2} & \text{如果 } p \equiv 5,11 \pmod{24} \text{且} p = 2x^2 + 3y^2 \ (x,y \in \mathbb{Z}), \\ 0 \pmod{p^2} & \text{如果 } \left(\frac{-6}{p}\right) = -1, \ \text{即} p \equiv 13,17,19,23 \pmod{24}. \end{cases}$$

注记9.64. 此猜测前三条发表于[213, 猜想61], 第四条以前未公开过. 2011年12月17日, 作者就猜测对奇素数 p 有 $\sum_{k=0}^{p-1}(-1)^k F(k) \equiv \left(\frac{p}{3}\right) \pmod{p^2}$ (参见[177, 注记1.1]).

猜想9.65 (2014年7月23日). 让

$$G(n) = \sum_{k=0}^{n}\binom{n}{k}^2 (6k+1)C_k \quad (n \in \mathbb{N}).$$

(i) 对于素数 $p > 3$ 与正整数 n, 我们有

$$\frac{1}{(pn)^3}\sum_{k=n}^{pn-1} G(k) \in \mathbb{Z}_p \quad \text{且} \quad \frac{1}{p^{3n}}\sum_{k=p^{n-1}}^{p^n-1} G(k) \equiv -\frac{4}{3}B_{p-3} \pmod{p}.$$

(ii) 任给素数 $p > 3$, 我们有

$$\sum_{k=0}^{p-1} G(k)H_k^{(2)} \equiv \frac{5}{3}pB_{p-3} \pmod{p^2}.$$

注记9.65. 此猜测发表于[213, 猜想61]. 对于素数 $p > 3$, 由[100, 定理1.2]知

$$\sum_{k=1}^{p-1} G(k) \equiv 0 \pmod{p^3} \quad \text{且} \quad \sum_{k=1}^{p-1} G(k)H_k^{(2)} \equiv 0 \pmod{p}.$$

Zagier数形如

$$Z_n = \sum_{k=0}^{n} \binom{n}{k}\binom{2k}{k}\binom{2(n-k)}{n-k} \quad (n = 0, 1, 2, \ldots);$$

这种数是D. Zagier在2002年左右寻找Apéry形整数序列时引入的, 参见[254]. 孙智伟在[188, 注记4.3]中注意到$2^n Z_n$等于所谓的CLF(Catalan-Larcombe-French)数

$$\mathrm{CLF}(n) = \sum_{k=0}^{n} \frac{\binom{2k}{k}^2 \binom{2(n-k)}{n-k}^2}{\binom{n}{k}} = 2^n \sum_{k=0}^{\lfloor n/2 \rfloor} \binom{n}{2k}\binom{2k}{k}^2 4^{n-2k}.$$

猜想9.66 (2016年). 设p为奇素数, n为正整数. 如果$p > 3$或者$3 \nmid n$, 则

$$\frac{1}{(pn)^2} \sum_{k=n}^{pn-1} \frac{Z_k}{4^k} \equiv \left(\frac{-1}{p}\right) 2E_{p-3} \frac{Z_{n-1}}{4^{n-1}} \pmod{p},$$

而且

$$\frac{1}{(pn)^2} \left(\sum_{k=0}^{pn-1} \frac{Z_k}{8^k} - \left(\frac{-1}{p}\right) \sum_{k=0}^{n-1} \frac{Z_k}{8^k} \right) \equiv -2E_{p-3} \frac{Z_n}{8^n} \pmod{p}.$$

注记9.66. 此猜测发表于[213, 猜想62]. $n = 1$时其等价形式(参见[181, 注记3.13])由作者在2011年12月7日所猜测, 后来被毛国帅在[99]中所证实.

猜想9.67 (2011年12月7日). 对于奇素数p, 我们有

$$\sum_{k=0}^{p-1} \frac{kZ_k}{8^k} \equiv \left(1 - \left(\frac{-1}{p}\right)\right) p^2 - \left(3 + 2\left(\frac{-1}{p}\right)\right) p^3 q_p(2) \pmod{p^4}.$$

注记9.67. 此猜测以前未公开过.

猜想9.68 (2016年11月13日). 对$n = 0, 1, 2, \ldots$定义

$$a_n = \sum_{k=0}^{\lfloor n/2 \rfloor} (-1)^k \binom{n}{2k}\binom{n-k}{k},$$

$$b_n = \sum_{k=0}^{\lfloor n/2 \rfloor} \binom{n}{k}^2 \binom{n-k}{k},$$

$$c_n = \sum_{k=0}^{\lfloor n/2 \rfloor} \binom{n}{2k}^2 \binom{n-k}{k}.$$

设$n \in \mathbb{Z}_+$. 对于素数$p > 3$, 我们有

$$\frac{a_{pn} - a_n}{(pn)^2} \in \mathbb{Z}_p;$$

对于素数$p > 5$, 我们有

$$\frac{b_{pn} - b_n}{(pn)^3} \in \mathbb{Z}_p \quad \text{且} \quad \frac{c_{pn} - c_n}{(pn)^3} \in \mathbb{Z}_p.$$

注记9.68. 此猜测发表于[213, 猜想82]. 序列$(a_n)_{n \geqslant 0}, (b_n)_{n \geqslant 0}, (c_n)_{n \geqslant 0}$可见OEIS条目A278415, A275027与A278405. 对于素数$p > 5$及$n \in \mathbb{Z}_+$, 作者能证

$$\frac{a_{pn} - a_n}{p^2 n} \in \mathbb{Z}_p, \quad \frac{b_{pn} - b_n}{p^2 n} \in \mathbb{Z}_p, \quad \frac{c_{pn} - c_n}{p^2 n} \in \mathbb{Z}_p.$$

作者在[179]中引入多项式

$$S_n(x) = \sum_{k=0}^{n} \binom{n}{k}^4 x^k \quad (n = 0, 1, 2 \ldots).$$

注意$S_n(1)$正是四阶Franel数$f_n^{(4)} = \sum_{k=0}^{n} \binom{n}{k}^4$. 2005年, 杨一帆发现首个涉四阶Franel数的$\frac{1}{\pi}$级数:

$$\sum_{k=0}^{\infty} \frac{4k+1}{36^k} f_k^{(4)} = \frac{18}{\pi\sqrt{15}}.$$

猜想9.69 (2011年3月20日). 对任何正整数n,

$$\frac{1}{n}\sum_{k=0}^{n-1}(6k+4)S_k(-2), \quad \frac{1}{n}\sum_{k=0}^{n-1}(24k+17)S_k(4), \quad \frac{1}{2n}\sum_{k=0}^{n-1}(5k+4)S_k(-9),$$

$$\frac{1}{n}\sum_{k=0}^{n-1}(4k+3)S_k(12), \quad \frac{1}{n}\sum_{k=0}^{n-1}(6k+5)S_k(-20), \quad \frac{1}{n}\sum_{k=0}^{n-1}(8k+7)S_k(36),$$

$$\frac{1}{n}\sum_{k=0}^{n-1}(8k+7)S_k(-64), \quad \frac{1}{n}\sum_{k=0}^{n-1}(120k+109)S_k(196), \quad \frac{1}{n}\sum_{k=0}^{n-1}(34k+31)S_k(-324),$$

$$\frac{1}{n}\sum_{k=0}^{n-1}(130k+121)S_k(1296), \quad \frac{1}{n}\sum_{k=0}^{n-1}(816k+769)S_k(5776)$$

都是整数.

注记9.69. 此猜测发表于[179, 第3节], 作者已证对任何正整数n有

$$\sum_{k=0}^{n-1}(3k+2)S_k(1) \equiv 0 \pmod{n}.$$

猜想9.70 (2011年3月20日). 设p为奇素数.

(i) 我们有

$$\sum_{k=0}^{p-1} S_k(12)$$

$$\equiv \begin{cases} 4x^2 - 2p \pmod{p^2} & \text{如果 } p \equiv 1 \pmod{12} \text{ 且 } p = x^2 + y^2 \ (3 \nmid x), \\ (\frac{xy}{3})4xy \pmod{p^2} & \text{如果 } p \equiv 5 \pmod{12} \text{ 且 } p = x^2 + y^2 \ (x, y \in \mathbb{Z}), \\ 0 \pmod{p^2} & \text{如果 } p \equiv 3 \pmod 4. \end{cases}$$

还有
$$\sum_{k=0}^{p-1}(4k+3)S_k(12) \equiv p\left(1+2\left(\frac{3}{p}\right)\right) \pmod{p^2}.$$

(ii) 我们有

$$\sum_{k=0}^{p-1}S_k(-20)$$

$$\equiv \begin{cases} 4x^2-2p \pmod{p^2} & \text{如果}\ \left(\frac{-1}{p}\right)=\left(\frac{p}{5}\right)=1\ \text{且}\ p=x^2+y^2\ (x,y\in\mathbb{Z}\ \text{且}\ 5\nmid x), \\ 4xy \pmod{p^2} & \text{如果}\ \left(\frac{-1}{p}\right)=-\left(\frac{p}{5}\right)=1\ \text{且}\ p=x^2+y^2\ (x,y\in\mathbb{Z}\ \text{且}\ 5\mid x-y), \\ 0 \pmod{p^2} & \text{如果}\ p\equiv 3 \pmod 4. \end{cases}$$

还有
$$\sum_{k=0}^{p-1}(6k+5)S_k(-20) \equiv p\left(\frac{-1}{p}\right)\left(2+3\left(\frac{-5}{p}\right)\right) \pmod{p^2}.$$

注记9.70. 此猜测发表于[179, 第3节], 那里还有更多类似猜想.

§9.3 涉及广义中心三项式系数的同余式

设$b,c\in\mathbb{Z}$. 对于$n\in\mathbb{N}$, 广义中心三项式系数$T_n(b,c)$表示$(x^2+bx+c)^n$展开式中x^n项系数, 易见

$$T_n(b,c)=\sum_{k=0}^{\lfloor n/2\rfloor}\binom{n}{2k}\binom{2k}{k}b^{n-2k}c^k=\sum_{k=0}^{\lfloor n/2\rfloor}\binom{n}{k}\binom{n-k}{k}b^{n-2k}c^k.$$

注意$T_n(2,1)$正是中心二项式系数$\binom{2n}{n}$, $T_n=T_n(1,1)$是组合中的中心三项式系数. 显然$T_0(b,c)=1$, $T_1(b,c)=b$. 对$n\in\mathbb{N}$有递推关系

$$(n+1)T_{n+1}(b,c)=(2n+1)bT_n(b,c)-n(b^2-4c)T_{n-1}(b,c).$$

已知$b^2-4c\neq 0$时
$$T_n(b,c)=(\sqrt{b^2-4c})^n P_n\left(\frac{b}{\sqrt{b^2-4c}}\right),$$

其中$P_n(x)$为n次Legendre多项式. $x\in\mathbb{Z}$时

$$D_n(x)=P_n(2x+1)=T_n(2x+1,x(x+1)),$$

特别地, $T_n(3,2)$就是中心Delannoy数D_n.

对于素数$p>3$与正整数n, 潘颢与孙智伟在[126]中证明了

$$\frac{T_{pn}-T_n}{(pn)^2} \equiv \frac{T_{n-1}}{6}\left(\frac{p}{3}\right)B_{p-2}\left(\frac{1}{3}\right) \pmod{p}.$$

猜想9.71 (2011年1月22日). (i) 任给素数 $p > 5$, 我们有

$$\sum_{k=0}^{p-1} (-1)^k \binom{2k}{k}^2 T_k$$

$$\equiv \begin{cases} 4x^2 - 2p \pmod{p^2} & \text{如果 } p \equiv 1, 4 \pmod{15} \text{ 且 } p = x^2 + 15y^2 \ (x, y \in \mathbb{Z}), \\ 2p - 12x^2 \pmod{p^2} & \text{如果 } p \equiv 2, 8 \pmod{15} \text{ 且 } p = 3x^2 + 5y^2 \ (x, y \in \mathbb{Z}), \\ 0 \pmod{p^2} & \text{如果 } \left(\frac{p}{15}\right) = -1, \ \text{即 } p \equiv 7, 11, 13, 14 \pmod{15}. \end{cases}$$

(ii) 对任何素数 $p > 3$, 有

$$\sum_{k=0}^{p-1} (105k + 44)(-1)^k \binom{2k}{k}^2 T_k \equiv p\left(20 + 24\left(\frac{p}{3}\right)(2 - 3^{p-1})\right) \pmod{p^3}.$$

(iii) 任给正整数 n, 我们有

$$\frac{1}{2n\binom{2n}{n}} \sum_{k=0}^{n-1} (-1)^{n-1-k}(105k + 44)\binom{2k}{k}^2 T_k \in \mathbb{Z}_+.$$

注记9.71. 此猜想前两部分发表于[179, 猜想1.3], 第三部分发表于[213, 猜想67]. 作者在[213, 猜想67]中还猜测对任何素数 $p \equiv 1 \pmod 3$ 与正整数 n 有

$$\frac{\displaystyle\sum_{k=0}^{pn-1}(105k+44)(-1)^k\binom{2k}{k}^2 T_k - p\sum_{k=0}^{n-1}(105k+44)(-1)^k\binom{2k}{k}^2 T_k}{(pn)^2\binom{2n}{n}^2} \equiv (-1)^n 6q_p(3)T_{n-1} \pmod p.$$

猜想9.72 (2019年12月12日). (i) 对任何正整数 n 有

$$\frac{1}{n\binom{2n}{n}} \sum_{k=0}^{n-1} (-1)^{n-1-k}(5k+2)\binom{2k}{k}C_k T_k \in \mathbb{Z}_+.$$

(ii) 对任何素数 $p > 3$ 有

$$\sum_{k=0}^{p-1} (-1)^k(5k+2)\binom{2k}{k}C_k T_k \equiv 2p\left(1 - \left(\frac{p}{3}\right)(3^p - 3)\right) \pmod{p^3}.$$

(iii) 任给素数 $p \equiv 1 \pmod 3$ 与正整数 n, 我们有

$$\frac{\displaystyle\sum_{k=0}^{pn-1}(-1)^k(5k+2)\binom{2k}{k}C_k T_k - p\sum_{k=0}^{n-1}(-1)^k(5k+2)\binom{2k}{k}C_k T_k}{(pn)^2\binom{2n}{n}^2}$$

$$\equiv \left(\frac{p}{3}\right)\frac{3^p - 3}{2p}(-1)^n T_{n-1} \pmod p.$$

注记9.72. 此猜测发表于[221, 猜想10.3].

猜想9.73 (2011年1月2日). 设 $p > 3$ 为素数, 则

$$\sum_{k=0}^{p-1} \frac{\binom{2k}{k}\binom{3k}{k}T_{3k}}{(-27)^k} \equiv \begin{cases} \left(\frac{p}{3}\right)(4x^2 - 2p) \pmod{p^2} & \text{如果 } p = x^2 + 7y^2 \, (x, y \in \mathbb{Z}), \\ 0 \pmod{p^2} & \text{如果 } \left(\frac{p}{7}\right) = -1. \end{cases}$$

$\left(\frac{p}{7}\right) = 1$ 时还有

$$\sum_{k=0}^{p-1} (9k + 2) \frac{\binom{2k}{k}\binom{3k}{k}T_{3k}}{(-27)^k} \equiv \frac{12}{7}p\left(\frac{p}{3}\right) \pmod{p^2}.$$

注记9.73. 此猜测前一断言发表于[187, 猜想4.17].

猜想9.74 (2011年1月20日, 2019年). (i) 设 p 为奇素数且 n 为正奇数.

(i) 如果 $p > 3$, 则

$$\frac{1}{n^2\binom{n-1}{(n-1)/2}}\left(\sum_{k=0}^{(pn-1)/2} \frac{\binom{2k}{k}}{16^k}T_{2k}(4,1) - \sum_{k=0}^{(n-1)/2} \frac{\binom{2k}{k}}{16^k}T_{2k}(4,1)\right) \equiv 0 \pmod{p^2}.$$

(ii) 我们有

$$\frac{1}{n^2\binom{n-1}{(n-1)/2}}\left(\sum_{k=0}^{(pn-1)/2} \frac{\binom{2k}{k}}{16^k}T_{2k}(8,9) - \left(\frac{3}{p}\right)\sum_{k=0}^{(n-1)/2} \frac{\binom{2k}{k}}{16^k}T_{2k}(8,9)\right) \equiv 0 \pmod{p^2}.$$

注记9.74. 此猜测在 $n = 1$ 的情形由作者在2011年1月20日提出, 并发表于[187, 猜想2.1]. 猜想9.74的一般情形发表于[213, 猜想69(i)].

猜想9.75 (2011年1月20日). 对于任何素数 $p > 3$, 我们有

$$\sum_{k=0}^{(p-1)/2} \frac{C_k}{16^k}T_{2k}(4,1) \equiv \frac{4}{3}\left(\left(\frac{3}{p}\right) - p\left(\frac{-1}{p}\right)\right) \pmod{p^2},$$

$$\sum_{k=0}^{(p-1)/2} \frac{\binom{2k}{k}}{4^k}T_{2k}(3,4) \equiv \left(\frac{-1}{p}\right)\frac{7 - 3^p}{4} \pmod{p^2}.$$

注记9.75. 此猜测发表于[187, 猜想2.1].

猜想9.76 (2011年1月20日). 设 $p > 3$ 为素数. 如果 $p \equiv 1 \pmod 3$, 写 $p = x^2 + 3y^2$ (其中 $x, y \in \mathbb{Z}$ 且 $x \equiv 1 \pmod 3$), 则

$$\sum_{k=0}^{(p-1)/2} \frac{\binom{2k}{k}}{16^k}T_{2k}(2,3) \equiv \sum_{k=0}^{p-1} \frac{\binom{2k}{k}}{16^k}T_{2k}(4,-3) \equiv \left(\frac{-1}{p}\right)\left(2x - \frac{p}{2x}\right) \pmod{p^2}.$$

如果 $p \equiv 2 \pmod 3$, 则

$$-2\sum_{k=0}^{(p-1)/2} \frac{\binom{2k}{k}}{16^k}T_{2k}(2,3) \equiv \sum_{k=0}^{(p-1)/2} \frac{\binom{2k}{k}}{16^k}T_{2k}(4,-3) \equiv \left(\frac{-1}{p}\right)\frac{3p}{\binom{(p+1)/2}{(p+1)/6}} \pmod{p^2}.$$

注记9.76. 此猜想发表于[213, 猜想69(iii)].

猜想9.77 (2011年2月3日). 设$p > 7$为素数, 则

$$\sum_{k=0}^{p-1} \frac{\binom{2k}{k}\binom{3k}{k}T_k(18,1)}{512^k} \equiv \left(\frac{10}{p}\right)\sum_{k=0}^{p-1} \frac{\binom{2k}{k}\binom{3k}{k}T_{3k}(6,1)}{(-512)^k}$$

$$\equiv \begin{cases} x^2 - 2p \pmod{p^2} & \text{如果 } \left(\frac{p}{5}\right) = \left(\frac{p}{7}\right) = 1 \text{ 且 } 4p = x^2 + 35y^2 \ (x,y \in \mathbb{Z}), \\ 2p - 5x^2 \pmod{p^2} & \text{如果 } \left(\frac{p}{5}\right) = \left(\frac{p}{7}\right) = -1 \text{ 且 } 4p = 5x^2 + 7y^2 \ (x,y \in \mathbb{Z}), \\ 0 \pmod{p^2} & \text{如果 } \left(\frac{p}{35}\right) = -1. \end{cases}$$

我们还有

$$\sum_{k=0}^{p-1} (35k+9)\frac{\binom{2k}{k}\binom{3k}{k}T_k(18,1)}{512^k} \equiv \frac{9p}{2}\left(7 - 5\left(\frac{p}{5}\right)\right) \pmod{p^2},$$

$$\sum_{k=0}^{p-1} (35k+9)\frac{\binom{2k}{k}^2 T_{3k}(6,1)}{(-512)^k} \equiv \frac{9p}{32}\left(\frac{2}{p}\right)\left(25 + 7\left(\frac{p}{7}\right)\right) \pmod{p^2}.$$

注记9.77. 此猜想发表于[187, 猜想4.8]. 注意二次域$\mathbb{Q}(\sqrt{-35})$的类数为2.

猜想9.78 (2011年2月11日). 对于素数$p > 3$, 我们有

$$\sum_{k=0}^{p-1} \frac{\binom{2k}{k}T_k^2}{4^k} \equiv \left(\frac{p}{3}\right)\sum_{k=0}^{p-1} \frac{\binom{2k}{k}T_k(4,1)^2}{16^k}$$

$$\equiv \sum_{k=0}^{p-1} \frac{\binom{2k}{k}^2 T_k(10,1)}{(-64)^k} \equiv \left(\frac{p}{3}\right)\sum_{k=0}^{p-1} \frac{\binom{2k}{k}^2 T_{2k}(6,1)}{256^k} \equiv \sum_{k=0}^{p-1} \frac{\binom{2k}{k}^2 T_{2k}(6,1)}{1024^k}$$

$$\equiv \begin{cases} 4x^2 - 2p \pmod{p^2} & \text{如果 } p \equiv 1,7 \pmod{24}, \ p = x^2 + 6y^2 \ (x,y \in \mathbb{Z}), \\ 8x^2 - 2p \pmod{p^2} & \text{如果 } p \equiv 5,11 \pmod{24}, \ p = 2x^2 + 3y^2 \ (x,y \in \mathbb{Z}), \\ 0 \pmod{p^2} & \text{如果 } \left(\frac{-6}{p}\right) = -1. \end{cases}$$

注记9.78. 此猜想发表于[187, 猜想4.6], [187]中包含了更多的这类猜想.

猜想9.79 (2011年9月21日). 设p为奇素数, $m \in \mathbb{Z}$且$p \nmid m$, 则

$$\sum_{k=0}^{p-1} \frac{\binom{2k}{k}\binom{3k}{k}T_k(m,1)}{m^{3k}} \equiv \sum_{k=0}^{p-1} \frac{\binom{2k}{k}^2 T_{2k}(m,1)}{256^k} \pmod{p}.$$

如果$m \in \{2,3,6,10,18,30,102,198\}$, 则还有

$$\sum_{k=0}^{p-1} \frac{\binom{2k}{k}\binom{3k}{k}T_k(m,1)}{m^{3k}} \equiv \sum_{k=0}^{p-1} \frac{\binom{2k}{k}^2 T_{2k}(m,1)}{256^k} \pmod{p^2}.$$

注记9.79. 此猜测发表于[187, 注记4.4与猜想4.14], 其中第二式在$m=2$时相当于作者在2009年给出的关于$\sum\limits_{k=0}^{p-1}\binom{2k}{k}^2\binom{3k}{k}8^{-k}$模$p^2$的猜想(参见[170]).

猜想9.80 (2011年9月21日). 设p为奇素数, $m\in\mathbb{Z}$且$m^2\not\equiv-12\pmod{p}$. 则

$$\sum_{k=0}^{p-1}\frac{\binom{2k}{k}^2 T_{2k}(m,1)}{256^k}\equiv\left(\frac{m^2+12}{p}\right)\sum_{k=0}^{p-1}\frac{\binom{4k}{2k}\binom{2k}{k}T_k(m^2-2,1)}{(m^2+12)^{2k}}\pmod{p}.$$

如果$m\in\{3,6,10,18,30,102,198\}$, 则还有

$$\sum_{k=0}^{p-1}\frac{\binom{2k}{k}^2 T_{2k}(m,1)}{256^k}\equiv\left(\frac{m^2+12}{p}\right)\sum_{k=0}^{p-1}\frac{\binom{4k}{2k}\binom{2k}{k}T_k(m^2-2,1)}{(m^2+12)^{2k}}\pmod{p^2}.$$

注记9.80. 此猜测发表于[187, 注记4.4与猜想4.14].

猜想9.81 (2011年9月24日). 设$p>3$为素数, $m\in\mathbb{Z}$且$p\nmid m(3m+8)$. 则

$$\sum_{k=0}^{p-1}\frac{\binom{2k}{k}\binom{3k}{k}T_{3k}(m+2,1)}{(3m)^{3k}}\equiv\left(\frac{-m(3m+8)}{p}\right)\sum_{k=0}^{p-1}\frac{\binom{2k}{k}\binom{3k}{k}\binom{6k}{3k}}{(-9m-24)^{3k}}\pmod{p}.$$

如果$m\in\{8,104,584,71144\}$, 则还有

$$\sum_{k=0}^{p-1}\frac{\binom{2k}{k}\binom{3k}{k}T_{3k}(m+2,1)}{(3m)^{3k}}\equiv\left(\frac{-m(3m+8)}{p}\right)\sum_{k=0}^{p-1}\frac{\binom{2k}{k}\binom{3k}{k}\binom{6k}{3k}}{(-9m-24)^{3k}}\pmod{p^2}.$$

注记9.81. 此猜测发表于[187, 注记4.6与猜想4.17].

猜想9.82 (2011年2月12日). 设$p>3$为素数. 则

$$\left(\frac{3}{p}\right)\sum_{k=0}^{p-1}\frac{T_k(2,3)^3}{8^k}\equiv\sum_{k=0}^{p-1}\frac{T_k(2,3)^3}{(-64)^k}\equiv\sum_{k=0}^{p-1}\frac{T_k(2,9)^3}{(-64)^k}\equiv\left(\frac{3}{p}\right)\sum_{k=0}^{p-1}\frac{T_k(2,9)^3}{512^k}$$

$$\equiv\begin{cases}4x^2-2p\pmod{p^2} & \text{如果 } p\equiv1,7\pmod{24}\text{ 且 }p=x^2+6y^2\ (x,y\in\mathbb{Z}),\\ 2p-8x^2\pmod{p^2} & \text{如果 } p\equiv5,11\pmod{24}\text{ 且 }p=2x^2+3y^2\ (x,y\in\mathbb{Z}),\\ 0\pmod{p^2} & \text{如果 }\left(\frac{-6}{p}\right)=-1.\end{cases}$$

而且

$$\sum_{k=0}^{p-1}(3k+2)\frac{T_k(2,3)^3}{8^k}\equiv p\left(3\left(\frac{3}{p}\right)-1\right)\pmod{p^2},$$

$$\sum_{k=0}^{p-1}(3k+1)\frac{T_k(2,3)^3}{(-64)^k}\equiv p\left(\frac{-2}{p}\right)\pmod{p^3}.$$

对任何$n\in\mathbb{Z}_+$还有

$$\frac{1}{2n}\sum_{k=0}^{n-1}(3k+2)T_k(2,3)^3 8^{n-1-k}\in\mathbb{Z},\quad\frac{1}{n}\sum_{k=0}^{n-1}(3k+1)T_k(2,3)^3(-64)^{n-1-k}\in\mathbb{Z}.$$

注记9.82. 此猜想发表于[186, 猜想5.7], 更多类似猜想可见[186, 187].

猜想9.83 (2010年12月18日, 2020年8月18日). 对任何奇素数p与正整数n, 有

$$\frac{1}{(pn)^2\binom{2n}{n}^2}\left(\sum_{k=0}^{pn-1}(30k+7)\frac{\binom{2k}{k}^2 T_k(1,16)}{(-256)^k} - p\left(\frac{-1}{p}\right)\sum_{k=0}^{n-1}(30k+7)\frac{\binom{2k}{k}^2 T_k(1,16)}{(-256)^k}\right) \in \mathbb{Z}_p.$$

注记9.83. 此猜想在$n=1$的情形由作者在2010年12月18日提出, 并引导作者在2011年1月2日猜测出首个涉及广义中心三项式系数的$\frac{1}{\pi}$级数等式

$$\sum_{k=0}^{\infty}(30k+7)\frac{\binom{2k}{k}^2 T_k(1,16)}{(-256)^k} = \frac{24}{\pi}$$

(参见[187]).

猜想9.84 (2021年2月6日). 对于素数$p > 5$, 我们有

$$\frac{1}{p}\sum_{k=0}^{p-1}\frac{9k+1}{60^{3k}}\binom{2k}{k}\binom{3k}{k}T_{3k}(8,6) \equiv \begin{cases} (\frac{p}{5})3^{(p-1)/4} \pmod{p} & \text{如果 } p \equiv 1 \pmod{12}, \\ (\frac{p}{5})3^{(p-1)/4}/5 \pmod{p} & \text{如果 } p \equiv 5 \pmod{12}, \\ (\frac{p}{5})3^{(p+1)/4}/5 \pmod{p} & \text{如果 } p \equiv 7 \pmod{12}, \\ -(\frac{p}{5})3^{(p+5)/4}/5 \pmod{p} & \text{如果 } p \equiv 11 \pmod{12}. \end{cases}$$

注记9.84. 等式

$$\sum_{k=0}^{\infty}\frac{9k+1}{60^{3k}}\binom{2k}{k}\binom{3k}{k}T_{3k}(8,6) = \frac{\sqrt{15+10\sqrt{3}}}{\pi\sqrt{2}}$$

的一个有错的形式出现于[238, (34)].

猜想9.85 (2011年11月4日). 设奇素数$p \neq 7$, 则

$$\sum_{k=0}^{p-1}\frac{24k+5}{196^k}\binom{2k}{k}T_k(7,1)^2 \equiv p\left(53 - 48\left(\frac{2}{p}\right)\right) \pmod{p^2}.$$

此外还有

$$\sum_{k=0}^{p-1}\frac{\binom{2k}{k}}{196^k}T_k(7,1)^2$$

$$\equiv \begin{cases} 4x^2 - 2p \pmod{p^2} & \text{如果 } (\frac{2}{p}) = (\frac{p}{3}) = (\frac{p}{5}) = 1 \text{ 且 } p = x^2 + 30y^2 \ (x,y \in \mathbb{Z}), \\ 8x^2 - 2p \pmod{p^2} & \text{如果 } (\frac{2}{p}) = 1, \ (\frac{p}{3}) = (\frac{p}{5}) = -1 \text{ 且 } p = 2x^2 + 15y^2 \ (x,y \in \mathbb{Z}), \\ 2p - 12x^2 \pmod{p^2} & \text{如果 } (\frac{p}{3}) = 1, \ (\frac{2}{p}) = (\frac{p}{5}) = -1 \text{ 且 } p = 3x^2 + 10y^2 \ (x,y \in \mathbb{Z}), \\ 20x^2 - 2p \pmod{p^2} & \text{如果 } (\frac{p}{5}) = 1, \ (\frac{2}{p}) = (\frac{p}{3}) = -1 \text{ 且 } p = 5x^2 + 6y^2 \ (x,y \in \mathbb{Z}), \\ 0 \pmod{p^2} & \text{如果 } (\frac{-30}{p}) = -1. \end{cases}$$

注记9.85. 此猜测以前未发表过.

猜想9.86 (2019年10月22日). 设 $p > 7$ 为素数, 则

$$\sum_{k=0}^{p-1} \frac{143k+40}{(-49)^k} \binom{2k}{k} T_k T_k(8,1) \equiv \frac{8}{15} p \left(162 \left(\frac{p}{3} \right) - 98 \left(\frac{-1}{p} \right) + 11 \right) \pmod{p^2}.$$

此外还有

$$\sum_{k=0}^{p-1} \frac{\binom{2k}{k}}{(-49)^k} T_k T_k(8,1)$$

$$\equiv \begin{cases} 4x^2 - 2p \pmod{p^2} & \text{如果 } p \equiv 1,4 \pmod{15} \text{ 且 } p = x^2 + 15y^2 \ (x,y \in \mathbb{Z}), \\ 2p - 12x^2 \pmod{p^2} & \text{如果 } p \equiv 2,8 \pmod{15} \text{ 且 } p = 3x^2 + 5y^2 \ (x,y \in \mathbb{Z}), \\ 0 \pmod{p^2} & \text{如果 } \left(\frac{-15}{p} \right) = -1, \text{ 即 } p \equiv 7,11,13,14 \pmod{15}. \end{cases}$$

注记9.86. 此猜测以前未发表过.

猜想9.87 (2019年10月22日). 设 $p > 3$ 为素数, 则

$$\sum_{k=0}^{p-1} \frac{5k+1}{576^k} \binom{2k}{k} T_k(6,1) T_k(18,1) \equiv \frac{p}{4} \left(45 \left(\frac{p}{5} \right) - 41 \right) \pmod{p^2}.$$

此外还有

$$\sum_{k=0}^{p-1} \frac{\binom{2k}{k}}{576^k} T_k(6,1) T_k(18,1)$$

$$\equiv \begin{cases} 4x^2 - 2p \pmod{p^2} & \text{如果 } p \equiv 1,9,11,19 \pmod{40} \text{ 且 } p = x^2 + 10y^2 \ (x,y \in \mathbb{Z}), \\ 8x^2 - 2p \pmod{p^2} & \text{如果 } p \equiv 7,13,23,37 \pmod{40} \text{ 且 } p = 2x^2 + 5y^2 \ (x,y \in \mathbb{Z}), \\ 0 \pmod{p^2} & \text{如果 } \left(\frac{-10}{p} \right) = -1. \end{cases}$$

注记9.87. 对于奇素数 p, 作者也猜测

$$\sum_{k=0}^{p-1} \frac{\binom{2k}{k}}{512^k} T_k(10,1) T_k(14,1) \equiv \begin{cases} 0 \pmod{p} & \text{如果} p \equiv \pm 5 \pmod{12}, \\ 0 \pmod{p^2} & \text{如果} p \equiv 11 \pmod{12}. \end{cases}$$

猜想9.88 (2019年11月). 设 $p > 3$ 为素数, 则

$$\sum_{k=0}^{p-1} \frac{13k+6}{72^k} \binom{2k}{k} T_k(6,3) T_k(6,-3) \equiv p \left(9 + \left(\frac{-1}{p} \right) - 4 \left(\frac{3}{p} \right) \right) \pmod{p^2}.$$

此外还有

$$\left(\frac{-1}{p}\right)\sum_{k=0}^{p-1}\frac{\binom{2k}{k}}{72^k}T_k(6,3)T_k(6,-3)$$

$$\equiv\begin{cases}4x^2-2p\pmod{p^2} & \text{如果 } p\equiv1,7\pmod{24} \text{ 且 } p=x^2+6y^2\,(x,y\in\mathbb{Z}),\\ 2p-8x^2\pmod{p^2} & \text{如果 } p\equiv5,11\pmod{24} \text{ 且 } p=2x^2+3y^2\,(x,y\in\mathbb{Z}),\\ 0\pmod{p^2} & \text{如果 } \left(\frac{-6}{p}\right)=-1.\end{cases}$$

注记9.88. 对于素数$p>3$, 作者也猜测

$$\sum_{k=0}^{p-1}\frac{\binom{2k}{k}}{(-36)^k}T_k(3,3)T_k(6,6)\equiv\begin{cases}0\pmod{p} & \text{如果} p\equiv7\pmod{12},\\ 0\pmod{p^2} & \text{如果} p\equiv2\pmod{3}.\end{cases}$$

猜想9.89 (2019年11月). 设$p>5$为素数, 则

$$\sum_{k=0}^{p-1}\frac{187k+76}{100^k}\binom{2k}{k}T_k(2,-2)T_k(8,-2)\equiv\frac{p}{3}\left(-44+72\left(\frac{-1}{p}\right)+200\left(\frac{2}{p}\right)\right)\pmod{p^2}.$$

此外还有

$$\sum_{k=0}^{p-1}\frac{\binom{2k}{k}}{100^k}T_k(2,-2)T_k(8,-2)$$

$$\equiv\begin{cases}4x^2-2p\pmod{p^2} & \text{如果 } p\equiv1\pmod{3} \text{ 且 } p=x^2+3y^2\,(x,y\in\mathbb{Z}),\\ 0\pmod{p^2} & \text{如果 } p\equiv2\pmod{3}.\end{cases}$$

注记9.89. 对于素数$p>3$, 作者也猜测

$$\sum_{k=0}^{p-1}\frac{\binom{2k}{k}}{(-4)^k}T_kT_k(2,-2)\equiv\begin{cases}0\pmod{p} & \text{如果} p\equiv\pm5\pmod{12},\\ 0\pmod{p^2} & \text{如果} p\equiv11\pmod{12}.\end{cases}$$

猜想9.90 (2019年11月). (i) 设$p>3$ 为素数, 则

$$\sum_{k=0}^{p-1}\frac{680k+229}{(-144)^k}\binom{2k}{k}T_k(6,1)T_k(3,-4)\equiv p\left(90+125\left(\frac{-1}{p}\right)+14\left(\frac{2}{p}\right)\right)\pmod{p^2}.$$

(ii) 设$p>5$为素数, 则

$$\left(\frac{-1}{p}\right)\sum_{k=0}^{p-1}\frac{\binom{2k}{k}}{(-144)^k}T_k(6,1)T_k(3,-4)$$

$$\equiv\begin{cases}4x^2-2p\pmod{p^2} & \text{如果 } \left(\frac{-2}{p}\right)=\left(\frac{5}{p}\right)=1 \text{ 且 } p=x^2+10y^2\,(x,y\in\mathbb{Z}),\\ 2p-8x^2\pmod{p^2} & \text{如果 } \left(\frac{-2}{p}\right)=\left(\frac{5}{p}\right)=-1 \text{ 且 } p=2x^2+5y^2\,(x,y\in\mathbb{Z}),\\ 0\pmod{p^2} & \text{如果 } \left(\frac{-10}{p}\right)=-1.\end{cases}$$

注记9.90. 对于素数$p > 3$, 作者也猜测

$$\sum_{k=0}^{p-1} \frac{\binom{2k}{k}}{(-64)^k} T_k(14,1) T_k(1,-2) \equiv \begin{cases} 0 \pmod{p} & \text{如果} p \equiv \pm 5 \pmod{12}, \\ 0 \pmod{p^2} & \text{如果} p \equiv 11 \pmod{12}. \end{cases}$$

猜想9.91 (2019年11月). (i) 设$p > 3$ 为素数, 则

$$\sum_{k=0}^{p-1} \frac{10k+3}{128^k} \binom{2k}{k} T_k(6,1) T_k(4,-1) \equiv \begin{cases} 3\left(\frac{2}{p}\right) \pmod{p^2} & \text{如果} p \equiv 1, 9 \pmod{20}, \\ 0 \pmod{p} & \text{此外}. \end{cases}$$

(ii) 对于奇素数$p \neq 5$, 我们有

$$\left(\frac{2}{p}\right) \sum_{k=0}^{p-1} \frac{\binom{2k}{k}}{128^k} T_k(6,1) T_k(4,-1)$$

$$\equiv \begin{cases} 4x^2 - 2p \pmod{p^2} & \text{如果} \ p \equiv 1, 9 \pmod{20} \ \text{且} \ p = x^2 + 5y^2 \ (x, y \in \mathbb{Z}), \\ 2x^2 - 2p \pmod{p^2} & \text{如果} \ p \equiv 3, 7 \pmod{20} \ \text{且} \ 2p = x^2 + 5y^2 \ (x, y \in \mathbb{Z}), \\ 0 \pmod{p^2} & \text{如果} \left(\frac{-5}{p}\right) = -1. \end{cases}$$

注记9.91. 对于奇素数$p \not\equiv 1, 9 \pmod{20}$, 作者未能猜出

$$\frac{1}{p} \sum_{k=0}^{p-1} \frac{10k+3}{128^k} \binom{2k}{k} T_k(6,1) T_k(4,-1)$$

模p.

猜想9.92 (2019年10月24日). 设$p > 5$为素数, 则

$$\sum_{k=0}^{p-1} \frac{T_k(6,1) T_k(3,1)^2}{200^k}$$
$$\equiv \begin{cases} 4x^2 - 2p \pmod{p^2} & \text{如果} \left(\frac{2}{p}\right) = \left(\frac{p}{3}\right) = \left(\frac{p}{5}\right) = 1 \ \text{且} \ p = x^2 + 30y^2 \ (x, y \in \mathbb{Z}), \\ 8x^2 - 2p \pmod{p^2} & \text{如果} \left(\frac{2}{p}\right) = 1, \left(\frac{p}{3}\right) = \left(\frac{p}{5}\right) = -1 \ \text{且} \ p = 2x^2 + 15y^2 \ (x, y \in \mathbb{Z}), \\ 12x^2 - 2p \pmod{p^2} & \text{如果} \left(\frac{p}{3}\right) = 1, \left(\frac{2}{p}\right) = \left(\frac{p}{5}\right) = -1 \ \text{且} \ p = 3x^2 + 10y^2 \ (x, y \in \mathbb{Z}), \\ 2p - 20x^2 \pmod{p^2} & \text{如果} \left(\frac{p}{5}\right) = 1, \left(\frac{2}{p}\right) = \left(\frac{p}{3}\right) = -1 \ \text{且} \ p = 5x^2 + 6y^2 \ (x, y \in \mathbb{Z}), \\ 0 \pmod{p^2} & \text{如果} \left(\frac{-30}{p}\right) = -1. \end{cases}$$

注记9.92. 作者在2020年8月10日猜测对素数$p > 3$也有

$$\sum_{k=0}^{p-1} \frac{T_k(1,-2) T_k(6,-3)^2}{144^k} \equiv \begin{cases} 0 \pmod{p} & \text{如果} \ p \equiv \pm 5 \pmod{12}, \\ 0 \pmod{p^2} & \text{如果} \ p \equiv 11 \pmod{12}. \end{cases}$$

猜想9.93 (2010年6月9日). 任给素数 $p > 3$, 我们有

$$\sum_{k=0}^{p-1} T_k M_k \equiv \frac{4}{3}\left(\frac{p}{3}\right) + \frac{p}{6}\left(1 - 9\left(\frac{p}{3}\right)\right) \pmod{p^2}.$$

注记9.93. 此猜测发表于[186, 猜想1.1(ii)].

猜想9.94 (2019年10月25日). 设 $p > 5$ 为素数, 则

$$\sum_{k=0}^{p-1} \frac{f_k T_k}{(-3)^k} \equiv \left(\frac{p}{3}\right) \sum_{k=0}^{p-1} \frac{f_k T_k}{(-8)^k}$$

$$\equiv \begin{cases} 4x^2 - 2p \pmod{p^2} & \text{如果 } p \equiv 1,4 \pmod{15} \text{ 且 } p = x^2 + 15y^2 \ (x,y \in \mathbb{Z}), \\ 12x^2 - 2p \pmod{p^2} & \text{如果 } p \equiv 2,8 \pmod{15} \text{ 且 } p = 3x^2 + 5y^2 \ (x,y \in \mathbb{Z}), \\ 0 \pmod{p^2} & \text{如果 } \left(\frac{-15}{p}\right) = -1, \text{即 } p \equiv 7,11,13,14 \pmod{15}. \end{cases}$$

注记9.94. 对素数 $p > 3$ 已知

$$\frac{T_k}{(-3)^k} \equiv \left(\frac{p}{3}\right) T_{p-1-k} \pmod{p} \text{ 且 } \frac{f_k}{(-8)^k} \equiv f_{p-1-k} \pmod{p},$$

参见[186, 78].

猜想9.95 (2019年10月26日). (i) 对任何正整数 n 有

$$\frac{1}{4n} \sum_{k=0}^{n-1} (-1)^{n-1-k}(105k + 88) f_k T_k(8,1) \in \mathbb{Z}_+.$$

(ii) 设 p 为奇素数, 则

$$\sum_{k=0}^{p-1} (-1)^k (105k + 88) f_k T_k(8,1) \equiv \frac{8}{3} p \left(23\left(\frac{-3}{p}\right) + 10\left(\frac{15}{p}\right)\right) \pmod{p^2}.$$

(iii) 如果 p 为奇素数且 $(\frac{-5}{p}) = 1$, 则对任何正整数 n 有

$$\frac{1}{(pn)^2}\left(\sum_{k=0}^{pn-1} (-1)^k (105k + 88) f_k T_k(8,1) - p\left(\frac{p}{3}\right) \sum_{k=0}^{n-1} (-1)^k (105k + 88) f_k T_k(8,1)\right) \in \mathbb{Z}_p.$$

(iv) 对任何素数 $p > 5$ 有

$$\sum_{k=0}^{p-1} (-1)^k f_k T_k(8,1)$$

$$\equiv \begin{cases} 4x^2 - 2p \pmod{p^2} & \text{如果 } p \equiv 1,4 \pmod{15} \text{ 且 } p = x^2 + 15y^2 \ (x,y \in \mathbb{Z}), \\ 2p - 12x^2 \pmod{p^2} & \text{如果 } p \equiv 2,8 \pmod{15} \text{ 且 } p = 3x^2 + 5y^2 \ (x,y \in \mathbb{Z}), \\ 0 \pmod{p^2} & \text{如果 } \left(\frac{-15}{p}\right) = -1. \end{cases}$$

注记9.95. 此猜测发表于[221, 猜想6.3], 更多类似猜想可见[221, 第6节].

第二类Apéry数如下定义:

$$\beta_n = \sum_{k=0}^{n} \binom{n}{k}^2 \binom{n+k}{k} \quad (n=0,1,2,\ldots).$$

2012年1月19日, 作者发现一个新颖的恒等式

$$\binom{2n}{n} \beta_n = \sum_{k=0}^{n} \binom{n}{k}^2 \binom{2k}{n} \binom{n+2k}{n} \quad (n \in \mathbb{N}),$$

这可用Zeilberger算法来证明(参见[179, 第6节]).

猜想9.96 (2019年11月13日). (i) 对任何正整数n, 有

$$\frac{1}{2n} \sum_{k=0}^{n-1} (-1)^k (15k+8) \beta_k T_k(4,-1) \in \mathbb{Z},$$

而且此数为奇数当且仅当$n \in \{2^a : a \in \mathbb{Z}_+\}$.

(ii) 对于任何素数p有

$$\sum_{k=0}^{p-1} (-1)^k (15k+8) \beta_k T_k(4,-1) \equiv \frac{p}{4} \left(27 \left(\frac{p}{3} \right) + 5 \left(\frac{p}{5} \right) \right) \pmod{p^2}.$$

(iii) 如果p为奇素数且$(\frac{-15}{p})=1$ (即$p \equiv 1,2,4,8 \pmod{15}$), 则

$$\frac{1}{(pn)^2} \left(\sum_{k=0}^{pn-1} (-1)^k (15k+8) \beta_k T_k(4,-1) - p \left(\frac{p}{3} \right) \sum_{k=0}^{n-1} (-1)^k (15k+8) \beta_k T_k(2,2) \right) \in \mathbb{Z}_p.$$

(iv) 对任何素数$p > 5$有

$$\sum_{k=0}^{p-1} (-1)^k \beta_k T_k(4,-1)$$

$$\equiv \begin{cases} 4x^2 - 2p \pmod{p^2} & \text{如果 } p \equiv 1,4 \pmod{15} \text{ 且 } p = x^2 + 15y^2 \ (x,y \in \mathbb{Z}), \\ 12x^2 - 2p \pmod{p^2} & \text{如果 } p \equiv 2,8 \pmod{15} \text{ 且 } p = 3x^2 + 5y^2 \ (x,y \in \mathbb{Z}), \\ 0 \pmod{p^2} & \text{如果 } (\frac{-15}{p}) = -1. \end{cases}$$

注记9.96. 此猜测发表于[221, 猜想8.2], 更多类似猜想可见[221, 第8节].

§9.4 涉及$S_n(b,c) = \sum_{k=0}^{n} \binom{n}{k}^2 T_k(b,c) T_{n-k}(b,c)$的同余式

2019年11月8日, 受Domb数的启发, 作者引入一种新的数(参看OEIS条目A329475):

$$S_n := \sum_{k=0}^{n} \binom{n}{k}^2 T_k T_{n-k} \quad (n=0,1,2,\ldots).$$

$S_0, \ldots, S_{10}$的值依次为

$$1, \ 2, \ 10, \ 68, \ 586, \ 5252, \ 49204, \ 475400, \ 4723786, \ 47937812, \ 494786260.$$

由[186, (1.7)与(2.3)], 对素数$p > 3$我们有

$$S_{p-1} \equiv \sum_{k=0}^{p-1} T_k T_{p-1-k} \equiv \left(\frac{p}{3}\right) \sum_{k=0}^{p-1} \frac{T_k^2}{(-3)^k} \equiv 1 \pmod{p}.$$

猜想9.97 (2019年11月10日). (i) 任给奇素数p, 我们有

$$\sum_{k=0}^{p-1} \frac{S_k}{(-4)^k}$$
$$\equiv \begin{cases} 4x^2 - 2p \pmod{p^2} & \text{如果 } 12 \mid p-1 \text{ 且 } p = x^2 + y^2 \ (x, y \in \mathbb{Z} \text{ 且 } 3 \nmid x), \\ 4xy \pmod{p^2} & \text{如果 } 12 \mid p-5 \text{ 且 } p = x^2 + y^2 \ (x, y \in \mathbb{Z} \text{ 且 } 3 \mid x - y), \\ 0 \pmod{p^2} & \text{如果 } p \equiv 3 \pmod{4}. \end{cases}$$

(ii) 对任何素数$p \equiv 1 \pmod 4$, 有

$$\sum_{k=0}^{p-1} (8k+5) \frac{S_k}{(-4)^k} \equiv 4p \pmod{p^2}.$$

注记9.97. 此猜测发表于[221, 猜想4.11].

在2019年11月8日, 作者对$b, c \in \mathbb{Z}$定义

$$S_n(b, c) = \sum_{k=0}^{n} \binom{n}{k}^2 T_k(b, c) T_{n-k}(b, c) \ (n = 0, 1, 2, \ldots).$$

注意$S_n(1, 1) = S_n$且$S_n(2, 1) = \text{Domb}(n)$.

猜想9.98 (2019年11月9日). (i) 对任何正整数n有

$$\frac{1}{n} \sum_{k=0}^{n-1} (4k+3) 4^{n-1-k} S_k(1, -1) \in \mathbb{Z},$$

而且此数为奇数当且仅当$n \in \{2^a : a \in \mathbb{N}\}$.

(ii) 对任何奇素数p与正整数n, 有

$$\frac{1}{(pn)^2} \left(\sum_{k=0}^{pn-1} \frac{4k+3}{4^k} S_k(1, -1) - p \sum_{k=0}^{n-1} \frac{4k+3}{4^k} S_k(1, -1) \right) \in \mathbb{Z}_p.$$

(iii) 设p为奇素数, 则

$$\sum_{k=0}^{p-1} \frac{S_k(1, -1)}{4^k}$$
$$\equiv \begin{cases} 4x^2 - 2p \pmod{p^2} & \text{如果 } p \equiv 1, 9 \pmod{20} \text{ 且 } p = x^2 + 5y^2 \ (x, y \in \mathbb{Z}), \\ 2x^2 - 2p \pmod{p^2} & \text{如果 } p \equiv 3, 7 \pmod{20} \text{ 且 } 2p = x^2 + 5y^2 \ (x, y \in \mathbb{Z}), \\ 0 \pmod{p^2} & \text{如果 } \left(\frac{-5}{p}\right) = -1. \end{cases}$$

注记9.98. 此猜想发表于[221, 猜想4.12].

猜想9.99 (2019年11月8日). (i) 对任何正整数n有

$$\frac{1}{n}\sum_{k=0}^{n-1}(12k+5)S_k(1,7)(-1)^k 28^{n-1-k} \in \mathbb{Z}_+,$$

而且此数为奇数当且仅当$n \in \{2^a : a \in \mathbb{N}\}$.

(ii) 设奇素数$p \neq 7$, 则对任何正整数n有

$$\frac{1}{(pn)^2}\left(\sum_{k=0}^{pn-1}\frac{12k+5}{(-28)^k}S_k(1,7) - p\left(\frac{p}{7}\right)\sum_{k=0}^{n-1}\frac{12k+5}{(-28)^k}S_k(1,7)\right) \in \mathbb{Z}_p.$$

(iii) 设素数$p > 3$且$p \neq 7$, 则

$$\sum_{k=0}^{p-1}\frac{S_k(1,7)}{(-28)^k}$$

$$\equiv \begin{cases} 4x^2 - 2p \pmod{p^2} & \text{如果 } \left(\frac{-1}{p}\right) = \left(\frac{p}{3}\right) = \left(\frac{p}{7}\right) = 1 \text{ 且 } p = x^2 + 21y^2, \\ 2x^2 - 2p \pmod{p^2} & \text{如果 } \left(\frac{-1}{p}\right) = \left(\frac{p}{3}\right) = -1, \left(\frac{p}{7}\right) = 1 \text{ 且 } 2p = x^2 + 21y^2, \\ 2p - 12x^2 \pmod{p^2} & \text{如果 } \left(\frac{-1}{p}\right) = \left(\frac{p}{7}\right) = -1, \left(\frac{p}{3}\right) = 1 \text{ 且 } p = 3x^2 + 7y^2, \\ 2p - 6x^2 \pmod{p^2} & \text{如果 } \left(\frac{-1}{p}\right) = 1, \left(\frac{p}{3}\right) = \left(\frac{p}{7}\right) = -1 \text{ 且 } 2p = 3x^2 + 7y^2, \\ 0 \pmod{p^2} & \text{如果 } \left(\frac{-21}{p}\right) = -1, \end{cases}$$

其中$x, y \in \mathbb{Z}$.

注记9.99. 此猜想发表于[221, 猜想4.2], 作者在[221, (1.89)]中证明了相关的级数等式:

$$\sum_{k=0}^{\infty}\frac{12k+5}{(-28)^k}S_k(1,7) = \frac{6\sqrt{7}}{\pi}.$$

更多类似于猜想9.99的同余式猜想与相关级数等式可见[221, 第4节与定理1.3].

猜想9.100 (2020年1月1日). 任给奇素数p与不被p整除的整数m, 我们有

$$\sum_{k=0}^{p-1}\frac{S_k(4,-m)}{m^k} \equiv \sum_{k=0}^{p-1}\frac{\binom{2k}{k}f_k}{m^k} \pmod{p^2}$$

与

$$\frac{m+16}{2}\sum_{k=0}^{p-1}\frac{kS_k(4,-m)}{m^k} - \sum_{k=0}^{p-1}((m+4)k-4)\frac{\binom{2k}{k}f_k}{m^k} \equiv 4p\left(\frac{m}{p}\right) \pmod{p^2}.$$

注记9.100. 此猜想发表于[221, 猜想4.16], 作者用Mathematica进行过检验. 根据[221, 注记4.2], 猜想9.100中两个同余式在模p^2改成模p时成立.

第 10 章　级数等式及相伴同余式

S. Ramanujan在[130]中提出了16个经典的下型$\frac{1}{\pi}$级数等式

$$\sum_{k=0}^{\infty}\frac{bk+c}{m^k}a(k)=\frac{\lambda\sqrt{d}}{\pi},$$

其中$b,c,m\in\mathbb{Z},bm\neq 0$, d为无平方因子正整数, λ为非零有理数, 且$a(k)$是下述三种乘积

$$\binom{2k}{k}^3,\quad \binom{2k}{k}^2\binom{3k}{k},\quad \binom{2k}{k}^2\binom{4k}{2k},\quad \binom{2k}{k}\binom{3k}{k}\binom{6k}{3k}$$

之一. 对这类级数的介绍可见S. Cooper [24, 第14章]. 考虑到$\Gamma(\frac{1}{2})^2=\pi$, van Hamme于1997年在[235]中通过p-adic Γ-函数首先洞察到这类级数有其p-adic模拟. 2020年, 孙智伟[221]确定了36个有理Ramanujan$\frac{1}{\pi}$级数中线性部分换成适当有理真分式后的级数和.

本章介绍作者通过考察同余式提出的仍未解决的级数等式及其相伴同余式, 共有80个猜想(含133个级数等式); 其中$\frac{1}{\pi}$级数的发现主要依靠作者关于这类级数的哲学理念, 参见[179, 221]. 作者在[225]中列出的级数猜想中有些已解决, 例如: M. Rogers与A. Straub在[135]中证明了作者提出的520-级数猜想.

§10.1　与广义中心三项式系数有关的级数等式及相伴同余式

猜想10.1. (i) (2019年12月7日) 我们有级数等式

$$\sum_{k=1}^{\infty}\frac{(105k-44)T_{k-1}}{k^2\binom{2k}{k}^2 3^{k-1}}=\frac{5\pi}{\sqrt{3}}+6\log 3,$$

$$\sum_{k=2}^{\infty}\frac{(5k-2)T_{k-1}}{(k-1)k^2\binom{2k}{k}^2 3^{k-1}}=\frac{21-2\sqrt{3}\,\pi-9\log 3}{12}.$$

(ii) (2019年10月19日) 对任何素数$p>3$有

$$p^2\sum_{k=1}^{p-1}\frac{(105k-44)T_{k-1}}{k^2\binom{2k}{k}^2 3^{k-1}}\equiv 11\left(\frac{p}{3}\right)+\frac{p}{2}\left(13-35\left(\frac{p}{3}\right)\right)\pmod{p^2}$$

与

$$p^2\sum_{k=2}^{p-1}\frac{(5k-2)T_{k-1}}{(k-1)k^2\binom{2k}{k}^2 3^{k-1}}\equiv -\frac{1}{2}\left(\frac{p}{3}\right)-\frac{p}{8}\left(7+\left(\frac{p}{3}\right)\right)\pmod{p^2}.$$

注记10.1. 此猜测第一部分中的两个级数收敛很快, 容易用Mathematica进行数值检验. 猜想10.1发表于[221, 猜想10.1~10.2].

2011年, 作者提出了四个猜测的下述I型$\frac{1}{\pi}$级数等式(参看[187, (I1)~(I4)]):

$$\sum_{k=0}^{\infty}\frac{30k+7}{(-256)^k}\binom{2k}{k}^2 T_k(1,16)=\frac{24}{\pi},\tag{I1}$$

$$\sum_{k=0}^{\infty} \frac{30k+7}{(-1024)^k}\binom{2k}{k}^2 T_k(34,1) = \frac{12}{\pi}, \tag{I2}$$

$$\sum_{k=0}^{\infty} \frac{30k-1}{4096^k}\binom{2k}{k}^2 T_k(194,1) = \frac{80}{\pi}, \tag{I3}$$

$$\sum_{k=0}^{\infty} \frac{42k+5}{4096^k}\binom{2k}{k}^2 T_k(62,1) = \frac{16\sqrt{3}}{\pi}. \tag{I4}$$

这类猜测被H. H. Chan, J. Wan与W. Zudilin在[18]中所证实.

猜想10.2 (2019年11月26日). (i) 我们有级数等式

$$\sum_{k=0}^{\infty} \frac{50k+1}{(-256)^k}\binom{2k}{k}\binom{2k}{k+1}T_k(1,16) = \frac{8}{3\pi}, \tag{I1$'$}$$

$$\sum_{k=0}^{\infty} \frac{(100k^2-4k-7)\binom{2k}{k}^2 T_k(1,16)}{(2k-1)^2(-256)^k} = -\frac{24}{\pi}. \tag{I1$''$}$$

(ii) 对素数$p>3$有

$$\sum_{k=0}^{p-1} \frac{50k+1}{(-256)^k}\binom{2k}{k}\binom{2k}{k+1}T_k(1,16) \equiv 49p\left(\left(\frac{-7}{p}\right)-\left(\frac{-1}{p}\right)\right) \pmod{p^2}$$

与

$$\sum_{k=0}^{p-1} \frac{26k+5}{(-256)^k}\binom{2k}{k}C_k T_k(1,16) \equiv p\left(26\left(\frac{-1}{p}\right)-21\left(\frac{-7}{p}\right)\right) \pmod{p^2}.$$

注记10.2. 此猜测第一部分发表于[221, 猜想3.1]. 在(I1)之下, (I1$'$)等价于

$$\sum_{k=0}^{\infty} \frac{26k+5}{(-256)^k}\binom{2k}{k}C_k T_k(1,16) = \frac{16}{\pi}.$$

猜想10.3 (2019年11月26日). (i) 我们有级数等式

$$\sum_{k=0}^{\infty} \frac{30k+23}{(-1024)^k}\binom{2k}{k}\binom{2k}{k+1}T_k(34,1) = -\frac{20}{3\pi}, \tag{I2$'$}$$

$$\sum_{k=0}^{\infty} \frac{(36k^2-12k+1)\binom{2k}{k}^2 T_k(34,1)}{(2k-1)^2(-1024)^k} = -\frac{6}{\pi}. \tag{I2$''$}$$

(ii) 对素数$p>3$有

$$\sum_{k=0}^{p-1} \frac{30k+23}{(-1024)^k}\binom{2k}{k}\binom{2k}{k+1}T_k(34,1) \equiv \frac{p}{3}\left(21\left(\frac{2}{p}\right)-10\left(\frac{-1}{p}\right)-11\right) \pmod{p^2}$$

与

$$\sum_{k=0}^{p-1} \frac{2k+1}{(-1024)^k}\binom{2k}{k}C_k T_k(34,1) \equiv \frac{p}{3}\left(2-3\left(\frac{2}{p}\right)+4\left(\frac{-1}{p}\right)\right) \pmod{p^2}.$$

注记10.3. 此猜测发表于[221, 猜想3.1与注记3.1]. 在(I2)之下, (I2′)等价于

$$\sum_{k=0}^{\infty} \frac{2k+1}{(-1024)^k} \binom{2k}{k} C_k T_k(34,1) = \frac{8}{3\pi}.$$

猜想10.4 (2019年11月26日). (i) 我们有级数等式

$$\sum_{k=0}^{\infty} \frac{110k+103}{4096^k} \binom{2k}{k} \binom{2k}{k+1} T_k(194,1) = \frac{304}{\pi}, \tag{I3′}$$

$$\sum_{k=0}^{\infty} \frac{(20k^2+28k-11)\binom{2k}{k}^2 T_k(194,1)}{(2k-1)^2 4096^k} = -\frac{6}{\pi}. \tag{I3″}$$

(ii) 对奇素数p有

$$\sum_{k=0}^{p-1} \frac{110k+103}{4096^k} \binom{2k}{k} \binom{2k}{k+1} T_k(194,1) \equiv 19p \left(\left(\frac{-1}{p} \right) - \left(\frac{3}{p} \right) \right) \pmod{p^2}$$

与

$$\sum_{k=0}^{p-1} \frac{10k-11}{4096^k} \binom{2k}{k} C_k T_k(194,1) \equiv -p \left(2 \left(\frac{-1}{p} \right) + 9 \left(\frac{3}{p} \right) \right) \pmod{p^2}.$$

注记10.4. 此猜测第一部分发表于[221, 猜想3.1]. 在(I3)之下, (I3′)等价于

$$\sum_{k=0}^{\infty} \frac{10k-11}{4096^k} \binom{2k}{k} C_k T_k(194,1) = -\frac{32}{\pi}.$$

猜想10.5 (2019年11月26日). (i) 我们有级数等式

$$\sum_{k=0}^{\infty} \frac{238k+263}{4096^k} \binom{2k}{k} \binom{2k}{k+1} T_k(62,1) = \frac{112\sqrt{3}}{3\pi}, \tag{I4′}$$

$$\sum_{k=0}^{\infty} \frac{(44k^2+4k-5)\binom{2k}{k}^2 T_k(62,1)}{(2k-1)^2 4096^k} = -\frac{4\sqrt{3}}{\pi}. \tag{I4″}$$

(ii) 对奇素数p有

$$\sum_{k=0}^{p-1} \frac{238k+263}{4096^k} \binom{2k}{k} \binom{2k}{k+1} T_k(62,1) \equiv p \left(11 + 14 \left(\frac{-3}{p} \right) - 25 \left(\frac{15}{p} \right) \right) \pmod{p^2}$$

与

$$\sum_{k=0}^{p-1} \frac{2k+17}{4096^k} \binom{2k}{k} C_k T_k(62,1) \equiv p \left(-10 + 12 \left(\frac{-3}{p} \right) + 15 \left(\frac{15}{p} \right) \right) \pmod{p^2}.$$

注记10.5. 此猜测第一部分发表于[221, 猜想3.1]. 在(I4)之下, (I4′)等价于

$$\sum_{k=0}^{\infty} \frac{2k+17}{4096^k} \binom{2k}{k} C_k T_k(62,1) = \frac{32\sqrt{3}}{\pi}.$$

猜想10.6 (2019年12月9日). (i) 我们有级数等式

$$\sum_{k=0}^{\infty} \frac{6k+1}{256^k}\binom{2k}{k}^2 T_k(8,-2) = \frac{2}{\pi}\sqrt{8+6\sqrt{2}}, \tag{I5}$$

$$\sum_{k=0}^{\infty} \frac{2k+3}{256^k}\binom{2k}{k}\binom{2k}{k+1}T_k(8,-2) = \frac{6\sqrt{8+6\sqrt{2}}-16\sqrt[4]{2}}{3\pi}, \tag{I5$'$}$$

$$\sum_{k=0}^{\infty} \frac{(4k^2+2k-1)\binom{2k}{k}^2 T_k(8,-2)}{(2k-1)^2 256^k} = -\frac{3\sqrt[4]{2}}{4\pi}. \tag{I5$''$}$$

(ii) 对任何整数$n > 1$, 有

$$\frac{1}{2^{\lfloor n/2 \rfloor+1}n\binom{2n}{n}}\sum_{k=0}^{n-1}(6k+1)256^{n-1-k}\binom{2k}{k}^2 T_k(8,-2) \in \mathbb{Z}_+.$$

(iii) 设p为奇素数, 则

$$\sum_{k=0}^{p-1} \frac{6k+1}{256^k}\binom{2k}{k}^2 T_k(8,-2) \equiv \begin{cases} 2^{\frac{p-1}{4}}p \pmod{p^2} & \text{如果 } p \equiv 1 \pmod 4, \\ -2^{\frac{p+1}{4}}p \pmod{p^2} & \text{如果 } p \equiv 3 \pmod 4. \end{cases}$$

(iv) 任给素数$p \equiv 1 \pmod 4$, 写$p = x^2 + 4y^2$ $(x,y \in \mathbb{Z})$, 则

$$\sum_{k=0}^{p-1} \frac{\binom{2k}{k}^2 T_k(8,-2)}{256^k} \equiv \begin{cases} (-1)^{\frac{y}{2}}(4x^2-2p) \pmod{p^2} & \text{如果 } p \equiv 1 \pmod 8, \\ (-1)^{\frac{xy-1}{2}}8xy \pmod{p^2} & \text{如果 } p \equiv 5 \pmod 8, \end{cases}$$

而且

$$\sum_{k=0}^{p-1} \frac{(4k^2+2k-1)\binom{2k}{k}^2 T_k(8,-2)}{(2k-1)^2 256^k} \equiv 0 \pmod{p^2}.$$

注记10.6. 此猜测第一条发表于[221, (I5),(I5$'$),(I5$''$)], (I5)和(I5$'$)联合起来蕴含着

$$\sum_{k=0}^{\infty} \frac{2k-1}{256^k}\binom{2k}{k}C_k T_k(8,-2) = \frac{4}{\pi}\left(\sqrt{8+6\sqrt{2}}-4\sqrt[4]{2}\right).$$

猜想10.6的第二、四条可见[221, 注记3.1]. 根据[187, 定理5.1], 对任何素数$p \equiv 3 \pmod 4$有

$$\sum_{k=0}^{p-1} \frac{\binom{2k}{k}^2 T_k(8,-2)}{256^k} \equiv 0 \pmod{p^2}.$$

2011年, 作者提出了12个猜测的下述II型$\frac{1}{\pi}$级数等式(参看[187, 225, (II1)~(II12)]):

$$\sum_{k=0}^{\infty} \frac{15k+2}{972^k} \binom{2k}{k}\binom{3k}{k} T_k(18,6) = \frac{45\sqrt{3}}{4\pi}, \tag{II1}$$

$$\sum_{k=0}^{\infty} \frac{91k+12}{10^{3k}} \binom{2k}{k}\binom{3k}{k} T_k(10,1) = \frac{75\sqrt{3}}{2\pi}, \tag{II2}$$

$$\sum_{k=0}^{\infty} \frac{15k-4}{18^{3k}} \binom{2k}{k}\binom{3k}{k} T_k(198,1) = \frac{135\sqrt{3}}{2\pi}, \tag{II3}$$

$$\sum_{k=0}^{\infty} \frac{42k-41}{30^{3k}} \binom{2k}{k}\binom{3k}{k} T_k(970,1) = \frac{525\sqrt{3}}{\pi}, \tag{II4}$$

$$\sum_{k=0}^{\infty} \frac{18k+1}{30^{3k}} \binom{2k}{k}\binom{3k}{k} T_k(730,729) = \frac{25\sqrt{3}}{\pi}, \tag{II5}$$

$$\sum_{k=0}^{\infty} \frac{6930k+559}{102^{3k}} \binom{2k}{k}\binom{3k}{k} T_k(102,1) = \frac{1445\sqrt{6}}{2\pi}, \tag{II6}$$

$$\sum_{k=0}^{\infty} \frac{222105k+15724}{198^{3k}} \binom{2k}{k}\binom{3k}{k} T_k(198,1) = \frac{114345\sqrt{3}}{4\pi}, \tag{II7}$$

$$\sum_{k=0}^{\infty} \frac{390k-3967}{102^{3k}} \binom{2k}{k}\binom{3k}{k} T_k(39202,1) = \frac{56355\sqrt{3}}{\pi}, \tag{II8}$$

$$\sum_{k=0}^{\infty} \frac{210k-7157}{198^{3k}} \binom{2k}{k}\binom{3k}{k} T_k(287298,1) = \frac{114345\sqrt{3}}{\pi}, \tag{II9}$$

$$\sum_{k=0}^{\infty} \frac{45k+7}{24^{3k}} \binom{2k}{k}\binom{3k}{k} T_k(26,729) = \frac{8}{3\pi}(3\sqrt{3}+\sqrt{15}), \tag{II10}$$

$$\sum_{k=0}^{\infty} \frac{9k+2}{(-5400)^k} \binom{2k}{k}\binom{3k}{k} T_k(70,3645) = \frac{15\sqrt{3}+\sqrt{15}}{6\pi}, \tag{II11}$$

$$\sum_{k=0}^{\infty} \frac{63k+11}{(-13500)^k} \binom{2k}{k}\binom{3k}{k} T_k(40,1458) = \frac{25}{12\pi}(3\sqrt{3}+4\sqrt{6}). \tag{II12}$$

这类猜测被H. H. Chan, J. Wan与W. Zudilin在[18]中所证实.

猜想10.7 (2019年12月). 我们有下述级数等式:

$$\sum_{k=0}^{\infty} \frac{3k+4}{972^k} \binom{2k}{k+1}\binom{3k}{k} T_k(18,6) = \frac{63\sqrt{3}}{40\pi}, \tag{II1$'$}$$

$$\sum_{k=0}^{\infty} \frac{91k+107}{10^{3k}} \binom{2k}{k+1}\binom{3k}{k} T_k(10,1) = \frac{275\sqrt{3}}{18\pi}, \tag{II2$'$}$$

$$\sum_{k=0}^{\infty} \frac{195k+83}{18^{3k}} \binom{2k}{k+1}\binom{3k}{k} T_k(198,1) = \frac{9423\sqrt{3}}{10\pi}, \tag{II3$'$}$$

$$\sum_{k=0}^{\infty} \frac{483k-419}{30^{3k}} \binom{2k}{k+1}\binom{3k}{k} T_k(970,1) = \frac{6550\sqrt{3}}{\pi}, \tag{II4$'$}$$

$$\sum_{k=0}^{\infty} \frac{666k+757}{30^{3k}} \binom{2k}{k+1}\binom{3k}{k} T_k(730,729) = \frac{3475\sqrt{3}}{4\pi}, \tag{II5$'$}$$

$$\sum_{k=0}^{\infty} \frac{8427573k+8442107}{102^{3k}} \binom{2k}{k+1}\binom{3k}{k} T_k(102,1) = \frac{125137\sqrt{6}}{20\pi}, \tag{II6$'$}$$

$$\sum_{k=0}^{\infty} \frac{959982231k+960422503}{198^{3k}} \binom{2k}{k+1}\binom{3k}{k} T_k(198,1) = \frac{5335011\sqrt{3}}{20\pi}, \tag{II7$'$}$$

$$\sum_{k=0}^{\infty} \frac{99k+1}{24^{3k}} \binom{2k}{k+1}\binom{3k}{k} T_k(26,729) = \frac{16(289\sqrt{15}-645\sqrt{3})}{15\pi}, \tag{II10$'$}$$

$$\sum_{k=0}^{\infty} \frac{45k+1}{(-5400)^k} \binom{2k}{k+1}\binom{3k}{k} T_k(70,3645) = \frac{345\sqrt{3}-157\sqrt{15}}{6\pi}, \tag{II11$'$}$$

$$\sum_{k=0}^{\infty} \frac{252k-1}{(-13500)^k} \binom{2k}{k+1}\binom{3k}{k} T_k(40,1458) = \frac{25(1212\sqrt{3}-859\sqrt{6})}{24\pi}, \tag{II12$'$}$$

$$\sum_{k=0}^{\infty} \frac{9k+2}{(-675)^k} \binom{2k}{k}\binom{3k}{k} T_k(15,-5) = \frac{7\sqrt{15}}{8\pi}, \tag{II13}$$

$$\sum_{k=0}^{\infty} \frac{45k+31}{(-675)^k} \binom{2k}{k+1}\binom{3k}{k} T_k(15,-5) = -\frac{19\sqrt{15}}{8\pi}, \tag{II13$'$}$$

$$\sum_{k=0}^{\infty} \frac{39k+7}{(-1944)^k} \binom{2k}{k}\binom{3k}{k} T_k(18,-3) = \frac{9\sqrt{3}}{\pi}, \tag{II14}$$

$$\sum_{k=0}^{\infty} \frac{312k+263}{(-1944)^k} \binom{2k}{k+1}\binom{3k}{k} T_k(18,-3) = -\frac{45\sqrt{3}}{2\pi}. \tag{II14$'$}$$

注记10.7. 此猜测发表于[221, 猜想3.2]. 对其中每个级数等式, 作者都有相应的同余式猜想. 例如: 相应于[187, 225]中(II14), 作者猜测对素数 $p > 3$ 有

$$\sum_{k=0}^{p-1} \frac{39k+7}{(-1944)^k} \binom{2k}{k}\binom{3k}{k} T_k(18,-3) \equiv \frac{p}{2}\left(13\left(\frac{p}{3}\right)+1\right) \pmod{p^2},$$

而且

$$\sum_{k=0}^{p-1} \frac{\binom{2k}{k}\binom{3k}{k} T_k(18,-3)}{(-1944)^k}$$

$$\equiv \begin{cases} 4x^2 - 2p \pmod{p^2} & \text{如果 } \left(\frac{-1}{p}\right) = \left(\frac{p}{3}\right) = \left(\frac{p}{7}\right) = 1 \text{ 且 } p = x^2 + 21y^2, \\ 2p - 2x^2 \pmod{p^2} & \text{如果 } \left(\frac{-1}{p}\right) = \left(\frac{p}{3}\right) = -1, \ \left(\frac{p}{7}\right) = 1 \text{ 且 } 2p = x^2 + 21y^2, \\ 12x^2 - 2p \pmod{p^2} & \text{如果 } \left(\frac{-1}{p}\right) = \left(\frac{p}{7}\right) = -1, \ \left(\frac{p}{3}\right) = 1 \text{ 且 } p = 3x^2 + 7y^2, \\ 2p - 6x^2 \pmod{p^2} & \text{如果 } \left(\frac{-1}{p}\right) = 1, \ \left(\frac{p}{3}\right) = \left(\frac{p}{7}\right) = -1 \text{ 且 } 2p = 3x^2 + 7y^2, \\ 0 \pmod{p^2} & \text{如果 } \left(\frac{-21}{p}\right) = -1, \end{cases}$$

其中$x, y \in \mathbb{Z}$.

2011年, 作者提出了13个猜测的下述III型$\frac{1}{\pi}$级数等式(参看[187, 225, (III1)～(III13)]):

$$\sum_{k=0}^{\infty} \frac{85k+2}{66^{2k}} \binom{4k}{2k}\binom{2k}{k} T_k(52,1) = \frac{33\sqrt{33}}{\pi}, \tag{III1}$$

$$\sum_{k=0}^{\infty} \frac{28k+5}{(-96^2)^k} \binom{4k}{2k}\binom{2k}{k} T_k(110,1) = \frac{3\sqrt{6}}{\pi}, \tag{III2}$$

$$\sum_{k=0}^{\infty} \frac{40k+3}{112^{2k}} \binom{4k}{2k}\binom{2k}{k} T_k(98,1) = \frac{70\sqrt{21}}{9\pi}, \tag{III3}$$

$$\sum_{k=0}^{\infty} \frac{80k+9}{264^{2k}} \binom{4k}{2k}\binom{2k}{k} T_k(257,256) = \frac{11\sqrt{66}}{2\pi}, \tag{III4}$$

$$\sum_{k=0}^{\infty} \frac{80k+13}{(-168^2)^k} \binom{4k}{2k}\binom{2k}{k} T_k(7,4096) = \frac{14\sqrt{210}+21\sqrt{42}}{8\pi}, \tag{III5}$$

$$\sum_{k=0}^{\infty} \frac{760k+71}{336^{2k}} \binom{4k}{2k}\binom{2k}{k} T_k(322,1) = \frac{126\sqrt{7}}{\pi}, \tag{III6}$$

$$\sum_{k=0}^{\infty} \frac{10k-1}{336^{2k}} \binom{4k}{2k}\binom{2k}{k} T_k(1442,1) = \frac{7\sqrt{210}}{4\pi}, \tag{III7}$$

$$\sum_{k=0}^{\infty} \frac{770k+69}{912^{2k}} \binom{4k}{2k}\binom{2k}{k} T_k(898,1) = \frac{95\sqrt{114}}{4\pi}, \tag{III8}$$

$$\sum_{k=0}^{\infty} \frac{280k-139}{912^{2k}} \binom{4k}{2k}\binom{2k}{k} T_k(12098,1) = \frac{95\sqrt{399}}{\pi}, \tag{III9}$$

$$\sum_{k=0}^{\infty} \frac{84370k+6011}{10416^{2k}} \binom{4k}{2k}\binom{2k}{k} T_k(10402,1) = \frac{3689\sqrt{434}}{4\pi}, \tag{III10}$$

$$\sum_{k=0}^{\infty} \frac{8840k-50087}{10416^{2k}} \binom{4k}{2k}\binom{2k}{k} T_k(1684802,1) = \frac{7378\sqrt{8463}}{\pi}, \tag{III11}$$

$$\sum_{k=0}^{\infty} \frac{11657240k+732103}{39216^{2k}} \binom{4k}{2k}\binom{2k}{k} T_k(39202,1) = \frac{80883\sqrt{817}}{\pi}, \tag{III12}$$

$$\sum_{k=0}^{\infty} \frac{3080k-58871}{39216^{2k}} \binom{4k}{2k}\binom{2k}{k} T_k(23990402,1) = \frac{17974\sqrt{2451}}{\pi}. \tag{III13}$$

这类猜测被H. H. Chan, J. Wan与W. Zudilin在[18]中所证实.

猜想10.8 (2019年12月). 我们有下述级数等式:

$$\sum_{k=0}^{\infty} \frac{17k+18}{66^{2k}} \binom{2k}{k+1}\binom{4k}{2k} T_k(52,1) = \frac{77\sqrt{33}}{12\pi}, \tag{III1′}$$

$$\sum_{k=0}^{\infty} \frac{4k+3}{(-96^2)^k} \binom{2k}{k+1}\binom{4k}{2k} T_k(110,1) = -\frac{\sqrt{6}}{3\pi}, \tag{III2′}$$

$$\sum_{k=0}^{\infty} \frac{8k+9}{112^{2k}} \binom{2k}{k+1} \binom{4k}{2k} T_k(98,1) = \frac{154\sqrt{21}}{135\pi}, \tag{III3$'$}$$

$$\sum_{k=0}^{\infty} \frac{3568k+4027}{264^{2k}} \binom{2k}{k+1} \binom{4k}{2k} T_k(257,256) = \frac{869\sqrt{66}}{10\pi}, \tag{III4$'$}$$

$$\sum_{k=0}^{\infty} \frac{144k+1}{(-168^2)^k} \binom{2k}{k+1} \binom{4k}{2k} T_k(7,4096) = \frac{7(1745\sqrt{42}-778\sqrt{210})}{120\pi}, \tag{III5$'$}$$

$$\sum_{k=0}^{\infty} \frac{3496k+3709}{336^{2k}} \binom{2k}{k+1} \binom{4k}{2k} T_k(322,1) = \frac{182\sqrt{7}}{\pi}, \tag{III6$'$}$$

$$\sum_{k=0}^{\infty} \frac{286k+229}{336^{2k}} \binom{2k}{k+1} \binom{4k}{2k} T_k(1442,1) = \frac{1113\sqrt{210}}{20\pi}, \tag{III7$'$}$$

$$\sum_{k=0}^{\infty} \frac{8426k+8633}{912^{2k}} \binom{2k}{k+1} \binom{4k}{2k} T_k(898,1) = \frac{703\sqrt{114}}{20\pi}, \tag{III8$'$}$$

$$\sum_{k=0}^{\infty} \frac{1608k+79}{912^{2k}} \binom{2k}{k+1} \binom{4k}{2k} T_k(12098,1) = \frac{67849\sqrt{399}}{105\pi}, \tag{III9$'$}$$

$$\sum_{k=0}^{\infty} \frac{134328722k+134635283}{10416^{2k}} \binom{2k}{k+1} \binom{4k}{2k} T_k(10402,1) = \frac{93961\sqrt{434}}{4\pi}, \tag{III10$'$}$$

与

$$\sum_{k=0}^{\infty} \frac{39600310408k+39624469807}{39216^{2k}} \binom{2k}{k+1} \binom{4k}{2k} T_k(39202,1)$$
$$= \frac{1334161\sqrt{817}}{\pi}. \tag{III12$'$}$$

注记10.8. 此猜测发表于[221, 猜想3.3].

2011年作者提出了21个猜测的下述IV型$\frac{1}{\pi}$级数等式(参看[187, 225, (IV1)-(IV21)]):

$$\sum_{k=0}^{\infty} \frac{26k+5}{(-48^2)^k} \binom{2k}{k}^2 T_{2k}(7,1) = \frac{48}{5\pi}, \tag{IV1}$$

$$\sum_{k=0}^{\infty} \frac{340k+59}{(-480^2)^k} \binom{2k}{k}^2 T_{2k}(62,1) = \frac{120}{\pi}, \tag{IV2}$$

$$\sum_{k=0}^{\infty} \frac{13940k+1559}{(-5760^2)^k} \binom{2k}{k}^2 T_{2k}(322,1) = \frac{4320}{\pi}, \tag{IV3}$$

$$\sum_{k=0}^{\infty} \frac{8k+1}{96^{2k}} \binom{2k}{k}^2 T_{2k}(10,1) = \frac{10\sqrt{2}}{3\pi}, \tag{IV4}$$

$$\sum_{k=0}^{\infty} \frac{10k+1}{240^{2k}} \binom{2k}{k}^2 T_{2k}(38,1) = \frac{15\sqrt{6}}{4\pi}, \tag{IV5}$$

$$\sum_{k=0}^{\infty} \frac{14280k + 899}{39200^{2k}} \binom{2k}{k}^2 T_{2k}(198,1) = \frac{1155\sqrt{6}}{\pi}, \tag{IV6}$$

$$\sum_{k=0}^{\infty} \frac{120k + 13}{320^{2k}} \binom{2k}{k}^2 T_{2k}(18,1) = \frac{12\sqrt{15}}{\pi}, \tag{IV7}$$

$$\sum_{k=0}^{\infty} \frac{21k + 2}{896^{2k}} \binom{2k}{k}^2 T_{2k}(30,1) = \frac{5\sqrt{7}}{2\pi}, \tag{IV8}$$

$$\sum_{k=0}^{\infty} \frac{56k + 3}{24^{4k}} \binom{2k}{k}^2 T_{2k}(110,1) = \frac{30\sqrt{7}}{\pi}, \tag{IV9}$$

$$\sum_{k=0}^{\infty} \frac{56k + 5}{48^{4k}} \binom{2k}{k}^2 T_{2k}(322,1) = \frac{72\sqrt{7}}{5\pi}, \tag{IV10}$$

$$\sum_{k=0}^{\infty} \frac{10k + 1}{2800^{2k}} \binom{2k}{k}^2 T_{2k}(198,1) = \frac{25\sqrt{14}}{24\pi}, \tag{IV11}$$

$$\sum_{k=0}^{\infty} \frac{195k + 14}{10400^{2k}} \binom{2k}{k}^2 T_{2k}(102,1) = \frac{85\sqrt{39}}{12\pi}, \tag{IV12}$$

$$\sum_{k=0}^{\infty} \frac{3230k + 263}{46800^{2k}} \binom{2k}{k}^2 T_{2k}(1298,1) = \frac{675\sqrt{26}}{4\pi}, \tag{IV13}$$

$$\sum_{k=0}^{\infty} \frac{520k - 111}{5616^{2k}} \binom{2k}{k}^2 T_{2k}(1298,1) = \frac{1326\sqrt{3}}{\pi}, \tag{IV14}$$

$$\sum_{k=0}^{\infty} \frac{280k - 149}{20400^{2k}} \binom{2k}{k}^2 T_{2k}(4898,1) = \frac{330\sqrt{51}}{\pi}, \tag{IV15}$$

$$\sum_{k=0}^{\infty} \frac{78k - 1}{28880^{2k}} \binom{2k}{k}^2 T_{2k}(5778,1) = \frac{741\sqrt{10}}{20\pi}, \tag{IV16}$$

$$\sum_{k=0}^{\infty} \frac{57720k + 3967}{439280^{2k}} \binom{2k}{k}^2 T_{2k}(5778,1) = \frac{2890\sqrt{19}}{\pi}, \tag{IV17}$$

$$\sum_{k=0}^{\infty} \frac{1615k - 314}{243360^{2k}} \binom{2k}{k}^2 T_{2k}(54758,1) = \frac{1989\sqrt{95}}{4\pi}, \tag{IV18}$$

$$\sum_{k=0}^{\infty} \frac{34k + 5}{4608^k} \binom{2k}{k}^2 T_{2k}(10,-2) = \frac{12\sqrt{6}}{\pi}, \tag{IV19}$$

$$\sum_{k=0}^{\infty} \frac{130k + 1}{1161216^k} \binom{2k}{k}^2 T_{2k}(238,-14) = \frac{288\sqrt{2}}{\pi}, \tag{IV20}$$

$$\sum_{k=0}^{\infty} \frac{2380k + 299}{(-16629048064)^k} \binom{2k}{k}^2 T_{2k}(9918,-19) = \frac{860\sqrt{7}}{3\pi}. \tag{IV21}$$

这类猜测被J. Wan与W. Zudilin在[238]中所研究.

猜想10.9 (2019年12月). 我们有下述级数等式:

$$\sum_{k=0}^{\infty} \frac{(356k^2 + 288k + 7)\binom{2k}{k}^2 T_{2k}(7,1)}{(k+1)(2k-1)(-48^2)^k} = -\frac{304}{3\pi}, \tag{IV1$'$}$$

$$\sum_{k=0}^{\infty} \frac{(172k^2 + 141k - 1)\binom{2k}{k}^2 T_{2k}(62,1)}{(k+1)(2k-1)(-480^2)^k} = -\frac{80}{3\pi}, \tag{IV2$'$}$$

$$\sum_{k=0}^{\infty} \frac{(782k^2 + 771k + 19)\binom{2k}{k}^2 T_{2k}(322,1)}{(k+1)(2k-1)(-5760^2)^k} = -\frac{90}{\pi}, \tag{IV3$'$}$$

$$\sum_{k=0}^{\infty} \frac{(34k^2 + 45k + 5)\binom{2k}{k}^2 T_{2k}(10,1)}{(k+1)(2k-1)96^{2k}} = -\frac{20\sqrt{2}}{3\pi}, \tag{IV4$'$}$$

$$\sum_{k=0}^{\infty} \frac{(106k^2 + 193k + 27)\binom{2k}{k}^2 T_{2k}(38,1)}{(k+1)(2k-1)240^{2k}} = -\frac{10\sqrt{6}}{\pi}, \tag{IV5$'$}$$

$$\sum_{k=0}^{\infty} \frac{(214166k^2 + 221463k + 7227)\binom{2k}{k}^2 T_{2k}(198,1)}{(k+1)(2k-1)39200^{2k}} = -\frac{9240\sqrt{6}}{\pi}, \tag{IV6$'$}$$

$$\sum_{k=0}^{\infty} \frac{(112k^2 + 126k + 9)\binom{2k}{k}^2 T_{2k}(18,1)}{(k+1)(2k-1)320^{2k}} = -\frac{6\sqrt{15}}{\pi}, \tag{IV7$'$}$$

$$\sum_{k=0}^{\infty} \frac{(926k^2 + 995k + 55)\binom{2k}{k}^2 T_{2k}(30,1)}{(k+1)(2k-1)896^{2k}} = -\frac{60\sqrt{7}}{\pi}, \tag{IV8$'$}$$

$$\sum_{k=0}^{\infty} \frac{(1136k^2 + 2962k + 503)\binom{2k}{k}^2 T_{2k}(110,1)}{(k+1)(2k-1)24^{4k}} = -\frac{90\sqrt{7}}{\pi}, \tag{IV9$'$}$$

$$\sum_{k=0}^{\infty} \frac{(5488k^2 + 8414k + 901)\binom{2k}{k}^2 T_{2k}(322,1)}{(k+1)(2k-1)48^{4k}} = -\frac{294\sqrt{7}}{\pi}, \tag{IV10$'$}$$

$$\sum_{k=0}^{\infty} \frac{(170k^2 + 193k + 11)\binom{2k}{k}^2 T_{2k}(198,1)}{(k+1)(2k-1)2800^{2k}} = -\frac{6\sqrt{14}}{\pi}, \tag{IV11$'$}$$

$$\sum_{k=0}^{\infty} \frac{(104386k^2 + 108613k + 4097)\binom{2k}{k}^2 T_{2k}(102,1)}{(k+1)(2k-1)10400^{2k}} = -\frac{2040\sqrt{39}}{\pi}, \tag{IV12$'$}$$

$$\sum_{k=0}^{\infty} \frac{(7880k^2 + 8217k + 259)\binom{2k}{k}^2 T_{2k}(1298,1)}{(k+1)(2k-1)46800^{2k}} = -\frac{144\sqrt{26}}{\pi}, \tag{IV13$'$}$$

$$\sum_{k=0}^{\infty} \frac{(6152k^2 + 45391k + 9989)\binom{2k}{k}^2 T_{2k}(1298,1)}{(k+1)(2k-1)5616^{2k}} = -\frac{663\sqrt{3}}{\pi}, \tag{IV14$'$}$$

$$\sum_{k=0}^{\infty} \frac{(147178k^2 + 2018049k + 471431)\binom{2k}{k}^2 T_{2k}(4898,1)}{(k+1)(2k-1)20400^{2k}} = -3740\frac{\sqrt{51}}{\pi}, \tag{IV15$'$}$$

$$\sum_{k=0}^{\infty} \frac{(1979224k^2 + 5771627k + 991993)\binom{2k}{k}^2 T_{2k}(5778,1)}{(k+1)(2k-1)28880^{2k}} = -73872\frac{\sqrt{10}}{\pi}, \tag{IV16$'$}$$

$$\sum_{k=0}^{\infty} \frac{(233656k^2 + 239993k + 5827)\binom{2k}{k}^2 T_{2k}(5778,1)}{(k+1)(2k-1)439280^{2k}} = -4080\frac{\sqrt{19}}{\pi}, \tag{IV17$'$}$$

$$\sum_{k=0}^{\infty} \frac{(5890798k^2 + 32372979k + 6727511)\binom{2k}{k}^2 T_{2k}(54758,1)}{(k+1)(2k-1)243360^{2k}} = -600704\frac{\sqrt{95}}{9\pi}, \tag{IV18$'$}$$

$$\sum_{k=0}^{\infty} \frac{(148k^2 + 272k + 43)\binom{2k}{k}^2 T_{2k}(10,-2)}{(k+1)(2k-1)4608^{k}} = -28\frac{\sqrt{6}}{\pi}, \tag{IV19$'$}$$

$$\sum_{k=0}^{\infty} \frac{(3332k^2 + 17056k + 3599)\binom{2k}{k}^2 T_{2k}(238,-14)}{(k+1)(2k-1)1161216^{k}} = -744\frac{\sqrt{2}}{\pi}, \tag{IV20$'$}$$

$$\sum_{k=0}^{\infty} \frac{(11511872k^2 + 10794676k + 72929)\binom{2k}{k}^2 T_{2k}(9918,-19)}{(k+1)(2k-1)(-16629048064)^{k}} = -390354\frac{\sqrt{7}}{\pi}. \tag{IV21$'$}$$

注记10.9. 此猜测发表于[221, 猜想3.4].

猜想10.10 (2021年2月). *我们有级数等式*

$$\sum_{k=0}^{\infty} \frac{23k^2 + 39k + 6}{(k+1)(2k-1)15000^{k}} \binom{2k}{k}^2 T_{2k}(18,6) = -\frac{15}{2\pi},$$

$$\sum_{k=0}^{\infty} \frac{6791k^2 + 33919k + 7136}{(k+1)(2k-1)167042^{k}} \binom{2k}{k}^2 T_{2k}(90,2) = -\frac{3927}{2\pi}.$$

注记10.10. 与此猜想相关联的是J. Wan与W. Zudilin在[238]中研究作者2011年提出的IV型$\frac{1}{\pi}$级数时发现的下述两个作者遗漏的等式:

$$\sum_{k=0}^{\infty} \frac{15k + 2}{15000^{k}} \binom{2k}{k}^2 T_{2k}(18,6) = \frac{15}{\pi}, \quad \sum_{k=0}^{\infty} \frac{k}{167042^{k}} \binom{2k}{k}^2 T_{2k}(90,2) = \frac{68}{21\pi}.$$

2011年, 作者猜测的下述V型$\frac{1}{\pi}$级数等式(参看[187, 225, (V1)])

$$\sum_{k=0}^{\infty} \frac{1638k + 277}{(-240)^{3k}} \binom{2k}{k} \binom{3k}{k} T_{3k}(62,1) = \frac{44\sqrt{105}}{\pi}. \tag{V1}$$

被J. Wan与W. Zudilin在[238]中所研究.

下面三个猜想涉及作者提出的VI型$\frac{1}{\pi}$级数等式.

猜想10.11 (2011年10月2日). (i) *我们有级数等式*

$$\sum_{k=0}^{\infty} \frac{66k + 17}{(2^{11}3^3)^{k}} T_k(10,11^2)^3 = \frac{540\sqrt{2}}{11\pi}. \tag{VI1}$$

(ii) 对任何$n \in \mathbb{Z}_+$有

$$\frac{1}{n}\sum_{k=0}^{n-1}(66k+17)(2^{11}3^3)^{n-1-k}T_k(10,11^2)^3 \in \mathbb{Z}_+.$$

(iii) 设$p > 3$为素数,则

$$\sum_{k=0}^{p-1}\frac{66k+17}{(2^{11}3^3)^k}T_k(10,11^2)^3 \equiv \frac{p}{11}\left(195\left(\frac{-2}{p}\right) - 8\left(\frac{-6}{p}\right)\right) \pmod{p^2}.$$

如果还有$p \equiv \pm 1 \pmod{12}$, 则对任何$n \in \mathbb{Z}_+$有

$$\frac{1}{(pn)^2}\left(\sum_{k=0}^{pn-1}\frac{66k+17}{(2^{11}3^3)^k}T_k(10,11^2)^3 - p\left(\frac{-2}{p}\right)\sum_{k=0}^{n-1}\frac{66k+17}{(2^{11}3^3)^k}T_k(10,11^2)^3\right) \in \mathbb{Z}_p.$$

(iv) 设$p > 3$为素数, 则

$$\sum_{k=0}^{p-1}\frac{T_k(10,11^2)^3}{(2^{11}3^3)^k} \equiv \begin{cases} (\frac{2}{p})(4x^2 - 2p) \pmod{p^2} & \text{如果}p \equiv 1 \pmod 3 \text{且}p = x^2 + 3y^2 \, (x, y \in \mathbb{Z}), \\ 0 \pmod{p^2} & \text{如果}p \equiv 2 \pmod 3. \end{cases}$$

注记10.11. 此猜测第一部分发表于[187, 猜想VI], 第二部分出现于[213, 猜想75(ii)], 第三部分前一断言与第四部分发表于[187, 注记5.6], 第三部分后一断言可见[221, 猜想3.5].

猜想10.12 (2011年10月1日). (i) 我们有级数等式

$$\sum_{k=0}^{\infty}\frac{126k+31}{(-80)^{3k}}T_k(22,21^2)^3 = \frac{880\sqrt{5}}{21\pi}. \tag{VI2}$$

(ii) 对任何$n \in \mathbb{Z}_+$有

$$\frac{(-1)^{n-1}}{n}\sum_{k=0}^{n-1}(126k+31)(-80)^{3(n-1-k)}T_k(22,21^2)^3 \in \mathbb{Z}_+.$$

(iii) 设奇素数p不等于5, 则对任何$n \in \mathbb{Z}_+$有

$$\frac{1}{(pn)^2}\left(\sum_{k=0}^{pn-1}\frac{126k+31}{(-80)^{3k}}T_k(22,21^2)^3 - p\left(\frac{-5}{p}\right)\sum_{k=0}^{n-1}\frac{126k+31}{(-80)^{3k}}T_k(22,21^2)^3\right) \in \mathbb{Z}_p.$$

(iv) 设$p > 5$为素数, 则

$$\left(\frac{-1}{p}\right)\sum_{k=0}^{p-1}\frac{T_k(22,21^2)^3}{(-80)^{3k}}$$

$$\equiv \begin{cases} 4x^2 - 2p \pmod{p^2} & \text{如果 } p \equiv 1, 4 \pmod{15} \text{ 且 } p = x^2 + 15y^2 \, (x, y \in \mathbb{Z}), \\ 2p - 12x^2 \pmod{p^2} & \text{如果 } p \equiv 2, 8 \pmod{15} \text{ 且 } p = 3x^2 + 5y^2 \, (x, y \in \mathbb{Z}), \\ 0 \pmod{p^2} & \text{如果 } (\frac{p}{15}) = -1, \text{ 即 } p \equiv 7, 11, 13, 14 \pmod{15}. \end{cases}$$

注记10.12. 此猜测第一部分发表于[187, 猜想VI], 第二部分与第四部分出现于[213, 猜想75], 第三部分可见[221, 猜想3.5].

猜想10.13 (2011年10月1日). (i) 我们有级数等式

$$\sum_{k=0}^{\infty} \frac{3990k + 1147}{(-288)^{3k}} T_k(62, 95^2)^3 = \frac{432}{95\pi}(195\sqrt{14} + 94\sqrt{2}).\tag{VI3}$$

(ii) 对任何 $n \in \mathbb{Z}_+$ 有

$$\frac{(-1)^{n-1}}{n} \sum_{k=0}^{n-1} (3990k + 1147)(-288)^{3(n-1-k)} T_k(62, 95^2)^3 \in \mathbb{Z}_+.$$

(iii) 设 $p > 3$ 为素数, 则

$$\sum_{k=0}^{p-1} \frac{3990k + 1147}{(-288)^{3k}} T_k(62, 95^2)^3 \equiv \frac{p}{19}\left(17563\left(\frac{-14}{p}\right) + 4230\left(\frac{-2}{p}\right) \right) \pmod{p^2}.$$

如果还有 $\left(\frac{7}{p}\right) = 1$, 则

$$\frac{1}{(pn)^2}\left(\sum_{k=0}^{pn-1} \frac{3990k + 1147}{(-288)^{3k}} T_k(62, 95^2)^3 - p\left(\frac{-2}{p}\right) \sum_{k=0}^{n-1} \frac{3990k + 1147}{(-288)^{3k}} T_k(62, 95^2)^3 \right) \in \mathbb{Z}_p.$$

(iv) 设 $p > 3$ 为素数且 $p \neq 7$, 则

$$\sum_{k=0}^{p-1} \frac{T_k(62, 95^2)^3}{(-288)^{3k}} \equiv \begin{cases} \left(\frac{-2}{p}\right)(4x^2 - 2p) \pmod{p^2} & \text{如果 } \left(\frac{p}{7}\right) = 1 \text{且} p = x^2 + 7y^2 \ (x, y \in \mathbb{Z}), \\ 0 \pmod{p^2} & \text{如果 } \left(\frac{p}{7}\right) = -1. \end{cases}$$

注记10.13. 此猜测第一部分发表于[187, 猜想VI], 第二部分出现于[213, 猜想75(ii)], 第三部分前一断言与第四部分发表于[187, 注记5.6], 第三部分后一断言可见[221, 猜想3.5].

2011年, 作者猜测的VII型 $\frac{1}{\pi}$ 级数等式(参看[187, 225, (VII1~VII7)])中下述五个被W. Zudilin 在[265]中所证明:

$$\sum_{k=0}^{\infty} \frac{221k + 28}{450^k} \binom{2k}{k} T_k(6, 2)^2 = \frac{2700}{7\pi},\tag{VII1}$$

$$\sum_{k=0}^{\infty} \frac{560k + 71}{22^{2k}} \binom{2k}{k} T_k(5, 1)^2 = \frac{605\sqrt{7}}{3\pi},\tag{VII3}$$

$$\sum_{k=0}^{\infty} \frac{3696k + 445}{46^{2k}} \binom{2k}{k} T_k(7, 1)^2 = \frac{1587\sqrt{7}}{2\pi},\tag{VII4}$$

$$\sum_{k=0}^{\infty} \frac{56k + 19}{(-108)^k} \binom{2k}{k} T_k(3, -3)^2 = \frac{9\sqrt{7}}{\pi},\tag{VII5}$$

$$\sum_{k=0}^{\infty} \frac{450296k + 53323}{(-5177196)^k} \binom{2k}{k} T_k(171, -171)^2 = \frac{113535\sqrt{7}}{2\pi}.\tag{VII6}$$

猜想10.14 (2011年10月3日). (i) 我们有级数等式

$$\sum_{k=0}^{\infty} \frac{24k+5}{28^{2k}} \binom{2k}{k} T_k(4,9)^2 = \frac{49}{9\pi}(\sqrt{3}+\sqrt{6}).$$ (VII2)

(ii) 对任何 $n \in \mathbb{Z}_+$ 有

$$n\binom{2n-1}{n-1} \,\Big|\, \sum_{k=0}^{n-1}(24k+5)28^{2(n-1-k)}\binom{2k}{k}T_k(4,9)^2.$$

(iii) 设 $p \neq 7$ 为奇素数, 则

$$\sum_{k=0}^{p-1} \frac{24k+5}{28^{2k}}\binom{2k}{k}T_k(4,9)^2 \equiv p\left(\frac{-6}{p}\right)\left(4+\left(\frac{2}{p}\right)\right) \pmod{p^2}.$$

如果还有 $p \equiv \pm 1 \pmod 8$, 则

$$\frac{1}{(pn)^2}\left(\sum_{k=0}^{pn-1}\frac{24k+5}{28^{2k}}\binom{2k}{k}T_k(4,9)^2 - p\left(\frac{p}{3}\right)\sum_{k=0}^{n-1}\frac{24k+5}{28^{2k}}\binom{2k}{k}T_k(4,9)^2\right) \in \mathbb{Z}_p.$$

(iv) 任给素数 $p > 7$, 我们有

$$\sum_{k=0}^{p-1}\binom{2k}{k}\frac{T_k(4,9)^2}{28^{2k}}$$

$$\equiv \begin{cases} 4x^2 - 2p\,(\text{mod }p^2) & \text{如果 } \left(\frac{2}{p}\right)=\left(\frac{p}{3}\right)=\left(\frac{p}{5}\right)=1,\, p=x^2+30y^2, \\ 12x^2 - 2p\,(\text{mod }p^2) & \text{如果 } \left(\frac{p}{3}\right)=1, \left(\frac{2}{p}\right)=\left(\frac{p}{5}\right)=-1,\, p=3x^2+10y^2, \\ 2p - 8x^2\,(\text{mod }p^2) & \text{如果 } \left(\frac{2}{p}\right)=1, \left(\frac{p}{3}\right)=\left(\frac{p}{5}\right)=-1,\, p=2x^2+15y^2, \\ 20x^2 - 2p\,(\text{mod }p^2) & \text{如果 } \left(\frac{p}{5}\right)=1, \left(\frac{2}{p}\right)=\left(\frac{p}{3}\right)=-1,\, p=5x^2+6y^2, \\ 0\,(\text{mod }p^2) & \text{如果 } \left(\frac{-30}{p}\right)=-1, \end{cases}$$

其中 $x,y \in \mathbb{Z}$.

注记10.14. 此猜测第一部分发表于[187, 猜想VII], 第二部分出现于[213, 注记74], 第三部分前一断言与第四部分发表于[187, 猜想4.18(i)], 第三部分后一断言可见[221, 猜想3.5].

猜想10.15 (2011年10月13日). (i) 我们有级数等式

$$\sum_{k=0}^{p-1}\frac{2800512k+435257}{434^{2k}}\binom{2k}{k}T_k(73,576)^2 = \frac{10406669}{2\sqrt{6}\,\pi}.$$ (VII7)

(ii) $n \in \mathbb{Z}_+$ 时,

$$\frac{1}{n\binom{2n-1}{n-1}}\sum_{k=0}^{n-1}(2800512k+435257)434^{2(n-1-k)}\binom{2k}{k}T_k(73,576)^2$$

总为奇数.

(iii) 设p为奇素数且$p \neq 7, 31$, 则

$$\sum_{k=0}^{p-1} \frac{2800512k + 435257}{434^{2k}} \binom{2k}{k} T_k(73, 576)^2 \equiv p\left(466752\left(\frac{-6}{p}\right) - 31495\right) \pmod{p^2}.$$

如果还有$\left(\frac{-6}{p}\right) = 1$, 则$n \in \mathbb{Z}_+$时

$$\sum_{k=0}^{pn-1} \frac{2800512k + 435257}{434^{2k}} \binom{2k}{k} T_k(73, 576)^2 - p\sum_{k=0}^{n-1} \frac{2800512k + 435257}{434^{2k}} \binom{2k}{k} T_k(73, 576)^2$$

除以$(pn)^2$总为p-adic整数.

(iv) 设$p > 3$为素数且$p \neq 7, 11, 17, 31$, 则

$$\sum_{k=0}^{p-1} \frac{\binom{2k}{k} T_k(73, 576)^2}{434^{2k}}$$

$$\equiv \begin{cases} 4x^2 - 2p \,(\text{mod } p^2) & \text{如果 } \left(\frac{2}{p}\right) = \left(\frac{p}{3}\right) = \left(\frac{p}{17}\right) = 1, \ p = x^2 + 102y^2, \\ 8x^2 - 2p \,(\text{mod } p^2) & \text{如果 } \left(\frac{p}{17}\right) = 1, \left(\frac{2}{p}\right) = \left(\frac{p}{3}\right) = -1, \ p = 2x^2 + 51y^2, \\ 12x^2 - 2p \,(\text{mod } p^2) & \text{如果 } \left(\frac{p}{3}\right) = 1, \left(\frac{2}{p}\right) = \left(\frac{p}{17}\right) = -1, \ p = 3x^2 + 34y^2, \\ 24x^2 - 2p \,(\text{mod } p^2) & \text{如果 } \left(\frac{2}{p}\right) = 1, \left(\frac{p}{3}\right) = \left(\frac{p}{17}\right) = -1, \ p = 6x^2 + 17y^2, \\ 0 \,(\text{mod } p^2) & \text{如果 } \left(\frac{-102}{p}\right) = -1, \end{cases}$$

其中$x, y \in \mathbb{Z}$.

注记10.15. 此猜测第一部分发表于[187, 猜想VII], 第二部分与第三部分前一断言出现于[213, 猜想74(ii)], 第三部分后一断言可见[221, 猜想3.5], 第四部分发表于[187, 猜想4.20].

下面四个猜想涉及作者提出的VIII型$\frac{1}{\pi}$级数等式.

猜想10.16 (2019年11月3日). (i) 我们有级数等式

$$\sum_{k=0}^{\infty} \frac{40k + 13}{(-50)^k} T_k(4, 1) T_k(1, -1)^2 = \frac{55\sqrt{15}}{9\pi}. \tag{VIII1}$$

(ii) 对任何$n \in \mathbb{Z}_+$有

$$\frac{1}{n}\sum_{k=0}^{n-1}(40k + 13)(-1)^k 50^{n-1-k} T_k(4, 1) T_k(1, -1)^2 \in \mathbb{Z}_+,$$

而且此数为奇数当且仅当n为2的幂次(即$n \in \{2^a : a \in \mathbb{N}\}$).

(iii) 设奇素数p不等于5, 则

$$\sum_{k=0}^{p-1} \frac{40k + 13}{(-50)^k} T_k(4, 1) T_k(1, -1)^2 \equiv \frac{p}{3}\left(12 + 5\left(\frac{3}{p}\right) + 22\left(\frac{-15}{p}\right)\right) \pmod{p^2}.$$

209

如果还有 $(\frac{3}{p}) = (\frac{-5}{p}) = 1$, 则对任何 $n \in \mathbb{Z}_+$ 有

$$\frac{1}{(pn)^2}\left(\sum_{k=0}^{pn-1}\frac{40k+13}{(-50)^k}T_k(4,1)T_k(1,-1)^2 - p\sum_{k=0}^{n-1}\frac{40k+13}{(-50)^k}T_k(4,1)T_k(1,-1)^2\right) \in \mathbb{Z}_p.$$

(iv) 设奇素数 p 不等于 5, 则

$$\sum_{k=0}^{p-1}\frac{T_k(4,1)T_k(1,-1)^2}{(-50)^k}$$

$$\equiv \begin{cases} 4x^2 - 2p \pmod{p^2} & \text{如果 } p \equiv 1,9 \pmod{20} \text{ 且 } p = x^2 + 5y^2 \ (x,y \in \mathbb{Z}), \\ 2x^2 - 2p \pmod{p^2} & \text{如果 } p \equiv 3,7 \pmod{20} \text{ 且 } 2p = x^2 + 5y^2 \ (x,y \in \mathbb{Z}), \\ 0 \pmod{p^2} & \text{如果 } (\frac{-5}{p}) = -1. \end{cases}$$

注记10.16. 此猜测发表于[221, 猜想3.6-3.7].

猜想10.17 (2019年11月4日). (i) 我们有级数等式

$$\sum_{k=0}^{\infty}\frac{1435k+113}{3240^k}T_k(7,1)T_k(10,10)^2 = \frac{1452\sqrt{5}}{\pi}. \tag{VIII2}$$

(ii) 对任何 $n \in \mathbb{Z}_+$ 有

$$\frac{1}{n10^{n-1}}\sum_{k=0}^{n-1}(1435k+113)3240^{n-1-k}T_k(7,1)T_k(10,10)^2 \in \mathbb{Z}_+.$$

(iii) 设 $p > 3$ 为素数, 则

$$\sum_{k=0}^{p-1}\frac{1435k+113}{3240^k}T_k(7,1)T_k(10,10)^2 \equiv \frac{p}{9}\left(2420\left(\frac{-5}{p}\right) + 105\left(\frac{5}{p}\right) - 1508\right) \pmod{p^2}.$$

对于素数 $p \equiv 1,9 \pmod{20}$ 及正整数 n, 还有

$$\frac{1}{(pn)^2}\left(\sum_{k=0}^{pn-1}\frac{1435k+113}{3240^k}T_k(7,1)T_k(10,10)^2 - p\sum_{k=0}^{n-1}\frac{1435k+113}{3240^k}T_k(7,1)T_k(10,10)^2\right) \in \mathbb{Z}_p.$$

(iv) 对于素数 $p > 5$, 我们有

$$\sum_{k=0}^{p-1}\frac{T_k(7,1)T_k(10,10)^2}{3240^k}$$

$$\equiv \begin{cases} 4x^2 - 2p \pmod{p^2} & \text{如果 } p \equiv 1,4 \pmod{15} \text{ 且 } p = x^2 + 15y^2 \ (x,y \in \mathbb{Z}), \\ 12x^2 - 2p \pmod{p^2} & \text{如果 } p \equiv 2,8 \pmod{15} \text{ 且 } 3p = 3x^2 + 5y^2 \ (x,y \in \mathbb{Z}), \\ 0 \pmod{p^2} & \text{如果 } (\frac{-15}{p}) = -1. \end{cases}$$

注记10.17. 此猜想第一条与后三条分别出现于[221]中的猜想3.6与猜想3.9.

猜想10.18 (2019年11月4日). (i) 我们有级数等式

$$\sum_{k=0}^{\infty} \frac{840k+197}{(-2430)^k} T_k(8,1) T_k(5,-5)^2 = \frac{189\sqrt{15}}{2\pi}. \tag{VIII3}$$

.

(ii) 对任何 $n \in \mathbb{Z}_+$ 有

$$\frac{1}{n5^{n-1}} \sum_{k=0}^{n-1} (840k+197)(-1)^k 2430^{n-1-k} T_k(8,1) T_k(5,-5)^2 \in \mathbb{Z}_+.$$

(iii) 设 $p > 3$ 为素数, 则

$$\sum_{k=0}^{p-1} \frac{840k+197}{(-2430)^k} T_k(8,1) T_k(5,-5)^2 \equiv p\left(140\left(\frac{-15}{p}\right) + 5\left(\frac{15}{p}\right) + 52 \right) \pmod{p^2}.$$

如果还有 $\left(\frac{-1}{p}\right) = \left(\frac{15}{p}\right) = 1$, 则对任何 $n \in \mathbb{Z}_+$ 有

$$\frac{1}{(pn)^2} \left(\sum_{k=0}^{pn-1} \frac{840k+197}{(-2430)^k} T_k(8,1) T_k(5,-5)^2 - p \sum_{k=0}^{n-1} \frac{840k+197}{(-2430)^k} T_k(8,1) T_k(5,-5)^2 \right) \in \mathbb{Z}_p.$$

(iv) 设 $p > 7$ 为素数, 则

$$\sum_{k=0}^{p-1} \frac{T_k(8,1) T_k(5,-5)^2}{(-2430)^k}$$

$$\equiv \begin{cases} 4x^2 - 2p \pmod{p^2} & \text{如果 } \left(\frac{-1}{p}\right) = \left(\frac{p}{3}\right) = \left(\frac{p}{5}\right) = \left(\frac{p}{7}\right) = 1, \ p = x^2 + 105y^2, \\ 2x^2 - 2p \pmod{p^2} & \text{如果 } \left(\frac{-1}{p}\right) = \left(\frac{p}{7}\right) = 1, \ \left(\frac{p}{3}\right) = \left(\frac{p}{5}\right) = -1, \ 2p = x^2 + 105y^2, \\ 12x^2 - 2p \pmod{p^2} & \text{如果 } \left(\frac{-1}{p}\right) = \left(\frac{p}{3}\right) = \left(\frac{p}{5}\right) = \left(\frac{p}{7}\right) = -1, \ p = 3x^2 + 35y^2, \\ 6x^2 - 2p \pmod{p^2} & \text{如果 } \left(\frac{-1}{p}\right) = \left(\frac{p}{7}\right) = -1, \ \left(\frac{p}{3}\right) = \left(\frac{p}{5}\right) = 1, \ 2p = 3x^2 + 35y^2, \\ 2p - 20x^2 \pmod{p^2} & \text{如果 } \left(\frac{-1}{p}\right) = \left(\frac{p}{5}\right) = 1, \ \left(\frac{p}{5}\right) = \left(\frac{p}{7}\right) = -1, \ p = 5x^2 + 21y^2, \\ 2p - 10x^2 \pmod{p^2} & \text{如果 } \left(\frac{-1}{p}\right) = \left(\frac{p}{3}\right) = 1, \ \left(\frac{p}{5}\right) = \left(\frac{p}{7}\right) = -1, \ 2p = 5x^2 + 21y^2, \\ 28x^2 - 2p \pmod{p^2} & \text{如果 } \left(\frac{-1}{p}\right) = \left(\frac{p}{5}\right) = -1, \ \left(\frac{p}{3}\right) = \left(\frac{p}{7}\right) = 1, \ p = 7x^2 + 15y^2, \\ 14x^2 - 2p \pmod{p^2} & \text{如果 } \left(\frac{-1}{p}\right) = \left(\frac{p}{3}\right) = -1, \ \left(\frac{p}{5}\right) = \left(\frac{p}{7}\right) = 1, \ 2p = 7x^2 + 15y^2, \\ 0 \pmod{p^2} & \text{如果 } \left(\frac{-105}{p}\right) = -1, \end{cases}$$

其中 $x, y \in \mathbb{Z}$.

注记10.18. 此猜测第一条与后三条分别可见[221]中猜想3.6与猜想3.11. 注意虚二次域 $\mathbb{Q}(\sqrt{-105})$ 类数为8.

猜想10.19 (2019年11月4日). (i) 我们有级数等式

$$\sum_{k=0}^{\infty} \frac{39480k + 7321}{(-29700)^k} T_k(14,1) T_k(11,-11)^2 = \frac{6795\sqrt{5}}{\pi}. \tag{VIII4}$$

.

(ii) 对任何 $n \in \mathbb{Z}_+$ 有

$$\frac{1}{n} \sum_{k=0}^{n-1} (39480k + 7321)(-1)^k 29700^{n-1-k} T_k(14,1) T_k(11,-11)^2 \in \mathbb{Z}_+,$$

而且此数为奇数当且仅当 n 为2的幂次.

(iii) 设 $p > 5$ 为素数, 则

$$\sum_{k=0}^{p-1} \frac{39480k + 7321}{(-29700)^k} T_k(14,1) T_k(11,-11)^2 \equiv p\left(5738\left(\frac{-5}{p}\right) + 70\left(\frac{3}{p}\right) + 1513\right) \pmod{p^2}.$$

如果还有 $\left(\frac{3}{p}\right) = \left(\frac{-5}{p}\right) = 1$, 则

$$\sum_{k=0}^{pn-1} \frac{39480k + 7321}{(-29700)^k} T_k(14,1) T_k(11,-11)^2 - p \sum_{k=0}^{n-1} \frac{39480k + 7321}{(-29700)^k} T_k(14,1) T_k(11,-11)^2$$

除以 $(pn)^2$ 为 p-adic 整数.

(iv) 设 $p > 5$ 为素数且 $p \neq 11$, 则

$$\sum_{k=0}^{p-1} \frac{T_k(14,1) T_k(11,-11)^2}{(-29700)^k}$$

$$\equiv \begin{cases} 4x^2 - 2p \pmod{p^2} & \text{如果 } \left(\frac{-1}{p}\right) = \left(\frac{p}{3}\right) = \left(\frac{p}{5}\right) = \left(\frac{p}{11}\right) = 1, \ p = x^2 + 165y^2, \\ 2x^2 - 2p \pmod{p^2} & \text{如果 } \left(\frac{-1}{p}\right) = \left(\frac{p}{3}\right) = \left(\frac{p}{5}\right) = \left(\frac{p}{11}\right) = -1, \ 2p = x^2 + 165y^2, \\ 12x^2 - 2p \pmod{p^2} & \text{如果 } \left(\frac{-1}{p}\right) = \left(\frac{p}{5}\right) = -1, \ \left(\frac{p}{3}\right) = \left(\frac{p}{11}\right) = 1, \ p = 3x^2 + 55y^2, \\ 6x^2 - 2p \pmod{p^2} & \text{如果 } \left(\frac{-1}{p}\right) = \left(\frac{p}{5}\right) = 1, \ \left(\frac{p}{3}\right) = \left(\frac{p}{11}\right) = -1, \ 2p = 3x^2 + 55y^2, \\ 2p - 20x^2 \pmod{p^2} & \text{如果 } \left(\frac{-1}{p}\right) = \left(\frac{p}{11}\right) = 1, \ \left(\frac{p}{3}\right) = \left(\frac{p}{5}\right) = -1, \ p = 5x^2 + 33y^2, \\ 2p - 10x^2 \pmod{p^2} & \text{如果 } \left(\frac{-1}{p}\right) = \left(\frac{p}{11}\right) = -1, \ \left(\frac{p}{3}\right) = \left(\frac{p}{5}\right) = 1, \ 2p = 5x^2 + 33y^2, \\ 44x^2 - 2p \pmod{p^2} & \text{如果 } \left(\frac{-1}{p}\right) = \left(\frac{p}{3}\right) = -1, \ \left(\frac{p}{5}\right) = \left(\frac{p}{11}\right) = 1, \ p = 11x^2 + 15y^2, \\ 22x^2 - 2p \pmod{p^2} & \text{如果 } \left(\frac{-1}{p}\right) = \left(\frac{p}{3}\right) = 1, \ \left(\frac{p}{5}\right) = \left(\frac{p}{11}\right) = -1, \ 2p = 11x^2 + 15y^2, \\ 0 \pmod{p^2} & \text{如果 } \left(\frac{-165}{p}\right) = -1, \end{cases}$$

其中 $x, y \in \mathbb{Z}$.

注记10.19. 此猜测第一条与后三条分别出现于[221]中猜想3.6与猜想3.12. 注意虚二次域 $\mathbb{Q}(\sqrt{-165})$ 类数为8.

下面两个猜想涉及作者提出的IX型$\frac{1}{\pi}$级数等式.

猜想10.20 (2020年8月7日). (i) 我们有级数等式

$$\sum_{k=0}^{\infty} \frac{4290k+367}{3136^k} \binom{2k}{k} T_k(14,1) T_k(17,16) = \frac{5390}{\pi}. \tag{IX1}$$

(ii) 对任何整数$n>1$有

$$n \binom{2n}{n} \ \Bigg| \ \sum_{k=0}^{n-1} (4290k+367) 3136^{n-1-k} \binom{2k}{k} T_k(14,1) T_k(17,16).$$

(iii) 设奇素数$p \neq 7$, 则

$$\sum_{k=0}^{p-1} \frac{4290k+367}{3136^k} T_k(14,1) T_k(17,16) \equiv \frac{p}{2} \left(1430 \left(\frac{-1}{p} \right) + 39 \left(\frac{3}{p} \right) - 735 \right) \pmod{p^2}.$$

如果还有$p \equiv 1 \pmod{12}$, 则

$$\sum_{k=0}^{pn-1} \frac{4290k+367}{3136^k} T_k(14,1) T_k(17,16) - p \sum_{k=0}^{n-1} \frac{4290k+367}{3136^k} T_k(14,1) T_k(17,16)$$

除以$(pn)^2$为p-adic整数.

(iv) 设$p>7$为素数, 则

$$\sum_{k=0}^{p-1} \frac{\binom{2k}{k} T_k(14,1) T_k(17,16)}{3136^k}$$

$$\equiv \begin{cases} \left(\frac{-1}{p} \right)(4x^2 - 2p) \pmod{p^2} & \text{如果 } p \equiv 1,4 \pmod{15} \text{ 且 } p = x^2 + 15y^2 \ (x,y \in \mathbb{Z}), \\ \left(\frac{-1}{p} \right)(2p - 12x^2) \pmod{p^2} & \text{如果 } p \equiv 2,8 \pmod{15} \text{ 且 } p = 3x^2 + 5y^2 \ (x,y \in \mathbb{Z}), \\ 0 \pmod{p^2} & \text{如果 } \left(\frac{-15}{p} \right) = -1. \end{cases}$$

注记10.20. 此猜测首次公开发表于OEIS条目A336981.

猜想10.21 (2020年8月7日). (i) 我们有级数等式

$$\sum_{k=0}^{\infty} \frac{540k+137}{3136^k} \binom{2k}{k} T_k(2,81) T_k(14,81) = \frac{98}{3\pi}(10 + 7\sqrt{5}). \tag{IX2}$$

(ii) 对任何整数$n>1$有

$$\frac{1}{2n\binom{2n}{n}} \sum_{k=0}^{n-1} (540k+137) 3136^{n-1-k} \binom{2n}{n} T_k(2,81) T_k(14,81) \in \mathbb{Z}_+,$$

而且它为奇数当且仅当$n \in \{2^a + 1: a \in \mathbb{N}\}$.

(iii) 设奇素数p不等于7, 则

$$\sum_{k=0}^{p-1} \frac{540k+137}{3136^k}\binom{2k}{k}T_k(2,81)T_k(14,81)$$

$$\equiv \frac{p}{3}\left(270\left(\frac{-1}{p}\right) - 104\left(\frac{-2}{p}\right) + 245\left(\frac{-5}{p}\right)\right) \pmod{p^2}.$$

如果还有$p \equiv \pm 1, \pm 9 \pmod{40}$, 则

$$\sum_{k=0}^{pn-1} \frac{540k+137}{3136^k}\binom{2k}{k}T_k(2,81)T_k(14,81) - p\left(\frac{-1}{p}\right)\sum_{k=0}^{n-1}\frac{540k+137}{3136^k}T_k(2,81)T_k(14,81)$$

除以$(pn)^2$为p-adic整数.

(iv) 设$p > 7$为素数, 则

$$\sum_{k=0}^{p-1}\frac{\binom{2k}{k}T_k(2,81)T_k(14,81)}{3136^k}$$

$$\equiv \begin{cases} \left(\frac{-1}{p}\right)(4x^2 - 2p) \pmod{p^2} & \text{如果 } \left(\frac{2}{p}\right) = \left(\frac{p}{3}\right) = \left(\frac{p}{5}\right) = 1 \text{且 } p = x^2 + 30y^2, \\ \left(\frac{-1}{p}\right)(2p - 12x^2) \pmod{p^2} & \text{如果 } \left(\frac{p}{3}\right) = 1, \left(\frac{2}{p}\right) = \left(\frac{p}{5}\right) = -1 \text{ 且 } p = 3x^2 + 10y^2, \\ \left(\frac{-1}{p}\right)(8x^2 - 2p) \pmod{p^2} & \text{如果 } \left(\frac{2}{p}\right) = 1, \left(\frac{p}{3}\right) = \left(\frac{p}{5}\right) = -1 \text{ 且 } p = 2x^2 + 15y^2, \\ \left(\frac{-1}{p}\right)(12x^2 - 2p) \pmod{p^2} & \text{如果 } \left(\frac{p}{5}\right) = 1, \left(\frac{2}{p}\right) = \left(\frac{p}{3}\right) = -1 \text{ 且 } p = 5x^2 + 6y^2, \\ 0 \pmod{p^2} & \text{如果 } \left(\frac{-30}{p}\right) = -1, \end{cases}$$

其中$x, y \in \mathbb{Z}$.

注记10.21. 此猜想首次公开发表于OEIS条目A336982.

2019年10~11月, 作者在[221, 第5-9节]中提出了一批其他的涉及广义中心三项式系数的$\frac{1}{\pi}$级数等式, 王六权与杨一帆在[244]中利用双模形式证实了它们.

§10.2 **与$p_n(x) = \sum\limits_{k=0}^{n}\binom{2k}{k}^2\binom{2(n-k)}{n-x}x^{n-k}$有关的级数及相伴同余式**

如同[188, (1.14)]那样, 我们定义多项式

$$p_n(x) := \sum_{k=0}^{n}\binom{2k}{k}^2\binom{2(n-k)}{n-x}x^{n-k} \quad (n = 0, 1, 2, \ldots).$$

猜想10.22 (2019年). (i) 我们有恒等式

$$\sum_{k=0}^{\infty}\frac{12k+1}{100^k}\binom{2k}{k}p_k\left(\frac{9}{4}\right) = \frac{75}{4\pi}. \tag{10.1}$$

(ii) 对任何整数$n > 1$有

$$\frac{4^{n-1}}{n\binom{2n}{n}}\sum_{k=0}^{n-1}(12k+1)100^{n-1-k}\binom{2k}{k}p_k\left(\frac{9}{4}\right) \in \mathbb{Z}_+.$$

(iii) 对素数$p \neq 2,5$及正整数n, 我们有

$$\frac{1}{(pn)^2\binom{2n}{n}}\left(\sum_{k=0}^{pn-1}\frac{12k+1}{100^k}\binom{2k}{k}p_k\left(\frac{9}{4}\right) - \left(\frac{-1}{p}\right)p\sum_{r=0}^{n-1}\frac{12r+1}{100^r}\binom{2r}{r}p_r\left(\frac{9}{4}\right)\right) \in \mathbb{Z}_p.$$

(iv) 对素数$p \neq 2,5$, 我们有

$$\sum_{k=0}^{p-1}\frac{\binom{2k}{k}}{100^k}p_k\left(\frac{9}{4}\right)$$

$$\equiv \begin{cases} (\frac{-1}{p})(4x^2-2p) \pmod{p^2} & \text{如果 } (\frac{p}{7})=1 \text{ 且 } p = x^2+7y^2 \ (x,y \in \mathbb{Z}), \\ 0 \pmod{p^2} & \text{如果 } (\frac{p}{7})=-1, \text{ 即 } p \equiv 3,5,6 \pmod 7. \end{cases}$$

注记10.22. 此猜测发表于[213, 猜想41].

猜想10.23 (2011年3月28日). (i) 我们有级数等式

$$\sum_{k=0}^{\infty}\frac{4k+1}{(-192)^k}\binom{2k}{k}p_k(4) = \frac{\sqrt{3}}{\pi}. \tag{10.2}$$

(ii) 对任何$n \in \mathbb{Z}_+$有

$$n\binom{2n-1}{n-1}\ \Big|\ \sum_{k=0}^{n-1}(4k+1)(-192)^{n-1-k}\binom{2k}{k}p_k(4).$$

(iii) 对任何素数$p > 3$及正整数n, 我们有

$$\frac{1}{(pn)^2\binom{2n}{n}}\left(\sum_{k=0}^{pn-1}\frac{4k+1}{(-192)^k}\binom{2k}{k}p_k(4) - \left(\frac{p}{3}\right)p\sum_{r=0}^{n-1}\frac{4r+1}{(-192)^r}\binom{2r}{r}p_r(4)\right) \in \mathbb{Z}_p.$$

(iv) 设$p > 3$为素数, 则

$$\sum_{k=0}^{p-1}\frac{\binom{2k}{k}}{(-192)^k}p_k(4)$$

$$\equiv \begin{cases} 4x^2-2p \pmod{p^2} & \text{如果 } p \equiv 1 \pmod 3 \text{ 且 } p = x^2+3y^2 \ (x,y \in \mathbb{Z}), \\ 0 \pmod{p^2} & \text{如果 } p \equiv 2 \pmod 3. \end{cases}$$

注记10.23. 此猜测第一部分发表于[188, (4.2)], 其余部分发表于[213, 猜想42]. 依[188, 引理2.2], 对任何$n \in \mathbb{N}$有

$$\binom{2n}{n}p_n(4) = \sum_{k=0}^{n}\binom{2k}{k}^2\binom{4k}{2k}\binom{k}{n-k}(-64)^{n-k}.$$

猜想10.24 (2011年3月28日). (i) 我们有级数等式

$$\sum_{k=0}^{\infty}\frac{17k-224}{(-225)^k}\binom{2k}{k}p_k(-14) = \frac{1800}{\pi}. \tag{10.3}$$

(ii) 对任何 $n \in \mathbb{Z}_+$ 有

$$4n\binom{2n}{n} \,\bigg|\, \sum_{k=0}^{n-1}(17k-224)(-225)^{n-1-k}\binom{2k}{k}p_k(-14).$$

(iii) 设 $p > 5$ 为素数. 则

$$\sum_{k=0}^{p-1}\frac{17k-224}{(-225)^k}\binom{2k}{k}p_k(-14) \equiv 32p\left(2\left(\frac{-1}{p}\right)-9\right) \pmod{p^2}.$$

如果 $p \equiv 1 \pmod 4$, 则对任何 $n \in \mathbb{Z}_+$ 有

$$\frac{1}{(pn)^2\binom{2n}{n}}\left(\sum_{k=0}^{pn-1}\frac{17k-224}{(-225)^k}\binom{2k}{k}p_k(-14)-p\sum_{r=0}^{n-1}\frac{17r-224}{(-225)^r}\binom{2r}{r}p_r(-14)\right) \in \mathbb{Z}_p.$$

(iv) 设 $p > 5$ 为素数, 则

$$\sum_{k=0}^{p-1}\frac{\binom{2k}{k}}{(-225)^k}p_k(-14)$$

$$\equiv \begin{cases} 4x^2-2p \pmod{p^2} & \text{如果 } \left(\frac{p}{7}\right)=1 \text{ 且 } p=x^2+7y^2\ (x,y\in\mathbb{Z}), \\ 0 \pmod{p^2} & \text{如果 } \left(\frac{p}{7}\right)=-1. \text{ 即 } p\equiv 3,5,6 \pmod 7. \end{cases}$$

注记10.24. 此猜测第一条发表于[188, (4.6)], 第二、四条以及第三条前一断言发表于[213, 猜想43].

猜想10.25 (2011年3月30日). (i) 我们有级数等式

$$\sum_{k=0}^{\infty}\frac{15k-256}{17^{2k}}\binom{2k}{k}p_k(18) = \frac{2312}{\pi}. \tag{10.4}$$

(ii) 对任何 $n \in \mathbb{Z}_+$ 有

$$4n\binom{2n}{n} \,\bigg|\, \sum_{k=0}^{n-1}(15k-256)289^{n-1-k}\binom{2k}{k}p_k(18).$$

(iii) 设 p 为奇素数且 $p \neq 17$, 则

$$\sum_{k=0}^{p-1}\frac{15k-256}{17^{2k}}\binom{2k}{k}p_k(18) \equiv -64p\left(3+\left(\frac{-1}{p}\right)\right) \pmod{p^2}.$$

如果 $p \equiv 1 \pmod 4$, 则对任何 $n \in \mathbb{Z}_+$ 有

$$\frac{1}{(pn)^2\binom{2n}{n}}\left(\sum_{k=0}^{pn-1}\frac{15k-256}{17^{2k}}\binom{2k}{k}p_k(18)-p\sum_{r=0}^{n-1}\frac{15r-256}{17^{2r}}\binom{2r}{r}p_r(18)\right) \in \mathbb{Z}_p.$$

(iv) 设 p 为奇素数且 $p \neq 17$, 则

$$\sum_{k=0}^{p-1}\frac{\binom{2k}{k}}{17^{2k}}p_k(18) \equiv \begin{cases} 4x^2-2p \pmod{p^2} & \text{如果 } \left(\frac{p}{7}\right)=1 \text{ 且 } p=x^2+7y^2\ (x,y\in\mathbb{Z}), \\ 0 \pmod{p^2} & \text{如果 } \left(\frac{p}{7}\right)=-1, \text{ 即 } p\equiv 3,5,6 \pmod 7. \end{cases}$$

注记10.25. 此猜测第一条发表于[188, (4.7)], 第二、四条以及第三条前一断言发表于[213, 猜想43].

猜想10.26 (2011年3月28日). (i) 我们有级数等式

$$\sum_{k=0}^{\infty} \frac{20k-11}{(-576)^k} \binom{2k}{k} p_k(-32) = \frac{90}{\pi}. \tag{10.5}$$

(ii) 对任给的$n \in \mathbb{Z}_+$有

$$n\binom{2n-1}{n-1} \,\Bigg|\, \sum_{k=0}^{n-1} (20k-11)(-576)^{n-1-k} \binom{2k}{k} p_k(-32).$$

(iii) 设$p > 3$为素数, 则

$$\sum_{k=0}^{p-1} \frac{20k-11}{(-576)^k} \binom{2k}{k} p_k(-32) \equiv p\left(5\left(\frac{-1}{p}\right) - 16\left(\frac{2}{p}\right)\right) \pmod{p^2}.$$

如果$p \equiv 1, 3 \pmod 8$, 则对任何$n \in \mathbb{Z}_+$有

$$\frac{1}{(pn)^2\binom{2n}{n}}\left(\sum_{k=0}^{pn-1} \frac{20k-11}{(-576)^k} \binom{2k}{k} p_k(-32) - p\left(\frac{-1}{p}\right)\sum_{r=0}^{n-1} \frac{20r-11}{(-576)^r}\binom{2r}{r} p_r(-32)\right) \in \mathbb{Z}_p.$$

(iv) 设$p > 3$为素数, 则

$$\sum_{k=0}^{p-1} \frac{\binom{2k}{k}}{(-576)^k} p_k(-32)$$

$$\equiv \begin{cases} (\frac{-1}{p})(4x^2 - 2p) \pmod{p^2} & \text{如果 } (\frac{-2}{p}) = (\frac{5}{p}) = 1 \text{ 且 } p = x^2 + 10y^2 \ (x, y \in \mathbb{Z}), \\ (\frac{-1}{p})(2p - 8x^2) \pmod{p^2} & \text{如果 } (\frac{-2}{p}) = (\frac{5}{p}) = -1 \text{ 且 } p = 2x^2 + 5y^2 \ (x, y \in \mathbb{Z}), \\ 0 \pmod{p^2} & \text{如果 } (\frac{-10}{p}) = -1. \end{cases}$$

注记10.26. 此猜测第一条发表于[188, (4.8)], 第二、四条以及第三条前一断言发表于[213, 猜想44].

猜想10.27 (2011年3月31日). (i) 我们有级数等式

$$\sum_{k=0}^{\infty} \frac{3k-2}{640^k} \binom{2k}{k} p_k(36) = \frac{5\sqrt{10}}{\pi}. \tag{10.6}$$

(ii) 对任给的$n \in \mathbb{Z}_+$有

$$n\binom{2n}{n} \,\Bigg|\, \sum_{k=0}^{n-1} (3k-2)640^{n-1-k} \binom{2k}{k} p_k(36).$$

(iii) 对于奇素数$p \neq 5$, 我们有

$$\sum_{k=0}^{p-1} \frac{3k-2}{640^k} \binom{2k}{k} p_k(36) \equiv -2p\left(\frac{5}{p}\right) \pmod{p^2}.$$

对于素数$p \equiv 1, 3 \pmod 8$及$n \in \mathbb{Z}_+$, 有

$$\frac{1}{(pn)^2 \binom{2n}{n}} \left(\sum_{k=0}^{pn-1} \frac{3k-2}{640^k} \binom{2k}{k} p_k(36) - p \left(\frac{5}{p} \right) \sum_{r=0}^{n-1} \frac{3r-2}{640^r} \binom{2r}{r} p_r(36) \right) \in \mathbb{Z}_p.$$

(iv) 设$p > 5$为素数, 则

$$\sum_{k=0}^{p-1} \frac{\binom{2k}{k}}{640^k} p_k(36)$$

$$\equiv \begin{cases} 4x^2 - 2p \pmod{p^2} & \text{如果 } \left(\frac{-2}{p} \right) = \left(\frac{5}{p} \right) = 1 \text{ 且 } p = x^2 + 10y^2 \ (x, y \in \mathbb{Z}), \\ 2p - 8x^2 \pmod{p^2} & \text{如果 } \left(\frac{-2}{p} \right) = \left(\frac{5}{p} \right) = -1 \text{ 且 } p = 2x^2 + 5y^2 \ (x, y \in \mathbb{Z}), \\ 0 \pmod{p^2} & \text{如果 } \left(\frac{-10}{p} \right) = -1. \end{cases}$$

注记10.27. 此猜测第一条发表于[188, (4.10)], 第二、四条以及第三条前一断言发表于[213, 猜想44].

猜想10.28 (2012年1月23日). (i) 我们有级数等式

$$\sum_{k=0}^{\infty} \frac{20k-67}{(-3136)^k} \binom{2k}{k} p_k(-192) = \frac{490}{\pi}. \tag{10.7}$$

(ii) 对任何$n \in \mathbb{Z}_+$有

$$n \binom{2n-1}{n-1} \Bigg| \sum_{k=0}^{n-1} (20k-67)(-3136)^{n-1-k} \binom{2k}{k} p_k(-192).$$

(iii) 设$p \neq 7$为奇素数, 则

$$\sum_{k=0}^{p-1} \frac{20k-67}{(-3136)^k} \binom{2k}{k} p_k(-192) \equiv p \left(5 \left(\frac{-1}{p} \right) - 72 \left(\frac{3}{p} \right) \right) \pmod{p^2}.$$

当$p \equiv 1 \pmod 3$时, 对任何$n \in \mathbb{Z}_+$有

$$\frac{1}{(pn)^2 \binom{2n}{n}} \left(\sum_{k=0}^{pn-1} \frac{20k-67}{(-3136)^k} \binom{2k}{k} p_k(-192) - p \left(\frac{-1}{p} \right) \sum_{r=0}^{n-1} \frac{20r-67}{(-3136)^r} \binom{2r}{r} p_r(-192) \right) \in \mathbb{Z}_p.$$

(iv) 设奇素数$p \neq 7$, 则

$$\sum_{k=0}^{p-1} \frac{\binom{2k}{k}}{(-3136)^k} p_k(-192)$$

$$\equiv \begin{cases} \left(\frac{-1}{p} \right)(4x^2 - 2p) \pmod{p^2} & \text{如果 } \left(\frac{-2}{p} \right) = 1 \text{ 且 } p = x^2 + 2y^2 \ (x, y \in \mathbb{Z}), \\ 0 \pmod{p^2} & \text{如果 } p \equiv 5, 7 \pmod 8. \end{cases}$$

注记10.28. 此猜测第一条发表于[188, (4.14)], 第二、四条以及第三条前一断言发表于[213, 猜想45].

猜想10.29 (2012年1月23日). (i) 我们有级数等式

$$\sum_{k=0}^{\infty} \frac{7k-24}{3200^k} \binom{2k}{k} p_k(196) = \frac{125\sqrt{2}}{\pi}. \tag{10.8}$$

(ii) 对任何$n \in \mathbb{Z}_+$有

$$2n \binom{2n}{n} \,\Big|\, \sum_{k=0}^{n-1} (7k-24)3200^{n-1-k} \binom{2k}{k} p_k(196).$$

(iii) 对于奇素数$p \neq 5$, 有

$$\sum_{k=0}^{p-1} \frac{7k-24}{3200^k} \binom{2k}{k} p_k(196) \equiv -24 \left(\frac{6}{p} \right) \pmod{p^2}.$$

对于素数$p \equiv 1 \pmod 3$及$n \in \mathbb{Z}_+$, 我们有

$$\frac{1}{(pn)^2 \binom{2n}{n}} \left(\sum_{k=0}^{pn-1} \frac{7k-24}{3200^k} \binom{2k}{k} p_k(196) - p \left(\frac{6}{p} \right) \sum_{r=0}^{n-1} \frac{7r-24}{3200^r} \binom{2r}{r} p_r(196) \right) \in \mathbb{Z}_p.$$

(iv) 对于奇素数$p \neq 5$, 有

$$\sum_{k=0}^{p-1} \frac{\binom{2k}{k}}{3200^k} p_k(196) \equiv \begin{cases} 4x^2 - 2p \pmod{p^2} & \text{如果 } p = x^2 + 2y^2 \,(x, y \in \mathbb{Z}), \\ 0 \pmod{p^2} & \text{如果 } p \equiv 5, 7 \pmod 8. \end{cases}$$

注记10.29. 此猜测第一条发表于[188, (4.15)], 第二、四条以及第三条前一断言发表于[213, 猜想45].

猜想10.30 (2012年1月24日). (i) 我们有级数等式

$$\sum_{k=0}^{\infty} \frac{5k-32}{(-6336)^k} \binom{2k}{k} p_k(-392) = \frac{495}{2\pi}. \tag{10.9}$$

(ii) 对任何$n \in \mathbb{Z}_+$有

$$2n \binom{2n}{n} \,\Big|\, \sum_{k=0}^{n-1} (5k-32)(-6336)^{n-1-k} \binom{2k}{k} p_k(-392).$$

(iii) 设$p > 3$为素数且$p \neq 11$, 则

$$\sum_{k=0}^{p-1} \frac{5k-32}{(-6336)^k} \binom{2k}{k} p_k(-392) \equiv \frac{p}{4} \left(5 \left(\frac{-1}{p} \right) - 133 \left(\frac{11}{p} \right) \right) \pmod{p^2}.$$

如果 $p > 3$ 为素数且 $\left(\frac{p}{11}\right) = 1$, 则对任何 $n \in \mathbb{Z}_+$ 有

$$\frac{1}{(pn)^2\binom{2n}{n}}\left(\sum_{k=0}^{pn-1}\frac{5k-32}{(-6336)^k}\binom{2k}{k}p_k(-392) - p\left(\frac{-1}{p}\right)\sum_{r=0}^{n-1}\frac{5r-32}{(-6336)^r}\binom{2r}{r}p_r(-392)\right) \in \mathbb{Z}_p.$$

(iv) 设 $p > 3$ 为素数且 $p \neq 11$, 则

$$\sum_{k=0}^{p-1}\frac{\binom{2k}{k}}{(-6336)^k}p_k(-392)$$

$$\equiv \begin{cases} \left(\frac{-1}{p}\right)(4x^2-2p) \pmod{p^2} & \text{如果 } \left(\frac{2}{p}\right)=\left(\frac{p}{11}\right)=1 \text{ 且 } p = x^2+22y^2 \ (x,y\in\mathbb{Z}), \\ \left(\frac{-1}{p}\right)(2p-8x^2) \pmod{p^2} & \text{如果 } \left(\frac{2}{p}\right)=\left(\frac{p}{11}\right)=-1 \text{ 且 } p = 2x^2+11y^2 \ (x,y\in\mathbb{Z}), \\ 0 \pmod{p^2} & \text{如果 } \left(\frac{-22}{p}\right)=-1. \end{cases}$$

注记10.30. 此猜测第一条发表于[188, (4.16)], 第二、四条以及第三条前一断言发表于[213, 猜想46].

猜想10.31 (2012年1月23日). (i) 我们有级数等式

$$\sum_{k=0}^{\infty}\frac{66k-427}{6400^k}\binom{2k}{k}p_k(396) = \frac{1000\sqrt{11}}{\pi}. \tag{10.10}$$

(ii) 对任何 $n \in \mathbb{Z}_+$ 有

$$n\binom{2n-1}{n-1}\ \Bigg|\ \sum_{k=0}^{n-1}(66k-427)6400^{n-1-k}\binom{2k}{k}p_k(396).$$

(iii) 设奇素数 p 不等于5, 则

$$\sum_{k=0}^{p-1}\frac{66k-427}{80^{2k}}\binom{2k}{k}p_k(396) \equiv -427p \pmod{p^2}.$$

如果还有 $\left(\frac{p}{11}\right) = 1$, 则对任何 $n \in \mathbb{Z}_+$ 有

$$\frac{1}{(pn)^2\binom{2n}{n}}\left(\sum_{k=0}^{pn-1}\frac{66k-427}{80^{2k}}\binom{2k}{k}p_k(396) - p\sum_{r=0}^{n-1}\frac{66r-427}{80^{2r}}\binom{2r}{r}p_r(396)\right) \in \mathbb{Z}_p.$$

(iv) 对奇素数 $p \neq 5$, 有

$$\sum_{k=0}^{p-1}\frac{\binom{2k}{k}}{80^{2k}}p_k(396)$$

$$\equiv \begin{cases} 4x^2-2p \pmod{p^2} & \text{如果 } \left(\frac{2}{p}\right)=\left(\frac{p}{11}\right)=1 \text{ 且 } p = x^2+22y^2 \ (x,y\in\mathbb{Z}), \\ 8x^2-2p \pmod{p^2} & \text{如果 } \left(\frac{2}{p}\right)=\left(\frac{p}{11}\right)=-1 \text{ 且 } p = 2x^2+11y^2 \ (x,y\in\mathbb{Z}), \\ 0 \pmod{p^2} & \text{如果 } \left(\frac{-22}{p}\right)=-1. \end{cases}$$

注记10.31. 此猜测第一条发表于[188, (4.17)], 第二、四条以及第三条前一断言发表于[213, 猜想46].

猜想10.32 (2012年1月24日). (i) 我们有级数等式

$$\sum_{k=0}^{\infty} \frac{34k-7}{(-18432)^k} \binom{2k}{k} p_k(-896) = \frac{54\sqrt{2}}{\pi}. \tag{10.11}$$

(ii) 对任何$n \in \mathbb{Z}_+$有

$$n\binom{2n-1}{n-1} \;\Big|\; \sum_{k=0}^{n-1} (34k-7)(-18432)^{n-1-k}\binom{2k}{k}p_k(-896).$$

(iii) 设$p > 3$为素数, 则

$$\sum_{k=0}^{p-1} \frac{34k-7}{(-2^{11}3^2)^k}\binom{2k}{k}p_k(-896) \equiv \frac{p}{2}\left(9\left(\frac{-2}{p}\right) - 23\left(\frac{2}{p}\right)\right) \pmod{p^2}.$$

对于素数$p \equiv 1 \pmod 4$及正整数n, 我们有

$$\frac{1}{(pn)^2 \binom{2n}{n}}\left(\sum_{k=0}^{pn-1} \frac{34k-7}{(-18432)^k}\binom{2k}{k}p_k(-896) - p\left(\frac{2}{p}\right)\sum_{r=0}^{n-1}\frac{34r-7}{(-18432)^r}\binom{2r}{r}p_r(-896)\right) \in \mathbb{Z}_p.$$

(iv) 对素数$p > 3$有

$$\sum_{k=0}^{p-1}\frac{\binom{2k}{k}}{(-2^{11}3^2)^k}p_k(-896)$$

$$\equiv \begin{cases} (\frac{2}{p})(4x^2 - 2p) \pmod{p^2} & \text{如果 } (\frac{p}{7}) = 1 \text{ 且 } p = x^2 + 7y^2 \ (x, y \in \mathbb{Z}), \\ 0 \pmod{p^2} & \text{如果 } (\frac{p}{7}) = -1, \text{ 即 } p \equiv 3, 5, 6 \pmod 7. \end{cases}$$

注记10.32. 此猜测第一条发表于[188, (4.18)], 第二、四条以及第三条前一断言发表于[213, 猜想47].

猜想10.33 (2012年1月23日). (i) 我们有级数等式

$$\sum_{k=0}^{\infty} \frac{24k-5}{136^{2k}}\binom{2k}{k}p_k(900) = \frac{867}{16\pi}. \tag{10.12}$$

(ii) 对任何$n \in \mathbb{Z}_+$有

$$n\binom{2n-1}{n-1} \;\Big|\; \sum_{k=0}^{n-1}(24k-5)(136^2)^{n-1-k}\binom{2k}{k}p_k(900).$$

(iii) 设p为奇素数且$p \neq 17$, 则

$$\sum_{k=0}^{p-1}\frac{24k-5}{136^{2k}}\binom{2k}{k}p_k(900) \equiv p\left(3\left(\frac{-1}{p}\right) - 8\right) \pmod{p^2}.$$

如果还有$p \equiv 1 \pmod 4$, 则对任何$n \in \mathbb{Z}_+$有

$$\frac{1}{(pn)^2\binom{2n}{n}}\left(\sum_{k=0}^{pn-1}\frac{24k-5}{136^{2k}}\binom{2k}{k}p_k(900) - p\sum_{r=0}^{n-1}\frac{24r-5}{136^{2r}}\binom{2r}{r}p_r(900)\right) \in \mathbb{Z}_p.$$

(iv) 设p为奇素数且$p \neq 17$, 则

$$\sum_{k=0}^{p-1}\frac{\binom{2k}{k}}{136^{2k}}p_k(900)$$

$$=\begin{cases} 4x^2 - 2p \pmod{p^2} & \text{如果 } \left(\frac{p}{7}\right) = 1 \text{ 且 } p = x^2 + 7y^2 \ (x, y \in \mathbb{Z}), \\ 0 \pmod{p^2} & \text{如果 } \left(\frac{p}{7}\right) = -1, \text{即 } p \equiv 3, 5, 6 \pmod 7. \end{cases}$$

注记10.33. 此猜测第一条发表于[188, (4.19)], 第二、四条以及第三条前一断言发表于[213, 猜想47].

类似于级数等式(10.1)~(10.12), 作者在[188]中也猜测有下述等式:

$$\sum_{k=0}^{\infty}\frac{k-1}{72^k}\binom{2k}{k}p_k(4) = \frac{9}{\pi}, \quad \sum_{k=0}^{\infty}\frac{k-2}{100^k}\binom{2k}{k}p_k(6) = \frac{50}{3\pi},$$

$$\sum_{k=0}^{\infty}\frac{k}{(-192)^k}\binom{2k}{k}p_k(-8) = \frac{3}{2\pi}, \quad \sum_{k=0}^{\infty}\frac{6k-1}{256^k}\binom{2k}{k}p_k(12) = \frac{8\sqrt{3}}{\pi},$$

$$\sum_{k=0}^{\infty}\frac{10k+1}{(-1530)^k}\binom{2k}{k}p_k(-32) = \frac{3\sqrt{6}}{\pi}, \quad \sum_{k=0}^{\infty}\frac{12k+1}{1600^k}\binom{2k}{k}p_k(36) = \frac{75}{8\pi},$$

$$\sum_{k=0}^{\infty}\frac{24k+5}{3136^k}\binom{2k}{k}p_k(-60) = \frac{49\sqrt{3}}{8\pi}, \quad \sum_{k=0}^{\infty}\frac{14k+3}{(-3072)^k}\binom{2k}{k}p_k(64) = \frac{6}{\pi}.$$

这几个等式已被证明, 参见[25, 108]. 对于它们, 作者也有类似于猜想10.22~10.33 中第二至四条的同余式猜想.

§10.3 与$W_n(x) = \sum\limits_{k=0}^{n}\binom{n}{k}\binom{n+k}{k}\binom{2k}{k}\binom{2(n-k)}{n-k}x^k$有关的级数与相伴同余式

对$n \in \mathbb{N}$, 引入多项式

$$W_n(x) = \sum_{k=0}^{n}\binom{n}{k}\binom{n+k}{k}\binom{2k}{k}\binom{2(n-k)}{n-k}x^k$$

$$= \sum_{k=0}^{n}\binom{n+k}{2k}\binom{2k}{k}^2\binom{2(n-k)}{n-k}x^k.$$

2011年, 作者注意到$(-1)^n W_n(-1)$就是4阶Franel数$f_n^{(4)} = \sum\limits_{k=0}^{n}\binom{n}{k}^4$.

作者[225, (3.1)~(3.10)]在2011年猜测的十个形如

$$\sum_{k=0}^{\infty}\frac{ak+b}{m^k}W_k\left(\frac{1}{m}\right) = \frac{C}{\pi}$$

的级数等式(其中$a, b, m \in \mathbb{Z}$, $am \neq 0$且$C^2 \in \mathbb{Q}$)后来被S. Cooper 等人[25]证实.

2020年, 作者在[222]中发现并证明了下述六个级数等式:

$$\sum_{k=0}^{\infty} \frac{45k+8}{40^k} W_k\left(\frac{9}{10}\right) = \frac{215\sqrt{15}}{12\pi},$$

$$\sum_{k=0}^{\infty} \frac{1360k+389}{(-60)^k} W_k\left(\frac{16}{15}\right) = \frac{205\sqrt{15}}{\pi},$$

$$\sum_{k=0}^{\infty} \frac{735k+124}{200^k} W_k\left(\frac{49}{50}\right) = \frac{10125\sqrt{7}}{56\pi},$$

$$\sum_{k=0}^{\infty} \frac{376380k+69727}{(-320)^k} W_k\left(\frac{81}{80}\right) = \frac{260480\sqrt{5}}{3\pi},$$

$$\sum_{k=0}^{\infty} \frac{348840k+47461}{1300^k} W_k\left(\frac{324}{325}\right) = \frac{1314625\sqrt{2}}{12\pi},$$

$$\sum_{k=0}^{\infty} \frac{41673840k+4777111}{5780^k} W_k\left(\frac{1444}{1445}\right) = \frac{147758475}{\sqrt{95}\,\pi}.$$

猜想10.34. (i) (2020年8月23日) 我们有级数等式

$$\sum_{k=0}^{\infty} \frac{4k+1}{6^k} W_k\left(-\frac{1}{8}\right) = \frac{\sqrt{72+42\sqrt{3}}}{\pi}.$$

(ii) (2011年4月2日) 对任何整数$n > 1$有

$$\frac{8^{n-1}}{6n} \sum_{k=0}^{n-1} (4k+1)6^{n-1-k} W_k\left(-\frac{1}{8}\right) \in \mathbb{Z}_+.$$

(iii) (2020年8月23日) 对素数$p > 5$有

$$\frac{1}{p}\sum_{k=0}^{p-1} \frac{4k+1}{6^k} W_k\left(-\frac{1}{8}\right) \equiv \begin{cases} (-3)^{(p-1)/4} \pmod{p} & \text{如果 } p \equiv 1 \pmod{12}, \\ -5(-3)^{(p-1)/4} \pmod{p} & \text{如果 } p \equiv 5 \pmod{12}, \\ -(-3)^{(p+5)/4} \pmod{p} & \text{如果 } p \equiv 7 \pmod{12}, \\ -(-3)^{(p+1)/4} \pmod{p} & \text{如果 } p \equiv 11 \pmod{12}. \end{cases}$$

(iv) (2011年4月2日) 设$p > 3$为素数, 则

$$\sum_{k=0}^{p-1} \frac{1}{6^k} W_k\left(-\frac{1}{8}\right)$$

$$\equiv \begin{cases} 4x^2 - 2p \pmod{p^2} & \text{如果 } p \equiv 1 \pmod 4 \text{ 且 } p = x^2 + 4y^2 \ (x, y \in \mathbb{Z}), \\ 0 \pmod{p^2} & \text{如果 } p \equiv 3 \pmod 4. \end{cases}$$

注记10.34. 此猜测萌芽于2011年4月2日, 但直到2020年8月23日作者才猜准第一条中的级数和. 该猜测第一条公开于[222].

猜想10.35 (2020年8月26日). (i) 我们有级数等式

$$\sum_{k=0}^{\infty} \frac{392k+65}{(-108)^k} W_k\left(-\frac{49}{12}\right) = \frac{387\sqrt{3}}{\pi}.$$

(ii) 对任何正整数n有

$$\frac{12^{n-1}}{n} \sum_{k=0}^{n-1} (392k+65)(-1)^k 108^{n-1-k} W_k\left(-\frac{49}{12}\right) \in \mathbb{Z}^+.$$

(iii) 设$p > 3$为素数, 则

$$\sum_{k=0}^{p-1} \frac{392k+65}{(-108)^k} W_k\left(-\frac{49}{12}\right) \equiv p\left(86\left(\frac{-3}{p}\right) - 21\left(\frac{21}{p}\right)\right) \pmod{p^2}.$$

如果$(\frac{p}{7}) = 1$, 则对任何$n \in \mathbb{Z}_+$都有

$$\frac{1}{(pn)^2} \left(\sum_{k=0}^{pn-1} \frac{392k+65}{(-108)^k} W_k\left(-\frac{49}{12}\right) - p\left(\frac{p}{3}\right) \sum_{k=0}^{n-1} \frac{392k+65}{(-108)^k} W_k\left(-\frac{49}{12}\right)\right) \in \mathbb{Z}_p.$$

(iv) 任给素数$p > 7$, 我们有

$$\sum_{k=0}^{p-1} \frac{1}{(-108)^k} W_k\left(-\frac{49}{12}\right)$$

$$\equiv \begin{cases} 4x^2 - 2p \pmod{p^2} & \text{如果 } \left(\frac{-2}{p}\right) = \left(\frac{p}{3}\right) = \left(\frac{p}{7}\right) = 1 \text{ 且 } p = x^2 + 42y^2 \ (x, y \in \mathbb{Z}), \\ 2p - 8x^2 \pmod{p^2} & \text{如果 } \left(\frac{p}{7}\right) = 1, \left(\frac{-2}{p}\right) = \left(\frac{p}{3}\right) = -1 \text{ 且 } p = 2x^2 + 21y^2 \ (x, y \in \mathbb{Z}), \\ 12x^2 - 2p \pmod{p^2} & \text{如果 } \left(\frac{-2}{p}\right) = 1, \left(\frac{p}{3}\right) = \left(\frac{p}{7}\right) = -1 \text{ 且 } p = 3x^2 + 14y^2 \ (x, y \in \mathbb{Z}), \\ 2p - 24x^2 \pmod{p^2} & \text{如果 } \left(\frac{p}{3}\right) = 1, \left(\frac{-2}{p}\right) = \left(\frac{p}{7}\right) = -1 \text{ 且 } p = 6x^2 + 7y^2 \ (x, y \in \mathbb{Z}), \\ 0 \pmod{p^2} & \text{如果 } \left(\frac{-42}{p}\right) = -1. \end{cases}$$

注记10.35. 此猜测第一条公开于[222].

猜想10.36 (2020年8月26日). (i) 我们有级数等式

$$\sum_{k=0}^{\infty} \frac{168k+23}{112^k} W_k\left(\frac{63}{16}\right) = \frac{1652\sqrt{3}}{9\pi}.$$

(ii) 对任何$n \in \mathbb{Z}_+$, 我们有

$$\frac{16^{n-1}}{n} \sum_{k=0}^{n-1} (168k+23) 112^{n-1-k} W_k\left(\frac{63}{16}\right) \in \mathbb{Z}_+.$$

(iii) 设$p \neq 2, 7$为素数, 则

$$\sum_{k=0}^{p-1} \frac{168k+23}{112^k} W_k\left(\frac{63}{16}\right) \equiv \frac{p}{2}\left(59\left(\frac{-3}{p}\right) - 13\left(\frac{21}{p}\right)\right) \pmod{p^2}.$$

如果 $(\frac{p}{7}) = 1$, 则对任何 $n \in \mathbb{Z}_+$ 有

$$\frac{1}{(pn)^2}\left(\sum_{k=0}^{pn-1}\frac{168k+23}{112^k}W_k\left(\frac{63}{16}\right) - p\left(\frac{p}{3}\right)\sum_{k=0}^{n-1}\frac{168k+23}{112^k}W_k\left(\frac{63}{16}\right)\right) \in \mathbb{Z}_p.$$

(iv) 设 p 是大于3且不等于7的素数, 则

$$\sum_{k=0}^{p-1}\frac{1}{112^k}W_k\left(\frac{63}{16}\right)$$

$$\equiv \begin{cases} 4x^2 - 2p \pmod{p^2} & \text{如果 } \left(\frac{-2}{p}\right) = \left(\frac{p}{3}\right) = \left(\frac{p}{7}\right) = 1 \text{ 且 } p = x^2 + 42y^2 \ (x, y \in \mathbb{Z}), \\ 2p - 8x^2 \pmod{p^2} & \text{如果 } \left(\frac{p}{7}\right) = 1, \left(\frac{-2}{p}\right) = \left(\frac{p}{3}\right) = -1 \text{ 且 } p = 2x^2 + 21y^2 \ (x, y \in \mathbb{Z}), \\ 12x^2 - 2p \pmod{p^2} & \text{如果 } \left(\frac{-2}{p}\right) = 1, \left(\frac{p}{3}\right) = \left(\frac{p}{7}\right) = -1 \text{ 且 } p = 3x^2 + 14y^2 \ (x, y \in \mathbb{Z}), \\ 2p - 24x^2 \pmod{p^2} & \text{如果 } \left(\frac{p}{3}\right) = 1, \left(\frac{-2}{p}\right) = \left(\frac{p}{7}\right) = -1 \text{ 且 } p = 6x^2 + 7y^2 \ (x, y \in \mathbb{Z}), \\ 0 \pmod{p^2} & \text{如果 } \left(\frac{-42}{p}\right) = -1. \end{cases}$$

注记10.36. 此猜测第一条公开于[222].

猜想10.37 (2020年8月26日). (i) 我们有级数等式

$$\sum_{k=0}^{\infty}\frac{1512k+257}{(-320)^k}W_k\left(-\frac{405}{64}\right) = \frac{1184\sqrt{35}}{5\pi}.$$

(ii) 对任何 $n \in \mathbb{Z}_+$ 有

$$\frac{64^{n-1}}{n}\sum_{k=0}^{n-1}(1512k+257)(-1)^k 320^{n-1-k}W_k\left(-\frac{405}{64}\right) \in \mathbb{Z}_+.$$

(iii) 设 p 是不等于5的奇素数, 则

$$\sum_{k=0}^{p-1}\frac{1512k+257}{(-320)^k}W_k\left(-\frac{405}{64}\right) \equiv \frac{p}{10}\left(2849\left(\frac{-35}{p}\right) - 279\left(\frac{5}{p}\right)\right) \pmod{p^2}.$$

如果 $(\frac{p}{7}) = 1$, 则对任何 $n \in \mathbb{Z}_+$ 有

$$\frac{1}{(pn)^2}\left(\sum_{k=0}^{pn-1}\frac{1512k+257}{(-320)^k}W_k\left(-\frac{405}{64}\right) - p\left(\frac{p}{5}\right)\sum_{k=0}^{n-1}\frac{1512k+257}{(-320)^k}W_k\left(-\frac{405}{64}\right)\right) \in \mathbb{Z}_p.$$

(iv) 任给素数 $p > 7$, 我们有

$$\sum_{k=0}^{p-1}\frac{1}{(-320)^k}W_k\left(-\frac{405}{64}\right)$$

$$\equiv \begin{cases} 4x^2 - 2p \pmod{p^2} & \text{如果 } \left(\frac{2}{p}\right) = \left(\frac{p}{5}\right) = \left(\frac{p}{7}\right) = 1 \text{ 且 } p = x^2 + 70y^2 \ (x, y \in \mathbb{Z}), \\ 2p - 8x^2 \pmod{p^2} & \text{如果 } \left(\frac{p}{7}\right) = 1, \left(\frac{2}{p}\right) = \left(\frac{p}{5}\right) = -1 \text{ 且 } p = 2x^2 + 35y^2 \ (x, y \in \mathbb{Z}), \\ 20x^2 - 2p \pmod{p^2} & \text{如果 } \left(\frac{p}{5}\right) = 1, \left(\frac{2}{p}\right) = \left(\frac{p}{7}\right) = -1 \text{ 且 } p = 5x^2 + 14y^2 \ (x, y \in \mathbb{Z}), \\ 28x^2 - 2p \pmod{p^2} & \text{如果 } \left(\frac{2}{p}\right) = 1, \left(\frac{p}{5}\right) = \left(\frac{p}{7}\right) = -1 \text{ 且 } p = 7x^2 + 10y^2 \ (x, y \in \mathbb{Z}), \\ 0 \pmod{p^2} & \text{如果 } \left(\frac{-70}{p}\right) = -1. \end{cases}$$

注记10.37. 此猜想第一条公开于[222].

猜想10.38 (2020年8月26日). (i) 我们有级数等式

$$\sum_{k=0}^{\infty} \frac{56k+9}{324^k} W_k\left(\frac{25}{4}\right) = \frac{1134\sqrt{35}}{125\pi}.$$

(ii) 对任何$n \in \mathbb{Z}_+$有

$$\frac{4^{n-1}}{n} \sum_{k=0}^{n-1} (56k+9) 324^{n-1-k} W_k\left(\frac{25}{4}\right) \in \mathbb{Z}_+.$$

(iii) 设$p > 3$为素数, 则

$$\sum_{k=0}^{p-1} \frac{56k+9}{324^k} W_k\left(\frac{25}{4}\right) \equiv \frac{p}{5}\left(49\left(\frac{-35}{p}\right) - 4\left(\frac{5}{p}\right)\right) \pmod{p^2}.$$

如果$(\frac{p}{7}) = 1$, 则对任何$n \in \mathbb{Z}_+$有

$$\frac{1}{(pn)^2}\left(\sum_{k=0}^{pn-1} \frac{56k+9}{324^k} W_k\left(\frac{25}{4}\right) - p\left(\frac{p}{5}\right)\sum_{k=0}^{n-1} \frac{56k+9}{324^k} W_k\left(\frac{25}{4}\right)\right) \in \mathbb{Z}_p.$$

(iv) 对于素数$p > 7$, 我们有

$$\sum_{k=0}^{p-1} \frac{1}{324^k} W_k\left(\frac{25}{4}\right)$$

$$\equiv \begin{cases} 4x^2 - 2p \pmod{p^2} & \text{如果 } (\frac{2}{p}) = (\frac{p}{5}) = (\frac{p}{7}) = 1 \text{ 且 } p = x^2 + 70y^2 \ (x, y \in \mathbb{Z}), \\ 2p - 8x^2 \pmod{p^2} & \text{如果 } (\frac{p}{7}) = 1, \ (\frac{2}{p}) = (\frac{p}{5}) = -1 \text{ 且 } p = 2x^2 + 35y^2 \ (x, y \in \mathbb{Z}), \\ 20x^2 - 2p \pmod{p^2} & \text{如果 } (\frac{p}{5}) = 1, \ (\frac{2}{p}) = (\frac{p}{7}) = -1 \text{ 且 } p = 5x^2 + 14y^2 \ (x, y \in \mathbb{Z}), \\ 28x^2 - 2p \pmod{p^2} & \text{如果 } (\frac{2}{p}) = 1, \ (\frac{p}{5}) = (\frac{p}{7}) = -1 \text{ 且 } p = 7x^2 + 10y^2 \ (x, y \in \mathbb{Z}), \\ 0 \pmod{p^2} & \text{如果 } (\frac{-70}{p}) = -1. \end{cases}$$

注记10.38. 此猜想第一条公开于[222].

猜想10.39 (2020年8月28日). (i) 我们有级数等式

$$\sum_{k=0}^{\infty} \frac{13000k-1811}{(-1296)^k} W_k\left(-\frac{625}{9}\right) = \frac{49356\sqrt{39}}{5\pi}.$$

(ii) 对整数$n > 1$有

$$\frac{9^{n-1}}{n} \sum_{k=0}^{n-1} (13000k - 1811)(-1)^k 1296^{n-1-k} W_k\left(-\frac{625}{9}\right) \in \mathbb{Z}_+,$$

而且此数为奇数当且仅当n为2的幂次.

226

(iii) 设 $p > 3$ 为素数, 则

$$\sum_{k=0}^{p-1} \frac{13000k - 1811}{(-1296)^k} W_k\left(-\frac{625}{9}\right) \equiv \frac{p}{5}\left(11882\left(\frac{-39}{p}\right) - 20937\right) \pmod{p^2}.$$

如果 $\left(\frac{-39}{p}\right) = 1$, 则对任何 $n \in \mathbb{Z}_+$ 有

$$\frac{1}{(pn)^2}\left(\sum_{k=0}^{pn-1} \frac{13000k - 1811}{(-1296)^k} W_k\left(-\frac{625}{9}\right) - p\sum_{k=0}^{n-1} \frac{13000k - 1811}{(-1296)^k} W_k\left(-\frac{625}{9}\right)\right) \in \mathbb{Z}_p.$$

(iv) 对于素数 $p > 5$, 我们有

$$\sum_{k=0}^{p-1} \frac{1}{(-1296)^k} W_k\left(-\frac{625}{9}\right)$$

$$\equiv \begin{cases} 4x^2 - 2p \pmod{p^2} & \text{如果 } \left(\frac{2}{p}\right) = \left(\frac{p}{3}\right) = \left(\frac{p}{13}\right) = 1 \text{ 且 } p = x^2 + 78y^2 \ (x, y \in \mathbb{Z}), \\ 8x^2 - 2p \pmod{p^2} & \text{如果 } \left(\frac{2}{p}\right) = 1, \ \left(\frac{p}{3}\right) = \left(\frac{p}{13}\right) = -1 \text{ 且 } p = 2x^2 + 39y^2 \ (x, y \in \mathbb{Z}), \\ 12x^2 - 2p \pmod{p^2} & \text{如果 } \left(\frac{p}{13}\right) = 1, \ \left(\frac{2}{p}\right) = \left(\frac{p}{3}\right) = -1 \text{ 且 } p = 3x^2 + 26y^2 \ (x, y \in \mathbb{Z}), \\ 24x^2 - 2p \pmod{p^2} & \text{如果 } \left(\frac{p}{3}\right) = 1, \ \left(\frac{2}{p}\right) = \left(\frac{p}{13}\right) = -1 \text{ 且 } p = 6x^2 + 13y^2 \ (x, y \in \mathbb{Z}), \\ 0 \pmod{p^2} & \text{如果 } \left(\frac{-78}{p}\right) = -1. \end{cases}$$

注记10.39. 此猜测第一条公开于[222].

猜想10.40 (2020年8月28日). (i) 我们有级数等式

$$\sum_{k=0}^{\infty} \frac{9360k - 1343}{1300^k} W_k\left(\frac{900}{13}\right) = \frac{21515\sqrt{39}}{3\pi}.$$

(ii) 对任何整数 $n > 1$, 我们有

$$\frac{13^{n-1}}{n} \sum_{k=0}^{n-1} (9360k - 1343)1300^{n-1-k} W_k\left(\frac{900}{13}\right) \in \mathbb{Z}_+,$$

而且此数为奇数当且仅当 n 为2的幂次.

(iii) 设 $p \neq 2, 5, 13$ 为素数, 则

$$\sum_{k=0}^{p-1} \frac{9360k - 1343}{1300^k} W_k\left(\frac{900}{13}\right) \equiv \frac{p}{5}\left(7944\left(\frac{-39}{p}\right) - 14659\right) \pmod{p^2}.$$

如果 $\left(\frac{-39}{p}\right) = 1$, 则对任何 $n \in \mathbb{Z}_+$ 有

$$\frac{1}{(pn)^2}\left(\sum_{k=0}^{pn-1} \frac{9360k - 1343}{1300^k} W_k\left(\frac{900}{13}\right) - p\sum_{k=0}^{n-1} \frac{9360k - 1343}{1300^k} W_k\left(\frac{900}{13}\right)\right) \in \mathbb{Z}_p.$$

(iv) 对于素数 $p > 5$, 我们有

$$\sum_{k=0}^{p-1} \frac{1}{1300^k} W_k \left(\frac{900}{13} \right)$$

$$\equiv \begin{cases} 4x^2 - 2p \ (\mathrm{mod}\ p^2) & \text{如果}\ \left(\frac{2}{p}\right) = \left(\frac{p}{3}\right) = \left(\frac{p}{13}\right) = 1 \ \text{且}\ p = x^2 + 78y^2\ (x, y \in \mathbb{Z}), \\ 8x^2 - 2p \ (\mathrm{mod}\ p^2) & \text{如果}\ \left(\frac{2}{p}\right) = 1,\ \left(\frac{p}{3}\right) = \left(\frac{p}{13}\right) = -1 \ \text{且}\ p = 2x^2 + 39y^2\ (x, y \in \mathbb{Z}), \\ 12x^2 - 2p \ (\mathrm{mod}\ p^2) & \text{如果}\ \left(\frac{p}{13}\right) = 1,\ \left(\frac{2}{p}\right) = \left(\frac{p}{3}\right) = -1 \ \text{且}\ p = 3x^2 + 26y^2\ (x, y \in \mathbb{Z}), \\ 24x^2 - 2p \ (\mathrm{mod}\ p^2) & \text{如果}\ \left(\frac{p}{3}\right) = 1,\ \left(\frac{2}{p}\right) = \left(\frac{p}{13}\right) = -1 \ \text{且}\ p = 6x^2 + 13y^2\ (x, y \in \mathbb{Z}), \\ 0 \ (\mathrm{mod}\ p^2) & \text{如果}\ \left(\frac{-78}{p}\right) = -1. \end{cases}$$

注记10.40. 此猜测第一条公开于[222].

猜想10.41 (2020年8月29日). (i) 我们有级数等式

$$\sum_{k=0}^{\infty} \frac{56355k + 2443}{(-5776)^k} W_k \left(-\frac{83521}{361} \right) = \frac{4669535\sqrt{2}}{68\pi}.$$

(ii) 对任何 $n \in \mathbb{Z}_+$ 有

$$\frac{361^{n-1}}{n} \sum_{k=0}^{n-1} (56355k + 2443)(-1)^k 5776^{n-1-k} W_k \left(-\frac{83521}{361} \right) \in \mathbb{Z}_+.$$

(iii) 设奇素数 p 不等于19, 则

$$\sum_{k=0}^{p-1} \frac{56355k + 2443}{(-5776)^k} W_k \left(-\frac{83521}{361} \right) \equiv \frac{7p}{323} \left(426855 \left(\frac{-2}{p} \right) - 314128 \right) \ (\mathrm{mod}\ p^2).$$

如果 $p \equiv 1, 3 \ (\mathrm{mod}\ 8)$, 则对任何 $n \in \mathbb{Z}_+$ 有

$$\frac{1}{(pn)^2} \left(\sum_{k=0}^{pn-1} \frac{56355k + 2443}{(-5776)^k} W_k \left(-\frac{83521}{361} \right) - p \sum_{k=0}^{n-1} \frac{56355k + 2443}{(-5776)^k} W_k \left(-\frac{83521}{361} \right) \right) \in \mathbb{Z}_p.$$

(iv) 对于奇素数 $p \neq 19$, 我们有

$$\sum_{k=0}^{p-1} \frac{1}{(-5776)^k} W_k \left(-\frac{83521}{361} \right)$$

$$\equiv \begin{cases} 4x^2 - 2p \ (\mathrm{mod}\ p^2) & \text{如果}\ \left(\frac{-2}{p}\right) = \left(\frac{p}{5}\right) = \left(\frac{p}{13}\right) = 1 \ \text{且}\ p = x^2 + 130y^2\ (x, y \in \mathbb{Z}), \\ 8x^2 - 2p \ (\mathrm{mod}\ p^2) & \text{如果}\ \left(\frac{-2}{p}\right) = 1,\ \left(\frac{p}{5}\right) = \left(\frac{p}{13}\right) = -1 \ \text{且}\ p = 2x^2 + 65y^2\ (x, y \in \mathbb{Z}), \\ 20x^2 - 2p \ (\mathrm{mod}\ p^2) & \text{如果}\ \left(\frac{p}{5}\right) = 1,\ \left(\frac{-2}{p}\right) = \left(\frac{p}{13}\right) = -1 \ \text{且}\ p = 5x^2 + 26y^2\ (x, y \in \mathbb{Z}), \\ 40x^2 - 2p \ (\mathrm{mod}\ p^2) & \text{如果}\ \left(\frac{p}{13}\right) = 1,\ \left(\frac{-2}{p}\right) = \left(\frac{p}{5}\right) = -1 \ \text{且}\ p = 10x^2 + 13y^2\ (x, y \in \mathbb{Z}), \\ p\delta_{p,17} \ (\mathrm{mod}\ p^2) & \text{如果}\ \left(\frac{-130}{p}\right) = -1. \end{cases}$$

注记10.41. 此猜测第一条公开于[222].

猜想10.42 (2020年8月28日). (i) 我们有级数等式

$$\sum_{k=0}^{\infty} \frac{5928k+253}{5780^k} W_k\left(\frac{1156}{5}\right) = \frac{28951\sqrt{2}}{4\pi}.$$

(ii) 对任何$n \in \mathbb{Z}_+$有

$$\frac{5^{n-1}}{n}\sum_{k=0}^{n-1}(5928k+253)5780^{n-1-k}W_k\left(\frac{1156}{5}\right) \in \mathbb{Z}_+,$$

而且此数为奇当且仅当$n \in \{2^a : a \in \mathbb{N}\}$.

(iii) 设$p \neq 2, 5, 17$为素数, 则

$$\sum_{k=0}^{p-1}\frac{5928k+253}{5780^k}W_k\left(\frac{1156}{5}\right) \equiv \frac{p}{85}\left(81744\left(\frac{-2}{p}\right)-60239\right) \pmod{p^2}.$$

如果$p \equiv 1, 3 \pmod 8$, 则对任何$n \in \mathbb{Z}_+$有

$$\frac{1}{(pn)^2}\left(\sum_{k=0}^{pn-1}\frac{5928k+253}{5780^k}W_k\left(\frac{1156}{5}\right) - p\sum_{k=0}^{n-1}\frac{5928k+253}{5780^k}W_k\left(\frac{1156}{5}\right)\right) \in \mathbb{Z}_p.$$

(iv) 对于素数$p \neq 2, 5, 17$, 我们有

$$\sum_{k=0}^{p-1}\frac{1}{5780^k}W_k\left(\frac{1156}{5}\right)$$

$$\equiv \begin{cases} 4x^2-2p \pmod{p^2} & \text{如果 } \left(\frac{-2}{p}\right)=\left(\frac{p}{5}\right)=\left(\frac{p}{13}\right)=1 \text{ 且 } p=x^2+130y^2\,(x,y\in\mathbb{Z}), \\ 8x^2-2p \pmod{p^2} & \text{如果 } \left(\frac{-2}{p}\right)=1, \left(\frac{p}{5}\right)=\left(\frac{p}{13}\right)=-1 \text{ 且 } p=2x^2+65y^2\,(x,y\in\mathbb{Z}), \\ 20x^2-2p \pmod{p^2} & \text{如果 } \left(\frac{p}{5}\right)=1, \left(\frac{-2}{p}\right)=\left(\frac{p}{13}\right)=-1 \text{ 且 } p=5x^2+26y^2\,(x,y\in\mathbb{Z}), \\ 40x^2-2p \pmod{p^2} & \text{如果 } \left(\frac{p}{13}\right)=1, \left(\frac{-2}{p}\right)=\left(\frac{p}{5}\right)=-1 \text{ 且 } p=10x^2+13y^2\,(x,y\in\mathbb{Z}), \\ 0 \pmod{p^2} & \text{如果 } \left(\frac{-130}{p}\right)=-1. \end{cases}$$

注记10.42. 此猜测第一条公开于[222].

§10.4 其他$\frac{1}{\pi}$级数及相伴同余式

猜想10.43 (2011年4月24日). (i) 我们有

$$\sum_{n=0}^{\infty}\frac{3n-1}{2^n}\sum_{k=0}^{n}\binom{-\frac{1}{3}}{k}\binom{-\frac{1}{6}}{k}\binom{-\frac{2}{3}}{n-k}\binom{-\frac{5}{6}}{n-k} = \frac{3\sqrt{6}}{2\pi}.$$

(ii) 设$p > 3$为素数, 则

$$\sum_{n=0}^{p-1}\frac{3n-1}{2^n}\sum_{k=0}^{n}\binom{-\frac{1}{3}}{k}\binom{-\frac{1}{6}}{k}\binom{-\frac{2}{3}}{n-k}\binom{-\frac{5}{6}}{n-k} \equiv -p\left(\frac{-6}{p}\right) \pmod{p^2},$$

而且

$$\sum_{n=0}^{p-1} \frac{1}{2^n} \sum_{k=0}^{n} \binom{-\frac{1}{3}}{k} \binom{-\frac{1}{6}}{k} \binom{-\frac{2}{3}}{n-k} \binom{-\frac{5}{6}}{n-k}$$

$$\equiv \begin{cases} 4x^2 - 2p \pmod{p^2} & \text{如果 } p \equiv 1, 7 \pmod{24} \text{ 且 } p = x^2 + 6y^2 \ (x, y \in \mathbb{Z}), \\ 2p - 8x^2 \pmod{p^2} & \text{如果 } p \equiv 5, 11 \pmod{24} \text{ 且 } p = 2x^2 + 3y^2 \ (x, y \in \mathbb{Z}), \\ 0 \pmod{p^2} & \text{如果 } \left(\frac{-6}{p}\right) = -1. \end{cases}$$

注记10.43. 此猜测发表于[179, 猜想7.2], 更多类似的级数等式可见[225]. 作者发现对于多项式

$$S_n(x) = \sum_{k=0}^{n} \binom{\frac{x}{2}}{k} \binom{\frac{x-1}{2}}{k} \binom{-\frac{x+1}{2}}{n-k} \binom{-\frac{x+2}{2}}{n-k} \quad (n = 0, 1, 2, \ldots),$$

有恒等式

$$S_n(x) = \binom{-\frac{1}{2}}{n} \sum_{k=0}^{n} (-1)^k \binom{x}{k}^2 \binom{-1-x}{n-k}$$

与

$$\sum_{k=0}^{n} \binom{n}{k} (-1)^k S_k(x) = \sum_{k=0}^{n} \binom{\frac{x}{2}}{k} \binom{-\frac{x+1}{2}}{k} \binom{\frac{x-1}{2}}{n-k} \binom{-\frac{x+2}{2}}{n-k}.$$

事实上, 根据组合中Zeilberger算法, 如果u_n表示第一个恒等式左边或者右边, 则有递推关系

$$4(n+2)^3 u_{n+2} = 2(2n+3)(2n^2+6n+x^2+x+5)u_{n+1} - (n+1)(2n+1)(2n+3)u_n \ (n = 0, 1, 2, \ldots);$$

类似地, 如果v_n表示第二个恒等式左边或者右边, 则有递推关系

$$4(n+2)^3 v_{n+2} = 2(2n+3)(2n^2+6n-x^2-x+5)v_{n+1} - (n+1)(2n-2x+1)(2n+2x+3)v_n \ (n \in \mathbb{N}).$$

猜想10.44 (2011年6月17日). (i) 我们有

$$\sum_{n=0}^{\infty} \frac{357n + 103}{2160^n} \binom{2n}{n} \sum_{k=0}^{n} \binom{n}{k} \binom{n+2k}{2k} \binom{2k}{k} (-324)^{n-k} = \frac{90}{\pi}.$$

(ii) 对任何正整数n有

$$n \binom{2n-1}{n-1} \, \bigg| \, \sum_{k=0}^{n-1} (357k + 103) 2160^{n-1-k} \binom{2k}{k} \sum_{j=0}^{k} \binom{k}{j} \binom{k+2j}{2j} \binom{2j}{j} (-324)^{k-j}.$$

(iii) 设$p > 5$为素数, 则

$$\sum_{n=0}^{p-1} \frac{357n + 103}{2160^n} \binom{2n}{n} \sum_{k=0}^{n} \binom{n}{k} \binom{n+2k}{2k} \binom{2k}{k} (-324)^{n-k}$$

$$\equiv p \left(\frac{-1}{p}\right) \left(54 + 49 \left(\frac{p}{15}\right)\right) \pmod{p^2}.$$

230

如果 $\left(\frac{p}{15}\right) = 1$ 且 n 为正整数, 则

$$\sum_{k=0}^{pn-1} \frac{357k+103}{2160^k} \binom{2k}{k} \sum_{j=0}^{k} \binom{k}{j} \binom{k+2j}{2j} \binom{2j}{j} (-324)^{k-j}$$

$$- p\left(\frac{-1}{p}\right) \sum_{k=0}^{n-1} \frac{357k+103}{2160^k} \binom{2k}{k} \sum_{j=0}^{k} \binom{k}{j} \binom{k+2j}{2j} \binom{2j}{j} (-324)^{k-j}$$

除以 $(pn)^2 \binom{2n}{n}$ 为 p-adic 整数.

(iv) 对素数 $p > 7$ 有

$$\sum_{n=0}^{p-1} \frac{\binom{2n}{n}}{2160^n} \sum_{k=0}^{n} \binom{n}{k} \binom{n+2k}{2k} \binom{2k}{k} (-324)^{n-k}$$

$$\equiv \begin{cases} 4x^2 - 2p \pmod{p^2} & \text{如果 } \left(\frac{-1}{p}\right) = \left(\frac{p}{3}\right) = \left(\frac{p}{5}\right) = \left(\frac{p}{7}\right) = 1, \ p = x^2 + 105y^2, \\ 2x^2 - 2p \pmod{p^2} & \text{如果 } \left(\frac{-1}{p}\right) = \left(\frac{p}{7}\right) = 1, \left(\frac{p}{3}\right) = \left(\frac{p}{5}\right) = -1, \ 2p = x^2 + 105y^2, \\ 2p - 12x^2 \pmod{p^2} & \text{如果 } \left(\frac{-1}{p}\right) = \left(\frac{p}{3}\right) = \left(\frac{p}{5}\right) = \left(\frac{p}{7}\right) = -1, \ p = 3x^2 + 35y^2, \\ 2p - 6x^2 \pmod{p^2} & \text{如果 } \left(\frac{-1}{p}\right) = \left(\frac{p}{7}\right) = -1, \left(\frac{p}{3}\right) = \left(\frac{p}{5}\right) = 1, \ 2p = 3x^2 + 35y^2, \\ 20x^2 - 2p \pmod{p^2} & \text{如果 } \left(\frac{-1}{p}\right) = \left(\frac{p}{5}\right) = 1, \left(\frac{p}{3}\right) = \left(\frac{p}{7}\right) = -1, \ p = 5x^2 + 21y^2, \\ 10x^2 - 2p \pmod{p^2} & \text{如果 } \left(\frac{-1}{p}\right) = \left(\frac{p}{3}\right) = 1, \left(\frac{p}{5}\right) = \left(\frac{p}{7}\right) = -1, \ 2p = 5x^2 + 21y^2, \\ 28x^2 - 2p \pmod{p^2} & \text{如果 } \left(\frac{-1}{p}\right) = \left(\frac{p}{5}\right) = -1, \left(\frac{p}{3}\right) = \left(\frac{p}{7}\right) = 1, \ p = 7x^2 + 15y^2, \\ 14x^2 - 2p \pmod{p^2} & \text{如果 } \left(\frac{-1}{p}\right) = \left(\frac{p}{3}\right) = -1, \left(\frac{p}{5}\right) = \left(\frac{p}{7}\right) = 1, \ 2p = 7x^2 + 15y^2, \\ 0 \pmod{p^2} & \text{如果 } \left(\frac{-105}{p}\right) = -1, \end{cases}$$

其中 x 与 y 为整数.

注记10.44. 虚二次域 $\mathbb{Q}(\sqrt{-105})$ 的类数为8. 猜想10.44的第一条、第三条前一断言以及第四条首次公开发表于[179], 猜想10.44的第二条首次出现于[213, 猜想39(ii)]. 作者在[213, 注记39]中宣布为猜想10.44(i)中级数等式与猜想10.44(iv)的完整解答分别提供90美元与105美元的奖金.

猜想10.45 (2012年1月18日). (i) 我们有

$$\sum_{n=0}^{\infty} \frac{n\binom{2n}{n}}{3645^n} \sum_{k=0}^{n} \binom{n}{k} \binom{n+2k}{2k} \binom{2k}{k} 486^{n-k} = \frac{10}{3\pi}.$$

(ii) 对任何正整数 n 有

$$2n\binom{2n}{n} \ \bigg| \ \sum_{k=0}^{n-1} k\binom{2k}{k} 3645^{n-1-k} \sum_{j=0}^{k} \binom{k}{j} \binom{k+2j}{2j} \binom{2j}{j} 486^{k-j}.$$

(iii) 设 $p > 5$ 为素数, 则

$$\sum_{n=0}^{p-1} \frac{n\binom{2n}{n}}{3645^n} \sum_{k=0}^{n} \binom{n}{k} \binom{n+2k}{2k} \binom{2k}{k} 486^{n-k} \equiv \frac{16}{81} p \left(\left(\frac{-1}{p}\right) - \left(\frac{5}{p}\right) \right) \pmod{p^2}.$$

如果 $(\frac{-5}{p}) = 1$ 且 n 为正整数, 则

$$\sum_{k=0}^{pn-1} \frac{k\binom{2k}{k}}{3645^k} \sum_{j=0}^{k} \binom{k}{j}\binom{k+2j}{2j}\binom{2j}{j}486^{k-j}$$

$$- p\left(\frac{-1}{p}\right) \sum_{k=0}^{n-1} \frac{k\binom{2k}{k}}{3645^k} \sum_{j=0}^{k} \binom{k}{j}\binom{k+2j}{2j}\binom{2j}{j}486^{k-j}$$

除以 $(pn)^2\binom{2n}{n}$ 为 p-adic 整数.

 (iv) 对素数 $p > 5$ 有

$$\sum_{n=0}^{p-1} \frac{\binom{2n}{n}}{3645^n} \sum_{k=0}^{n} \binom{n}{k}\binom{n+2k}{2k}\binom{2k}{k}486^{n-k}$$

$$\equiv \begin{cases} 4x^2 - 2p \pmod{p^2} & \text{如果 } p \equiv 1, 4 \pmod{15} \text{ 且 } p = x^2 + 15y^2 \, (x, y \in \mathbb{Z}), \\ 2p - 12x^2 \pmod{p^2} & \text{如果 } p \equiv 2, 8 \pmod{15} \text{ 且 } p = 3x^2 + 5y^2 \, (x, y \in \mathbb{Z}), \\ 0 \pmod{p^2} & \text{如果 } \left(\frac{-15}{p}\right) = -1, \text{ 即 } p \equiv 7, 11, 13, 14 \pmod{15}. \end{cases}$$

注记10.45. 猜想10.45的第一条、第三条前一断言以及第四条首次公开发表于[188, (4.35)与猜想4.5], 猜想10.45的第二条首次出现于[213, 注记].

猜想10.46 (2012年1月18日, 2020年8月19日). (i) 我们有级数等式

$$\sum_{n=0}^{\infty} \frac{6n+1}{(-1728)^n} \binom{2n}{n} \sum_{k=0}^{n} \binom{n}{k}\binom{n+2k}{2k}\binom{2k}{k}(-324)^{n-k} = \frac{24}{25\pi}\sqrt{375 + 120\sqrt{10}}.$$

 (ii) 对整数 $n > 1$ 有

$$\frac{1}{n\binom{2n}{n}} \sum_{k=0}^{n-1} (6k+1)(-1)^k 1728^{n-1-k} \sum_{j=0}^{k} \binom{k}{j}\binom{k+2j}{2j}\binom{2j}{j}(-324)^{k-j} \in \mathbb{Z}_+,$$

并且这个整数为奇数当且仅当 $n \in \{2^a + 1 : a \in \mathbb{N}\}$.

 (iii) 设 $p > 3$ 为素数. 对于

$$R_p := \frac{1}{p} \sum_{n=0}^{p-1} \frac{6n+1}{(-1728)^n} \binom{2n}{n} \sum_{k=0}^{n} \binom{n}{k}\binom{n+2k}{2k}\binom{2k}{k}(-324)^{n-k},$$

我们有

$$R_p^2 \equiv \frac{512(\frac{10}{p}) - 27(\frac{-15}{p}) - 475}{10} \pmod{p}.$$

如果 $(\frac{10}{p}) = (\frac{-15}{p}) = 1$ 且 $n \in \mathbb{Z}_+$, 则

$$\sum_{k=0}^{pn-1} \frac{6k+1}{(-1728)^k} \binom{2k}{k} \sum_{j=0}^{k} \binom{k}{j}\binom{k+2j}{2j}\binom{2j}{j}(-324)^{k-j}$$

$$- p\left(\frac{-1}{p}\right) \sum_{k=0}^{n-1} \frac{6k+1}{(-1728)^k} \binom{2k}{k} \sum_{j=0}^{k} \binom{k}{j}\binom{k+2j}{2j}\binom{2j}{j}(-324)^{k-j}$$

除以$(pn)^2\binom{2n}{n}$为p-adic整数.

(iv) 任给素数$p>3$, 我们有

$$\sum_{n=0}^{p-1}\frac{\binom{2n}{n}}{(-1728)^n}\sum_{k=0}^{n}\binom{n}{k}\binom{n+2k}{2k}\binom{2k}{k}(-324)^{n-k}$$

$$\equiv\begin{cases}4x^2-2p\ (\mathrm{mod}\ p^2) & \text{如果 } p\equiv 1,7\ (\mathrm{mod}\ 24)\text{ 且 }p=x^2+6y^2\ (x,y\in\mathbb{Z}),\\ 8x^2-2p\ (\mathrm{mod}\ p^2) & \text{如果 } p\equiv 5,11\ (\mathrm{mod}\ 24)\text{ 且 }p=2x^2+3y^2\ (x,y\in\mathbb{Z}),\\ 0\ (\mathrm{mod}\ p^2) & \text{如果 } \left(\frac{-6}{p}\right)=-1,\text{ 即 } p\equiv 13,17,19,23\ (\mathrm{mod}\ 24).\end{cases}$$

注记10.46. 作者在2012年猜测第一条中级数和乘以π是代数数, 直到2020年8月才猜准其精确值. 猜想10.46的第一条公开于[222], 第三条前一断言与第四条发表于[188, 猜想4.6].

猜想10.47. (i) (2020年8月20日) 我们有级数等式

$$\sum_{n=0}^{\infty}\frac{4n+1}{(-160)^n}\binom{2n}{n}\sum_{k=0}^{n}\binom{n}{k}\binom{n+2k}{2k}\binom{2k}{k}(-20)^{n-k}=\frac{\sqrt{30}}{5\pi}\cdot\frac{5+\sqrt[3]{145+30\sqrt{6}}}{\sqrt[6]{145+30\sqrt{6}}}.$$

(ii) (2020年8月20日) 对任何整数$n>1$有

$$\frac{1}{n\binom{2n}{n}}\sum_{k=0}^{n-1}(-1)^k(4k+1)160^{n-1-k}\binom{2k}{k}\sum_{j=0}^{k}\binom{k}{j}\binom{k+2j}{2j}\binom{2j}{j}(-20)^{k-j}\in\mathbb{Z}_+,$$

而且此数为奇数当且仅当$n\in\{2^a+1:\ a\in\mathbb{N}\}$.

(iii) (2012年1月18日) 设p为奇素数, 则

$$\left(\frac{p}{5}\right)\sum_{n=0}^{p-1}\frac{\binom{2n}{n}}{(-160)^n}\sum_{k=0}^{n}\binom{n}{k}\binom{n+2k}{2k}\binom{2k}{k}(-20)^{n-k}$$

$$\equiv\begin{cases}4x^2-2p\ (\mathrm{mod}\ p^2) & \text{如果 } p\equiv 1,3\ (\mathrm{mod}\ 8)\text{ 且 }p=x^2+2y^2\ (x,y\in\mathbb{Z}),\\ 0\ (\mathrm{mod}\ p^2) & \text{如果 } p\equiv 5,7\ (\mathrm{mod}\ 8).\end{cases}$$

注记10.47. 此猜测第一条公开于[222], 也可参见OEIS条目A337247. 早在2012年1月18日, 作者就猜测对奇素数$p\neq 5$有

$$\sum_{n=0}^{p-1}\frac{4n+1}{(-160)^n}\binom{2n}{n}\sum_{j=0}^{k}\binom{k}{j}\binom{k+2j}{2j}\binom{2j}{j}(-20)^{k-j}\equiv 0\ (\mathrm{mod}\ p).$$

猜想10.48 (2020年8月21日). (i) 我们有级数等式

$$\sum_{n=0}^{\infty}\frac{1290n+289}{27648^n}\binom{2n}{n}\sum_{k=0}^{n}\binom{n}{k}\binom{n+2k}{2k}\binom{2k}{k}(-2160)^{n-k}=\frac{96\sqrt{15}}{\pi}.$$

(ii) 对于整数$n>1$我们有

$$\frac{1}{n\binom{2n}{n}}\sum_{k=0}^{n-1}(1290k+289)27648^{n-1-k}\binom{2k}{k}\sum_{j=0}^{k}\binom{k}{j}\binom{k+2j}{2j}\binom{2j}{j}(-2160)^{k-j}\in\mathbb{Z}_+,$$

而且此数为奇当且仅当 $n \in \{2^a + 1 : a \in \mathbb{N}\}$.

(iii) 设 $p > 3$ 为素数, 则

$$\sum_{n=0}^{p-1} \frac{1290n + 289}{27648^n} \binom{2n}{n} \sum_{k=0}^{n} \binom{n}{k}\binom{n+2k}{2k}\binom{2k}{k}(-2160)^{n-k}$$

$$\equiv p\left(104\left(\frac{3}{p}\right) + 185\left(\frac{-15}{p}\right)\right) \pmod{p^2}.$$

如果 $(\frac{-5}{p}) = 1$ 且 $n \in \mathbb{Z}_+$, 则

$$\sum_{k=0}^{pn-1} \frac{1290k + 289}{27648^k} \binom{2k}{k} \sum_{j=0}^{k} \binom{k}{j}\binom{k+2j}{2j}\binom{2j}{j}(-2160)^{k-j}$$

$$- p\left(\frac{3}{p}\right) \sum_{k=0}^{n-1} \frac{1290k + 289}{27648^k} \binom{2k}{k} \sum_{j=0}^{k} \binom{k}{j}\binom{k+2j}{2j}\binom{2j}{j}(-2160)^{k-j}$$

除以 $(pn)^2 \binom{2n}{n}$ 为 p-adic 整数.

(iv) 对于素数 $p > 3$, 我们有

$$\sum_{n=0}^{p-1} \frac{\binom{2n}{n}}{27648^n} \sum_{k=0}^{n} \binom{n}{k}\binom{n+2k}{2k}\binom{2k}{k}(-2160)^{n-k}$$

$$\equiv \begin{cases} 4x^2 - 2p \pmod{p^2} & \text{如果 } (\frac{-1}{p}) = (\frac{p}{3}) = (\frac{p}{5}) = (\frac{p}{11}) = 1, \ p = x^2 + 165y^2, \\ 2x^2 - 2p \pmod{p^2} & \text{如果 } (\frac{-1}{p}) = (\frac{p}{3}) = (\frac{p}{5}) = (\frac{p}{11}) = -1, \ 2p = x^2 + 165y^2, \\ 2p - 12x^2 \pmod{p^2} & \text{如果 } (\frac{-1}{p}) = (\frac{p}{5}) = -1, \ (\frac{p}{3}) = (\frac{p}{11}) = 1, \ p = 3x^2 + 55y^2, \\ 2p - 6x^2 \pmod{p^2} & \text{如果 } (\frac{-1}{p}) = (\frac{p}{5}) = 1, \ (\frac{p}{3}) = (\frac{p}{11}) = -1, \ 2p = 3x^2 + 55y^2, \\ 20x^2 - 2p \pmod{p^2} & \text{如果 } (\frac{-1}{p}) = (\frac{p}{11}) = 1, \ (\frac{p}{3}) = (\frac{p}{5}) = -1, \ p = 5x^2 + 33y^2, \\ 10x^2 - 2p \pmod{p^2} & \text{如果 } (\frac{-1}{p}) = (\frac{p}{11}) = -1, \ (\frac{p}{3}) = (\frac{p}{5}) = 1, \ 2p = 5x^2 + 33y^2, \\ 44x^2 - 2p \pmod{p^2} & \text{如果 } (\frac{-1}{p}) = (\frac{p}{3}) = -1, \ (\frac{p}{5}) = (\frac{p}{11}) = 1, \ p = 11x^2 + 15y^2, \\ 22x^2 - 2p \pmod{p^2} & \text{如果 } (\frac{-1}{p}) = (\frac{p}{3}) = 1, \ (\frac{p}{5}) = (\frac{p}{11}) = -1, \ 2p = 11x^2 + 15y^2, \\ 0 \pmod{p^2} & \text{如果 } (\frac{-165}{p}) = -1, \end{cases}$$

其中 $x, y \in \mathbb{Z}$.

注记10.48. 此猜想第一条公开于[222].

猜想10.49 (2020年8月23日). (i) 我们有级数等式

$$\sum_{n=0}^{\infty} \frac{804n + 49}{276480^n} \binom{2n}{n} \sum_{k=0}^{n} \binom{n}{k}\binom{n+2k}{2k}\binom{2k}{k}12096^{n-k} = \frac{120\sqrt{15}}{\pi}.$$

(ii) 对整数 $n > 1$ 我们有

$$\frac{1}{n\binom{2n}{n}} \sum_{k=0}^{n-1} (804k + 49)276480^{n-1-k} \binom{2k}{k} \sum_{j=0}^{k} \binom{k}{j}\binom{k+2j}{2j}\binom{2j}{j}12096^{k-j} \in \mathbb{Z}_+,$$

而且此数为奇数当且仅当 $n \in \{2^a + 1 : a \in \mathbb{N}\}$.

(iii) 设 $p > 5$ 为素数, 则

$$\sum_{k=0}^{p-1} \frac{804k + 49}{276480^k} \binom{2k}{k} \sum_{j=0}^{k} \binom{k}{j}\binom{k+2j}{2j}\binom{2j}{j} 12096^{k-j} \equiv p\left(95\left(\frac{-15}{p}\right) - 46\left(\frac{30}{p}\right)\right) \pmod{p^2}.$$

如果 $p \equiv 1, 3 \pmod 8$ 且 $n \in \mathbb{Z}_+$, 则

$$\sum_{k=0}^{pn-1} \frac{804k + 49}{276480^k} \binom{2k}{k} \sum_{j=0}^{k} \binom{k}{j}\binom{k+2j}{2j}\binom{2j}{j} 12096^{k-j}$$

$$- p\left(\frac{-15}{p}\right) \sum_{k=0}^{n-1} \frac{804k + 49}{276480^k} \binom{2k}{k} \sum_{j=0}^{k} \binom{k}{j}\binom{k+2j}{2j}\binom{2j}{j} 12096^{k-j}$$

除以 $(pn)^2 \binom{2n}{n}$ 为 p-adic 整数.

(iv) 设 $p > 5$ 为素数, 则

$$\sum_{n=0}^{p-1} \frac{\binom{2n}{n}}{276480^n} \sum_{k=0}^{n} \binom{n}{k}\binom{n+2k}{2k}\binom{2k}{k} 12096^{n-k}$$

$$\equiv \begin{cases} 4x^2 - 2p \pmod{p^2} & \text{如果 } \left(\frac{-2}{p}\right) = \left(\frac{p}{3}\right) = \left(\frac{p}{5}\right) = \left(\frac{p}{7}\right) = 1 \text{ 且 } p = x^2 + 210y^2 \ (x, y \in \mathbb{Z}), \\ 8x^2 - 2p \pmod{p^2} & \text{如果 } \left(\frac{-2}{p}\right) = \left(\frac{p}{7}\right) = 1, \ \left(\frac{p}{3}\right) = \left(\frac{p}{5}\right) = -1 \text{ 且 } p = 2x^2 + 105y^2 \ (x, y \in \mathbb{Z}), \\ 2p - 12x^2 \pmod{p^2} & \text{如果 } \left(\frac{-2}{p}\right) = \left(\frac{p}{3}\right) = 1, \ \left(\frac{p}{5}\right) = \left(\frac{p}{7}\right) = -1 \text{ 且 } p = 3x^2 + 70y^2 \ (x, y \in \mathbb{Z}), \\ 20x^2 - 2p \pmod{p^2} & \text{如果 } \left(\frac{-2}{p}\right) = \left(\frac{p}{3}\right) = \left(\frac{p}{5}\right) = \left(\frac{p}{7}\right) = -1 \text{ 且 } p = 5x^2 + 42y^2 \ (x, y \in \mathbb{Z}), \\ 2p - 24x^2 \pmod{p^2} & \text{如果 } \left(\frac{-2}{p}\right) = \left(\frac{p}{5}\right) = 1, \ \left(\frac{p}{3}\right) = \left(\frac{p}{7}\right) = -1 \text{ 且 } p = 6x^2 + 35y^2 \ (x, y \in \mathbb{Z}), \\ 28x^2 - 2p \pmod{p^2} & \text{如果 } \left(\frac{-2}{p}\right) = \left(\frac{p}{5}\right) = -1, \ \left(\frac{p}{3}\right) = \left(\frac{p}{7}\right) = 1 \text{ 且 } p = 7x^2 + 30y^2 \ (x, y \in \mathbb{Z}), \\ 40x^2 - 2p \pmod{p^2} & \text{如果 } \left(\frac{-2}{p}\right) = \left(\frac{p}{7}\right) = -1, \ \left(\frac{p}{3}\right) = \left(\frac{p}{5}\right) = 1 \text{ 且 } p = 10x^2 + 21y^2 \ (x, y \in \mathbb{Z}), \\ 56x^2 - 2p \pmod{p^2} & \text{如果 } \left(\frac{-2}{p}\right) = \left(\frac{p}{3}\right) = -1, \ \left(\frac{p}{5}\right) = \left(\frac{p}{7}\right) = 1 \text{ 且 } p = 14x^2 + 15y^2 \ (x, y \in \mathbb{Z}), \\ 0 \pmod{p^2} & \text{如果 } \left(\frac{-210}{p}\right) = -1. \end{cases}$$

注记 10.49. 此猜想公开于 [222].

猜想 10.50 (2020年8月27日). (i) 我们有级数等式

$$\sum_{n=0}^{\infty} \frac{24n + 5}{(-20)^n} \binom{2n}{n} \sum_{k=0}^{n} \binom{n}{k}\binom{n+2k}{2k}\binom{2k}{k}\left(-\frac{2}{3}\right)^{3k} = \frac{3}{2\pi}(5\sqrt{6} + 4\sqrt{15}).$$

(ii) 任给正整数 n, 我们有

$$\frac{(-27)^{n-1}}{n\binom{2n-1}{n-1}} \sum_{k=0}^{n-1} (24k + 5)(-20)^{n-1-k} \binom{2k}{k} \sum_{j=0}^{k} \binom{k}{j}\binom{k+2j}{2j}\binom{2j}{j}\left(-\frac{2}{3}\right)^{3j} \in \mathbb{Z}_+,$$

而且此数模 8 余 5.

(iii) 设 $p > 5$ 为素数, 则

$$\sum_{n=0}^{p-1} \frac{24n+5}{(-20^n)} \binom{2n}{n} \sum_{k=0}^{n} \binom{n}{k} \binom{n+2k}{2k} \binom{2k}{k} \left(-\frac{2}{3}\right)^{3k}$$

$$\equiv_p \left(95 \left(4\frac{-6}{p}\right) + \left(\frac{-15}{p}\right) \right) \pmod{p^2}.$$

如果 $(\frac{10}{p}) = 1$ 且 $n \in \mathbb{Z}_+$, 则

$$\sum_{k=0}^{pn-1} \frac{24k+5}{(-20)^k} \binom{2k}{k} \sum_{j=0}^{k} \binom{k}{j} \binom{k+2j}{2j} \binom{2j}{j} \left(-\frac{2}{3}\right)^{3j}$$

$$- p \left(\frac{-6}{p}\right) \sum_{k=0}^{n-1} \frac{24k+5}{(-20)^k} \binom{2k}{k} \sum_{j=0}^{k} \binom{k}{j} \binom{k+2j}{2j} \binom{2j}{j} \left(-\frac{2}{3}\right)^{3j}$$

除以 $(pn)^2 \binom{2n}{n}$ 为 p-adic 整数.

(iv) 设 $p > 5$ 为素数, 则

$$\sum_{k=0}^{p-1} \frac{\binom{2k}{k}}{(-20)^k} \sum_{j=0}^{k} \binom{k}{j} \binom{k+2j}{2j} \binom{2j}{j} \left(-\frac{2}{3}\right)^{3j}$$

$$\equiv \begin{cases} 4x^2 - 2p \pmod{p^2} & \text{如果 } \left(\frac{2}{p}\right) = \left(\frac{p}{3}\right) = \left(\frac{p}{5}\right) = 1 \text{ 且 } p = x^2 + 30y^2 \ (x,y \in \mathbb{Z}), \\ 8x^2 - 2p \pmod{p^2} & \text{如果 } \left(\frac{2}{p}\right) = 1, \left(\frac{p}{3}\right) = \left(\frac{p}{5}\right) = -1 \text{ 且 } p = 2x^2 + 15y^2 \ (x,y \in \mathbb{Z}), \\ 2p - 12x^2 \pmod{p^2} & \text{如果 } \left(\frac{p}{3}\right) = 1, \left(\frac{2}{p}\right) = \left(\frac{p}{5}\right) = -1 \text{ 且 } p = 3x^2 + 10y^2 \ (x,y \in \mathbb{Z}), \\ 20x^2 - 2p \pmod{p^2} & \text{如果 } \left(\frac{p}{5}\right) = 1, \left(\frac{2}{p}\right) = \left(\frac{p}{3}\right) = -1 \text{ 且 } p = 5x^2 + 6y^2 \ (x,y \in \mathbb{Z}), \\ 0 \pmod{p^2} & \text{如果 } \left(\frac{-30}{p}\right) = -1. \end{cases}$$

注记10.50. 此猜测公开于[222].

猜想10.51 (2012年1月14日). (i) 我们有级数等式

$$\sum_{n=0}^{\infty} \frac{28n+5}{576^n} \binom{2n}{n} \sum_{k=0}^{n} 5^k \frac{\binom{2k}{k}^2 \binom{2(n-k)}{n-k}^2}{\binom{n}{k}} = \frac{9}{\pi}(2+\sqrt{2}).$$

(ii) 对任何 $n \in \mathbb{Z}_+$, 我们有

$$n\binom{2n-1}{n-1} \,\Big|\, \sum_{k=0}^{n-1} (28k+5)576^{n-1-k} \binom{2k}{k} \sum_{j=0}^{k} 5^j \frac{\binom{2j}{j}\binom{2(k-j)}{k-j}}{\binom{k}{j}}.$$

(iii) 设 $p > 3$ 为素数, 则

$$\sum_{n=0}^{p-1} \frac{28n+5}{576^n} \binom{2n}{n} \sum_{k=0}^{n} 5^k \frac{\binom{2k}{k}^2 \binom{2(n-k)}{n-k}^2}{\binom{n}{k}} \equiv p \left(3\left(\frac{-1}{p}\right) + 2\left(\frac{-2}{p}\right) \right) \pmod{p^2}.$$

(iv) 对于素数 $p > 5$, 我们有

$$\left(\frac{-1}{p}\right)\sum_{n=0}^{p-1}\frac{\binom{2n}{n}}{576^n}\sum_{k=0}^{n}5^k\frac{\binom{2k}{k}^2\binom{2(n-k)}{n-k}^2}{\binom{n}{k}}$$

$$\equiv\begin{cases}4x^2-2p\ (\mathrm{mod}\ p^2) & \text{如果 } \left(\frac{2}{p}\right)=\left(\frac{p}{3}\right)=\left(\frac{p}{5}\right)=1 \text{ 且 } p=x^2+30y^2\ (x,y\in\mathbb{Z}),\\ 8x^2-2p\ (\mathrm{mod}\ p^2) & \text{如果 } \left(\frac{2}{p}\right)=1,\left(\frac{p}{3}\right)=\left(\frac{p}{5}\right)=-1 \text{ 且 } p=2x^2+15y^2\ (x,y\in\mathbb{Z}),\\ 2p-12x^2\ (\mathrm{mod}\ p^2) & \text{如果 } \left(\frac{p}{3}\right)=1,\left(\frac{2}{p}\right)=\left(\frac{p}{5}\right)=-1 \text{ 且 } p=3x^2+10y^2\ (x,y\in\mathbb{Z}),\\ 20x^2-2p\ (\mathrm{mod}\ p^2) & \text{如果 } \left(\frac{p}{5}\right)=1,\left(\frac{2}{p}\right)=\left(\frac{p}{3}\right)=-1 \text{ 且 } p=5x^2+6y^2\ (x,y\in\mathbb{Z}),\\ 0\ (\mathrm{mod}\ p^2) & \text{如果 } \left(\frac{-30}{p}\right)=-1.\end{cases}$$

注记10.51. 此猜测第一、三条公开发表于[187, (8)], 第二、四条发表于[213, 猜想38]. 令

$$a_n=\sum_{k=0}^{n}5^k\frac{\binom{2k}{k}^2\binom{2(n-k)}{n-k}^2}{\binom{n}{k}}\quad(n=0,1,2,\ldots),$$

则 $a_0=1$, $a_1=24$, $a_2=976$. 2012年1月16日, 作者猜测对任何 $n\in\mathbb{Z}_+$ 有 $2^{n+2}\mid a_n$, 而且 $a_n/2^{n+2}$ 为奇数当且仅当 $n\in\{2^a:a\in\mathbb{N}\}$.

猜想10.52 (2020年8月24日). (i) 我们有级数等式

$$\sum_{n=0}^{\infty}\frac{182n+31}{576^n}\binom{2n}{n}\sum_{k=0}^{n}\frac{\binom{2k}{k}^2\binom{2(n-k)}{n-k}^2}{\binom{n}{k}}\left(-\frac{25}{16}\right)^k=\frac{189}{2\pi}.$$

(ii) 设 $p>3$ 为素数, 则

$$\sum_{n=0}^{p-1}\frac{182n+31}{576^n}\binom{2n}{n}\sum_{k=0}^{n}\frac{\binom{2k}{k}^2\binom{2n-2k}{n-k}^2}{\binom{n}{k}}\left(-\frac{25}{16}\right)^k\equiv\frac{p}{2}\left(63\left(\frac{-1}{p}\right)-1\right)\ (\mathrm{mod}\ p^2).$$

(iii) 对于素数 $p>3$, 我们有

$$\sum_{n=0}^{p-1}\frac{\binom{2n}{n}}{576^n}\sum_{k=0}^{n}\frac{\binom{2k}{k}^2\binom{2n-2k}{n-k}^2}{\binom{n}{k}}\left(-\frac{25}{16}\right)^k$$

$$\equiv\begin{cases}4x^2-2p\ (\mathrm{mod}\ p^2) & \text{如果 } \left(\frac{p}{7}\right)=1 \text{ 且 } p=x^2+7y^2\ (x,y\in\mathbb{Z}),\\ 0\ (\mathrm{mod}\ p^2) & \text{如果 } \left(\frac{p}{7}\right)=-1,\text{ 即 } p\equiv 3,5,6\ (\mathrm{mod}\ 7).\end{cases}$$

注记10.52. 此猜测公开于[222].

§10.5　与调和数有关的级数等式与相伴同余式

回忆一下, 调和数 H_n $(n=0,1,2,\ldots)$ 如下给出:

$$H_n:=\sum_{0<k\leqslant n}\frac{1}{k}.$$

已知对素数 $p > 3$ 有

$$H_{p-1} \equiv -\frac{p^2}{3}B_{p-3} \pmod{p^3},$$

这里 B_{p-3} 是下标为 $p-3$ 的 Bernoulli 数.

猜想10.53 (2016年12月20日). (i) 我们有

$$\sum_{k=1}^{\infty} \frac{3H_{k-1}^2 + \frac{4}{k}H_{k-1}}{k^2 \binom{2k}{k}} = \frac{\pi^4}{360}.$$

(ii) 任给素数 $p > 3$, 有同余式

$$p\sum_{k=1}^{p-1} \frac{3H_{k-1}^2 + \frac{4}{k}H_{k-1}}{k^2 \binom{2k}{k}} \equiv -3\frac{H_{p-1}}{p^2} - \frac{p^2}{5}B_{p-5} \pmod{p^3}$$

和

$$\sum_{k=1}^{p-1} \left(3H_k^2 - \frac{4}{k}H_k\right) \frac{\binom{2k}{k}}{k} \equiv 6\frac{H_{p-1}}{p^2} + \frac{8}{5}p^2 B_{p-5} \pmod{p^3}.$$

注记10.53. 容易对此猜测第一条中等式进行数值检验, 因为其中级数收敛非常快. 2020年, 王晨与胡殿旺在[239, 引理2.3]中证明了猜想10.53中最后的同余式模 p 成立.

猜想10.54 (2014年11月21日). (i) 我们有级数等式

$$\sum_{k=1}^{\infty} (-1)^{k-1} \frac{10H_k - \frac{3}{k}}{k^3 \binom{2k}{k}} = \frac{\pi^4}{30}.$$

(ii) 设 $p > 3$ 为素数, 则

$$\sum_{k=1}^{p-1} \frac{(-1)^{k-1}}{k^2} \binom{2k}{k} \left(H_{k-1} + \frac{3}{10k}\right) \equiv \frac{16}{25} p^2 B_{p-5} \pmod{p^3},$$

$$\sum_{k=1}^{p-1} \frac{(-1)^{k-1}}{k^3 \binom{2k}{k}} \left(10H_k - \frac{3}{k}\right) \equiv \frac{2}{5} p B_{p-5} \pmod{p^2}.$$

注记10.54. 此猜测发表于[192, 猜想3.3].

猜想10.55 (2014年11月21日). (i) 我们有级数等式

$$\sum_{k=1}^{\infty} (-1)^{k-1} \frac{H_{2k} + 4H_k}{k^3 \binom{2k}{k}} = \frac{2}{75}\pi^4.$$

(ii) 设 $p > 5$ 为素数, 则

$$\sum_{k=1}^{p-1} \frac{(-1)^{k-1}}{k^2} \binom{2k}{k} (H_{2k-1} + 4H_{k-1}) \equiv \frac{184}{25} p^2 B_{p-5} \pmod{p^3},$$

$$p\sum_{k=1}^{p-1} \frac{(-1)^{k-1}(H_{2k} + 4H_k)}{k^3 \binom{2k}{k}} \equiv \frac{2}{5} \cdot \frac{H_{p-1}}{p^2} + \frac{8}{25} p^2 B_{p-5} \pmod{p^3}.$$

注记10.55. 此猜测发表于[192, 猜想3.3].

猜想10.56 (2014年11月25日). (i) 我们有级数等式

$$\sum_{k=1}^{\infty} \frac{(-1)^{k-1}}{k^3 \binom{2k}{k}} \left(H_k^{(3)} + \frac{1}{5k^3} \right) = \frac{2}{5} \zeta(3)^2.$$

(ii) 对于素数 $p > 3$, 我们有

$$p \sum_{k=1}^{p-1} \frac{(-1)^{k-1}}{k^3 \binom{2k}{k}} \left(5H_k^{(3)} + \frac{1}{k^3} \right) \equiv 2B_{p-5} \pmod{p},$$

$$p \sum_{k=1}^{p-1} \frac{H_{k-1}^{(2)} - \frac{1}{k^2}}{k^4 \binom{2k}{k}} \equiv \frac{4}{9} B_{p-5} \pmod{p}.$$

注记10.56. 此猜测发表于[192, 猜想4.2].

猜想10.57 (2014年11月26日). 我们有级数等式

$$\sum_{k=1}^{\infty} \frac{2^k}{k^2 \binom{2k}{k}} \left(H_{\lfloor \frac{k}{2} \rfloor} - (-1)^k \frac{2}{k} \right) = \frac{7}{4} \zeta(3).$$

注记10.57. 此猜测发表于[192, 猜想3.2].

猜想10.58 (2014年12月7日). (i) 我们有级数等式

$$\sum_{k=1}^{\infty} \frac{6H_{\lfloor \frac{k}{2} \rfloor}^{(2)} - \frac{(-1)^k}{k^2}}{k^2 \binom{2k}{k}} = \frac{13}{1620} \pi^4.$$

(ii) 对于素数 $p > 3$, 我们有同余式

$$p \sum_{k=1}^{p-1} \frac{6H_{\lfloor \frac{k}{2} \rfloor}^{(2)} - \frac{(-1)^k}{k^2}}{k^2 \binom{2k}{k}} \equiv 22 \frac{H_{p-1}}{p^2} - \frac{97}{45} p^2 B_{p-5} \pmod{p^3}.$$

注记10.58. 此猜测发表于[192, 猜想4.1].

猜想10.59 (2014年11月21日). (i) 我们有级数等式

$$\sum_{k=0}^{\infty} \frac{\binom{2k}{k}}{(2k+1)^2 (-16)^k} \left(5H_{2k+1} + \frac{12}{2k+1} \right) = 14 \zeta(3).$$

(ii) 对于 $p > 3$, 我们有

$$\sum_{k=0}^{p-1} \frac{\binom{2k}{k}}{(2k+1)^2 (-16)^k} \left(5H_{2k+1} + \frac{12}{2k+1} \right) \equiv -15 \frac{H_{p-1}}{p^2} - \frac{29}{10} p^2 B_{p-5} \pmod{p^3}.$$

注记10.59. 此猜想发表于[192, 猜想3.4]. 作者在[192, 猜想3.4]中猜测的级数等式

$$\sum_{k=0}^{\infty} \frac{\binom{2k}{k}}{(2k+1)16^k} \left(3H_{2k+1} + \frac{4}{2k+1} \right) = 8G$$

(其中G为Catalan常数$\sum_{k=0}^{\infty} \frac{(-1)^k}{(2k+1)^2}$) 被J. Ablinger[1]证实, 作者关于此等式相应的同余式猜想断言对任何奇素数p有

$$\sum_{k=0}^{(p-3)/2} \frac{\binom{2k}{k}}{(2k+1)16^k} \left(3H_{2k+1} + \frac{4}{2k+1} \right) \equiv 4E_{p-3} \pmod{p}.$$

猜想10.60 (2014年11月21日). 我们有级数等式

$$\sum_{k=0}^{\infty} \frac{\binom{2k}{k}}{(2k+1)^3 16^k} \left(9H_{2k+1} + \frac{32}{2k+1} \right) = 40\beta(4) + \frac{5}{12}\pi\zeta(3).$$

注记10.60. 此猜测发表于[192, 猜想3.4], 注意$\beta(4) = \sum_{k=0}^{\infty} \frac{(-1)^k}{(2k+1)^4}$.

猜想10.61 (2014年11月22日). 我们有级数等式

$$\sum_{k=1}^{\infty} \frac{1}{k 2^k \binom{3k}{k}} \left(\frac{1}{k+1} + \cdots + \frac{1}{2k} \right) = \frac{3}{10}\log^2 2 + \frac{\pi}{20}\log 2 - \frac{\pi^2}{60},$$

$$\sum_{k=1}^{\infty} \frac{1}{k^2 2^k \binom{3k}{k}} \left(\frac{1}{k+1} + \cdots + \frac{1}{2k} \right) = -\frac{\pi G}{2} + \frac{33}{32}\zeta(3) + \frac{\pi^2}{24}\log 2.$$

注记10.61. 此猜测以前未发表过. 易证

$$\sum_{k=1}^{\infty} \frac{1}{k 2^k \binom{3k}{k}} = \frac{\pi - 2\log 2}{10}, \quad \sum_{k=1}^{\infty} \frac{1}{k^2 2^k \binom{3k}{k}} = \frac{\pi^2}{24} - \frac{\log^2 2}{2}.$$

利用Mathematica还可导出

$$\sum_{k=1}^{\infty} \frac{1}{k^3 2^k \binom{3k}{k}} = \pi G + \frac{\log^3 2}{6} - \frac{\pi^2}{24}\log 2 - \frac{33}{16}\zeta(3).$$

黄金比指

$$\phi = \frac{\sqrt{5} + 1}{2} \approx 1.618\ldots.$$

猜想10.62 (2014年11月29日). 我们有

$$\sum_{k=1}^{\infty} \frac{L_{2k}}{k^2 \binom{2k}{k}} \left(\frac{1}{k} + \frac{1}{k+1} + \cdots + \frac{1}{2k} \right) = \frac{41\zeta(3) + 4\pi^2 \log\phi}{25},$$

其中Lucas数$L_0, L_1, L_2, \ldots$如下给出:

$$L_0 = 2, \ L_1 = 1, \ 且 \ L_{n+1} = L_n + L_{n-1} \ (n = 1, 2, 3, \ldots).$$

240

注记10.62. 此猜测发表于[192, (3.11)]. 易对这个等式进行数值检验, 因为其中级数收敛非常快. 还易证(参见[192, 注记3.2(b)])

$$\sum_{k=1}^{\infty} \frac{L_{2k}}{k^2 \binom{2k}{k}} = \frac{\pi^2}{5}.$$

猜想10.63 (2014年12月7日). 我们有

$$\sum_{k=1}^{\infty} \frac{v_k}{k^2 \binom{2k}{k}} \left(\frac{1}{k} + \frac{1}{k+1} + \cdots + \frac{1}{2k} \right) = \frac{124\zeta(3) + \pi^2 \log\left(5^5 \phi^6\right)}{50},$$

其中$v_k = v_k(5, 5)$, 亦即

$$v_0 = 2, \ v_1 = 5, \ \text{且} \ v_{n+1} = 5(v_n - v_{n-1}) \ (n = 1, 2, 3, \ldots).$$

注记10.63. 此猜测发表于[192, (3.12)]. 易证(参见[192, 注记3.2(b)])

$$\sum_{k=1}^{\infty} \frac{v_k}{k^2 \binom{2k}{k}} = \frac{2}{5} \pi^2.$$

猜想10.64 (2014年11月29日). (i) 我们有级数等式

$$\sum_{k=1}^{\infty} \frac{1}{k^2 \binom{2k}{k}} \left(8 \sum_{j=1}^{k} \frac{(-1)^j}{j^4} + \frac{(-1)^k}{k^4} \right) = -\frac{97}{34020} \pi^6 - \frac{22}{15} \zeta(3)^2,$$

$$\sum_{k=1}^{\infty} \frac{1}{k^4 \binom{2k}{k}} \left(72 \sum_{j=1}^{k} \frac{(-1)^j}{j^2} - \frac{(-1)^k}{k^2} \right) = -\frac{31}{1134} \pi^6 - \frac{34}{5} \zeta(3)^2.$$

(ii) 对于素数$p > 5$, 我们有

$$p \sum_{k=1}^{p-1} \frac{1}{k^2 \binom{2k}{k}} \left(\sum_{j=1}^{k} \frac{(-1)^j}{j^4} + \frac{(-1)^k}{8k^4} \right) \equiv -\frac{B_{p-5}}{3} \pmod{p},$$

$$p \sum_{k=1}^{p-1} \frac{1}{k^4 \binom{2k}{k}} \left(72 \sum_{j=1}^{k} \frac{(-1)^j}{j^2} - \frac{(-1)^k}{k^2} \right) \equiv -2B_{p-5} \pmod{p}.$$

注记10.64. 此猜测发表于[192, 猜想4.2].

猜想10.65 (2014年11月29日). (i) 我们有级数等式

$$\sum_{k=1}^{\infty} \frac{(-1)^k}{k^3 \binom{2k}{k}} \left(40 \sum_{0<j<k} \frac{(-1)^j}{j^3} - 7\frac{(-1)^k}{k^3} \right) = -\frac{367}{27216} \pi^6 + 6\zeta(3)^2.$$

(ii) 对于素数$p > 5$, 我们有

$$p \sum_{k=1}^{p-1} \frac{(-1)^k}{k^3 \binom{2k}{k}} \left(40 \sum_{0<j<k} \frac{(-1)^j}{j^3} - 7\frac{(-1)^k}{k^3} \right) \equiv \frac{5}{2} B_{p-5} \pmod{p}.$$

注记10.65. 此猜想发表于[192, 猜想4.2].

猜想10.66 (2014年12月21日). 我们有级数等式

$$\sum_{k=1}^{\infty} \frac{(-1)^k}{k^3\binom{2k}{k}}\left(110\sum_{j=1}^{k}\frac{(-1)^j}{j^4} + 29\frac{(-1)^k}{k^4}\right) = \frac{223}{24}\zeta(7) - \frac{301}{6}\zeta(2)\zeta(5) + \frac{221}{2}\zeta(3)\zeta(4).$$

注记10.66. 此猜想发表于[192, 猜想4.3].

猜想10.67 (2014年11月28日). 我们有级数等式

$$\sum_{k=0}^{\infty} \frac{\binom{2k}{k}}{(2k+1)^2(-16)^k}\sum_{j=0}^{k}\frac{(-1)^j}{(2j+1)^2} = \frac{\pi^2 G}{10} + \frac{\pi\zeta(3)}{240} + \frac{27\sqrt{3}}{640}\sum_{k=1}^{\infty}\frac{\binom{k}{3}}{k^4}.$$

注记10.67. 此猜想发表于[192, 猜想5.1].

猜想10.68 (2014年11月26日). (i) 我们有级数等式

$$\sum_{k=0}^{\infty} \frac{\binom{2k}{k}}{(2k+1)8^k}\left(\sum_{0\leqslant j<k}\frac{(-1)^j}{2j+1} - \frac{(-1)^k}{2k+1}\right) = -\frac{\sqrt{2}}{16}\pi^2.$$

(ii) 设p为奇素数, 则

$$\sum_{k=(p+1)/2}^{p-1} \frac{\binom{2k}{k}}{(2k+1)8^k}\left(\sum_{0\leqslant j<k}\frac{(-1)^j}{2j+1} - \frac{(-1)^k}{2k+1}\right) \equiv \frac{(\frac{-1}{p})}{16}E_{p-3}\left(\frac{1}{4}\right) \pmod{p}.$$

注记10.68. 此猜想第一条发表于[192, (5.3)].

猜想10.69 (2014年11月26日). (i) 我们有级数等式

$$\sum_{k=0}^{\infty} \frac{\binom{2k}{k}}{(2k+1)16^k}\left(12\sum_{j=0}^{k}\frac{(-1)^j}{(2j+1)^2} - \frac{(-1)^k}{(2k+1)^2}\right) = 4\pi G.$$

(ii) 设$p>3$为素数, 则

$$\sum_{k=0}^{(p-3)/2} \frac{\binom{2k}{k}}{(2k+1)16^k}\left(12\sum_{j=0}^{k}\frac{(-1)^j}{(2j+1)^2} - \frac{(-1)^k}{(2k+1)^2}\right) \equiv -\frac{3}{2}\cdot\frac{H_{p-1}}{p^2} \pmod{p^2}.$$

注记10.69. 此猜想发表于[192, 猜想5.2].

猜想10.70 (2014年11月27日). (i) 我们有级数等式

$$\sum_{k=0}^{\infty} \frac{\binom{2k}{k}}{(2k+1)16^k}\left(8\sum_{j=0}^{k}\frac{(-1)^j}{(2j+1)^4} + \frac{(-1)^k}{(2k+1)^4}\right) = \frac{11}{120}\pi^2\zeta(3) + \frac{8}{3}\pi\beta(4).$$

(ii) 对素数$p>5$, 我们有

$$\sum_{k=0}^{(p-3)/2} \frac{\binom{2k}{k}}{(2k+1)16^k}\left(8\sum_{j=0}^{k}\frac{(-1)^j}{(2j+1)^4} + \frac{(-1)^k}{(2k+1)^4}\right) \equiv \frac{B_{p-5}}{6} \pmod{p}.$$

对素数 $p > 3$, 我们有

$$p^3 \sum_{k=(p+1)/2}^{p-1} \frac{\binom{2k}{k}}{(2k+1)16^k} \left(8 \sum_{j=0}^{k} \frac{(-1)^j}{(2j+1)^4} + \frac{(-1)^k}{(2k+1)^4} \right) \equiv \frac{8}{3} \left(\frac{-1}{p} \right) E_{p-3} \pmod{p}.$$

注记10.70. 此猜测第一条发表于[192, (5.10)].

猜想10.71 (2014年11月27日). (i) 我们有级数等式

$$\sum_{k=0}^{\infty} \frac{\binom{2k}{k}}{(2k+1)^2(-16)^k} \left(5 \sum_{j=0}^{k} \frac{1}{(2j+1)^3} + \frac{1}{(2k+1)^3} \right) = \frac{\pi^2}{2} \zeta(3).$$

(ii) 设 $p > 3$ 为素数, 则

$$\sum_{k=0}^{(p-3)/2} \frac{\binom{2k}{k}}{(2k+1)^2(-16)^k} \left(5 \sum_{j=0}^{k} \frac{1}{(2j+1)^3} + \frac{1}{(2k+1)^3} \right) \equiv \frac{B_{p-5}}{8} \pmod{p}.$$

注记10.71. 此猜测发表于[192, 猜想5.2].

猜想10.72 (2014年12月2日). (i) 我们有级数等式

$$\sum_{k=0}^{\infty} \frac{\binom{2k}{k}}{(2k+1)16^k} \left(24 \sum_{0 \leqslant j < k} \frac{(-1)^j}{(2j+1)^3} + 7 \frac{(-1)^k}{(2k+1)^3} \right) = \frac{\pi^4}{12}.$$

(ii) 设 $p > 3$ 为素数, 则

$$\sum_{k=0}^{(p-3)/2} \frac{\binom{2k}{k}}{(2k+1)16^k} \left(24 \sum_{0 \leqslant j < k} \frac{(-1)^j}{(2j+1)^3} + 7 \frac{(-1)^k}{(2k+1)^3} \right) \equiv -\frac{p}{5} B_{p-5} \pmod{p^2}.$$

注记10.72. 此猜测发表于[192, 猜想5.2].

猜想10.73 (2014年12月2日). (i) 我们有级数等式

$$\sum_{k=0}^{\infty} \frac{\binom{2k}{k}}{(2k+1)^2(-16)^k} \left(40 \sum_{0 \leqslant j < k} \frac{(-1)^j}{(2j+1)^3} - 7 \frac{(-1)^k}{(2k+1)^3} \right) = -\frac{85\pi^5}{3456}.$$

(ii) 设 $p > 3$ 为素数, 则

$$\sum_{k=0}^{(p-3)/2} \frac{\binom{2k}{k}}{(2k+1)^2(-16)^k} \left(40 \sum_{0 \leqslant j < k} \frac{(-1)^j}{(2j+1)^3} - 7 \frac{(-1)^k}{(2k+1)^3} \right) \equiv \left(\frac{-1}{p} \right) \frac{5}{32} B_{p-5} \pmod{p^2}.$$

注记10.73. 此猜测发表于[192, 猜想5.2].

猜想10.74 (2014年12月2日). (i) 我们有级数等式

$$\sum_{k=0}^{\infty} \frac{\binom{2k}{k}}{(2k+1)^2(-16)^k} \left(5 \sum_{0 \leqslant j < k} \frac{1}{(2j+1)^4} + \frac{1}{(2k+1)^4} \right) = \frac{7\pi^6}{7200}.$$

(ii) 对于素数 $p > 7$, 我们有

$$\sum_{k=0}^{(p-3)/2} \frac{\binom{2k}{k}}{(2k+1)^2(-16)^k} \left(\sum_{0 \leqslant j < k} \frac{5}{(2j+1)^4} + \frac{1}{(2k+1)^4} \right) \equiv -\frac{pB_{p-7}}{560} \pmod{p^2}.$$

注记10.74. 此猜测发表于[192, 猜想5.2].

猜想10.75 (2014年12月18日). 我们有级数等式

$$\sum_{k=0}^{\infty} \frac{\binom{2k}{k}}{(2k+1)^2(-16)^k} \left(110 \sum_{j=0}^{k} \frac{(-1)^j}{(2j+1)^4} + 29 \frac{(-1)^k}{(2k+1)^4} \right)$$
$$= \frac{91}{96}\pi^3\zeta(3) + 11\pi^2\beta(4) - \frac{301}{192}\pi\zeta(5).$$

注记10.75. 此猜测发表于[192, 猜想5.3].

猜想10.76 (2014年12月18日). 我们有级数等式

$$\sum_{k=0}^{\infty} \frac{\binom{2k}{k}}{(2k+1)^3 16^k} \left(72 \sum_{j=0}^{k} \frac{(-1)^j}{(2j+1)^2} - \frac{(-1)^k}{(2k+1)^2} \right) = \frac{7}{3}\pi^3 G + \frac{17}{40}\pi^2\zeta(3).$$

注记10.76. 此猜测发表于[192, 猜想5.3].

§10.6 其他的级数等式及相应同余式

我们定义

$$K := L\left(2, \left(\frac{-3}{\cdot}\right)\right) = \sum_{k=1}^{\infty} \frac{\left(\frac{k}{3}\right)}{k^2} = 0.781302412896\ldots,$$

其中$\left(\frac{k}{3}\right)$为Legendre符号, $\left(\frac{-3}{\cdot}\right)$为Kronecker符号. 作者在2010年猜测的两个级数等式

$$\sum_{k=1}^{\infty} \frac{(15k-4)(-27)^{k-1}}{k^3\binom{2k}{k}^2\binom{3k}{k}} = K \quad \text{与} \quad \sum_{k=1}^{\infty} \frac{(5k-1)(-144)^k}{k^3\binom{2k}{k}^2\binom{4k}{2k}} = -\frac{45}{2}K$$

发表于[170, 猜想1.4], 其中第一个被K. Hessami Pilehrood与T. Hessami Pilehrood在[70]中证实, 第二个被J. Guillera和M. Rogers在[55]中所证明.

猜想10.77. (i) (2014年8月12日) 我们有级数等式

$$\sum_{k=1}^{\infty} \frac{48^k}{k(2k-1)\binom{4k}{2k}\binom{2k}{k}} = \frac{15}{2}K.$$

对于素数$p > 3$, 我们有同余式

$$p^2 \sum_{k=1}^{p-1} \frac{48^k}{k(2k-1)\binom{4k}{2k}\binom{2k}{k}} \equiv 4\left(\frac{p}{3}\right) + 4p \pmod{p^2}.$$

(ii) (2014年7月7日) 任给素数$p > 3$与正整数a, 我们有

$$\sum_{k=1}^{p^a-1} \frac{\binom{4k}{2k+1}\binom{2k}{k}}{48^k} \equiv \left(\frac{p^{a-1}}{3}\right)\frac{5}{12}p^2 B_{p-2}\left(\frac{1}{3}\right) \pmod{p^3}.$$

(iii) (2019年) 对于素数 $p > 3$, 有仅依赖于 p 的 p-adic 整数 a_p 使得对任何 $n \in \mathbb{Z}_+$ 都有

$$\frac{48^n}{(pn)^2 \binom{4n}{2n}\binom{2n}{n}} \left(\sum_{k=0}^{pn-1} \frac{\binom{4k}{2k+1}\binom{2k}{k}}{48^k} - \left(\frac{p}{3}\right) \sum_{r=0}^{n-1} \frac{\binom{4r}{2r+1}\binom{2r}{r}}{48^r} \right)$$

$$\equiv \frac{4}{p^2} \sum_{k=0}^{p-1} \frac{\binom{4k}{2k+1}\binom{2k}{k}}{48^k} + (n-1)pa_p \pmod{p^2}.$$

注记 10.77. 此猜测的第一条以及 $a = 1$ 时的第二条发表于[192, 猜想1.1], 第三条发表于[213, 猜想17]. 作者在[213, 注记17]中宣布悬赏480美元征求此猜测第一条中那个奇特的级数等式的证明. 早在2011年11月29日, 作者就猜测对任何素数 $p > 3$ 有

$$\sum_{k=0}^{p-1} \frac{\binom{4k}{2k+1}\binom{2k}{k}}{48^k} \equiv 0 \pmod{p^2};$$

这发表于[170, 猜想5.14(i)], 最近被王晨与孙智伟在[241]中所证明.

猜想 10.78. (i) (2010年4月5日) 我们有级数等式

$$\sum_{k=1}^{\infty} \frac{(28k^2 - 18k + 3)(-64)^k}{k^5 \binom{2k}{k}^4 \binom{3k}{k}} = -14\zeta(3).$$

(ii) (2010年4月5日) 对任何整数 $n > 1$, 有

$$\sum_{k=0}^{n-1} (28k^2 + 18k + 3)\binom{2k}{k}^4 \binom{3k}{k}(-64)^{n-1-k} \equiv 0 \pmod{(2n+1)n^2 \binom{2n}{n}^2}.$$

对任何奇素数 p, 我们有

$$\sum_{k=0}^{p-1} \frac{28k^2 + 18k + 3}{(-64)^k} \binom{2k}{k}^4 \binom{3k}{k} \equiv 3p^2 - \frac{7}{2}p^5 B_{p-3} \pmod{p^6},$$

$$\sum_{k=0}^{(p-1)/2} \frac{28k^2 + 18k + 3}{(-64)^k} \binom{2k}{k}^4 \binom{3k}{k} \equiv 3p^2 + \left(\frac{-1}{p}\right) 6p^4 E_{p-3} \pmod{p^5}.$$

(iii) (2019年) 任给素数 $p > 3$ 与正整数 n, 我们有

$$\frac{1}{(pn)^5 \binom{2n}{n}^4 \binom{3n}{n}} \left(\sum_{k=0}^{pn-1} \frac{28k^2 + 18k + 3}{(-64)^k} \binom{2k}{k}^4 \binom{3k}{k} - p^2 \sum_{k=0}^{n-1} \frac{28k^2 + 18k + 3}{(-64)^k} \binom{2k}{k}^4 \binom{3k}{k} \right) \in \mathbb{Z}_p.$$

对于奇素数 p 与正奇数 n, 我们有

$$\frac{\sum_{k=0}^{(pn-1)/2} \frac{28k^2+18k+3}{(-64)^k} \binom{2k}{k}^4 \binom{3k}{k} - p^2 \sum_{k=0}^{(n-1)/2} \frac{28k^2+18k+3}{(-64)^k} \binom{2k}{k}^4 \binom{3k}{k}}{p^4 n^3 \binom{n-1}{(n-1)/2}^4 \binom{3(n-1)/2}{(n-1)/2}} \in \mathbb{Z}_p.$$

注记10.78. 此猜测前两条发表于[176, 猜想8], 第三条发表于[213, 猜想30(i)]. 1997年, T. Amdeberhan与D. Zeilberger在[6]中使用WZ方法导出了下面这个恒等式:

$$\sum_{k=1}^{\infty} \frac{(-1)^k(205k^2 - 160k + 32)}{k^5 \binom{2k}{k}^5} = -2\zeta(3).$$

猜想10.79. (i) (2011年4月26日) 我们有

$$\sum_{n=0}^{\infty} \frac{18n^2 + 7n + 1}{(-128)^n} \binom{2n}{n}^2 \sum_{k=0}^{n} \binom{-\frac{1}{4}}{k}^2 \binom{-\frac{3}{4}}{n-k}^2 = \frac{4\sqrt{2}}{\pi^2}.$$

(ii) (2019年) 对$n \in \mathbb{N}$让$a_n = \sum_{k=0}^{n} \binom{-\frac{1}{4}}{k}^2 \binom{-\frac{3}{4}}{n-k}^2$. 则对任何奇素数$p$与正整数$n$有

$$\frac{1}{(pn)^3 \binom{2n}{n}^2} \left(\sum_{k=0}^{pn-1} \frac{18k^2 + 7k + 1}{(-128)^k} \binom{2k}{k}^2 a_k - p^2 \left(\frac{2}{p}\right) \sum_{k=0}^{n-1} \frac{18k^2 + 7k + 1}{(-128)^k} \binom{2k}{k}^2 a_k \right) \in \mathbb{Z}_p.$$

注记10.79. 此猜测第一条发表于[170, 猜想1.4], 第二条发表于[213, 猜想34(ii)] ($n = 1$时更早出现于[170, 猜想5.15]). 根据[188, (3.1)], 对任何$n \in \mathbb{N}$有

$$64^n \sum_{k=0}^{n} \binom{-\frac{1}{4}}{k}^2 \binom{-\frac{3}{4}}{n-k}^2 = \sum_{k=0}^{n} \binom{2k}{k}^3 \binom{2(n-k)}{n-k} 16^{n-k}.$$

猜想10.80. (i) (2011年5月20日) 我们有

$$\sum_{n=0}^{\infty} \frac{40n^2 + 26n + 5}{(-256)^n} \binom{2n}{n}^2 \text{Domb}(n) = \frac{24}{\pi^2}.$$

(ii) (2019年) 设p为奇素数, 则

$$\sum_{k=0}^{p-1} \frac{40k^2 + 26k + 5}{(-256)^k} \binom{2k}{k}^2 \text{Domb}(k) \equiv 5p^2 + 2p^3 q_p(2) - 3p^4 q_p(2)^2 \pmod{p^5},$$

且对$n = 2, 3, \ldots$有

$$\frac{(-1)^{n-1}}{n^2 \binom{2n}{n}^2} \sum_{k=0}^{n-1} (40k^2 + 26k + 5) \binom{2k}{k}^2 \text{Domb}(k)(-256)^{n-1-k} \in \mathbb{Z}_+.$$

(iii) (2019年) 设p为奇素数且n为正整数, 则

$$\frac{(-256)^{n-1}}{(pn)^3 \binom{2n}{n}^2} D_{p,n} \equiv \frac{q_p(2)}{2} \text{Domb}(n-1) \pmod{p},$$

其中

$$D_{p,n} := \sum_{k=0}^{pn-1} \frac{40k^2 + 26k + 5}{(-256)^k} \binom{2k}{k}^2 \text{Domb}(k) - p^2 \sum_{k=0}^{n-1} \frac{40k^2 + 26k + 5}{(-256)^k} \binom{2k}{k}^2 \text{Domb}(k).$$

注记10.80. 此猜测第一条发表于[170, 猜想1.4], 第二、三条发表于[213, 猜想78](弱点的形式更早出现于[170, 猜想5.15]).

第11章 置换、行列式与积和式

本章包含了作者提出的置换、行列式与积和式方面的45个猜想. 在本章中S_n表示$\{1,\ldots,n\}$上所有置换构成的对称群. 有的行列式或积和式涉及Legendre符号或者单位根, 也有的行列式是Hankel型的(即形如$|a_{i+j}|_{0\leqslant i,j\leqslant n}$).

§11.1 $\{1,\ldots,n\}$的置换

猜想11.1 (2013年9月7日). 给定正整数$n\neq 2,4$, 有$0,1,\ldots,n$的全排列$i_0,i_1,\ldots,i_n$使得$i_0=0$, $i_n=n$, 而且

$$i_0+i_1,\ i_1+i_2,\ \ldots,\ i_{n-1}+i_n,\ i_n+i_0$$

与$n\pm1$都互素.

注记11.1. 此猜测发表于[216, 猜想3.9], 有关数据可见OEIS条目A228886, 目前已被验证到$n=25$. 作者已证猜想11.1在n为正奇数时成立, 参见[216, 注记3.9]. 2013 年9月, 作者在OEIS条目A228860中猜测对于正整数$n>3$有$\tau\in S_n$使得$\tau(1)=1$, $\tau(n)=n$, 而且$\tau(1)+\tau(2),\ldots,\tau(n-1)+\tau(n),\tau(n)+\tau(1)$都与$n$互素; 这后来被作者以前的学生曹惠琴与潘颢在[15]中证实.

猜想11.2 (2013年9月7日). 设$p=2n+1$为奇素数. 如果$p>19$, 则有$1,\ldots,n$的圆排列$(i_1,\ldots,i_n)$使得n个相邻两项和$i_1+i_2,i_2+i_3,\ldots,i_{n-1}+i_n,i_n+i_1$都是模$p$的原根. 当$p>13$ 时, 有$1,\ldots,n$的圆排列$(i_1,\ldots,i_n)$使得n个邻项差$i_1-i_2,i_2-i_3,\ldots,i_{n-1}-i_n,i_n-i_1$都是模$p$的原根.

注记11.2. 此猜测发表于[216, 猜想3.5(ii)], 已对素数$p<545$进行了验证.

猜想11.3 (2013年9月8日). 任给正整数n, 有$0,1,\ldots,n$的一个圆排列$(i_0,i_1,\ldots,i_n)$使得相邻两项和$i_0+i_1,i_1+i_2,\ldots,i_{n-1}+i_n,i_n+i_0$都属于集合$\{k\in\mathbb{Z}_+:\ 6k\pm1$为孪生素数$\}$.

注记11.3. 此猜测发表于[216, 猜想3.11], 有关数据可见OEIS条目A228917. 例如: $n=12$时圆排列$(0,5,2,1,6,4,3,9,8,10,7,11,12)$符合要求. 猜想11.3显然强于孪生素数猜想, 侯庆虎对$n\leqslant 100$进行了验证. 1982年, A. Filz在[45]中猜测对于正偶数n都有$1,\ldots,n$的圆排列$(i_1,\ldots,i_n)$使得n个邻项和$i_1+i_2,\ldots,i_{n-1}+i_n,i_n+i_1$都是素数.

猜想11.4 (2013年9月9日). 任给正整数n, 有$0,1,\ldots,n$的圆排列$(i_0,i_1,\ldots,i_n)$使得$2n+2$个数

$$|i_0\pm i_1|,\ |i_1\pm i_2|,\ \ldots,\ |i_{n-1}\pm i_n|,\ |i_n\pm i_0|$$

都形如$\frac{p-1}{2}$, 其中p为奇素数.

注记11.4. 此猜测发表于[216, 猜想3.13], 有关数据可见OEIS 条目A228956, 例如: $n=9$时可取圆排列$(0,1,2,3,5,4,7,8,6,9)$. 2013年8月, 作者猜测对整数$n>4$有$1,\ldots,n$的圆排列$(i_1,\ldots,i_n)$使得$|i_1-i_2|,\ldots,|i_{n-1}-i_n|,|i_n-i_1|$都是素数; 这被陈永高所证明, 参见OEIS条目A228626.

2013年9月, 在OEIS条目A229543中作者证明了对整数$n>5$总有$0,\ldots,n$的圆排列$(i_0,\ldots,i_n)$使得$|i_0-i_1|,\ldots,|i_{n-1}-i_n|,|i_n-i_0|$都是平方数.

猜想11.5 (2013年9月10日). 任给正整数$n \neq 2,4$, 有$0,1,\ldots,n$ 的圆排列$(i_0,i_1,\ldots,i_n)$使得

$$|i_0^2-i_1^2|,\ |i_1^2-i_2^2|,\ \ldots,\ |i_{n-1}^2-i_n^2|,\ |i_n^2-i_0^2|$$

都形如$(p-1)/2$, 其中p为奇素数.

注记11.5. 此猜测发表于[216, 猜想3.13], 有关数据可见OEIS 条目A229005. 例如: $n=5$时可取圆排列$(0,1,4,5,2,3)$. 更多类似猜想可见[216, 第3节].

猜想11.6 (2018年11月25日). (i) 对于整数$n>6$, 有$\tau \in S_n$使得

$$\sum_{k=1}^{n-1} \frac{1}{\tau(k)+\tau(k+1)} = 1.$$

(ii) 对于整数$n>7$, 有$\tau \in S_n$使得

$$\frac{1}{\tau(1)+\tau(2)} + \frac{1}{\tau(2)+\tau(3)} + \ldots + \frac{1}{\tau(n-1)+\tau(n)} + \frac{1}{\tau(n)+\tau(1)} = 1.$$

注记11.6. 此猜测发表于[207, 猜想4.7(i)], 有关数据可见OEIS条目A322070. 例如: 对于$1,\ldots,7$的全排列$(4,5,7,2,1,3,6)$有

$$\frac{1}{4+5} + \frac{1}{5+7} + \frac{1}{7+2} + \frac{1}{2+1} + \frac{1}{1+3} + \frac{1}{3+6} = 1,$$

对于$1,\ldots,8$的全排列$(1,3,5,4,6,2,7,8)$有

$$\frac{1}{1+3} + \frac{1}{3+5} + \frac{1}{5+4} + \frac{1}{4+6} + \frac{1}{6+2} + \frac{1}{2+7} + \frac{1}{7+8} + \frac{1}{8+1} = 1.$$

2018年11月20日, 作者猜测对整数$n>5$有$\tau \in S_n$使得$\sum_{k=1}^{n} \frac{1}{k+\tau(k)} = 1$, 并把此猜想公布于MathOverflow; 随后谌昭归纳证实了此猜测, 参见[209].

猜想11.7 (2018年11月25日). 对于整数$n>7$, 有$\tau \in S_n$使得

$$\sum_{k=1}^{n-1} \frac{1}{\tau(k)^2-\tau(k+1)^2} = 0.$$

注记11.7. 此猜测发表于[207, 猜想4.7(ii)], 有关数据可见OEIS条目A322099. 例如: 对于$1,\ldots,8$的全排列$(4,5,2,7,3,1,6,8)$有

$$\frac{1}{4^2-5^2} + \frac{1}{5^2-2^2} + \frac{1}{2^2-7^2} + \frac{1}{7^2-3^2} + \frac{1}{3^2-1^2} + \frac{1}{1^2-6^2} + \frac{1}{6^2-8^2} = 0.$$

在2018年11月25日, 作者也猜测对于整数$n>5$有$\tau_1,\tau_2 \in S_n$使得

$$\sum_{k=1}^{n-1} \frac{1}{\tau_1(k)\tau_1(k+1)} = 1 \ \text{且} \ \sum_{k=1}^{n-1} \frac{1}{\tau_2(k)-\tau_2(k+1)} = 0,$$

还猜测对于整数$n > 7$有$\tau \in S_n$使得

$$\sum_{k=1}^{n-1} \frac{1}{\tau(k) - \tau(k+1)} + \frac{1}{\tau(n) - \tau(1)} = 0,$$

但这些已被韩国牛在[64]中证实了.

猜想11.8 (2018年12月2日). 任给整数$n > 4$, 集合$\left\{ \sum_{k=1}^{n} k^2 \tau(k)^2 : \tau \in S_n \right\}$包含模$2n + 1$的完全剩余系.

注记11.8. 作者对$n = 5, 6, \ldots, 11$验证了此猜想.

猜想11.9 (2018年11月24日). (i) 任给整数$n > 4$, 有唯一的2幂次可表成$\sum_{k=1}^{n-1} \tau(k)\tau(k+1)$的形式, 这里$\tau \in S_n$且$\tau(n) = n$.

(ii) 任给整数$n > 1$, 有$\tau \in S_n$使得

$$\sum_{k=1}^{n-1} \tau(k)\tau(k+1) \in \{2^a + 1 : a \in \mathbb{N}\}.$$

注记11.9. 此猜测发表于[207, 猜想4.8]. 例如: 对$1, \ldots, 9$的全排列$6, 3, 5, 4, 7, 2, 8, 1, 9$, 有

$$6 \times 3 + 3 \times 5 + 5 \times 4 + 4 \times 7 + 7 \times 2 + 2 \times 8 + 8 \times 1 + 1 \times 9 = 2^7;$$

对于$(\tau(1), \ldots, \tau(11)) = (4, 5, 7, 6, 8, 2, 9, 3, 10, 1, 11)$, 我们有$\sum_{k=1}^{10} \tau(k)\tau(k+1) = 2^8 + 1$.

猜想11.10 (2018年11月15日). (i) 任给正整数n, 有$\tau \in S_n$使得对$k\tau(k) + 1$ $(k = 1, \ldots, n)$都是素数.

(ii) 对于整数$n > 2$, 有$\tau \in S_n$使得对$k\tau(k) - 1$ $(k = 1, \ldots, n)$都是素数.

注记11.10. 此猜测发表于[207, 猜想4.3], 有关数据可见OEIS条目A321597. F. Brunault对$n \leqslant 510$验证了猜想11.10第一部分, 参见[208]. 作者在2018年11月也猜测对每个正整数n有$\tau \in S_n$使得诸$k\tau(k)$ $(k = 1, \ldots, n)$都为可行数.

猜想11.11 (2018年11月15日). 任给整数$n > 2$, 有$\tau \in S_n$使得对$k + \tau(k) \pm 1$ $(k = 1, \ldots, n)$ 都是素数.

注记11.11. 此猜测公布于OEIS条目A321597, 它蕴含着孪生素数猜想.

猜想11.12 (2018年11月17日). 任给正整数n, 存在$\tau \in S_n$使得诸$p_k + p_{\tau(k)} + 1$ $(k = 1, \ldots, n)$都是素数.

注记11.12. 此猜测发表于[207, 猜想4.5]并被验证到$n \leqslant 36$, 有关数据可见OEIS条目A321727. 对于$n = 3$只能取$(\tau(1), \tau(2), \tau(3)) = (1, 2, 3)$, $n = 4$时可取$(\tau(1), \ldots, \tau(4)) = (1, 2, 4, 3), (1, 4, 3, 2)$. 作者甚至猜测对于整数$n > 3$必有$\tau \in S_n$使得$p_k + p_{\tau(k)} + 1$为素数且$p_k + p_{\tau(k)}$为可行数. 注意没有$\tau \in S_{10}$使得$p_k + p_{\tau(k)} - 1$ $(k = 1, \ldots, 10)$都是素数, 但对$1 \leqslant n \leqslant 10^7$都可找到$1 \leqslant k \leqslant n$使得$p_n + p_k - 1$为素数.

猜想11.13 (2018年11月19日). 任给正整数n, 存在偶置换$\tau \in S_n$使得诸$p_k p_{\tau(k)} - 2$ $(k = 1, \ldots, n)$都是素数. 对于整数$n > 2$, 也有奇置换$\tau \in S_n$使得诸$p_k p_{\tau(k)} - 2$ $(k = 1, \ldots, n)$都是素数.

注记11.13. 此猜测发表于[207, 猜想4.6], 有关数据可见OEIS条目A321855.

猜想11.14 (2021年4月1日). 任给整数$n > 3$, 有$\tau \in S_n$使得$\tau(n) = n$, 而且

$$\tau(1)^{\tau(2)} + \cdots + \tau(n-1)^{\tau(n)} + \tau(n)^{\tau(1)}$$

为平方数.

注记11.14. 此猜测及相关数据公布于OEIS条目A342965. 当$n = 4$时符合要求的$\tau \in S_4$只有一个:

$$(\tau(1), \tau(2), \tau(3), \tau(4)) = (2, 1, 3, 4);$$

注意$2^1 + 1^3 + 3^4 + 4^2 = 10^2$. 当$n = 6$时符合要求的$\tau \in S_6$也只有一个:

$$(\tau(1), \tau(2), \tau(3), \tau(4), \tau(5), \tau(6)) = (1, 5, 2, 4, 3, 6);$$

注意

$$1^5 + 5^2 + 2^4 + 4^3 + 3^6 + 6^1 = 29^2.$$

对于$n = 12$, 作者观察到

$$1^2 + 2^5 + 5^6 + 6^8 + 8^4 + 4^{11} + 11^9 + 9^7 + 7^{10} + 10^3 + 3^{12} + 12^1 = 51494^2.$$

猜想11.15 (2021年4月1日). 任给整数$n > 2$, 有$\tau \in S_n$使得$\tau(n) = n$, 而且

$$p = \tau(1)^{\tau(2)-1} + \cdots + \tau(n-1)^{\tau(n)-1} + \tau(n)^{\tau(1)-1}$$

以及$p - 2$与$p + 6$都是素数.

注记11.15. 此猜测及相关数据公布于OEIS条目A342966. 对于$n = 3, 4, 5, 6$, 符合要求的$\tau \in S_n$唯一. 例如: 当$n = 6$时符合要求的$\tau \in S_6$只有一个:

$$(\tau(1), \tau(2), \tau(3), \tau(4), \tau(5), \tau(6)) = (4, 3, 1, 5, 2, 6);$$

注意

$$p = 4^{3-1} + 3^{1-1} + 1^{5-1} + 5^{2-1} + 2^{6-1} + 6^{4-1} = 271$$

以及$p - 2 = 269$与$p + 6 = 277$都是素数. Schinzel假设蕴含着有无穷多个素数p使得$p - 2$与$p + 6$都是素数.

猜想11.16 (2021年4月2日). (i) 任给整数$n > 5$, 有置换$\tau \in S_n$使得$\tau(1) = 1$, $\tau(2) = 2$, 而且$\prod_{k=1}^{n} k^{\tau(k)}$形如$(p-1)^3$, 其中$p$为素数.

  (ii) 任给整数$n > 5$, 有置换$\tau \in S_n$使得$\tau(1) = n - 1$, $\tau(n) = n$, 而且

$$\tau(1)^{\tau(2)} \cdots \tau(n-1)^{\tau(n)} \tau(n)^{\tau(1)} \in \{q^2 : q \in \mathbb{N} \text{ 且 } \{q-1, q+1\}\text{为孪生素数对}\}.$$

注记11.16. 此猜测公开于OEIS条目A343130; 例如, $(\tau(1), \ldots, \tau(6)) = (1, 2, 5, 6, 3, 4)$时

$$\prod_{k=1}^{6} k^{\tau(k)} = 1^1 \times 2^2 \times 3^5 \times 4^6 \times 5^3 \times 6^4 = (8461 - 1)^3,$$

而且8461为素数. 作者注意到没有$\tau \in S_5$使得$\prod_{k=1}^{5} k^{\tau(k)}$为平方数或立方数. 作者将涉及猜想11.16的帖子公开于MathOverflow后, F. Brunault于2021年4月12日证明了对于整数$n > 5$有置换$\tau \in S_n$使得$\prod_{k=1}^{n} k^{\tau(k)}$为平方数(或立方数), 参见http://mathoverflow.net/questions/389126.

§11.2 其他置换问题

猜想11.17 (2013年10月2日). 设$n > 1$为奇数, 则有模n简化剩余系中元素的一个圆排列$(a_1, \ldots, a_{\varphi(n)})$使得

$$\{a_1 - a_2, \ a_2 - a_3, \ \ldots, \ a_{\varphi(n)-1} - a_{\varphi(n)}, \ a_{\varphi(n)} - a_1\}$$

也是模n的简化剩余系.

注记11.17. 此猜测发表于[216, 注记1.4], 在n为奇素数幂次时容易利用模n的原根来证明(参见[216, 定理1.4]).

猜想11.18 (2013年9月1日). 任给$n > 1$个不同实数$a_1, \ldots, a_n$, 有它们的一个全排列$b_1, \ldots, b_n$使得$b_1 = a_1$而且$n - 1$个数

$$|b_1 - b_2|, \ |b_2 - b_3|, \ \ldots, \ |b_{n-1} - b_n|$$

两两不同.

注记11.18. 此猜测在2013年9月1日公布于OEIS条目A185645, 后来正式发表于[216, 猜想3.1]. 在a_1为$a_1, \ldots, a_n$中最小元或最大元时这已被作者在[216, 定理1.1]中证明, 作为推论有前$n > 2$个素数的一个圆排列$(q_1, \ldots, q_n)$使得诸邻项距离

$$|q_1 - q_2|, \ |q_2 - q_3|, \ \ldots, \ |q_{n-1} - q_n|, \ |q_n - q_1|$$

两两不同. 2015年, F. Monopoli[110]在集合$\{a_1, \ldots, a_n\}$形成算术级数时证实了猜想11.18. 组合中把满足$\{|\tau(k+1) - \tau(k)| : \ k = 1, \ldots, n-1\} = \{1, \ldots, n-1\}$的置换$\tau \in S_n$叫作graceful permutation, 对于这样的排列$\tau(1), \ldots, \tau(n)$显然1与n相邻.

猜想11.19 (2013年9月11日). 设$p = 2n + 1$为奇素数.

(i) 如果$p > 19$, 则有模p的全部n个平方剩余的圆排列$(a_1, \ldots, a_n)$使得n个相邻两项和$a_1 + a_2, a_2 + a_3, \ldots, a_{n-1} + a_n, a_n + a_1$都是模$p$的原根.

(ii) 如果$p > 13$, 则有模p的全部n个平方剩余的圆排列$(a_1, \ldots, a_n)$使得n个邻项差$a_1 - a_2, a_2 - a_3, \ldots, a_{n-1} - a_n, a_n - a_1$都是模$p$的原根.

注记11.19. 此猜测发表于[216, 猜想3.6].

251

猜想11.20 (2013年9月22日). (i) 设集合A由$n > 2$个不同的非零实数构成. 则有A中所有元素的一个圆排列$(a_1, a_2, ..., a_n)$使得相邻两项和$a_1 + a_2, a_2 + a_3, ..., a_{n-1} + a_n, a_n + a_1$两两不同, 而且相邻两项积$a_1 a_2, a_2 a_3, ..., a_{n-1} a_n, a_n a_1$也两两不同, 除非出现下面三种例外情形:

(a) $|A| = 4$且A形如$\{\pm s, \pm t\}$,

(b) $|A| = 5$且A形如$\{r, \pm s, \pm t\}$,

(c) $|A| = 6$且A形如$\{\pm r, \pm s, \pm t\}$.

(ii) 设A由$n > 3$个不同的非零实数构成. 则有A中所有元素的一个圆排列$(a_1, a_2, ..., a_n)$使得邻项差$a_1 - a_2, a_2 - a_3, ..., a_{n-1} - a_n, a_n - a_1$两两不同, 而且邻项积$a_1 a_2, a_2 a_3, ..., a_{n-1} a_n, a_n a_1$也两两不同, 除非$|A| = 4$且$A$形如$\{\pm s, \pm t\}$.

注记11.20. 此猜测发表于[216, 猜想3.10]. 如果$n > 1$为奇数, 取$A = \{1, 2, ..., n\}$中元的自然圆排列$(1, 2, ..., n)$, 则$1 + 2, 2 + 3, ..., (n-1) + n, n + 1$两两不同(注意$n + 1$是偶数), 而且$1 \times 2, 2 \times 3, ..., (n-1) \times n, n \times 1$两两不同(注意$n$为奇数).

§11.3 行列式与积和式

对于域上的n阶方阵$A = [a_{i,j}]_{1 \leqslant i,j \leqslant n}$, 其行列式(determinant)指

$$\det A = |A| = |a_{i,j}|_{1 \leqslant i,j \leqslant n} = \sum_{\tau \in S_n} \text{sign}(\tau) \prod_{i=1}^{n} a_{i,\tau(i)},$$

而其积和式(permanent)如下定义:

$$\text{per} A = \text{per}[a_{i,j}]_{1 \leqslant i,j \leqslant n} = \sum_{\tau \in S_n} \prod_{i=1}^{n} a_{i,\tau(i)}.$$

猜想11.21 (2018年12月4日). 设$n > 1$为整数且$n \not\equiv 2 \pmod 4$. 则

$$\text{per}[i^{j-1}]_{1 \leqslant i,j \leqslant n-1} \equiv 0 \pmod n.$$

如果$n \equiv 1 \pmod 3$, 则还有

$$\text{per}[i^{j-1}]_{1 \leqslant i,j \leqslant n-1} \equiv 0 \pmod{n^2}.$$

注记11.21. 此猜测发表于[207, 猜想4.2]. 孙智伟在[207, 定理1.3]中证明了整数$n > 2$总整除$a_n = \text{per}[i^{j-1}]_{1 \leqslant i,j \leqslant n}$, 序列$(a_n)_{n \geqslant 1}$可见OEIS条目A322363.

对于复数ζ, 如果使得$\zeta^m = 1$的最小正整数m是n, 则称ζ为本原n次单位根. 作者在[227]中证明了ζ为本原n次单位根时

$$\text{per}\left[1 - \zeta^j x_k\right]_{1 \leqslant j,k \leqslant n} = n!(1 - x_1 \cdots x_n)$$

且

$$\text{per}\left[\frac{1}{1 - \zeta^{j-k} x}\right]_{1 \leqslant j,k \leqslant n} = \prod_{r=1}^{n}\left(\frac{nx^n}{1 - x^n} + r\right).$$

猜想11.22 (2021年8月). 设 $n > 1$ 为整数, ζ 为本原 n 次单位根。

(i) 如果 n 为偶数, 则

$$\sum_{\tau \in D(n)} \prod_{j=1}^{n} \frac{1}{1 - \zeta^{j - \tau(j)}} = \frac{((n-1)!!)^2}{2^n} = \frac{n!}{4^n}\binom{n}{n/2},$$

这里

$$D(n) := \{\tau \in S_n : \text{对} j = 1, \ldots, n \text{都有} \tau(j) \neq j\}.$$

(ii) 如果 n 为奇数, 则

$$\sum_{\tau \in D(n-1)} \prod_{j=1}^{n-1} \frac{1}{1 - \zeta^{j - \tau(j)}} = \frac{1}{n}\left(\frac{n-1}{2}!\right)^2,$$

而且

$$\sum_{\tau \in D(n-1)} \text{sign}(\tau) \prod_{j=1}^{n-1} \frac{1}{1 - \zeta^{j - \tau(j)}} = \frac{(-1)^{\frac{n-1}{2}}}{n}\left(\frac{n-1}{2}!\right)^2.$$

注记11.22. 此猜测公开于[227]. 如果 n 为正整数且 ζ 为本原 n 次单位根, 已知(参见[227])

$$\sum_{\tau \in D(n)} \text{sign}(\tau) \prod_{j=1}^{n} \frac{1}{1 - \zeta^{j - \tau(j)}} = \begin{cases} (-1)^{\frac{n}{2}} 2^{-n}((n-1)!!)^2 & \text{如果 } 2 \mid n, \\ 0 & \text{如果 } 2 \nmid n. \end{cases}$$

猜想11.23 (2021年8月). (i) 对任何奇素数 p, 我们有

$$\text{per}[|j - k|]_{1 \leqslant j,k \leqslant p} \equiv -\frac{1}{2} \pmod{p}$$

与

$$\text{per}[|j - k + 1|]_{1 \leqslant j,k \leqslant p} \equiv \frac{1}{2} \pmod{p}.$$

(ii) 设 p 为奇素数且 a 为整数, 则

$$\sum_{\substack{\tau \in S_{p-1} \\ p \nmid a + j\tau(j) \ (0 < j < p)}} \text{sign}(\tau) \prod_{j=1}^{p-1} \frac{1}{a + j\tau(j)} \equiv \left(\frac{a}{p}\right)\frac{3 - a^{p-1}}{2} \pmod{p^2}.$$

$p \nmid a$ 时, 还有

$$\sum_{\substack{\tau \in S_{p-1} \\ p \nmid a + j\tau(j) \ (0 < j < p)}} \prod_{j=1}^{p-1} \frac{1}{a + j\tau(j)} \equiv (-1)^{\frac{p+1}{2}}\frac{3 - a^{p-1}}{2} \pmod{p^2}.$$

注记11.23. 此猜测公开于[227], 那里有更多积和式同余方面的结果与猜想.

猜想11.24 (2021年8月31日). 设 $n > 1$ 为奇数, ζ 为本原 n 次单位根. 则

$$\sum_{\tau \in D(n-1)} \text{sign}(\tau) \prod_{j=1}^{n-1} \frac{1 + \zeta^{j - \tau(j)}}{1 - \zeta^{j - \tau(j)}} = (-1)^{\frac{n-1}{2}}\frac{((n-2)!!)^2}{n}.$$

注记11.24. 此猜测公布于[227], 其中等式在 $\zeta = e^{2\pi i/n}$ 时等价于

$$\det[a_{j,k}]_{1\leqslant j,k\leqslant n-1} = \frac{((n-2)!!)^2}{n},$$

这里 $a_{j,k}$ 在 $j \neq k$ 时取值 $\cot \pi \frac{j-k}{n}$, 在 $j = k$ 时取值0. 对于奇数 $n > 1$, 作者在[217]与[227]中分别证明了

$$\det\left[\tan\pi\frac{j+k}{n}\right]_{1\leqslant j,k\leqslant n-1} = (-1)^{\frac{n-1}{2}}n^{n-2}$$

与

$$\det\left[\tan^2\pi\frac{j+k}{n}\right]_{1\leqslant j,k\leqslant n} = (-1)^{\frac{n-1}{2}}(n-1)n^{n-2}(n!!)^2.$$

关于更多的这类结果与猜测, 读者可参看[217]与[227].

猜想11.25 (2013年8月25日). 任给正整数 n, 行列式

$$|\mu(i+j-1)|_{1\leqslant i,j\leqslant n} \quad 与 \quad |\mu(i+j)^2|_{1\leqslant i,j\leqslant n}$$

都非零, 而且

$$\lim_{n\to+\infty}\left||\mu(i+j-1)|_{1\leqslant i,j\leqslant n}\right|^{1/n} = \lim_{n\to+\infty}\left||\mu(i+j)^2|_{1\leqslant i,j\leqslant n}\right|^{1/n} = \infty,$$

其中 μ 表示Möbius函数.

注记11.25. 此猜测相应的序列可见OEIS条目A228548与A228549.

猜想11.26 (2018年12月12日). 对任何素数 $p \equiv 3 \pmod 4$, 我们有

$$\left|x + \left(\frac{i-j}{p}\right)\right|_{1\leqslant i,j\leqslant(p-1)/2} = x.$$

注记11.26. 猜想11.26公布于[214, 第287页], 作者能证对于正整数 $n \equiv 3 \pmod 4$ 总有整数 m 使得

$$\left|x + \left(\frac{i-j}{n}\right)\right|_{1\leqslant i,j\leqslant(n-1)/2} = m^2 x.$$

2004年, R. Chapman在[19]中证明了 $p > 3$ 为素数且 $p \equiv 3 \pmod 4$ 时有

$$\left|x + \left(\frac{i+j}{p}\right)\right|_{1\leqslant i,j\leqslant(p-1)/2} = -2^{(p-1)/2}x.$$

猜想11.27 (2018年9月13日). 设 p 为奇素数, 让 M_p 表示把 $[(\frac{i-j}{p})]_{0\leqslant i,j\leqslant(p-1)/2}$ 的第一行元全换成1所得的 $\frac{p+1}{2}$ 阶方阵, 并让 N_p 表示把 $[(\frac{i-j}{p})]_{1\leqslant i,j\leqslant(p-1)/2}$ 的第一行元全换成1所得的 $\frac{p-1}{2}$ 阶方阵. 则

$$\det M_p = (-1)^{\lfloor\frac{p+3}{4}\rfloor}\det N_p = \begin{cases} (-1)^{\frac{p-1}{4}} & \text{如果}\ p \equiv 1 \pmod 4, \\ (-1)^{\frac{h(-p)-1}{2}} & \text{如果}\ p > 3 \text{且} p \equiv 3 \pmod 4, \end{cases}$$

其中 $h(-p)$ 表示虚二次域 $\mathbb{Q}(\sqrt{-p})$ 的类数.

注记11.27. 此猜测发表于[214, 猜想4.6]. 对于奇素数p, 王李远于2020年在[243]中证明了$\det M_p$与所猜精确值模p同余.

猜想11.28 (2018年12月12日). 任给素数$p \equiv 3 \pmod 4$, 有与变元x无关的正整数m_p与n_p使得

$$W_p(x) := \left| x + \left(\frac{i^2 - \frac{p-1}{2}!j}{p} \right) \right|_{0 \leqslant i,j \leqslant (p-1)/2} = (-1)^{\lfloor (p+1)/8 \rfloor} m_p^2$$

并且

$$w_p(x) := \left| x + \left(\frac{i^2 - \frac{p-1}{2}!j}{p} \right) \right|_{1 \leqslant i,j \leqslant (p-1)/2} = (-1)^{\lfloor (p+1)/8 \rfloor} n_p^2 x.$$

注记11.28. 此猜测发表于[214, 猜想4.1]. 设p为奇素数. 作者在[214, 定理1.5]中证明了

$$\left(\frac{W_p(0)}{p} \right) = \begin{cases} (-1)^{|\{0 < k < \frac{p}{4} : (\frac{k}{p}) = -1\}|} & \text{当}p \equiv 1 \pmod 4 \text{时}, \\ (-1)^{\lfloor \frac{p+1}{8} \rfloor} & \text{当}p \equiv 3 \pmod 4 \text{时}. \end{cases}$$

2013年8月5日, 作者猜测$w_p(0) = 0$当且仅当$p \equiv 3 \pmod 4$ (参见OEIS条目A226163); 于2018年在MathOverflow上公开 (见网址https://mathoverflow.net/questions/302323) 后, F. Petrov 证明了$w_p(0) \equiv 0 \pmod p$当且仅当$p \equiv 3 \pmod 4$. 最近伍海亮声称证明了$p \equiv 3 \pmod 4$时总有$w_p(0) = 0$, 但作者尚未见到证明细节.

猜想11.29 (2019年4月1日). 对于素数$p \equiv 1 \pmod 4$及

$$w_p(z) := \left| z + \left(\frac{i^2 - \frac{p-1}{2}!j}{p} \right) \right|_{1 \leqslant i,j \leqslant (p-1)/2},$$

必有

$$\left(\frac{w_p(1) - w_p(0)}{p} \right) = (-1)^{|\{0 < k < \frac{p}{4} : (\frac{k}{p}) = 1\}|}.$$

注记11.29. 我们对模4余1的素数$p < 2000$验证了此猜想.

设奇素数p不整除整数d, 作者在[214]中引入

$$S(d,p) := \left| \left(\frac{i^2 + dj^2}{p} \right) \right|_{1 \leqslant i,j \leqslant \frac{p-1}{2}} \quad \text{与} \quad T(d,p) := \left| \left(\frac{i^2 + dj^2}{p} \right) \right|_{0 \leqslant i,j \leqslant \frac{p-1}{2}},$$

并证明了

$$\left(\frac{-S(d,p)}{p} \right) = \begin{cases} 1 & \text{如果}(\frac{d}{p}) = 1, \\ 0 & \text{如果}(\frac{d}{p}) = -1, \end{cases} \qquad \left(\frac{T(d,p)}{p} \right) = \begin{cases} (\frac{2}{p}) & \text{如果}(\frac{d}{p}) = 1, \\ 1 & \text{如果}(\frac{d}{p}) = -1. \end{cases}$$

2018年9月9日, 作者在https://mathoverflow.net/questions/310192上公开猜测$p \equiv 3 \pmod 4$时有正整数n_p使得$S(1,p) = -2^{(p-3)/2} n_p^2$; 这被 D. Krachun 在 M. Alekseyev 思路基础上利用Gauss和所证明. 对于素数$p \equiv 1 \pmod 4$, 让$\mathcal{S}_p$表示把$S(1,p) = |(\frac{i^2+j^2}{p})|_{1 \leqslant i,j \leqslant (p-1)/2}$中第一行中$(\frac{1^2+j^2}{p})$ $(j = 1, \ldots, \frac{p-1}{2})$分别换成$(\frac{j}{p})$ $(j = 1, \ldots, \frac{p-1}{2})$后所得的行列式, 孙智伟在2018年猜测$-\mathcal{S}_p$为正整数的平方(参见[214, 猜想4.2(i)]), 这在2021年被伍海亮在[249]中证实.

猜想11.30 (2018年12月). 设$p \equiv 1 \pmod 4$为素数, 写$p = x^2 + 4y^2$, 这里x, y为正整数. 则有正整数$t(p)$使得对模p的任一个平方非剩余d都有$|T(d, p)| = 2^{(p-1)/2} t(p)^2 y$.

注记11.30. 此猜测发表于[214, 猜想4.2(ii)], 我们对模4余1的素数$p < 5000$都验证了它. 易算得

$$t(5) = 1, \ t(13) = 3, \ t(17) = 4, \ t(29) = 91, \ t(37) = 81, \ t(41) = 180,$$
$$t(53) = 1703, \ t(61) = 87120, \ t(73) = 16104096, \ t(89) = 3947892146,$$
$$t(97) = 19299520512, \ t(101) = 885623936875, \ t(109) = 36548185365.$$

对于素数$p \equiv 3 \pmod 4$及模p的平方非剩余d, 由于$(\frac{d}{p}) = (\frac{-1}{p})$我们有$T(d, p) = T(-1, p)$, 而且$T(-1, p)$是平方数(因其为偶数阶反对称行列式).

猜想11.31. 设$p > 5$为素数, 让

$$D_p^+ := \left| (i+j) \left(\frac{i+j}{p} \right) \right|_{1 \leqslant i, j \leqslant (p-1)/2} \quad 且 \quad D_p^- := \left| (i-j) \left(\frac{i-j}{p} \right) \right|_{1 \leqslant i, j \leqslant (p-1)/2}.$$

(i) (2013年8月11日) 如果$p \equiv 1 \pmod 4$, 则D_p^+与D_p^-都是模p的平方剩余.

(ii) (2019年4月1日) 假设$p \equiv 3 \pmod 4$, 则D_p^+与D_p^-都不是p倍数. 当$p \equiv 7 \pmod 8$时, 我们有

$$\left(\frac{D_p^-}{p} \right) = (-1)^{\frac{h(-p)-1}{2}}.$$

注记11.31. 我们对2000以下的素数$p > 5$验证了此猜测. 第一条发表于[214, 猜想4.5(ii)]; 第二条首先公开于MathOverflow, 参见网址https://mathoverflow.net/questions/326890. 对于素数$p \equiv 1 \pmod 4$, D_p^-为平方数(因为它是偶数阶反对称行列式), 但我们不知为何它一定不是p倍数.

猜想11.32 (2018年12月). 任给素数$p > 3$及不被p整除的整数d, 对

$$D(d, p) := \left| (i^2 + dj^2) \left(\frac{i^2 + dj^2}{p} \right) \right|_{1 \leqslant i, j \leqslant (p-1)/2}$$

我们有

$$\left(\frac{D(d, p)}{p} \right) = \begin{cases} (\frac{d}{p})^{\frac{p-1}{4}} & \text{如果} p \equiv 1 \pmod 4, \\ (\frac{d}{p})^{\frac{p+1}{4}} (-1)^{\frac{h(-p)-1}{2}} & \text{如果} p \equiv 3 \pmod 4. \end{cases}$$

注记11.32. 此猜测发表于[214, 猜想4.5(iii)], 我们对1200以下的素数$p > 3$验证了它. 对于奇数$n > 3$, 作者在[214]中猜测

$$\left| (i^2 + j^2) \left(\frac{i^2 + j^2}{n} \right) \right|_{0 \leqslant i, j \leqslant (n-1)/2} \equiv 0 \pmod n,$$

这被D. Grinberg、作者以及赵立璐在[53]中所证实.

对整数 c, d 与奇数 $n > 1$, 作者在文[214]中引入

$$(c,d)_n := \det\left[\left(\frac{i^2+cij+dj^2}{n}\right)\right]_{1\leqslant i,j\leqslant n-1} \quad \text{与} \quad [c,d]_n := \det\left[\left(\frac{i^2+cij+dj^2}{n}\right)\right]_{0\leqslant i,j\leqslant n-1}$$

(其中 $(\frac{\cdot}{n})$ 为Jacobi符号), 并证明了 $(\frac{d}{n}) = -1$ 时 $(c,d)_n = 0$. 如果 p 为奇素数, $c, d \in \mathbb{Z}$ 且 $(\frac{d}{p}) = 1$, 则依[214, 定理1.3]有

$$[c,d]_p = \begin{cases} \frac{p-1}{2}(c,d)_p & \text{如果} \ p \nmid c^2 - 4d, \\ \frac{1-p}{p-2}(c,d)_p & \text{如果} \ p \mid c^2 - 4d, \end{cases}$$

从而 $[c,d]_p \equiv 0 \pmod{p-1}$.

猜想11.33 (2018年12月). 设 p 为模4余1的素数, 写 $p = x^2 + 4y^2$, 这里 $x, y \in \mathbb{Z}$ 且 $x \equiv 1 \pmod 4$. 则有 $z \in \mathbb{Z}$ 使得 $(6,1)_p = (-1)^{(p-1)/2} xz^2$.

注记11.33. 此猜测发表于[214, 猜想4.8(iii)]. 对于正整数 $n \equiv 3 \pmod 4$, 作者在2013年猜测 $(6,1)_n = [6,1]_n = 0$ (参见[214, 猜想4.8(ii)]), 这被D. Krachun, F. Petrov, 孙智伟和M. Vseminov在[87]中所证实.

猜想11.34 (2019年1月9日). (i) 对于素数 $p \equiv 5 \pmod 8$, 写 $p = x^2 + 4y^2$ $(x, y \in \mathbb{Z}$ 且 $4 \mid x-1)$, 则 $[3,2]_p/((p-1)^2 x)$ 为平方数.

(ii) 对于素数 $p \equiv 3 \pmod 8$, 写 $p = x^2 + 2y^2$ $(x, y \in \mathbb{Z}$ 且 $4 \mid x-1)$, 则有 $a_p \in \mathbb{N}$ 使得

$$[4,2]_p = -[8,8]_p = (-1)^{\frac{p-3}{8}} 2^{p-3}(p-1)^2 a_p^2 x.$$

(iii) 对于素数 $p \equiv 7 \pmod{12}$, 写 $p = x^2 + 3y^2$ (其中 $x, y \in \mathbb{Z}$ 且 $3 \mid x-1$), 则

$$\frac{[3,3]_p}{2^{(p-7)/2}(p-1)^2 x}$$

为平方数.

(iv) 对素数 $p \equiv 11, 15, 23 \pmod{28}$, 写 $p = x^2 + 7y^2$ (其中 $x, y \in \mathbb{Z}$ 且 $(\frac{x}{7}) = 1$), 则

$$-\frac{[21,112]_p}{(p-1)^2 x}$$

为平方数.

(v) 对奇素数 $p \equiv 1, 2, 4 \pmod 7$, 写 $p = x^2 + 7y^2$ $(x, y \in \mathbb{Z}$ & $(\frac{x}{7}) = 1)$, 则

$$(-1)^{\frac{p-1}{2}} \frac{[42,-7]_p}{8(p-1)x} = (-1)^{\frac{p-1}{2}} \frac{(42,-7)_p}{16x}$$

为平方数.

注记11.34. 我们对2000以下的奇素数 p 验证了此猜想. 对于正整数 $n \equiv 3 \pmod 4$, 作者在[214, 猜想4.8(ii)]中猜测

$$[3,2]_n = (3,2)_n = (3,3)_n = (4,2)_n = (8,8)_n = (21,112)_n = 0,$$

这被D. Krachun、F. Petrov、孙智伟和M. Vseminov在[87, 推论1.1]中所证实.

猜想11.35 (2019年1月9日). 设c, d为整数. 对任何使得$(\frac{d}{n}) = -1$的正奇数n有$\varphi(n)^2 \mid [c, d]_n$; 特别地, 对使得$(\frac{d}{p}) = -1$的奇素数$p$必有$(p-1)^2 \mid [c, d]_p$.

注记11.35. 我们对正奇数$n < 200$验证了前一断言, 对奇素数$p < 750$验证了后一断言.

猜想11.36 (2018年9月26日). 设$n > 1$为奇数, 则

$$\det[R(i^2 j^2, n)]_{1 \leqslant i, j \leqslant (n-1)/2} \neq 0$$

当且仅当n是模4余3的素数, 这里$R(a, n)$表示唯一的$r \in \{0, \dots, \frac{n-1}{2}\}$使得$x$与$r$或$-r$模$n$同余. 此外,

$$\det\left[\left\lfloor \frac{i^2 j^2}{n} \right\rfloor\right]_{1 \leqslant i, j \leqslant (n-1)/2} \neq 0$$

当且仅当n要么是9要么是大于7的模4余3的素数.

注记11.36. 此猜测发表于[219, 猜想6.8].

猜想11.37 (2013年8月24日). 对$n \in \mathbb{N}$让$a_n = \sum_{k=0}^{n} \binom{n}{k}^2 \binom{2k}{k+1}$, 则对任何素数$p > 3$有

$$|a_{i+j}|_{0 \leqslant i, j \leqslant p-1} \equiv 0 \pmod{p^2}.$$

注记11.37. 此猜测发表于[213, 猜想80(ii)].

回忆一下, Domb数指

$$\mathrm{Domb}(n) = \sum_{k=0}^{n} \binom{n}{k}^2 \binom{2k}{k} \binom{2(n-k)}{n-k} \quad (n = 0, 1, 2, \dots).$$

猜想11.38 (2013年8月20日). 对于素数$p > 3$, 我们有

$$|\mathrm{Domb}(i+j)|_{0 \leqslant i, j \leqslant p-1}$$

$$\equiv \begin{cases} (\frac{-1}{p})(4x^2 - 2p) \pmod{p^2} & \text{如果} \ p \equiv 1 \pmod 3 \text{且} p = x^2 + 3y^2 \ (x, y \in \mathbb{Z}), \\ 0 \pmod{p^2} & \text{如果} \ p \equiv 2 \pmod 3. \end{cases}$$

注记11.38. 此猜测发表于[213, 猜想79(iii)]. 祝宝宣与孙智伟在[261, 定理1.2]中证明了$12^{-n}|\mathrm{Domb}(i+j)|_{0 \leqslant i, j \leqslant n}$为正奇数 (原由孙智伟在2013年猜测).

猜想11.39 (2013年8月22日). 对$n \in \mathbb{N}$让$h_n = \sum_{k=0}^{n} \binom{n}{k}^2 C_k$, 其中$C_k$是下标为$k$的Catalan数.

(i) $|h_{i+j}|_{0 \leqslant i, j \leqslant n}$总不与7模8同余.

(ii) 对素数$p \equiv 1 \pmod 6$, 写$p = x^2 + 3y^2 \ (x, y \in \mathbb{Z}$且$x \equiv 1 \pmod 3)$, 则

$$|h_{i+j}|_{0 \leqslant i, j \leqslant p-1} \equiv \left(\frac{-1}{p}\right)\left(2x - \frac{p}{2x}\right) \pmod{p^2}.$$

对素数$p \equiv 5 \pmod 6$, 我们有

$$|h_{i+j}|_{0 \leqslant i, j \leqslant p-1} \equiv -\left(\frac{-1}{p}\right)\frac{3p}{\binom{(p+1)/2}{(p+1)/6}} \pmod{p^2}.$$

注记11.39. 此猜测发表于[213, 猜想80(i)]. 作者在2013年也曾猜测$|h_{i+j}|_{0\leqslant i,j\leqslant n}$是个正奇数, 祝宝宣在2018年指出这是可证的.

猜想11.40 (2013年8月23日). 对$n\in\mathbb{N}$, 让

$$w_n = \sum_{k=0}^{\lfloor n/3\rfloor}(-1)^k 3^{n-3k}\binom{n}{3k}\binom{2k}{k}\binom{3k}{k}.$$

(i) 对自然数$n\not\equiv 1\pmod 3$, $(-1)^{\lfloor\frac{n+1}{3}\rfloor}6^{-n}|w_{i+j}|_{0\leqslant i,j\leqslant n}$为正奇数.

(ii) 对素数$p\equiv 1\pmod 3$, 写$4p=x^2+27y^2$ ($x,y\in\mathbb{Z}$且$x\equiv 1\pmod 3$), 则

$$|w_{i+j}|_{0\leqslant i,j\leqslant p-1}\equiv\left(\frac{-1}{p}\right)\left(\frac{p}{x}-x\right)\pmod{p^2}.$$

注记11.40. 此猜测发表于[213, 猜想81], 序列$(w_n)_{n\geqslant 0}$由D. Zagier[254]首先引入. 作者在2013年猜测对正整数$n\equiv 1\pmod 3$总有$|w_{i+j}|_{0\leqslant i,j\leqslant n}=0$, 这被C. Krattenthaler在当年所证实.

猜想11.41 (2013年8月15日). 任给正整数n, 我们有

$$|B_{i+j}^2|_{0\leqslant i,j\leqslant n}<0<|E_{i+j}^2|_{0\leqslant i,j\leqslant n},$$

其中$B_0,B_1,\ldots$为Bernoulli数, $E_0,E_1,\ldots$为Euler数.

注记11.41. 此猜测发表于[213, 注记80].

猜想11.42 (2013年8月17日). 对任何正整数m与n, 我们有

$$(-1)^n|H_{i+j}^{(m)}|_{0\leqslant i,j\leqslant n}>0,$$

这里$H_k^{(m)}$指m阶调和数$\sum\limits_{0<j\leqslant k}\frac{1}{j^m}$.

注记11.42. 此猜测发表于[213, 注记80].

猜想11.43 (2013年8月20日). (i) 如果p为素数, $p\equiv 1\pmod 4$但$p\not\equiv 1\pmod{24}$, 则

$$|f_{i+j}|_{0\leqslant i,j\leqslant(p-1)/2}\equiv 0\pmod p,$$

这里f_n指Franel数$\sum\limits_{k=0}^n\binom{n}{k}^3$.

(ii) 设p为奇素数, $\lfloor\frac{p}{10}\rfloor$为奇数且$p\not\equiv 31,39\pmod{40}$, 则

$$|\beta_{i+j}|_{0\leqslant i,j\leqslant(p-1)/2}\equiv 0\pmod p,$$

这里β_n指第二类Apéry数$\sum\limits_{k=0}^n\binom{n}{k}^2\binom{n+k}{k}$.

注记11.43. 祝宝宣与孙智伟[261, 定理1.3]证明了作者在2013年猜测的下述结果: $6^{-n}|f_{i+j}|_{0\leqslant i,j\leqslant n}$为正奇数, 且$10^{-n}|\beta_{i+j}|_{0\leqslant i,j\leqslant n}\in\mathbb{Z}$.

对于 $r = 4, 5, \ldots$, 我们把

$$f_n^{(r)} = \sum_{k=0}^{n} \binom{n}{k}^r \quad (n = 0, 1, 2, \ldots)$$

叫作 r 阶Franel数.

猜想11.44 (2013年8月14日). 任给整数 $r \geqslant 4$ 与自然数 n, 我们有 $|f_{i+j}^{(r)}|_{0 \leqslant i,j \leqslant n} > 0$.

注记11.44. 对于整数 $r \geqslant 4$ 与自然数 n, 祝宝宣与孙智伟[261, 定理1.1]证明了 $2^{-n}|f_{i+j}^{(r)}|_{0 \leqslant i,j \leqslant n}$ 为奇数（原由孙智伟在2013年猜测）.

猜想11.45 (2013年8月14日). 设 n 为自然数, 则

$$|\beta_{i+j}|_{0 \leqslant i,j \leqslant n} > 0.$$

其中 β_k 表示第二类Apéry数.

注记11.45. 此猜测公开于OEIS条目A228143. 对于第一类Apéry数, 祝宝宣与孙智伟在[261, 定理1.1]中证明了 $24^{-n}|A_{i+j}|_{0 \leqslant i,j \leqslant n} \in \mathbb{Z}$（原由孙智伟在2013年猜测）; 2020年, G. A. Edgar在[39]中证明了 $|A_{i+j}|_{0 \leqslant i,j \leqslant n}$ 总是正的.

第12章 加法组合、剩余类系与群的陪集系

本章包含了作者提出的30个猜想, 涉及与群或域有关的加法组合、模正整数的剩余类系、同余覆盖系以及群的陪集系. 关于加法组合的系统知识, 读者可参看[237].

§12.1 加法组合

下面这个猜测涉及正整数的受限制的分拆.

猜想12.1. (i) (2013年10月10日) 每个整数$n \geqslant 20$可表成三个不同正整数x, y, z之和使得三个三角数$T(x), T(y), T(z)$之和为三角数.

(ii) (2021年5月1日) 整数$n \geqslant 3$都可表成$x+y+z$ $(x, y, z \in \mathbb{Z}_+)$ 使得$3x^2y^2+5y^2z^2+8z^2x^2$为平方数.

(iii) (2021年5月2日) 整数$n \geqslant 3$都可表成$x+y+z$ $(x, y, z \in \mathbb{Z}_+)$ 使得$x^2y^2+5y^2z^2+10z^2x^2$为平方数.

(iv) (2021年5月5日) 整数$n > 7$都可表成$x + y + z$ $(x, y, z \in \mathbb{Z}_+)$ 使得$x^2 + 4y^2 + 5z^2$为平方数, 而且y或z属于$\{2^a : a \in \mathbb{Z}_+\}$.

(v) (2021年5月8日) 整数$n > 3$都可表成$x + y + z$ $(x, y, z \in \mathbb{Z}_+)$ 使得$xy + 2yz + 3zx$为平方数, 而且x或y属于$\{2^a : a \in \mathbb{N}\}$.

注记12.1. 此猜测及相关数据可见OEIS条目A230121, A340274, A343862, A343950与A344058. 对猜想12.1的每一条, 下面各给一个表法唯一的例子:

$$25 = 2 + 9 + 14 \text{ 且 } T(2) + T(9) + T(14) = 3 + 45 + 105 = 153 = T(17),$$
$$89 = 2 + 58 + 29 \text{ 且 } 3 \times 2^2 \times 58^2 + 5 \times 58^2 \times 29^2 + 8 \times 29^2 \times 2^2 = 3770^2,$$
$$5 = 1 + 3 + 1 \text{ 且 } 1^2 \times 3^2 + 5 \times 3^2 \times 1^2 + 10 \times 1^1 \times 1^2 = 8^2,$$
$$14 = 7 + 5 + 2 \text{ 且 } 7^2 + 4 \times 5^2 + 5 \times 2^2 = 13^2,$$
$$6 = 3 + 2^0 + 2 \text{ 且 } 3 \times 2^0 + 2 \times 2^0 \times 2 + 3 \times 2 \times 3 = 5^2.$$

黄超与孙智伟在[75]中证明了作者在2013年提出的如下猜想: 整数$n \geqslant 18$ 都可表成$x + y + 2z$ $(x, y, z \in \mathbb{Z}_+)$使得$x^2 + y^2 + 2z^2$为平方数.

猜想12.2 (2018年12月3日). 设n为正整数, 群G没有阶为$2, \ldots, n + 1$之一的元素. 则G的任一个n元子集有个所有元素列举$a_1, \ldots, a_n$使得诸$a_1, a_2^2, \ldots, a_n^n$两两不同.

注记12.2. 此猜测发表于[207, 猜想4.1], 在该文中作者证明了$n \leqslant 3$ 或G为无挠Abel群时它是正确的. 注意G为阶大于1的有限群时G 中非单位元阶数最小者是$|G|$的最小素因子. 对于$n = 4, 5, 6, 7, 8, 9$, 作者分别对阶不超过100, 100, 70, 60, 30, 30的循环群验证了猜想12.2.

猜想12.3 (2013年9月3日). 设A是奇数阶加法Abel群G的$n > 2$元子集, 则存在A的所有元素列举$a_1, \ldots, a_n$使得诸

$$a_1 + a_2, \ a_2 + a_3, \ \ldots, \ a_{n-1} + a_n, \ a_n + a_1$$

两两不同.

注记12.3. 此猜测发表于[216, 猜想3.3(i)], 注意奇数阶加法Abel群的所有元之和为0. 根据孙智伟[216, 注记1.2], 无挠Abel群G的$n > 2$元子集A可写成$\{a_1, \ldots, a_n\}$使得$a_1 + a_2, \ldots, a_{n-1} + a_n, a_n + a_1$两两不同. 2009年, B. Arsovski[9]证明了H. S. Snevily[138]的下述猜想: 对奇数阶Abel群

G的两个n元子集A与B, 可写$A = \{a_1, \ldots, a_n\}$与$B = \{b_1, \ldots, b_n\}$使得$a_1 + b_1, \ldots, a_n + b_n$两两不同. 注意猜想12.3强于$A = B$时的Snevily猜想. 2020年, 吉宇轩[79]对阶数小于30的奇数阶Abel群验证了猜想12.3.

猜想12.4 (2013年9月3日). 设A是有限加法Abel群G的$n = |G| - 1 > 2$元子集, 则有A的所有元素列举$a_1, \ldots, a_n$使得

$$a_1 + a_2, \ a_2 + a_3, \ \ldots, \ a_{n-1} + a_n, \ a_n + a_1$$

两两不同.

注记12.4. 此猜测在$2 \nmid |G|$时被猜想12.3所蕴含, 在G为循环群时有关数据可见OEIS条目A228766. 例如: 对于$1, \ldots, 9$的圆排列$(1, 2, 4, 5, 6, 8, 9, 3, 7)$, 其相邻两项之和模10两两不同余. 如果$p > 3$为素数且$g$为模$p$的原根, 则

$$1 + g, \ g + g^2, \ \ldots, \ g^{p-3} + g^{p-2}, \ g^{p-2} + 1$$

模p两两不同. 因此猜想12.4在$|G|$为大于3的素数时成立.

猜想12.5 (2013年9月3日). 设A是奇数阶加法Abel 群G的$n = |G| - 1 > 1$元子集, 则有A的元素列举$a_1, \ldots, a_n$使得

$$a_1 - a_2, \ a_2 - a_3, \ \ldots, \ a_{n-1} - a_n, \ a_n - a_1$$

两两不同.

注记12.5. 此猜测发表于[216, 猜想3.3(ii)], G为循环群时有关数据可见OEIS条目A228762. 注意奇数阶加法Abel群的所有非零元之和恰为0.

猜想12.6 (2013年9月20日). 设G为有限加法Abel群且$3 \nmid |G|$, 则G的$n > 3$元子集A可写成$\{a_1, \ldots, a_n\}$使得

$$a_1 + 2a_2, \ a_2 + 2a_3, \ \ldots, \ a_{n-1} + 2a_n, \ a_n + 2a_1$$

两两不同.

注记12.6. 此猜测发表于[216, 猜想3.4(i)]. 对于无挠Abel群G的$n > 3$元子集A, 孙智伟在[216, 定理1.3]中证明了A可写成$\{a_1, \ldots, a_n\}$使得$a_1 + 2a_2, \ldots, a_{n-1} + 2a_n, a_n + 2a_1$两两不同.

猜想12.7 (2013年). 设G为加法Abel群, 且其挠子群

$$\mathrm{Tor}(G) = \{g \in G: \ g\text{的阶有穷}\}$$

循环或$|\mathrm{Tor}(G)|$为奇数. 如果A为G的$n > 3$元子集, 则有A的全部元素列举$a_1, \ldots, a_n$使得

$$a_1 + a_2 + a_3, \ a_2 + a_3 + a_4, \ \ldots, \ a_{n-2} + a_{n-1} + a_n, \ a_{n-1} + a_n + a_1, \ a_n + a_1 + a_2$$

两两不同.

注记12.7. 此猜测发表于[207, 猜想4.10], 在该文中作者证明了G为无挠Abel群(此时$|\mathrm{Tor}(G)|$只含单位元)时猜想12.7成立. 有关数据可见OEIS条目A228772. 对于有限加法Abel群G, 易见$2\sum\limits_{a \in G} a = 0$. 对于挠子群循环的加法Abel群$G$, 孙智伟[162]证明了对$G$的任何三个$n$元子集$A, B, C$可写

$$A = \{a_1, \ldots, a_n\}, \ B = \{b_1, \ldots, b_n\}, \ C = \{c_1, \ldots, c_n\}$$

使得

$$a_1 + b_1 + c_1, \ \ldots, \ a_n + b_n + c_n$$

两两不同.

著名的Erdős-Heilbronn猜想[42]断言p为素数时对任何$A \subseteq \mathbb{Z}/p\mathbb{Z}$有

$$|\{a + b: \ a, b \in A\text{且}a \neq b\}| \geqslant \min\{p, 2|A| - 3\},$$

这首先被J.A. Dias da Silva与Y.O. Hamidoune[34]所证明, 他们实际上证明了更广的形式: 对于域F的有穷子集A总有

$$|\{a_1 + \cdots + a_n: \ a_1, \ldots, a_n\text{为}A\text{的不同元素}\}| \geqslant \min\{p(F), n(|A| - n) + 1\},$$

这里

$$p(F) = \begin{cases} p & \text{如果}F\text{的特征为素数}p, \\ +\infty & \text{如果}F\text{的特征为}0. \end{cases}$$

猜想12.8 (Erdős-Heilbronn猜想的线性推广). 设$a_1, \ldots, a_n$为域F的非零元. 如果$p(F) \neq n + 1$, 则对F的任何有限子集A有

$$|\{a_1 x_1 + \cdots + a_n x_n: \ x_1, \ldots, x_n\text{为}A\text{的不同元素}\}| \geqslant \min\{p(F) - \delta, n(|A| - n) + 1\},$$

这里

$$\delta = \begin{cases} 1 & \text{如果}n = 2\text{且}a_1 + a_2 = 0, \\ 0 & \text{此外}. \end{cases}$$

注记12.8. 此猜测最初出现于[163]. 2012年, 作者与赵立璐在[231]中使用组合零点定理(参见[4])证明了$n \leqslant 3$或$p(F) \geqslant n(3n-5)/2$时猜想12.8成立.

猜想12.9 (2018年11月24日). 设n为正整数, A为域F的有穷子集且$|A| \geqslant n + \delta_{n,3}$. 则对集合

$$S(A) = \left\{ \sum_{k=1}^{n} ka_k : \ a_1, \ldots, a_n \text{为} A \text{中不同元素} \right\},$$

有不等式

$$|S(A)| \geqslant \min \left\{ p(F), \ (|A| - n)\frac{n(n+1)}{2} + \frac{n(n^2-1)}{6} + 1 \right\}.$$

注记12.9. 此猜测发表于[207, 猜想4.9]. 不难证明$n \neq 3$时

$$\left\{ \sum_{k=1}^{n} k\tau(k) : \ \tau \in S_n \right\} = \left\{ \frac{n(n+1)(n+2)}{6}, \ldots, \frac{n(n+1)(2n+1)}{6} \right\}$$

且其基数恰为$n(n^2-1)/6 + 1$. 如果把猜想12.9中域F换成阶大于1的有限群G且把$p(F)$换成$|G|$的最小素因子$p(G)$, 结论可能仍是对的.

对于q元域$\mathbb{F}_q$, 乘法群$\mathbb{F}_q^* = \mathbb{F}_q \setminus \{0\}$是$q-1$阶循环群, 其生成元叫作域$\mathbb{F}_q$的本原元(primitive element).

猜想12.10 (侯庆虎与孙智伟, 2013年9月5日). 对于$q > 7$元有限域$\mathbb{F}_q$, 有$\mathbb{F}_q$全体元素的一个圆排列$(a_1, \ldots, a_q)$使得q个相邻两项和

$$a_1 + a_2, \ a_2 + a_3, \ \ldots, \ a_{q-1} + a_q, \ a_q + a_1$$

都是域$\mathbb{F}_q$的本原元.

注记12.10. 此猜测发表于[216, 猜想3.5], 我们对素数$7 < q < 545$进行了验证.

猜想12.11 (2013年9月17日). 给定$q > 7$元域$\mathbb{F}_q$中元素a_0, 有$\mathbb{F}_q$种全体非零元的圆排列$(a_1, \ldots, a_{q-1})$使得

$$a_0 + a_1 a_2, \ a_0 + a_2 a_3, \ \ldots, \ a_0 + a_{q-2} a_{q-1}, \ a_0 + a_{q-1} a_1$$

都是域$\mathbb{F}_q$的本原元.

注记12.11. 此猜测发表于[216, 猜想3.8]. 例如: 对于$1, \ldots, 10$的圆排列

$$(i_1, \ldots, i_{10}) = (1, 9, 2, 4, 5, 8, 10, 3, 6, 7),$$

诸$i_1 i_2 - 1, i_2 i_3 - 1, \ldots, i_9 i_{10} - 1, i_{10} i_1 - 1$都是模素数11的原根.

猜想12.12 (2013年9月30日). 设$\mathbb{F}_q$为q元域, $P(x) \in \mathbb{F}_q[x]$且$\deg P < q - 1$. 如果$P(x)$不形如$c - x$ (其中$c \in \mathbb{F}_q$), 则有$\mathbb{F}_q$中全体元素的一个圆排列$(a_1, \ldots, a_q)$使得

$$\{P(a_1) + a_2, P(a_2) + a_3, \ldots, P(a_{q-1}) + a_q, P(a_q) + a_1\} = \mathbb{F}_q.$$

注记12.12. 此猜测及相关数据公布于OEIS条目A229827.

§12.2 关于剩余类系

集合 $A \subseteq \mathbb{Z}$ 包含模正整数 m 的完全剩余系相当于对每个 $r \in \mathbb{Z}$ 都有 $a \in A$ 使得 $a \equiv r \pmod{m}$.

猜想12.13 (2016年8月28日). (i) 任给正整数 m, 集合

$$\{x^3 + 2y^3 + 3z^3 : x, y, z \in \{0, \ldots, m-1\}\text{且}xyz\text{为立方数}\}$$

包含模 m 的完全剩余系.

(ii) 任给正整数 m, 集合

$$\{x^3 + 5y^3 + 24z^3 : x, y, z \in \{0, \ldots, m-1\}\text{且}x+y+z\text{为立方数}\}$$

与

$$\{4x^3 + 11y^3 + 15z^3 : x, y, z \in \{0, \ldots, m-1\}\text{且}x+y+z\text{为立方数}\}$$

都包含模 m 的完全剩余系.

注记12.13. 此猜测的第一、二条分别被验证到1200与500, 有关数据可见 OEIS 条目 A273287 与 A273488.

猜想12.14 (2013年12月1-2日). (i) 任给正整数 m, 集合

$$\{p_n - n : n = 1, \ldots, 2p_m - 3\} \quad \text{与} \quad \left\{np_n : n = 1, \ldots, \left\lfloor \frac{m^2}{2} \right\rfloor + 3\right\}$$

都包含模 m 的完全剩余系.

(ii) 任给正整数 m, 集合

$$\left\{\binom{2n}{n} + n : n = 1, \ldots, \left\lfloor \frac{m^2}{2} \right\rfloor + 3\right\}, \quad \left\{\binom{2n}{n} - n : n = 1, \ldots, \left\lfloor \frac{m^2}{2} \right\rfloor + 15\right\},$$
$$\left\{C_n - n : n = 1, \ldots, \left\lfloor \frac{m^2}{2} \right\rfloor + 7\right\}, \quad \left\{C_n + n : n = 1, \ldots, \left\lfloor \frac{m^2}{2} \right\rfloor + 23\right\}$$

都包含模 m 的完全剩余系.

注记12.14. 此猜测及相关数据公布于 OEIS 条目 A232891, A232898 与 A232894. 例如: $2p_4 - 3 = 11 = \lfloor \frac{4^2}{2} \rfloor + 3$, 而且 $\{p_n - n : n = 1, \ldots, 11\}$ 与 $\{np_n : n = 1, \ldots, 11\}$ 都包含模4的完全剩余系.

正整数 k 为好数, 指对没有大于 k 的素因子的正整数 m, 集合 $\left\{\binom{n}{k} : n \in \mathbb{N}\right\}$ 总包含模 m 的完全剩余系. 孙智伟与张巍在[230]中证明了

$$1, \ 2, \ 3, \ 4, \ 5, \ 9, \ 11, \ 17, \ 29$$

都是好数.

猜想12.15 (孙智伟与张巍, 2018年12月19日). 大于5且不等于9, 11, 17, 29的正整数都不是好数.

注记12.15. 此猜测发表于[230, 猜想1.1].

猜想12.16 (2020年1月20日). 对于素数p, 我们有

$$\left|\{2^k - k + p\mathbb{Z} : \ k = 1, \ldots, p-1\}\right| = \left(1 - \frac{1}{e}\right)p + O(\sqrt{p})$$

与

$$\left|\{k^{k+1} + (k+1)^k + p\mathbb{Z} : \ k = 0, 1, \ldots, p-1\}\right| = \left(1 - \frac{1}{e}\right)p + O(\sqrt{p})$$

注记12.16. 此猜测中第二式相关数据可见OEIS条目A331546. 对于素数$p = 32452843$, 易算得

$$\left|\{k^{k+1} + (k+1)^k + p\mathbb{Z} : \ k = 0, 1, \ldots, p-1\}\right| - \left(1 - \frac{1}{e}\right)p \approx 5096.75, \quad \sqrt{p} \approx 5696.74.$$

一组正整数$n_1, \ldots, n_k$调和指有$a_1, \ldots, a_k \in \mathbb{Z}$使得剩余类

$$a_1 + n_1\mathbb{Z}, \ \ldots, \ a_k + n_k\mathbb{Z}$$

两两不相交. 易见$n_1, \ldots, n_k$调和的一个必要条件是$\sum_{i=1}^{k} \frac{1}{n_i} \leqslant 1$.

猜想12.17 (1989年5月4日). 设$n_1, \ldots, n_k$为正整数. 如果对任何正整数d都有

$$\left|\{\{i, j\} : \ 1 \leqslant i < j \leqslant k \ \text{且} \ \gcd(n_i, n_j) = d\}\right| < 2d - 1,$$

则$n_1, \ldots, n_k$调和.

注记12.17. 此猜测发表于[150], 我们对$k \leqslant 6$进行了验证. 1992年, 孙智伟在[150]中证明了猜想12.17中$2d - 1$换成$\sqrt{(d+7)/8}$时结论正确. 对于正整数$n_1, \ldots, n_k$ $(k > 1)$, 陈永高于1996年在[23]中证明了下述结果: 如果对$d = 1, \ldots, 2k - 3$都有

$$\left|\{\{i, j\} : \ 1 \leqslant i < j \leqslant k \ \text{且} \ \gcd(n_i, n_j) = d\}\right| \leqslant \frac{kd}{4(k-1)},$$

则$n_1, \ldots, n_k$调和.

对于剩余类系

$$A = \{a_s + n_s\mathbb{Z}\}_{s=1}^{k} \ (\text{其中}a_s \in \mathbb{Z}\text{且}n_s \in \mathbb{Z}_+),$$

如果每个整数都被A中某个剩余类覆盖, 则称A为一个覆盖系. 如果A为覆盖系, 但A的任何真子系不是覆盖系, 则称A为极小覆盖系(或无多余覆盖系). 覆盖系的概念是P. Erdős[40]引进的, 它有许多神奇的应用。

猜想12.18 (1994年2月17日). 设$A = \{a_s + n_s\mathbb{Z}\}_{s=1}^{k}$为极小覆盖系. 令

$$S(A) = \left\{\left\{\sum_{s \in I} \frac{1}{n_s}\right\} : \ I \subseteq \{1, \ldots, k\}\right\},$$

266

其中$\{\alpha\}$表示实数α的小数部分.

    (i) 我们有$|S(A)| \leqslant n_1 + \ldots + n_k$.

    (ii) 如果$S(A)$含有$\frac{1}{d}$ (其中$d \in \mathbb{Z}_+$), 则

$$S(A) \supseteq \left\{ \frac{r}{d}: \ r = 0, \ldots, d-1 \right\}.$$

注记12.18. 此猜测发表于[156].

猜想12.19 (2003年9月20日). 假设$A = \{a_s + n_s\mathbb{Z}\}_{s=1}^k$为极小覆盖系. 整数$m_1, \ldots, m_k$分别与$n_1, \ldots, n_k$互素时, $|S(m_1, \ldots, m_k)|$与$m_1, \ldots, m_k$的取值无关, 这里

$$S(m_1, \ldots, m_k) = \left\{ \left\{ \sum_{s \in I} \frac{m_s}{n_s} \right\}: \ I \subseteq \{1, \ldots, k\} \right\}.$$

注记12.19. 此猜测以前未公开.

猜想12.20 (2020年12月19日). 设$A = \{a_s + n_s\mathbb{Z}\}_{s=1}^k$覆盖每个整数至少$m$次(其中$m \in \mathbb{Z}_+$), 则有$I \subseteq \{1, \ldots, k\}$使得$\sum_{s \in I} \frac{1}{n_s} = m$.

注记12.20. 1989年, 张明志在[256]中证明了$A = \{a_s + n_s\mathbb{Z}\}_{s=1}^k$为覆盖系时必有$I \subseteq \{1, \ldots, k\}$使得$\sum_{s \in I} \frac{1}{n_s} \in \mathbb{Z}_+$. 1992年, 孙智伟在[151]中证明了$A = \{a_s + n_s\mathbb{Z}\}_{s=1}^k$覆盖每个整数恰好$m$次时对每个$n = 0, 1, \ldots, m$ 都有至少$\binom{m}{n}$个$I \subseteq \{1, \ldots, k\}$使得$\sum_{s \in I} \frac{1}{n_s} = n$.

猜想12.21 (1995年5月24日). 设m为正整数, $A = \{a_s + n_s\mathbb{Z}\}_{s=1}^k$覆盖每个整数至少$m$次. 任给$m_1, \ldots, m_k$, 有$\emptyset \neq I_1 \subset I_2 \subset \ldots \subset I_m \subseteq \{1, \ldots, k\}$使得诸

$$\sum_{i \in I_j} \frac{m_i}{n_i} \quad (j = 1, \ldots, m)$$

都是整数.

注记12.21. 此猜测发表于[153]. $A = \{a_s + n_s\mathbb{Z}\}_{s=1}^k$覆盖每个整数至少$m$次时, 孙智伟在[152]中证明了对任给的正整数$m_1, \ldots, m_k$至少有$m$个不同正整数形如$\sum_{s \in I} \frac{m_s}{n_s}$ $(I \subseteq \{1, \ldots, k\})$, 他在[166, 注记3.2]中还证明了对任何$m_1, \ldots, m_k \in \mathbb{Z}$都有

$$\left| \left\{ |I|: \ \emptyset \neq I \subseteq \{1, \ldots, k\} 且 \sum_{s \in I} \frac{m_s}{n_s} \in \mathbb{Z} \right\} \right| \geqslant m.$$

猜想12.22 (2003年4月16日). 设m为正整数, $A = \{a_s + n_s\mathbb{Z}\}_{s=1}^k$覆盖每个整数至少$m$次. 任给$m_1, \ldots, m_k \in \mathbb{Z}$与$J \subseteq \{1, \ldots, k\}$, 必有$I \subseteq \{1, \ldots, k\}$使得$I \neq J$且

$$\sum_{s \in I} \frac{m_s}{n_s} - \sum_{s \in J} \frac{m_s}{n_s} \in m\mathbb{Z}.$$

注记12.22. 此猜测发表于[166, 注记2.2], 在m为素数幂次时已被孙智伟在[166, 推论2.2]中证明.

1961年, P. Erdős, A. Ginzburg与A. Ziv在[41]中证明了著名的EGZ定理: 任给n阶加法Abel群G的$2n-1$个元素$a_1,\ldots,a_{2n-1}$, 必可从中选出n个使其和为零.

猜想12.23 (2003年). 设$A=\{a_s+n_s\mathbb{Z}\}_{s=1}^k$为剩余类系, 且有限加法Abel群$G$的阶为$n$. 如果每个整数被$A$覆盖次数都属于$\{2n-1,2n\}$, 则对任何$c_1,\ldots,c_k\in G$都有$I\subseteq\{1,\ldots,k\}$使得$\displaystyle\sum_{s\in I}\frac{1}{n_s}=n$并且$\displaystyle\sum_{s\in I}c_s=0$.

注记12.23. 此猜测发表于[166, 猜想2.1(i)], 作者在[166, 定理2.2(i)]中证明了它在n为素数幂次时成立.

对于n阶加法Abel群G, N. Alon与M. Dubiner在[5]中证明了长为$3n$的$G\oplus G$中元序列必有长为n的零和子列.

猜想12.24 (2003年). 设$A=\{a_s+n_s\mathbb{Z}\}_{s=1}^k$为剩余类系, 且有限加法Abel群$G$的阶为$n$. 如果$A$覆盖每个整数恰好$3n$次, $c_1,\ldots,c_k\in G\oplus G$且$c_1+\ldots+c_k=0$, 则有$I\subseteq\{1,\ldots,k\}$使得$\displaystyle\sum_{s\in I}\frac{1}{n_s}=n$并且$\displaystyle\sum_{s\in I}c_s=0$.

注记12.24. 此猜测发表于[166, 猜想2.1(ii)], 作者在[166, 定理2.2(ii)]中证明了它在n为素数幂次时成立.

§12.3 关于群的陪集系

设正整数$n_1,\ldots,n_k$满足$\sum_{i=1}^k\frac{1}{n_i}\leqslant1$. 1982年, A. P. Huhn与L. Megyesi在[77]中问是否$n_1,\ldots,n_k$调和的充分必要条件为对$\{1,\ldots,k\}$的至少有两个元的子集I总有不同的$i,j\in I$使得$\gcd(n_i,n_j)\geqslant|I|$. 1992年, 孙智伟在[148]中研究了Huhn与Megyesi的问题, 证明了$k\geqslant4$时充分性不对, 但$k\leqslant4$时必要性是对的; 还在文章最后指出必要性是未解决问题. 受此启发, 孙智伟提出下述关于不相交陪集的一般性猜测.

猜想12.25 (2004年6月). 设$a_1G_1,\ldots,a_kG_k\ (k>1)$为群$G$的两两不相交的左陪集, 其中$a_1,\ldots,a_k\in G$且诸子群$G_i\ (i=1,\ldots,k)$在$G$中的指标$[G:G_i]$有穷. 则有$1\leqslant i<j\leqslant k$使得

$$\gcd([G:G_i],[G:G_j])\geqslant k.$$

注记12.25. 此猜测发表于[160, 猜想1.2], 作者在该文中指出G为p-群或$k=2$时这是对的. 利用商群$G/(\bigcap_{i=1}^k G_i)_G$的有穷性可把猜想12.25归约到$G$为有限群的情形. (注意对群$G$的子群$H$, 我们用$H_G$表示$H$在$G$中的正规核$\bigcap_{g\in G}gHg^{-1}$.) 2008年, 朱婉婕在[263]中证明了$k=3,4$时猜想12.25正确, L. Margolis和O. Schnabel在[103]中对此进行了推广; 2009年, 龚主在由作者指导的南京大学本科毕业论文中证明了猜想12.25在$k=5$时成立. 在G为整数加群$\mathbb{Z}$的情况下, K. O'Bryant在[120]中对$k\leqslant20$证明了猜想12.25成立.

孙智伟在[147]中对关于群的陪集覆盖的Neumann-Tomkinson结果（参见[257]）做了下述推广: 如果群G的左陪集系$\mathcal{A}=\{a_iG_i\}_{i=1}^k$覆盖$G$中每个元至少$m\in\mathbb{Z}_+$次, 但$\mathcal{A}$的任何真子系没有这个性质, 那么$[G:\bigcap_{i=1}^k G_i]\leqslant k!$.

下面这个猜测是猜想12.20到群的陪集覆盖上的推广.

猜想12.26 (2020年12月19日). 设$a_1G_1,\ldots,a_kG_k$是群G的k个左陪集, 其中$a_1,\ldots,a_k$为G的元素且$G_1,\ldots,G_k$为群的子群. 如果左陪集系$\mathcal{A}=\{a_iG_i\}_{i=1}^k$覆盖$G$中每个元至少$m\in\mathbb{Z}_+$次, 则必有$I\subseteq\{1,\ldots,k\}$使得$\sum_{i\in I}\frac{1}{[G:G_i]}=m$.

注记12.26. 如果群G的左陪集$a_1G_1,\ldots,a_kG_k$覆盖G中每个元至少m次, 则由[154, 引理2.2]知有不等式$\sum_{i=1}^k\frac{1}{[G:G_i]}\geqslant m$.

猜想12.27 (2003年). 设$\mathcal{A}=\{a_iG_i\}_{i=1}^k$为群$G$的左陪集系, 且子群$G_1,\ldots,G_k$在$G$中次正规. 如果$G_1,\ldots,G_k$不全等于$G$, 且$\mathcal{A}$覆盖$G$中每个元相同多次, 那么对于$n=\max_{1\leqslant i\leqslant k}[G:G_i]$, 重数$|\{1\leqslant i\leqslant k:[G:G_i]=n\}|$不小于$n$的最小素因子.

注记12.27. 此猜测发表于[157, 猜想4.1]. 在这个猜想条件下, 作者在[157]中证明了

$$\max_{n\in\mathbb{Z}_+}|\{1\leqslant i\leqslant k:[G:G_i]=n\}|$$

不小于$\prod_{i=1}^k[G:G_i]$的素因子. 在G为整数加群时, 猜想12.27相当于M. Newman在[119]中证明的一个Š. Znám猜想到$\mathbb{Z}$的恰好m重覆盖上的推广, 这是已知的(参见[129, 引理2]与[159, 定理1.3]).

Mycielski函数$f:\mathbb{Z}_+\to\mathbb{N}$如下给出: 对于不同素数$p_1,\ldots,p_r$及$a_1,\ldots,a_r\in\mathbb{N}$定义

$$f\left(\prod_{i=1}^r p_i^{a_i}\right)=\sum_{i=1}^r a_i(p_i-1).$$

猜想12.28 (2004年). 设$\mathcal{A}=\{a_iG_i\}_{i=1}^k$为群$G$的陪集系, 它覆盖$G$中每个元至少$m\in\mathbb{Z}_+$次. 如果$\{a_iG_i\}_{i\neq j}$不再覆盖$G$中每个元至少$m$次, 则有不等式$k\geqslant m+f([G:G_j])$, 这里$f$为Mycielski函数.

注记12.28. G. Lettl与孙智伟[91]证明了高维东与A. Geroldinger[47]一个猜想的扩展形式, 其结果表明猜想12.28在G为Abel群时成立.

猜想12.29 (1987年9月). 设可解群G的左陪集系$\mathcal{A}=\{a_iG_i\}_{i=1}^k$覆盖$G$中每个元恰好$m$次, 则有不等式$k\geqslant m+f(N)$, 这里$f$为Mycielski函数, N为$[G:G_1],\ldots,[G:G_k]$的最小公倍数.

注记12.29. 此猜想等价于[154]中第1节里的猜测. 孙智伟[154, 定理4.1]证明了群G的左陪集系$\mathcal{A}=\{a_iG_i\}_{i=1}^k$覆盖$G$中每个元恰好$m$次时, 只要$G/(G_i)_G$可解就有不等式$k\geqslant m+f([G:G_i])$.

猜想12.30 (郭嵩与孙智伟, 2004年). 设$G_1,\ldots,G_k$为群G的次正规子群. 假设$\mathcal{A}=\{G_i\}_{i=1}^k$覆盖群$G$中每个元至少$m\in\mathbb{Z}_+$次, 但$\mathcal{A}$的任何真子系没有这个性质. 如果$[G:\bigcap_{i=1}^k G_i]$有素数分解式$\prod_{i=1}^r p_i^{a_i}$ (其中$p_1,\ldots,p_r$为不同素数且$a_1,\ldots,a_r\in\mathbb{Z}_+$), 则

$$k>m+\sum_{i=1}^r(a_i-1)(p_i-1).$$

注记12.30. 此猜测发表于[160, 猜想1.1].

第13章 组合序列与多项式

本章包含了由作者提出的涉及组合序列或多项式的20个猜想.

我们关于组合序列的猜想大多数与对数凹性或对数凸性有关. 对于各项非负的序列$(a_n)_{n \geqslant 0}$, 它是对数凹的指对任何$n \in \mathbb{Z}_+$有$a_n^2 \geqslant a_{n-1}a_{n+1}$, 它是对数凸的指对任何$n \in \mathbb{Z}_+$有$a_n^2 \leqslant a_{n-1}a_{n+1}$. 对于一批各项非负的数论或组合序列$(a_n)_{n \geqslant 0}$, 在2012年作者[181]提出关于$(\sqrt[n]{a_n})_{n \geqslant n_0}$对数凹或对数凸的猜想, 这激发了许多研究(参见[74], [245]与[22]).

除了组合序列, 本章也涉及一些一元整系数多项式在$\mathbb{Q}$上的不可约性与模素数的不可约性, 还有关于多项式

$$G_p(x) = \prod_{k=1}^{(p-1)/2} \left(x - e^{2\pi i \frac{k^2}{p}} \right) \quad (其中p为素数)$$

在单位根处值的猜想.

§13.1 组合序列

F. Firoobakht在1982年猜测序列$(\sqrt[n]{p_n})_{n \geqslant 1}$严格递减, 作者[181]提出了更多的这类猜测.

猜想13.1. (i) (2013年1月12日) 将可行数由小到大排列成$q_1, q_2, \ldots$, 则序列$(\sqrt[n]{q_n})_{n \geqslant 3}$严格递减趋于极限1.

(ii) (2013年1月14日) 让s_n表示前n个可行数之和, 则序列$(\sqrt[n]{s_n})_{n \geqslant 3}$严格递减. 不仅如此, 序列$(\sqrt[n+1]{s_{n+1}}/\sqrt[n]{s_n})_{n \geqslant 7}$还严格递增趋于极限1.

注记13.1. 此猜测第一条发表于[202, 注记4.30]. 作者在[175]中证明了$(\sqrt[n+1]{S_{n+1}}/\sqrt[n]{S_n})_{n \geqslant 5}$严格递增趋于极限1, 其中$S_n$表示前$n$个素数之和.

猜想13.2 (2012年8月5日). 对于由

$$\frac{1}{\cos x - \sin x} = \sum_{n=0}^{\infty} S_n \frac{x^n}{n!}$$

给出的Springer数S_n (也是$|E_n(\frac{1}{4})|$的分母), 序列$(\sqrt[n+1]{S_{n+1}}/\sqrt[n]{S_n})_{n \geqslant 0}$严格下降, 从而$(\sqrt[n]{S_n})_{n \geqslant 0}$是对数凹的.

注记13.2. 此猜想发表于[181, 猜想3.4]. 关于Springer数, 作者猜测的$(S_{n+1}/S_n)_{n \geqslant 0}$单调递增性已被祝宝宣在[262, 命题4.5]中证明, 这蕴含着$(\sqrt[n]{S_n})_{n \geqslant 0}$的单调递增性.

猜想13.3 (2014年8月30日). 令

$$a_n = \frac{1}{n}\sum_{k=0}^{n-1} \frac{\binom{n-1}{k}^2 \binom{-n-1}{k}^2}{4k^2-1} = \frac{1}{n}\sum_{k=0}^{n-1} \frac{\binom{n-1}{k}^2 \binom{n+k}{k}^2}{4k^2-1} \quad (n = 1, 2, 3, \ldots).$$

则$(a_{n+1}/a_n)_{n \geqslant 3}$严格递增趋于极限$17 + 12\sqrt{2}$, 而且序列$(\sqrt[n+1]{a_{n+1}}/\sqrt[n]{a_n})_{n \geqslant 2}$严格递减趋于1.

注记13.3. 此猜想公布于OEIS条目A246567. 作者在[204, 注记1.3]中获得了新的恒等式

$$\sum_{k=0}^{n-1} \frac{\binom{n-1}{k}\binom{-n-1}{k}}{4k^2-1} = -n \ (n=1,2,3,\ldots),$$

还对任何正整数m与n证明了

$$\frac{1}{n}\sum_{k=0}^{n-1} \frac{\binom{n-1}{k}^m\binom{-n-1}{k}^m}{4k^2-1} \in \mathbb{Z}$$

(参见[204, 定理1.5(ii)]).

猜想13.4 (2014年8月30日). 令

$$a_n = \frac{1}{n^3}\sum_{k=0}^{n-1}(3k^2+3k+1)\binom{n-1}{k}^2\binom{n+k}{k}^2 \ (n=1,2,3,\ldots).$$

则$(a_{n+1}/a_n)_{n\geqslant 1}$严格递增趋于极限$17+12\sqrt{2}$, 而且序列$(^{n+1}\!\sqrt{a_{n+1}}/\sqrt[n]{a_n})_{n\geqslant 1}$严格递减趋于1.

注记13.4. 此猜测公布于OEIS条目A246512, 作者[204, (1.26)]已证a_n总是整数.

对于一元整系数多项式序列$(P_n(q))_{n\geqslant 0}$, 如果对任何$n\in\mathbb{Z}_+$ 多项式$P_{n-1}(q)P_{n+1}(q)-P_n(q)^2\in$ $\mathbb{Z}[q]$各项系数非负, 就称它是q-对数凸的.

猜想13.5 (2011年5月7日). 对$n\in\mathbb{N}$让

$$\beta_n(q) = \sum_{k=0}^{n}\binom{n}{k}^2\binom{n+k}{k}q^k, \quad W_n(q) = \sum_{k=0}^{n}\binom{n}{k}\binom{n+k}{k}\binom{2k}{k}\binom{2(n-k)}{n-k}q^k.$$

则多项式序列$(\beta_n(q))_{n\geqslant 0}$与$(W_n(q))_{n\geqslant 0}$都是$q$-对数凸的.

注记13.5. 此猜测发表于[225]第2节最后一段, $(\beta_n(q))_{n\geqslant 0}$的$q$-对数凸性猜想也出现于[188, 猜想4.7]. 在2011年作者[225]也猜测Domb多项式序列$\left(\sum_{k=0}^{n}\binom{n}{k}^2\binom{2k}{k}\binom{2(n-k)}{n-k}q^k\right)_{n\geqslant 0}$是$q$-对数凸的, 这被窦全杰与任晓艳在[37]中证实了.

对于整数序列$(a_n)_{n\geqslant n_0}$, 如果它的第n项a_n被某个素数p整除但前面的项都不被p整除, 则称第n项a_n有本原素因子(primitive prime divisor).

猜想13.6 (2014年9月至10月). 下面整数序列

$$(E_{2n})_{n\geqslant 2}, \ (\text{Bell}(n))_{n\geqslant 2}, \ (f_n)_{n\geqslant 1}, \ (f_n^{(4)})_{n\geqslant 1},$$

$$(T_n)_{n\geqslant 2}, \ (M_n)_{n\geqslant 4}, \ (D_n)_{n\geqslant 1}, \ (A_n)_{n\geqslant 1}, \ (\text{Domb}(n))_{n\geqslant 4}$$

中的每一项都有本原素因子.

注记13.6. 此猜测发表于[215, 第5节].

§13.2 不可约多项式

猜想13.7 (2013年3月29日). 任给整数$n > 1$, 必有素数$p < \frac{n(n+3)}{2}$使得$x^n - x - 1$模p不可约.

注记13.7. 有关数据可见OEIS条目A223934, 例如: 使$x^{20} - x - 1$模p 不可约的最小素数p为229 < $20(20+3)/2$. 对于$n = 2, 3, \ldots$, 已知多项式$x^n - x - 1$在$\mathbb{Q}$ 上不可约(参见E. S. Selmer[136]), 而且其在$\mathbb{Q}$ 上的Galois群同构于对称群S_n(参见H. Osada[122]). 2021年, 在获悉猜想13.7后万大庆指出: 利用Chebotarev密度定理, 可说明对整数$n > 1$有素数p使$x^n - x - 1$模p不可约, 但对最小这样的p能给出的上界远比n的多项式增长快.

猜想13.8. (i) (2013年3月24日) 设n为正整数, 多项式$\sum_{k=0}^{n}(k+1)x^k$模任何素数都可约当且仅当在$n \in \{8m(m+1): \ m \in \mathbb{Z}_+\}$.

　　(ii) (2013年3月25日) 任给整数$n > 1$, 有整数$b \in (n, 12n^2)$使得$1 + 2b + \ldots + nb^{n-1}$为素数.

注记13.8. 此猜测及相关数据公布于OEIS条目A217785. 对于整数$n > 1$, 多项式$1 + 2x + \ldots + nx^{n-1}$在$\mathbb{Q}$上的不可约性由M. Filaseta在1986年首先猜出(参见[14]).

猜想13.9 (2013年3月26日). (i) 任给正整数n, 多项式

$$\sum_{k=0}^{n}(2k+1)x^{n-k}$$

模某个素数$p < (n+1)(n+2)$不可约, 而且$\mathbb{Q}$上多项式$\sum_{k=0}^{n}(2k+1)x^{n-k}$的Galois群同构于对称群$S_n$.

　　(ii) 任给正整数n, 有无穷多个整数$b > 2n + 1$使得b进制数

$$[1, 3, \ldots, 2n-1, 2n+1]_b = \sum_{k=0}^{n}(2k+1)b^{n-k}$$

与

$$[2n+1, 2n-1, \ldots, 3, 1]_b = \sum_{k=0}^{n}(2k+1)b^k$$

都是素数.

注记13.9. 参见OEIS条目A218465. 例如: 多项式

$$x^7 + 3x^6 + 5x^5 + 7x^4 + 9x^3 + 11x^2 + 13x + 15$$

模素数71 < $(7+1)(7+2)$不可约; 八进制数

$$[1, 3, 5, 7]_8 = 8^3 + 3 \times 8^2 + 5 \times 8 + 7 = 751$$

与

$$[7, 5, 3, 1]_8 = 7 \times 8^3 + 5 \times 8^2 + 3 \times 8 + 1 = 3929$$

都是素数.

猜想13.10. (i) (2013年3月21日) 任给正整数n, 多项式

$$g_n(x) = \sum_{k=0}^{n} \binom{n}{k}^2 \binom{2k}{k} x^k, \quad \beta_n(x) = \sum_{k=0}^{n} \binom{n}{k}^2 \binom{n+k}{k} x^k, \quad A_n(x) = \sum_{k=0}^{n} \binom{n}{k}^2 \binom{n+k}{k}^2 x^k$$

都在有理数域$\mathbb{Q}$上不可约. 对于整数$n \geqslant 2$, 多项式

$$f_n(x) = \sum_{k=0}^{n} \binom{n}{k}^2 \binom{2k}{n} x^{n-k} \quad \text{与} \quad \sum_{k=0}^{n} \binom{2k}{n} \binom{2k}{k} \binom{2(n-k)}{n-k} x^{n-k}$$

都在$\mathbb{Q}$上不可约.

(ii) (2013年3月23日) 对任何整数$m \geqslant 2$与$n \geqslant 1$, 多项式

$$\sum_{k=0}^{n} \binom{mk}{k, \ldots, k} x^k = \sum_{k=0}^{n} \frac{(km)!}{(k!)^m} x^k$$

在$\mathbb{Q}$上不可约.

注记13.10. 此猜测以前未发表于论文中, 但在OEIS相关序列评论中提到过.

猜想13.11 (2013年4月6日). (i) 对于正整数n, 多项式$\sum_{k=0}^{n} \binom{2k}{k} x^k$模某个素数不可约当且仅当$n$不形如$2m(m+1)$ $(m \in \mathbb{Z})$.

(ii) 任给$n \in \mathbb{Z}_+$, 有不超过$\frac{n^2+15n+60}{2}$的素数p使得多项式$\sum_{k=0}^{n} C_k x^k$模p不可约, 而且$\mathbb{Q}$上多项式$\sum_{k=0}^{n} C_k x^k$的Galois群同构于对称群S_n.

注记13.11. 参见OEIS条目A224416.

猜想13.12 (2013年4月6日). 任给正整数n, 有素数$p < 4n^2 - 1$使得多项式$\sum_{k=0}^{n} \text{Bell}(k) x^{n-k}$模$p$不可约.

注记13.12. 参见OEIS条目A224417. 例如: $n = 7$时符合要求的最小素数p的值为$193 < 4 \times 7^2 - 1 = 195$.

猜想13.13 (2013年4月6日). 任给整数$n > 1$, 有素数$q < n^2$使得多项式

$$\sum_{k=0}^{n} p(k) x^{n-k} = x^n + p(1) x^{n-1} + \ldots + p(n)$$

模q不可约, 其中$p(\cdot)$为分拆函数.

注记13.13. 参见OEIS条目A224418. 例如: $n = 32$时符合要求的最小素数q的值为$977 < 32^2 = 1024$.

猜想13.14 (2013年4月7日). 任给正整数n, 多项式

$$\sum_{k=0}^{n} F_{k+1} x^{n-k} = F_1 x^n + F_2 x^{n-1} + \ldots + F_n$$

模某个素数$p \leqslant n^2 + 12$不可约, 这里F_m指下标为m的Fibonacci数.

注记13.14. 有关数据可见OEIS条目A220947. 例如: $F_1x^2 + F_2x + F_3 = x^2 + x + 2$模2可约, 但它模3不可约.

猜想13.15 (2013年4月7日). 任给正整数n, 有素数$q \leqslant (n+4)(n+5)+1$使得多项式$x^n + p_1x^{n-1} + \ldots + p_n$模$q$不可约, 这里$p_k$指第$k$个素数.

注记13.15. 此猜测及相关数据可见OEIS条目A224480.

猜想13.16 (2013年3月25日). 设所有无平方因子正整数由小到大依此为

$$a_1 = 1 < a_2 = 2 < a_3 = 3 < a_4 = 5 < a_5 = 6 < \ldots.$$

(i) 任给正整数n, 有素数$p \leqslant n(n+1)$使得多项式$\sum_{k=0}^{n} a_{k+1}x^{n-k}$模$p$不可约, 而且$\mathbb{Q}$上多项式$\sum_{k=0}^{n} a_{k+1}x^{n-k}$的Galois群同构于对称群$S_n$.

(ii) 对于整数$n > 1$, 有无穷多个整数$b > a_n$使得$\sum_{k=1}^{n} a_k b^{k-1}$为素数, 而且最小的这样的整数$b > a_n$不超过$(n+3)(n+4)$.

注记13.16. 此猜测第一条及有关数据可见OEIS条目A220072, 第二条可见OEIS条目A005117.

猜想13.17 (2013年3月19日). 设$F_0(x) = 1$, $F_1(x) = x$, 且

$$F_{n+1}(x) = (x + 2n(n+1))F_n(x) - n^4 F_{n-1}(x) \quad (n = 1, 2, 3, \ldots).$$

任给正整数n, 多项式$F_n(x) \in \mathbb{Z}[x]$在有理数域$\mathbb{Q}$上不可约.

注记13.17. 易见

$$F_2(x) = x^2 + 4x - 1, \ F_3(x) = x^3 + 16x^2 + 31x - 12, \ F_4(x) = x^4 + 40x^3 + 334x^2 + 408x - 207.$$

作者注意到使用Zeilberger算法可得

$$\sum_{k=0}^{n} \binom{x}{k}^2 \binom{x+n-k}{n-k} = \frac{F_n(x^2 + x + 1)}{n!}.$$

§13.3 多项式$\prod_{k=1}^{(p-1)/2} \left(x - e^{2\pi i \frac{k^2}{p}}\right)$

对于素数p, 定义多项式

$$G_p(x) := \prod_{k=1}^{(p-1)/2} \left(x - e^{2\pi i \frac{k^2}{p}}\right).$$

1982年, K. S. Williams [248, 引理]对素数$p \equiv 3 \pmod 4$决定出$G_p(\pm i)$的精确值. 作者在[220]中系统研究了$G_p(x)$在单位根处的取值.

回忆一下, 对素数p我们用$h(-p)$表示虚二次域$\mathbb{Q}(\sqrt{-p})$类数.

猜想13.18 (2019年8月22日). 设 $p > 3$ 为素数, $n > 2$ 为整数, a 为小于 2^n 的正奇数.

(i) 如果 $p \equiv 1 \pmod 4$, 则

$$(-1)^{|\{1 \leqslant k < \frac{ap}{2^n}:\ (\frac{k}{p})=1\}|} G_p(e^{2\pi i \frac{a}{2^n}}) e^{-2\pi i a \frac{p-1}{2^{n+2}}} > 0.$$

(ii) 当 $p \equiv 3 \pmod 4$ 时, 我们有

$$(-1)^{\frac{h(-p)+1}{2}+|\{1 \leqslant k < \frac{ap}{2^n}:\ (\frac{k}{p})=1\}|} G_p(e^{2\pi i \frac{a}{2^n}}) e^{-2\pi i \frac{a(p-1)+2^n}{2^{n+2}}} > 0.$$

注记13.18. 对于素数 $p > 3$, 关于 $G_p(x)$ 在三、四、六次单位根处精确值, 读者可参看[220].

猜想13.19 (2019年8月22日). 设 $p > 5$ 为素数, 并令 $\zeta_5 = e^{\frac{2\pi i}{5}}$.

(i) 如果 $p \equiv 1 \pmod{10}$ 但 $p \not\equiv 11 \pmod{40}$, 则

$$(-1)^{\lfloor \frac{h(-p)}{2} \rfloor + |\{1 \leqslant k < \frac{p}{5}:\ (\frac{k}{p})=-1\}|} e^{2\pi i \frac{p-1}{40}} G_p(\zeta_5^{\pm 1}) > 0.$$

当 $p \equiv 11 \pmod{40}$ 时,

$$(-1)^{\frac{h(-p)-1}{2} + |\{1 \leqslant k < \frac{p}{5}:\ (\frac{k}{p})=-1\}|} e^{2\pi i \frac{p-1}{40}} G_p(\zeta_5^{\pm 1}) < 0.$$

如果 $p \equiv 1 \pmod{10}$ 但 $p \not\equiv 31 \pmod{40}$, 则

$$(-1)^{\lfloor \frac{h(-p)}{2} \rfloor + |\{1 \leqslant k < \frac{2}{5}p:\ (\frac{k}{p})=-1\}|} e^{2\pi i \frac{p-1}{40}} G_p(\zeta_5^{\pm 2}) > 0.$$

当 $p \equiv 31 \pmod{40}$ 时,

$$(-1)^{\frac{h(-p)-1}{2} + |\{1 \leqslant k < \frac{2}{5}p:\ (\frac{k}{p})=-1\}|} e^{2\pi i \frac{p-1}{40}} G_p(\zeta_5^{\pm 2}) < 0.$$

(ii) 如果 $p \equiv 9 \pmod{10}$ 但 $p \not\equiv 19 \pmod{40}$, 则

$$(-1)^{\lfloor \frac{h(-p)}{2} \rfloor + |\{1 \leqslant k < \frac{p}{5}:\ (\frac{k}{p})=-1\}|} e^{\pm 2\pi i \frac{p-5}{40}} G_p(\zeta_5^{\pm 1}) > 0,$$

并且

$$(-1)^{\lfloor \frac{h(-p)}{2} \rfloor + |\{1 \leqslant k < \frac{2}{5}p:\ (\frac{k}{p})=-1\}|} e^{\mp 2\pi i \frac{p+3}{40}} G_p(\zeta_5^{\pm 2}) > 0.$$

如果 $p \equiv 19 \pmod{40}$, 则

$$(-1)^{\frac{h(-p)-1}{2} + |\{1 \leqslant k < \frac{p}{5}:\ (\frac{k}{p})=-1\}|} e^{\pm 2\pi i \frac{p-5}{40}} G_p(\zeta_5^{\pm 1}) < 0,$$

并且

$$(-1)^{\frac{h(-p)-1}{2} + |\{1 \leqslant k < \frac{2}{5}p:\ (\frac{k}{p})=-1\}|} e^{\mp 2\pi i \frac{p+3}{40}} G_p(\zeta_5^{\pm 2}) < 0.$$

(iii) 如果 $p \equiv 3 \pmod{10}$ 但 $p \not\equiv 23 \pmod{40}$, 则

$$(-1)^{\lfloor \frac{h(-p)}{2} \rfloor + |\{1 \leqslant k < \frac{p}{5}:\ (\frac{k}{p})=-1\}|} e^{-2\pi i \frac{p-9}{40}} G_p(\zeta_5) > 0.$$

当 $p \equiv 23 \pmod{40}$ 时，

$$(-1)^{\frac{h(-p)-1}{2}+|\{1\leqslant k<\frac{p}{5}:\ (\frac{k}{p})=-1\}|}e^{-2\pi i\frac{p-9}{40}}G_p(\zeta_5)<0.$$

如果 $p \equiv 3 \pmod{10}$ 但 $p \not\equiv 3 \pmod{40}$，则

$$(-1)^{\lfloor\frac{h(-p)}{2}\rfloor+|\{1\leqslant k<\frac{p}{5}:\ (\frac{k}{p})=-1\}|}e^{2\pi i\frac{p-9}{40}}G_p(\zeta_5^{-1})>0,$$

并且

$$(-1)^{\lfloor\frac{h(-p)}{2}\rfloor+|\{1\leqslant k<\frac{2}{5}p:\ (\frac{k}{p})=-1\}|}e^{\mp2\pi i\frac{p-5}{40}}G_p(\zeta_5^{\pm2})>0.$$

当 $p \equiv 3 \pmod{40}$ 时，

$$(-1)^{\frac{h(-p)-1}{2}+|\{1\leqslant k<\frac{p}{5}:\ (\frac{k}{p})=-1\}|}e^{-2\pi i\frac{p-9}{40}}G_p(\zeta_5^{-1})<0,$$

并且

$$(-1)^{\frac{h(-p)-1}{2}+|\{1\leqslant k<\frac{2}{5}p:\ (\frac{k}{p})=-1\}|}e^{\mp2\pi i\frac{p-5}{40}}G_p(\zeta_5^{\pm2})<0.$$

(iv) 如果 $p \equiv 7 \pmod{10}$ 但 $p \not\equiv 7 \pmod{40}$，则

$$(-1)^{\lfloor\frac{h(-p)}{2}\rfloor+|\{1\leqslant k<\frac{p}{5}:\ (\frac{k}{p})=-1\}|}e^{\mp2\pi i\frac{p-5}{40}}G_p(\zeta_5^{\pm1})>0,$$

而且

$$(-1)^{\lfloor\frac{h(-p)}{2}\rfloor+|\{1\leqslant k<\frac{2}{5}p:\ (\frac{k}{p})=-1\}|}e^{2\pi i\frac{p+7}{40}}G_p(\zeta_5^{-2})>0.$$

当 $p \equiv 7 \pmod{40}$ 时，我们有

$$(-1)^{\frac{h(-p)-1}{2}+|\{1\leqslant k<\frac{p}{5}:\ (\frac{k}{p})=-1\}|}e^{\mp2\pi i\frac{p-5}{40}}G_p(\zeta_5^{\pm1})<0,$$

并且

$$(-1)^{\frac{h(-p)-1}{2}+|\{1\leqslant k<\frac{2}{5}p:\ (\frac{k}{p})=-1\}|}e^{2\pi i\frac{p+7}{40}}G_p(\zeta_5^{-2})<0.$$

如果 $p \equiv 7 \pmod{10}$ 但 $p \not\equiv 27 \pmod{40}$，则

$$(-1)^{\lfloor\frac{h(-p)}{2}\rfloor+|\{1\leqslant k<\frac{2}{5}p:\ (\frac{k}{p})=-1\}|}e^{-2\pi i\frac{p+7}{40}}G_p(\zeta_5^{2})>0.$$

当 $p \equiv 27 \pmod{40}$ 时，我们有

$$(-1)^{\frac{h(-p)-1}{2}+|\{1\leqslant k<\frac{2}{5}p:\ (\frac{k}{p})=-1\}|}e^{-2\pi i\frac{p+7}{40}}G_p(\zeta_5^{2})<0.$$

注记13.19. 注意

$$e^{\frac{2\pi i}{5}}=\cos\frac{2\pi}{5}+i\sin\frac{2\pi}{5}=\frac{\sqrt5-1}{4}+\frac{i}{4}\sqrt{2\sqrt5+10}.$$

猜想13.20 (2019年8月23日). 设$p > 5$为素数, 并令$\zeta_{10} = e^{\frac{2\pi i}{10}} = e^{\frac{\pi i}{5}}$.

(i) 设$m \in \{\pm 1, \pm 3\}$. 如果$p \equiv 21 \pmod{40}$, 则

$$G_p(\zeta_{10}^m) = (-1)^{|\{1 \leqslant k \leqslant \frac{p+9}{10} : (\frac{k}{p}) = -1\}|}.$$

如果$p \equiv 29 \pmod{40}$, 则

$$G_p(\zeta_{10}^m) = (-1)^{|\{1 \leqslant k \leqslant \frac{p+1}{10} : (\frac{k}{p}) = -1\}|} \zeta_{10}^{2m}.$$

(ii) 设$m \in \{\pm 1, \pm 3\}$. 如果$p \equiv 1 \pmod{10}$但$p \not\equiv 11 \pmod{40}$, 则

$$(-1)^{\lfloor \frac{h(-p)}{2} \rfloor + |\{1 \leqslant k < \frac{p}{10} : (\frac{k}{p}) = -1\}|} G_p(\zeta_{10}^m) > 0.$$

如果$p \equiv 11 \pmod{40}$, 则

$$(-1)^{\frac{h(-p)-1}{2} + |\{1 \leqslant k < \frac{p}{10} : (\frac{k}{p}) = -1\}|} G_p(\zeta_{10}^m) < 0.$$

(iii) 如果$p \equiv 9 \pmod{10}$但$p \not\equiv 19 \pmod{40}$, 则

$$(-1)^{\lfloor \frac{h(-p)}{2} \rfloor + |\{1 \leqslant k < \frac{p}{10} : (\frac{k}{p}) = -1\}|} \zeta_{10}^{\mp 2} G_p(\zeta_{10}^{\pm 1}) > 0.$$

当$p \equiv 19 \pmod{40}$时, 我们有

$$(-1)^{\frac{h(-p)-1}{2} + |\{1 \leqslant k < \frac{p}{10} : (\frac{k}{p}) = -1\}|} \zeta_{10}^{\mp 2} G_p(\zeta_{10}^{\pm 1}) < 0.$$

如果$p \equiv 9 \pmod{10}$但$p \not\equiv 39 \pmod{40}$, 则

$$(-1)^{\lfloor \frac{h(-p)}{2} \rfloor + |\{1 \leqslant k < \frac{p}{10} : (\frac{k}{p}) = -1\}|} \zeta_{10}^{\mp 6} G_p(\zeta_{10}^{\pm 3}) > 0.$$

当$p \equiv 39 \pmod{40}$时, 我们有

$$(-1)^{\frac{h(-p)-1}{2} + |\{1 \leqslant k < \frac{p}{10} : (\frac{k}{p}) = -1\}|} \zeta_{10}^{\mp 6} G_p(\zeta_{10}^{\pm 3}) < 0.$$

(iv) 设$m \in \{\pm 1, \pm 3\}$且$p \equiv 3 \pmod{10}$. 则

$$a_m(p) = (-1)^{\lfloor \frac{h(-p)}{2} \rfloor + |\{1 \leqslant k < \frac{p}{10} : (\frac{k}{p}) = -1\}|} \zeta_{10}^{2m} G_p(\zeta_{10}^m)$$

是个非零实数. 此外, $a_m(p) < 0$当且仅当下述四种情形

$$m = 1\text{且}p \not\equiv 3 \pmod{40}, \quad m = -1\text{且}p \not\equiv 23 \pmod{40},$$
$$m = 3\text{且}p \not\equiv 13 \pmod{40}, \quad m = -3\text{且}p \equiv 33 \pmod{40}$$

之一发生.

(v) 设$m \in \{\pm 1, \pm 3\}$且$p \equiv 7 \pmod{10}$. 则

$$b_m(p) = (-1)^{\lfloor \frac{h(-p)}{2} \rfloor + |\{1 \leqslant k < \frac{p}{10} : (\frac{k}{p}) = -1\}|} \zeta_{10}^m G_p(\zeta_{10}^m)$$

是个非零实数. 此外, $b_m(p) < 0$当且仅当下述四种情形

$$m = 1且p \equiv 27 \pmod{40}, \quad m = -1且p \equiv 7 \pmod{40},$$
$$m = -3且p \equiv 37 \pmod{40}, \quad m = 3且p \not\equiv 17 \pmod{40}$$

之一发生.

注记13.20. 对于素数$p > 3$, 关于$G_p(x)$在12次单位根处的值, 读者可查看[220, 第5节].

参 考 文 献

[1] ABLINGER J. Discovering and proving infinite binomial sums identities. Experiment. Math., 2017, 26: 62–71.

[2] ABLINGER J. Proving two conjectural series for $\zeta(7)$ and discovering more series for $\zeta(7)$. In: Mathematical Aspects of Computer and Information Sciences (eds., D. Slamanig, E. Tsigaridas and Z. Zafeirakopoulos), MACIS 2019. Lect. Notes in Comput. Sci., 11989, Cham: Springer, 2020: 42–47.

[3] ABRAMOWITZ M, STEGUN I A. Handbook of Mathematical Functions with Formulas, Graphs, and Mathematical Tables, 9th printing. New York: Dover, 1972.

[4] ALON N. Combinatorial Nullstellensatz. Combin. Probab. Comput., 1999, 8: 7–29.

[5] ALON N, DUBINER M. Zero-sum sets of prescribed size. In: Combinatorics, Paul Erdős is Eighty, János Bolyai Math. Soc., Budapest., 1993: 33–50.

[6] AMDEBERHAN T, ZEILBERGER D. Hypergeometric series acceleration via the WZ method. Electron. J. Combin., 1997, 4(2): #R3.

[7] APÉRY R. Irrationalité de $\zeta(2)$ et $\zeta(3)$. Astérisque, 1979, 61: 11–13.

[8] ARNOLD L K, BENKOSKI S J, MCCABE B J. The discriminator (a simple application of Bertrand's postulate). Amer. Math. Monthly., 1985, 92: 275–277.

[9] ARSOVSKI B. A proof of Snevily's conjecture. Israel J. Math., 2011, 182: 505–508.

[10] BACHRAOUI M EL. Primes in the interval $[2n, 3n]$. Int. J. Contemp. Math. Sci., 2006, 1: 617–621.

[11] BAKER A. On the representation of integers by binary forms, Philos. Trans. Roy. Soc. London (Ser. A), 1968, 263: 173–191.

[12] BARTHOLDI L. Re: A function taking only prime values. A Message to Number Theory Mailing List, Feb. 23, 2012. Available from the Website https://listserv.nodak.edu/cgi-bin/wa.exe?A2=NMBRTHRY;7b53159a.1202.

[13] BERNDT B C. Number Theory in the Spirit of Ramanujan. Providence, RI: Amer. Math. Soc., 2006.

[14] BORISOV A, FILASETA M, LAM T Y, et al. Classes of polynomials having only one non-cyclotomic irreducible factor. Acta Arith., 1999, 90: 121–153.

[15] CAO H Q, PAN H. On a conjecture concerning the permutations of $\{1, 2, \ldots, n\}$, 南京大学学报数学半年刊, 2014, 31: 187–189.

[16] CARLITZ L. A theorem of Glaisher. Canad. J. Math., 1953, 5: 306–316.

[17] CHAN H H, CHAN S H, LIU Z. Domb's numbers and Ramanujan-Sato type series for $\frac{1}{\pi}$. Adv. Math., 2004, 186: 396–410.

[18] CHAN H H, WAN J, ZUDILIN W. Legendre polynomials and Ramanujan-type series for $\frac{1}{\pi}$. Israel J. Math., 2013, 194: 183–207.

[19] CHAPMAN R. Determinants of Legendre symbol matrices. Acta Arith., 2004, 115: 231–244.

[20] CHEN J R. On the representation of a larger even integer as the sum of a prime and the product of at most two primes. Sci. Sinica, 1973, 16: 157 – 176.

[21] CHEN J Y, WANG C. Congruences concerning generalized central trinomial coefficients. Proc. Amer. Math. Soc., in press. See also arXiv:2012.04523.

[22] CHEN W Y C, PENG J F F. Infinitely log-monotonic combinatorial sequences. Adv. Appl. Math., 2014, 52: 99–120.

[23] CHEN Y G. On m-harmonic sequences. Discrete Math., 1996, 162: 273–280.

[24] COOPER S. Ramanujan's Theta Functions. Cham: Springer, 2017.

[25] COOPER S, WAN J G, ZUDILIN W. Holonomic alchemy and series for $\frac{1}{\pi}$. In: Analytic Number Theory, Modular Forms and q-Hypergeometric Series, Springer Proc. Math. Stat., 221. Cham: Springer, 2017: 179–205.

[26] COSTA A F, COSTA J. Report: Testing conjectures on primes. Preprint, 2015. Available from. http://math.uni.lu/emc/projects/reports/prime-conjectures.pdf.

[27] COX D A. Primes of the Form $x^2 + ny^2$: Fermat, Class Field Theory and Complex Multiplication. New York: John Wiley & Sons, Inc., 1989.

[28] CRANDALL R, POMERANCE C. Prime Numbers: A Computational Perspective. 2nd Edition. New York: Springer, 2005.

[29] CROCKER R C. On the sum of a prime and two powers of two. Pacific J. Math., 1971, 36: 103–107.

[30] CROCKER R C. On the sum of two squares and two powers of k. Colloq. Math., 2008, 112: 235–267.

[31] CULLEN J. Diophantine Equations – Computer Search Results. 2011. Available from the website http://members.bex.net/jtcullen515/Math10.htm.

[32] DAVIS M, PUTNAM H, ROBINSON J. The decision problem for exponential diophantine equations. Ann. of Math., 1961, 74(2): 425–436.

[33] 邓有银. 整数的表示和多角数模k的完全剩余系问题. 南京大学数学系硕士学位论文, 2018.

[34] DIAS DA SILVA J A, HAMIDOUNE Y O. Cyclic spaces for Grassmann derivatives and additive theory. Bull. London Math. Soc., 1994, 26: 140–146.

[35] DICKSON L E. Quaternary quadratic forms representing all integers. Amer. J. Math., 1927, 49: 39–56.

[36] DICKSON L E. Modern Elementary Theory of Numbers. Chicago: University of Chicago Press, 1939.

[37] DOU D Q J, REN A X Y. The q-log-convexity of Domb's polynomials. Ars. Combin., 2015, 123: 351–370.

[38] DUDEK A W. On the sum of a prime and a square-free number. Ramanujan J., 2017, 42: 233–240.

[39] EDGAR G A. The Apéry numbers as a Stieltjes moment sequence. Preprint, arXiv:2005.10733, 2020.

[40] ERDŐS. On integers of the form $2^k + p$ and some related problems. Summa Brasil. Math., 1950, 2: 113–123.

[41] ERDŐS P, GINZBURG A, ZIV A. Theorem in the additive number theory. Bull. Research Council Israel, 1961, 10F: 41–43.

[42] ERDŐS P, HEILBRONN H. On the addition of residue classes modulo p. Acta Arith., 1964, 9: 149–159.

[43] ERDŐS P, NIVEN I. Some properties of partial sums of the harmonic series. Bull. Amer. Math. Soc., 1946, 52(4): 248–251.

[44] FARHI B. An elemetary proof that any natural number can be written as the sum of three terms of the sequence $\lfloor \frac{n^2}{3} \rfloor$. J. Integer Seq., 2014, 17: Article 14.7.6.

[45] FILZ A. Problem 1046. J. Recreational Math., 1982, 14: 64; 1983, 15: 71.

[46] FRIEDLANDER J, IWANIEC H. The polynomial $X^2 + Y^4$ captures its primes. Ann. of Math., 1998, 148: 945–1040.

[47] GAO W D, GEROLDINGER A. Zero-sum problems and coverings by proper cosets. European J. Combin., 2003, 24: 531–549.

[48] GE F, SUN Z W. On some universal sums of generalized polygonal numbers. Colloq. Math., 2016, 145: 149–155.

[49] GOLOMB S W. On the ratio of N to $\pi(N)$. Amer. Math. Monthly, 1962, 69: 36–37.

[50] GOULD H W. Combinatorial Identities. Morgantown:Morgantown Printing and Binding Co., 1972.

[51] GREATHOUSE C. Re: Primitive roots of special forms. A Message to Number Theory Mailing List, May 1, 2014. https://listserv.nodak.edu/cgi-bin/wa.exe?A2=NMBRTHRY;f1e44d28.1405.

[52] GREEN B, TAO T. The primes contain arbitrary long arithmetic progressions. Ann. of Math., 2008, 167: 481–547.

[53] GRINBERG D, SUN Z W, ZHAO L. Proof of three conjectures on determinants related to quadratic residues. Linear Multilinear Algebra., in press, 2021.

[54] GUILLERA J. WZ-proofs of "divergent" Ramanujan-type series. In: Advances in Combinatorics. Berlin: Springer, 2013: 187–195.

[55] GUILLERA J, ROGERS M. Ramanujan series upside-down. J. Austral. Math. Soc., 2014, 97: 78–106.

[56] GUO V J W. Some congruences involving powers of Legendre polynomials. Integral Transforms Spec. Funct., 2015, 26: 660–666.

[57] GUO V J W. On a conjecture related to integer-valued polynomials. Preprint, arXiv:2003.12653, 2020.

[58] GUO V J W, MAO G S, PAN H. Proof of a conjecture involving Sun polynomials. J. Difference Equ. Appl., 2016, 22: 1184–1197.

[59] GUO V J W, ZENG J. Some congruences involving central q-binomial coefficients. Adv. Appl. Math., 2010, 45: 203–316.

[60] GUO V J W, ZENG J. Proof of some conjectures of Z.-W. Sun on congruence for Apéry polynomials. J. Number Theory., 2012, 132: 1731–1740.

[61] GUO V J W, ZENG J. New congruences for sums involving Apéry numbers or central Delannoy numbers. Int. J. Number Theory, 2012, 8: 2003–2016.

[62] GUY R K. Every number is expressible as the sum of how many polygonal numbers? Amer. Math. Monthly., 1994, 101: 169–172.

[63] GUY R K. Unsolved Problems in Number Theory. 3rd Edition. New York: Springer, 2004.

[64] HAN G N. On the existence of permutations conditioned by certain rational functions. Electron. Res. Arch., 2020, 28: 149–156.

[65] HARDY G H, RAMANUJAN S. Asymptotic formulae in combinatorial analysis. Proc. London Math. Soc., 1918, 17: 75–115.

[66] HART W B. Re: A new conjecture on primes. A Message to Number Theory Mailing List, April. 14, 2012. Available from the website https://listserv.nodak.edu/cgi-bin/wa.exe?A2=NMBRTHRY;57b2e5f8.1204.

[67] HEATH-BROWN D R. Primes represented by $x^3 + 2y^3$. Acta Math., 2001, 186: 1–84.

[68] HEATH-BROWN D R, LI X. Prime values of $a^2 + p^4$. Invent. Math., 2017, 208: 441–499.

[69] HEATH-BROWN D R, MOROZ B Z. Primes represented by binary cubic forms. Proc. London Math. Soc., 2002, 84: 257–288.

[70] HESSAMI PILEHROOD K, HESSAMI PILEHROOD T. Bivariate identities for values of the Hurwitz zeta function and supercongruences. Electron. J. Combin., 2012, 18: Research paper 35, 30pp.

[71] HESSAMI PILEHROOD K, HESSAMI PILEHROOD T. Congruences arising from Apéry-type series for zeta values. Adv. Appl. Math., 2012, 49: 218–238.

[72] HESSAMI PILEHROOD K, HESSAMI PILEHROOD T, TAURASO R. Congruences concerning Jacobi polynomials and Apéry-like formulae. Int. J. Number Theory, 2012, 8: 1789–1811.

[73] HOLDUM S T, KLAUSEN F R, RASMUSSEN P M R. On a conjecture on the representation of positive integers as the sum of three terms of the sequence $\lfloor n^2/a \rfloor$. J. Integer Seq., 2015, 18: Article 15.6.3.

[74] HOU Q H, SUN Z W, WEN H. On monotonicity of some combinatorial sequences. Publ. Math. Debrecen, 2014, 85: 285–295.

[75] HUANG C, SUN Z W. On partitions of integers with restrictions involving squares. Preprint, arXiv:2105.03416, 2021.

[76] IRELAND K, ROSEN M. A Classical Introduction to Modern Number Theory. 2nd Edition, Grad. Texts Math., Vol. 84, New York: Springer, 1990.

[77] HUHN A P, MEQYESI L. On disjoint residue classes. Discrete Math., 1982, 41: 327–330.

[78] JARVIS F, VERRILL H A. Supercongruences for the Catalan-Larcombe-French numbers. Ramanujan J., 2010, 22: 171–186.

[79] 吉宇轩. 一些涉及圆排列的猜想的检验. 南京大学数学系本科毕业论文, 2020.

[80] JONES J P. Universal Diophantine equation. J. Symbolic Logic, 1982, 47: 549–571.

[81] JU J, OII B K. Universal sums of generalized octagonal numbers. J. Number Theory, 2018, 190: 292–302.

[82] JU J, OH B K. A generalization of Gauss' triangular theorem. Bull. Korean Math. Soc., 2018, 55: 1149–1159.

[83] KANE B, Sun Z W. On almost universal mixed sums of squares and triangular numbers. Trans. Amer. Math. Soc. 362 2010, 362(12), 6425–6455.

[84] KIBELBEK J, LONG L, MOSS K, et al. Supercongruences and complex multiplication. J. Number Theory, 2016, 164: 166–178.

[85] KIMOTO K, WAKAYAMA M. Apéry-like numbers arising from special values of spectral zeta function for non-commutative harmonic oscillators. Kyushu J. Math., 2006, 60: 383–404.

[86] KRACHUN D. On sums of triangular numbers. Preprint, arXiv:1602.01133, 2016.

[87] KRACHUN D, PETROV F, SUN Z W, et al. On some determinants involving Jacobi symbols. Finite Fields Appl., 2020, 64: Article 101672.

[88] KRACHUN D, SUN Z W. On sums of four pentagonal numbers with coefficients. Electron. Res. Arch., 2020, 28: 559–566.

[89] KRACHUN D, SUN Z W. Each positive rational number has the form $\varphi(m^2)/\varphi(n^2)$. Amer. Math. Monthly, 2020, 127: 847–849.

[90] LAGARIAS J C. The Ultimate Challenge: The $3x+1$ Problem. Providence RI: Amer. Math. Soc., 2010.

[91] LETTL G, SUN Z W. On covers of abelian groups by cosets. Acta Arith., 2008, 131: 341–350.

[92] LIU J C. Congruences for truncated hypergeometric series $_2F_1$. Bull. Aust. Math. Soc., 2017, 96: 14–23.

[93] LIU J C. A generalized supercongruence of Kimoto and Wakayama. J. Math. Anal. Appl., 2018, 467: 15–25.

[94] LIU J C. Supercongruences for sums involving Domb numbers. Bull. Sci. Math., 2021, 169: Article 102992.

[95] LONG L, OSBURN R, SWISHER H. On a conjecture of Kimoto and Wakayama. Proc. Amer. Math. Soc., 2016, 144: 4319–4327.

[96] MACHIAVELO A, REIS R, TSOPANIDIS N. Report on Zhi-Wei Sun's 1-3-5 conjecture and some of its refinements. J. Number Theory, 2021, 222: 21–29.

[97] MACHIAVELO A, TSOPANIDIS N. Zhi-Wei Sun's 1-3-5 conjecture and variations. J. Number Theory, 2021, 222: 1–20.

[98] MACMACHON P A. Combinatorial Analysis: Vol. 1. Cambridge: Cambridge Univ. Press, 1915.

[99] MAO G S. Proof of two conjectural supercongruences involving Catalan-Larcombe-French numbers. J. Number Theory, 2017, 179: 88–96.

[100] MAO G S, SUN Z W. Two congruences involving harmonic numbers with applications. Int. J. Number Theory, 2016, 12: 527–539.

[101] MAO G S, SUN Z W. New congruences involving products of two binomial coefficients. Ramanujan J., 2019, 49: 237–256.

[102] MAO G S, TAURASO R. Three pairs of congruences concerning sums of central binomial coefficients. Int. J. Number Theory, 2021, 17: 2301–2314.

[103] MARGOLIS L, SCHNABEI O. The Herzog-Schönheim conjecture for small groups and harmonic subgroups. Beitr. Algebra Geom., 2019, 60: 399–418.

[104] MATIYASEVICH Y. Enumerable sets are diophantine. Dokl. Akad. Nauk SSSR, 1970, 191: 279–282.

[105] MATIYASEVICH Y, ROBINSON J. Reduction of an arbitrary diophantine equation to one in 13 unknowns. Acta Arith., 1975, 27: 521–553.

[106] MELFI G. On two conjectures about practical numbers. J. Number Theory, 1996, 56: 205–210.

[107] MENG X Z, SUN Z W. Sums of four polygonal numbers with coefficients. Acta Arith., 2017, 180: 229–249.

[108] MEURMAN A. A class of slowly converging series for $\frac{1}{\pi}$. Preprint, arXiv:1112.3259, Appendix, 2011.

[109] MIHĂILESCU P. Primary cyclotomic units and a proof of Catalan's conjecture. J. Reine Angew. Math., 2004, 572: 167–195.

[110] MONOPOLI F. Absolute differences along Hamiltonian paths. Electron. J. Combin., 2015, 22(3): 1–8.

[111] MORENO C J, WAGSTAFF S S. Sums of Squares of Integers. Chapman & Hall/CRC, Boca Raton, FL, 2006.

[112] MORLEY F. Note on the congruence $2^{4n} \equiv (-1)^n (2n)!/(n!)^2$, where $2n + 1$ is a prime. Ann. Math., 1895, 9: 168–170.

[113] MORTENSON E. A supercongruence conjecture of Rodriguez-Villegas for a certain truncated hypergeometric function. J. Number Theory, 2003, 99: 139–147.

[114] MORTENSON E. Supercongruences between truncated $_2F_1$ by geometric functions and their Gaussian analogs. Trans. Amer. Math. Soc., 2003, 355: 987 1007.

[115] MORTENSON E. Supercongruences for truncated $_{n+1}F_n$ hypergeometric series with applications to certain weight three newforms. Proc. Amer. Math. Soc., 2005, 133: 321–330.

[116] NATHANSON M B. A short proof of Cauchy's polygonal number theorem. Proc. Amer. Math. Soc., 1987, 99: 22–24.

[117] NATHANSON M. B. Additive Number Theory: The Classical Bases. Grad. Texts in Math., 164. New York: Springer, 1996.

[118] NEWMAN M. Periodicity modulo m and divisibility properties of the partition function. Trans. Amer. Math. Soc., 1960, 97: 225–236.

[119] NEWMAN M. Roots of unity and covering systems. Math. Ann., 1971, 191: 279–281.

[120] O'BRYANT K. On Z.-W. Sun's disjoint congruence classes conjecture. Integers, 2007, 7(2): 10pp.

[121] ONO K. Web of Modularity: Arithmetic of the Coefficients of Modular Forms and q-series. Providence, RI: Amer. Math. Soc., 2003.

[122] OSADA H. The Galois group of the polynomials $x^n + ax^l + b$. J. Number Theory, 1987, 25: 230–238.

[123] PAN H, SUN Z W. A combinatorial identity with application to Catalan numbers. Discrete Math., 2006, 306: 1921–1940.

[124] PAN H, SUN Z W. Proof of three conjectures on congruences. Sci. China Math., 2014, 57: 2091–2102.

[125] PAN H, SUN Z W. Consecutive primes and Legendre symbols. Acta Arith., 2019, 190: 209–220.

[126] PAN H, SUN Z W. Supercongruences for central trinomial coefficients. Preprint, arXiv:2012.05121, 2020.

[127] PETKOVŠEK M, WILF H S, ZEILBERGER D. $A = B$. Massachusetts: A K Peters Wellesley, 1996.

[128] POMERANCE C, WEINGARTNER A. On primes and practical numbers. Ramanujan J., 2022, 57: 981–1000.

[129] PORUBSKÝ S. On m times covering systems of congruences. Acta. Arith., 1976, 29: 159–169.

[130] RAMANUJAN S. Modular equations and approximations to π. Quart. J. Math., 1914, 45: 350–372.

[131] RAMANUJAN S. On the expression of a number in the form $ax^2 + by^2 + cz^2 + dw^2$. Proc. Cambridge Philos. Soc., 1917, 19: 11–21.

[132] RIORDAN J. Combinatorial Identities. New York: John Wiley, 1979.

[133] RODRIGUEZ-VILLEGAS F. Hypergeometric families of Calabi-Yau manifolds. In: Calabi-Yau Varieties and Mirror Symmetry (Toronto, ON, 2001). Fields Inst. Commun., Amer. Math. Soc., Providence, RI, 2003, 38: 223–231.

[134] ROGERS M D. New $_5F_4$ hypergeometric transformations, three-variable Mahler measures, and formulas for $\frac{1}{\pi}$. Ramanujan J. 2009, 18: 327–340.

[135] ROGERS M D, STRAUB A. A solution of Sun's $520 challenge concerning $520/\pi$. Int. J. Number Theory, 2013, 9: 1273–1288.

[136] SELMER E S. On the irreducibility of certain trinomials. Math. Scand., 1956, 4: 287–302.

[137] SHE Y F, WU H L. Sums of four squares with a certain restriction. Bull. Aust. Math. Soc., 2021, 104: 218–227.

[138] SNEVILY H S. The Cayley addition table of $\mathbb{Z}_n$. Amer. Math. Monthly, 1999, 106: 584–585.

[139] STANLEY R P. Enumerative Combinatorics. Vol 2. Cambridge: Univ. Press, 1999.

[140] STRAUSS N, SHALLIT J, ZAGIER D. Some strange 3-adic identities. Amer. Math. Monthly, 1992, 99: 66–69.

[141] STREHL V. Binomial identities – combinatorial and algorithmic aspects. Discrete Math., 1994, 136: 309–346.

[142] SUN Y C, SUN Z W. Some variants of Lagrange's four squares theorem. Acta Arith., 2018, 183: 339–356.

[143] SUN Z H. Congruences concerning Legendre polynomials. Proc. Amer. Math. Soc., 2011, 139: 1915–1929.

[144] SUN Z H. Congruences concerning Legendre polynomials II. J. Number Theory, 2013, 133: 1950–1976.

[145] SUN Z H. Generalized Legendre polynomials and related supercongruences. J. Number Theory, 2014, 143: 293–319.

[146] SUN Z H. Super congruences for two Apéry-like sequences. J. Difference Equ. Appl., 2018, 24: 1685–1713.

[147] SUN Z W. Finite coverings of groups. Fund. Math., 1990, 134: 37–53.

[148] 孙智伟. Huhn和Megyesi的两个问题的解答. 数学年刊, 1992, 13A: 722–727.

[149] SUN Z W. Mixed sums of squares and triangular numbers. Acta Arith., 2007, 127: 103–113.

[150] SUN Z W. On disjoint residue classes. Discrete Math., 1992, 104: 321–326.

[151] SUN Z W. On exactly m times covers. Israel J. Math., 1992, 77: 345–348.

[152] SUN Z W. Covering the integers by arithmetic sequences. II. Trans. Amer. Math. Soc., 1996, 348: 4279–4320.

[153] SUN Z W. On covering multiplicity. Proc. Amer. Math. Soc., 1999, 127: 1293–1300.

[154] SUN Z W. Exact m-covers of groups by cosets. European J. Combin., 2001, 22: 415–429.

[155] SUN Z W. On the sum $\sum_{k \equiv r \,(\mathrm{mod}\ m)} \binom{n}{k}$ and related congruences. Israel J. Math., 2002, 128: 135–156.

[156] SUN Z W. On the function $w(x) = |\{1 \leqslant s \leqslant k : x \equiv a_s \ (\mathrm{mod}\ n_s)\}|$. Combinatorica, 2003, 23: 681–691.

[157] SUN Z W. On the Herzog-Schönheim conjecture for uniform covers of groups. J. Algebra, 2004, 273: 153–175.

[158] SUN Z W. On Euler numbers modulo powers of two. J. Number Theory, 2005, 115: 371–380.

[159] SUN Z W. On the range of a covering function. J. Number Theory, 2005, 111: 190–196.

[160] SUN Z W. Finite covers of groups by cosets or subgroups. Int. J. Math., 2006, 17: 1047–1064.

[161] SUN Z W. Mixed sums of squares and triangular numbers. Acta Arith., 2007, 127: 103–113.

[162] SUN Z W. An additive theorem and restricted sumsets. Math. Res. Lett., 2008, 15: 1263–1276.

[163] SUN Z W. On value sets of polynomials over a field. Finite Fields Appl., 2008, 14: 470–481.

[164] SUN Z W. Conjectures on sums of primes and triangular numbers. J. Comb. Number Theory, 2009, 1: 65–76.

[165] SUN Z W. Binomial coefficients, Catalan numbers and Lucas quotients. Sci. China Math., 2010, 53: 2473–2488.

[166] SUN Z W. Zero-sum problems for abelian p-groups and covers of the integers by residue classes. Israel J. Math., 2009, 170: 235–252.

[167] SUN Z W. On Delannoy numbers and Schröder numbers. J. Number Theory, 2011, 131: 2387–2397.

[168] SUN Z W. p-adic valuations of some sums of multinomial coefficients. Acta Arith., 2011, 148: 63–76.

[169] SUN Z W. On congruences related to central binomial coefficients. J. Number Theory, 2011, 131: 2219–2238.

[170] SUN Z W. Super congruences and Euler numbers. Sci. China Math., 2011, 54: 2509–2535.

[171] SUN Z W. On sums involving products of three binomial coefficients. Acta Arith., 2012, 156: 123–141.

[172] SUN Z W. On sums of Apéry polynomials and related congruences. J. Number Theory, 2012, 132: 2673–2699.

[173] SUN Z W. A refinement of a congruence by van Hamme and Mortenson. Illinois J. Math., 2012, 56: 967–979.

[174] SUN Z W. On sums of binomial coefficients modulo p^2. Colloq. Math., 2012, 127: 39–54.

[175] SUN Z W. On a sequence involving sums of primes. Bull. Aust. Math. Soc., 2013, 88: 197–205.

[176] SUN Z W. Products and sums divisible by central binomial coefficients. Electron. J. Combin., 2013, 20(1): #P9, 1–14.

[177] SUN Z W. Congruences for Franel numbers. Adv. in Appl. Math., 2013, 51(4): 524–535.

[178] SUN Z W. Connections between $p = x^2 + 3y^2$ and Franel numbers. J. Number Theory, 2013, 133: 2914–2928.

[179] SUN Z W. Conjectures and results on x^2 mod p^2 with $4p = x^2 + dy^2$. In: Number Theory and Related Area (eds., Y. Ouyang, C. Xing, F. Xu and P. Zhang), Adv. Lect. Math. 27; Beijing-Boston: Higher Education Press and International Press, 2013: 149-197.

[180] SUN Z W. Supercongruences involving products of two binomial coefficients. Finite Fields Appl., 2013, 22: 24–44.

[181] SUN Z W. Conjectures involving arithmetical sequences. In: Number Theory: Arithmetic in Shangri-La (eds., S. Kanemitsu, H. Li and J. Liu), Proc. 6th China-Japan Seminar (Shanghai, August 15–17, 2011), World Sci., Singapore, 2013: 244–258.

[182] SUN Z W. Fibonacci numbers modulo cubes of primes. Taiwan. J. Math., 2013, 17: 1523–1543.

[183] SUN Z W. On functions takng only prime values. J. Number Theory, 2013, 133: 2794–2812.

[184] SUN Z W. On $a^n + bn$ modulo m. Preprint, arXiv:1312.1166, 2013.

[185] SUN Z W. p-adic congruences motivated by series. J. Number Theory, 2014, 134: 181–196.

[186] SUN Z W. Congruences involving generalized central trinomial coefficients. Sci. China Math., 2014, 57: 1375–1400.

[187] SUN Z W. On sums related to central binomial and trinomial coefficients. In: Combinatorial and Additive Number Theory: CANT 2011 and 2012, Springer Proc. Math. Stat., 101; New York: Springer, 2014: 257–312.

[188] SUN Z W. Some new series for $\frac{1}{\pi}$ and related congruences. 南京大学学报数学半年刊, 2014, 31(2): 150–164.

[189] 孙智伟. 基础数论入门. 哈尔滨: 哈尔滨工业大学出版社, 2014.

[190] SUN Z W. A new series for π^3 and related congruences. Internat. J. Math., 2015, 26(8): 23pp.

[191] SUN Z W. Problems on combinatorial properties of primes. In: Number Theory: Plowing and Starring through High Wave Forms, Ser. Number Theory Appl., 11, World Sci., Singapore, 2015: 169–187.

[192] SUN Z W. New series for some special values of L-functions. 南京大学学报数学半年刊, 2015, 32(2): 189–218.

[193] SUN Z W. On universal sums of polygonal numbers. Sci. China Math., 2015, 58: 1367–1396.

[194] SUN Z W. Natural numbers represented by $\lfloor \frac{x^2}{a} \rfloor + \lfloor \frac{y^2}{b} \rfloor + \lfloor \frac{z^2}{c} \rfloor$. Preprint, arXiv: 1504.01608, 2015.

[195] SUN Z W. A result similar to Lagrange's theorem. J. Number Theory, 2016, 162: 190–211.

[196] SUN Z W. The least modulus for which consecutive polynomial values are distinct. J. Number Theory, 2016, 160: 108–116.

[197] SUN Z W. Congruences involving $g_n(x) = \sum_{k=0}^{n} \binom{n}{k}^2 \binom{2k}{k} x^k$. Ramanujan J., 2016, 40: 511–533.

[198] SUN Z W. Supercongruences involving dual sequences. Finite Fields Appl., 2017, 46: 179–216.

[199] SUN Z W. A new theorem on the prime-counting function. Ramanujan J., 2017, 42: 59–67.

[200] SUN Z W. Refining Lagrange's four-square theorem. J. Number Theory, 2017, 175: 167–190.

[201] SUN Z W. On $x(ax+1) + y(by+1) + z(cz+1)$ and $x(ax+b) + y(ay+c) + z(az+d)$. J. Number Theory, 2017, 171: 275–283.

[202] SUN Z W. Conjectures on representations involving primes. In: M. Nathanson (ed.), Combinatorial and Additive Number Theory II Springer Proc. Math. Stat., 220, Springer, New York, Cham, 2017: 279–310.

[203] SUN Z W. New conjectures on representations of integers (I). 南京大学学报数学半年刊, 2017, 34(2): 97–120.

[204] SUN Z W. Two new kinds of numbers and related divisibility results. Colloq. Math., 2018, 154: 241–273.

[205] SUN Z W. On universal sums $\frac{x(ax+b)}{2} + \frac{y(cy+d)}{2} + \frac{z(ez+f)}{2}$. 南京大学学报数学半年刊, 2018, 35: 85–199.

[206] SUN Z W. On Motzkin numbers and central trinomial coefficients. Adv. Appl. Math., 2022, 136: Article 102319. See also arXiv:1801.08905.

[207] SUN Z W. On permutations of $\{1, \ldots, n\}$ and related topics. J. Algebraic Combin., 2021, 54: 893–912.

[208] SUN Z W. Primes arising from permutations. Question 315259 at MathOverflow, Nov. 14, 2018. https://mathoverflow.net/questions/315259.

[209] SUN Z W. Permutations $\pi \in S_n$ with $\sum_{k=1}^{n} \frac{1}{k+\pi(k)} = 1$. Question 315648 at MathOverflow, Nov. 19, 2018. https://mathoverflow.net/questions/315648.

[210] SUN Z W. Does Morley's congruence characterize primes greater than 3? Question 342353 at MathOverflow, Sept. 24, 2019. https://mathoverflow.net/questions/342353.

[211] SUN Z W. A mysterious connection between primes and π. Question 348448 at MathOverflow, Dec. 16, 2019. https://mathoverflow.net/questions/348448.

[212] SUN Z W. Restricted sums of four squares. Int. J. Number Theory, 2019, 15(9): 1863–1893.

[213] SUN Z W. Open conjectures on congruences. 南京大学学报数学半年刊, 2019, 36(1): 1–99.

[214] SUN Z W. On some determinants with Legendre symbol entries. Finite Fields Appl., 2019, 56: 285–307.

[215] SUN Z W. New observations on primitive roots modulo primes. 南京大学学报数学半年刊, 2019, 36(2): 108–133.

[216] SUN Z W. Some new problems in additive combinatorics. 南京大学学报数学半年刊, 2019, 36(2): 134–155.

[217] SUN Z W. On some determinants involving the tangent function. Preprint, arXiv:1901.04837, 2019.

[218] SUN Z W. Universal sums of three quadratic polynomials. Sci. China Math., 2020, 63(3): 501–520.

[219] SUN Z W. Quadratic residues and related permutations and identities. Finite Fields Appl., 2019, 59: 246–283.

[220] SUN Z W. Trigonometric identities and quadratic residues. Publ. Math. Debrecen, in press. See also arXiv:1908.02155.

[221] SUN Z W. New series for powers of π and related congruences. Electron. Res. Arch., 2020, 28: 1273–1342.

[222] SUN Z W. Some new series for $\frac{1}{\pi}$ motivated by congruences. Preprint, arXiv:2009.04379, 2020.

[223] SUN Z W. Sums of four rational squares with certain restrictions. Preprint, arXiv:2010.05775, 2020.

[224] SUN Z W. Further results on Hilbert's Tenth Problem. Sci. China Math., 2021, 64: 281–306.

[225] SUN Z W. List of conjectural series for powers of π and other constants. 拉马努金恒等式. 哈尔滨: 哈尔滨工业大学出版社, 2021: 205–261.

[226] SUN Z W. Supercongruences involving Lucas sequences. Monatsh. Math., 2021, 196: 577–606.

[227] SUN Z W. Arithmetic properties of some permanents. Preprint, arXiv:2108.07723, 2021.

[228] SUN Z W, TAURASO R. New congruences for central binomial coefficients. Adv. Appl. Math., 2010, 45: 125–148.

[229] SUN Z W, TAURASO R. On some new congruences for binomial coefficients. Int. J. Number Theory, 2011, 7: 645–662.

[230] SUN Z W, ZHANG W. Binomial coefficients and the ring of p-adic integers. Proc. Amer. Math. Soc., 2011, 139: 1569–1577.

[231] SUN Z W, ZHAO L L. Linear exntension of the Erdős-Heilbronn conjecture. J. Combin. Theory Ser. A, 2012, 119: 364–381.

[232] TAURASO R. Supercongruences for a truncated hypergeometric series. Integers, 2012, 12: #A45, 12pp (electronic).

[233] TAURASO R. A bivariate generating function for zeta values and related supercongruences. J. Difference Equ. Appl., 2020, 26: 1526–1537.

[234] TOMKINSON M J. Groups covered by finitely many cosets or subgroups. Comm. in Algebra, 1987, 15: 845–859.

[235] VAN HAMME L. Some conjectures concerning partial sums of generalized hypergeometric series. In: p-adic Functional Analysis, Lecture Notes in Pure and Appl. Math., 192, Dekker, New York, 1997: 223–236.

[236] VAUGHAN R C. The Hardy-Littlewood Method. Cambridge Tracts in Math. 125, 2nd ed.. Cambridge: Cambridge Univ Press, 1997.

[237] VU V, TAO T. Additive Combinatorics. Cambridge: Cambridge Univ. Press, 2006.

[238] WAN J, ZUDILIN W. Generating functions of Legendre polynomials: a tribute to Fred Brafman. J. Approx. Theory, 2012, 164: 488–503.

[239] WANG C, HU D W. Proof of some supercongruences concerning truncated hypergeometric series. Preprint, arXiv:2010.13638, 2020.

[240] WANG C, SUN Z W. p-adic analogues of hypergeometric identities and their applications. Preprint, arXiv:1910.06856, 2019.

[241] WANG C, SUN Z W. Proof of some conjectural supercongruences via curious identities. J. Math. Anal. Appl., 2022, 505: Article 125575.

[242] WANG C, XIA W. Proof of two congruences concerning Legendre polynomials. Results Math., 2021, 76: Article 90.

[243] 王李远. Permutations and determinants related to quadratic residues. 南京大学数学系博士学位论文, 2020.

[244] WANG L, YANG Y. Ramanujan-type $\frac{1}{\pi}$-series from bimodular forms. Ramanujan J., 2022, in press, https://doi.org/10.1007/s11139-021-00532-6.

[245] WANG Y, ZHU B X. Proofs of some conjectures on monotonicity of number-theoretic and combinatorial sequences. Sci. China Math., 2014, 57: 2429–24335.

[246] WEINGARTNER A. The constant factor in the asymptotic for practical numbers. Int. J. Number Theory, 2020, 16: 629–638.

[247] WILES A. Modular elliptic curves and Fermat's last theorem. Ann. of Math., 1995, 141: 443–551.

[248] WILLIAMS K S. Congruences modulo 8 for the class number of $\mathbb{Q}(\sqrt{\mp p})$, $p \equiv 3 \pmod 4$ a prime. J. Number Theory, 1982, 15: 182–198.

[249] WU H L. Determinants concerning Legendre symbols. C. R. Math. Acad. Sci. Paris, 2021, 359: 651–655.

[250] WU H L, NI H X, PAN H. On the almost universality of $\lfloor \frac{x^2}{a} \rfloor + \lfloor \frac{y^2}{b} \rfloor + \lfloor \frac{z^2}{c} \rfloor$. Trans. Amer. Math. Soc., 2021, 374: 7925–7944.

[251] WU H L, SUN Z W. Some universal quadratic sums over the integers. Electron. Res. Arch., 2019, 27: 69–87.

[252] WU H L, SUN Z W. On the 1-3-5 conjecture and related topics. Acta Arith., 2020, 193: 253–268.

[253] 阎相如. 自然数的四项或五项加法表示的检验. 南京大学数系本科毕业论文, 2020.

[254] ZAGIER D. Integral solutions of Apéry-like recurrence equations. In: Groups and Symmetries: from Neolithic Scots to John McKay, CRM Proc. Lecture Notes 47, Amer. Math. Soc., Providence, RI, 2009: 349–366.

[255] 张昶. 对一些涉及素数下标的猜想的检验. 南京大学数系本科毕业论文, 2020.

[256] ZHANG M Z. A note on covering systems of residue classes. 四川大学学报:自然科学版, 1989, 26(专辑): 185–188.

[257] ZHANG Y. Bounded gaps between primes. Ann. of Math., 2014, 179: 1121–1174.

[258] ZHAO L L, PAN H, SUN Z W. Some congruences for the second-order Catalan numbers. Proc. Amer. Math. Soc., 2010, 138: 37–46.

[259] ZHAO L L, SUN Z W. On the set $\{\pi(kn) : k = 1, 2, 3, \ldots\}$. J. Comb. Number Theory, 2019, 11(2): 97–102.

[260] 周伟. 涉及组合数的整数表示问题. 南京大学数学系本科毕业论文, 2019.

[261] ZHU B X, SUN Z W. Hankel-type determinants for some combinatorial sequences. Int. J. Number Theory, 2018, 14: 1265–1277.

[262] ZHU B X, YEH Y N, LU Q. Context-free grammars, generating functions and combinatorial arrays. European J. Combin., 2019, 78: 236–255.

[263] ZHU W J. On Sun's conjecture concerning disjoint cosets. Int. J. Mod. Math., 2008, 3: 197–206.

[264] ZUDILIN W. Ramanujan-type supercongruences. J. Number Theory, 2009, 129: 1848–1857.

[265] ZUDILIN W. A generating function of the squares of Legendre polynomials. Bull. Austral. Math. Soc., 2014, 89: 125–131.

刘培杰数学工作室
已出版(即将出版)图书目录——高等数学

书　名	出版时间	定　价	编号
距离几何分析导引	2015—02	68.00	446
大学几何学	2017—01	78.00	688
关于曲面的一般研究	2016—11	48.00	690
近世纯粹几何学初论	2017—01	58.00	711
拓扑学与几何学基础讲义	2017—04	58.00	756
物理学中的几何方法	2017—06	88.00	767
几何学简史	2017—08	28.00	833
微分几何学历史概要	2020—07	58.00	1194
复变函数引论	2013—10	68.00	269
伸缩变换与抛物旋转	2015—01	38.00	449
无穷分析引论(上)	2013—04	88.00	247
无穷分析引论(下)	2013—04	98.00	245
数学分析	2014—04	28.00	338
数学分析中的一个新方法及其应用	2013—01	38.00	231
数学分析例选:通过范例学技巧	2013—01	88.00	243
高等代数例选:通过范例学技巧	2015—06	88.00	475
基础数论例选:通过范例学技巧	2018—09	58.00	978
三角级数论(上册)(陈建功)	2013—01	38.00	232
三角级数论(下册)(陈建功)	2013—01	48.00	233
三角级数论(哈代)	2013—06	48.00	254
三角级数	2015—07	28.00	263
超越数	2011—03	18.00	109
三角和方法	2011—03	18.00	112
随机过程(Ⅰ)	2014—01	78.00	224
随机过程(Ⅱ)	2014—01	68.00	235
算术探索	2011—12	158.00	148
组合数学	2012—04	28.00	178
组合数学浅谈	2012—03	28.00	159
分析组合学	2021—09	88.00	1389
丢番图方程引论	2012—03	48.00	172
拉普拉斯变换及其应用	2015—02	38.00	447
高等代数.上	2016—01	38.00	548
高等代数.下	2016—01	38.00	549
高等代数教程	2016—01	58.00	579
高等代数引论	2020—07	48.00	1174
数学解析教程.上卷.1	2016—01	58.00	546
数学解析教程.上卷.2	2016—01	38.00	553
数学解析教程.下卷.1	2017—04	48.00	781
数学解析教程.下卷.2	2017—06	48.00	782
数学:代数、数学分析和几何(10—11年级)	2021—01	48.00	1250
数学分析.第1册	2021—03	48.00	1281
数学分析.第2册	2021—03	48.00	1282
数学分析.第3册	2021—03	28.00	1283
数学分析精选习题全解.上册	2021—03	38.00	1284
数学分析精选习题全解.下册	2021—03	38.00	1285
函数构造论.上	2016—01	38.00	554
函数构造论.中	2017—06	48.00	555
函数构造论.下	2016—09	48.00	680
函数逼近论(上)	2019—02	98.00	1014
概周期函数	2016—01	48.00	572
变叙的项的极限分布律	2016—01	18.00	573
整函数	2012—08	18.00	161
近代拓扑学研究	2013—04	38.00	239
多项式和无理数	2008—01	68.00	22
密码学与数论基础	2021—01	28.00	1254

刘培杰数学工作室
已出版(即将出版)图书目录——高等数学

书　名	出版时间	定价	编号
模糊数据统计学	2008—03	48.00	31
模糊分析学与特殊泛函空间	2013—01	68.00	241
常微分方程	2016—01	58.00	586
平稳随机函数导论	2016—03	48.00	587
量子力学原理.上	2016—01	38.00	588
图与矩阵	2014—08	40.00	644
钢丝绳原理:第二版	2017—01	78.00	745
代数拓扑和微分拓扑简史	2017—06	68.00	791
半序空间泛函分析.上	2018—06	48.00	924
半序空间泛函分析.下	2018—06	68.00	925
概率分布的部分识别	2018—07	68.00	929
Cartan 型单模李超代数的上同调及极大子代数	2018—07	38.00	932
纯数学与应用数学若干问题研究	2019—03	98.00	1017
数理金融学与数理经济学若干问题研究	2020—07	98.00	1180
清华大学"工农兵学员"微积分课本	2020—09	48.00	1228
力学若干基本问题的发展概论	2020—11	48.00	1262
受控理论与解析不等式	2012—05	78.00	165
不等式的分拆降维降幂方法与可读证明(第2版)	2020—07	78.00	1184
石焕南文集:受控理论与不等式研究	2020—09	198.00	1198
实变函数论	2012—06	78.00	181
复变函数论	2015—08	38.00	504
非光滑优化及其变分分析	2014—01	48.00	230
疏散的马尔科夫链	2014—01	58.00	266
马尔科夫过程论基础	2015—01	28.00	433
初等微分拓扑学	2012—07	18.00	182
方程式论	2011—03	38.00	105
Galois 理论	2011—03	18.00	107
古典数学难题与伽罗瓦理论	2012—11	58.00	223
伽罗华与群论	2014—01	28.00	290
代数方程的根式解及伽罗瓦理论	2011—03	28.00	108
代数方程的根式解及伽罗瓦理论(第二版)	2015—01	28.00	423
线性偏微分方程讲义	2011—03	18.00	110
几类微分方程数值方法的研究	2015—05	38.00	485
分数阶微分方程理论与应用	2020—05	95.00	1182
N 体问题的周期解	2011—03	28.00	111
代数方程式论	2011—05	18.00	121
线性代数与几何:英文	2016—06	58.00	578
动力系统的不变量与函数方程	2011—07	48.00	137
基于短语评价的翻译知识获取	2012—02	48.00	168
应用随机过程	2012—04	48.00	187
概率论导引	2012—04	18.00	179
矩阵论(上)	2013—06	58.00	250
矩阵论(下)	2013—06	48.00	251
对称锥互补问题的内点法:理论分析与算法实现	2014—08	68.00	368
抽象代数:方法导引	2013—06	38.00	257
集论	2016—01	48.00	576
多项式理论研究综述	2016—01	38.00	577
函数论	2014—11	78.00	395
反问题的计算方法及应用	2011—11	28.00	147
数阵及其应用	2012—02	28.00	164
绝对值方程—折边与组合图形的解析研究	2012—07	48.00	186
代数函数论(上)	2015—07	38.00	494
代数函数论(下)	2015—07	38.00	495

刘培杰数学工作室
已出版(即将出版)图书目录——高等数学

书　名	出版时间	定　价	编号
偏微分方程论:法文	2015—10	48.00	533
时标动力学方程的指数型二分性与周期解	2016—04	48.00	606
重刚体绕不动点运动方程的积分法	2016—05	68.00	608
水轮机水力稳定性	2016—05	48.00	620
Lévy 噪音驱动的传染病模型的动力学行为	2016—05	48.00	667
铣加工动力学系统稳定性研究的数学方法	2016—11	28.00	710
时滞系统:Lyapunov 泛函和矩阵	2017—05	68.00	784
粒子图像测速仪实用指南:第二版	2017—08	78.00	790
数域的上同调	2017—08	98.00	799
图的正交因子分解(英文)	2018—01	38.00	881
图的度因子和分支因子:英文	2019—09	88.00	1108
点云模型的优化配准方法研究	2018—07	58.00	927
锥形波入射粗糙表面反散射问题理论与算法	2018—03	68.00	936
广义逆的理论与计算	2018—07	58.00	973
不定方程及其应用	2018—12	58.00	998
几类椭圆型偏微分方程高效数值算法研究	2018—08	48.00	1025
现代密码算法概论	2019—05	98.00	1061
模形式的 p 进性质	2019—06	78.00	1088
混沌动力学:分形、平铺、代换	2019—09	48.00	1109
微分方程,动力系统与混沌引论:第3版	2020—05	65.00	1144
分数阶微分方程理论与应用	2020—05	95.00	1187
应用非线性动力系统与混沌导论:第2版	2021—05	58.00	1368
非线性振动,动力系统与向量场的分支	2021—06	55.00	1369
Galois 上同调	2020—04	138.00	1131
毕达哥拉斯定理:英文	2020—03	38.00	1133
模糊可拓多属性决策理论与方法	2021—06	98.00	1357
吴振奎高等数学解题真经(概率统计卷)	2012—01	38.00	149
吴振奎高等数学解题真经(微积分卷)	2012—01	68.00	150
吴振奎高等数学解题真经(线性代数卷)	2012—01	58.00	151
高等数学解题全攻略(上卷)	2013—06	58.00	252
高等数学解题全攻略(下卷)	2013—06	58.00	253
高等数学复习纲要	2014—01	18.00	384
数学分析历年考研真题解析.第一卷	2021—04	28.00	1288
数学分析历年考研真题解析.第二卷	2021—04	28.00	1289
数学分析历年考研真题解析.第三卷	2021—04	28.00	1290
超越吉米多维奇.数列的极限	2009—11	48.00	58
超越普里瓦洛夫.留数卷	2015—01	28.00	437
超越普里瓦洛夫.无穷乘积与它对解析函数的应用卷	2015—05	28.00	477
超越普里瓦洛夫.积分卷	2015—06	18.00	481
超越普里瓦洛夫.基础知识卷	2015—06	28.00	482
超越普里瓦洛夫.数项级数卷	2015—07	38.00	489
超越普里瓦洛夫.微分、解析函数、导数卷	2018—01	48.00	852
统计学专业英语	2007—03	28.00	16
统计学专业英语(第二版)	2012—07	48.00	176
统计学专业英语(第三版)	2015—04	68.00	465
代换分析:英文	2015—07	38.00	499

刘培杰数学工作室
已出版(即将出版)图书目录——高等数学

书 名	出版时间	定 价	编号
历届美国大学生数学竞赛试题集.第一卷(1938—1949)	2015—01	28.00	397
历届美国大学生数学竞赛试题集.第二卷(1950—1959)	2015—01	28.00	398
历届美国大学生数学竞赛试题集.第三卷(1960—1969)	2015—01	28.00	399
历届美国大学生数学竞赛试题集.第四卷(1970—1979)	2015—01	18.00	400
历届美国大学生数学竞赛试题集.第五卷(1980—1989)	2015—01	28.00	401
历届美国大学生数学竞赛试题集.第六卷(1990—1999)	2015—01	28.00	402
历届美国大学生数学竞赛试题集.第七卷(2000—2009)	2015—08	18.00	403
历届美国大学生数学竞赛试题集.第八卷(2010—2012)	2015—01	18.00	404
超越普特南试题:大学数学竞赛中的方法与技巧	2017—04	98.00	758
历届国际大学生数学竞赛试题集(1994—2020)	2021—01	58.00	1252
历届美国大学生数学竞赛试题集:1938—2017	2020—11	98.00	1256
全国大学生数学夏令营数学竞赛试题及解答	2007—03	28.00	15
全国大学生数学竞赛辅导教程	2012—07	28.00	189
全国大学生数学竞赛复习全书(第2版)	2017—05	58.00	787
历届美国大学生数学竞赛试题集	2009—03	88.00	43
前苏联大学生数学奥林匹克竞赛题解(上编)	2012—04	28.00	169
前苏联大学生数学奥林匹克竞赛题解(下编)	2012—04	38.00	170
大学生数学竞赛讲义	2014—09	28.00	371
大学生数学竞赛教程——高等数学(基础篇、提高篇)	2018—09	128.00	968
普林斯顿大学数学竞赛	2016—06	38.00	669
考研高等数学高分之路	2020—10	45.00	1203
考研高等数学基础必刷	2021—01	45.00	1251
越过211,刷到985:考研数学二	2019—10	68.00	1115
初等数论难题集(第一卷)	2009—05	68.00	44
初等数论难题集(第二卷)(上、下)	2011—02	128.00	82,83
数论概貌	2011—03	18.00	93
代数数论(第二版)	2013—08	58.00	94
代数多项式	2014—06	38.00	289
初等数论的知识与问题	2011—02	28.00	95
超越数论基础	2011—03	28.00	96
数论初等教程	2011—03	28.00	97
数论基础	2011—03	18.00	98
数论基础与维诺格拉多夫	2014—03	18.00	292
解析数论基础	2012—08	28.00	216
解析数论基础(第二版)	2014—01	48.00	287
解析数论问题集(第二版)(原版引进)	2014—05	88.00	343
解析数论问题集(第二版)(中译本)	2016—04	88.00	607
解析数论基础(潘承洞,潘承彪著)	2016—07	98.00	673
解析数论导引	2016—07	58.00	674
数论入门	2011—03	38.00	99
代数数论入门	2015—03	38.00	448
数论开篇	2012—07	28.00	194
解析数论引论	2011—03	48.00	100
Barban Davenport Halberstam 均值和	2009—01	40.00	33
基础数论	2011—03	28.00	101
初等数论100例	2011—05	18.00	122
初等数论经典例题	2012—07	18.00	204
最新世界各国数学奥林匹克中的初等数论试题(上、下)	2012—01	138.00	144,145
初等数论(Ⅰ)	2012—01	18.00	156
初等数论(Ⅱ)	2012—01	18.00	157
初等数论(Ⅲ)	2012—01	28.00	158

刘培杰数学工作室
已出版(即将出版)图书目录——高等数学

书 名	出版时间	定 价	编号
平面几何与数论中未解决的新老问题	2013—01	68.00	229
代数数论简史	2014—11	28.00	408
代数数论	2015—09	88.00	532
代数、数论及分析习题集	2016—11	98.00	695
数论导引提要及习题解答	2016—01	48.00	559
素数定理的初等证明.第2版	2016—09	48.00	686
数论中的模函数与狄利克雷级数(第二版)	2017—11	78.00	837
数论:数学导引	2018—01	68.00	849
域论	2018—04	68.00	884
代数数论(冯克勤 编著)	2018—04	68.00	885
范氏大代数	2019—02	98.00	1016
新编640个世界著名数学智力趣题	2014—01	88.00	242
500个最新世界著名数学智力趣题	2008—06	48.00	3
400个最新世界著名数学最值问题	2008—09	48.00	36
500个世界著名数学征解问题	2009—06	48.00	52
400个中国最佳初等数学征解老问题	2010—01	48.00	60
500个俄罗斯数学经典老题	2011—01	28.00	81
1000个国外中学物理好题	2012—04	48.00	174
300个日本高考数学题	2012—05	38.00	142
700个早期日本高考数学试题	2017—02	88.00	752
500个前苏联早期高考数学试题及解答	2012—05	28.00	185
546个早期俄罗斯大学生数学竞赛题	2014—03	38.00	285
548个来自美苏的数学好问题	2014—11	28.00	396
20所苏联著名大学早期入学试题	2015—02	18.00	452
161道德国工科大学生必做的微分方程习题	2015—05	28.00	469
500个德国工科大学生必做的高数习题	2015—06	28.00	478
360个数学竞赛问题	2016—08	58.00	677
德国讲义日本考题.微积分卷	2015—04	48.00	456
德国讲义日本考题.微分方程卷	2015—04	38.00	457
二十世纪中叶中、英、美、日、法、俄高考数学试题精选	2017—06	38.00	783

博弈论精粹	2008—03	58.00	30
博弈论精粹.第二版(精装)	2015—01	88.00	461
数学 我爱你	2008—01	28.00	20
精神的圣徒 别样的人生——60位中国数学家成长的历程	2008—09	48.00	39
数学史概论	2009—06	78.00	50
数学史概论(精装)	2013—03	158.00	272
数学史选讲	2016—01	48.00	544
斐波那契数列	2010—02	28.00	65
数学拼盘和斐波那契魔方	2010—07	38.00	72
斐波那契数列欣赏	2011—01	28.00	160
数学的创造	2011—02	48.00	85
数学美与创造力	2016—01	48.00	595
数海拾贝	2016—01	48.00	590
数学中的美	2011—02	38.00	84
数论中的美学	2014—12	38.00	351
数学王者 科学巨人——高斯	2015—01	28.00	428
振兴祖国数学的圆梦之旅:中国初等数学研究史话	2015—06	98.00	490
二十世纪中国数学史料研究	2015—10	48.00	536
数字谜、数阵图与棋盘覆盖	2016—01	58.00	298
时间的形状	2016—01	38.00	556
数学发现的艺术:数学探索中的合情推理	2016—07	58.00	671
活跃在数学中的参数	2016—07	48.00	675

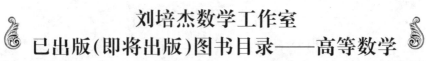

刘培杰数学工作室
已出版（即将出版）图书目录——高等数学

书　名	出版时间	定　价	编号
格点和面积	2012—07	18.00	191
射影几何趣谈	2012—04	28.00	175
斯潘纳尔引理——从一道加拿大数学奥林匹克试题谈起	2014—01	28.00	228
李普希兹条件——从几道近年高考数学试题谈起	2012—10	18.00	221
拉格朗日中值定理——从一道北京高考试题的解法谈起	2015—10	18.00	197
闵科夫斯基定理——从一道清华大学自主招生试题谈起	2014—01	28.00	198
哈尔测度——从一道冬令营试题的背景谈起	2012—08	28.00	202
切比雪夫逼近问题——从一道中国台北数学奥林匹克试题谈起	2013—04	38.00	238
伯恩斯坦多项式与贝齐尔曲面——从一道全国高中数学联赛试题谈起	2013—03	38.00	236
卡塔兰猜想——从一道普特南竞赛试题谈起	2013—06	18.00	256
麦卡锡函数和阿克曼函数——从一道前南斯拉夫数学奥林匹克试题谈起	2012—08	18.00	201
贝蒂定理与拉姆贝克莫斯尔定理——从一个拣石子游戏谈起	2012—08	18.00	217
皮亚诺曲线和豪斯道夫分球定理——从无限集谈起	2012—08	18.00	211
平面凸图形与凸多面体	2012—10	28.00	218
斯坦因豪斯问题——从一道二十五省市自治区中学数学竞赛试题谈起	2012—07	18.00	196
纽结理论中的亚历山大多项式与琼斯多项式——从一道北京市高一数学竞赛试题谈起	2012—07	28.00	195
原则与策略——从波利亚"解题表"谈起	2013—04	38.00	244
转化与化归——从三大尺规作图不能问题谈起	2012—08	28.00	214
代数几何中的贝祖定理（第一版）——从一道IMO试题的解法谈起	2013—08	18.00	193
成功连贯理论与约当块理论——从一道比利时数学竞赛试题谈起	2012—04	18.00	180
素数判定与大数分解	2014—08	18.00	199
置换多项式及其应用	2012—10	18.00	220
椭圆函数与模函数——从一道美国加州大学洛杉矶分校（UCLA）博士资格考题谈起	2012—10	28.00	219
差分方程的拉格朗日方法——从一道2011年全国高考理科试题的解法谈起	2012—08	28.00	200
力学在几何中的一些应用	2013—01	38.00	240
高斯散度定理、斯托克斯定理和平面格林定理——从一道国际大学生数学竞赛试题谈起	即将出版		
康托洛维奇不等式——从一道全国高中联赛试题谈起	2013—03	28.00	337
西格尔引理——从一道第18届IMO试题的解法谈起	即将出版		
罗斯定理——从一道前苏联数学竞赛试题谈起	即将出版		
拉克斯定理和阿廷定理——从一道IMO试题的解法谈起	2014—01	58.00	246
毕卡大定理——从一道美国大学数学竞赛试题谈起	2014—07	18.00	350
贝齐尔曲线——从一道全国高中联赛试题谈起	即将出版		
拉格朗日乘子定理——从一道2005年全国高中联赛试题的高等数学解法谈起	2015—05	28.00	480
雅可比定理——从一道日本数学奥林匹克试题谈起	2013—04	48.00	249
李天岩—约克定理——从一道波兰数学竞赛试题谈起	2014—06	28.00	349
整系数多项式因式分解的一般方法——从克朗耐克算法谈起	即将出版		

刘培杰数学工作室

已出版(即将出版)图书目录——高等数学

书　名	出版时间	定　价	编号
布劳维不动点定理——从一道前苏联数学奥林匹克试题谈起	2014—01	38.00	273
伯恩赛德定理——从一道英国数学奥林匹克试题谈起	即将出版		
布查特—莫斯特定理——从一道上海市初中竞赛试题谈起	即将出版		
数论中的同余数问题——从一道普特南竞赛试题谈起	即将出版		
范·德蒙行列式——从一道美国数学奥林匹克试题谈起	即将出版		
中国剩余定理:总数法构建中国历史年表	2015—01	28.00	430
牛顿程序与方程求根——从一道全国高考试题解法谈起	即将出版		
库默尔定理——从一道IMO预选试题谈起	即将出版		
卢丁定理——从一道冬令营试题的解法谈起	即将出版		
沃斯滕霍姆定理——从一道IMO预选试题谈起	即将出版		
卡尔松不等式——从一道莫斯科数学奥林匹克试题谈起	即将出版		
信息论中的香农熵——从一道近年高考压轴题谈起	即将出版		
约当不等式——从一道希望杯竞赛试题谈起	即将出版		
拉比诺维奇定理	即将出版		
刘维尔定理——从一道《美国数学月刊》征解问题的解法谈起	即将出版		
卡塔兰恒等式与级数求和——从一道IMO试题的解法谈起	即将出版		
勒让德猜想与素数分布——从一道爱尔兰竞赛试题谈起	即将出版		
天平称重与信息论——从一道基辅市数学奥林匹克试题谈起	即将出版		
哈密尔顿—凯莱定理:从一道高中数学联赛试题的解法谈起	2014—09	18.00	376
艾思特曼定理——从一道CMO试题的解法谈起	即将出版		
一个爱尔特希问题——从一道西德数学奥林匹克试题谈起	即将出版		
有限群中的爱丁格尔问题——从一道北京市初中二年级数学竞赛试题谈起	即将出版		
糖水中的不等式——从初等数学到高等数学	2019—07	48.00	1093
帕斯卡三角形	2014—03	18.00	294
蒲丰投针问题——从2009年清华大学的一道自主招生试题谈起	2014—01	38.00	295
斯图姆定理——从一道"华约"自主招生试题的解法谈起	2014—01	18.00	296
许瓦兹引理——从一道加利福尼亚大学伯克利分校数学系博士生试题谈起	2014—08	18.00	297
拉姆塞定理——从王诗宬院士的一个问题谈起	2016—04	48.00	299
坐标法	2013—12	28.00	332
数论三角形	2014—04	38.00	341
毕克定理	2014—07	18.00	352
数林掠影	2014—09	48.00	389
我们周围的概率	2014—10	38.00	390
凸函数最值定理:从一道华约自主招生题的解法谈起	2014—10	28.00	391
易学与数学奥林匹克	2014—10	38.00	392
生物数学趣谈	2015—01	18.00	409
反演	2015—01	28.00	420
因式分解与圆锥曲线	2015—01	18.00	426
轨迹	2015—01	28.00	427
面积原理:从常庚哲命的一道CMO试题的积分解法谈起	2015—01	48.00	431
形形色色的不动点定理:从一道28届IMO试题谈起	2015—01	38.00	439
柯西函数方程:从一道上海交大自主招生的试题谈起	2015—02	28.00	440

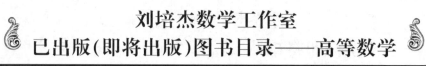

刘培杰数学工作室
已出版(即将出版)图书目录——高等数学

书　名	出版时间	定　价	编号
三角恒等式	2015—02	28.00	442
无理性判定:从一道 2014 年"北约"自主招生试题谈起	2015—01	38.00	443
数学归纳法	2015—03	18.00	451
极端原理与解题	2015—04	28.00	464
法雷级数	2014—08	18.00	367
摆线族	2015—01	38.00	438
函数方程及其解法	2015—05	38.00	470
含参数的方程和不等式	2012—09	28.00	213
希尔伯特第十问题	2016—01	38.00	543
无穷小量的求和	2016—01	28.00	545
切比雪夫多项式:从一道清华大学金秋营试题谈起	2016—01	38.00	583
泽肯多夫定理	2016—03	38.00	599
代数等式证题法	2016—01	28.00	600
三角等式证题法	2016—01	28.00	601
吴大任教授藏书中的一个因式分解公式:从一道美国数学邀请赛试题的解法谈起	2016—06	28.00	656
易卦——类万物的数学模型	2017—08	68.00	838
"不可思议"的数与数系可持续发展	2018—01	38.00	878
最短线	2018—01	38.00	879
从毕达哥拉斯到怀尔斯	2007—10	48.00	9
从迪利克雷到维斯卡尔迪	2008—01	48.00	21
从哥德巴赫到陈景润	2008—05	98.00	35
从庞加莱到佩雷尔曼	2011—08	138.00	136
从费马到怀尔斯——费马大定理的历史	2013—10	198.00	I
从庞加莱到佩雷尔曼——庞加莱猜想的历史	2013—10	298.00	II
从切比雪夫到爱尔特希(上)——素数定理的初等证明	2013—07	48.00	III
从切比雪夫到爱尔特希(下)——素数定理 100 年	2012—12	98.00	III
从高斯到盖尔方特——二次域的高斯猜想	2013—10	198.00	IV
从库默尔到朗兰兹——朗兰兹猜想的历史	2014—01	98.00	V
从比勃巴赫到德布朗斯——比勃巴赫猜想的历史	2014—02	298.00	VI
从麦比乌斯到陈省身——麦比乌斯变换与麦比乌斯带	2014—02	298.00	VII
从布尔到豪斯道夫——布尔方程与格论漫谈	2013—10	198.00	VIII
从开普勒到阿诺德——三体问题的历史	2014—05	298.00	IX
从华林到华罗庚——华林问题的历史	2013—10	298.00	X
数学物理大百科全书. 第 1 卷	2016—01	418.00	508
数学物理大百科全书. 第 2 卷	2016—01	408.00	509
数学物理大百科全书. 第 3 卷	2016—01	396.00	510
数学物理大百科全书. 第 4 卷	2016—01	408.00	511
数学物理大百科全书. 第 5 卷	2016—01	368.00	512
朱德祥代数与几何讲义. 第 1 卷	2017—01	38.00	697
朱德祥代数与几何讲义. 第 2 卷	2017—01	28.00	698
朱德祥代数与几何讲义. 第 3 卷	2017—01	28.00	699

刘培杰数学工作室
已出版(即将出版)图书目录——高等数学

书　　名	出版时间	定　价	编号
闵嗣鹤文集	2011—03	98.00	102
吴从炘数学活动三十年(1951～1980)	2010—07	99.00	32
吴从炘数学活动又三十年(1981～2010)	2015—07	98.00	491
斯米尔诺夫高等数学.第一卷	2018—03	88.00	770
斯米尔诺夫高等数学.第二卷.第一分册	2018—03	68.00	771
斯米尔诺夫高等数学.第二卷.第二分册	2018—03	68.00	772
斯米尔诺夫高等数学.第二卷.第三分册	2018—03	48.00	773
斯米尔诺夫高等数学.第三卷.第一分册	2018—03	58.00	774
斯米尔诺夫高等数学.第三卷.第二分册	2018—03	58.00	775
斯米尔诺夫高等数学.第三卷.第三分册	2018—03	68.00	776
斯米尔诺夫高等数学.第四卷.第一分册	2018—03	48.00	777
斯米尔诺夫高等数学.第四卷.第二分册	2018—03	88.00	778
斯米尔诺夫高等数学.第五卷.第一分册	2018—03	58.00	779
斯米尔诺夫高等数学.第五卷.第二分册	2018—03	68.00	780
zeta 函数,q-zeta 函数,相伴级数与积分	2015—08	88.00	513
微分形式:理论与练习	2015—08	58.00	514
离散与微分包含的逼近和优化	2015—08	58.00	515
艾伦·图灵:他的工作与影响	2016—01	98.00	560
测度理论概率导论,第 2 版	2016—01	88.00	561
带有潜在故障恢复系统的半马尔柯夫模型控制	2016—01	98.00	562
数学分析原理	2016—01	88.00	563
随机偏微分方程的有效动力学	2016—01	88.00	564
图的谱半径	2016—01	58.00	565
量子机器学习中数据挖掘的量子计算方法	2016—01	98.00	566
量子物理的非常规方法	2016—01	118.00	567
运输过程的统一非局部理论:广义波尔兹曼物理动力学,第2版	2016—01	198.00	568
量子力学与经典力学之间的联系在原子、分子及电动力学系统建模中的应用	2016—01	58.00	569
算术域	2018—01	158.00	821
高等数学竞赛:1962—1991 年的米洛克斯·史怀哲竞赛	2018—01	128.00	822
用数学奥林匹克精神解决数论问题	2018—01	108.00	823
代数几何(德文)	2018—04	68.00	824
丢番图逼近论	2018—01	78.00	825
代数几何学基础教程	2018—01	98.00	826
解析数论入门课程	2018—01	78.00	827
数论中的丢番图问题	2018—01	78.00	829
数论(梦幻之旅):第五届中日数论研讨会演讲集	2018—01	68.00	830
数论新应用	2018—01	68.00	831
数论	2018—01	78.00	832
测度与积分	2019—04	68.00	1059
卡塔兰数入门	2019—05	68.00	1060
多变量数学入门(英文)	2021—05	68.00	1317
偏微分方程入门(英文)	2021—05	88.00	1318
若尔当典范性:理论与实践(英文)	2021—07	68.00	1366

刘培杰数学工作室
已出版(即将出版)图书目录——高等数学

书　名	出版时间	定价	编号
湍流十讲	2018—04	108.00	886
无穷维李代数:第3版	2018—04	98.00	887
等值、不变量和对称性:英文	2018—04	78.00	888
解析数论	2018—09	78.00	889
《数学原理》的演化:伯特兰·罗素撰写第二版时的手稿与笔记	2018—04	108.00	890
哈密尔顿数学论文集(第4卷):几何学、分析学、天文学、概率和有限差分等	2019—05	108.00	891
数学王子——高斯	2018—01	48.00	858
坎坷奇星——阿贝尔	2018—01	48.00	859
闪烁奇星——伽罗瓦	2018—01	58.00	860
无穷统帅——康托尔	2018—01	48.00	861
科学公主——柯瓦列夫斯卡娅	2018—01	48.00	862
抽象代数之母——埃米·诺特	2018—01	48.00	863
电脑先驱——图灵	2018—01	58.00	864
昔日神童——维纳	2018—01	48.00	865
数坛怪侠——爱尔特希	2018—01	68.00	866
当代世界中的数学.数学思想与数学基础	2019—01	38.00	892
当代世界中的数学.数学问题	2019—01	38.00	893
当代世界中的数学.应用数学与数学应用	2019—01	38.00	894
当代世界中的数学.数学王国的新疆域(一)	2019—01	38.00	895
当代世界中的数学.数学王国的新疆域(二)	2019—01	38.00	896
当代世界中的数学.数林撷英(一)	2019—01	38.00	897
当代世界中的数学.数林撷英(二)	2019—01	48.00	898
当代世界中的数学.数学之路	2019—01	38.00	899
偏微分方程全局吸引子的特性:英文	2018—09	108.00	979
整函数与下调和函数:英文	2018—09	118.00	980
幂等分析:英文	2018—09	118.00	981
李群,离散子群与不变量理论:英文	2018—09	108.00	982
动力系统与统计力学:英文	2018—09	118.00	983
表示论与动力系统:英文	2018—09	118.00	984
分析学练习.第1部分	2021—01	88.00	1247
分析学练习.第2部分.非线性分析	2021—01	88.00	1248
初级统计学:循序渐进的方法:第10版	2019—05	68.00	1067
工程师与科学家微分方程用书:第4版	2019—07	58.00	1068
大学代数与三角学	2019—06	78.00	1069
培养数学能力的途径	2019—07	38.00	1070
工程师与科学家统计学:第4版	2019—06	58.00	1071
贸易与经济中的应用统计学:第6版	2019—06	58.00	1072
傅立叶级数和边值问题:第8版	2019—05	48.00	1073
通往天文学的途径:第5版	2019—05	58.00	1074

刘培杰数学工作室
已出版(即将出版)图书目录——高等数学

书　名	出版时间	定　价	编号
拉马努金笔记.第1卷	2019—06	165.00	1078
拉马努金笔记.第2卷	2019—06	165.00	1079
拉马努金笔记.第3卷	2019—06	165.00	1080
拉马努金笔记.第4卷	2019—06	165.00	1081
拉马努金笔记.第5卷	2019—06	165.00	1082
拉马努金遗失笔记.第1卷	2019—06	109.00	1083
拉马努金遗失笔记.第2卷	2019—06	109.00	1084
拉马努金遗失笔记.第3卷	2019—06	109.00	1085
拉马努金遗失笔记.第4卷	2019—06	109.00	1086
数论:1976年纽约洛克菲勒大学数论会议记录	2020—06	68.00	1145
数论:卡本代尔1979:1979年在南伊利诺伊卡本代尔大学举行的数论会议记录	2020—06	78.00	1146
数论:诺德韦克豪特1983:1983年在诺德韦克豪特举行的Journees Arithmetiques数论大会会议记录	2020—06	68.00	1147
数论:1985—1988年在纽约城市大学研究生院和大学中心举办的研讨会	2020—06	68.00	1148
数论:1987年在乌尔姆举行的Journees Arithmetiques数论大会会议记录	2020—06	68.00	1149
数论:马德拉斯1987:1987年在马德拉斯安娜大学举行的国际拉马努金百年纪念大会会议记录	2020—06	68.00	1150
解析数论:1988年在东京举行的日法研讨会会议记录	2020—06	68.00	1151
解析数论:2002年在意大利切特拉罗举行的C.I.M.E.暑期班演讲集	2020—06	68.00	1152
量子世界中的蝴蝶:最迷人的量子分形故事	2020—06	118.00	1157
走进量子力学	2020—06	118.00	1158
计算物理学概论	2020—06	48.00	1159
物质,空间和时间的理论:量子理论	即将出版		1160
物质,空间和时间的理论:经典理论	即将出版		1161
量子场理论:解释世界的神秘背景	2020—07	38.00	1162
计算物理学概论	即将出版		1163
行星状星云	即将出版		1164
基本宇宙学:从亚里士多德的宇宙到大爆炸	2020—08	58.00	1165
数学磁流体力学	2020—07	58.00	1166
计算科学:第1卷,计算的科学(日文)	2020—07	88.00	1167
计算科学:第2卷,计算与宇宙(日文)	2020—07	88.00	1168
计算科学:第3卷,计算与物质(日文)	2020—07	88.00	1169
计算科学:第4卷,计算与生命(日文)	2020—07	88.00	1170
计算科学:第5卷,计算与地球环境(日文)	2020—07	88.00	1171
计算科学:第6卷,计算与社会(日文)	2020—07	88.00	1172
计算科学.别卷,超级计算机(日文)	2020—07	88.00	1173

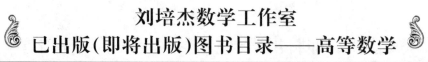

刘培杰数学工作室
已出版(即将出版)图书目录——高等数学

书 名	出版时间	定 价	编号
代数与数论:综合方法	2020—10	78.00	1185
复分析:现代函数理论第一课	2020—07	58.00	1186
斐波那契数列和卡特兰数:导论	2020—10	68.00	1187
组合推理:计数艺术介绍	2020—07	88.00	1188
二次互反律的傅里叶分析证明	2020—07	48.00	1189
旋瓦兹分布的希尔伯特变换与应用	2020—07	58.00	1190
泛函分析:巴拿赫空间理论入门	2020—07	48.00	1191
典型群,错排与素数	2020—11	58.00	1204
李代数的表示:通过 gln 进行介绍	2020—10	38.00	1205
实分析演讲集	2020—10	38.00	1206
现代分析及其应用的课程	2020—10	58.00	1207
运动中的抛射物数学	2020—10	38.00	1208
2—扭结与它们的群	2020—10	38.00	1209
概率,策略和选择:博弈与选举中的数学	2020—11	58.00	1210
分析学引论	2020—11	58.00	1211
量子群:通往流代数的路径	2020—11	38.00	1212
集合论入门	2020—10	48.00	1213
酉反射群	2020—11	58.00	1214
探索数学:吸引人的证明方式	2020—11	58.00	1215
微分拓扑短期课程	2020—10	48.00	1216
抽象凸分析	2020—11	68.00	1222
费马大定理笔记	2021—03	48.00	1223
高斯与雅可比和	2021—03	78.00	1224
π与算术几何平均:关于解析数论和计算复杂性的研究	2021—01	58.00	1225
复分析入门	2021—03	48.00	1226
爱德华·卢卡斯与素性测定	2021—03	78.00	1227
通往凸分析及其应用的简单路径	2021—01	68.00	1229
微分几何的各个方面.第一卷	2021—01	58.00	1230
微分几何的各个方面.第二卷	2020—12	58.00	1231
微分几何的各个方面.第三卷	2020—12	58.00	1232
沃克流形几何学	2020—11	58.00	1233
彷射和韦尔几何应用	2020—12	58.00	1234
双曲几何学的旋转向量空间方法	2021—02	58.00	1235
积分:分析学的关键	2020—12	48.00	1236
为有天分的新生准备的分析学基础教材	2020—11	48.00	1237

刘培杰数学工作室

已出版(即将出版)图书目录——高等数学

书　　名	出版时间	定　价	编号
数学不等式.第一卷.对称多项式不等式	2021—03	108.00	1273
数学不等式.第二卷.对称有理不等式与对称无理不等式	2021—03	108.00	1274
数学不等式.第三卷.循环不等式与非循环不等式	2021—03	108.00	1275
数学不等式.第四卷.Jensen不等式的扩展与加细	2021—03	108.00	1276
数学不等式.第五卷.创建不等式与解不等式的其他方法	2021—04	108.00	1277
冯·诺依曼代数中的谱位移函数:半有限冯·诺依曼代数中的谱位移函数与谱流(英文)	2021—06	98.00	1308
链接结构:关于嵌入完全图的直线中链接单形的组合结构(英文)	2021—05	58.00	1309
代数几何方法.第1卷(英文)	2021—06	68.00	1310
代数几何方法.第2卷(英文)	2021—06	68.00	1311
代数几何方法.第3卷(英文)	2021—06	58.00	1312
代数、生物信息和机器人技术的算法问题.第四卷,独立恒等式系统(俄文)	2020—08	118.00	1119
代数、生物信息和机器人技术的算法问题.第五卷,相对覆盖性和独立可拆分恒等式系统(俄文)	2020—08	118.00	1200
代数、生物信息和机器人技术的算法问题.第六卷,恒等式和准恒等式的相等 问题、可推导性和可实现性(俄文)	2020—08	128.00	1201
分数阶微积分的应用:非局部动态过程,分数阶导热系数(俄文)	2021—01	68.00	1241
泛函分析问题与练习:第2版(俄文)	2021—01	98.00	1242
集合论、数学逻辑和算法论问题:第5版(俄文)	2021—01	98.00	1243
微分几何和拓扑短期课程(俄文)	2021—01	98.00	1244
素数规律(俄文)	2021—01	88.00	1245
无穷边值问题解的递减:无界域中的拟线性椭圆和抛物方程(俄文)	2021—01	48.00	1246
微分几何讲义(俄文)	2020—12	98.00	1253
二次型和矩阵(俄文)	2021—01	98.00	1255
积分和级数.第2卷,特殊函数(俄文)	2021—01	168.00	1258
积分和级数.第3卷,特殊函数补充:第2版(俄文)	2021—01	178.00	1264
几何图上的微分方程(俄文)	2021—01	138.00	1259
数论教程:第2版(俄文)	2021—01	98.00	1260
非阿基米德分析及其应用(俄文)	2021—03	98.00	1261

刘培杰数学工作室
已出版(即将出版)图书目录——高等数学

书　　名	出版时间	定　价	编号
古典群和量子群的压缩(俄文)	2021—03	98.00	1263
数学分析习题集.第3卷,多元函数:第3版(俄文)	2021—03	98.00	1266
数学习题:乌拉尔国立大学数学力学系大学生奥林匹克(俄文)	2021—03	98.00	1267
柯西定理和微分方程的特解(俄文)	2021—03	98.00	1268
组合极值问题及其应用:第3版(俄文)	2021—03	98.00	1269
数学词典(俄文)	2021—01	98.00	1271
确定性混沌分析模型(俄文)	2021—06	168.00	1307
精选初等数学习题和定理.立体几何.第3版(俄文)	2021—03	68.00	1316
微分几何习题:第3版(俄文)	2021—05	98.00	1336
精选初等数学习题和定理.平面几何.第4版(俄文)	2021—05	68.00	1335
狭义相对论与广义相对论:时空与引力导论(英文)	2021—07	88.00	1319
束流物理学和粒子加速器的实践介绍:第2版(英文)	2021—07	88.00	1320
凝聚态物理中的拓扑和微分几何简介(英文)	2021—05	88.00	1321
混沌映射:动力学、分形学和快速涨落(英文)	2021—05	128.00	1322
广义相对论:黑洞、引力波和宇宙学介绍(英文)	2021—06	68.00	1323
现代分析电磁均质化(英文)	2021—06	68.00	1324
为科学家提供的基本流体动力学(英文)	2021—06	88.00	1325
视觉天文学:理解夜空的指南(英文)	2021—06	68.00	1326
物理学中的计算方法(英文)	2021—06	68.00	1327
单星的结构与演化:导论(英文)	2021—06	108.00	1328
超越居里:1903年至1963年物理界四位女性及其著名发现(英文)	2021—06	68.00	1329
范德瓦尔斯流体热力学的进展(英文)	2021—06	68.00	1330
先进的托卡马克稳定性理论(英文)	2021—06	88.00	1331
经典场论导论:基本相互作用的过程(英文)	2021—07	88.00	1332
光致电离量子动力学方法原理(英文)	2021—07	108.00	1333
经典域论和应力:能量张量(英文)	2021—05	88.00	1334
非线性太赫兹光谱的概念与应用(英文)	2021—06	68.00	1337
电磁学中的无穷空间并矢格林函数(英文)	2021—06	88.00	1338
物理科学基础数学.第1卷,齐次边值问题、傅里叶方法和特殊函数(英文)	2021—07	108.00	1339
离散量子力学(英文)	2021—07	68.00	1340
核磁共振的物理学和数学(英文)	2021—07	108.00	1341
分子水平的静电学(英文)	2021—08	68.00	1342
非线性波:理论、计算机模拟、实验(英文)	2021—06	108.00	1343
石墨烯光学:经典问题的电解解决方案(英文)	2021—06	68.00	1344
超材料多元宇宙(英文)	2021—07	68.00	1345
银河系外的天体物理学(英文)	2021—07	68.00	1346
原子物理学(英文)	2021—07	68.00	1347
将光打结:将拓扑学应用于光学(英文)	2021—07	68.00	1348
电磁学:问题与解法(英文)	2021—07	88.00	1364
海浪的原理:介绍量子力学的技巧与应用(英文)	2021—07	108.00	1365

刘培杰数学工作室
已出版(即将出版)图书目录——高等数学

书 名	出版时间	定 价	编号
多孔介质中的流体:输运与相变(英文)	2021—07	68.00	1372
洛伦兹群的物理学(英文)	2021—08	68.00	1373
物理导论的数学方法和解决方法手册(英文)	2021—08	68.00	1374
非线性波数学物理学入门(英文)	2021—08	88.00	1376
波:基本原理和动力学(英文)	2021—07	68.00	1377
光电子量子计量学.第1卷,基础(英文)	2021—07	88.00	1383
光电子量子计量学.第2卷,应用与进展(英文)	2021—07	68.00	1384
复杂流的格子玻尔兹曼建模的工程应用(英文)	2021—08	68.00	1393
电偶极矩挑战(英文)	2021—08	108.00	1394
电动力学:问题与解法(英文)	2021—09	68.00	1395
自由电子激光的经典理论(英文)	2021—08	68.00	1397
拓扑与超弦理论焦点问题(英文)	2021—07	58.00	1349
应用数学:理论、方法与实践(英文)	2021—07	78.00	1350
非线性特征值问题:牛顿型方法与非线性瑞利函数(英文)	2021—07	58.00	1351
广义膨胀和齐性:利用齐性构造齐次系统的李雅普诺夫函数和控制律(英文)	2021—06	48.00	1352
解析数论焦点问题(英文)	2021—07	58.00	1353
随机微分方程:动态系统方法(英文)	2021—07	58.00	1354
经典力学与微分几何(英文)	2021—07	58.00	1355
负定相交形式流形上的瞬子模空间几何(英文)	2021—07	68.00	1356
广义卡塔兰轨道分析:广义卡塔兰轨道计算数字的方法(英文)	2021—07	48.00	1367
洛伦兹方法的变分:二维与三维洛伦兹方法(英文)	2021—08	38.00	1378
几何、分析和数论精编(英文)	2021—08	68.00	1380
从一个新角度看数论:通过遗传方法引入现实的概念(英文)	2021—07	58.00	1387
动力系统:短期课程(英文)	2021—08	68.00	1382
几何路径:理论与实践(英文)	2021—08	48.00	1385
广义斐波那契数列及其性质(英文)	2021—08	38.00	1386
论天体力学中某些问题的不可积性(英文)	2021—07	88.00	1396
对称函数和麦克唐纳多项式:余代数结构与Kawanaka恒等式	2021—09	38.00	1400

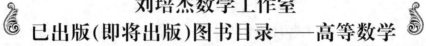

刘培杰数学工作室
已出版(即将出版)图书目录——高等数学

书 名	出版时间	定 价	编号
杰弗里·英格拉姆·泰勒科学论文集:第1卷.固体力学(英文)	2021-05	78.00	1360
杰弗里·英格拉姆·泰勒科学论文集:第2卷.气象学、海洋学和湍流(英文)	2021-05	68.00	1361
杰弗里·英格拉姆·泰勒科学论文集:第3卷.空气动力学以及落弹数和爆炸的力学(英文)	2021-05	68.00	1362
杰弗里·英格拉姆·泰勒科学论文集:第4卷.有关流体力学(英文)	2021-05	58.00	1363
非局域泛函演化方程:积分与分数阶(英文)	2021-08	48.00	1390
理论工作者的高等微分几何:纤维丛、射流流形和拉格朗日理论(英文)	2021-08	68.00	1391
半线性退化椭圆微分方程:局部定理与整体定理(英文)	2021-07	48.00	1392

联系地址:哈尔滨市南岗区复华四道街 10 号 哈尔滨工业大学出版社刘培杰数学工作室
网 址:http://lpj.hit.edu.cn/
邮 编:150006
联系电话:0451-86281378 13904613167
E-mail:lpj1378@163.com